Das große Buch der

Mathematik

Das große Buch der

Mathematik

Sonderausgabe

Text: Katja Maria Delventhal, Dipl.-Ing. Alfred Kissner, Malte Kulick
Umschlaggestaltung: Axel Ganguin

ISBN-13: 978-3-8174-5044-2
ISBN-10: 3-8174-5044-3
5150441

Inhalt

Vorwort

Das vorliegende Nachschlagewerk für Mathematik richtet sich an Schülerinnen und Schüler bis zum Abitur ebenso wie an alle mathematisch Interessierten.

Ziel dieses Buches ist es, die Schulmathematik bis einschließlich den Lehrinhalten der 13ten Klasse in leicht verständlicher Form darzustellen. Beginnend bei den Grundrechenarten sind die Grundlagen der Mathematik erklärt, um auf diesem Gerüst aufbauend bis hin zu Fragen der Wahrscheinlichkeit zu gelangen. Darüber hinaus wird die Mathematik immer wieder auf Probleme des Alltags zurückgeführt.

Ein großes Problem für das Verständnis von mathematischen Inhalten stellt vielfach die Sprache der Mathematik dar. „Zu abstrakt", so eine häufig geäußerte Beschreibung von mathematischen Aussagen. Tatsächlich zeichnet sich die Fachsprache der Mathematik durch ein hohes Maß an Exaktheit aus, weshalb die Anschaulichkeit oder auch Bildhaftigkeit fehlt. Aus diesem Grunde ist im vorliegenden Nachschlagewerk die mathematische Ausdrucksweise mit Bedacht eingeführt. Mit zunehmender Komplexheit des Stoffes wird die mathematische Sprache stärker verwendet. Immer, und dies ist eines der Merkmale des Buches, folgt einer mathematischen Ausführung ein anschauliches Beispiel.

Aber es gibt noch viele andere Gründe, weshalb ein Sachverhalt sich manchmal nicht sofort erschließt. Um ein möglichst großes Verständnis bei den Leserinnen und Lesern zu erzielen, ist

- eine Übersicht über die verwendeten Zeichen vorhanden;
- ein ausführliches Stichwortregister angelegt;
- mit Querverweisen auf Zusammenhänge hingewiesen, die nicht immer sofort ersichtlich sind;
- eine wichtige Aussage, Definition oder Formel bereits gekennzeichnet;
- eine Vielzahl von Beispielen im Buch angegeben;
- am Ende eines jeden Kapitels ein Aufgabenteil mit ausführlichen Lösungen angefügt.

Alle Beispiele sind durch ein Dreieckssymbol gekennzeichnet (B). Regeln, Formeln und Definitionen sind durch dunkelrote Kästen hervorgehoben, wichtige Erläuterungen und Hinweise stehen in hellroten Kästen.

Wir hoffen, dass dieses Buch zu einem besseren Verständnis der Mathematik beiträgt und allen Leserinnen und Lesern viel Freude bei der Lektüre bereitet.

Zeichen und Symbole

Symbol	Bedeutung	Beispiel
Allgemeine mathematische Zeichen		
$:=$	definiert als	$a := n + 2$, a ist definiert als $n + 2$
$=$	ist gleich	$1 + 2 = 3$
$\neq$	ist nicht gleich	$3 \neq 4$
$\hat{=}$	entspricht	$1\text{m} \hat{=} 100\text{ cm}$
$\approx$	gerundet, ist etwa	$4{,}975 \approx 5$
$<$	kleiner als	$4 < 5$
$\leq$	kleiner gleich	$x \leq 1$, x ist kleiner oder gleich 1
$>$	größer als	$4 > 3$
$\geq$	größer gleich	$x \geq 1$, x ist größer oder gleich 1
$+$	Pluszeichen	$2 + 3$
$-$	Minuszeichen	$2 - 3$
$\cdot$	Malzeichen	$3 \cdot 3$
$:, -, /$	geteilt durch	$3 : 3, \frac{3}{3}, 3/3$
$\vert$	ist Teiler von	$3 \mid 9$, denn $9 : 3 = 3$
$\sum$	Summenzeichen	$\sum_{i=1}^{3} x_i = x_1 + x_2 + x_3$
$\prod$	Produktzeichen	$\prod_{i=1}^{3} x_i = x_1 \cdot x_2 \cdot x_3$
a^n	n-te Potenz von a	$2^3 = 2 \cdot 2 \cdot 2$
$\sqrt{}$	Quadratwurzel aus	$\sqrt{9} = 3$

Zeichen und Symbole

Symbol	Bedeutung	Beispiel
$\sqrt[n]{}$	n-te Wurzel aus	$\sqrt[3]{27} = 3$
$\lvert\;\rvert$	absoluter Betrag von x	$\lvert -4 \rvert = 4$
n!	n Fakultät	$4! = 4 \cdot 3 \cdot 2 \cdot 1 = 24$
$\binom{n}{k}$	n über k Binomialkoeffizient	$\binom{7}{3} = \frac{7 \cdot 6 \cdot 5}{1 \cdot 2 \cdot 3}$
$f: A \to B$	f ist Funktion von $A \to B$	
$a \to b$	a wird b zugeordnet	
f^{-1}	Umkehrfunktion von f	
[a, b]	geschlossenes Intervall mit den Grenzen a und b	$x \in [2, 3]$, das bedeutet: $2 \leq x \leq 3$
[a, b[	rechtseitig offenes Intervall	$x \in [2, 3[$, das bedeutet: $2 \leq x < 3$
]a, b]	linksseitig offenes Intervall	$x \in]2, 3]$, das bedeutet: $2 < x \leq 3$
]a, b[	offenes Intervall	$x \in]a, b[$, das bedeutet: $2 < x < 3$
%	Prozent, ... von Hundert	3% = 3 von Hundert
‰	Promille, ... von Tausend	3‰ = 3 von Tausend
$+\infty$	plus Unendlich	
$-\infty$	minus Unendlich	

Zahlenmengen

$\mathbb{N}$	Menge der natürlichen Zahlen	{1, 2, 3, ...}
$\mathbb{N}_0$	Menge der natürlichen Zahlen mit der Null	{0, 1, 2, ...}
$\mathbb{Z}$	Menge der ganzen Zahlen	{..., – 1, 0, 1, 2, ...}

Symbol	Bedeutung	Beispiel
$\mathbb{Q}$	Menge der rationalen Zahlen	$\{..., -1, -\frac{1}{4}, 0, \frac{1}{2}, 1, ...\}$
$\mathbb{R}$	Menge der reellen Zahlen	$\{..., -3, ..., 2, \pi, ...\}$
$\mathbb{R}^+$	Menge der positiven reellen Zahlen	{0,03, ..., 8, ...}
$\mathbb{R}_0^+$	Menge der nicht negativen reellen Zahlen	{0; 0,03; π; ...}
$\mathbb{C}$	Menge der komplexen Zahlen	Zahlen der Form $z = a + b \cdot i$

Mengenlehre

Symbol	Bedeutung	Beispiel
$\varnothing$	Leere Menge	$\{\varnothing\}$
{ }	Mengenklammer	{1, 2, 3}
$\in$	ist Element	$2 \in \mathbb{N}$
$\notin$	ist nicht Element	$-7 \notin \mathbb{N}$
$\subset$	ist echte Teilmenge von	$\{2, 3\} \subset \{2, 3, 4\}$
$\subseteq$	ist Teilmenge von	$\{2, 3\} \subseteq \{2, 3\}$
$\cup$	vereinigt mit	$\{1\} \cup \{2\} = \{1, 2\}$
$\cap$	geschnitten mit	$\{1, 2\} \cap \{2\} = \{2\}$
/	ohne	$\{1, 2\} / \{1\} = \{2\}$
(a, b)	geordnetes 2-Tupel aus a und b	a und b sind nach einer festen Reihenfolge geordnet: a vor b
$(a_1, a_2, ... a_n)$	geordnetes n-Tupel	n-Elemente sind nach einer bestimmten Reihenfolge geordnet
A x B	kartesisches Produkt oder Kreuzprodukt	Die geordneten Paare (a, b) mit $a \in A, b \in B$

Symbol	Bedeutung	Beispiel
	Logik	
¬	Negation, nicht	¬ a; Verneinung von a, nicht a
∧	Konjunktion, und	a ∧ b; sowohl a als auch b
∨	Disjunktion, oder	a ∨ b; Aussage a oder Aussage b ist gültig oder beide sind gültig
⇔	Äquivalenz, ... genau dann, wenn ...	A ⇔ B bedeutet: Aus A folgt B und zugleich aus B folgt A
⇒	Implikation, Folgepfeil	a ⇒ b ; aus a folgt b
	Geometrie	
[AB]	Strecke zwischen den Punkten AB	Die Punkte A und B markieren Anfang und Ende der Strecke
[AB	Halbgerade	A gibt den Anfang der Halbgeraden an, die durch den Punkt B hinaus verläuft
| AB |, $\overline{AB}$	Betrag der Strecke AB	| AB | gibt an, wie lang die Strecke [AB] ist
l1	Lotgerade	Die Lotgerade l1 steht senkrecht (oder im rechten Winkel bzw. 90°–Winkel) auf einer anderen Geraden
//	Parallälität	g // h, die Gerade g verläuft parallel zur Geraden h
°	Grad	β = 38°, der Winkel β ist gleich 38°
∡	Winkel	∡ = Winkel
′	Winkelminute	30′ = 30 Winkelminuten
″	Winkelsekunde	45″ = 45 Winkelsekunden

Symbol	Bedeutung	Beispiel
Analysis		
D (f)	Definitionsbereich von f	$D(f) = \mathbb{R}$, der Definitionsbereich sind die reellen Zahlen
im (f)	Bild von f, Bildbereich, Wertebereich	$\text{im}(f) = \mathbb{R}$, der Wertebereich sind die reellen Zahlen
$a \rightarrow f(a)$	a, das Urbild, wird abgebildet auf f(a),	$a = 2$ und $f(2) = 6$,
das Bild		dann ist 2 das Urbild
		und 6 das Bild
$A = (a, f(a))$	Beschreibung des Punktes A durch das	$a = 2$ und $f(a) = 6$,
Urbild und das Bild von f		
G (f)	Graph der Funktion	
$g \circ f$	Komposition (Verkettung) von g und f	$g = 2x$ und $f = x + 1$, dann ist $g \circ f = 2(x + 1)$
lim	Grenzwert	$\lim\limits_{n \to \infty} a_n = 3$, der Grenzwert der Folge a_n ist 3
$f'(x)$	1-te Ableitung der Funktion f	$f^{(x)} = x^2 \quad f'(x) = 2x$
$f^{(n)}(x)$	n-te Ableitung der Funktion f	$f(x) = x^2 \;\; n = 2$ ist $f^{(2)} = 2$
$\int\limits_{x_0}^{x_1} f(x)dx$	bestimmtes Integral von f in den Grenzen	$f(x) = x^2 \quad \int\limits_1^2 x^2 dx =$
x_0 und x_1		$= \left[\frac{1}{3}x^3\right]_1^2 = \frac{1}{3} \cdot 2^3 - \frac{1}{3} \cdot 1^3$

Zeichen & Symbole

Symbol	Bedeutung	Beispiel
$\int f(x)dx$	unbestimmtes Integral von f	$f(x) = x^2 \int x^2 dx = \frac{1}{3}x^3 + c$ mit c als Konstante
F	Stammfunktion von f	$f(x) = x^2, F(x) = \frac{1}{3} x^3 + c$, mit c = Konstante
Lineare Algebra und Analytische Geometrie		
$\vec{x}$	Vektor	$\vec{x}$ ist ein Vektor
$(x_1, x_2, \dots x_n)$	Zeilenvektor	(1, 2, 3)
$(x_1, x_2, \dots x_n)^t$	zu transponierender Zeilenvektor	$(1, 3, 5)^t = \begin{pmatrix} 1 \\ 3 \\ 5 \end{pmatrix}$
$\begin{pmatrix} x_1 \\ x_2 \\ . \\ . \\ . \\ x_n \end{pmatrix}$	Spaltenvektor	$\begin{pmatrix} 1 \\ 2 \\ 3 \end{pmatrix}$
dim V	Dimension des Vektorraumes	dim V = 2, die Dimension des Vektorraumes ist 2
M(i, j)	Matrix mit i-Zeilen und j-Spalten	$M(3,2) = \begin{pmatrix} 2 & 3 \\ 9 & 7 \\ 8 & -2 \end{pmatrix}$

Symbol	Bedeutung	Beispiel
E	Einheitsmatrix	auf der Diagonalen stehen 1er, ansonsten ist überall 0 $\begin{pmatrix} 1 & 0 & 0 & 0 \\ 0 & 1 & 0 & 0 \\ 0 & 0 & 1 & 0 \\ 0 & 0 & 0 & 1 \end{pmatrix}$
A^{-1}	inverse Matrix A	$A^{-1} \cdot A = E$
det	Determinante	det A = 3
Besondere Zahlen		
e	Euler'sche Zahl	2,7182818...
π	Pi oder Kreiszahl	3,1415926...
i	Imaginärteil einer komplexen Zahl	i2 = −1
Hom (V, W)	Homomorphismus von V nach W	Menge aller linearen Abbildungen von V nach W
End (V)	Endomorphismus	Homomorphismus von V nach V
Aut (V)	Automorphismus	bijektiver Endomorphismus
ker (f)	Kern von f	Menge aller Vektoren aus V die auf den Nullvektor abgebildet werden
span {...}	Erzeugendensystem	Mit den Vektoren des Erzeugendensystem kann der Vektorraum aufgespannt werden

1. Grundrechenarten

Die vier *Grundrechenarten* sind die *Addition* (Plusrechnen), die *Subtraktion* (Minusrechnen), die *Multiplikation* (Malnehmen) und die *Division* (Teilen). Sie zählen zum Handwerkszeug der Mathematik, da sie Bestandteil vieler Rechnungen sind. Im Folgenden werden die Grundrechenarten für den Bereich der natürlichen Zahlen erklärt.

Die Menge der natürlichen Zahlen

Die Zahlen 1, 2, 3, ... bilden die Menge $\mathbb{N}$ der *natürlichen Zahlen*. Man schreibt $\mathbb{N} := \{1, 2, 3, 4, ...\}$.

Bei der herkömmlichen *Definition* (eine Festlegung und Beschreibung eines Begriffs, in Zeichen „: =") der natürlichen Zahlen war die Null nicht enthalten. Spätere Definitionen nahmen die Null in die Menge der natürlichen Zahlen auf. Im Folgenden soll die Menge der natürlichen Zahlen mit der Null als

$$\mathbb{N}_0 := \{1, 2, 3, ...\}$$

geschrieben werden.

Die natürlichen Zahlen mit der Null am Zahlenstrahl dargestellt:

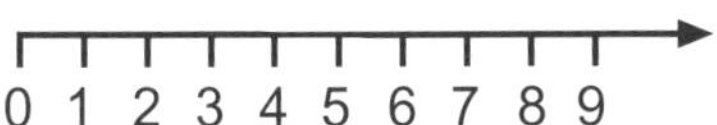

Die natürlichen Zahlen sind positive ganze Zahlen. Sie dienen im Alltag beispielsweise zum Zählen : 2 Äpfel, 10 Birnen, 1 Brot und wenn die Null hinzugenommen wird, dann auch 0 (keine) Mützen.

Die natürlichen Zahlen ohne Null sind auch durch das *Axiomensystem* von Giuseppe *Peano* (1858 – 1932) beschrieben. Der Begriff Axiomensystem steht für eine Menge von Sätzen, aus denen sich alle weiteren Sätze einer Theorie ableiten lassen. In diesem Fall handelt es sich um ein Axiomensystem bestehend aus fünf Axiomen (P1 – P5):

1. Grundrechenarten

P1. 1 ist eine natürliche Zahl

P2. Jede natürliche Zahl n hat genau einen Nachfolger n′

P3. 1 ist die kleinste natürliche Zahl, ist also nicht Nachfolger einer natürlichen Zahl

P4. Je zwei verschiedene natürliche Zahlen n und m haben je zwei verschiedene Nachfolger n′ und m′

P5. Enthält eine Teilmenge der natürlichen Zahlen die 1 und jeden Nachfolger einer in der Teilmenge enthaltenen natürlichen Zahl, so ist die Teilmenge gleich der Menge der natürlichen Zahlen.

In den Axiomen von Peano ist enthalten, dass die natürlichen Zahlen geordnet sind. Dies bedeutet, dass für zwei natürliche Zahlen a und b stets genau eine der folgenden Beziehungen gilt:

$a < b$	(gesprochen: a *kleiner* b)	z. B.: $2 < 3$
$a = b$	(gesprochen: a gleich b)	z. B.: $3 = 3$
$a > b$	(gesprochen: a *größer* b)	z. B.: $3 > 2$

Manchmal kann es zweckmäßig sein, das < und = zu einem ≤ (*Kleiner-Gleich-Zeichen*) zusammenzuziehen. Auch > und = können zu einem ≥ (*Größer-Gleich-Zeichen*) zusammengezogen werden.

B Auf dem Jahrmarkt ist folgendes Schild vor der Achterbahn zu lesen: „Mitfahren darf, wer mindestens 1,40 m groß ist.“ Mathematischer ausgedrückt darf jeder mitfahren, für dessen Körpergröße x gilt:

1,40 m	≤	x m,
1,40 m	ist kleiner	als die Körpergröße oder
1,40 m	ist gleich	der Körpergröße.

Die Forderung „Mitspieler dürfen höchstens 35 Jahre alt sein“ bedeutet mathematisch:

35 Jahre	≥	x Jahre,
35 Jahre	ist größer	als das Alter oder
35 Jahre	ist gleich	dem Alter.

Addition

Die *Addition* von Zahlen ist das Zusammenzählen von Zahlen. Die zusammenzuzählenden Zahlen heißen *Summanden*, das Ergebnis heißt *Summe* und das Rechenzeichen ist das *Pluszeichen* „+".

B $3 + 5 = 8$ 3 und 5 sind Summanden, 8 ist die Summe.

Die Idee der Addition lässt sich am Zahlenstrahl verdeutlichen:

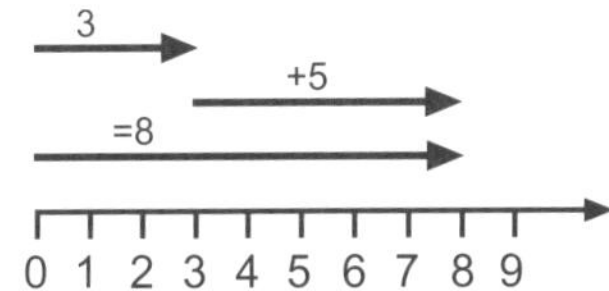

Beim Addieren mehrerer Zahlen oder großer Zahlen kann es vorteilhaft sein, schriftlich zu addieren. Dazu schreibt man die Zahlen derart untereinander, dass die Ziffern mit demselben *Stellenwert* genau untereinander stehen. Der Stellenwert einer Ziffer gibt den Wert einer Ziffer an. Im *Dezimalsystem* (vgl. S. 32), in welchem normalerweise gerechnet wird, ist der Ziffernwert (vgl. S. 32) durch Einer, Zehner, Hunderter, Tausender usw. festgelegt. Bei der Zahl 317 sind die Ziffernwerte wie folgt: 3 ist Hunderter, 1 ist Zehner, 7 ist Einer.

B Es ist zu addieren: 1376 + 290 + 981

ausführliche Fassung:

	Tausender	Hunderter	Zehner	Einer
	1	3	7	6
+		2	9	0
+		9	8	1
	1+1	16 = 2 + 14	24	7
	2	6	4	7

kurze Fassung:

	1	3	7	6
+		2	9	0
+		9	8	1
+	1	2		
	2	6	4	7

1. Grundrechenarten

Die farbig gedruckte Zahl ist ein Übertrag, der beim Addieren der untereinander stehenden Ziffern zustande kommt. Ist die Summe größer als 9, entsteht ein solcher Übertrag. Im obigen Beispiel ist die Summe aller Zehner 24. Die 2 wird als Übertrag mit zu der nächsten Ziffernspalte addiert, die 4 als Ergebnis für die Zehner notiert. Die Hunderter als Ziffern addiert ergeben 14, zusammen mit dem Übertrag 16. Die 1 geht wiederum als Übertrag zu den Tausendern, die 6 wird als Ergebnis für die Hunderter notiert. Der Tausender mit dem Übertrag ergibt eine 2, die als Ergebnis notiert wird. Das Gesamtergebnis ergibt dann für $1376 + 290 + 981 = 2647$.

Die Addition zweier oder mehrerer Zahlen ist *kommutativ*, d.h. die Reihenfolge der Summanden ist vertauschbar: $3 + 7 = 7 + 3 = 10$. Für $a, b \in \mathbb{N}$ gilt: $a + b = b + a$

Eine Probe dient dazu, das berechnete Ergebnis nochmals zu überprüfen. Bei der Addition wird dies mit Hilfe der Subtraktion gemacht.

Addition: $a + b = c$

Probe durch Subtraktion : $c - b = a$ oder $c - a = b$

B Addition: $3 + 7 = 10$

Probe durch Subtraktion: $10 - 7 = 3$ oder $10 - 3 = 7$

Stimmen alle Zahlen überein, so ist das Ergebnis korrekt.

Subtraktion

Bei der *Subtraktion* zweier Zahlen wird die Differenz zweier Zahlen berechnet. Die zuerst aufgeführte Zahl ist der *Minuend*, die zweite Zahl ist der *Subtrahend*, das Ergebnis die *Differenz* und das Rechenzeichen ist das *Minuszeichen* „–“.

B

$8 - 5 = 3$	8 ist der Minuend, 5 der Subtrahend und 3 die Differenz.
$13000 - 1 = 12999$	13000 ist der Minuend, 1 der Subtrahend von 12999 die Differenz.
$9 - 8 = 1$	9 ist der Minuend, 8 der Subtrahend und 1 die Differenz.

Am Zahlenstrahl lässt sich die Subtraktion wie folgt darstellen:

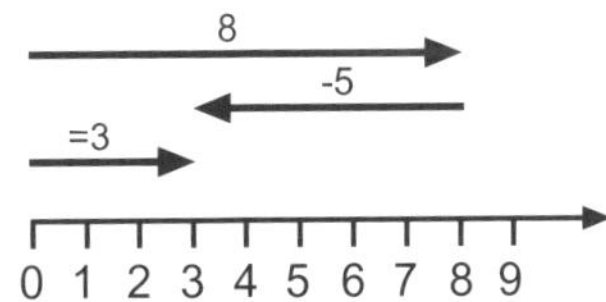

Die Subtraktion ist die Umkehrung der Addition. Die Addition ist auch die Probe um zu überprüfen, ob richtig gerechnet wurde.

B Subtraktion: $7 - 2 = 5$ Addition: $5 + 2 = 7$

Beim schriftlichen Verfahren der Subtraktion von zwei Zahlen wird der Subtrahend stellenwertgerecht (vgl. S. 32) unter den Minuenden geschrieben. Man berechnet nun von rechts nach links die Differenzen der untereinander stehenden Ziffern. Ist die Zahl des Minuenden kleiner als die des Subtrahenden, ergibt sich ein Übertrag (farbig gedruckt) in die nächstfolgende Ziffernspalte.

B

	3	4	6
–	1	5	2
	1		
	1	9	4

Sind mehrere Subtrahenden vorhanden (vgl. S. 24), so bildet man zunächst die Summe der untereinander stehenden Ziffern der Subtrahenden (von A nach B) und berechnet dann die Differenz zum Minuenden (von B nach C) und notiert einen möglichen Übertrag in die nächste Ziffernspalte (von C nach A).

B $4512 - 701 - 593 - 421$
(von A nach B): $1 + 3 + 1 = 5$
(von B nach C): $5 + ??? = 2$ bzw. 12 $??? = 7$, denn $5 + 7 = 12$
(von C nach A): von 12 gibt es einen Übertrag, der in die von rechts zweite Ziffernspalte eingetragen wird.

1. Grundrechenarten

	4	5	1	2	C
	4	25	21	12	
	2	2	1		
–		7	0	1	A
–		5	9	3	
–		4	2	1	
	2	18	12	5	B
	2	7	9	7	

Im nächsten Schritt wird nach dem gleichen Schema die nächste Ziffer der zu berechnenden Differenz errechnet.

In einer weniger ausführlichen Schreibweise notiert man:

	4	5	1	2
–		7	0	1
–		5	9	3
–		4	2	1
	2	2	1	
	2	7	9	7

Ist der Subtrahend größer als der Minuend, so erhält man für natürliche Zahlen kein Ergebnis. Die Subtraktion ist also nicht kommutativ.

B $5 - 2 = 3$

$2 - 5 =$ nicht definiert für natürliche Zahlen, da alle natürlichen Zahlen > 0 sind.

Multiplikation

Die *Multiplikation* (das Malnehmen) ist die verkürzte Schreibweise einer Addition mit mehreren gleichen Summanden.

B Addition: $3 + 3 + 3 + 3 = 12$
Multiplikation: $4 \cdot 3 = 12$

Die Zahlen 4 und 3 sind die *Faktoren*, 12 ist das Ergebnis bzw. das *Produkt* und das Rechenzeichen ist der *Malpunkt* „·".

Das schriftliche Multiplizieren verläuft nach folgendem Schema:

B

7	3	5	·	9	2
	6	6	1	5	
		1	4	7	0
	6	7	6	2	0

In der ersten Zeile steht die Aufgabenstellung: $735 \cdot 92$. In der Zeile unter dem oberen waagerechten Strich wurde schrittweise $735 \cdot 9 = 6615$ wie folgt berechnet:

$5 \cdot 9 = 45$. Die 5 wird unter der 9 der ersten Zeile notiert, die 4 wird als Übertrag im Kopf behalten.

$3 \cdot 9 = 27 + 4 = 31$. Die 4 ist der Übertrag aus der vorhergehenden Rechnung. Die 1 wird wieder notiert, die 3 als Übertrag im Kopf behalten.

$7 \cdot 9 = 63 + 3 = 66$. Dieses Ergebnis wird notiert, da in dieser Zeile keine weitere Multiplikation ausgeführt werden muss.

In der darunter stehenden Zeile wurde nach demselben Verfahren $735 \cdot 2 = 1470$ berechnet. Die Summe beider Zeilen ist das Produkt beider Faktoren.

Die Multiplikation ist kommutativ, es ist also:

B $3 \cdot 9 = 9 \cdot 3 = 27$

1. Grundrechenarten

Die Probe der Multiplikation ist die Division.

B $3 \cdot 7 = 21$ Probe: $21 : 3 = 7$ oder $21 : 7 = 3$

Division

Die Umkehrung der Multiplikation ist die *Division* (Teilen). Deshalb dient die Multiplikation gleichzeitig als Probe, um die Richtigkeit der durchgeführten Division zu überprüfen.

B Multiplikation: $5 \cdot 4 = 20$
Division: $20 : 4 = 5$ bzw. $20 : 5 = 4$

Rechnet man a : b, so ist a der *Dividend* und b der *Divisor*. Das Ergebnis der Division ist der *Quotient*.

$72 : 9 = 8$ 72 ist der Dividend, 9 ist der Divisor und 8 ist der Quotient.

$39 : 1 = 39$ 39 ist der Dividend, 1 ist der Divisor und 39 ist der Quotient.

B 768 : 16 soll berechnet werden.

$$
\begin{array}{rrrcl}
7 & 6 & 8 & = & 16 \cdot 48 \\
-\,6 & 4 & & & \\
\hline
1 & 2 & 8 & & \\
-\,1 & 2 & 8 & & \\
\hline
 & & 0 & &
\end{array}
$$

Die Bestimmung des Quotienten erfolgt ziffernweise, beginnend mit der linken Ziffer des Quotienten (4). Diese Ziffer wird mit dem Divisor (16) multipliziert ($4 \cdot 16$) und von links unter den Dividenden geschrieben und ziffernweise subtrahiert (76 – 64). Die Differenz muss stets kleiner als der Divisor sein (in diesem Falle ist die Differenz 12). Die Differenz wird unter dem kleinen Strich notiert und links daneben wird die nächstfolgende Ziffer des Dividenden geschrieben, hier: 8. Man überlegt wieder, wie oft die 16 in die 128 geht und notiert dieses Ergebnis wie bisher. Die Differenz zur 128 wird berechnet. Da die Differenz Null ist, spricht man davon, dass die 16 Teiler von 768 ist.

B Für 776 : 16 erhält man:

$$\begin{array}{rrrr} & 7 & 7 & 6 \\ - & 6 & 4 & \\ \hline & 1 & 3 & 6 \\ - & 1 & 2 & 8 \\ \hline & & & 8 \end{array} = 16 \cdot 48 + 8 \text{ Rest}$$

16 ist also kein Teiler von 776. In diesem Fall wird das Ergebnis als Quotient mit einem Rest notiert: 776 : 16 = 48 Rest 8.

Teilbarkeit

> Eine von 1 verschiedene natürliche Zahl, die nur durch sich selbst oder durch 1 teilbar ist, heißt *Primzahl*. Jede von 1 verschiedene Zahl, die keine Primzahl ist, ist eine *zusammengesetzte Zahl*.

B Primzahlen sind: 2, 3, 5, 7, 11, 13, 17, 19, 23, 29, 31 ...
Zusammengesetzte Zahlen sind: 4, 6, 8, 9, 10, 12, 14, 15 ...

> Jede zusammengesetzte Zahl ist als ein Produkt von Primzahlen darstellbar. Man nennt dieses auch *Primzahlzerlegung*.

B $9 = 3 \cdot 3 = 3^2$ (vgl. Potenzen, S. 115)

$24 = 2 \cdot 2 \cdot 2 \cdot 3 = 2^3 \cdot 3$

$75 = 3 \cdot 5 \cdot 5 = 3 \cdot 5^2$

1. Grundrechenarten

Soll eine Zerlegung mit einer geraden Zahl, also einer durch 2 teilbaren Zahl wie 2, 4, 6, 8 .... durchgeführt werden, ist es sinnvoll zuerst zu bestimmen, wie oft durch 2 geteilt werden kann. Erst danach sollten, mit der kleinsten beginnend, andere Primzahlen ausprobiert werden.

B

$36 : 2 = 18$	durch 2 geteilt
$18 : 2 = 9$	durch 2 geteilt
$9 : 3 = 3$	durch 3 geteilt
$3 : 3 = 1$	durch 3 geteilt

Daraus ergibt sich: $36 = 2 \cdot 2 \cdot 3 \cdot 3 = 2^2 \cdot 3^2$

Soll eine Primzahlzerlegung bei einer ungeraden Zahl vorgenommen werden, ist es zweckmäßig

1. zunächst zu prüfen, ob es sich um die Quadratzahl (vgl. S. 115) einer Primzahl handelt und
2. erst dann – mit der 3 beginnend – zu prüfen, durch welche Primzahl geteilt werden kann.

Für die Primzahlzerlegung, aber mehr noch für die Division natürlicher Zahlen ist die Kenntnis von *Teilbarkeitsregeln* nützlich. Mit ihnen kann sehr schnell und einfach überprüft werden, ob eine Zahl a durch eine Zahl b geteilt werden kann. Die Schreibweise dafür ist: b | a („b ist ein Teiler von a").

Eine natürliche Zahl ist teilbar durch

2	wenn sie gerade ist 2 | 68
3	wenn die Quersumme durch 3 teilbar ist 3 | 753
4	wenn die letzten beiden Ziffern eine Zahl bilden, die durch 4 teilbar ist 4 | 87436
5	wenn die letzte Ziffer eine 0 oder 5 ist 5 | 985765

8	wenn die letzten drei Ziffern eine Zahl bilden, die durch 8 teilbar ist	8 | 876120
9	wenn die Quersumme durch 9 teilbar ist	9 | 76527
10	wenn die letzte Ziffer eine 0 ist	10 | 234280
25	wenn die letzten zwei Ziffern durch 25 teilbar sind	25 | 2450
100	wenn die letzten zwei Ziffern 0 sind	100 | 23146400

Aufgaben

1. Addition:

a) $254 + 371$ b) $379 + 780 + 578$ c) $1785 + 369 + 158$ d) $10002 + 115 + 3$

2. Subtraktion:

a) $381 - 50$ b) $725 - 97$ c) $3584 - 258 - 32$ d) $1357 - 249 - 177$

3. Multiplikation:

a) $89 \cdot 4$ b) $37 \cdot 5$ c) $136 \cdot 22$ d) $571 \cdot 17$

4. Division:

a) $81 : 3$ b) $195 : 3$ c) $156 : 13$ d) $173 : 14$

5. Ist 39 eine Primzahl? Wieso?

6. Die folgenden Zahlen sind in Primfaktoren zu zerlegen:

a) 640 b) 28875

7. Sind die folgenden Aussagen wahr oder falsch?

a) 3 | 62352 b) 4 | 6438722

Lösungen

1. a) $$\begin{array}{r} 254 \\ +\ 371 \\ {\scriptstyle 1} \\ \hline 625 \\ \hline\hline \end{array}$$ b) $$\begin{array}{r} 379 \\ +\ 780 \\ +\ 578 \\ {\scriptstyle 2\,1} \\ \hline 1737 \\ \hline\hline \end{array}$$ c) $$\begin{array}{r} 1758 \\ +\ 369 \\ +\ 158 \\ {\scriptstyle 1\,2\,2} \\ \hline 2312 \\ \hline\hline \end{array}$$ d) $$\begin{array}{r} 10002 \\ +\ 115 \\ +\ 3 \\ {\scriptstyle 1} \\ \hline 10120 \\ \hline\hline \end{array}$$

2. a) $$\begin{array}{r} 381 \\ -\ 50 \\ \hline 331 \\ \hline\hline \end{array}$$ b) $$\begin{array}{r} 725 \\ -\ 97 \\ {\scriptstyle 1\ 1} \\ \hline 628 \\ \hline\hline \end{array}$$ c) $$\begin{array}{r} 3584 \\ -\ 258 \\ -\ 32 \\ {\scriptstyle 1\ 1} \\ \hline 3294 \\ \hline\hline \end{array}$$ d) $$\begin{array}{r} 1357 \\ -\ 249 \\ -\ 177 \\ {\scriptstyle 1\ 1\ 1} \\ \hline 931 \\ \hline\hline \end{array}$$

3. a) $$\begin{array}{r} 89 \cdot 4 \\ \hline 356 \\ \hline\hline \end{array}$$ b) $$\begin{array}{r} 37 \cdot 5 \\ \hline 185 \\ \hline\hline \end{array}$$ c) $$\begin{array}{r} 136 \cdot 22 \\ \hline 272 \\ 272 \\ \hline 2992 \\ \hline\hline \end{array}$$ d) $$\begin{array}{r} 571 \cdot 17 \\ \hline 571 \\ 3997 \\ \hline 9707 \\ \hline\hline \end{array}$$

4. a) $$\begin{array}{l} 81 : 3 = 27 \\ \underline{6} \\ 21 \\ \underline{21} \\ 0 \end{array}$$ b) $$\begin{array}{l} 195 : 3 = 65 \\ \underline{18} \\ 15 \\ \underline{15} \\ 0 \end{array}$$ c) $$\begin{array}{l} 156 : 13 = 12 \\ \underline{13} \\ 26 \\ \underline{26} \\ 0 \end{array}$$ d) $$\begin{array}{l} 173 : 14 = 12 \text{ Rest } 5 \\ \underline{14} \\ 33 \\ \underline{28} \\ 5 \end{array}$$

5. 39 ist keine Primzahl, da $3 \cdot 13 = 39$.

6. a) $640 = 2 \cdot 2 \cdot 2 \cdot 2 \cdot 2 \cdot 2 \cdot 2 \cdot 5 = 2^7 \cdot 5$

   b) $28875 = 3 \cdot 5 \cdot 5 \cdot 5 \cdot 7 \cdot 11 = 3 \cdot 5^3 \cdot 7 \cdot 11$

7. a) $3 \mid 62352$ ist wahr, da die Quersumme 18 durch 3 teilbar ist: $18 = 6 \cdot 3$.

   b) $4 \mid 6438722$ ist falsch, da die letzten zwei Ziffern keine durch 4 teilbare Zahl bilden.

2. Rechnen mit Dezimalzahlen

Eine *Dezimalzahl* ist in einem engen Sinne ein als *Kommazahl* geschriebener Dezimalbruch (vgl. S. 69). Es handelt sich also um Zahlen wie beispielsweise –1,7 oder 6,9 oder 0,56. In einem weiteren Sinne handelt es sich bei Dezimalzahlen um reelle Zahlen (vgl. S. 111), die im Dezimalsystem dargestellt sind.

Im Folgenden sollen grundlegende Regeln für das Rechnen mit Kommazahlen anhand von rationalen Zahlen erklärt werden.

Ganze Zahlen und rationale Zahlen

Die Menge $\mathbb{Z}$ der *ganzen Zahlen* umfasst alle ganzen positiven Zahlen +1, +2, +3 ... und alle ganzen negativen Zahlen –1, –2, –3 ... sowie die Zahl 0.
Es ist $\mathbb{Z} := \{..., -2, -1, 0, +1, +2, ...\}$.

Die Menge der natürlichen Zahlen $\mathbb{N}_0$ wurde also um die negativen ganzen Zahlen zu der Menge $\mathbb{Z}$ erweitert. Die negativen Zahlen können als *Gegenzahlen* zu den positiven Zahlen gedeutet werden.

B – 3 ist Gegenzahl zur 3

– 8926 ist Gegenzahl zur 8926

In der Umgangssprache können die negativen ganzen Zahlen verwendet werden, um beispielsweise das Fehlen von Gegenständen oder den Zustand von Geldschulden auszudrücken.

„Ich habe 3 DM Schulden bei der Bank" lässt sich als „ein Guthaben von – 3 DM bei der Bank" beschreiben.

Die Menge $\mathbb{Q}$ der *rationalen Zahlen* sind alle Zahlen der Form $\frac{m}{n}$, mit $m, n \in \mathbb{Z}$ und $n \neq 0$.

Dies bedeutet, dass alle natürlichen Zahlen und alle ganzen Zahlen in den rationalen Zahlen enthalten sind (vgl. Bruchrechnen, S. 59).

2. Rechnen mit Dezimalzahlen

Darüber hinaus sind viele Dezimalzahlen wie 1,5 oder 7,98 oder $1,\bar{4}$ (vgl. Periode, periodische Dezimalbruchentwicklung, S. 69) enthalten. Nicht enthalten in der Menge ℚ sind die *irrationalen Zahlen* (vgl. nicht periodische Dezimalbrüche, S. 111).

Dezimalzahlen

Unser Zahlensystem, das wir täglich verwenden, ist ein *Dezimalsystem*. *Dezimal* bedeutet auf 10 bezogen und *Dezimalsystem* heißt *Zehnersystem*.

Jede Zahl setzt sich aus einer oder mehreren Ziffern zusammen. Jeder Ziffer innerhalb einer Zahl wird ein bestimmter Wert zugemessen, der sich nach der Stelle richtet, an der die Ziffer in der Zahl steht. Der Wert einer Ziffer ist also in einem *Stellenwertsystem* festgelegt:

...	Hunderter	Zehner	Einer	,	Zehntel	Hundertstel	Tausendstel	...
...	10^2	10^1	10^0		10^{-1}	10^{-2}	10^{-3}	
	1	0	3	,	4	0	7	

Die *Ziffern* haben folgende *Werte*:

1 ist der Hunderter
0 ist der Zehner
3 ist der Einer
4 ist das Zehntel
0 ist das Hundertstel
7 ist das Tausendstel

Die verschiedenen Werte beruhen auf den *Stufenzahlen* 1, 10, 100, 1000, ... bzw. 0,1; 0,01; 0,001; ... Die Stufenzahlen sind Potenzen (vgl. S. 42, 115) von 10.

B $1 = 10^0$ $10 = 10^1$ $100 = 10^2$ $1000 = 10^3$

$0{,}1 = 10^{-1}$ $0{,}01 = 10^{-2}$ $0{,}001 = 10^{-3}$

Dadurch bewirkt die Multiplikation mit 10, dass eine Ziffer auf die nächst höhere Stufenzahl gelangt (vgl. Rechnen mit Größen, S. 44).

B $4 \cdot 10 = 40$ $\qquad$ $0{,}07 \cdot 10 = 0{,}7$

Umgekehrt bewirkt die Division mit der 10, dass die Ziffer auf die nächst geringere Stufenzahl gelangt (vgl. Grundrechenarten für positive Dezimalzahlen, S. 35).

B $400 : 10 = 40$ $\qquad$ $0{,}5 : 10 = 0{,}05$

Man zerlegt eine Zahl im Dezimalsystem wie folgt:

B

$$\begin{aligned}103{,}407 &= 1 \cdot 10^2 + 0 \cdot 10^1 + 3 \cdot 10^0 + 4 \cdot 10^{-1} + 0 \cdot 10^{-2} + 7 \cdot 10^{-3}\\ &= 1 \cdot 100 + 0 \cdot 10 + 3 \cdot 1 + 4 \cdot 0{,}1 + 0 \cdot 0{,}01 + 7 \cdot 0{,}001\\ &= 100 + 0 + 3 + 0{,}4 + 0 + 0{,}007\\ &= 103{,}407\end{aligned}$$

Neben dem Zehnersystem gibt es auch das 2er-, 3er-, 4er-System. Diese Systeme beruhen nicht auf 10er-Potenzen, sondern auf 2er-, 3er-, 4er-Potenzen.

Runden von Dezimalzahlen

Nicht immer ist es erforderlich, alle Ziffern einer Zahl rechts vom Komma genau aufzuführen. Wird nur ein Teil der Ziffern aufgeführt, so spricht man vom *Runden*. Ist eine Zahl auf 5 Stellen nach dem Komma genau, so ist die 5. Stelle nach dem Komma gerundet.

Soll eine Zahl auf die n-te Stelle genau sein, so

1. rundet man ab, wenn an der n + 1ten Stelle eine 0, 1, 2, 3, 4 steht
2. rundet man auf, wenn an der n + 1ten Stelle eine 6, 7, 8, 9 steht
3. ist für eine 5 an der n + 1ten Stelle folgende Unterscheidung vorzunehmen:
    1. Ist die 5 die letzte Ziffer der Zahl oder folgt eine weitere von 0 verschiedene Ziffer, wird aufgerundet.
    2. Ist die 5 bereits durch Runden entstanden, wird abgerundet.

2. Rechnen mit Dezimalzahlen

B

1,783	ist auf die 2te Stelle zu runden
1,78	ist auf die 2te Stelle gerundet
1,347	ist auf die 2te Stelle zu runden
1,35	ist auf die 2te Stelle gerundet
1,465 und 1,4651	sind auf die 2te Stelle zu runden

Beide Zahlen haben das gleiche Ergebnis: 1,47 ist auf die 2te Stelle gerundet

Aus der gerundeten 1,235 wird 1,23

Manchmal wird die 5 auch so gerundet, dass an der n-ten Stelle eine gerade Ziffer, also eine 2, 4, 6, 8 steht (aus 2,1565 wird 2,156).

Grundrechenarten für positive Dezimalzahlen

Die *schriftliche Addition* von positiven Dezimalzahlen funktioniert nach den gleichen Regeln wie das Addieren ganzer Zahlen.

B

```
    237,01              23,479
+    15,90          +   22,510
+   822,60          +    0,901
     1 1                1  1
  --------          ---------
   1075,51              46,890
  ========          =========
```

Wie bei der Addition ändert sich das Rechenverfahren auch bei der *schriftlichen Subtraktion* positiver Kommazahlen nicht. Auch bei den positiven Dezimalzahlen ist zu beachten, dass die Summe der Subtrahenden kleiner ist als der Minuend.

B

```
    237,01              23,479
–    15,90          –    2,510
–    22,07          –    0,901
   1 1 1 1                1
  --------          ---------
    199,04              20,068
  ========          =========
```

2. Rechnen mit Dezimalzahlen

Das *schriftliche Multiplizieren* mit positiven Dezimalzahlen geschieht zunächst nach dem bereits bekannten Prinzip.

Um das Komma im Ergebnis richtig zu setzen, zählt man bei den Faktoren die Anzahl der Ziffern, die rechts vom Komma stehen. Die Gesamtanzahl der Ziffern, die bei den Faktoren ermittelt wurde, muss dann im Produkt rechts vom Komma stehen.

B

```
7,35 · 9,2          4,382 · 8,1
-----------         -----------
 6615               35056
  1470                 4382
-----------         -----------
 67,620             35,4942
===========         ===========
```

Die drei Ziffern 3, 5 und 2 stehen bei den Faktoren rechts vom Komma. Also wird beim Produkt das Komma nach der 7 gesetzt, so dass die letzten drei Ziffern des Produkts rechts vom Komma stehen.

B Bei der *schriftlichen Division* erhält man für 776 : 16 in ℕ:

776 = 16 · 48 Rest 8

Für 776 : 16 erhält man mit positiven Dezimalzahlen:

```
  776,0 = 16 · 48,5
- 64
  ---
  136
- 128
  ----
    80
  - 80
    --
     0
```

Mit Dezimalzahlen wird die Rechnung so lange fortgeführt, bis die Differenz 0 ergibt (wie im Beispiel) oder der Quotient periodisch ist, d.h. immer die gleiche Ziffer bzw. Ziffernfolge im Quotienten auftritt. Deshalb wird – sollte der Bedarf bestehen – im Dividenden ein Komma und eine Null angehängt. Aus 776 : 16 wird 776,0 : 16. Im Quotienten wird ebenfalls das Komma notiert und die Aufgabe wird – wie bisher – zu Ende berechnet.

Ist im Divisor ein Komma enthalten, multipliziert man den Divisor mit einer geeigneten Zahl (10 oder 100 oder 1000 ...), so dass er ganzzahlig wird. Der Dividend wird mit derselben Zahl multipliziert, dann erst kann die Division ausgeführt werden.

B Aus 978 : 3,6 wird durch Multiplikation mit 10 9780 : 36.

Das Ergebnis ändert sich nicht durch die Umrechnung (vgl. Erweitern von Brüchen, S. 63).

Ist der Divisor größer als der Dividend, so ist der Quotient kleiner als 1 und größer als 0.

B

$$\begin{array}{rl} 1 & = 4 \cdot 0,25 \\ 10 & \\ -\ 8 & \\ \hline 20 & \\ -\ 20 & \\ \hline 0 & \end{array} \qquad \begin{array}{rl} 14 & = 28 \cdot 0,5 \\ 140 & \\ -\ 140 & \\ \hline 0 & \end{array}$$

Die Division beginnt in diesem Falle damit, dass im Quotienten eine „0", notiert wird und der Dividend mit 10 multipliziert wird (2. Zeile in der obigen Rechnung). Danach wird die Division wie bisher durchgeführt.

Rechnen mit rationalen Zahlen

Das Rechnen mit rationalen Zahlen folgt von der Methode den bisher dargestellten Rechnungen. Neu hinzu kommen jedoch die *Vorzeichenregeln*. Für die Addition von zwei rationalen Zahlen a, b gilt allgemein:

1. $(+a) + (+b) = +(a + b)$
2. $(-a) + (-b) = -(a + b)$
3. $(+a) + (-b) = \begin{cases} +(a-b), & \text{falls } b < a \\ 0, & \text{falls } b = a \\ -(b-a), & \text{falls } a < b \end{cases}$
4. $(-a) + (+b) = \begin{cases} -(a-b), & \text{falls } b < a \\ 0, & \text{falls } b = a \\ +(b-a), & \text{falls } a < b \end{cases}$

B

Es ist also:

1. $(+2) + (+5) = +(+7) = 7$
2. $(-2) + (-5) = -(+7) = -7$
3. $(+5) + (-2) = +(+3) = 3$
   $(+5) + (-5) = 0$
   $(+2) + (-5) = -(+3) = -3$
4. $(-5) + (+2) = -(+3) = -3$
   $(-5) + (+5) = 0$
   $(-2) + (+5) = +(+3) = 3$

Das Subtrahieren einer rationalen Zahl ist wie das Addieren der Gegenzahl. Aus der Subtraktion mit einer 3

$+5 - (+3) = (+2)$

wird die Addition mit einer Gegenzahl:

$+5 + (-3) = (+2)$

Allgemein gilt:

1. $(+a) - (-b) = +(a + b)$
2. $(-a) - (+b) = -(a + b)$
3. $(+a) - (+b) = \begin{cases} +(a-b), & \text{falls } b < a \\ 0, & \text{falls } b = a \\ -(b-a), & \text{falls } a < b \end{cases}$
4. $(-a) - (-b) = \begin{cases} -(a-b), & \text{falls } b < a \\ 0, & \text{falls } b = a \\ +(b-a), & \text{falls } a < b \end{cases}$

2. Rechnen mit Dezimalzahlen

B Es ist also:

1. $(+2) - (-5) = +(+7) = 7$
2. $(-2) - (+5) = -(+7) = -7$
3. $(+5) - (+2) = +(+3) = 3$
   $(+5) - (+5) = 0$
   $(+2) - (+5) = -(+3) = -3$
4. $(-5) - (-2) = -(+3) = -3$
   $(-5) - (-5) = 0$
   $(-2) - (-5) = +(+3) = 3$

Die folgenden *Vorzeichenregeln* gelten sowohl für die Multiplikation wie auch für die Division.

Bei der Division mit rationalen Zahlen ist zu beachten, dass für $a \in \mathbb{Q}$ und 0 gilt:

$0 : a = 0$
$a : 0 =$ nicht definiert
$0 : 0 =$ nicht definiert

Sind a, b natürliche Zahlen, so gilt:

1. $(+a) \cdot (+b) = +(a \cdot b)$
2. $(+a) \cdot (-b) = -(a \cdot b)$
3. $(-a) \cdot (+b) = -(a \cdot b)$
4. $(-a) \cdot (-b) = +(a \cdot b)$

B Für die Zahlen $a = 2$ und $b = 3$ erhält man nach den Regeln der Multiplikation:

1. $(+2) \cdot (+3) = +(2 \cdot 3) = +6$
2. $(+2) \cdot (-3) = -(2 \cdot 3) = -6$
3. $(-2) \cdot (+3) = -(2 \cdot 3) = -6$
4. $(-2) \cdot (-3) - +(2 \cdot 3) = +6$

Aufgaben

1. Wie lautet die Gegenzahl zu

   a) 97 b) – 869 c) – 0,789 d) 39

2. a) $3 \cdot 10^4 + 5 \cdot 10^3 + 0 \cdot 10^2 + 1 \cdot 10^1 + 4 \cdot 10^0 =$

   b) $1 \cdot 10^0 + 1 \cdot 10^{-1} + 9 \cdot 10^{-2} =$

3. Folgende Dezimalzahlen sollen gerundet werden:

   a) Auf die 4. Stelle genau: 97,897651 b) Auf die 1. Stelle genau: 0,17

   c) Auf die 2. Stelle genau: 0,771 d) Auf die 3. Stelle genau: 7,66121

4. Addition:

   a) 1,78 + 17,01 b) 1,00 + 0,19 c) 2,56 + 3,67 d) 14,98 + 9,32

5. Subtraktion:

   a) 1,78 – 1,01 b) 27,18 – 1,77 – 9,78 c) 15,36 – 6,48 d) 75,69 – 0,15 – 24,96

6. Multiplikation:

   a) $7{,}68 \cdot 71 =$ b) $86{,}7 \cdot 1{,}1 =$ c) $1{,}356 \cdot 2{,}25 =$ d) $23{,}486 \cdot 12{,}69 =$

7. Division:

   a) 86 : 430 = b) 9 : 4 = c) 25 : 1250 = d) 81 : 36 =

8. a) (+ 15) – (+ 7) b) (+ 4) + (– 27) = c) (– 18) – (– 27) = d) (– 3) + (– 14) =

9. a) $(-11) \cdot (+3) =$ b) $(+15) \cdot (-2) =$ c) (+ 18) : (– 6) = d) (– 21) : (– 3) =

Lösungen

1. a) – 97 b) + 869 c) + 0,789 d) – 39

2. a) $3 \cdot 10^4 + 5 \cdot 10^3 + 0 \cdot 10^2 + 1 \cdot 10^1 + 4 \cdot 10^0 = 35014$

   b) $1 \cdot 10^0 + 1 \cdot 10^{-1} + 9 \cdot 10^{-2} = 1{,}19$

3. a) 97,8977 b) 0,2 c) 0,77 d) 7,661

4. a)
```
   1,78
+ 17,01
  18,79
```
b)
```
  1,00
+ 0,19
  1,19
```
c)
```
  2,56
+ 3,67
  6,23
```
d)
```
  14,98
+  9,32
  24,30
```

5. a)
```
  1,78
– 1,01
  0,77
```
b)
```
  27,18
–  1,77
–  9,78
  15,63
```
c)
```
  15,36
–  6,48
   8,88
```
d)
```
  75,69
–  0,15
– 24,96
  50,58
```

6. a)
```
7,6 8 · 7 1
  5 3 7 6
      7 6 8
  5 4 5,2 8
```
b)
```
8 6,7 · 1,1
    8 6 7
      8 6 7
    9 5,3 7
```
c)
```
1,3 5 6 · 2,2 5
    2 7 1 2
      2 7 1 2
        6 7 8 0
    3,0 5 1 0 0
```
d)
```
2 3,4 8 6 · 1 2,6 9
    2 3 4 8 6
      4 6 9 7 2
      1 4 0 9 1 6
          2 1 1 3 7 4
    2 9 8,0 3 7 3 4
```

7. a) 86 : 430 = 0,2 b) 9 : 4 = 2,25 c) 25 : 1250 = 0,02 d) 81 : 36 = 2,25

8. a) (+15) – (+ 7) = (+ 8) b) (+4) + (–27) = (– 23)

   c) (–18) – (– 27) = (+ 9) d) (–3) + (–14) = (– 17)

9. a) (–11) · (+ 3) = (– 33) b) (+15) · (–2) = (– 30)

   c) (+18) : (– 6) = (– 3) d) (–21) : (–3) = (+ 7)

3. Rechnen mit Größen

Bei vielen Rechnungen im Alltag werden Größen verwendet: 7 Kilogramm, 19 Millimeter oder auch 8 Liter. Das Rechnen mit den Größen ist oft nur dann schwierig, wenn eine Maßeinheit umgerechnet werden muss. „Wie viel Liter sind ein Milliliter?" oder muss es heißen „Wie viel Milliliter sind ein Liter?"

Um diese Frage korrekt zu beantworten, benötigt man nur wenig Basiswissen, welches auf den nächsten Seiten dargestellt ist. Auch die Regeln des Um- und Zusammenrechnens von Größen werden beschrieben.

Größen

Eine *Größe* besteht aus einer *Maßzahl* und einer *Maßeinheit*:

B 7 kg — 7 ist die Maßzahl und kg (Kilogramm) ist die Maßeinheit.

Für 7 kg kann auch 7000 g geschrieben werden. Beide Größen bezeichnen bei unterschiedlichen Maßzahlen und Maßeinheiten das gleiche Gewicht.

Viele Maßeinheiten beruhen auf einer Art Grundgröße, die um ein Vielfaches variiert wird. Diese Vielfachen einer Maßeinheit werden mit Hilfe von Vorsilben und dazugehörenden Abkürzungen oder mit positiven bzw. negativen Zehnerpotenzen, Potenzen mit der Basis 10, (vgl. Potenzen, S. 42, 115) ausgedrückt.

B 1 Meter ist die Grundgröße eines Längenmaßes.

1 Kilometer = 1 km = $1 \cdot 10^3$ m ist eine Variation des Grundmaßes Meter.

1 Millimeter = 1mm = $1 \cdot 10^{-3}$ m ist eine andere Variation des Grundmaßes Meter.

1 Liter ist die Grundgröße eines Hohlmaßes.

1 Zentiliter = 1 cl = $1 \cdot 10^{-2}$ l ist eine Variation des Grundmaßes Liter.

1 Hektoliter = 1 hl = $1 \cdot 10^{2}$ l ist eine andere Variation des Grundmaßes Liter.

3. Rechnen mit Größen

Maßeinheiten und Maßzahlen

Um sich die Maße auf den folgenden Seiten besser einprägen zu können, sollten die hier aufgeführten Angaben geläufig sein:

Vorsilben	Abkürzungen	Zehnerpotenzen
Atto	a	10^{-18}
Femto	f	10^{-15}
Piko	p	10^{-12}
Nano	n	10^{-9}
Mikro	µ	10^{-6}
Milli	m	10^{-3}
Zenti	c	10^{-2}
Dezi	d	10^{-1}
Deka	da	10^{1}
Hekto	h	10^{2}
Kilo	k	10^{3}
Mega	M	10^{6}
Giga	G	10^{9}
Tera	T	10^{12}
Peta	P	10^{15}
Exa	E	10^{18}

Maßzahlen variieren in ihrer Größe sehr stark. Oft wäre es sehr umständlich immer dieselbe Maßeinheit zu verwenden. Deshalb verwendet man Vorsilben für Maßzahlen, z. B. 200 km statt 200 000 m.

Besonders wichtig sind die folgenden in der Tabelle aufgelisteten Zusammenhänge:

Abkürzung	Vorsilbe	Vorsilbe deutsch	Zehnerzahl	Dezimalbruch	Zehnerpotenz
m	Milli	Tausendstel	$\frac{1}{1000}$	0,001	10^{-3}
c	Zenti	Hundertstel	$\frac{1}{100}$	0,01	10^{-2}
d	Dezi	Zehntel	$\frac{1}{10}$	0,1	10^{-1}
Grundgröße z. B. Meter, Gramm, Liter		Einer	1	1	10^{0}
k	Kilo	Tausender	1000	1000	10^{3}

In einer Zeile stehen fünf Entsprechungen einer Angabe. Diese fünf Entsprechungen sind im Beispiel farbig gedruckt:

B

4 mm sind

4 Millimeter sind

vier tausendstel Meter sind

$4 \cdot \frac{1}{1000}$ Meter sind

$4 \cdot$ 0,001 m sind

$4 \cdot 10^{-3}$ m.

Ausgehend von dieser Tabelle erhält man durch einfaches Einsetzen von Zahlen für Vorsilben:

B

1 **Kilo**gramm = 1 · **1000** Gramm = ein**tausend** Gramm

1 **Milli**liter = 1 · 10^{-3} Liter = ein **tausendstel** Liter

3. Rechnen mit Größen

Beim Umrechnen ist darauf zu achten, dass

1. von einer kleinen zur großen Einheit zu dividieren ist

	↑ 0,000001 km
: 1000	0,001 m
	1 mm

2. von einer großen zur kleinen Einheit zu multiplizieren ist

	0,000001 km
· 1000	0,001 m
	↓ 1 mm

Längenmaße

Längen werden üblicherweise in *Metern* (m) bzw. in den Variationen von Metern angegeben. Gebräuchliche Längenmaße sind: *Kilometer* (km), *Dezimeter* (dm), *Zentimeter* (cm) und *Millimeter* (mm).

Der Zusammenhang zwischen den Maßeinheiten ist:

1 km = 1000 m	oder	1 m = 0,001 km
1 m		
1 dm = 0,1 m	oder	1 m = 10 dm
1 cm = 0,01 m	oder	1 m = 100 cm
1 mm = 0,001 m	oder	1 m = 1000 mm

B Man rechnet leicht um:

37 km = 37.000 m = 370.000 dm
0,9 m = 9 dm = 90 cm = 900 mm
7 mm = 0,7 cm = 0,07 dm
3 µm = 0,003 mm = 0,0003 cm

Flächenmaße

Maßeinheiten für Flächen sind *Quadratmeter* (m^2), *Quadratdezimeter* (dm^2), *Quadratzentimeter* (cm^2), *Quadratmillimeter* (mm^2), *Quadratkilometer* (km^2) und bei großen Flächen – überwiegend bei Grundstücken – verwendet man noch *Ar* (a) und *Hektar* (ha).

B Mit 1 Quadratmeter ist der Inhalt einer Fläche beschrieben, der einem Quadrat mit den Seitenlängen von je 1 m entspricht.

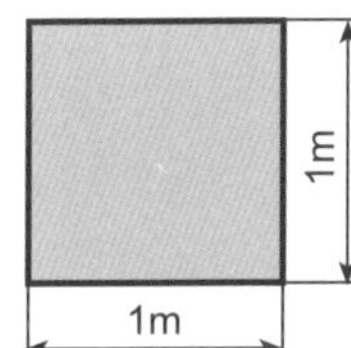

Entsprechend sind auch die anderen Flächenmaße durch beispielsweise $1\ mm \cdot 1\ mm = 1\ mm^2$ festgelegt. Die Beziehungen zwischen den Flächenmaßen sind:

$1\ km^2 = 1.000.000\ m^2$	oder	$1\ m^2 = 0{,}000001\ km^2$
$1\ ha = 10.000\ m^2$	oder	$1\ m^2 = 0{,}0001\ ha$
$1\ a = 100\ m^2$	oder	$1\ m^2 = 0{,}01\ a$
$1\ m^2$		
$1\ dm^2 = 0{,}01\ m^2$	oder	$1\ m^2 = 100\ dm^2$
$1\ cm^2 = 0{,}0001\ m^2$	oder	$1\ m^2 = 10.000\ cm^2$
$1\ mm^2 = 0{,}000001\ m^2$	oder	$1\ m^2 = 1.000.000\ mm^2$

B Man rechnet um wie folgt:

$3\ a = 0{,}03\ ha$

$65\ m^2 = 0{,}65\ a$

$367\ cm^2 = 0{,}0367\ m^2$

$40\ m^2 = 0{,}00004\ km^2$

3. Rechnen mit Größen

Raummaße

Maßeinheiten für Räume sind *Kubikmeter* (m^3), *Kubikdezimeter* (dm^3), *Kubikzentimeter* (cm^3). Die *Raummaße* sind analog zu den Längen- und zu den Flächenmaßen angelegt.

B Mit 1 Kubikmeter ist der Inhalt eines Würfels mit den Kantenlängen von je 1 m beschrieben.

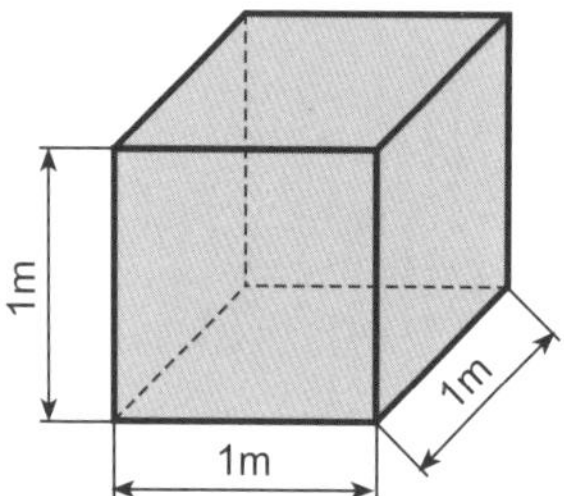

Entsprechend sind auch die anderen Raummaße durch beispielsweise
$1\ mm \cdot 1\ mm \cdot 1\ mm = 1\ mm^3$ festgelegt. Die Beziehungen zwischen den Raummaßen sind:

$1\ km^3 = 1.000.000.000\ m^3$	oder	$1\ m^3 = 0{,}000000001\ km^3$
$1\ m^3$		
$1\ dm^3 = 0{,}001\ m^3$	oder	$1\ m^3 = 1000\ dm^3$
$1\ cm^3 = 0{,}000001\ m^3$	oder	$1\ m^3 = 1.000.000\ cm^3$
$1\ mm^3 = 0{,}000000001\ m^3$	oder	$1\ m^3 = 1.000.000.000\ mm^3$

B Man rechnet wie folgt um:

$87\ dm^3 = 87.000.000\ mm^3$
$967\ m^3 = 967.000\ dm^3$
$13\ km^3 = 13.000.000.000\ m^3$
$127\ cm^3 = 127.000\ mm^3$

Hohlmaße

Ein *Liter* entspricht einem *Kubikdezimeter*. Wird, wie es beim Liter der Fall ist, ein Raummaß zum Abmessen einer Flüssigkeit genommen, spricht man von einem *Hohlmaß*.

Die Maßeinheit Liter (l) wird oft auch in Form von *Hektoliter* (hl), *Dekaliter* (dal), *Deziliter* (dl), *Zentiliter* (cl) und *Milliliter* (ml) verwendet.

1 hl = 100 l	oder	1 l = 0,01 hl
1 dal = 10 l	oder	1 l = 0,1 dal
1 l		
1 dl = 0,1 l	oder	1 l = 10 dl
1 cl = 0,01 l	oder	1 l = 100 cl
1 ml = 0,001 l	oder	1 l = 1000 ml

B Man rechnet um: 9076 l = 90,76 hl
0,635 l = 635 ml

Gewichtsmaße

Gewicht wird in *Gramm* (g) bzw. in den Variationen *Kilogramm* (kg), *Milligramm* (ml) und *Tonne* (t) angegeben. In der Umgangssprache werden noch 1 *Zentner* für 50 kg und 1 *Pfund* für 500 g verwendet – als offizielle Maßeinheiten wurden sie jedoch abgeschafft.

Es ist

1 t = 1.000.000 g	oder	0,000001 t = 1 g
1 kg = 1000 g	oder	0,001 kg = 1 g
1 g		
1 mg = 0,001 g	oder	1000 mg = 1 g

B Man rechnet um: 0,476 kg = 476 g
0,220 g = 220 mg

Zeitmaße

Die Zeitmaße sind nicht im *Dezimalsystem* angelegt, wie die bisher genannten Maße. Aus diesem Grunde werden Zeitangaben in der Regel nicht umgerechnet. Eine Ausnahme bilden hier die Sekunden. Diese werden bei Wettkämpfen (Laufen, Schwimmen, Rad fahren ...) in Zehntel- und Hundertstelsekunden unterteilt.

Zeiteinheiten sind *Sekunde* (s), *Minute* (min), *Stunde* (h), *Tag* (d) und ohne Abkürzungen sind *Monat* und *Jahr*. Es ist

60 s = 1 min
60 min = 1 h
24 h = 1 d

Ein Monat besteht entweder aus 28 oder aus 30 oder aus 31 Tagen (lediglich im Schaltjahr hat der Februar 29 Tage). Ein Jahr wiederum besteht aus 12 Monaten. Um das Berechnen von Zinsen und anderem zu vereinfachen, wurde ein *Bankenjahr* eingeführt (vgl. Zinsrechnung, S. 103). Dieses Bankenjahr besteht aus 12 Monaten, wobei jeder Monat genau 30 Tage, ein Jahr also insgesamt 360 Tage hat.

Rechenregeln für Größen

Werden mehrere Größen berechnet, müssen diese die gleiche Maßeinheit haben. Ist dies nicht der Fall, so müssen die Maßeinheiten zunächst vereinheitlicht werden.

B Aus 4 kg + 350 g wird 4000 g + 350 g oder 4 kg + 0,35 kg

Bei der Addition und der Subtraktion von Größen werden die Maßzahlen addiert bzw. subtrahiert und die Maßeinheit bleibt erhalten.

B 2,5 kg + 5,9 kg = 8,4 kg 4,7 m – 2,01 m = 2,69 m

3. Rechnen mit Größen

Bei der Multiplikation von Größen werden jeweils die Maßzahlen und jeweils die Maßeinheiten multipliziert.

Bildet man das Vielfache einer Größe, so wird das Vielfache mit der Maßzahl multipliziert und die Größe bleibt erhalten.

B

$2\text{ m} \cdot 4\text{ m} \cdot 5\text{ m} = 2 \cdot 4 \cdot 5 \cdot \text{m} \cdot \text{m} \cdot \text{m} = 40\text{ m}^3$

$3 \cdot 7\text{ h} = 21\text{ h}$

Bei der Division zweier Größen wird der Quotient der Maßzahlen gebildet und die Maßeinheit wird gekürzt (vgl. Kürzen, S. 63).

Ist der Dividend eine Größe und der Divisor eine beliebige Zahl ungleich Null, so wird der Quotient aus Dividend und Divisor berechnet und die Maßeinheit bleibt erhalten.

B

$12\text{ kg} : 4\text{ kg} = 3$ $\qquad$ $36\text{ s} : 4 = 9\text{ s}$

Aufgaben

1. Die folgenden Größen sind in die angegebenen Maßeinheiten umzurechnen:

a) 7 km = m $\qquad$ d) 1dm = km

b) 40 mg = g $\qquad$ e) 971 ml = l

c) 70 m^3 = km^3 $\qquad$ f) 78 m^2 = a

2. a) 78 mm + 971 mm = mm $\qquad$ d) 1 l – 1 dl = l

b) 91 s + 73 s = s $\qquad$ e) 1 mg + 50 g = g

c) 2 dm + 7 dm = dm $\qquad$ f) 2 km – 91 m = m

3. a) $2\text{ m} \cdot 2\text{ m} =$ $\qquad$ d) 33 kg : 11 kg =

b) $4 \cdot 97\text{ ml} =$ $\qquad$ e) $1\text{ km} \cdot 7\text{ m} =$

c) 60 s : 4 = $\qquad$ f) 21 dm : 7 cm =

3. Rechnen mit Größen

Lösungen

1. Die Umrechnungen der Maßeinheiten erfolgen wie auf den vorhergehenden Seiten angegeben:

   a) 7 km = 7000 m

   b) 40 mg = 0,04 g

   c) 70 m^3 = 0,00000007 km^3

   d) 1 dm = 0,0001 km

   e) 971 ml = 0,971 l

   f) 78 m^2 = 0,78 a

2. Man erhält mit Hilfe der Rechenregeln:

   a) 78 mm + 971 mm = 1049 mm

   b) 91 s + 73 s = 164 s

   c) 2 dm + 7 dm = 9 dm

   d) 1 l – 1 dl = 1 l – 0,1 l = 0,9 l

   e) 1 mg + 50 g = 0,001 g + 50 g = 50,001 g

   f) 2 km – 91 m = 2000 m – 91 m = 1909 m

3. Mit Hilfe der Rechenregeln erhält man folgende Ergebnisse:

   a) 2 m · 2 m = 4 m^2

   b) 4 · 97 ml = 388 ml

   c) 60 s : 4 = 15 s

   d) 33 kg : 11 kg = 3

   e) 1 km · 7 m = 1000 m · 7 m = 7000 m^2 oder
   1 km · 7 m = 1 km · 0,007 km = 0,007 km^2

   f) 21 dm : 7 cm = 210 cm : 7 cm = 30

4. Terme

Terme werden im Alltag öfter verwendet als es zunächst den Anschein hat.

Inken sagt: „Mein Gepäck darf noch um 2 kg schwerer werden, ohne dass ich die von der Fluggesellschaft erlassene Höchstgrenze von 20 kg für das Gewicht von Gepäck überschreite."

Im mathematischen Sinne ist dies eine Aussage über das Gewicht des Gepäcks, wobei zwei Terme mit einem Kleiner-Gleich-Zeichen (≤) verbunden sind:

Gewicht des Gepäcks + 2 kg ≤ 20 kg

Was ein Term ist und welche Regeln beim Rechnen mit Termen zu beachten sind, ist in diesem Kapitel dargestellt. Dazu zählt insbesondere die Kenntnis über den korrekten Umgang mit Klammern.

Terme

Ein *Term* ist eine sinnvoll verknüpfte mathematische Zeichenreihe, kann aber auch eine einzelne Zahl oder *Variable* (Platzhalter, oft als kleiner römischer oder griechischer Buchstabe angegeben) sein.

B

Terme ohne Variablen sind:

1 $1 + 2$ $3 : 7$

Terme mit Variablen (hier im Beispiel: x und c) sind:

x $1 + x$ $3x + 7$ $5x - c$

Keine Terme sind:

$2 = 7$ $6x \cdot 5 > 9$

Die beiden letzten Beispiele sind *Aussagen*. Eine Aussage ist ein Satz, der wahr oder falsch ist. Sie entsteht beispielsweise, wenn zwei Terme durch eines der Zeichen >, <, = bzw. eine Kombination der Zeichen (≤ ; ≥) (vgl. S. 20) verbunden sind.

Jeder Term setzt sich aus einem oder mehreren Elementen zusammen. Diese Elemente entstammen der Definitionsmenge (vgl. S. 134). Ist in einem Term eine Variable enthalten, so ist sie ein Platzhalter für ein Element aus der Definitionsmenge. Beim

4. Terme

Einsetzen eines Elements aus der Definitionsmenge für die Variable geht der Term in ein Element der Definitionsmenge über (zur Problematik von Definitionsbereich und Termen vgl. Bruchterme, S. 240, 244).

B Der Term $3 + (14 : x)$ enthält eine Variable $x \in \mathbb{Q} \setminus \{0\}$. $\mathbb{Q}$ wäre dann ein gültiger Definitionsbereich, wenn alle Elemente aus $\mathbb{Q}$ in den Term eingesetzt wieder ein Element aus $\mathbb{Q}$ ergeben. Jedoch darf die 0 nicht in den Term eingesetzt werden, da $7 : 0$ nicht definiert ist (vgl. Bruchterme, S. 247), weshalb die 0 aus der Definitionsmenge ausgenommen ist.

Für $x = 2$:

$3 + (14 : 2) = 3 + (7) = 10$

Für $x = 0$:

$3 + (14 : 0) =$ nicht definiert!

Rechnen mit Klammern

Klammern legen die Reihenfolge fest, in welcher die auftretenden Rechenoperationen durchzuführen sind. Sie werden verwendet, um einen mathematischen Ausdruck oder Term eindeutig zu formulieren.

In der Mathematik gibt es die Übereinkunft, dass eine Zahl ohne ein näher bezeichnetes Vorzeichen und ohne Klammer eine positive Zahl ist.

B Es ist: $(+3) = +3 = 3$

Das Vorzeichen einer negativen Zahl wird jedoch immer angegeben, muss aber nicht immer in Klammern geschrieben werden. Die Klammern sollten aber gesetzt werden, um Missverständnisse zu vermeiden:

B Es ist: $(-3) = -3$

Eine weitere Vereinfachung der Schreibweise wird bei der Multiplikation mit einer 1 vorgenommen.

B Aus $(-1) \cdot (+5)$ wird -5.

Hier werden zwei Umstände ausgenutzt:

1. Die Vorzeichenregeln der Multiplikation (vgl. S. 38): $(+a) \cdot (-b) = -(a \cdot b)$
2. Die Multiplikation mit der 1 bewirkt keine Veränderung im Ergebnis: $1 \cdot a = a$

Der Malpunkt zwischen einer Zahl und einer Variablen kann entfallen. Auch zwischen zwei Variablen muss kein Malpunkt gesetzt werden – wohl aber zwischen zwei Zahlen!

B $1 \cdot a = a$ $a \cdot b = ab$ aber: $3 \cdot 5$ ist ungleich 35

Beim Rechnen mit positiven und negativen Zahlen wird zwischen einem *Rechenzeichen* und einem *Vorzeichen* unterschieden.

B $(+5) - (+2) = (+3)$

Die Pluszeichen sind Vorzeichen. Sie gehören zur Zahl und zeigen an, ob es sich um eine positive oder negative Zahl handelt. Das Minuszeichen ist ein Rechenzeichen. Es steht zwischen zwei Zahlen und gibt an, welche Rechenoperation mit den Zahlen auszuführen ist. Aber wie bereits dargestellt, können Klammerausdrücke vereinfacht werden.

So wird aus

$(+2) - (+5) =$	
$(+2) - 5 =$	Rechenzeichen und Vorzeichen wurden zusammengezogen.
$2 - 5 =$	Das Vorzeichen der ersten Zahl entfällt.
-3	Im Ergebnis ist das Vorzeichen ohne Klammer aufgeführt.

Man beachte: $-(+2) - (+5) = -2 - 5 = -7$

Mit den folgenden Rechengesetzen lassen sich weitere Möglichkeiten für das Setzen von Klammern ableiten. Es gilt in $\mathbb{R}$ (vgl. reelle Zahlen, S. 111) und damit auch in $\mathbb{Q}$:

4. Terme

$a + b = b + a$
Kommutativgesetz (Vertauschungsregel) der Addition

$a \cdot b = b \cdot a$
Kommutativgesetz (Vertauschungsregel) der Multiplikation

$(a + b) + c = a + (b + c)$
Assoziativgesetz (Beklammerungsregel) der Addition

$(a \cdot b) \cdot c = a \cdot (b \cdot c)$
Assoziativgesetz (Beklammerungsregel) der Multiplikation

$a \cdot (b + c) = a \cdot b + a \cdot c$
Distributivgesetz (Verteilungsregel)

B

Mit dem Kommutativgesetz ist also:

1. $2 + 4 = 4 + 2 = 6$
2. $2 - 4 = -4 + 2 = -2$
3. $3 \cdot 4 = 4 \cdot 3 = 12$
4. $1 : 3 = \frac{1}{3} \cdot 1 = \frac{1}{3}$ (vgl. Division von Brüchen, S. 67)

Mit dem Assoziativgesetz ist also:

1. $(3 + 4) + 5 = (7) + 5 = 12$
   gleich mit
   $3 + (4 + 5) = 3 + (9) = 12$
2. $(3 \cdot 4) \cdot 5 = (12) \cdot 5 = 60$
   gleich mit
   $3 \cdot (4 \cdot 5) = 3 \cdot (20) = 60$

Mit dem Distributivgesetz ist

$3 \cdot (2 + 5) = 3 \cdot (7) = 21$
gleich mit
$3 \cdot 2 + 3 \cdot 5 = 6 + 15 = 21$

Im Distributivgesetz ist die Reihenfolge enthalten, in welcher zu rechnen ist.

Es gilt:

1. Klammerrechnung geht vor Punktrechnung.
2. Punktrechnung geht vor Strichrechnung.

B

1. $3 \cdot (4 + 7) = 3 \cdot (11) = 33$
2. $3 \cdot 4 + 7 = 12 + 7 = 19$

Dies bedeutet:

1. Zuerst wird berechnet, was in der Klammer steht.
2. Dann wird die Multiplikation/Division durchgeführt.
3. Zum Schluss wird die Addition/Subtraktion durchgeführt.

Sind in einem Term, der nur Punktrechnungen oder nur Strichrechnungen enthält, keine Klammern gesetzt, dann wird von links nach rechts gerechnet.

B

$6 \cdot 7 : 2 = 42 : 2 = 21$

$3 + 8 - 5 = 11 - 5 = 6$

Sind mehrere Klammern ineinander verschachtelt, wird von der inneren zur äußeren Klammer gerechnet.

B

$$\begin{aligned}
&(3 + (7 - (5 + 2))) \\
&= (3 + (7 - 7)) \\
&= (3 + 0) \\
&= 3
\end{aligned}$$

$$\begin{aligned}
&-(10 - (-2)) \\
&= -(10 + 2) \\
&= -12
\end{aligned}$$

4. Terme

Rechnen mit Termen

Sind in einem *Term* zwei oder mehr Variablen enthalten, so gilt bei der Addition und bei der Subtraktion:

B $a + b + c = a + b + c$

Die Variablen können nicht zusammengefasst werden. Aber ein Term mit drei gleichen Variablen wird zusammengefasst:

B $a + 3a + 5a = a + (a + a + a) + (a + a + a + a + a) = 9a$

Sind in einem Term zwei oder mehr Variablen enthalten, so gilt bei der Multiplikation und bei der Division:

B $7a \cdot 3b = 7 \cdot 3 \cdot a \cdot b = 21ab$

$2a \cdot 4a = 2 \cdot 4 \cdot a \cdot a = 8a^2$

Gleiches gilt für die Division (zu den Regeln für das Kürzen vgl. S. 63)

> Zwei Terme A und B dürfen addiert, subtrahiert und multipliziert werden. Auch die Division zweier Terme A : B ist möglich, wenn B ungleich 0 ist.

B Sei $A := 3 + 7$ und $B := 4 \cdot 5$

dann ist

$$A + B = (3 + 7) + (4 \cdot 5) = 10 + 20 = 30$$

$$A - B = (3 + 7) - (4 \cdot 5) = 10 - 20 = -10$$

$$A \cdot B = (3 + 7) \cdot (4 \cdot 5) = 10 \cdot 20 = 200$$

$$A : B = (3 + 7) : (4 \cdot 5) = 10 : 20 = 0{,}5$$

Das Rechnen mit Termen findet häufig Anwendung beim Lösen von Gleichungen (vgl. S. 133) und Ungleichungen (vgl. S. 195). Dabei ist eine oft angewandte Methode die des Umschreibens eines Terms. Häufig kann ein gemeinsamer Faktor vor die Klammer geschrieben werden.

B

1. $3ax + 7x = x\,(3a + 7)$
2. $2x + 78 = 2\,(x + 39)$
3. $x^2 + x = x \cdot x + x = x\,(x + 1)$

Wie bereits zu Anfang dieses Kapitels dargestellt, können mehrere Terme zu einer Aussage verknüpft werden. Die Vorgehensweisen zur Überprüfung dieser Aussagen – handelt es sich um eine wahre oder falsche Aussage – wird in den Kapiteln über Gleichungen und Ungleichungen behandelt (vgl. ab S. 133).

Aufgaben

1. a) $7\,(23 - 25) =$ b) $3 + 7 \cdot 5 =$
   c) $(3 + 7) \cdot 5 =$ d) $2 \cdot 6 - 4 \cdot 3 =$
2. a) $3a + 4a =$ b) $3c \cdot c =$
   c) $15d - 9f + 7d + 12f =$ d) $28d : 4 =$
3. Die Klammern sind erst aufzulösen und anschließend zusammenzurechnen:
   a) $(17b + 7b) : 8 =$ b) $2\,(5 - 3x) =$
   c) $9j\,(5k - 2) =$ d) $-(4i + 6) =$
4. Die Terme sind so weit wie möglich zusammenzufassen:
   a) $7a + 63b =$ b) $4c - 12d + 16cd =$
   c) $h \cdot h + h =$ d) $5f + 8j - 35h - 5\,(f - 7h) - 2\,(4j) =$
5. Die Terme sollen zuerst ausmultipliziert und dann zusammengefasst werden:
   a) $2c\,(5b\,(2f - 7)) =$
   b) $3m - (4x\,(-6y + 3n)) + 2\,(6xn) - 15xy =$

4. Terme

Lösungen

1. a) $7\,(23 - 25) = 7\,(-2) = -14$
   b) $3 + 7 \cdot 5 = 3 + 35 = 38$
   c) $(3 + 7) \cdot 5 = (10) \cdot 5 = 50$
   d) $2 \cdot 6 - 4 \cdot 3 = 12 - 12 = 0$

2. a) $3a + 4a = 7a$
   b) $3c \cdot c = 3\,c^2$
   c) $15d - 9f + 7d + 12f = 15\,d + 7d - 9f + 12f = 22d + 3f$
   d) $28d : 4 = 7d$

3. a) $(17b + 7b) : 8 = (24b) : 8 = 3b$
   b) $2\,(5 - 3x) = 10 - 6x$
   c) $9j\,(5k - 2) = 45jk - 18j$
   d) $-\,(4i + 6) = -\,4i - 6$

4. a) $7a + 63b = 7\,(a + 9b)$
   b) $4c - 12d + 16cd$
   $= 4\,(c - 3d + 4\,cd)$
   $= 4\,(c + 4cd - 3d)$
   $= 4\,(c\,(1 + 4d) - 3d)$
   c) $h \cdot h + h = h\,(h + 1)$
   d) $5f + 8j - 35h - 5\,(f - 7h) - 2\,(4j)$
   $= 5f + 8j - 35h - 5f + 35h - 8j$
   $= 5f - 5f + 8j - 8j - 35h + 35h = 0$

5. a) $2c\,(5b\,(2f - 7))$
   $= 2c\,(10bf - 35b)$
   $= 20cbf - 70cb$
   $= 10b\,(2cf - 7c)$
   $= 10bc\,(2f - 7)$
   b) $3m - (4x\,(-\,6y + 3n)) + 2\,(6xn) - 15xy$
   $= 3m - (-\,24xy + 12xn) + 12xn - 15\,xy$
   $= 3m + 24xy - 12xn + 12xn - 15xy$
   $= 3m + 9xy$
   $= 3\,(m + 3xy)$

5. Bruchrechnung

Bruchzahlen dienen dazu, Teile eines Ganzen zu bezeichnen: ein halber Apfel, ein viertel Liter Wasser, eineinhalb Kilometer, eine dreiviertel Stunde. So wie im Alltag, werden die Brüche auch in der Mathematik vielfach verwendet. Der Grund dafür ist, dass jede rationale Zahl als Bruch- oder Dezimalzahl dargestellt werden kann. Da es oftmals leichter ist, mit Brüchen als mit Dezimalzahlen zu rechnen (Lösen von Funktionen, Dreisatz), werden die Brüche den Dezimalzahlen vielfach vorgezogen.

Die Rechenregeln sind mit denen für andere Zahlen (natürliche oder reelle Zahlen) fast identisch. Ungewohnt ist anfangs nur die Schreibweise! Aber bevor es ans Rechnen geht, werden zunächst die Grundlagen der Bruchrechnung erklärt.

Grundlagen der Bruchrechnung

Die Grundidee der Bruchrechnung ist die folgende: Zersägt man einen Balken in drei gleich große Stücke, so erhält man drei Bruchteile des Balkens. Die Größe eines jeden Bruchteiles entspricht einem Drittel der Größe des gesamten Balkens.

B

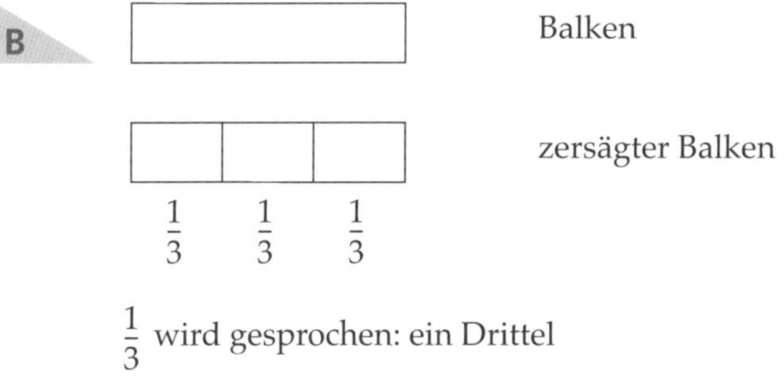

$\frac{1}{3}$ wird gesprochen: ein Drittel

Ein *Bruch* ist eine Zahl der Form $\frac{a}{b}$, mit a, b ganze Zahlen, wobei $b \neq 0$ ist. Da das Dividieren durch 0 nicht gestattet ist, darf im Nenner niemals 0 stehen!

B Brüche sind: $\frac{1}{5}, \frac{3}{9}, \frac{4}{10}, \frac{21}{11}, \frac{2}{100}, \frac{18}{314}, \frac{2}{1006}, \ldots$

Steht im Zähler eine Null, so ist der Bruch gleich Null: $\frac{0}{9} = 0$

5. Bruchrechnung

Die untere Zahl ist der *Nenner* des Bruches. Er gibt an, in wie viel Teile ein Ganzes zerlegt ist. Die obere Zahl des Bruches ist der *Zähler*. Mit ihm gibt man an, wie viele solcher Teile gezählt werden. Der Balken zwischen beiden Zahlen ist der *Bruchstrich*.

B Für $\frac{4}{9}$ ist 4 der Zähler, ist 9 der Nenner und ist — der Bruchstrich.

Für $\frac{10}{1}$ ist 10 der Zähler und 1 der Nenner

> Man unterscheidet zwei Arten von Brüchen: die *echten* und die *unechten Brüche*.
>
> 1. Ist der Zähler kleiner als der Nenner, so spricht man von einem echten Bruch.
> 2. Ist der Zähler größer als der Nenner, so spricht man von einem unechten Bruch. Ein unechter Bruch ist also größer als 1.

B echter Bruch: $\frac{3}{4}$

unechter Bruch: $\frac{5}{4}$

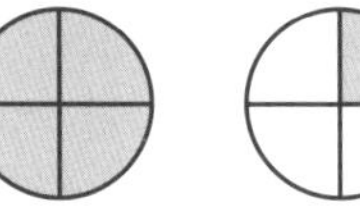

Eine besondere Art der echten Brüche sind die *Stammbrüche*. Sie zeichnen sich dadurch aus, dass im Zähler immer eine 1 steht. Der Nenner ist beliebig.

B Stammbrüche sind: $\frac{1}{86}, \frac{1}{9}, \frac{1}{1097}, \ldots$

Ist der Zähler gleich dem Nenner oder größer als der Nenner, so kann der Bruch als ganze Zahl (vgl. S. 31) bzw. als *gemischte Zahl* geschrieben werden. Eine gemischte Zahl besteht aus einer ganzen Zahl mit einem Bruch: $c\frac{a}{b}$.

B 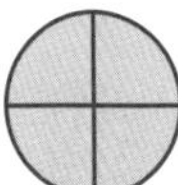

unechter Bruch $\frac{5}{4}$ oder gemischte Zahl $1\frac{1}{4}$

Man verwandelt einen unechten Bruch in eine ganze oder gemischte Zahl, indem man rechnet:

1. (Zähler) : (Nenner) = (ganze Zahl) + (Rest).
   Ist der Rest gleich Null, so ist die Umwandlung fertig.
2. das Ergebnis (ganze Zahl) + (Rest) umschreibt zu (ganze Zahl) $\cdot \dfrac{\text{Rest}}{\text{Zähler}}$.

B Umformung von $\frac{8}{4}$: 1. $8 : 4 = 2 + 0\text{Rest}$, also ist $\frac{8}{4} = 2$

Umformung von $\frac{5}{4}$:
1. Man rechnet: $5 : 4 = 1 + 1\text{Rest}$
2. Man schreibt das Ergebnis um zu $1\frac{1}{4}$

Eine ganze oder gemischte Zahl rechnet man in einen Bruch um, indem man

1. sich zunächst für einen Nenner des Bruches entscheidet, wenn es sich um eine ganze Zahl handelt;
2. für eine ganze Zahl rechnet: (ganze Zahl) · (Nenner),

   für eine gemischte Zahl rechnet: (ganze Zahl) · (Nenner) + (Zähler);
3. das Ergebnis in den Zähler des Bruches schreibt. Der Nenner muss nicht berechnet werden.

B Die ganze Zahl 7 in Drittel umgerechnet:

$7 \cdot 3 = 21$, daraus folgt: $7 = \frac{21}{3}$

Die gemischte Zahl $7\frac{2}{3}$ in einen unechten Bruch umgerechnet:

$(7 \cdot 3) + 2 = 21 + 2 = 23$, daraus folgt: $7\frac{2}{3} = \frac{23}{3}$

Am leichtesten ist die Umwandlung einer ganzen Zahl in Eintel!

B $3 = \frac{3}{1}, 4 = \frac{4}{1}, 19 = \frac{19}{1}$

5. Bruchrechnung

Bei der Unterscheidung von echten und unechten Brüchen wurde bereits deutlich, dass Brüche unterschiedlich groß sind. So wie $1 < 2$ ist, ist $\frac{1}{4} < \frac{2}{4}$. Die Größe bzw. der Wert eines jeden Bruches lässt sich am Zahlenstrahl ablesen.

> Man ermittelt den Wert eines Bruches, indem man den Bereich zwischen zwei ganzen Zahlen in so viele gleich große Teile zerlegt, wie es der Nenner angibt. Der Zähler gibt an, der wievielte Teil dieser Teile den Wert des Bruches markiert.

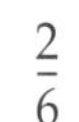

B $\frac{2}{6}$

$\frac{1}{3}$

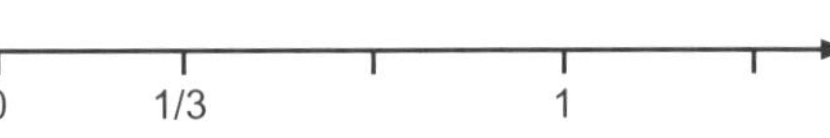

$1\frac{1}{3} = \frac{4}{3}$

$1\frac{4}{12} = \frac{16}{12}$

Bei einem Vergleich der Zahlenstrahlen wird deutlich, dass verschiedene Brüche den gleichen Wert haben (vgl. Kürzen und Erweitern, S. 63). Vergleicht man zwei Stammbrüche miteinander, so kann man sagen, dass derjenige Bruch der größere ist, der den kleineren Nenner hat.

B $\frac{1}{4} < \frac{1}{3}$

> Zwei Brüche sind gleich, wenn sie den gleichen Anteil einer Größe bezeichnen.

B Im obigen Beispiel sind gleich: $1\frac{1}{3} = 1\frac{4}{12}$ sowie $\frac{2}{6} = \frac{1}{3}$

Kürzen und Erweitern

Eine der wichtigsten Techniken für das Rechnen mit Brüchen ist das *Kürzen* und *Erweitern* von Bruchzahlen. Hierbei bleibt der Wert des Bruches unverändert, wird aber durch unterschiedliche Schreibweisen ausgedrückt. Damit wird die Handhabung des Bruchs wesentlich erweitert.

> Beim Kürzen dividiert man den Zähler und den Nenner mit der gleichen Zahl. Beim Erweitern multipliziert man den Zähler und den Nenner eines Bruches mit der gleichen Zahl.

B Mit zwei erweitert: $\frac{1}{2} = \frac{1 \cdot 2}{2 \cdot 2} = \frac{2}{4}$

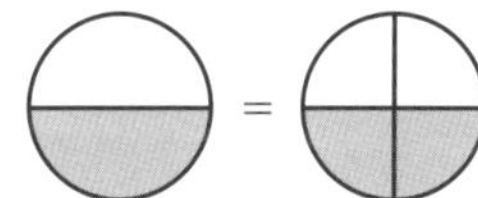

Mit zwei gekürzt: $\frac{2}{4} = \frac{2 : 2}{4 : 2} = \frac{1}{2}$

> Die Gleichheit zweier Brüche ist zu unterscheiden von der Gleichnamigkeit zweier Brüche. Zwei *Brüche* heißen *gleichnamig*, wenn sie den gleichen Nenner haben.

B $\frac{3}{4}$ und $\frac{98}{4}$ sind gleichnamige Brüche, da bei beiden Brüchen die 4 im Nenner steht.

$\frac{9}{5}$ und $\frac{9}{4}$ sind keine gleichnamigen Brüche, da einmal die 5 und einmal die 4 im Nenner steht.

Um verschiedene ungleichnamige Brüche gleichnamig zu machen, bestimmt man den *Hauptnenner*. Dieser ist der kleinste mögliche Nenner, der beim Gleichnamigmachen von Brüchen auftreten kann. Er wird entweder mit Hilfe der Primfaktorzerlegung (vgl. Teilbarkeitslehre, S. 27) der Nenner oder des *kgV* - des *kleinsten gemeinsamen Vielfachen* errechnet.

5. Bruchrechnung

Den Hauptnenner von Brüchen bestimmt man mit Hilfe des kgV wie folgt:

1. Bestimmung des kgV.
2. Für jeden einzelnen der gegebenen Brüche bestimmt man die Zahl x, mit welcher der Bruch auf den Hauptnenner erweitert wird, indem man rechnet: (kgV) : (Nenner) = x.
3. Man erweitert jeden Bruch mit der errechneten Zahl x.

B $\frac{1}{3}, \frac{1}{4}, \frac{1}{6}$ sollen auf den Hauptnenner gebracht werden:

3, 4 und 6 stehen im Nenner.

3 hat die *Vielfachmenge* {3, 6, 9, 12, ...}

4 hat die Vielfachmenge {4, 8, 12, ...}

6 hat die Vielfachmenge {6, 12, ...}

12 ist die kleinste Zahl, die in allen Vielfachmengen enthalten ist. Somit ist das kgV von 3, 4 und 6 = 12.

1. Der Hauptnenner ist 12, wie bereits berechnet wurde.
2. 12 : 3 = 4 (= gesuchte Zahl x für $\frac{1}{3}$)

   12 : 4 = 3 (= gesuchte Zahl x für $\frac{1}{4}$)

   12 : 6 = 2 (= gesuchte Zahl x für $\frac{1}{6}$)
3. Multiplikation mit x: $\frac{1 \cdot 4}{3 \cdot 4} = \frac{4}{12}$

   $\frac{1 \cdot 3}{4 \cdot 3} = \frac{3}{12}$

   $\frac{1 \cdot 2}{6 \cdot 2} = \frac{2}{12}$

Sollen zwei oder mehr Brüche mit Hilfe der *Primfaktorzerlegung* auf einen Hauptnenner gebracht werden, so sind zunächst die Nenner in ihre Primfaktoren zu zerlegen.

Der Hauptnenner ergibt sich aus den Faktoren der einzelnen Primzahlzerlegungen.

Die Brüche haben dann einen gemeinsamen Nenner - den Hauptnenner - wenn alle Nenner die gleiche Primzahlzerlegung haben. Dafür wurde jeder der Brüche mit den Faktoren erweitert (in rot gedruckt), die bei den anderen Brüchen im Nenner vorhanden sind.

B

Brüche	Primfaktorzerlegung	Erweiterung	Brüche auf dem Hauptnenner
$\frac{1}{2}$	$\frac{1}{2}$	$\frac{1 \cdot 6}{2 \cdot 6}$	$\frac{6}{12}$
$\frac{1}{3}$	$\frac{1}{3}$	$\frac{2 \cdot 2 \cdot 1}{2 \cdot 2 \cdot 3}$	$\frac{4}{12}$
$\frac{1}{4}$	$\frac{1}{2 \cdot 2}$	$\frac{1 \cdot 3}{2 \cdot 2 \cdot 3}$	$\frac{3}{12}$
$\frac{1}{6}$	$\frac{1}{2 \cdot 3}$	$\frac{2 \cdot 1}{2 \cdot 2 \cdot 3}$	$\frac{2}{12}$

Das Gleichnamigmachen von Brüchen ist bei der Addition und Subtraktion von großer Bedeutung, da nur gleichnamige Brüche addiert bzw. subtrahiert werden können.

Addition, Subtraktion, Multiplikation und Division

Drei verschiedene Arten der *Addition* werden unterschieden:

1. Zwei gleichnamige Brüche werden addiert, indem man ihre Zähler addiert.
2. Ungleichnamige Brüche werden addiert, indem man zunächst die Brüche gleichnamig macht und sie dann addiert.
3. Gemischte Zahlen werden
   1. in gleichnamige Brüche verwandelt und addiert.
   2. in ganze Zahlen und Brüche zerlegt. Dann addiert man die ganzen Zahlen und die Brüche. Die Brüche müssen jedoch gleichnamig sein bzw. vor dem Addieren gleichnamig gemacht werden.

5. Bruchrechnung

B 1. $\frac{3}{4}+\frac{3}{4}=\frac{6}{4}=\frac{6:2}{4:2}=\frac{3}{2}=1\frac{1}{2}$

2. $\frac{1}{3}+\frac{1}{2}=\frac{1\cdot 2}{3\cdot 2}+\frac{1\cdot 3}{2\cdot 3}=\frac{2}{6}+\frac{3}{6}=\frac{5}{6}$

3. 1. $1\frac{1}{4}+1\frac{2}{4}=\frac{5}{4}+\frac{6}{4}=\frac{11}{4}=2\frac{3}{4}$

   2. $1\frac{1}{4}+1\frac{2}{4}=2+\frac{3}{4}=2\frac{3}{4}$

Zwei verschiedene Arten der *Subtraktion* werden unterschieden:

> 1. Zwei gleichnamige Brüche werden subtrahiert, indem man ihre Zähler subtrahiert.
> 2. Gemischte Zahlen werden subtrahiert, indem man sie zuerst in gleichnamige Brüche verwandelt und sie dann subtrahiert.

B 1. $\frac{5}{7}-\frac{2}{7}=\frac{3}{7}$ 2. $2\frac{4}{7}-1\frac{1}{7}=\frac{18}{7}-\frac{8}{7}=\frac{10}{7}=1\frac{3}{7}$

Bei der Addition und Subtraktion werden nur die Zähler addiert bzw. subtrahiert. Der Nenner bleibt stets unverändert.

> Man multipliziert Brüche, indem man ihre Zähler und ihre Nenner multipliziert. Eine gemischte oder ganze Zahl verwandelt man zunächst in einen Bruch, um ihn mit einem anderen Bruch zu multiplizieren.

B $\frac{2}{3}\cdot\frac{6}{4}=\frac{2\cdot 6}{3\cdot 4}=\frac{12}{12}=1$ $1\frac{1}{2}\cdot\frac{1}{4}=\frac{3\cdot 1}{2\cdot 4}=\frac{3}{8}$

Bei der *Multiplikation* von Brüchen kann es günstig sein, die Brüche zunächst zu kürzen und sie erst dann zu multiplizieren. Durch das Kürzen werden die Zahlen kleiner und dadurch wird die Gefahr geringer, sich zu verrechnen.

B $\frac{4}{8}\cdot\frac{11}{29}=\frac{1\cdot 11}{2\cdot 29}=\frac{11}{58}$

Beim Kürzen von Produkten ist zu beachten, dass Zahlen aus dem Zähler und dem Nenner gekürzt werden dürfen, die nicht genau untereinander stehen.

B $\frac{2}{3} \cdot \frac{6}{4} = \frac{2 \cdot 6}{3 \cdot 4}$ | 6 und 3 werden mit 3 gekürzt

$= \frac{2 \cdot 2}{1 \cdot 4}$ | $(2 \cdot 2) = 4$ und 4 werden mit 4 gekürzt

$= \frac{1 \cdot 1}{1 \cdot 1} = 1$

Für die *Division* mit einem Bruch muss vom Divisor (vgl. S. 26) der *Kehrwert* gebildet werden. Der Kehrwert eines Bruches wird gebildet, indem man Zähler und Nenner vertauscht. Die Bruchzahl $\frac{a}{b}$ hat den Kehrwert $\frac{b}{a}$.

> Man dividiert eine Zahl durch einen Bruch, indem man die Zahl mit dem Kehrwert des Bruches multipliziert.

B $\frac{1}{3} : \frac{5}{3} = \frac{1}{3} \cdot \frac{3}{5} = \frac{3}{15} = \frac{1}{5}$

Wie bei der Multiplikation werden ganze Zahlen und gemischte Zahlen zunächst in Brüche verwandelt, bevor man mit der Division beginnt.

B $\frac{1}{2} : 3\frac{2}{4} = \frac{1}{2} : \frac{14}{4} = \frac{1 \cdot 4}{2 \cdot 14} = \frac{1 \cdot 2}{1 \cdot 14} = \frac{1}{7}$

Eine andere Schreibweise für eine Division von Brüchen ist der *Doppelbruch*. Ein Doppelbruch ist ein Bruch, in dessen Zähler und Nenner ein Bruch steht.

B $\frac{\frac{1}{2}}{\frac{7}{8}} = \frac{1}{2} : \frac{7}{8} = \frac{1}{2} \cdot \frac{8}{7} = \frac{1 \cdot 8}{2 \cdot 7} = \frac{1 \cdot 4}{1 \cdot 7} = \frac{4}{7}$

Beim Umschreiben eines Doppelbruchs ist darauf zu achten, dass stets der Nenner der Divisor ist, der Kehrwert also vom Nenner gebildet wird.

> Beim Rechnen mit Brüchen gelten genau die gleichen Klammer- und Vorzeichenregeln wie beim Rechnen mit ganzen Zahlen (vgl. S. 31).

5. Bruchrechnung

B Punktrechnung geht vor Strichrechnung

$$-\frac{3}{4}\cdot\frac{1}{5}-\frac{7}{20} = -\frac{3\cdot 1}{4\cdot 5}-\frac{7}{20} = -\frac{3}{20}-\frac{7}{20} = -\frac{10}{20} = -\frac{1}{2}$$

Klammerrechnung geht vor Punktrechnung

$$-\frac{3}{4}\cdot\left(\frac{1}{5}+\frac{7}{20}\right) = -\frac{3}{4}\cdot\left(\frac{4}{20}+\frac{7}{20}\right) = -\frac{3}{4}\cdot\left(\frac{11}{20}\right) = -\frac{3\cdot 11}{4\cdot 20} = -\frac{33}{80}$$

Klammern von innen nach außen berechnen

$$\frac{1}{5}\cdot\left(\frac{1}{2}\cdot\left(\frac{2}{8}+\frac{3}{8}\right)\right) = \frac{1}{5}\cdot\left(\frac{1}{2}\cdot\left(\frac{5}{8}\right)\right) = \frac{1}{5}\cdot\left(\frac{5}{16}\right) = \frac{1}{16}$$

Zehnerbrüche bzw. Dezimalbrüche

Der Bruch $\frac{a}{b}$ wird durch die Division a : b = c in die Dezimalzahl c umgeschrieben. Der Wert der Zahl ändert sich bei dieser Rechnung nicht. Es handelt sich lediglich um zwei Schreibweisen für eine Zahl.

B $\frac{1}{4} = 1 : 4 = 0,25$

Ein Bruch, dessen Nenner nur aus den Primteilern 2 und 5 besteht, lässt sich durch Erweitern in einen *Zehnerbruch*, das sind Brüche in deren Nenner 10, 100, 1000 ... steht, umschreiben.

B Einfache Zehnerbrüche sind:

$3,1 = 3\frac{1}{10}$ $\quad 3,12 = 3\frac{12}{100}$ $\quad 3,125 = 3\frac{125}{1000}$

Einfache Umschreibung von $\frac{1}{4}$: $\quad \frac{1}{4} = \frac{1}{2\cdot 2} = \frac{1\cdot 5\cdot 5}{2\cdot 2\cdot 5\cdot 5} = \frac{25}{100} = 0,25$

Weitere oft verwendete Entsprechungen von Brüchen und Dezimalbrüchen sind:

$\frac{1}{2} = 0,5$ $\quad \frac{1}{3} = 0,\bar{3}$ $\quad \frac{1}{4} = 0,25$ $\quad \frac{1}{5} = 0,2$ $\quad \frac{1}{8} = 0,125$ $\quad \frac{1}{10} = 0,1$

Berechnet man aus $\frac{a}{b}$ durch a : b = c, so ist c ein *Dezimalbruch*. Dieser *Dezimalbruch* ist *abbrechend*, wenn im Ergebnis ab einer bestimmten Stelle nur noch eine Null kommt. Wenn sich ab einer bestimmten Stelle die Zahlen wiederholen, spricht man von einer *periodischen Dezimalbruchentwicklung*.

B Eine periodische Dezimalbruchentwicklung ist: $\frac{1}{9} = 1 : 9 = 0,\overline{1}$

Eine periodische Dezimalbruchentwicklung, allgemein geschrieben, besteht aus einer unendlichen Ziffernfolge nach dem Komma:

$$\frac{a}{b} = g, y_1 y_2 \ldots y_p z_1 z_2 \ldots z_q$$

mit a, b, $g \in \mathbb{N}$ und $y_1 \ldots y_p, z_1 \ldots z_q \in \{0, 1, 2, \ldots, 9\}$

Die Ziffern y_1 bis y_p weisen keine sich wiederholende Folge auf. Sie heißen *Vorperiode*. Die Länge der Vorperiode ist duch p angegeben.

Die Ziffern z_1 bis z_q sind der sich unendlich oft wiederholende Teil der Zahl. Er wird als *Periode* bezeichnet und mit einem waagerechten Balken gekennzeichnet. Die Länge der Periode ist durch q gegeben.

B $7,32\overline{4703}$

32 ist die Vorperiode. Sie besteht aus zwei Ziffern.

4703 ist die Periode. Sie besteht aus vier Ziffern.

Ist bereits die erste Ziffer rechts vom Komma Teil der Periode, so handelt es sich um eine *reinperiodische Dezimalbruchentwicklung*. Ansonsten spricht man von einer *gemischtperiodischen Dezimalbruchentwicklung*.

B reinperiodische Entwicklung: $1,\overline{6}$

gemischtperiodische Entwicklung: $11,79\overline{865}$

5. Bruchrechnung

Aufgaben

1. Wie lautet die Schreibweise als Bruchzahl:

   a) Nenner: 50, Zähler: 6

   b) Nenner: 7, Zähler: 3

   c) Nenner: 9, Zähler: 4

   d) Nenner: 6, Zähler: 0

2. Wie groß ist der Anteil der Figur, der als Bruch angegeben ist. Man schraffiere in der Figur: ▭

   a) $\frac{3}{4}$ b) $\frac{3}{6}$ c) $\frac{1}{5}$

3. Die Brüche sind in ganze oder gemischte Zahlen zu verwandeln:

   a) $\frac{7}{4}$ b) $\frac{9}{2}$ c) $\frac{5}{1}$ d) $\frac{72}{9}$ e) $\frac{0}{6}$ f) $\frac{13}{12}$

4. Die Zahlen sind in unechte Brüche umzuwandeln:

   a) $3\frac{6}{7}$

   b) $5\frac{1}{10}$

   c) 2 als 19tel
   (im Nenner steht die 19)

   d) $4\frac{5}{8}$

   e) $110\frac{2}{10}$

   f) 19 als 5tel
   (im Nenner steht die 5)

5. Die folgenden Brüche sind am Zahlenstrahl darzustellen:

   $\frac{3}{4}, \frac{2}{2}, \frac{0}{7}, \frac{3}{12}$

6. Die folgenden Brüche sind auf den Hauptnenner zu bringen:

   a) $\frac{7}{2}$ und $\frac{1}{14}$

   b) $\frac{9}{7}$ und $\frac{6}{8}$

7. Addition:

a) $\frac{1}{2} + \frac{1}{2} =$ b) $\frac{3}{12} + \frac{5}{12} =$

c) $\frac{2}{8} + \frac{5}{7} =$ d) $\frac{6}{9} + \frac{1}{3} =$

e) $1\frac{1}{3} + 3\frac{1}{3} =$ f) $3\frac{1}{8} + 2\frac{3}{4} =$

8. Subtraktion:

a) $\frac{7}{25} - \frac{2}{25} =$ b) $\frac{13}{18} - \frac{11}{18} =$

c) $\frac{2}{4} - \frac{1}{3} =$ d) $\frac{1}{4} - \frac{1}{5} =$

e) $9\frac{1}{4} - 2\frac{3}{4} =$ f) $1\frac{6}{7} - 1\frac{2}{21} =$

9. Multiplikation:

a) $\frac{2}{4} \cdot \frac{9}{7} =$ b) $1\frac{5}{7} \cdot \frac{1}{2} =$

c) $1\frac{7}{88} \cdot \frac{64}{30} =$

10. Division:

a) $\frac{1}{2} : \frac{2}{3} =$ b) $\frac{1}{4} : \frac{9}{8} =$

c) $\left(-1\frac{1}{4}\right) : \left(\frac{20}{3}\right) =$

11. a) $\frac{1}{2} \cdot \left(\frac{2}{5} + \frac{1}{5}\right)$ b) $1\frac{1}{8} + \left(\frac{1}{20} \cdot 2\frac{1}{2}\right)$

12. Wie lautet die Schreibweise als Zehner- oder Dezimalbruch?

a) 0,274 b) $\frac{58}{100}$ c) $9\frac{4}{10}$

5. Bruchrechnung

Lösungen

1. a) $\frac{6}{50}$ c) $\frac{4}{9}$

   b) $\frac{3}{7}$ d) $\frac{0}{6}$

2. a) zu schraffieren: $\frac{3}{4}$

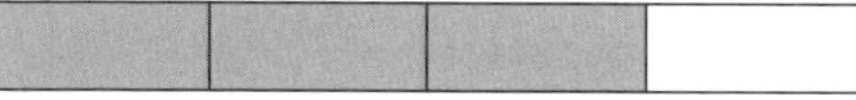

   b) zu schraffieren: $\frac{3}{6}$

   c) zu schraffieren: $\frac{1}{5}$

3. a) $\frac{7}{4} = 7 : 4 = 1 + 3$ Rest, damit ist $\frac{7}{4} = 1\frac{3}{4}$

   b) $\frac{9}{2} = 9 : 2 = 4 + 1$ Rest, damit ist $\frac{9}{2} = 4\frac{1}{2}$

   c) $\frac{5}{1} = 5 : 1 = 5 + 0$ Rest, damit ist $\frac{5}{1} = 5$

   d) $\frac{72}{9} = 72 : 9 = 8 + 0$ Rest, damit ist $\frac{72}{9} = 8$

   e) $\frac{0}{6} = 0 : 6 = 0 + 0$ Rest, damit ist $\frac{0}{6} = 0$

   f) $\frac{13}{12} = 13 : 12 = 1 + 1$ Rest, damit ist $\frac{13}{12} = 1\frac{1}{12}$

4. a) $(3 \cdot 7) + 6 = 21 + 6 = 27$, daraus folgt: $3\frac{6}{7} = \frac{27}{7}$

b) $(5 \cdot 10) + 1 = 50 + 1 = 51$, daraus folgt: $5\frac{1}{10} = \frac{51}{10}$

c) $2 \cdot 19 = 38$, daraus folgt: $2 = \frac{38}{19}$

d) $(4 \cdot 8) + 5 = 32 + 5 = 37$, daraus folgt: $4\frac{5}{8} = \frac{37}{8}$

e) $(110 \cdot 10) + 2 = 1100 + 2 = 1102$, daraus folgt: $110\frac{2}{10} = \frac{1102}{10}$

f) $19 \cdot 5 = 95$, daraus folgt: $19 = \frac{95}{5}$

5.

0/7 3/12 3/4 2/2

6. a) $\frac{7}{2}$ und $\frac{1}{14}$, im Hauptnenner steht 14.

Da 14 : 2 = 7 wird aus $\frac{7}{2} = \frac{7 \cdot 7}{2 \cdot 7} = \frac{49}{14}$

Der zweite Bruch wird nicht verändert, da er bereits 14tel im Nenner stehen hat.

$\frac{7}{2}$	$\frac{7}{2}$	$\frac{7 \cdot 7}{2 \cdot 7}$	$\frac{49}{14}$
$\frac{1}{14}$	$\frac{1}{2 \cdot 7}$	$\frac{1}{2 \cdot 7}$	$\frac{1}{14}$

b) $\frac{9}{7}$ und $\frac{6}{8}$, im Hauptnenner steht 56.

Da 56 : 7 = 8, wird aus $\frac{9}{7} = \frac{9 \cdot 8}{7 \cdot 8} = \frac{72}{56}$

Da 56 : 8 = 7, wird aus $\frac{6}{8} = \frac{6 \cdot 7}{8 \cdot 7} = \frac{42}{56}$

$\frac{9}{7}$	$\frac{9}{7}$	$\frac{9 \cdot 2 \cdot 2 \cdot 2}{2 \cdot 2 \cdot 2 \cdot 7}$	$\frac{72}{56}$
$\frac{6}{8}$	$\frac{6}{2 \cdot 2 \cdot 2}$	$\frac{6 \cdot 7}{2 \cdot 2 \cdot 2 \cdot 7}$	$\frac{42}{56}$

5. Bruchrechnung

7. a) $\frac{1}{2}+\frac{1}{2} = \frac{2}{2} = 1$ b) $\frac{3}{12}+\frac{5}{12} = \frac{8}{12} = \frac{2}{3}$

c) $\frac{2}{8}+\frac{5}{7} = \frac{14}{56}+\frac{40}{56} = \frac{54}{56} = \frac{27}{28}$ d) $\frac{6}{9}+\frac{1}{3} = \frac{6}{9}+\frac{3}{9} = \frac{9}{9} = 1$

e) $1\frac{1}{3}+3\frac{1}{3} = \frac{4}{3}+\frac{10}{3} = \frac{14}{3} = 4\frac{2}{3}$

f) $3\frac{1}{8}+2\frac{3}{4} = \frac{25}{8}+\frac{11}{4} = \frac{25}{8}+\frac{22}{8} = \frac{47}{8} = 5\frac{7}{8}$

8. a) $\frac{7}{25}-\frac{2}{25} = \frac{5}{25} = \frac{1}{5}$ b) $\frac{13}{18}-\frac{11}{18} = \frac{2}{18} = \frac{1}{9}$

c) $\frac{2}{4}-\frac{1}{3} = \frac{6}{12}-\frac{4}{12} = \frac{2}{12} = \frac{1}{6}$ d) $\frac{1}{4}-\frac{1}{5} = \frac{5}{20}-\frac{4}{20} = \frac{1}{20}$

e) $9\frac{1}{4}-2\frac{3}{4} = \frac{37}{4}-\frac{11}{4} = \frac{26}{4} = \frac{13}{2} = 6\frac{1}{2}$

f) $1\frac{6}{7}-1\frac{2}{21} = \frac{13}{7}-\frac{23}{21} = \frac{39}{21}-\frac{23}{21} = \frac{16}{21}$

9. a) $\frac{2}{4}\cdot\frac{9}{7} = \frac{2\cdot 9}{4\cdot 7} = \frac{18}{28} = \frac{9}{14}$

b) $1\frac{5}{7}\cdot\frac{1}{2} = \frac{12\cdot 1}{7\cdot 2} = \frac{12}{14} = \frac{6}{7}$

c) $1\frac{7}{88}\cdot\frac{64}{30} = \frac{95\cdot 64}{88\cdot 30} = \frac{19\cdot 8}{11\cdot 6} = \frac{19\cdot 4}{11\cdot 3} = \frac{76}{33} = 2\frac{10}{33}$

10. a) $\frac{1}{2}:\frac{2}{3} = \frac{1\cdot 3}{2\cdot 2} = \frac{3}{4}$

b) $\frac{1}{4}:\frac{9}{8} = \frac{1\cdot 8}{4\cdot 9} = \frac{2}{9}$

c) $\left(-1\frac{1}{4}\right):\left(\frac{20}{3}\right) = -\frac{5\cdot 3}{4\cdot 20} = -\frac{1\cdot 3}{4\cdot 4} = -\frac{3}{16}$

11. a) $\frac{1}{2}\cdot\left(\frac{2}{5}+\frac{1}{5}\right) = \frac{1}{2}\cdot\left(\frac{3}{5}\right) = \frac{1\cdot 3}{2\cdot 5} = \frac{3}{10}$

b) $1\frac{1}{8}+\left(\frac{1}{20}\cdot 2\frac{1}{2}\right) = \frac{9}{8}+\left(\frac{1\cdot 5}{20\cdot 2}\right) = \frac{9}{8}+\left(\frac{1\cdot 1}{4\cdot 2}\right) = \frac{9}{8}+\left(\frac{1}{8}\right) = \frac{10}{8} = \frac{5}{4} = 1\frac{1}{4}$

12. a) $0{,}274 = \frac{274}{1000}$ b) $\frac{58}{100} = 0{,}58$ c) $9\frac{4}{10} = 9{,}4$

6. Proportionalität

Das Wort Proportion kommt aus der lateinischen Sprache und bedeutet übersetzt (Größen-) Verhältnis. In der Mathematik beschäftigt man sich bei dem Thema Proportionalität mit der Frage, in welchem Verhältnis Größen bzw. Zahlen zueinander stehen.

Dirk hat sich eine Apfelsaftschorle bestellt. Als er einen Schluck nimmt, freut er sich über den guten Geschmack und fragt sich, wie viel Apfelsaft und wie viel Mineralwasser wohl in der Schorle enthalten sein mögen. Mathematischer gefragt: „Wie ist das Verhältnis von Apfelsaft zu Mineralwasser." In diesem Abschnitt wird erklärt, mit welchen mathematischen Hilfsmitteln das Verhältnis zwischen zwei Zahlen oder Größen beschrieben werden kann.

Proportion

Eine *Proportion* ist der Quotient zweier Zahlen oder Größen.

B In dem obigen Beispiel ist gleich viel Apfelsaft a wie Mineralwasser m in der Schorle enthalten. Man schreibt dafür

$a : m = 1 : 1$

Dies wird wie folgt gelesen: Die Menge a (Apfelsaft) verhält sich zu der Menge m (Mineralwasser) eins zu eins.

Die Bedeutung der Schreibweise mit den Divisionszeichen ist

1. $a : m$ es wird angegeben, welche Zahlen oder Größen ins Verhältnis gesetzt werden
2. $1 : 1$ gibt in Zahlen oder Größen an, wie das Verhältnis von a zu m ist. Dabei entspricht die erste Variable der ersten Angabe rechts vom Gleichheitszeichen.

Kann die Angabe, in welchem Verhältnis zwei Größen oder Zahlen stehen, verallgemeinert werden, spricht man von direkt proportional. Es gibt noch eine andere Art von Proportionalität, die umgekehrte Proportionalität, die später erklärt wird (vgl. S. 77).

6. Proportionalität

Direkt proportional

Zwei veränderliche Größen a und b heißen *direkt proportional*, wenn ihr Quotient eine feste Zahl c ist. Diese Zahl c ist der *Proportionalitätsfaktor*. Der Proportionalitätsfaktor gibt das Verhältnis zwischen den Größen an.

Verschiedene direkte Proportionen können verschiedene Proportionalitätsfaktoren haben, aber eine bestimmte direkte Proportion hat immer den gleichen Proportionalitätsfaktor.

B Zwei unterschiedliche Proportionen:

a = Menge in kg	**1**	**2**	**4**
b = Preis in DM	2	4	8

$$c = \frac{b}{a} = 2$$

a = Menge in Liter	**1**	**3**	**5**	**7**
b = Preis in DM	3	9	15	21

$$c = \frac{b}{a} = 3$$

Eine direkte Proportion ist mit der folgenden Regel leicht zu erkennen: Verdoppelt, verdreifacht, vervierfacht ... sich der Ausgangswert a, so verdoppelt, verdreifacht, vervierfacht ... sich der Zielwert b.

B Direkte Proportion:

a	**1**	**2**	**3**
b	4	8	12

1 verdoppelt ist 2 und 4 verdoppelt ist 8.
1 verdreifacht ist 3 und 4 verdreifacht ist 12.

Stellt man die Zahlenpaare (a, b) einer direkten Proportion als Punkte in einem Koordinatensystem dar und verbindet diese Punkte, so erhält man eine Gerade. Die Gerade f verläuft durch den *Nullpunkt*. Das Zahlenpaar (0, 0) liegt im Nullpunkt.

Bei der Darstellung in einem kartesischen Koordinatensystem (vgl. S. 205) ist zu beachten, dass die Werte von a von der waagerechten Achse aus und die Werte von b von der senkrechten Achse aus aufgetragen werden.

B Koordinatensystem für das obige Beispiel:

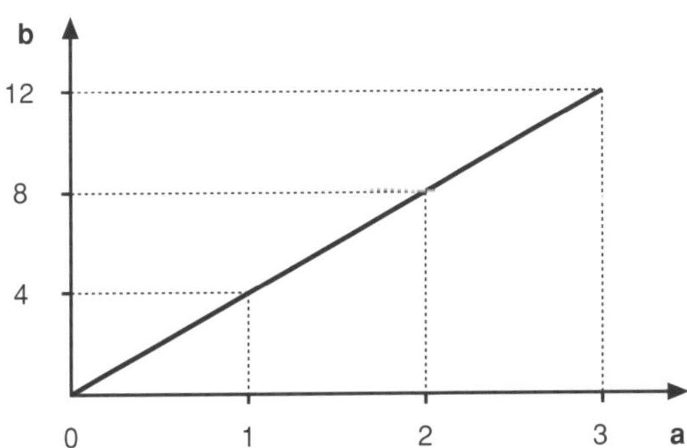

Umgekehrt proportional

> Bei einer *umgekehrten Proportion* ist das Verhältnis von zwei Größen a und b gegeben durch $a \cdot b = c$, wobei der Proportionalitätsfaktor c eine feste Zahl ist.

B Es gibt eine Pizza. Je nach Anzahl der Personen, die sich die Pizza gerecht teilen, erhält jede Person folgenden Anteil an der Pizza:

1 Person erhält 1 Pizza

2 Personen erhalten je $\frac{1}{2}$ Pizza

3 Personen erhalten je $\frac{1}{3}$ Pizza

4 Personen erhalten je $\frac{1}{4}$ Pizza

6. Proportionalität

In einer Wertetabelle notiert:

a = Anzahl der Personen, die eine Pizza essen	**1**	**2**	**3**	**4**
b= Anteil jeder Person an der Pizza	1	$\frac{1}{2}$	$\frac{1}{3}$	$\frac{1}{4}$

Auch bei umgekehrten Proportionen gilt: Verschiedene umgekehrte Proportionen können verschiedene Proportionalitätsfaktoren haben, aber bei einer bestimmten umgekehrten Proportion ist der Proportionalitätsfaktor stets gleich.

B Umgekehrte Proportion:

a	**1**	**3**	**4**	**5**
b	60	20	15	12

$c = a \cdot b = 60$

Eine umgekehrte Proportion ist daran zu erkennen, dass das Verdoppeln, Verdreifachen, Vervierfachen ... des Ausgangswertes zur Folge hat, dass der entsprechende Zielwert halbiert, gedrittelt, geviertelt ... wird.

B Umgekehrte Proportion:

a	**1**	**2**	**3**
b	12	6	4

1 verdoppelt ist 2 und 12 halbiert ist 6.
1 verdreifacht ist 3 und 12 gedrittelt ist 4.

Auch eine umgekehrte Proportion kann in einem Koordinatensystem anschaulich dargestellt werden. Dazu trägt man die Punktepaare (a, b) in das Koordinatensystem ein und verbindet sie durch eine Linie. Die Kurve, die sich dabei ergibt heißt Hyperbel.

B Umgekehrte Proportion:

a	**0,5**	**1**	**2**	**5**	**10**
b	10	5	2,5	1	0,5

Die Werte der Tabelle in einem Koordinatensystem dargestellt:

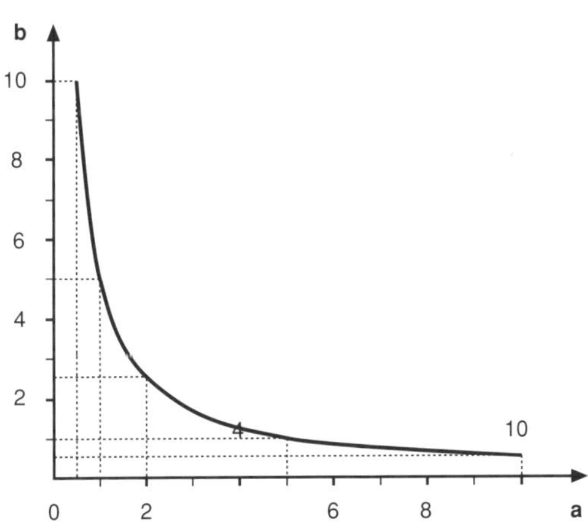

Aufgaben

1. Wie lautet der Proportionalitätsfaktor c für eine

   a) direkte Proportion   b) umgekehrte Proportion

2. a) Mit Hilfe des Proportionalitätsfaktors kann man entscheiden, ob es sich um eine direkte oder umgekehrte Proportion handelt:

a = Menge in Gramm	**100**	**200**	**500**	**750**
b = Preis in DM	2	4	10	15

   b) Die Wertetabelle lässt sich in ein Koordinatensystem übertragen.

3. a) Wie lautet der Proportionalitätsfaktor der folgenden Zahlenreihe?

a	**1**	**2**	**3**	**9**
b	9	4,5	3	1

   b) Um was für eine Proportion handelt es sich?

4. Die Wertetabelle aus Aufgabe 3a kann in ein Koordinatensystem übertragen werden.

6. Proportionalität

Lösungen

1. a) $c = \frac{b}{a}$ b) $c = a \cdot b$

2. a) Da $c = \frac{b}{a} = \frac{2}{100} = \frac{4}{200} = \frac{10}{500}$ ist, ist es eine direkte Proportion.

   b) Die Wertetabelle ins Koordinatensystem übertragen

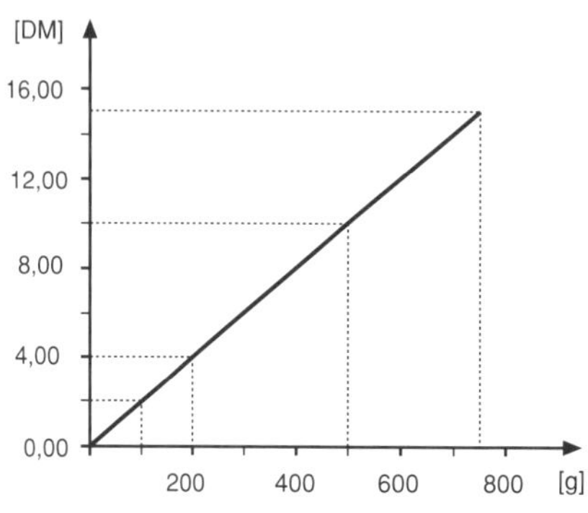

3. a) Es ist der Proportionalitätsfaktor

   $c = 1 \cdot 9 = 2 \cdot 4,5 = 3 \cdot 6 = 9 \cdot 1 = 9$

   b) Der Proportionalitätsfaktor c ist stets $a \cdot b$, also handelt es sich um eine umgekehrte Proportion.

4. Die Wertetabelle ins Koordinatensystem übertragen:

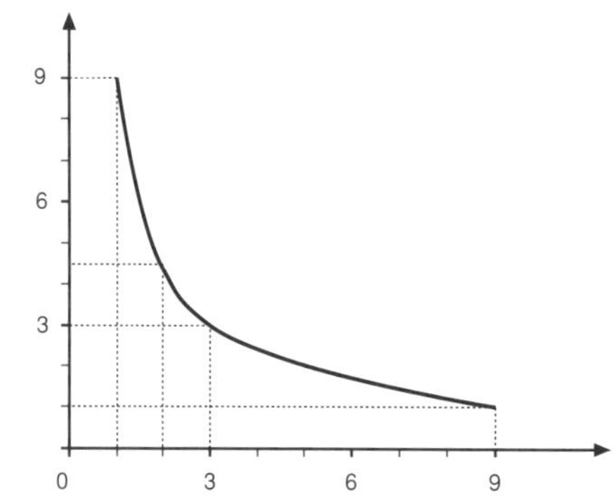

7. Dreisatz

Der klassische *Dreisatz* (auch *Schlussrechnung* genannt) ist eine mathematische Methode, bei der in drei Schritten aus drei gegebenen Größen eine vierte Größe berechnet wird. Typische Fragestellungen sind:

1. 4 kg Äpfel kosten 12 DM. Wie viel kosten 7 kg Äpfel?
2. Drei Erntehelfer benötigen 9 Stunden, um eine Wiese mit Apfelbäumen abzuernten. Wie viele Stunden benötigen 6 Erntehelfer?

Um die erste Frage mit Hilfe des Dreisatzes beantworten zu können, muss ausgenutzt werden, dass die Größen in einem direkt proportionalen Verhältnis stehen. Um die zweite Frage mit Hilfe des Dreisatzes beantworten zu können, muss ausgenutzt werden, dass die Größen in einem umgekehrt proportionalen Verhältnis stehen. Neben diesen zwei Ausprägungen des klassischen Dreisatzes gibt es noch den doppelten Dreisatz, bei welchem in fünf Schritten aus fünf gegebenen Größen eine fehlende sechste Größe berechnet wird.

So formal der Dreisatz durch eine Vielzahl verschiedener Formeln zunächst erscheinen mag, beruht er doch auf einfachen alltäglichen Überlegungen, die man nie aus den Augen verlieren sollte.

Einfacher direkter Dreisatz

Der *einfache direkte Dreisatz* beruht darauf, dass eine Größe b von einer Größe a derart abhängt, dass stets $\frac{b}{a} = c$, mit c feste Zahl, ist.

Dies bedeutet, dass die Größen a und b *direkt proportional* sind (vgl. S. 76): Verdoppelt sich die Größe a, so verdoppelt sich die Größe b.

Das Lösen einer klassischen Dreisatzaufgabe erfordert drei Lösungsschritte. Diese können entweder ausführlich hingeschrieben oder in einer Formel zusammengefasst werden.

Im Folgenden wird die ausführliche Variante an einem Beispiel dargestellt.

7. Dreisatz

B

Aufgabe: 2 Katzen fressen pro Tag 3 Dosen Futter. Wie viele Dosen Futter fressen 4 Katzen pro Tag?

1. Schritt	Gegeben:	2 Katzen fressen 3 Dosen
2. Schritt	Schluss auf die Einheit:	1 Katze frisst $\frac{3}{2}$ Dosen
3. Schritt	Gesuchte Größe:	4 Katzen fressen $\frac{3 \cdot 4}{2} = 6$ Dosen

Antwort: 4 Katzen fressen 6 Dosen Futter pro Tag.

Formalisiert man dieses Beispiel, dann ist

Aufgabe: 2 Katzen (a_1) fressen pro Tag 3 Dosen Futter (b_1). Wie viele Dosen Futter ($x = b_2$) fressen 4 Katzen (a_2) pro Tag?		
1. Schritt	2 Katzen fressen 3 Dosen	$a_1 \ldots b_1$
2. Schritt	1 Katze frisst $\frac{3}{2}$ Dosen	$1 \ldots \frac{b_1}{a_1}$
3. Schritt	4 Katzen fressen $\frac{3 \cdot 4}{2} = 6$ Dosen	$a_2 \ldots \frac{b_1 \cdot a_2}{a_1} = b_2$

Die Idee des direkten Dreisatzes ist, dass im 2. Schritt immer der Schluss auf die Einheit vorgenommen wird. Man schließt von 2 Katzen über 1 Katze (Schluss auf die Einheit) auf 4 Katzen.

Einfacher indirekter (umgekehrter) Dreisatz

Der *einfache indirekte Dreisatz* beruht darauf, dass eine Größe b von einer Größe a derart abhängt, dass stets $a \cdot b = c$, mit c feste Zahl, ist.

Dies bedeutet, dass die Größen a und b umgekehrt proportional sind (vgl. S. 77): Verdoppelt sich die Größe a, so halbiert sich die Größe b.

Im Folgenden wird die ausführliche Variante des einfachen indirekten Dreisatzes an einem Beispiel dargestellt:

B

Aufgabe: 3 Mähdrescher mähen ein Feld in zwei Stunden. Wie lange benötigen 6 Mähdrescher, um das Feld zu mähen?

1. Schritt Gegeben: 3 Mähdrescher benötigen 2 h (= Stunden)

2. Schritt Schluss auf die Einheit: 1 Mähdrescher benötigt $3 \cdot 2\text{ h} = 6\text{ h}$

3. Schritt Gesuchte Größe: 6 Mähdrescher benötigen $\frac{3 \cdot 2}{6}\text{ h} = 1\text{ h}$

Antwort: 6 Mähdrescher benötigen 1 Stunde, um das Feld zu mähen.

Formalisiert man dieses Beispiel, dann ist

Aufgabe: 3 Mähdrescher (a_1) mähen ein Feld in zwei Stunden (b_1). Wie lange (b_2) benötigen 6 Mähdrescher (a_2), um das Feld zu mähen?		
1. Schritt	3 Mähdrescher benötigen 2 h	$a_1 \dots b_1$
2. Schritt	1 Mähdrescher benötigt $3 \cdot 2$ h	$1 \dots a_1 \cdot b_1$
3. Schritt	6 Mähdrescher benötigen $\frac{3 \cdot 2}{6}\text{ h} = 1\text{ h}$	$a_2 \dots \frac{a_1 \cdot b_1}{a_2} = b_2$

Die Idee ist auch hier, dass im 2. Schritt der Schluss auf die Einheit vorgenommen wird. Man schließt von 3 Mähdreschern über 1 Mähdrescher (Schluss auf die Einheit) auf 6 Mähdrescher.

Doppelter Dreisatz

Der *doppelte Dreisatz* ist eine Art zweifache Ausführung des einfachen Dreisatzes. Bislang gab es zwei Paare mit zwei veränderlichen Größen (a_1, b_1) und (a_2, b_2). Beim doppelten Dreisatz gibt es zwei Paare mit drei veränderlichen Größen (a_1, b_1, c_1) und (a_2, b_2, c_2). Zu berechnen ist immer c_2.

7. Dreisatz

Die Reihenfolge der Berechnung war bislang:

1. (a_1, b_1) Gegebenes hinschreiben

2. $(1, \approx)$ Schluss auf die Einheit, wobei für b_1 bereits etwas berechnet wird

3. $(a_2, \approx)$ Endgültige Berechnung des zweiten Paares

Die Reihenfolge ist nun ein zweimaliges Schließen auf die Einheit und ein zweimaliges Schließen auf das zweite Paar. Die fünf Rechenschritte sind:

1. (a_1, b_1, c_1)	Gegebenes hinschreiben
2. $(1, b_1, \approx)$	Schluss auf die Einheit bei a_1
3. $(1, 1, \approx)$	Schluss auf die Einheit bei b_1
4. $(1, b_2, \approx)$	Berechnung des zweiten Paares
5. $(a_2, b_2, \approx)$	Berechnung des zweiten Paares

Beim doppelten Dreisatz sind vier Fälle zu unterscheiden. Bei jedem der vier Fälle wird c_1 bzw. c_2 anders berechnet, was in der obigen Auflistung durch $\approx$ gekennzeichnet ist. Die Unterschiede ergeben sich, je nachdem ob die Paare (a_1, b_1) und (a_2, b_2), (a_1, c_1) und (a_2, x), (b_1, c_1) und (b_2, x) direkt proportional oder umgekehrt proportional sind.

B

1. Fall: Frage: 5 Personen essen an drei Morgen 30 Brötchen.
8 Personen essen an zwei Morgen wie viele Brötchen?

1. Schritt: 5 Personen, 3 Morgen, 30 Brötchen

2. Schritt: 1 Person, 3 Morgen, $\frac{30}{5}$ Brötchen

3. Schritt: 1 Person, 1 Morgen, $\frac{30}{5 \cdot 3}$ Brötchen

4. Schritt: 1 Person, 2 Morgen, $\frac{30 \cdot 2}{5 \cdot 3}$ Brötchen

5. Schritt: 8 Personen, 2 Morgen, $\frac{30 \cdot 2 \cdot 8}{5 \cdot 3} = 32$ Brötchen

Antwort : 8 Personen essen an zwei Morgen 32 Brötchen.

B

2. Fall: Frage: Um 10000 Bücher zu drucken benötigen 5 Maschinen 20 Stunden.
Um 8000 Bücher zu drucken benötigen 2 Maschinen wie viele Stunden?

1. Schritt: 10000 Bücher, 5 Maschinen, 20 Stunden

2. Schritt: 1 Buch, 5 Maschinen, $\frac{20}{10000}$ Stunden

3. Schritt: 1 Buch, 1 Maschine, $\frac{20 \cdot 5}{10000}$ Stunden

4. Schritt: 1 Buch, 2 Maschinen, $\frac{20 \cdot 5}{10000 \cdot 2}$ Stunden

5. Schritt: 8000 Bücher, 2 Maschinen, $\frac{20 \cdot 5 \cdot 8000}{10000 \cdot 2} = 40$ Stunden

Antwort: Um 8000 Bücher mit zwei Maschinen zu drucken, benötigt man 40 Stunden.

B

3. Fall: Frage: 3 Personen pflücken 48 Reihen Erdbeeren in 8 Stunden.
5 Personen pflücken 20 Reihen in wie viel Stunden?

1. Schritt: 3 Personen, 48 Reihen, 8 Stunden

2. Schritt: 1 Person, 48 Reihen, $8 \cdot 3$ Stunden

3. Schritt: 1 Person, 1 Reihe, $\frac{8 \cdot 3}{48}$ Stunden

4. Schritt: 1 Person, 20 Reihen, $\frac{8 \cdot 3 \cdot 20}{48}$ Stunden

5. Schritt: 5 Personen, 20 Reihen, $\frac{8 \cdot 3 \cdot 20}{48 \cdot 5} = 2$ Stunden

Antwort: 5 Personen pflücken 20 Reihen Erdbeeren in 2 Stunden.

7. Dreisatz

B

4. Fall: Frage: Drei Arbeiter stellen an drei 8-stündigen Arbeitstagen 72 m eines Zaunes auf. Wie viele Tage benötigen 9 Arbeiter, die täglich 2 Stunden arbeiten, um 72 m Zaun zu errichten?

1. Schritt: 3 Arbeiter, 8 h, 3 Tage

2. Schritt: 1 Arbeiter, 8 h, $3 \cdot 3$ Tage

3. Schritt: 1 Arbeiter, 1 h, $3 \cdot 3 \cdot 8$ Tage

4. Schritt: 1 Arbeiter, 2 h, $\frac{3 \cdot 3 \cdot 8}{2}$ Tage

5. Schritt: 9 Arbeiter, 2 h, $\frac{3 \cdot 3 \cdot 8}{2 \cdot 9} = 4$ Tage

Antwort: 9 Arbeiter, die täglich 2 Stunden arbeiten, benötigen 4 Tage, um 72 m Zaun zu errichten.

Fasst man mit den auf S. 83 verwendeten Variablen die Berechnungen der Fälle 1 bis 4 zusammen, so erhält man für die gesuchte Größe x folgende Tabelle:

	1. Fall	**2. Fall**	**3. Fall**	**4. Fall**
1. Schritt	$a_1 \ldots b_1 \ldots c_1$	$a_1 \ldots b_1 \ldots c_1$	$a_1 \ldots b_1 \ldots c_1$	$a_1 \ldots b_1 \ldots c_1$
2. Schritt	$\frac{1}{a_1} \cdot c_1$	$\frac{1}{a_1} \cdot c_1$	$a_1 \cdot c_1$	$a_1 \cdot c_1$
3. Schritt	$\frac{1}{a_1 \cdot b_1} \cdot c_1$	$\frac{b_1}{a_1} \cdot c_1$	$\frac{a_1}{b_1} \cdot c_1$	$a_1 \cdot b_1 \cdot c_1$
4. Schritt	$\frac{b_2}{a_1 \cdot b_1} \cdot c_1$	$\frac{b_1}{a_1 \cdot b_2} \cdot c_1$	$\frac{a_1 \cdot b_2}{b_1} \cdot c_1$	$\frac{a_1 \cdot b_1}{b_2} \cdot c_1$
5. Schritt	$\frac{a_2 \cdot b_2}{a_1 \cdot b_1} \cdot c_1$	$\frac{a_2 \cdot b_1}{a_1 \cdot b_2} \cdot c_1$	$\frac{a_1 \cdot b_2}{a_2 \cdot b_1} \cdot c_1$	$\frac{a_1 \cdot b_1}{a_2 \cdot b_2} \cdot c_1$

Die Berechnung der gesuchten Größe erfolgt schrittweise. Dabei ist jeweils ausschlaggebend, ob sich die angegebenen Größen direkt oder umgekehrt proportional zueinander verhalten.

Im Fall 1 ist das Verhältnis der Größen stets direkt proportional, weshalb erst durch a_1 sowie b_1 dividiert und dann erst mit b_2 und a_2 multipliziert wird (vgl. einfacher direkter Dreisatz, S. 81). Für die Fälle 2 bis 4 lässt sich genauso aufschlüsseln, wann das Verhältnis der Größen direkt proportional und wann umgekehrt proportional ist.

Aufgaben

1. Um eine große Grube auszuheben benötigen 2 Bagger 10 Stunden. Wie viel Stunden brauchen 5 Bagger, um eine gleich große Grube auszuheben?
2. Anke hat 48 Plätzchen für 4 Freunde gebacken. Wie viele Plätzchen hätte sie für 7 Freunde backen müssen, damit jeder dieser 7 Freunde ebenso viele Plätzchen hat wie jeder der 4 Freunde?
3. Um 40.000 Brötchen zu backen benötigen 5 Backmaschinen, die täglich 8 Stunden im Einsatz sind, 10 Tage. Wie lange benötigen 2 Backmaschinen, die täglich 20 Stunden im Einsatz sind, zum Backen von 40.000 Brötchen?
4. Drei Freunde überlegen, dass sie für 1 Woche Urlaub 42 Liter Saft zum Trinken benötigen. Wie viel Liter Saft benötigen 5 Personen, die 18 Tage Urlaub machen und genauso viel trinken?
5. 6 Mähdrescher benötigen 56 Stunden, um ein 48 ha großes Feld abzuernten. Wie lange dauert es, bis 5 Mähdrescher ein 20 ha großes Feld abgeerntet haben?
6. Um 42 Sterne zu basteln benötigen 7 Kinder 2 Stunden. Wie lange bräuchten 12 Kinder, die genauso schnell basteln, um 60 Sterne zu basteln?

Lösungen

1. 1. Schritt: 2 Bagger benötigen 10 Stunden

   2. Schritt: 1 Bagger benötigt $10 \cdot 2$ Stunden

   3. Schritt: 5 Bagger benötigen $\frac{10 \cdot 2}{5} = 4$ Stunden

   Antwort: 5 Bagger benötigen 4 Stunden, um die Grube auszuheben.

7. Dreisatz

2. 1. Schritt: 4 Freunde, 48 Plätzchen 2. Schritt: 1 Freund, $\frac{48}{4}$ Plätzchen

   3. Schritt: 7 Freunde, $\frac{48 \cdot 7}{4} = 84$ Plätzchen

   Antwort: Anke hätte 84 Plätzchen backen müssen.

3. 1. Schritt: 5 Maschinen, 8 Stunden, 10 Tage

   2. Schritt: 1 Maschine, 8 Stunden, $10 \cdot 5$ Tage

   3. Schritt: 1 Maschine, 1 Stunde, $10 \cdot 5 \cdot 8$ Tage

   4. Schritt: 1 Maschine, 20 Stunden, $\frac{10 \cdot 5 \cdot 8}{20}$ Tage

   5. Schritt: 2 Maschinen, 20 Stunden, $\frac{10 \cdot 5 \cdot 8}{20 \cdot 2} = 10$ Tage

   Antwort: Auch 2 Maschinen, die täglich 20 Stunden in Betrieb sind, benötigen zum Backen von 40.000 Brötchen 10 Tage.

4. 1. Schritt: 3 Personen, 7 Tage, 42 l 2. Schritt: 1 Person, 7 Tage, $\frac{42}{3}$ l

   3. Schritt: 1 Person, 1 Tag, $\frac{42}{3 \cdot 7}$ l 4. Schritt: 1 Person, 18 Tage, $\frac{42 \cdot 18}{3 \cdot 7}$ l

   5. Schritt: 5 Personen, 18 Tage, $\frac{42 \cdot 18 \cdot 5}{3 \cdot 7} = 180$ l

   Antwort: 5 Personen benötigen für 18 Tage 180 Liter Saft.

5. 1. Schritt: 6 Mähdrescher, 48 ha, 56 Stunden

   2. Schritt: 1 Mähdrescher, 48 ha, $56 \cdot 6$ Stunden

   3. Schritt: 1 Mähdrescher, 1 ha, $\frac{56 \cdot 6}{48}$ Stunden

   4. Schritt: 1 Mähdrescher, 20 ha, $\frac{56 \cdot 6 \cdot 20}{48}$ Stunden

   5. Schritt: 5 Mähdrescher, 20 ha, $\frac{56 \cdot 6 \cdot 20}{48 \cdot 5}$ Stunden

   Antwort: 5 Mähdrescher benötigen 28 Std., um ein 20 ha großes Feld abzuernten.

6. 1. Schritt: 42 Sterne, 7 Kinder, 2 Stunden 2. Schritt: 1 Stern, 7 Kinder, $\frac{2}{42}$ Stunden

   3. Schritt: 1 Stern, 1 Kind, $\frac{2 \cdot 7}{42}$ Stunden 4. Schritt: 1 Stern, 12 Kinder, $\frac{2 \cdot 7}{42 \cdot 12}$ Std.

   5. Schritt: 60 Sterne, 12 Kinder, $\frac{2 \cdot 7 \cdot 60}{42 \cdot 12} = \frac{5}{3}$ Stunden

   Antwort: 12 Kinder benötigen 1 Stunde und 40 Minuten, um 60 Sterne zu basteln.

8. Prozentrechnung

Ingo stellt am Ende der Sommerferien fest: „Für die Ferien hatte ich 500,– DM gespart. Davon habe ich nur 60 % ausgegeben." In diesem Kapitel wird erklärt, was 60 % bedeutet, wie diese Aussage in einem Diagramm veranschaulicht werden kann, welche Summe den 60 % entspricht, wie diese zu berechnen ist und welche Geldsumme Ingo noch hat.

Prozent, Prozentsatz, Prozentwert, Grundwert

Prozent ist von dem lateinischen Wort **centum** abgeleitet, was übersetzt **einhundert** bedeutet. Die Silben **Pro** und **zent** bedeuten soviel wie: **auf/von einhundert**. Das mathematische Zeichen für *Prozent* ist das *Prozentzeichen %*.

Man schreibt: 70 % und spricht: 70 Prozent.

Man schreibt: 1 % und spricht: 1 Prozent.

Man schreibt: 99 % und spricht: 99 Prozent.

Die Idee der *Prozentrechnung* ist, dass mehrere Teile eines Ganzen leicht zu vergleichen sind, wenn sie als Brüche mit einem gleichnamigen Nenner geschrieben sind. Dieser Nenner ist in der Prozentrechnung 100, weshalb die 100 % zunächst mit dem Ganzen identifiziert werden.

Der Zusammenhang zwischen Prozent, der Einhundert im Nenner und somit auch der Dezimalbruchdarstellung (vgl. S. 68) ist:

$$1\ \% = \frac{1}{100} = 0,01$$

$$7\ \% = \frac{7}{100} = 0,07$$

$$100\ \% = \frac{100}{100} = 1$$

Durch die unterschiedliche Schreibweise desselben Sachverhaltes wird das Rechnen vereinfacht.

8. Prozentrechnung

B Heike hat ein Viertel, das ist $\frac{1}{4} = \frac{25}{100} = 25\ \%$ des Kuchens gegessen.

Von den 50 Blumen, die ich gepflanzt habe, wuchsen 45 Blumen an, das sind $90\ \% = \frac{90}{100} = \frac{9}{10}$ der gepflanzten Blumen.

In beiden Beispielen ist nur eine Prozentangabe gemacht. Eine zweite Angabe, die mit der ersten Prozentangabe addiert 100 % ergibt, ist in den Aussagen indirekt enthalten. Die zweite Aussage beinhaltet die Verneinung der ersten Aussage. Die Summe beider Prozentsätze ist 100 %.

B

1. Heike hat 75 % , also drei Viertel des Kuchens nicht gegessen. (25 % + 75 % = 100 %)
2. 10 % der gepflanzten Blumen, also insgesamt 5 Blumen, wuchsen nicht an. (90 % + 10 % = 100 %)

Die Größe, die dem Ganzen bzw. den 100 % entspricht, ist der *Grundwert*. Zum *Prozentsatz*, das sind die Angaben in Prozent, gehört der *Prozentwert*. Dieser gibt den Anteil am Grundwert an.

B Grundwert: 50 Blumen

Prozentsatz: 90 % der Blumen

Prozentwert: 45 Blumen

Balken-, Säulen-, Kreisdiagramme

Prozentangaben können veranschaulicht werden. Drei Arten der Darstellung sind zu unterscheiden: das *Balkendiagramm*, das *Säulendiagramm* und das *Kreisdiagramm*.

Bei der graphischen Darstellung eines Balken- und Kreisdiagramms geht man davon aus, dass 100 % einem Ganzen entsprechen. Die Prozentsätze werden zunächst in Brüche verwandelt. Entprechend der Größe eines jeden Bruches wird jede Teilfläche des Ganzen (des Balkens oder des Kreises) markiert (hier: hell- und dunkelgrau).

Bei einem Säulendiagramm wird jeder Prozentsatz als Säule dargestellt. Die Größe der Säule spiegelt die Größe des Prozentsatzes wieder.

Im Gegensatz zum Säulendiagramm ist sowohl beim Balken- als auch beim Kreisdiagramm wichtig, dass alle Prozentsätze addiert insgesamt 100 % ergeben.

B In der Cornelius-Schule wurde abgestimmt, ob ein Sommerfest stattfinden soll.

800 Schüler durften wählen, das sind 100 % aller Wahlberechtigten.

640 Schüler stimmten dafür, das sind 80 % $= \frac{80}{100} = \frac{8}{10}$ aller Wahlberechtigten.

160 Schüler stimmten dagegen, das sind 20 % $= \frac{20}{100} = \frac{2}{10}$ aller Wahlberechtigten.

Darstellung als Balkendiagramm:

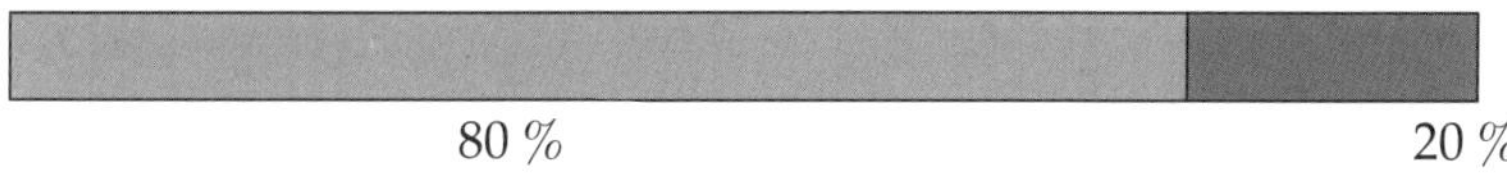

Darstellung als Säulendiagramm:

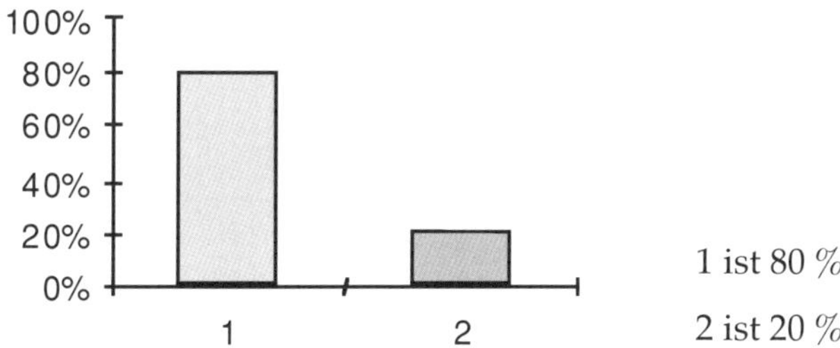

1 ist 80 %

2 ist 20 %

Darstellung als Kreisdiagramm:

Kleines Kreisstück: 20 %

Großes Kreisstück: 80 %

Berechnung von Grundwert, Prozentwert und Prozentsatz

Die Prozentrechnung ist ein Spezialfall des einfachen direkten Dreisatzes (vgl. S. 81), da das Verhältnis von Prozentsatz und Prozentwert direkt proportional ist. Bei der Prozentrechnung werden folgende Abkürzungen verwendet:

Grundwert: G
Prozentwert: W
Prozentsatz: p

Die Formel zur Berechnung des *Grundwertes* fasst die Rechenschritte des Dreisatzes zusammen.

Das mathematische Zeichen „≙", welches beim Dreisatz verwendet wird, bedeutet *„entspricht/entsprechen"*.

Gesucht: G = x kg Gegeben: W = 80 kg, p = 40 %

Der Dreisatz	Die Formel
1. 40 % ≙ 80 kg 100 % ≙ x kg	gesucht: G = x kg
2. 1 % ≙ $\frac{80}{40}$ kg = 2kg	gerechnet wurde: 1 % = $\frac{W}{p}$
3. 100 % ≙ 2 · 100 kg = 200 kg	gerechnet wurde: $G = \frac{W \cdot 100}{p}$

Die Formel zur Berechnung des Grundwertes ist: $G = \frac{W \cdot 100}{p}$

B Wie lang ist eine Strecke, wenn 20 % dieser Strecke 150 m sind?

Gesucht: G = x m Gegeben: W = 150 m, p = 20 %

$$G = \frac{150 \cdot 100}{20}\ m = \frac{150 \cdot 5}{1}\ m = 750\ m$$

Die Länge der Strecke (100 %) ist 750 m.

Auch die Herleitung der Formel zur Berechnung des *Prozentwertes* kann anhand der Schritte des Dreisatzes dargestellt werden.

Gesucht: W = x DM Gegeben: G = 80,00 DM, p = 30 %

Der Dreisatz	**Die Formel**
1. 100 % ≙ 80 DM 30 % ≙ x DM	gesucht: W = x DM
2. 1 % ≙ $\frac{80}{100}$ DM = $\frac{4}{5}$ DM	gerechnet wurde: 1 % = $\frac{G}{100}$
3. 30 % ≙ $\frac{4 \cdot 30}{5}$ DM = 24 DM	gerechnet wurde: W = $\frac{G \cdot p}{100}$

Die Formel zur Berechnung des Prozentwertes ist: $W = \frac{G \cdot p}{100}$

B Wie viel kg sind 50 % von 24 kg?

W = x kg, G = 24 kg, p = 50 %

$$W = \frac{24 \cdot 50}{100}\ kg = \frac{24 \cdot 1}{2}\ kg = 12\ kg$$

Von 24 kg entsprechen 50 % gleich 12 kg.

8. Prozentrechnung

Die Herleitung der Formel zur Berechnung des *Prozentsatzes* stellt wiederum die Schritte des Dreisatzes dar.

Gesucht: p = x %   Gegeben: W = 45 m, G = 90 m

Der Dreisatz	Die Formel
1. 90 m ≙ 100 % 45 m ≙ x %	gesucht: p = x %
2. $1\text{ m} \mathrel{\hat{=}} \frac{100}{90}\ \%$	gerechnet wurde: $1\text{ m} = \frac{100}{G}$
3. $45\text{ m} \mathrel{\hat{=}} \frac{45 \cdot 100}{90}\ \% = 50\ \%$	gerechnet wurde: $p = \frac{W \cdot 100}{G}$

Die Formel zur Berechnung des Prozentsatzes ist: $p = \frac{W \cdot 100}{G}$

B Wie viel Prozent sind 6 kg bezogen auf die Menge von 24 kg?

p = x %, G = 24 kg, W = 6 kg

$$p = \frac{6 \cdot 100}{24}\ \% = \frac{1 \cdot 100}{4}\ \% = \frac{25}{1}\ \% = 25\ \%$$

6 kg von 24 kg entsprechen 25 %.

Ist ein Prozentsatz p größer als 100 %, so ist der Prozentwert größer als der Grundwert.

B Prozentsatz p größer als 100 %:
Maike hat 500 € gespart und bekommt 50 € geschenkt. Nun hat sie insgesamt 550 €. Das sind 110 % ihres ursprünglich gesparten Geldes.

Prozentsatz p kleiner als 100 %:
Maike bekommt 50 € geschenkt und legt das Geld zu ihren Ersparnissen, die sich damit auf 550 € belaufen. Die 50 € sind 9,09% ihrer gesamten Ersparnisse.

Prozentrechnung im Alltag

Prozentangaben sind Angaben über Verhältnismäßigkeiten. Nicht immer sind diese Angaben in Prozent angegeben, aber oftmals können sie leicht in Prozent umgerechnet werden.

B Jeder zweite Haushalt hat ...
Könnte die Umweltverschmutzung um ein Fünftel gesenkt werden ...

Mit den folgenden Ausdrücken ist jeweils das gleiche Verhältnis zum Ausdruck gebracht.

jeder Zweite, die Hälfte, $\frac{1}{2}$, 50 %
jeder Vierte, ein Viertel, $\frac{1}{4}$, 25 %
jeder Fünfte, ein Fünftel, $\frac{1}{5}$, 20 %
jeder Zehnte, ein Zehntel, $\frac{1}{10}$, 10 %

Vom Grundwert ausgehend, können einige Prozentsätze sehr leicht im Kopf berechnet werden:

50 % = Grundwert geteilt durch 2

25 % = Grundwert geteilt durch 4

20 % = Grundwert geteilt durch 5

10 % = Grundwert geteilt durch 10

B 50 % von 40 kg ist gleich 20 kg.
Ein Viertel (= 25 %) von 60 l ist gleich 15 l.

Rechnen mit Promille

Das Wort *Promille* leitet sich, genau wie Prozent, aus der lateinischen Sprache ab und bedeutet auf/für 1000. Das mathematische Zeichen für Promille ist ‰.

Der Unterschied zwischen der Prozent- und der *Promillerechnung* besteht in den unterschiedlichen *Vergleichszahlen*.

> Die Vergleichszahl bei der Prozentrechnung ist 100.
>
> Die Vergleichszahl bei der Promillerechnung ist 1000.

Man multipliziert den Prozentsatz mit 10 und hat die Angabe in Promille verwandelt!

B

0,1 % = 1‰ 1 % = 10 ‰

67 % = 670 ‰ 89 % = 890 ‰

In den Formeln für die Promillerechnung wird die 100, die bei der Prozentrechnung in jeder Formel verwendet wird, durch eine 1000 ersetzt. Die Formeln für die Promillerechnung sind:

$$\text{Grundwert } G = \frac{W \cdot 1000}{p}$$

$$\textit{Promillewert } W = \frac{G \cdot p}{1000}$$

$$\textit{Promillesatz } p = \frac{W \cdot 1000}{G}$$

B

G = 700 kg, W = 2,1 kg, p = x ‰

$$p = \frac{2{,}1 \cdot 1000}{700}\text{‰} = \frac{2{,}1 \cdot 10}{7}\text{‰} = \frac{21}{7}\text{‰} = 3\text{‰}$$

Der Promillesatz p = 3 ‰.

Aufgaben

1. Die Prozentsätze können in die Diagramme eingetragen werden:

   a) 10 %, 20 %, 70 %
   Balkendiagramm:

   b) 25 %, 75 %
   Kreisdiagramm:

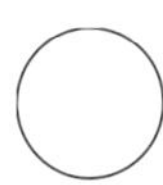

   c) 10 %, 30 %, 60 %
   Säulendiagramm:

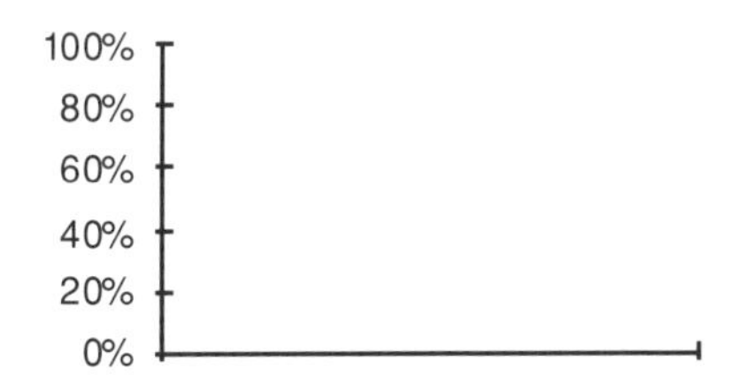

2. a) Speisesalz besteht zu 97 % aus dem Salz Natriumchlorid und zu 3 % aus anderen Salzen. Wie viel Gramm Speisesalz sind vorhanden, wenn der Anteil an Natriumchlorid 485 g beträgt?

   b) Uwe hat gelesen, dass der menschliche Körper zu 60 % aus Wasser besteht und 1 Liter Wasser 1 kg wiegt. Er schaut an sich herunter und versucht sich vorzustellen, dass in seinem Körper demnach 33 l Wasser enthalten sein müssen. Wie viel wiegt Uwe?

3. a) Der tiefste Graben der Welt (der Marianengraben) ist 11022 m tief, weicht also 11022 m vom Meeresspiegel ab. Die Abweichung vom Meeresspiegel des höchsten Berges der Welt beträgt fast exakt 80 % von der Abweichung des Marianengrabens. Wie hoch ist der Berg etwa?

8. Prozentrechnung

b) In einer Anzeige steht: „Alle Preise um 30 % reduziert!“. Wie viel Geld spart man beim Kauf eines Rades, das regulär 690 DM kostet?

4. a) Herrn Müller stehen monatlich 3600 DM zur Verfügung. Davon zahlt er 1260 DM Miete. Wie viel Prozent seines monatlichen Geldes sind dies?

   b) Ulrike schaut in die Wassertonne. Gestern Morgen stand das Wasser noch 150 cm hoch in der Tonne. Heute sind es nur noch 138 cm. Wie viel Prozent des Wassers sind noch vorhanden?

5. Die fehlenden Angaben sind zu berechnen:

   a) G = 32 DM, W = 42 DM, p = x %

   b) G = x kg, W = 168 kg, p = 105 %

   c) G = 196 l, p = 150 %, W = x l

6. Die folgenden Aufgaben können im Kopf berechnet werden:

   a) Jeder Vierte von 120 ist gleich ....

   b) Ein Fünftel von 75 kg ist gleich ....

   c) 10 % von 67,8 km ist gleich ....

7. Die Prozentangaben können in Promillesätze umgeschrieben werden:

   0,7 % = ...

   0,59 % = ...

   12,5 % = ...

8. Die fehlenden Werte sind zu berechnen:

   a) p = x ‰, G = 2500 kg, W = 5 kg

   b) G = x l, W = 0,012 l, p = 4 ‰

   c) W = x m, G = 25 m, p = 9 ‰

Lösungen

1. a) Balkendiagramm:

10 %　　20 %　　70 %

b) Kreisdiagramm:

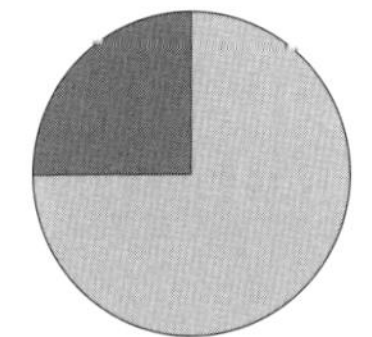

Dunkelgrau: 25 %

Hellgrau: 75 %

c) Säulendiagramm:

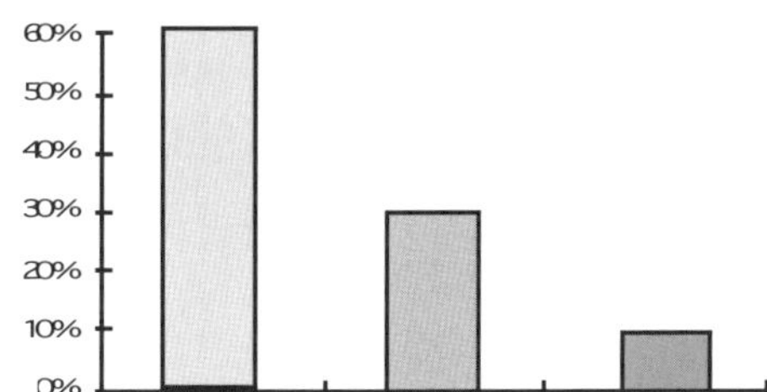

2. a) Gesucht: G = x g, gegeben: W = 485 g, p = 97 %

$$G = \frac{485 \cdot 100}{97}\ g = \frac{5 \cdot 100}{1} = 500\ g$$

Es sind 500 g Speisesalz vorhanden.

b) Gesucht: G = x kg, gegeben: W = 33 l, p = 60 %

$$G = \frac{33 \cdot 100}{60}\ l = \frac{33 \cdot 5}{3}\ l = \frac{11 \cdot 5}{1}\ l = 55\ l$$

55 l entsprechen 55 kg; Uwe wiegt also 55 kg.

3. a) Gesucht: W = x m, gegeben: G = 11022 m, p = 80 %

$$W = \frac{11022 \cdot 80}{100}\ m = \frac{11022 \cdot 4}{5}\ m = \frac{44088}{5}\ m = 8817\frac{3}{5}\ m = 8817,6\ m$$

Der Berg ist etwa 8817,6 m hoch.

8. Prozentrechnung

b) Gesucht: W = x DM, gegeben: G = 690 DM, p = 30 %

$$W = \frac{690 \cdot 30}{100}\text{ DM} = \frac{69 \cdot 3}{1}\text{ DM} = 207\text{ DM}$$

Man spart 207 DM beim Kauf des Rades zum ermäßigten Preis.

4. a) Gesucht: p = x %, gegeben: G = 3600 DM, W = 1260 DM

$$p = \frac{1260 \cdot 100}{3600}\,\% = \frac{1260 \cdot 1}{36}\,\% = \frac{35 \cdot 1}{1}\,\% = 35\,\%$$

Herr Müller gibt 35 % seines monatlichen Geldes für die Miete aus.

b) Gesucht: p = x %, gegeben: G = 150 cm, W = 138 cm

$$p = \frac{138 \cdot 100}{150}\,\% = \frac{138 \cdot 2}{3}\,\% = \frac{46 \cdot 2}{1}\,\% = 92\,\%$$

Es sind noch 92 % des Wassers vorhanden.

5. a) $p = \frac{42 \cdot 100}{32}\,\% = \frac{21 \cdot 25}{4}\,\% = \frac{525}{4}\,\% = 131\frac{1}{4}\,\% = 131\frac{25}{10}\,\% = 131,25\,\%$

b) $G = \frac{168 \cdot 100}{105}\text{ kg} = \frac{168 \cdot 20}{21}\text{ kg} = \frac{8 \cdot 20}{1}\text{ kg} = 160\text{ kg}$

c) $W = \frac{196 \cdot 150}{100}\text{ l} = \frac{196 \cdot 3}{2}\text{ l} = \frac{98 \cdot 3}{1}\text{ l} = 294\text{ l}$

6. a) Jeder Vierte von 120 ist gleich 30.

b) Ein Fünftel von 75 kg ist gleich 15 kg.

c) 10 % von 67,8 km ist gleich 6,78 km.

7. 0,7 % = 7 ‰ 0,59 % = 5,9 ‰ 12,5 % = 125 ‰

8. a) $p = \frac{5 \cdot 1000}{2500}\,‰ = \frac{1 \cdot 10}{5}\,‰ = \frac{1 \cdot 2}{1}\,‰ = 2\,‰$

b) $G = \frac{0,012 \cdot 1000}{4}\text{ l} = \frac{12}{4}\text{ l} = 3\text{ l}$

c) $W = \frac{25 \cdot 9}{1000}\text{ m} = \frac{225}{1000}\text{ m} = 0,225\text{ m}$

9. Zinsrechnung

Leiht man sich, z. B. von einer Bank, Geld (Kapital), so muss man der Bank dafür eine Art Leihgebühr, nämlich Zinsen, zahlen. Tritt der umgekehrte Fall ein, dass man z. B. einer Bank Geld (Kapital) überlässt, so erhält man dafür Zinsen. Die Höhe der Zinsen richtet sich zum einen nach dem Zinssatz, der für überlassenes oder geliehenes Geld berechnet wird. Zum anderen wird die Zeitspanne, für die die Zinsen berechnet werden, berücksichtigt. Bei der Zinsrechnung sind zu unterscheiden: Zinsen für genau 1 Jahr, Zinsen für Tage oder Monate und Zinsen für eine größere Zeitspanne als 1 Jahr (Zinseszins).

Wie die Zinsen jeweils zu berechnen sind, ist im Folgenden dargestellt.

Kapital, Zinsen, Zinssatz

Der *Zinssatz* wird stets in Prozent angegeben. Daran zeigt sich, dass die *Zinsrechnung* eine spezielle Form der Prozentrechnung ist. Die Berechnung von *Zinsen* erfolgt zunächst wie die Berechnung von Prozenten, jedoch sind die Bezeichnungen der verschiedenen Größen andere.

Bezeichnungen bei der	
Prozentrechnung	**Zinsrechnung**
Grundwert: G	Kapital: K
Prozentwert: W	Zinsen: Z
Prozentsatz in %: p	Zinssatz in %: p
	Zeit = Tage: t

Berechnung der Zinsen für 1 Jahr

Werden die Zinsen für genau ein Jahr berechnet (*Jahreszinsen*), so sind die Formeln für die Zinsrechnung genau wie für die Prozentrechnung aufgebaut. Die Anzahl der Tage t muss bei der Berechnung für ein volles Jahr nicht berücksichtigt werden.

9. Zinsrechnung

Prozentrechnung	Zinsrechnung
$G = \frac{W \cdot 100}{p}$	$K = \frac{Z \cdot 100}{p}$
$W = \frac{G \cdot p}{100}$	$Z = \frac{K \cdot p}{100}$
$p = \frac{W \cdot 100}{G}$	$p = \frac{Z \cdot 100}{K}$

B

Für 300 € bekommt man bei einem Zinssatz von 4 % nach einem Jahr 12 € Zinsen ausgezahlt.

Gegeben: K = 300 €, Z = 12 €, p = 4 %

Berechnung von K, Z und p

1. $K = \frac{Z \cdot 100}{p} = \frac{12 \cdot 100}{4} € = \frac{3 \cdot 100}{1} € = 300 €$

2. $Z = \frac{K \cdot p}{100} = \frac{300 \cdot 4}{100} € = \frac{3 \cdot 4}{1} € = 12 €$

3. $p = \frac{Z \cdot 100}{K} = \frac{12 \cdot 100}{300} \% = \frac{12 \cdot 1}{3} \% = 4 \%$

Die Berechnung hat gezeigt, dass die errechneten Werte mit den Ausgangswerten übereinstimmen.

Berechnung der Tages- und Monatszinsen

Heike sagt: „Die Bank zahlt mir für mein Geld auf dem Sparkonto einen Zinssatz von 4 %." Sie sagt nicht, dass sie erst nach Ablauf eines Jahres die Zinsen in Höhe von 4 % für ihr Geld erhält.

Hebt sie bereits nach einem halben Jahr Geld ab, so erhält sie nur die Hälfte der Jahreszinsen. Hebt Heike ihr Geld nach einem Vierteljahr ab, so erhält sie nur ein Viertel der Jahreszinsen.

9. Zinsrechnung

Um die anfallenden Zinsen leicht berechnen zu können, haben Geldinstitute wie Banken das sogenannte *Bankenjahr* eingeführt. Ein Bankenjahr besteht aus 12 Monaten zu je 30 Tagen. Das Bankenjahr besteht also aus $12 \cdot 30 = 360$ Tagen im Gegensatz zum richtigen Jahr, das sich über 365 bzw. 366 Tage erstreckt.

Für die Berechnung der Zinsen werden der Zinssatz p und die Anzahl der Tage, die das Geld bei dem Geldinstitut angelegt ist, zu einem *Tageszinssatz* p(t) zusammengefügt:

$$p(t) = p \cdot \frac{t}{360}\,\%,\ t = \text{Anzahl der Tage}$$

Mit $\frac{t}{360}$ wird der Anteil des Jahres berechnet, in dem das Geld angelegt war.

1 Monat sind 30 Tage, ist gleich $\frac{30}{360} = \frac{1}{12}$ Jahr.

B $p = 5\,\%, \quad t = 30$

$$p(t) = \frac{5 \cdot 30}{360} = \frac{5 \cdot 1}{12} = \frac{5}{12} = \frac{5}{12}, \text{ also ist } p(t) = \frac{5}{12}\,\%$$

Das ist genau ein Zwölftel der Jahreszinsen.

Für die Berechnung der *Tages- und Monatszinsen* wird die bereits bekannte Formel zur Berechnung der Zinsen erweitert.

Aus $\quad Z = \frac{K \cdot p}{100}$

wird durch die Einbeziehung der Tage, die das Kapital angelegt ist:

$$Z(t) = Z \cdot \frac{t}{360} = \frac{K \cdot p \cdot t}{100 \cdot 360}$$

B Die Jahreszinsen Z sind gleich 90 €. Ist das Geld nur 80 Tage angelegt, so verringern sich die Jahreszinsen zu Tageszinsen für 80 Tage:

$$Z(t) = 90 \cdot \frac{80}{360}\,€ = \frac{90 \cdot 80}{360}\,€ = \frac{1 \cdot 80}{4}\,€ = \frac{1 \cdot 20}{1}\,€ = 20\,€$$

Der Tageszinsen für 80 Tage betragen 20 €.

9. Zinsrechnung

Bei der Erweiterung der alten Formel ist nur der Tageszinssatz berücksichtigt worden.

B Man rechnet für K = 7200 €, p = 4 %, t = 8:

$$Z(t) = \frac{7200 \cdot 4 \cdot 8}{360 \cdot 100} € = \frac{20 \cdot 1 \cdot 8}{1 \cdot 25} € = \frac{4 \cdot 1 \cdot 8}{1 \cdot 5} €$$

$$= \frac{32}{5} € = 6\frac{2}{5} € = 6\frac{4}{10} € = 6,4 €$$

Nach 8 Tagen erhält man 6,40 € Zinsen.

Ein Geldinstitut berechnet für ein Konto regelmäßig die Zinsen. Für die Berechnung wird aufgelistet, welcher Betrag wann und wie lange auf dem Konto war. Bei jeder Änderung werden die Tageszinsen für den zurückliegenden Zeitraum, in dem keine Veränderung stattfand, berechnet. Am Monatsende werden die berechneten Tageszinsen zusammengerechnet.

Die Zinsen für ein Guthaben ist Geld, das der Kontoinhaber erhält. Die Zinsen für ein Soll (Schulden) müssen vom Kontoinhaber an das Geldinstitut gezahlt werden.

B Abrechnung eines Kontos:
Jährlicher Zinssatz für ein Haben: 4 %
Jährlicher Zinssatz für ein Soll: 10 %

Datum	Haben in € (Guthaben)	Soll in € (Schulden)	Dauer in Tagen	Tageszinsen Haben	Tageszinsen Soll
1.6	1000		18	2	
19.6		180	2		0,1
21.6	300		6	0,2	
27.6	Abrechnung	Abrechnung		2,2	0,1

1. Tageszinsen Haben: 2 € + 0,2 € = 2,2 €
2. Tageszinsen Soll: 0,1 €
3. Zinsen Gesamt: 2,2 € – 0,1 € = 2,1 €

Der Kontoinhaber erhält 2,10 € Zinsen.

Berechnung des Kapitals bei Tages- und Monatszinsen

Bei der Berechnung des Kapitals, welches kürzere Zeit als ein Jahr bei einer Bank angelegt war, geht man von der bereits bekannten Formel zur Berechnung des Kapitals

$$K = \frac{Z \cdot 100}{p}$$

aus. Es muss jedoch nicht der Zinssatz p eines ganzen Jahres, sondern nur der Zinssatz p(t) eines Teils vom Jahr berechnet werden. Auch dürfen nicht die Jahreszinsen in die Formel eingesetzt werden, sondern nur die Zinsen für den entsprechenden Anteil des Jahres. Statt mit dem Jahreszinssatz rechnet man mit

$$p(t) = \frac{p \cdot t}{360}$$

Da die Zinsen bereits als Tageszinsen für t Tage angegeben werden, müssen diese nicht extra berechnet werden.

Ersetzt man in der alten Formel die Jahreszinsen Z durch die Tageszinsen Z(t) und den jährlichen Zinssatz von p durch den Tageszinssatz p(t), so erhält man die gesuchte Formel:

$$K = \frac{Z(t) \cdot 100}{p(t)}$$

$$K = (Z(t) \cdot 100) : p(t)$$

$$K = (Z(t) \cdot 100) : \left(\frac{p \cdot t}{360}\right)$$

$$K = (Z(t) \cdot 100) \cdot \left(\frac{360}{p \cdot t}\right)$$

$$K = \frac{Z(t) \cdot 100 \cdot 360}{p \cdot t}$$

B Gesucht: K = x €, gegeben: Z(t) = 10 € p = 3 %, t = 200

$$K = \frac{10 \cdot 100 \cdot 360}{3 \cdot 200} € = \frac{10 \cdot 1 \cdot 120}{1 \cdot 2} € = 600 €$$

Das Kapital ist gleich 600 €.

9. Zinsrechnung

Berechnung des jährlichen Zinssatzes bei Tages- und Monatszinsen

Auch die Formel zur Berechnung des jährlichen Zinssatzes bei Tages- und Monatszinsen leitet sich von der Formel zur Berechnung des jährlichen Zinssatzes bei Jahreszinsen ab. Nur geht man nicht, wie es bisher der Fall war, von jährlichen Zinsen Z aus, sondern von den Zinsen Z(t) für einen Teil des Jahres.

Bisherige Fragestellung:

Wie hoch ist der **jährliche Zinssatz**, wenn ein Kapital von 500 € in **einem Jahr 50 € Zinsen** erbrachte.

Neue Fragestellung:

Wie hoch ist der **jährliche Zinssatz**, wenn ein Kapital von 500 € in **180 Tagen 25 € Zinsen** erbrachte?

Die Veränderung der alten Formel besteht darin, dass mit Tageszinsen Z(t) gerechnet wird. Dies bewirkt, dass nicht der Jahreszinssatz, sondern der Tageszinssatz berechnet wird.

Aus $p = \frac{Z \cdot 100}{K}$ wird

$$p(t) = \frac{Z(t) \cdot 100}{K} \quad \text{wobei } p(t) = \frac{p \cdot t}{360}$$

Dividiert man (bzw. multipliziert mit dem Kehrwert) die obige Formel mit dem Anteil des Jahres, welcher bislang mitberechnet wurde, erhält man den jährlichen Zinssatz p:

$p(t) \cdot \frac{360}{t} = \frac{p \cdot t}{360} \cdot \frac{360}{t} = \frac{Z(t) \cdot 100}{K} \cdot \frac{360}{t}$, das ist gleich

$$p = \frac{Z(t) \cdot 100 \cdot 360}{K \cdot t}$$

Die Rechnung ausführlicher geschrieben:

$$p(t) \cdot \frac{360}{t} = \frac{p \cdot t}{360} \cdot \frac{360}{t} = \frac{p \cdot t \cdot 360}{360 \cdot t} = p$$

B Man rechnet für:

K = 21000 €, Z(t) = 70 €, t = 40

$$p = \frac{70 \cdot 100 \cdot 360}{21000 \cdot 40} = \frac{1 \cdot 1 \cdot 9}{3 \cdot 1} = \frac{1 \cdot 1 \cdot 3}{1 \cdot 1} = 3$$

Also beträgt der jährliche Zinssatz gleich 3 %.

Zinseszins

Wird ein Guthaben über einen längeren Zeitraum verzinst, werden die jährlich anfallenden Zinsen zu dem Kapital hinzugerechnet und mitverzinst. Man spricht dabei von *Zinseszins*.

Zeitspanne	Guthaben in €	Zinsen: p = 10 %	Guthaben nach Ablauf eines weiteren Jahres in €
Anfänglich	100	10	100 + 10 = 110
Nach 1 Jahr	110	11	110 + 11 = 121
Nach 2 Jahren	121	12,10	121 + 12,10 = 133,10
Allgemein			
Anfänglich	$K_0 = K$	$K \cdot \frac{p}{100}$	$K \cdot \left(1 + \frac{p}{100}\right)$
Nach 1 Jahr	$K_1 = K \cdot \left(1 + \frac{p}{100}\right)$	$K_1 \cdot \frac{p}{100}$	$K \cdot \left(1 + \frac{p}{100}\right)^2$
Nach 2 Jahren	$K_2 = K \cdot \left(1 + \frac{p}{100}\right)^2$	$K_2 \cdot \frac{p}{100}$	$K \cdot \left(1 + \frac{p}{100}\right)^3$
Nach n Jahren	$K_n = K \cdot \left(1 + \frac{p}{100}\right)^n$	$K_n \cdot \frac{p}{100}$	$K \cdot \left(1 + \frac{p}{100}\right)^{n+1}$

Da die pro Jahr anfallenden Zinsen zu dem Kapital addiert werden, die zu verzinsende Summe also wächst, sind die anfallenden Zinsen nach der Formel für den Zinseszins insgesamt höher als die Zinsen, wie sie nach der einfachen Zinsformel berechnet werden.

9. Zinsrechnung

In der Formel zur Berechnung des Kapitals (vgl. Tabelle S. 107) ist jeweils enthalten:

$$1 + \frac{p}{100} = q \text{ (Zinsfaktor)}$$

Soll die Verzinsung eines Kapitals über n Jahre berechnet werden, so ist:

$$K_n = K \cdot q^n$$

Für n können Bruchteile von Jahren angegeben sein und n kann negativ sein:

B Die Höhe des Kapitals in $1\frac{1}{2}$ Jahren: $K_{1,5} = K \cdot q^{1,5}$

Auf welche Summe ist ein Kapital von 200 € bei einem jährlichen Zinssatz von 4 % nach $1\frac{1}{2}$ Jahren angewachsen?

$$K_{1,5} = 200 \cdot \left(1 + \frac{4}{100}\right)^{\frac{3}{2}} = 200 \cdot \sqrt{1,04^3} = 200 \cdot 1,060596 = 212,12$$

Das ursprüngliche Kapital ist nach $1\frac{1}{2}$ Jahren auf 212,12 € angewachsen.

B Die Höhe des Kapitals vor $1\frac{1}{2}$ Jahren: $K_{-1,5} = K \cdot q^{-1,5}$

Wie hoch war das vorhandene Kapital, wenn man nach $1\frac{1}{2}$ Jahren bei einem Zinssatz von 4 % insgesamt 314,18 € zur Verfügung hat?

$$K\ {-1,5} = 318{,}18 \cdot \left(1 + \frac{4}{100}\right)^{-\frac{3}{2}} = 318,18 \cdot \frac{1}{\sqrt{1,04^3}} = 300$$

Das Kapital, das vor $1\frac{1}{2}$ Jahren angelgt wurde, betrug 300 €.

(Zur Berechnung und Bedeutung von negativen Potenzen vgl. S. 118)

Aufgaben

1. Herr Maier hat bei einem Zinssatz von 2,5 % nach einem Jahr 800 € Zinsen an die Bank zu zahlen.

   Wie hoch sind seine Schulden?

2. Olaf hat für sein Guthaben von 125 € nach einem Jahr Zinsen in Höhe von 6,50 € erhalten.

   Zu welchem Zinssatz wurde das Geld verzinst?

3. Mark möchte für seine 270 €, die zu einem jährlichen Zinssatz von 4,5 % angelegt sind, 10 € erhalten.

   Bekommt er die erhofften 10 €, wenn er sein Geld 240 Tage lang nicht abhebt?

4. Wie viel Geld hat Astrid auf ihrem Sparbuch, wenn sie nach 144 Tagen 14 € Zinsen ausgezahlt bekommt und der jährliche Zinssatz bei 3,5 % liegt?

5. Herr Müller vergleicht die Angebote zweier Banken. Bei der einen Bank erhält er einen jährlichen Zinssatz von 7 %. Bei der anderen Bank, so hat er es ausgerechnet, bekommt er für 120 € nach 135 Tagen 2,70 € ausgezahlt. Bei welcher Bank bekommt er einen höheren Zinssatz?

6. Auf welche Summe wächst ein Kapital von 500 € nach 3 Jahren, nach 5 Jahren und nach 7 Jahren bei einem jährlichen Zinssatz von 4 %, wenn die Zinsen eines jeden Jahres mitverzinst werden.

9. Zinsrechnung

Lösungen

1. Gesucht: K = x €, gegeben: Z = 800 €, p = 2,5 %

   $K = \frac{800 \cdot 100}{2,5}\ € = \frac{800 \cdot 40}{1}\ € = 32000\ €$

   Herr Maier hat 32.000 € Schulden bei der Bank.

2. Gesucht: p = x %, gegeben: K = 125 €, Z = 6,5 €

   $p = \frac{6,5 \cdot 100}{125} = \frac{6,5 \cdot 4}{5} = \frac{26}{5} = 5\frac{1}{5} = 5\frac{2}{10} = 5,2\ \%$

   Das Geld wurde mit 5,2 % verzinst.

3. Gesucht: Z (t) = x €, gegeben: K = 270 €, p = 4,5 %, t = 240 Tage

   $Z(t) = \frac{270 \cdot 4,5 \cdot 240}{360 \cdot 100}\ € = \frac{27 \cdot 4,5 \cdot 2}{3 \cdot 10}\ € = \frac{9 \cdot 9}{1 \cdot 10}\ € = \frac{81}{10}\ € = 8,1\ €$

   Nein, denn nach 240 Tagen erhält er 8,10 € Zinsen.

4. Gesucht: K = x €, gegeben: Z (t) = 14 €, p = 3,5 %, t = 144 Tage

   $K = \frac{14 \cdot 100 \cdot 360}{3,5 \cdot 144}\ € = \frac{4 \cdot 100 \cdot 15}{1 \cdot 6}\ € = \frac{4 \cdot 50 \cdot 5}{1 \cdot 1}\ € = 1000\ €$

   Astrid hat 1000 € auf ihrem Sparbuch.

5. Gesucht: p = x %, gegeben: K = 120 €, Z(t) = 2,70 €, t = 135 Tage

   $p = \frac{2,7 \cdot 100 \cdot 360}{120 \cdot 135} = \frac{2,7 \cdot 5 \cdot 24}{6 \cdot 9} = \frac{2,7 \cdot 5 \cdot 4}{1 \cdot 9} = \frac{54}{9} = 6\ \%$

   Der jährliche Zinssatz beträgt 6 %. Da die erste Bank einen jährlichen Zinssatz von 7 % zahlt, sollte er sein Geld lieber dort anlegen.

6. Gegeben: K = 500 €, p = 4 %

   nach 3 Jahren: $K_3 = 500 \cdot \left(1 + \frac{4}{100}\right)^3\ € = 500 \cdot (1,04)^3\ € = 562,43\ €$

   Das Kapital ist nach drei Jahren auf 562,43 € angewachsen.

   nach 5 Jahren: $K_5 = 500 \cdot \left(1 + \frac{4}{100}\right)^5\ € = 500 \cdot (1,04)^5\ € = 608,33\ €$

   Das Kapital ist nach fünf Jahren auf 608,33 € angewachsen.

   nach 7 Jahren: $K_7 = 500 \cdot \left(1 + \frac{4}{100}\right)^7\ € = 500 \cdot (1,04)^7\ € = 657,97\ €$

   Das Kapital ist nach sieben Jahren auf 657,97 € angewachsen.

10. Reelle Zahlen

Neben den „normalen" Zahlen enthält die Menge der rationalen Zahlen $\mathbb{Q}$ auch Zahlen mit unendlich vielen periodisch angeordneten Nachkommastellen (Stellen hinter dem Komma).

Solche Zahlen können entstehen, wenn Brüche in Dezimalzahlen umgewandelt werden. So entspricht der Quotient $\frac{1}{3}$ der Dezimalzahl $0{,}3333\ldots = 0{,}\bar{3}$ (kann durch die Division 1 : 3 berechnet werden). Alle diese unendlichen, periodischen Zahlen sind in der Menge enthalten und lassen sich als Brüche darstellen.

Es gibt aber auch noch andere Zahlen, die unendlich viele Nachkommastellen besitzen, aber nicht periodisch sind. Diese Zahlen werden *irrationale Zahlen* genannt.

Alle rationalen und alle irrationalen Zahlen zusammengenommen ergeben die Menge der *reellen Zahlen* $\mathbb{R}$. Sie ist weder nach unten (negative Zahlen) noch nach oben (positive Zahlen) beschränkt und somit unendlich groß.

Die Menge $\mathbb{R}$ ist die größte Menge, mit der in der Schulmathematik bis zum Abitur gerechnet wird. Nur in Mathematik-Leistungskursen und auf mathematischen Zweigen wird eventuell die nächst größere Zahlenmenge (vgl. komplexe Zahlen, S. 253) besprochen.

Irrationale Zahlen

Zahlen, die sich nicht als Bruch zweier ganzer Zahlen darstellen lassen, sind irrationale Zahlen. Solche Zahlen haben unendlich viele Nachkommastellen, wobei die Nachkommastellen nicht periodisch sind.

Der Ausdruck *„nicht periodisch"* bedeutet, dass unter den Nachkommastellen kein Ziffernmuster gefunden werden kann, das sich ab einer beliebigen Stelle immer wieder wiederholt. Die Kombinationen der Ziffern hinter dem Komma wechseln also ständig.

10. Reelle Zahlen

Wurzeln

Viele Wurzeln (Wurzelrechnung S. 119 ff) sind irrationale Zahlen. Sie lassen sich über *Intervallschachtelung* beliebig genau bestimmen. Bei der Intervallschachtelung nähert man sich der gesuchten Zahl, indem man einen Zahlenbereich (also ein *Intervall*) schrittweise immer weiter einschränkt.

B Die Zahl $\sqrt{2}$ soll bestimmt werden. Zunächst kann man abschätzen, dass sich die gesuchte Zahl zwischen den Werten 1 und 2 befinden muss. Der Grund dafür ist:

$(\sqrt{2})^2 = 2$ liegt zwischen $1^2 = 1$ und $2^2 = 4$.

Im nächsten Schritt wird nun die untere Grenze (u.G.) schrittweise erhöht, die obere Grenze (o.G.) schrittweise abgesenkt:

u.G. $< \sqrt{2} <$ o.G.	$(\text{u.G})^2 < 2 < (\text{o.G})^2$
$1 < \sqrt{2} < 2$	$1^2 = 1 < 2 < 2^2 = 4$
$1{,}4 < \sqrt{2} < 1{,}5$	$1{,}4^2 = 1{,}96 < 2 < 1{,}5^2 = 2{,}25$
$1{,}41 < \sqrt{2} < 1{,}42$	$1{,}41^2 = 1{,}9881 < 2 < 1{,}42^2 = 2{,}0164$
$1{,}414 < \sqrt{2} < 1{,}415$	$1{,}414^2 = 1{,}999396 < 2 < 1{,}415^2 = 2{,}002225$
$1{,}4142 < \sqrt{2} < 1{,}4143$	$1{,}4142^2 = 1{,}99996164 < 2 < 1{,}4143^2 = 2{,}00024449$

$\sqrt{2}$ ist also eine Dezimalzahl der Form 1,4142 ... Sie kann mit dem Verfahren der Intervallschachtelung bis zu jeder beliebigen Stelle nach dem Komma bestimmt werden.

Irrationale Konstanten

Sehr bekannt unter den irrationalen Zahlen ist die Zahl π (griechischer Buchstabe, sprich *Pi*). Sie wird seit langer Zeit verwendet. Wird in Geometrieaufgaben nach Umfang oder Fläche eines Kreises oder dem Volumen einer Kugel gefragt, muss man mit π rechnen. Daher wird sie auch *Kreiszahl* genannt. Den Wert von π kann man nicht genau angeben, weil „nur" die ersten paar tausend Nachkommastellen berechnet wurden. Für die meisten Berechnungen ist es aber genau genug, wenn für π der Wert 3,14 genommen oder bei Rechnungen mit dem Taschenrechner auf die π-Taste gedrückt wird. Dann erscheint – je nachdem wie viele Stellen der Taschenrechner angibt – für π bespielsweise der Wert 3,141592654.

Wegen ihrer enormen Bedeutung in Natur und Technik ist die Zahl *e*, insbesondere unter Naturwissenschaftlern und Ingenieuren, sehr bekannt und beliebt. Bei Schülern ist diese Ansicht umstritten, aber wenn man sich nach anfänglichen Zweifeln erst einmal mit ihr angefreundet hat, kann man die große Bedeutung dieser Zahl erkennen. Ihr Wert ist 2,71828182... In der Regel wird auf 2,72 gerundet. Ihr Entdecker ist der Mathematiker Euler, weshalb sie auch *Eulersche-Zahl* genannt wird (vgl. Exponentialfunktionen, natürlicher Logarithmus, S. 182).

Verteilung der rationalen und irrationalen Zahlen

Jeder Punkt auf dem Zahlenstrahl entspricht genau einer reellen Zahl. Anders ausgedrückt: Für andere Zahlen außer den reellen gibt es keinen Platz mehr auf dem Zahlenstrahl.

Auf jedem Abschnitt des Zahlenstrahls befinden sich zwischen zwei Zahlen a und b immer sowohl rationale als auch irrationale Zahlen. Dies ist insofern bemerkenswert, als die Grenzen a und b beliebig nahe beieinander liegen dürfen. Es gibt also in jedem Intervall]a;b[sowohl rationale als auch irrationale Zahlen (zur Intervallschreibweise vgl. S. 197).

Ein weiteres Merkmal der Menge der reellen Zahlen ist, dass sie nicht abzählbar sind (vgl. S 664).

10. Reelle Zahlen

Aufgaben

1. Welche der folgenden Zahlen sind rational, welche irrational?
   a) $\sqrt{3}$ b) $\sqrt{16}$
   c) $\sqrt{9}$ d) $\sqrt{6}$
2. Folgende Wurzeln sind mit Hilfe der Intervallschachtelung auf vier Stellen genau zu bestimmen:
   a) $\sqrt{3}$ b) $\sqrt{8}$
   c) $\sqrt{5}$ d) $\sqrt{111}$

Lösungen

1. a) $\sqrt{3}$ lässt sich nicht als Bruch zweier ganzer Zahlen darstellen $\Rightarrow \sqrt{3}$ ist irrational
   b) $\sqrt{16} = \frac{4}{1} \Rightarrow \sqrt{16}$ ist rational
   c) $\sqrt{9} = \frac{3}{1} \Rightarrow \sqrt{9}$ ist rational
   d) $\sqrt{6}$ lässt sich nicht als Bruch zweier ganzer Zahlen darstellen $\Rightarrow \sqrt{6}$ ist irrational
2. a)
$$\begin{aligned} 1 &< \sqrt{3} < 2 \\ 1{,}7 &< \sqrt{3} < 1{,}8 \\ 1{,}73 &< \sqrt{3} < 1{,}74 \\ 1{,}732 &< \sqrt{3} < 1{,}733 \\ 1{,}7320 &< \sqrt{3} < 1{,}7321 \\ \sqrt{3} &= 1{,}7320\ldots \end{aligned}$$
   b)
$$\begin{aligned} 2 &< \sqrt{8} < 3 \\ 2{,}8 &< \sqrt{8} < 2{,}9 \\ 2{,}82 &< \sqrt{8} < 2{,}83 \\ 2{,}828 &< \sqrt{8} < 2{,}829 \\ 2{,}8284 &< \sqrt{8} < 2{,}8285 \\ \sqrt{8} &= 2{,}8284\ldots \end{aligned}$$
   c)
$$\begin{aligned} 2 &< \sqrt{5} < 3 \\ 2{,}2 &< \sqrt{5} < 2{,}3 \\ 2{,}23 &< \sqrt{5} < 2{,}24 \\ 2{,}236 &< \sqrt{5} < 2{,}237 \\ 2{,}2360 &< \sqrt{5} < 2{,}2361 \\ \sqrt{5} &= 2{,}2360\ldots \end{aligned}$$
   d)
$$\begin{aligned} 10 &< \sqrt{111} < 11 \\ 10{,}5 &< \sqrt{111} < 10{,}6 \\ 10{,}53 &< \sqrt{111} < 10{,}54 \\ 10{,}535 &< \sqrt{111} < 10{,}536 \\ 10{,}5356 &< \sqrt{111} < 10{,}5357 \\ \sqrt{111} &= 10{,}5356\ldots \end{aligned}$$

11. Potenzen und Wurzeln

Zwei eng zusammengehörende Rechenarten sind das Potenzieren und das Wurzelziehen. Das Verhältnis beider Rechenarten zueinander ist etwa so, wie sich das Dividieren und das Multiplizieren zueinander verhalten.

Potenzen

Durch eine Kurzschreibweise wird aus einer Addition eine Multiplikation.

B Es ist $3 + 3 + 3 + 3 = 4 \cdot 3 = 12$

Durch eine Kurzschreibweise wird aus einer Multiplikation eine *Potenz*.

B Es ist $3 \cdot 3 \cdot 3 \cdot 3 = 3^4 = 81$

Dabei gibt die hochgestellte Zahl an, wie oft eine Zahl mit sich multipliziert wird. Im Beispiel wird die drei viermal mit sich selbst multipliziert. Deshalb wird die ausführliche Darstellung zu 3^4 zusammengefasst.

Eine Potenz besteht aus einer Grundzahl oder *Basis* (hier: a) und aus einer Hochzahl bzw. einem *Exponenten* (hier: n). Der Wert einer Potenz ist der Potenzwert.

Man schreibt: a^n und spricht: a hoch n.

B $2^5 = 2 \cdot 2 \cdot 2 \cdot 2 \cdot 2 = 32$ Der Potenzwert von 2^5 ist 32. Insbesondere ist $a^1 = a$, also $5^1 = 5$ oder $4^1 = 4$.

Das Berechnen einer Potenz heißt *Potenzieren*. Wie man gesehen hat, ist das Potenzieren nichts anderes als das mehrfache Multiplizieren mit dem gleichen Faktor. Eine Basis mit dem Exponenten 2 nennt man eine *Quadratzahl*. Das Berechnen der Quadratzahl, also *quadrieren*, ist eine besonders leichte Variante des Potenzierens.

$$2^2 = 4 \text{ oder } 5^2 = 25$$

4 ist die Quadratzahl zu 2^2 und 25 ist die Quadratzahl zu 5^2.

11. Potenzen und Wurzeln

Beim Potenzieren unterscheidet man zwischen einem geradzahligen Exponenten (2, 4, 6, 8, 10, allgmein für geradzahlig: $2 \cdot n$) und einem ungeraden Exponenten (1, 3, 5, 7, 9,11, allgemein: $2 \cdot n - 1$).

B Potenzen mit einem geradzahligen Exponenten sind: 3^2, 6^4, 2^6, $a^{2 \cdot n}$

Potenzen mit einem ungeradzahligen Exponenten sind: 5^1, 3^3, 4^7, $b^{2 \cdot n - 1}$

Eine besondere Bedeutung erhält diese Unterscheidung, wenn die Basis der Potenz eine negative Zahl ist.

Hat die Potenz eine negative Basis und ist

1. der Exponent geradzahlig, so ist der Potenzwert positiv;
2. der Exponent ungeradzahlig, so ist der Potenzwert negativ.

B $-2^4 = 16$ $\quad$ $-1^{2n} = 1$

$-2^5 = -32$ $\quad$ $-1^{2n-1} = -1$

Rechenregeln bei der Potenzrechnung

Es gilt:

$a^0 = 1$ für $a \neq 0$

$0^n = 0$ für $n \in \mathbb{N}$

Ein Produkt wird potenziert, indem man jeden Faktor mit dem Exponenten potenziert und die erhaltenen Potenzen multipliziert.

Es gilt:

Es gilt:

$(a \cdot b)^n = a^n \cdot b^n$

B $(2 \cdot 3)^2 = 2^2 \cdot 3^2 = 4 \cdot 9 = 36$

Brüche werden potenziert, indem man Zähler und Nenner mit dem gemeinsamen Exponenten potenziert und die erhaltenen Potenzen dividiert.

Es gilt:

$$\left(\frac{a}{b}\right)^n = \frac{a^n}{b^n}$$

B $\left(\frac{3}{4}\right)^4 = \frac{3^4}{4^4} = \frac{81}{256}$

Potenzen mit gleichen Exponenten werden dividiert, indem man ihre Basen dividiert und den so erhaltenen Quotienten mit dem gemeinsamen Exponenten potenziert.

Es gilt:

$$a^n : b^n = (a : b)^n$$

B $4^3 : 2^3 = (4 : 2)^3 = 2^3 = 8$

Potenzen mit gleichen Exponenten multipliziert man, indem man das Produkt der Basen mit dem gemeinsamen Exponenten potenziert.

Es gilt:

$$a^n \cdot b^n \cdot c^n = (a \cdot b \cdot c)^n$$

B $2^2 \cdot 3^2 \cdot a^2 = (2 \cdot 3 \cdot a)^2 = (6 \cdot a)^2 = 36 \cdot a^2$

Potenzen mit gleicher Basis multipliziert man, indem man die Exponenten addiert und mit der Summe der Exponenten die Basis potenziert.

Es gilt:

$$a^m \cdot a^n = a^{m+n}$$

11. Potenzen und Wurzeln

B $2^4 \cdot 2^2 = \underbrace{\underbrace{2 \cdot 2 \cdot 2 \cdot 2}_{\text{4-mal}} \cdot \underbrace{2 \cdot 2}_{\text{2-mal}}}_{\text{6-mal}} = 2^{4+2} = 2^6$

Potenzen mit gleicher Basis werden dividiert, indem man die Differenz der Exponenten bildet und damit die gemeinsame Basis potenziert.

Es gilt:

$$a^m : a^n = a^{m-n}$$

B $3^5 : 3^3 = \frac{3 \cdot 3 \cdot 3 \cdot 3 \cdot 3}{3 \cdot 3 \cdot 3} = 3 \cdot 3 = 3^2$

$3^5 : 3^3 = 3^{5-3} = 3^2$

Potenzen mit negativem Exponenten können auch als Kehrwert mit positivem Exponenten geschrieben werden. Beide Schreibweisen haben denselben Potenzwert.

Es gilt:

$$a^{-n} = \frac{1}{a^n} \qquad \text{für } a \neq 0$$

Potenzen werden potenziert, indem man das Produkt der Exponenten bildet und damit die Basis potenziert.

Es gilt:

$$(a^m)^n = a^{m \cdot n}$$

B $(4^2)^3 = 4^{2 \cdot 3} = 4^6$

Wurzelrechnung

Für positive Zahlen ist die Umkehrung des Potenzierens das Wurzelziehen, auch *Radizieren* genannt.

Es ist

$\sqrt[n]{a}$ mit $a \in \mathbb{R}_0^+$ und $n \in \mathbb{N}$

die eindeutig bestimmte positive Zahl, deren n-te Potenz gleich a ist.

Für $\sqrt[n]{a} = c$
ist a der *Radikand,*
ist n der *Wurzelexponent,*
ist c der *Wurzelwert* und
ist $\sqrt{}$ das mathematische Zeichen für die *Wurzel.*

Ist der Wurzelexponent eine 2, so muss er nicht angegeben sein. Dies ist eine Vereinbarung in der Mathematik.

Man spricht für $x \geq 0$ mit $x = \sqrt{a}$ von der *Quadratwurzel* aus a, mit $a \geq 0$, falls $x^2 = a$.

Man spricht für $x \geq 0$ mit $x = \sqrt[n]{a}$ von der *n-ten Wurzel* aus a, mit $a \geq 0$, falls $x^n = a$.

Ist der Wurzelexponent n geradzahlig, so darf der Radikand a in der Menge $\mathbb{R}$ nur positiv sein, da Potenzen mit geradzahligem Exponenten stets einen positiven Potenzwert besitzen.

B $\sqrt{-4}$ oder $\sqrt[8]{-4}$ sind nicht definiert in $\mathbb{R}$, wohl aber in $\mathbb{Q}$ (vgl. 254)!

Der Wurzelexponent gibt an, wie oft der Faktor a unter dem Wurzelzeichen auftreten muss, damit er vor das Wurzelzeichen gezogen werden kann.

B $\sqrt{\underbrace{3 \cdot 3 \cdot 3}} = 3;\ \sqrt{4 \underbrace{\cdot 4 \cdot} 4 \underbrace{\cdot 4 \cdot} 4} = 4 \cdot 4 \cdot \sqrt{4}$

Die Rechengesetze für das Rechnen mit Wurzeln leiten sich aus den Gesetzen für das Rechnen mit Potenzen ab. Wurzeln können auch als Potenz mit gebrochenem Exponenten geschrieben werden, weshalb diese Rechengesetze gültig sind.

11. Potenzen und Wurzeln

$$\sqrt[n]{a} = a^{\frac{1}{n}}$$

$$\sqrt[n]{a^m} = a^{\frac{m}{n}}$$

Die n-ten Wurzeln aus m-ten Potenzen reeller Zahlen sind wieder reelle Zahlen.
Es gelten folgende Rechengesetze:

$$\sqrt[n]{a} \cdot \sqrt[n]{b} = \sqrt[n]{a \cdot b}$$

$$\frac{\sqrt[n]{a}}{\sqrt[n]{b}} = \sqrt[n]{\frac{a}{b}}$$

$$\frac{1}{\sqrt[n]{a}} = \sqrt[n]{\frac{1}{a}}$$

Aufgaben

1. a) $(x \cdot y)^2 : (2 \cdot x)^3 =$ b) $(2 \cdot x \cdot y)^4 : (x^2 \cdot y)^3 =$
   c) $(x^3 \cdot y^2)^2 : (4 \cdot x \cdot y)^2 =$ d) $(3 \cdot x^2 \cdot y)^3 : (2 \cdot x \cdot y)^2 =$

2. a) $x^2 \cdot x^5 \cdot x^3 =$ b) $x^2 \cdot y^2 \cdot x^4 \cdot y =$
   c) $2 \cdot x^2 \cdot y^3 \cdot x^3 \cdot y^{-1} =$ d) $4 \cdot x^5 \cdot x^2 \cdot y^4 \cdot x^2 \cdot y^4 =$

3. a) $4^{-2} \cdot 2^{-3} =$ b) $2^{-2} \cdot 3^2 =$
   c) $\left(\frac{4}{3}\right)^{-2} \cdot 3^{-2} =$ d) $2^3 \cdot 2^{-4} \cdot \left(\frac{1}{4}\right)^{-2} =$

4. a) $\sqrt[3]{27} =$ b) $\sqrt[3]{125} =$
   c) $\sqrt[5]{64} =$ d) $\sqrt{64} \cdot \sqrt[4]{81} =$

5. a) $\sqrt[3]{48x^6} =$ b) $\sqrt{36x^8y^4z^3} =$

6. a) $\left(\sqrt[6]{2x^2y}\right)^9 =$ b) $\sqrt{\sqrt[3]{\sqrt[4]{\sqrt{8}}}} =$

Lösungen

1. a) $(x \cdot y)^2 : (2 \cdot x)^3 = \dfrac{x^2 \cdot y^2}{2^3 \cdot x^3} = \dfrac{y^2}{8x}$

   b) $(2 \cdot x \cdot y)^4 : (x^2 \cdot y)^3 = \dfrac{2^4 \cdot x^4 \cdot y^4}{x^6 \cdot y^3} = \dfrac{16y}{x^2}$

   c) $(x^3 \cdot y^2)^2 : (4 \cdot x \cdot y)^2 = \dfrac{x^6 \cdot y^4}{4^2 \cdot x^2 \cdot y^2} = \dfrac{x^4 \cdot y^2}{16}$

   d) $(3 \cdot x^2 \cdot y)^3 : (2 \cdot x \cdot y)^2 = \dfrac{3^3 \cdot x^6 \cdot y^3}{2^2 \cdot x^2 \cdot y^2} = \dfrac{27 \cdot x^4 \cdot y}{4}$

2. a) $x^2 \cdot x^5 \cdot x^3 = x^{2+5+3} = x^{10}$

   b) $x^2 \cdot y^2 \cdot x^4 \cdot y = x^{2+4} \cdot y^{2+1} = x^6 \cdot y^3$

   c) $2 \cdot x^2 \cdot y^3 \cdot x^3 \cdot y^{-1} = 2 \cdot x^{2+3} \cdot y^{3-1} = 2 \cdot x^5 \cdot y^2$

   d) $4 \cdot x^5 \cdot x^2 \cdot y^4 \cdot x^2 \cdot y^4 = 4 \cdot x^{5+2+2} \cdot y^{4+4} = 4 \cdot x^9 \cdot y^8$

3. a) $4^{-2} \cdot 2^{-3} = \dfrac{1}{4^2} \cdot \dfrac{1}{2^3} = \dfrac{1}{16} \cdot \dfrac{1}{8} = \dfrac{1}{128}$

   b) $2^{-2} \cdot 3^2 = \dfrac{1}{2^2} \cdot 9 = \dfrac{1}{4} \cdot 9 = \dfrac{9}{4}$

   c) $\left(\dfrac{4}{3}\right)^{-2} \cdot 3^{-2} = \dfrac{1}{\left(\dfrac{4}{3}\right)^2} \cdot \dfrac{1}{3^2} = \dfrac{1}{\dfrac{16}{9}} \cdot \dfrac{1}{9} = \dfrac{9}{16} \cdot \dfrac{1}{9} = \dfrac{1}{16}$

   d) $2^3 \cdot 2^{-4} \cdot \left(\dfrac{1}{4}\right)^{-2} = 8 \cdot \dfrac{1}{2^4} \cdot \dfrac{1}{\left(\dfrac{1}{4}\right)^2} = 8 \cdot \dfrac{1}{16} \cdot \dfrac{1}{\dfrac{1}{16}} = 8 \cdot \dfrac{1}{16} \cdot \dfrac{16}{1} = 8$

4. a) $\sqrt[3]{27} = \sqrt[3]{3 \cdot 3 \cdot 3} = 3$

   b) $\sqrt[3]{125} = \sqrt[3]{5 \cdot 5 \cdot 5} = 5$

   c) $\sqrt[5]{64} = \sqrt[5]{2 \cdot 2 \cdot 2 \cdot 2 \cdot 2 \cdot 2} = 2 \cdot \sqrt[5]{2}$

   d) $\sqrt{64} \cdot \sqrt[4]{81} = \sqrt{2 \cdot 2 \cdot 2 \cdot 2 \cdot 2 \cdot 2} \cdot \sqrt[4]{3 \cdot 3 \cdot 3 \cdot 3} = 2 \cdot 2 \cdot 2 \cdot 3 = 24$

5. a) $\sqrt[3]{48x^6}$

   $= \sqrt[3]{2 \cdot 2 \cdot 2 \cdot 2 \cdot 3 \cdot x \cdot x \cdot x \cdot x \cdot x \cdot x}$

   $= (2 \cdot x \cdot x \cdot \sqrt[3]{2 \cdot 3})$

   $= (2x^2 \cdot \sqrt[3]{6})$

   b) $\sqrt{36x^8y^4z^3}$

   $= \sqrt{2 \cdot 2 \cdot 3 \cdot 3 \cdot x \cdot x \cdot x \cdot x \cdot x \cdot x \cdot x \cdot x \cdot y \cdot y \cdot y \cdot y \cdot z \cdot z \cdot z}$

   $= 2 \cdot 3 \cdot x \cdot x \cdot x \cdot x \cdot y \cdot y \cdot z \cdot \sqrt{z} = 6x^4y^2z\sqrt{z}$

6. a) $(\sqrt[6]{2x^2y})^9 = (2x^2 \cdot y)^{\frac{9}{6}} = (2x^2y)^{\frac{3}{2}} = 2^{\frac{3}{2}} \cdot x^{2 \cdot \frac{3}{2}} \cdot y^{\frac{3}{2}} = \sqrt{2^3} \cdot x^3 \cdot \sqrt{y^3}$

   $= 2^{\frac{3}{2}} \cdot x^{2 \cdot \frac{3}{2}} \cdot y^{\frac{3}{2}} = \sqrt{2^3} \cdot x^3 \cdot \sqrt{y^3}$

   $= \sqrt{2 \cdot 2 \cdot 2} \cdot x^3 \cdot \sqrt{y \cdot y \cdot y} = 2\sqrt{2} \cdot x^3 \cdot y\sqrt{y} = 2x^3y\sqrt{2y}$

   b) $\sqrt{\sqrt[3]{\sqrt[4]{8}}} = \left(\sqrt[3]{\sqrt[4]{8}}\right)^{\frac{1}{2}} = \left((\sqrt[4]{8})^{\frac{1}{2}}\right)^{\frac{1}{3}} = \left(\left((8)^{\frac{1}{2}}\right)^{\frac{1}{3}}\right)^{\frac{1}{4}}$

   $= 8^{\frac{1}{2} \cdot \frac{1}{3} \cdot \frac{1}{4}} = 8^{\frac{1}{24}} = 1{,}090507733$

12. Binomische Formeln

Binomische Formeln können als reines Handwerkszeug angesehen werden. Binome werden in den verschiedenartigsten Berechnungen, z. B. den quadratischen Gleichungen (vgl. S. 160), aber auch in der Stochastik, z. B. bei Berechnungen von Wahrscheinlichkeiten (vgl. S. 642). Die Formeln sind sehr hilfreich, da sie in der Regel problemlos angewendet werden können und einen großen Nutzen haben, beispielsweise beim Umformen von Gleichungen.

Ein *Binom* ist ein Term, der aus zwei (bi) Gliedern besteht.

Die Ausdrücke $(a + b)$ und $(a - b)$ sind demnach Binome. a und b können einfache Zahlen oder Parameter sein, aber auch komplexe Ausdrücke.

Die Beispiele zeigen, wie unterschiedlich Binome aussehen können:

B $(a + 3)$; $(4a - 9b)$; $(x - 3y)$; $(3(7x - 5) - 2y)$

Im Beispiel $(4a - 9b)$ bestehen die beiden Glieder des Binoms aus Produkten, nämlich $4 \cdot a$ (1. Glied des Binoms) bzw. $9 \cdot b$ (2. Glied des Binoms).

Im letzten Beispiel $(3(7x - 5) - 2y)$ ist das 1. Glied der Ausdruck $3(7x - 5)$ und das 2. Glied der Ausdruck $2y$.

Der *Grad eines Binoms* entspricht dem Exponenten der äußeren Klammer.

B $(a + 3)^2$, $(4a - 9b)^2$ und $(3(7x - 5) - 2y)^2$ sind also jeweils Binome 2. Grades.

$(x - 3y)^3$ ist ein Binom 3. Grades, und

$(x^2 + 5y^6)^4$ ist ein Binom 4. Grades.

Die hier angegebenen Beispiele werden mit Ausnahme des Binoms 4. Grades weiter unten ausführlich berechnet.

Binome zweiten Grades

Binomische Formeln erleichtern das Berechnen von Binomen zweiten oder höheren Grades. Am bekanntesten, und als solche zum Begriff geworden, sind die erste, zweite und dritte binomische Formel, da diese im regulären Schulstoff bis zum Abitur immer wieder auftauchen.

12. Binomische Formeln

Eher aus den Mathematik-Leistungskursen der Schule bzw. der höheren Mathematik der Universitäten bekannt ist der binomische Satz (allgemeine binomische Formel zur Berechnung von Binomen n-ten Grades).

Die drei *binomischen Formeln* lauten:

$(a + b)^2 = a^2 + 2ab + b^2$	1. binomische Formel
$(a - b)^2 = a^2 - 2ab + b^2$	2. binomische Formel
$(a + b)(a - b) = a^2 - b^2$	3. binomische Formel

Bei der ersten und zweiten binomischen Formel handelt es sich eigentlich um ein und dieselbe Formel. Schreibt man statt $(a - b)^2$ den Ausdruck $(a + (- b))^2$, der ja dasselbe bedeutet (es handelt sich um äquivalente Ausdrücke) und berechnet diesen nach der ersten binomischen Formel, so ergibt dies:

$$(a + (- b))^2 = a^2 + 2a(- b) + (- b)^2 = a^2 - 2ab + b^2$$

Wie die Formeln entstanden sind, zeigt die herkömmliche Berechnung der Binome:

$(a + b)^2$	Umwandeln des Quadrates in ein Produkt
$= (a + b)(a + b)$	Multiplizieren der Klammern
$= a^2 + ab + ab + b^2$	Zusammenfassen
$= a^2 + 2ab + b^2$	1. binomische Formel

Und genauso:

$(a - b)^2$	Umwandeln des Quadrates in ein Produkt
$= (a - b)(a - b)$	Multiplizieren der Klammern
$= a^2 - ab - ab + b^2$	Zusammenfassen
$= a^2 - 2ab + b^2$	2. binomische Formel

Die dritte binomische Formel erhält man durch:

$(a + b)(a - b)$	Multiplizieren der Klammern
$= a^2 - ab + ab - b^2$	Zusammenfassen
$= a^2 - b^2$	3. binomische Formel

Beim Vergleich der ersten Zeile der dritten binomischen Formel mit der zweiten Zeile der ersten und zweiten binomischen Formel erkennt man die unterschiedlichen Kombinationen.

Binome höheren Grades

$$(a + b)^3 = a^3 + 3a^2b + 3ab^2 + b^3$$

$$(a + b)^4 = a^4 + 4a^3b + 6a^2b^2 + 4ab^3 + b^4$$

Die Formeln können durch herkömmliche Berechnung ermittelt werden.

Die Faktoren vor den einzelnen Termen a^4, a^3b, a^2b^2, ab^3 und b^4 nennt man *Binomialkoeffizienten* (z. B. den Faktor 1 vor a^4 sowie den Faktor 4 vor a^3b usw.).

Schreibt man die Umformung des Binoms $(a + b)^4$ ausführlich, so erhält man:

$$(a + b)^4 = a^4b^0 + 4a^3b^1 + 6a^2b^2 + 4a^1b^3 + a^0b^4$$

Bemerkung 1: Man kann erkennen, dass

1. die höchste Potenz von a dem Grad des Binoms entspricht, nämlich 4.
2. die Potenz von a sich in den einzelnen Termen um jeweils Eins verringert bis im letzten Term Null erreicht ist.
3. die Potenz von b sich in den einzelnen Termen um jeweils Eins erhöht, von Null im ersten Term bis 4 im letzten.

12. Binomische Formeln

Um Formeln für Binome aus einer Differenz $(a - b)^n$ zu erhalten, muss der Term b nur durch den Term (– b) ersetzt werden. Für ein Binom 3. Grades ergibt sich dann:

$$\begin{aligned}(a-b)^3 &= (a+(-b))^3\\ &= a^3+3a^2(-b)+3a(-b)^2+(-b)^3\\ &= a^3-3a^2b+3ab^2-b^3\end{aligned}$$

Gleiches gilt für das Binom 4. Grades:

$$\begin{aligned}(a-b)^4 &= (a+(-b))^4\\ &= a^4+4a^3(-b)+6a^2(-b)^2+4a(-b)^3+(-b)^4\\ &= a^4-4a^3b+6a^2b^2-4ab^3+b^4\end{aligned}$$

Bemerkung 2: Man kann erkennen, dass Terme mit ungeraden Potenzen von (– b) negative Vorzeichen besitzen, also abgezogen werden.

Am Beispiel des Binoms 5. Grades $(a + b)^5$ wird deutlich, wie in zwei Schritten die Formel für ein Binom höheren Grades (Grad ≥ 3) ohne Berechnung ermittelt werden kann.

Im ersten Schritt werden die Terme und deren Potenzen bestimmt:

Aus Bemerkung 1 ergibt sich, dass die Formel für das Summen-Binom $(a + b)^5$ die folgenden Terme enthalten muss:

$$a^5b^0,\ a^4b^1,\ a^3b^2,\ a^2b^3,\ a^1b^4 \text{ und } a^0b^5$$

Aus Bemerkung 2 ergibt sich, dass in der Formel für das Differenz-Binom $(a - b)^5$ alle Terme mit ungeraden Potenzen von (– b) negative Vorzeichen erhalten, also:

$$a^5b^0,\ -a^4b^1,\ a^3b^2,\ -a^2b^3,\ a^1b^4 \text{ und } -a^0b^5$$

Pascal'sches Dreieck

Nach der Bestimmung der Terme und deren Potenzen werden im zweiten Schritt die fehlenden Binomialkoeffizienten (Faktoren vor den einzelnen Termen) bestimmt.

Die *Binomialkoeffizienten* können einfach aus dem *Pascal'schen Dreieck* abgelesen werden.

Das *Pascal'sche Dreieck* sieht aus wie ein Tannenbaum und liefert die Binomialkoeffizienten für beliebige binomische Formeln. In der ersten Zeile steht der Koeffizient für ein Binom nullten Grades, in der zweiten Zeile stehen die Koeffizienten für ein Binom ersten Grades, die dritte Zeile enthält die Koeffizienten für ein Binom zweiten Grades usw. Allgemein: Für ein Binom n-ten Grades stehen die Binomialkoeffizienten in der n + 1-ten Zeile.

Aufbau des Pascal'schen Dreiecks: An der Spitze sowie am Anfang und Ende jeder Zeile steht eine 1. Die Ziffern einer neuen Zeile sind gegenüber der jeweils oberen Zeile um eine halbe Ziffernbreite versetzt. Jede Ziffer ist die Summe der beiden über ihr angeordneten Ziffern. Auf diese Weise kann der Baum beliebig nach unten fortgesetzt werden.

Pascal-Dreieck	Binom	Binomische Formeln
1	$(a \pm b)^0 =$	1
1 1	$(a \pm b)^1 =$	$1a \pm 1b$
1 2 1	$(a \pm b)^2 =$	$1a^2 \pm 2ab + 1b^2$
1 3 3 1	$(a \pm b)^3 =$	$1a^3 \pm 3a^2b + 3ab^2 \pm 1a^3$
1 4 6 4 1	$(a \pm b)^4 =$	$1a^4 \pm 4a^3b + 6a^2b^2 \pm 4ab^3 + 1b^4$
1 5 10 10 5 1	$(a \pm b)^5 =$	$1a^5 \pm 5a^4b + 10a^3b^2 \pm 10a^2b^3 + 5ab^4 \pm 1b^5$

Für $(a + b)^n$ werden alle ± Zeichen durch + (Plus) ersetzt, für $(a - b)^n$ werden alle ± Zeichen durch – (Minus) ersetzt.

12. Binomische Formeln

Die Koeffizienten für die Binome $(a + b)^5$ und $(a - b)^5$ können jetzt aus der 6-ten Zeile abgelesen und zu den bisherigen Ergebnissen ergänzt werden. Die vollständigen Formeln lauten:

$$(a + b)^5 = 1 \cdot a^5b^0 + 5 \cdot a^4b^1 + 10 \cdot a^3b^2 + 10 \cdot a^2b^3 + 5 \cdot a^1b^4 + 1 \cdot a^0b^5$$

$$= a^5 + 5a^4b + 10a^3b^2 + 10a^2b^3 + 5ab^4 + b^5$$

Für die Differenz ergibt sich:

$$(a - b)^5 = a^5 - 5a^4b^1 + 10a^3b^2 - 10a^2b^3 + 5ab^4 - b^5$$

B Für das Binom 6. Grades wird die Formel beispielhaft aufgestellt:

$(a - b)^6 =$ Binom 6. Grades

$a^6b^0\ a^5b^1\ a^4b^2\ a^3b^3\ a^2b^4\ a^1b^5\ a^0b^6$

Bestimmung der Potenzen (vgl. Bemerkung 1, S. 125): höchste Potenz 6, für a fallend (von 6 bis 0), für b steigend (von 0 bis 6)

$a^6b^0 - a^5b^1 + a^4b^2 - a^3b^3 + a^2b^4 - a^1b^5 + a^0b^6$

Bestimmung der Vorzeichen (vgl. Bemerkung 2, S. 126) Negative Vorzeichen bei allen ungeraden Potenzen von $(-b)$, also bei $(-b)^1$, $(-b)^3$ und $(-b)^5$, sonst positive Vorzeichen.

$1a^6b^0 - 6a^5b^1 + 15a^4b^2 - 20a^3b^3 + 15a^2b^4 - 6a^1b^5 + 1a^0b^6$

Bestimmung der Binomialkoeffizienten mit Hilfe des Pascal'schen Dreiecks: Die siebte Zeile des Dreiecks muss lauten: 1, 6, 15, 20, 15, 6, 1.

$(a - b)^6 = a^6 - 6a^5b + 15a^4b^2 - 20a^3b^3 + 15a^2b^4 - 6ab^5 + b^6$

Es gilt: $a^0 = 1$ (genauso: $b^0 = 1$): jede Zahl mit Exponent Null hat den Wert 1.

Außerdem gilt auch: $a^1 = a$ und $b^1 = b$ (vgl. Potenzgesetze, S. 115).

Binomischer Satz

Der **binomische** *Satz* ist die allgemeine Formel für ein Binom vom Grad n. Die Formel ist sehr hilfreich, wenn man **Binome höheren Grades** berechnen möchte.

In den vorangegangenen Abschnitten wurden die Formeln für Binome mit Hilfe allgemeiner Überlegungen und des Pascal'schen Dreiecks aufgestellt. Die Methode ist relativ einfach und unaufwendig.

Die Verwendung der in diesem Abschnitt vorgestellten Formel bietet den Vorteil, dass sie in vielen Formelsammlungen nachgelesen werden kann. Mit etwas Übung ist die Anwendung der Formel problemlos möglich und man ist mit ihr schneller am Ziel als mit dem Pascal'schen Dreieck.

Die allgemeine Formel für ein Binom vom Grad n lautet:

$$(a+b)^n = \sum_{k=0}^{n} \binom{n}{k} a^{n-k} b^k$$

$\binom{n}{k}$ heißt Binomialkoeffizient (Sprich: n über k oder: k aus n)

Die Summe ausgeschrieben ergibt:

$$\sum_{k=0}^{n} \binom{n}{k} a^{n-k} b^k = \binom{n}{0} a^n b^0 + \binom{n}{1} a^{n-1} b^1 + \ldots + \binom{n}{n} a^0 b^n$$

Durch Umformung erhält man die recht nützliche Formel für Differenz-Binome. b wird lediglich durch (– b) ersetzt:

$$(a-b)^n = \sum_{k=0}^{n} (-1)^k \binom{n}{k} a^{n-k} b^k$$

Für die Anwendung der Formel werden die einzelnen Binomialkoeffizienten entweder über das Pascal'sche Dreieck (s.o.) ermittelt oder wie folgt berechnet.

Binomialkoeffizienten

Dieses Verfahren zur Berechnung der *Binomialkoeffizienten* wird häufig in der Kombinatorik, der Stochastik (z. B. für die Berechnung von Wahrscheinlichkeiten nach Bernoulli) und einigen Bereichen der höheren Mathematik verwendet. Verständnis für den Aufbau der Formel erlangt man am ehesten über die Kombinatorik. Wenn man sich nicht in dieses Teilgebiet der Stochastik vertiefen möchte, sollte man sich mit der Anwendung der Formel begnügen und in Kauf nehmen, dass das Verständnis eventuell nur sehr langsam zunimmt.

Die allgemeine Formel zur Berechnung des *Binomialkoeffizienten* (sprich: n über k, oder: k aus n) lautet (vgl. S. 131, 644):

$$\binom{n}{k} = \begin{cases} \dfrac{n!}{k!(n-k)!} & \text{für } (0 \leq k \leq n) \\ 0 & \text{für } (0 \leq n < k) \end{cases}$$

In der Formel stehen mehrere Ausrufezeichen (!). In der Mathematik bedeuten sie Fakultät.

B Beispiele zur Berechnung von Fakultäten:

$6! = 6 \cdot 5 \cdot 4 \cdot 3 \cdot 2 \cdot 1$

$10! = 10 \cdot 9 \cdot 8 \cdot 7 \cdot 6 \cdot 5 \cdot 4 \cdot 3 \cdot 2 \cdot 1$

Die allgemeine Formel zur Berechnung einer *Fakultät* lautet (vgl. S. 642):

$n! = n \cdot (n-1) \cdot (n-2) \cdot \ldots \cdot 3 \cdot 2 \cdot 1$

Per Definition gilt:

$0! = 1$ und $1! = 1$

Nun kann die Formel weiter umgeformt werden und man erhält einen Ausdruck, mit dem in der Praxis die *Binomialkoeffizienten* berechnet werden:

$$\frac{n!}{k! \cdot (n-k)!} = \frac{n \cdot (n-1) \cdot (n-2) \cdot \ldots \cdot (n-k+1)}{1 \cdot 2 \cdot ..k}$$

Tipp: Viele Modelle der neueren Taschenrechner besitzen eine Funktion zur Berechnung des Binomialkoeffizienten. Die Tastenbezeichnung und Verwendung geht aus der Gebrauchsanweisung des Taschenrechners hervor.

Aufgaben

1. Folgende Aufgaben sollen mit Hilfe der ersten bis dritten binomischen Formel berechnet werden:

   a) $(a + 3)^2 =$

   b) $(15x + 2ay)^2 =$

   c) $(4a - 9b)^2 =$

   d) $(ax - 4y)^2 =$

   e) $(3(7x - 5) - 4y)^2 =$

   f) $(x - 3)\,(x + 3) =$

   g) $(x - 2y)\,(x + 2y) =$

2. Die Formeln für die Binome 3. Grades sind zu ermitteln:

   a) Mit Hilfe des Pascal'schen Dreiecks $(a + b)^3$

   b) Mit Hilfe des binomischen Satzes $(a - b)^3$

3. Mit Hilfe der binomischen Formel soll berechnet werden:

   a) $(x - 3y)^3 =$

   b) $(2x + y)^4 =$

Lösungen

1. a) $(a+3)^2 = a^2 + 6a + 9$ (1. binomische Formel)

   b) $(15x + 2ay)^2 = 225x^2 + 60axy + 4a^2y^2$ (1. binomische Formel)

   c) $(4a - 9b)^2 = 16a^2 - 72\,ab + 81b^2$ (2. binomische Formel)

   d) $(ax - 4y)^2 = a^2x^2 - 8axy + 16y^2$ (2. binomische Formel)

   e) $(3(7x-5) - 4y)^2 = (3(7x-5))^2 - 2 \cdot (3(7x-5)) \cdot (4y) + (4y)^2$
   (2. binomische Formel:
   1. Term: $3(7x-5)$,
   2. Term: $4y$)

   $= 9(7x-5)^2 - 6(7x-5) \cdot 4y + 16y^2$
   $= 9(7x-5)^2 - 24(7x-5)y + 16y^2$
   $= 9(49x^2 - 70x + 25) - 168xy + 120y + 16y^2$
   $= 441x^2 - 630x + 225 - 168xy + 120y + 16y^2$

   f) $(x-3)(x+3) = x^2 - 9$ (3. binomische Formel)

   g) $(x-2y)(x+2y) = x^2 - 4y^2$ (3. binomische Formel)

2. a) $(a+b)^3 = 1a^3 + 3a^2b + 3ab^2 + 1b^3 = a^3 + 3a^2b + 3ab^2 + b^3$

   b) $(a-b)^3$

   $$= \sum_{k=0}^{3} (-1)^k \binom{3}{k} a^{3-k} b^k = \binom{3}{0} a^3 b^0 - \binom{3}{1} a^2 b^1 + \binom{3}{2} a^1 b^2 - \binom{3}{3} a^0 b^3$$

   $= a^3 - 3a^2b + 3ab^2 - b^3$

3. a) $(x-3y)^3 = x^3 - 3 \cdot x^2 \cdot 3y + 3 \cdot x \cdot (3y)^2 - (3y)^3$
   $= x^3 - 9x^2y + 27xy^2 - 27y^3$

   b) $(2x+y)^4 = (2x)^4 + 4 \cdot (2x)^3y + 6 \cdot (2x)^2y^2 + 4 \cdot 2xy^3 + y^4$
   $= 16x^4 + 32x^3y + 24x^2y^2 + 8xy^3 + y^4$

13. Lineare Gleichungen

Für einen Mathematiker ist eine *Gleichung* in etwa das, was für eine Marktfrau eine Waage ist. Man stelle sich vor, jeder Apfel an dem Obststand wiegt genau 200 Gramm. Ein Kunde möchte 3 kg von diesen Äpfeln kaufen. Der Verkäufer legt Gewichte mit insgesamt 3 kg in die eine Waagschale. Die andere füllt er so lange mit Äpfeln auf, bis beide Waagschalen im Gleichgewicht sind. Der Verkäufer hat also zwischen beiden Waagschalen (bezüglich Gewicht) Gleichheit hergestellt.

Der Mathematiker löst das Problem mit einer Gleichung: Er weiß, dass ein Apfel 200 g wiegt. Um herauszufinden, wie viele Äpfel mit je 200 g zusammen ein Gewicht von genau 3 kg = 3000 g haben, überlegt er sich folgende Gleichung:

$$200\text{ g} \cdot x = 3000\text{ g}$$

Setzt man für x den Wert 15 ein, dann sind beide Seiten „gleich schwer", nämlich 3000 g. Die Gleichung ist also eine Art „mathematische Waage", wobei die Waage stets im Gleichgewicht sein muss.

Das angegebene Beispiel ist eine lineare Gleichung mit der (einen) Variablen x.

Lineare Gleichungen und andere Gleichungstypen (nicht lineare Gleichungen) werden in späteren Abschnitten besprochen. Dort werden die Besonderheiten und Lösungstechniken der einzelnen Gleichungstypen vorgestellt. In diesem Abschnitt sind zunächst einige allgemeine Grundlagen zu Gleichungen aufgeführt.

Mathematische Aussagen

Hat eine Gleichung keine Variable, also eine unbekannte Größe – oftmals mit x angegeben –, so handelt es sich um eine mathematische *Aussage*, die entweder wahr (w) oder falsch (f) ist.

Eine Aussage ist somit ein Satz, der zur Beschreibung und Mitteilung von Sachverhalten dient.

Beispiele für solche Aussagen sind:

B

$3 + 2 = 5$	(w), da beide Seiten den gleichen Wert haben
$a = a$	(w), allgemeingültige Aussage, da für a jeder beliebige Ausdruck eingesetzt werden darf
$3 \cdot 7 + 1 = 4 \cdot 5 + 2$	(w), beide Seiten haben den Wert 22
$4 = 3 \cdot 3$	(f), da der Wert der linken Seite nicht mit dem Wert der rechten Seite übereinstimmt
$4 \neq 3 \cdot 3$	(w), da die beiden Seiten nicht den gleichen Wert haben.
$5 \geq 5$	(w), da 5 größer oder gleich 5 ist. Für das $\geq$ Zeichen ergibt sich immer dann eine wahre Aussage, wenn die linke Seite nicht kleiner als die rechte Seite ist

Grundmenge, Definitionsmenge, Lösungsmenge

Grundmenge

Die Menge aller Werte, die grundsätzlich für die Variable zur Verfügung stehen, heißt *Grundmenge* und wird mit G bezeichnet. Die Grundmenge ist normalerweise $\mathbb{Q}$ (die Menge der rationalen Zahlen) oder $\mathbb{R}$ (die Menge der reellen Zahlen).

Definitionsmenge

Die Menge aller Werte, die für x in die Gleichung eingesetzt werden dürfen, heißt *Definitionsmenge* oder *Definitionsbereich* und wird mit D bezeichnet.

Die Definitionsmenge ist einerseits abhängig vom (mathematischen) Gleichungstyp und andererseits davon, welche Größe die Variable darstellt.

Es hat z. B. keinen Sinn, für eine unbekannte Anzahl von Äpfeln negative Werte in Betracht zu ziehen. Besser ist es, in einem solchen Fall die Menge der natürlichen Zahlen $\mathbb{N}$ als Definitionsmenge zu wählen.

Im Vergleich dazu kann eine unbekannte Temperatur auch negative Dezimalwerte annehmen, daher wäre hier die Menge $\mathbb{Q}$ eine passende Definitionsmenge. Aber wie immer die Definitionsmenge gewählt wird: Sie darf nie größer als die Grundmenge sein.

Lösungsmenge

Die *Lösungsmenge* ist die Menge aller Werte, für welche die Gleichung erfüllt ist. Anders ausgedrückt: Wenn diese *(Lösungs-) Werte* für die Variable in die Gleichung eingesetzt werden, ergibt sich aus der Gleichung eine wahre Aussage. Die Lösungsmenge wird mit L bezeichnet.

B Wenn in der Gleichung

$200\text{ g} \cdot x = 3000\text{ g}$

für x der Wert 15 eingesetzt wird, ergibt sich eine wahre Aussage. Die Lösungsmenge lautet also: $L = \{15\}$.

Lösungstechnik

Gleichungen werden gelöst, indem man in einem oder mehreren Schritten die Gleichung so umformt, dass auf einer Gleichungsseite nur noch die Variable steht und auf der anderen Seite der gesamte Rest. Dabei muss bei jedem einzelnen (Umformungs-) Schritt die Gleichheit zwischen beiden Seiten bestehen bleiben. Das wird erreicht, indem beide Seiten jeweils gleich behandelt werden.

Die Umformungsschritte werden *Äquivalenzumformungen* genannt, da jede Umformung eine zur Originalgleichung äquivalente (neue) Gleichung ergibt Äquivalenzumformungen können durch den Äquivalenzpfeil „⇔“ angezeigt werden.

13. Lineare Gleichungen

B $200\ g \cdot x = 3000\ g \Leftrightarrow x = 15$

Dass es bei den Äquivalenzumformungen in der Mathematik wie auf dem Markt zugeht, zeigt die Tabelle:

Auf dem Markt	In der Mathematik	Regel: Bei der Gleichung
... werden in beide Waagschalen jeweils zusätzlich drei gleich schwere Äpfel gelegt	... wird auf beiden Gleichungsseiten jeweils 3 addiert	... darf der gleiche Wert zu beiden Seiten addiert werden
... werden aus beiden Waagschalen zwei Äpfel weggenommen	... wird auf beiden Gleichungsseiten jeweils 2 subtrahiert	... darf der gleiche Wert von beiden Seiten subtrahiert werden
... wird der Inhalt beider Waagschalen verdreifacht	... werden beide Gleichungsseiten mit 3 multipliziert	... dürfen beide Seiten mit der gleichen Zahl multipliziert werden
... wird der Inhalt beider Waagschalen halbiert	... werden beide Gleichungsseiten durch 2 dividiert	... dürfen beide Seiten durch die gleiche Zahl dividiert werden

Man kann ein wenig salopp sagen: Bei Gleichungen ist alles erlaubt, solange es auf beiden Seiten der Gleichung geschieht.

B Für das Beispiel wird jetzt klar, wie man rechnerisch auf die Lösung kommt:

$200\ g \cdot x = 3000\ g \quad |:200\ g$ Damit x auf der linken Seite isoliert steht, muss die linke Seite durch 200 g dividiert werden. Da links und rechts vom Gleichheitszeichen derselbe Rechenschritt vollzogen wird, muss auch die rechte Seite durch 200 g dividiert werden.

$x = 15$ Lösung

Bemerkung zur Schreibweise: Hinter die Gleichung wird ein senkrechter Strich gezogen, um dahinter den Rechenschritt anzugeben.

Probe:

Um zu überprüfen, ob richtig gerechnet wurde, setzt man die Lösung in die Ausgangsgleichung ein. Es muss sich eine wahre Aussage ergeben.

B $200\ g \cdot 15 = 3000\ g$ (w) $\Rightarrow$ Es wurde richtig gerechnet.

Das schönste Ergebnis ist jedoch nichts wert, wenn es ungültig ist. Deshalb ist eine Lösung auf ihre Gültigkeit zu überprüfen.

In der Mathematik ist eine Lösung nur dann gültig, wenn sie Element der Definitionsmenge ist.

Für jede gefundene Lösung muss also geprüft werden, ob diese auch in der Definitionsmenge enthalten ist:

Falls ja, wird die gefundene Lösung in die Lösungs-menge übernommen.

Falls nein, ist die gefundene Lösung ungültig und wird nicht weiter beachtet.

Die im Beispiel gefundene Lösung 15 ist Element der natürlichen Zahlen $\mathbb{N}$, also auch in der Definitionsmenge enthalten. Damit ist die Aufgabe vollständig gelöst. Die Lösungsmenge lautet: $L = \{15\}$.

Somit lassen sich für die Lösbarkeit von Gleichungen folgende allgemeine Aussagen aufstellen:

Eine Gleichung ist lösbar, wenn durch Äquivalenzumformungen (Lösungs-) Werte für die Variable gefunden werden können, so dass sich aus der Gleichung eine wahre Aussage ergibt.

Eine Gleichung ist gelöst, wenn alle Lösungswerte bekannt sind.

Die Lösungsmenge L enthält alle gültigen Lösungswerte. Das sind die Lösungswerte, die auch in der Definitionsmenge enthalten sind.

13. Lineare Gleichungen

Allgemeine lineare Gleichung

Gleichungen, in denen die höchste Potenz der Variablen x eins ist (also nur x, kein x^2, x^3 oder $\sqrt{x}$ usw.), sind *lineare Gleichungen.*

Die allgemeine lineare Gleichung lautet:

$ax + b = 0;$ mit $a \neq 0$

Falls a Null ist, handelt es sich nicht um eine Gleichung, sondern um eine mathematische Aussage (vgl. Terme, S. 51 und Gleichungen, S. 133).

Lineare Gleichungen haben immer genau eine Lösung. Die maximale Grundmenge ist die Menge der reellen Zahlen $\mathbb{R}$.

Im Kapitel lineare Funktionen wird statt ax + b der Ausdruck mx + t verwendet. Zwischen den beiden Ausdrücken besteht aus mathematischer Sicht kein Unterschied (vgl. Lineare Funktionen, S. 204). Beispiele für lineare Gleichungen sind:

B Definitionsmenge $D = \mathbb{R}$

$3 - x = 5$
$2 = 4 + x$
$2x + 1 = 1$
$x = 4$
$2x = 8$
$5x + 3 = 3x + 11$
$2x + 4 + 3x - 1 = 4 + 3x + 7$

Die vier letzten Gleichungen sind äquivalent. Das bedeutet: Jede der vier Gleichungen lässt sich durch Umformung in die anderen drei überführen. Alle vier Gleichungen haben die gleiche Lösungsmenge.

Der Lösungsweg für die vierte Gleichung zeigt, wie sich die anderen Gleichungen durch Äquivalenzumformung ergeben:

B

$2x + 4 + 3x - 1$ $= 4 + 3x + 7$	Schritt 0: Beide Seiten werden vereinfacht: Die x-Terme werden zusammengefasst, ebenso die x-freien Terme. Danach werden beide Seiten geordnet: Erst kommen die x-, dann die x-freien Terme.
$5x + 3 = 3x + 11 \quad \mid -3x$	Schritt 1: Damit die rechte Seite x-frei wird, subtrahiert man von beiden Seiten 3x.
$2x + 3 = 11 \quad \mid -3$	Schritt 2: Damit die 3 auf der linken Seite verschwindet, zieht man von beiden Seiten 3 ab.
$2x = 8 \quad \mid :2$	Schritt 3: Die 2 vor dem x „stört" noch. Also teilt man die ganze Gleichung durch 2.
$x = 4$	Lösung: 4 ist Element der Definitionsmenge, also lautet die Lösungsmenge: L = {4}

Nach diesem Schema können alle linearen Gleichungen gelöst werden.

Etwas komplizierter erscheint die folgende Gleichung. Der Lösungsweg zeigt aber, dass die gleichen Schritte wie oben zum Ziel führen und die einzelnen Schritte relativ einfache Einzelrechnungen darstellen.

B

$\frac{2}{3}x - \frac{1}{4} = \frac{1}{3} - \frac{x}{2} \quad \mid +\frac{x}{2}$	Schritt 1: Rechte Seite x-frei machen
$\frac{2}{3}x + \frac{x}{2} - \frac{1}{4} = \frac{1}{3} \quad \mid +\frac{1}{4}$	Schritt 2: Den x-freien Term von der x-Seite entfernen
$\frac{2}{3}x + \frac{x}{2} = \frac{1}{3} + \frac{1}{4}$	Schritt 2a: Hauptnenner suchen für $\frac{2}{3}$ und $\frac{1}{2}$, da die x-Terme zusammengefasst werden müssen; gleiches für $\frac{1}{3}$ und $\frac{1}{4}$
$\frac{4}{6}x + \frac{3}{6}x = \frac{4}{12} + \frac{3}{12}$	Schritt 2b: Zusammenfassen der linken Seite; rechte Seite ebenfalls zusammenfassen
$\frac{7}{6}x = \frac{7}{12} \quad \mid \cdot\frac{6}{7}$	Schritt 3: $\frac{7}{6}$ entfernen durch Multiplikation mit dem Kehrwert $\frac{6}{7}$

13. Lineare Gleichungen

$x = \frac{7}{12} \cdot \frac{6}{7}$		Schritt 3a: Rechte Seite ausmultiplizieren
$x = \frac{1}{2}$		Lösung: $\frac{1}{2}$ ist Element der Definitionsmenge, also lautet die Lösungsmenge: $L = \left\{\frac{1}{2}\right\}$

Tipp: Wenn man nicht erkennt, welchen Umformungsschritt man am besten als Nächstes durchführen sollte, so kann man nach folgenden Regeln vorgehen:

1. Als Erstes ist zu prüfen, ob sich die linke oder rechte Seite vereinfachen lässt. Alle x-Terme so weit es geht zusammenfassen und die x-freien ebenfalls zusammenfassen (wie in Schritt 0).
2. Anschließend mit „+“ oder „–“ alle x-Terme von einer Seite entfernen, am besten von der rechten (Schritt 1). Dann gibt es nur noch eine „x-Seite“ und eine „x-freie“ Seite.
3. Dann mit „+“ oder „–“ alle x-freien Terme von der x-Seite entfernen (Schritt 2).
4. Faktoren auf der x-Seite durch Division oder Multiplikation mit deren Kehrwert entfernen (Schritt 3).
5. Prüfen, ob die Lösung in der Definitionsmenge enthalten ist, dann die Lösungsmenge angeben.

Die allgemeine lineare Gleichung wird in zwei Schritten gelöst:

$ax + b = 0$	$\mid -b$	x auf der linken Seite isolieren
$ax = -b$	$\mid : a$	Achtung: a darf nicht Null sein!
$x = \frac{-b}{a}$		Lösung: Wegen der Allgemeingültigkeit ist es sogar eine Lösungsformel.

Mit Hilfe dieser allgemeinen Lösungsformel kann für jede lineare Gleichung sofort die Lösung angegeben werden. Voraussetzung dafür ist allerdings, dass die Gleichung in der Grundform $ax + b = 0$ vorliegt oder entsprechend umgeformt wird.

B Die noch nicht ausführlich gelösten Beispiele vom Anfang des Kapitels werden nun mit dieser Formel gelöst. Die Definitionsmenge ist $\mathbb{R}$:

	Beispiel 1	Beispiel 2	Beispiel 3
Gleichung	$3 - x = 5$	$2 = 4 + x$	$2x + 1 = 1$
Grundform	$-x - 2 = 0$	$x + 2 = 0$	$2x = 0$
Koeffizienten	$a = (-1); b = (-2)$	$a = 1; b = 2$	$a = 2; b = 0$
Ergebnis: $x = -\frac{b}{a}$	$x = -\left(\frac{-2}{-1}\right) = -2$	$x = -\frac{2}{1} = -2$	$x = -\frac{0}{2} = 0$
Lösungsmenge	$L = \{-2\}$	$L = \{-2\}$	$L = \{0\}$

Variablen und Parameter

In diesem Kapitel wurden bisher ausschließlich Gleichungen mit einer Variablen besprochen. Die Variable wird mit x bezeichnet. Überall dort, wo in der Gleichung x vorkommt, ist derselbe unbekannte Wert gemeint.

Außer der Variablen x können in den Gleichungen neben Zahlenwerten weitere Buchstaben (z. B. a oder b) vorkommen. In dem folgenden Beispiel stehen diese Buchstaben (außer der Variablen x) für konstante Werte, die im Augenblick der Berechnung nicht bekannt sind, oder deren konkreter Wert bewusst offen gelassen werden soll. Sie werden in Rechnungen oder Umformungen aber ganz genau wie Zahlen behandelt. Diese Buchstaben werden Parameter (vgl. S. 142) genannt. Im Allgemeinen ist jedoch stets anzugeben, ob es sich bei einem Buchstaben um eine Variable oder um einen Parameter handelt.

Lineare Gleichungen mit Parameter

Ein Beispiel aus der Schifffahrt: Wenn 3 m die normale Wassertiefe eines Flusses ist und aufgrund einer längeren Trockenperiode die Wasserhöhe täglich um 20 cm abnimmt, kann der Kapitän eines Frachtschiffes mit einer linearen Gleichung berechnen, wie lange er noch sicher auf dem Fluss fahren kann. Angenommen, sein Schiff benötigt den minimalen Pegelstand von 1,6 m, dann lautet die Gleichung: $300\text{ cm} - x \cdot 20\text{cm/Tag} = 160\text{ cm}$.

13. Lineare Gleichungen

Die Lösung ist: Nach 7 Tagen hätte der Fluss nur noch einen Pegelstand von 160 cm, der Kapitän müsste sein Schiff spätestens dann in einen sicheren Hafen steuern.

Der Kapitän ist aber auf vielen verschiedenen Flüssen unterwegs. Die Flüsse haben wechselnde Wasserstände und je nachdem, wie heiß der Sommer ist, auch unterschiedliche Werte für die Abnahme des Wasserpegels. Damit er nicht jedesmal eine neue Gleichung aufstellen muss, ersetzt er in seiner bekannten Gleichung den Wasserstand durch den Parameter (Platzhalter) h_W (für Höhe des Wasser) und den Wert für die Abnahme des Wasserstands durch p_S (Pegel-Sinkgeschwindigkeit). Der Kapitän erhält dann folgende Gleichung:

B $h_W - x \cdot p_S = 160\text{ cm}$

Die Gleichung wird nach x aufgelöst:

$h_W - x \cdot p_S = 160\text{ cm} \quad | - h_W$

$-x \cdot p_S = 160\text{ cm} - h_W \quad | : (-p_S)$ Achtung: p_S muss ungleich Null sein!

$x = -\dfrac{160\text{ cm} - h_W}{p_S}$ Ergebnis

Nun können beliebige Werte für den Anfangswasserstand h_W und die Pegel-Sinkgeschwindigkeit p_S in die Gleichung eingesetzt werden und man kann sofort das Ergebnis berechnen. Das Beispiel zeigt Folgendes:

> *Parameter* sind Platzhalter für konkrete (Zahlen-) Werte. Mit ihnen kann gerechnet werden, als wären es Zahlen.

Parameter haben den Vorteil, dass man sich erst spät entscheiden muss, welche Zahl an ihrer Stelle eingesetzt werden soll.

Tipps:

Wenn man wegen eines Parameters nicht mehr weiß, wie die Gleichung weiter umgeformt werden soll, dann stellt man sich an der Stelle des Parameters irgendeine Zahl (z. B. 2) vor und überlegt noch einmal.

Da Parameter wie Zahlen zu behandeln sind, können und sollen sie auch in der Lösung enthalten sein.

Aufgaben

1. Wie lautet die Lösungsmenge, wenn die Grundmenge $G = \mathbb{R}$ und die Definitionsmenge $D = \mathbb{R}$ ist?

   a) $2x - 2 = 0$

   b) $3x = x - 2{,}6$

   c) $2x - a - 5a$

   d) $\frac{3}{4}x = \frac{1}{2}$

   e) $4{,}6x + 0{,}9 = 3{,}6x + 2{,}7$

   f) $\frac{7}{2}x - 1{,}5 = \frac{2}{4}x$

2. Um im Urlaubsjet die verbleibende Reiseflugdauer bis zum Zielflughafen zu berechnen, wird im Computer prinzipiell die Gleichung:
   Entfernung = Flugdauer · Fluggeschwindigkeit verwendet. Somit kann man für folgende Daten die Flugdauer bis zum Urlaubsort berechnen:

   Entfernung bis zum Zielflughafen: 735 km
   Fluggeschwindigkeit: 980 km/h

3. Für folgende Gleichungen ist die Lösung mit Hilfe der allgemeinen Lösungsformel anzugeben.

   a) $5x + 3 = 2x - 2$

   b) $2 = \frac{1}{2}x + 5$

   c) $3{,}2x + 4{,}8 = 2{,}8 - 0{,}8x$

   d) $\frac{2}{3}x + \frac{4}{16} = \frac{1}{6}x - \frac{1}{4}$

Lösungen

1. a) $L = \{1\}$ b) $L = \{-1{,}3\}$
   c) $L = \{3a\}$ Die Lösung ist abhängig vom Parameter a
   d) $L = \left\{\frac{2}{3}\right\}$ e) $L = \{1{,}8\}$
   f) $L = \left\{\frac{1}{2}\right\}$ (Zwischenlösung: $3x = \frac{3}{2}$)

2. $L = \left\{\frac{3}{4}\right\}$

   Die Gleichung lautet: $980x = 735$
   x ist die Flugdauer in Stunden.

   Die Flugdauer beträgt $\frac{3}{4}$ Stunden = 45 min.

3. a) Grundform: $3x + 5 = 0$
   Koeffizienten: $a = 3$; $b = 5$

   $$x = -\frac{b}{a} = -\frac{5}{3}$$

   b) $\frac{1}{2}x + 3 = 0$

   $$x = -\frac{3}{\frac{1}{2}} = -\frac{3 \cdot 2}{1 \cdot 1} = -6$$

   c) $4x + 2 = 0$

   $$x = -\frac{2}{4} = -\frac{1}{2}$$

   d) $\frac{1}{2}x + \frac{2}{4} = 0$

   $$x = -\frac{\frac{2}{4}}{\frac{1}{2}} = -\frac{2 \cdot 2}{4 \cdot 1} = -1$$

14. Quadratische Gleichungen

Steht man auf dem Olympiaturm in München und möchte sich wegen der herrlichen Sicht die Umgebung mit einem der Panoramaferngläser ansehen, dann benötigt man dazu ein Geldstück, da das Panoramafernglas gebührenpflichtig ist. Fällt die Münze versehentlich hinunter, dann sieht man normalerweise nur verärgert oder traurig hinterher.

Mit Hilfe der quadratischen Gleichung wird in diesem Kapitel am Beispiel Olympiaturm die Fallzeit der Münze berechnet, und man wird mit Hilfe der Mathematik feststellen, was jeder weiß: Es hat keinen Sinn hinunterzulaufen, um das Geldstück aus dem Flug aufzufangen.

Allgemeine quadratische Gleichung

Eine Gleichung, in der die höchste Potenz der Variablen x zwei ist (also nur x und x^2, kein x^3, x^4 oder $\sqrt{x}$ usw.), ist eine *quadratische Gleichung.*

Die allgemeine quadratische Gleichung lautet:

$$ax^2 + bx + c = 0, \text{ mit } a \neq 0$$

Falls in der Gleichung $ax^2 + bx + c = 0$ der Koeffizient a den Wert Null hat, ist es keine quadratische, sondern eine lineare Gleichung, da $0 \cdot x^2 = 0$, also $0 + bx + c = bx + c = 0$ ist.

Lösungswege:

Im Abschnitt Quadratische Lösungsformel (vgl. S. 149), wird ein Lösungsverfahren vorgestellt, mit dem jede quadratische Gleichung der Form $ax^2 + bx + c = 0$ gelöst werden kann. Dieses Verfahren ist leicht anzuwenden und führt in jedem Fall zum Ziel.

Für den Fall, dass die Gleichung die Form $ax^2 + c = 0$ (Koeffizient $b = 0$) oder $ax^2 + bx = 0$ (Koeffizient $c = 0$) hat, spricht man von einfachen quadratischen Gleichungen. Für diese gibt es zusätzliche Lösungswege, die etwas schneller zum Ziel führen.

14. Quadratische Gleichungen

Die quadratische Lösungsformel sollte auf jeden Fall beherrscht werden, da es keine andere sinnvolle Lösungsmöglichkeit gibt, wenn in der Gleichung x^2-Terme, x-Terme und x-freie Terme vorkommen.

Die zusätzlichen Lösungswege für einfache quadratische Gleichungen müssen nicht angewendet werden, aber sie sind im Vergleich zur quadratischen Lösungsformel weniger aufwändig.

Einfache quadratische Gleichungen

In einfachen quadratischen Gleichungen ist einer der Koeffizienten b oder c Null. a darf nicht Null werden, sonst hat man keine quadratische Gleichung mehr.

Diese einfachen Gleichungen können mit der weiter unten vorgestellten quadratischen Lösungsformel gelöst werden oder mit den folgenden, etwas schnelleren Methoden:

B Gleichungstyp 1: $b = 0$

Für $a = 1$, $b = 0$ und $c = (-4)$ ergibt sich die (einfache) quadratische Gleichung:

$x^2 - 4 = 0 \quad \mid +4$	Die Variable x wird auf der linken Seite isoliert.
$x^2 = 4$	Ohne Berechnung kann man erkennen, dass der Wert 2 eine Lösung dieser Gleichung ist, denn: $2^2 = 4$. Aber: Eine weitere Lösung ist der Wert (– 2), denn $(-2)^2 = 4$ (Vorzeichenregeln!). Die Gleichung hat also zwei Lösungen. Die Lösungen werden mit x_1 und x_2 bezeichnet.
$x_1 = 2$	Lösungen: Man kann auch schreiben: $x_{1/2} = \pm 2$. Die Lösungsmenge lautet somit:
$x_2 = -2$	$L=\{-2; 2\}$

Quadratische Gleichungen können also zwei Lösungen haben. Dass dies nicht immer der Fall ist, zeigt das nächste Beispiel mit einer Gleichung, die keine Lösung hat:

B $x^2 = -4$ Die Lösung müsste eine Zahl sein, die mit sich selbst multipliziert – 4 ergibt. In der Menge der reellen Zahlen ist das Quadrat einer Zahl aber immer positiv. Die Lösungsmenge ist in diesem Fall also die leere Menge. Man schreibt: $L = \{\ \}$

Die Vermutung, dass bestimmte quadratische Gleichungen auch genau eine Lösung besitzen können, ist richtig. Weiter unten werden auch dafür Beispiele gezeigt.

Woran man erkennen kann, wie viele Lösungen eine quadratische Gleichung hat, wird im Abschnitt Diskriminante, Anzahl der Lösungen (vgl. S. 154) gezeigt.

Es gilt: Quadratische Gleichungen haben entweder keine, eine oder zwei Lösungen.

Zur Berechnung der Lösung wird auf beiden Seiten der Gleichung die Wurzel gezogen.

Der ausführliche Rechenweg lautet:

B $x^2 = 4 \quad | \sqrt{\ }$ Damit auf der linken Seite nur die Variable x steht, muss das Quadrat „entfernt" werden. Die Umkehrfunktion zum Quadrat ist die Wurzel. Also muss auf beiden Seiten der Gleichung die Wurzel gezogen werden.

$\sqrt{x^2} = \sqrt{4}$ Berechnung der Wurzel. Auf der linken Seite heben sich Quadrat und Wurzel gegenseitig auf (deswegen hat man ja die Wurzel gezogen).
Aber Achtung: Der Ausdruck $\sqrt{x^2}$ ergibt nicht einfach x, sondern $|x|$. Der Grund: Durch das Quadrieren (x^2) wird aus einer negativen Zahl ihr positives Quadrat. Obwohl das anschließende Wurzelziehen aus dem Quadrat wieder die ursprüngliche Zahl macht, bleibt das Vorzeichen in jedem Fall positiv. Aus der negativen Zahl (– 2) wird durch das Quadrieren und anschließende Wurzelziehen die positive Zahl + 2. Positive Zahlen bleiben im gleichen Fall unverändert. Genau dieses wird durch die Darstellung als Betrag $|x|$ ausgedrückt.

Auf der rechten Seite wird die Wurzel aus 4 berechnet.

14. Quadratische Gleichungen

$\lvert x \rvert = 2$	Wenn der Betrag einer Zahl 2 ist, dann kann die Zahl entweder + 2 sein oder (– 2). Man hat also zwei Lösungen.
$x_{1/2} = \pm 2$	*Betragsfreie Darstellung.*
$x_1 = 2$	Erste Lösung
$x_2 = -2$	Zweite Lösung
$L = \{-2; 2\}$	Lösungsmenge

Dieser Rechenweg ist immer dann möglich und empfehlenswert, wenn die Gleichung die Form $ax^2 + c = 0$ hat, also nur x^2- und x-freie Terme vorkommen.

Alternativ zur Berechnung können die Lösungen auch durch Koeffizientenvergleich ermittelt werden:

> Für Gleichungen der Art $ax^2 + c = 0$ gilt (vorausgesetzt $\frac{-c}{a} \geq 0$):
>
> $$x_1 = +\sqrt{\frac{-c}{a}};\ x_2 = -\sqrt{\frac{-c}{a}}$$

B Gleichungstyp 2 : c = 0

Für a = 1, b = 3 und c = 0 ergibt sich die einfache quadratische Gleichung:

$x^2 + 3x = 0$	Auf der linken Seite wird die Variable x ausgeklammert.
$x(x + 3) = 0$	Die linke Seite ist ein Produkt aus den beiden Faktoren x und (x + 3). Ein Produkt wird genau dann Null, wenn (mindestens) einer der Faktoren Null wird. Also wird geprüft, wann jeder der beiden Faktoren Null wird.
$x_1 = 0$	Der erste Faktor wird Null, wenn x Null ist. Also ist eine Lösung: $x_1 = 0$.
$(x + 3) = 0 \quad \lvert -3$	Wann der zweite Faktor (x – 3) Null wird, kann berechnet werden.
$x_2 = -3$	Der zweite Faktor wird Null, wenn x den Wert (– 3) hat. Also ist die zweite Lösung: $x_2 = -3$.
$L = \{-3; 0\}$	Lösungsmenge

Dieser Rechenweg ist immer dann möglich und empfehlenswert, wenn die Gleichung die Form $ax^2 + bx = 0$ hat, also nur x^2- und x-Terme vorkommen.

Die Lösungen können auch in diesem Fall durch Koeffizientenvergleich angegeben werden.

> Für Gleichungen der Art $ax^2 + bx = 0$ gilt immer:
>
> $$x_1 = 0; \qquad x_2 = -\frac{b}{a}$$

Quadratische Lösungsformel

Normale quadratische Gleichungen der Form $ax^2 + bx + c = 0$ werden mit einer leicht anwendbaren Lösungsformel gelöst, wenngleich die Formel zunächst ein wenig kompliziert erscheint. Nach ein paar Versuchen wird aber deutlich, dass der schwierigste Teil an der Anwendung das sorgfältige Vergleichen und Einsetzen in die Lösungsformel ist. In anderen Büchern wird diese Formel auch *p – q Formel* genannt (vgl. S. 525).

Das folgende Beispiel einer komplizierten quadratischen Gleichung zeigt, wie in drei Schritten die Lösung gefunden wird. Neu ist bei diesem Lösungsweg der *Koeffizientenvergleich* und das Einsetzen der Werte in die Lösungsformel.

B $4x^2 - 8x + 7 = x(2x - 3) + 10$

Schritt 1: Umwandeln in die Grundform

> Die Gleichung wird immer so umgeformt, dass auf der rechten Seite Null steht. Die linke Seite muss in die Form $ax^2 + bx + c$ umgeformt werden. Die Gleichung hat dann die Grundform $ax^2 + bx + c = 0$. Nur wenn die Gleichung diese Grundform hat, kann die Lösungsformel angewendet werden.

14. Quadratische Gleichungen

B

$4x^2 - 8x + 7 = x(2x - 3) + 10$	Klammer auf der rechten Seite auflösen.
$4x^2 - 8x + 7 = 2x^2 - 3x + 10 \quad \mid -(2x^2 - 3x + 10)$	Die gesamte rechte Seite wird abgezogen, damit die rechte Seite den Wert Null hat.
$4x^2 - 8x + 7 - (2x^2 - 3x + 10) = 0$	Das (Etappen-) Ziel „Null auf der rechten Seite" ist erreicht. Jetzt wird auf der linken Seite die Form $ax^2 + bx + c$ hergestellt. Dazu muss die Klammer aufgelöst werden.
$4x^2 - 8x + 7 - 2x^2 + 3x - 10 = 0$	Zusammenfassen: Alle x^2-Terme, alle x-Terme und alle x-freien Terme.
$2x^2 - 5x - 3 = 0$	Das 2. Etappenziel ist erreicht. Die Gleichung hat nun die Grundform $ax^2 + bx + c = 0$.

Schritt 2: Koeffizientenvergleich

Durch Vergleichen der aktuellen Gleichung in der Grundform mit der allgemeinen quadratischen Gleichung $ax^2 + bx + c = 0$ werden die Werte für a, b und c ermittelt. Der komplizierte Name für diese leichte Technik lautet *Koeffizientenvergleich*.

B

$ax^2 + bx + c = 0$	allgemeine quadratische Gleichung
$2x^2 - 5x - 3 = 0$	Grundform
$a = 2;\ b = (-5);\ c = (-3)$	Ergebnis: Werte der Koeffizienten a, b und c

Der Koeffizient a ist der gesamte Ausdruck, der als Faktor beim x^2 steht!

Der Koeffizient b ist der gesamte Ausdruck, der als Faktor beim x steht!

Der Koeffizient c ist der gesamte Rest, der kein x enthält!

Achtung: Die Vorzeichen bei den Werten für a, b und c entsprechen genau den Rechenzeichen in der zu lösenden Gleichung!

Tipps zum Koeffizientenvergleich:

Wenn keine Zahl vor dem x^2 beziehungsweise x steht, dann ist der Koeffizient $a = 1$ beziehungsweise $b = 1$.

Wenn ein Minus vor dem x^2 beziehungsweise x steht, dann ist der Koeffizient $a = (-1)$ beziehungsweise $b = (-1)$.

Wenn kein x-Term bzw. kein x-freier Term in der Gleichung vorkommt, dann ist $b = 0$ beziehungsweise $c = 0$.

Was oft übersehen wird: Die „–“ (Minus) und „ + “ (Plus) -Zeichen gehören mit zu den Koeffizienten!

Schritt 3: Berechnung der Lösungsgleichung

Die Koeffizienten a, b und c werden in die *Lösungsformel* für *quadratische Gleichungen* eingesetzt.

Die Lösungsformel lautet:

$$x_{1/2} = \frac{-b \pm \sqrt{b^2 - 4ac}}{2a}$$

Die Gleichung sieht viel komplizierter aus, als sie ist. Die linke Seite $x_{1/2} = \ldots$ bedeutet, dass es für x zwei Lösungen geben kann. Die eine Lösung ist dann $x_1 = \ldots$, die zweite $x_2 = \ldots$

In die rechte Seite der Gleichung werden für a, b und c die Werte eingesetzt, die in Schritt 2 durch Koeffizientenvergleich ermittelt wurden.

14. Quadratische Gleichungen

B Nach dem Einsetzen der Koeffizienten in die Lösungsformel erhält man für das Beispiel folgende Lösungsgleichung:

$$x_{1/2} = \frac{-(-5) \pm \sqrt{(-5)^2 - 4 \cdot 2(-3)}}{2 \cdot 2}$$

Lösungsgleichung: Für a wurde der Wert 2, für b der Wert (– 5) und für c der Wert (– 3) eingesetzt.

Das Vergleichen (Koeffizientenvergleich) und Einsetzen in die Lösungsformel ist sehr anfällig für Leichtsinnsfehler. Also sollte man wirklich genau vergleichen und sorgsam einsetzen.

Die rechte Seite der Lösungsgleichung wird durch Umformung vereinfacht und berechnet. Hier ist nur noch „rechnerisches Handwerkszeug" nötig.

B

$$x_{1/2} = \frac{-(-5) \pm \sqrt{(-5)^2 - 4 \cdot 2(-3)}}{2 \cdot 2}$$

noch einmal die Lösungsgleichung

$$x_{1/2} = \frac{5 \pm \sqrt{25 + 24}}{4}$$

Zusammenfassen. Achtung: Vorzeichenregeln: – (– 5) = + 5

$$x_{1/2} = \frac{5 \pm \sqrt{49}}{4}$$

Wurzel ziehen

$$x_{1/2} = \frac{5 \pm 7}{4}$$

Das „±"-Zeichen wird jetzt aufgelöst. Es geht „zweigleisig" weiter, einmal mit „+" (Plus), und einmal mit „–" (Minus).

$$x_1 = \frac{5 + 7}{4}; \quad x_2 = \frac{5 - 7}{4}$$

Getrennte Berechnung der Werte für x_1 und x_2.

$$x_1 = 3$$

„+"-Lösung

$$x_2 = -\frac{1}{2}$$

„– "-Lösung

Gültigkeit der Lösung prüfen. Die beiden Lösungen sind nur dann gültig, wenn sie auch Element der Definitionsmenge sind. Dies ist hier der Fall, da $-\frac{1}{2}$ und 3 in $\mathbb{R}$ enthalten sind.

$$L = \{-\frac{1}{2}; 3\}$$

Lösungsmenge

B

Das Olympiaturmbeispiel vom Anfang des Kapitels kann jetzt berechnet werden. Der physikalische Zusammenhang zwischen der Fallhöhe s und der Fallzeit t lautet:

$$s = \frac{1}{2} \cdot a \cdot t^2$$

In der Gleichung ist s der Parameter für die Fallhöhe, a der Parameter für die Fallbeschleunigung, t die Variable für die Zeit.

Die Fallbeschleunigung beträgt auf der Erde ca. 9,81 m/s^2 (auf dem Mond wäre es nur $\frac{1}{6}$ davon). Der Münchner Olympiaturm ist ca. 290 m hoch. Nachdem die Werte eingesetzt wurden lautet die Gleichung:

$$290\ m = \frac{1}{2} \cdot 9{,}81\ m/s^2 \cdot t^2$$

In der Mathematik wird als Variable normalerweise immer x verwendet. In der Physik dagegen werden Variablen mit unterschiedlichen Buchstaben bezeichnet, je nachdem für welche physikalische Größe die Variable eingesetzt wird. In diesem Beispiel heißt die Variable t, da sie für die Zeit eingesetzt wird (englisch: time). Für die Berechnung ändert sich dadurch nichts.

Bevor die Gleichung berechnet wird, überlegt man sich die passende Definitionsmenge: Es hat sicher keinen Sinn, negative Werte für die Zeit zuzulassen. Auch die Null wird nicht zugelassen, da die Fallzeit > 0 Sekunden ist. Als Definitionsmenge wird daher die Menge $\mathbb{R}^+$ (positive reelle Zahlen) gewählt.

Da die Fallzeit t bestimmt werden soll, wird die Gleichung nach t aufgelöst.

$290 = \frac{1}{2} \cdot 9{,}81 \cdot t^2$		Ausgangsgleichung. Da die Variable gewöhnlich links steht, werden die beiden Seiten vertauscht
$\frac{1}{2} \cdot 9{,}81 \cdot t^2 = 290$	$\mid \cdot 2$	Der Faktor $\frac{1}{2}$ muss von der linken Seite entfernt werden.
$9{,}81 \cdot t^2 = 580$	$\mid : 9{,}81$	Dasselbe gilt für den Faktor 9,81.

$t^2 = \frac{580}{9{,}81} \quad \mid \sqrt{}$	Es ergibt sich eine einfache quadratische Gleichung mit b = 0. Der Lösungsweg wurde weiter oben bereits besprochen: Auf beiden Seiten wird die Wurzel gezogen.
$t_{1/2} = \pm\sqrt{\frac{580}{9{,}81}}$	Achtung: Da die Wurzel gezogen wird, gibt es eine positive und eine negative Lösung.
$t_1 = 7{,}69$	positive Lösung (gerundet)
$t_2 = -7{,}69$	negative Lösung (gerundet)
$L = \{7{,}69\}$	Die Lösungsmenge enthält nur die positive Lösung, da die Definitionsmenge $\mathbb{R}^+$ ist. Nun erkennt man, welchen Sinn es hat, eine passende Definitionsmenge zu wählen.

Es dauert also 6,54 Sekunden, bis die Münze am Boden ankommt. Der Luftwiderstand wurde nicht berücksichtigt, weil er auf den Freifall einer Geldmünze einen vernachlässigbar kleinen Einfluss hat. Anders ist es natürlich, sollte die Eintrittskarte für ein bedeutendes Fußballspiel im nahegelegenen Olympiastadion herunterfallen. Da hätte der Luftwiderstand enormen Einfluss.

Diskriminante, Anzahl der Lösungen

Bei den besprochenen Beispielen wurde bereits erwähnt, dass quadratische Gleichungen keine Lösung oder genau eine Lösung oder zwei Lösungen haben.

Wie viele Lösungen eine quadratische Gleichung hat, kann ohne vollständiges Lösen der Gleichung durch Auswertung der *Diskriminante* ermittelt werden. Was die Diskriminante ist, wie man sie auswertet und wann es sinnvoll ist, dies zu tun, wird im folgenden Abschnitt beschrieben. Zur Erinnerung: Eine quadratische Gleichung der Form

$$ax^2 + bx + c = 0$$

hat die Lösung(en)

$$x_{1/2} = \frac{-b \pm \sqrt{b^2 - 4ac}}{2a}$$ (allgemeine Lösungsgleichung,

auch als p – q Formel bekannt (vgl. S. 525, 608)),

Versucht man, die Gleichung $x^2 = -4$ mit der Lösungsformel zu lösen, erkennt man, warum die Gleichung keine Lösung hat:

B

$x^2 = -4 \quad \mid +4$	Auf der rechten Seite muss Null stehen!
$x^2 + 4 = 0$	Grundform; die Koeffizienten a, b und c werden ermittelt
$a = 1; b = 0; c = 4$	Einsetzen in die Lösungsformel. Achtung: b = 0, weil $x^2 + 4 = 0$ eigentlich als $x^2 + 0x + 4 = 0$ geschrieben werden müsste.
$x_{1/2} = \frac{-0 \pm \sqrt{0^2 - 4 \cdot 1 \cdot 4}}{2 \cdot 1}$	Lösungsgleichung. Man sieht: Unter der Wurzel ergibt sich eine negative Zahl.
$x_{1/2} = \frac{-0 \pm \sqrt{-16}}{2}$	Hier kann nicht mehr weitergerechnet werden, da die Wurzel einer negativen Zahl berechnet werden müsste. Das ist im Bereich der reellen Zahlen nicht möglich (vgl. komplexe Zahlen, S. 255).
$L = \{ \quad \}$	Die Lösungsmenge ist also leer.

Offenbar hat der negative Wert (– 16) unter der Wurzel Schuld daran, dass es keine Lösung gibt. Dieser Wert wurde in der Lösungsgleichung mit dem Ausdruck $b^2 - 4ac$ errechnet.

Der Ausdruck $b^2 - 4ac$ ist die *Diskriminante*.

Es gilt immer: Wenn das Ergebnis aus $b^2 - 4ac$ kleiner als Null ist, hat die Gleichung keine (reelle) Lösung. Mathematischer ausgedrückt: Ist der Wert der Diskriminante negativ, hat die quadratische Gleichung keine reelle Lösung.

14. Quadratische Gleichungen

Was es bedeutet, wenn die Diskriminante den Wert Null hat, wird im nächsten Beispiel gezeigt:

B

$2x^2 - 8x + 8 = 0$	Die Gleichung ist bereits in der Grundform. Die Koeffizienten a, b und c werden ermittelt.
$a = 2; b = (-8); c = 8$	Einsetzen in die Lösungsformel.
$x_{1/2} = \frac{-(-8) \pm \sqrt{(-8)^2 - 4 \cdot 2 \cdot 8}}{2 \cdot 2}$	Lösungsgleichung.
$x_{1/2} = \frac{8 \pm \sqrt{64 - 64}}{4}$	Die Diskriminante hat den Wert (64 – 64), also Null.
$x_{1/2} = \frac{8 \pm 0}{4}$	8 + 0 und 8 – 0 sind gleich groß, daher werden sich die beiden Lösungen nicht unterscheiden
$x_1 = \frac{8 + 0}{4} = 2$ $x_2 = \frac{8 - 0}{4} = 2$	Die beiden Lösungen sind identisch. Es gibt also nur einen Wert, der die Gleichung erfüllt. Die Lösungsmenge enthält daher genau ein Element.
$L = \{2\}$	Die Lösungsmenge enthält genau ein Element.

Anhand des Beispiels kann man erkennen, dass es immer dann genau eine Lösung gibt, wenn das Ergebnis der Diskriminante ($b^2 - 4ac$) Null ist.

Ist der Wert der Diskriminante Null, so hat die quadratische Gleichung genau eine Lösung.

Im ersten, ausführlich berechneten Beispiel (vgl. S. 152) gab es genau zwei Lösungen. In diesem Fall war die Diskriminante ($b^2 - 4ac$) größer als Null, also positiv.

Ist der Wert der Diskriminante positiv, so hat die quadratische Gleichung genau zwei Lösungen.

Man berechnet die Diskriminante normalerweise nur dann, wenn die Lösbarkeit einer Gleichung untersucht werden soll, die Lösungen an sich aber nicht benötigt werden. Durch Berechnen der Diskriminante kann ermittelt werden, ob die Gleichung eine, zwei oder keine Lösung hat. Müssen die Lösungen aber konkret berechnet werden, bringt der „Umweg" über die Diskriminante keinen Vorteil.

In der höheren Mathematik muss durch mathematische Beweise oft nur gezeigt werden, dass eine Gleichung lösbar ist. Die tatsächliche Lösung interessiert in der höheren Mathematik nicht immer. In diesem Fall ist es ausreichend, wenn mit Hilfe der Diskriminante die Anzahl der Lösungen bestimmt wird.

Satz von Vieta

Für eine quadratische Gleichung der Form $x^2 + bx + c = 0$ liefert der *Satz von Vieta* den Zusammenhang zwischen den beiden Lösungen x_1 und x_2 sowie den Koeffizienten b und c.

Im Gegensatz zur bisher bekannten allgemeinen Form der quadratischen Gleichung $ax^2 + bx + c = 0$ wird für a der Wert 1 vorausgesetzt.

Falls a ungleich eins ist, kann die gesamte Gleichung durch a dividiert werden, dann erhält man neue Koeffizienten: $a_{neu} = 1$; $b_{neu} = \frac{b_{alt}}{a_{alt}}$ und $c_{neu} = \frac{c_{alt}}{a_{alt}}$.

Nach dem Satz von Vieta gilt für die beiden Lösungen x_1 und x_2:

$$x_1 + x_2 = -b$$

$$x_1 \cdot x_2 = c$$

Der Zusammenhang wird deutlich, wenn die Lösungen x_1 und x_2 einer quadratischen Gleichung mit ihren Koeffizienten b und c verglichen werden.

$x^2 - x - 6 = 0$

Der Koeffizientenvergleich ergibt: $a = 1$, $b = (-1)$ und $c = (-6)$. Die Werte werden in die Lösungsformel eingesetzt.

$$x_{1/2} = \frac{1 \pm \sqrt{(-1)^2 - 4 \cdot 1 \cdot (-6)}}{2 \cdot 1}$$

Berechnen der Wurzel

$$x_{1/2} = \frac{1 \pm 5}{2}$$

Ermitteln der beiden Lösungen

$$x_1 = \frac{6}{2} = 3$$

positive Lösung

$$x_2 = \frac{-4}{2} = -2$$

negative Lösung

Anhand der beiden Lösungen kann nun der Satz von Vieta auf seine Gültigkeit überprüft werden

$$x_1 + x_2 = 3 - 2 = 1$$

Nach Vieta sollte gelten: $x_1 + x_2 = -b$.
Da $b = (-1)$ ist, ist $-b = 1$.

Vieta hat also Recht!

$$x_1 \cdot x_2 = 3 \cdot (-2) = -6$$

Auch hier erkennt man den Zusammenhang:
$x_1 \cdot x_2 = c$

Mit Hilfe des Satzes von Vieta können für quadratische Gleichungen der Form $x^2 + bx + c = 0$ die beiden Lösungen x_1 und x_2 gefunden werden.

Am schnellsten kommt man zum Ziel, wenn man mit dem Produkt $x_1 \cdot x_2 = c$ beginnt. Man sucht sich Zahlenkombinationen, die als Produkt genau c ergeben. Im zweiten Schritt prüft man, ob $x_1 + x_2 = -b$ erfüllt ist, also die Summe der beiden Zahlen genau das Negative von b ist.

Im folgenden Beispiel ist $b = (-5)$ und $c = 6$:

B $x^2 - 5x + 6 = 0$

Schritt 1: Zahlenkombinationen finden, für die $x_1 \cdot x_2 = 6$ erfüllt ist.

Schritt 2: Für die gefundenen Zahlenkombinationen prüfen, ob $x_1 + x_2 = 5$ erfüllt ist.

Schritt 1	Schritt 2	
$1 \cdot 6 = 6$	$1 + 6 = 7$	ungeeignete Zahlen, da im 2. Schritt nicht die richtige Lösung (5) erscheint.
$(-1)(-6) = 6$	$-1 - 6 = -7$	ungeeignete Zahlen, da im 2. Schritt nicht die richtige Lösung (5) erscheint.
$2 \cdot 3 = 6$	$2 + 3 = 5$	Dieses Zahlenpaar erfüllt beide Bedingungen! Also gilt: $x_1 = 2$; $x_2 = 3$
$(-2) \cdot (-3) = 6$	$-2 - 3 = -5$	ungeeignete Zahlen

Man hat also durch ausprobieren zwei Zahlen gefunden, die den Satz von Vieta erfüllen und somit Lösungen der Gleichung $x^2 - 5x + 6 = 0$ sind. Die Probe beweist es:

B Probe für $x_1 = 2$:

$2^2 - 5 \cdot 2 + 6 = 4 - 10 + 6 = 0$

Probe für $x_2 = 3$:

$3^2 - 5 \cdot 3 + 6 = 9 - 15 + 6 = 0$

Die Lösungsmenge lautet also: $L = \{2; 3\}$

Über die Lösungsformel können die Lösungen oft sehr viel schneller und sicherer bestimmt werden. Daher sollte man nicht allzu aufwändig nach Zahlenkombinationen suchen, die den Satz von Vieta erfüllen, sondern mit der Lösungsformel die Lösungen berechnen.

Wenn in der Aufgabenstellung (z. B. in der Schule) allerdings die Verwendung des Satzes von Vieta gefordert ist, sollte man der Aufforderung auch folgen. Aber keine Angst: Die Aufgaben wurden dann auch meistens so ausgesucht, dass relativ leicht zwei (ganze) Zahlen für x_1 und x_2 gefunden werden können.

14. Quadratische Gleichungen

Quadratische Ergänzung

Eine weitere Technik, quadratische Gleichungen zu lösen, ist die *quadratische Ergänzung*.

Ziel dieser Technik ist es, die Gleichung $x^2 + bx + c = 0$ in die Form $(x + s)^2 - k = 0$ umzuwandeln. s und k sind zwei konstante Werte.

B Mit der quadratischen Ergänzung kann man die Gleichung ($G = \mathbb{R}$) $2x^2 - 12x - 14 = 0$ so umformen, dass man die gewünschte Form $(x - 3)^2 - 16 = 0$ erhält. Wie das gemacht wird, ist weiter unten erklärt. Hier wird zuerst gezeigt, dass von dieser Form aus sehr einfach weitergerechnet werden kann:

$(x - 3)^2 - 16 = 0$	$\mid +16$	Um x zu isolieren muss zuerst die 16 entfernt werden.
$(x - 3)^2 = 16$	$\mid \sqrt{}$	Das Quadrat muss weg. Die Gegenoperation ist: Wurzelziehen (Radizieren). Achtung: Die Wurzel muss auf beiden Seiten gezogen werden. Nach dem Wurzelziehen gibt es stets eine positive und eine negative Lösung (vgl. Quadratwurzeln, S. 119).
$x - 3 = \pm 4$	$\mid +3$	(– 3) muss von der linken Seite entfernt werden. Wegen dem ± Zeichen erkennt man, dass sich zwei Lösungen ergeben. Daher schreibt man im nächsten Schritt $x_{1/2} = \ldots$
$x_{1/2} = \pm 4 + 3$ $x_1 = 4 + 3 = 7$ $x_2 = -4 + 3 = -1$		Nun wird zweigleisig weitergerechnet: einmal für x_1 und dann für x_2.
$L = \{-1; 7\}$		Beide Lösungen sind in der Grundmenge enthalten, daher ist die Lösungsmenge $L = \{-1; 7\}$

Man sieht also, dass die Form $(x + s)^2 - k = 0$ recht schnell und unkompliziert zum Ziel führt.

In dem Beispiel $(x - 3)^2 - 16 = 0$ ist $s = (-3)$ und $k = 16$ (vgl. Koeffizientenvergleich, S. 150, Achtung Vorzeichen!).

Wie man die Gleichung $2x^2 - 12x - 14 = 0$ in die Gleichung $(x - 3)^2 - 16 = 0$ umformen kann, wird nun erklärt. Dafür werden die binomischen Formeln verwendet (vgl. Binomische Formeln, S. 125).

Zur Erinnerung:

$(x + a)^2 = x^2 + 2ax + a^2$	1. binomische Formel
$(x - a)^2 = x^2 - 2ax + a^2$	2. binomische Formel
$(x + a)(x - a) = x^2 - a^2$	3. binomische Formel

Man möchte die Gleichung $2x^2 - 12x - 14 = 0$ in die Form $(x - s)^2 - k = 0$ umwandeln.

Wenn man einen Tisch oder Schrank zusammenbauen will, wäre es manchmal äußerst hilfreich, wenn man an einem gleichen aber bereits zusammengebauten Schrank abschauen könnte, welche Schrauben wo hingehören und warum das eine Brett nicht die Türe ist, sondern vielleicht der Schrankboden. Dann könnte man auch auf die Idee kommen, den zusammengebauten Schrank ein bisschen auseinander zu bauen, um zu sehen, wie es funktioniert.

Was beim Möbelzusammenbau eher schwer zu verwirklichen ist, kann das Rechnen erleichtern: Man kann, darf und soll vom Muster abschauen.

Auf der folgenden Seite wird mit Hilfe eines Musters die Beispiel-Gleichung in die gewünschte Form umgewandelt. Der gerade wichtige Teil ist dabei jeweils rot markiert.

14. Quadratische Gleichungen

Muster	Beispiel	Erklärung
$(x-s)^2-k=0$		Muster: Die Klammer wird mit der 2. binomischen Formel aufgelöst.
$1x^2-2sx+s^2-k=0$	$2x^2-12x-14=0 \quad \mid \cdot \frac{1}{2}$	Muster: x^2-Koeffizient ist 1; Beispiel: 2. Also wird das Beispiel mit $\frac{1}{2}$ multipliziert.
$x^2-2sx+s^2-k=0$	$x^2-6x-7=0$	Muster: x-Koeffizient ist $2 \cdot s$; Beispiel: 6. Also wird 6 als $2 \cdot 3$ geschrieben. Es kommt hier auf „$2 \cdot$" an, der zweite Wert (hier 3) ergibt sich dann automatisch.
$x^2-2sx+s^2-k=0$	$x^2-2\cdot 3x+9-9-7=0 \quad \mid +0$	Muster: s^2 wird addiert. Beispiel: $s=3 \Rightarrow s^2=9$. Es muss also 9 ergänzt werden. Damit sich der Wert der linken Seite nicht ändert, wird im gleichen Schritt auch wieder 9 abgezogen. Man hat dann also Null addiert. Dieser Schritt ist die eigentliche quadratische Ergänzung.
$x^2-2sx+s^2-k=0$	$x^2-2\cdot 3x+9-16=0$	Muster: Das Binom ist erkennbar; Beispiel: Man hat ein Binom erzwungen! Beide Binome können jetzt in die Form $(x-s)^2$ (zurück-) gebracht werden.
$(x-s)^2-k=0$	$(x-3)^2-16=0$	Das Ziel ist erreicht. Aus der Gleichung $2x^2-12x-14=0$ wurde mit Hilfe der quadratischen Ergänzung die Gleichung $(x-3)^2-16=0$; die weitere Berechnung wurde bereits weiter oben besprochen.

Aufgaben

1. Wie lautet die Lösungsmenge für folgende quadratische Gleichungen, wenn die Grundmenge $G = \mathbb{R}$ und die Definitionsmenge $D = \mathbb{R}$ ist?

   a) $x^2 = 49$ b) $x^2 = 15$ c) $x^2 = -9$ d) $x^2 = \frac{9}{25}$

2. Folgende einfache quadratische Gleichungen sind zu lösen (Grundmenge $G = \mathbb{R}$, Definitionsmenge $D = \mathbb{R}$):

   a) $x^2 - 16 = 0$ b) $x^2 + 9 = 0$ c) $6x^2 - 54 = 0$

   d) $\frac{1}{2}x^2 + x = 0$ e) $2x^2 - x = 0$ f) $x^2 - 7x = 0$

3. Die folgenden quadratischen Gleichungen können mit Hilfe der Lösungsformel berechnet werden (Grundmenge $G = \mathbb{R}$, Definitionsmenge $D = \mathbb{R}$):

   a) $x^2 + x - 6 = 0$ b) $x(x - 5) = -40 + 8x$ c) $-50x - 140 = 55 - 5x^2$

   d) $x^2 - 62x + 392 = -x^2 + 22x - 490$

4. Die Anzahl der Lösungen ist anzugeben. Dazu ist es nötig, die Diskriminante zu berechnen (Grundmenge $G = \mathbb{R}$, Definitionsmenge $D = \mathbb{R}$):

   a) $-x^2 + 2x + 1 = 0$ b) $x^2 - 3x + \frac{9}{4} = 0$ c) $x^2 - 3x + 3 = 0$

   d) $2x^2 - 16x = 2x - 28$

5. Die Falldauer eines Blumentopfs von einem Fensterbrett in 20 m Höhe kann folgendermaßen berechnet werden:

   $s = \frac{1}{2} \cdot a \cdot t^2;$

   Fallbeschleunigung: $a = 9{,}81 \frac{m}{s^2}$; $s = 20$ m

6. Die Gleichungen sind mit Hilfe des Satzes von Vieta zu lösen:

   a) $x^2 - 2x + 1 = 0$ b) $x^2 - x - 20 = 0$ c) $2x^2 + 2x - 12 = 0$

7. Die folgenden Aufgaben sind durch quadratische Ergänzung zu berechen:

   a) $x^2 + 4x - 5 = 0$ b) $x^2 - 6x - 7 = 0$ c) $x^2 + 2x - 24 = 0$

14. Quadratische Gleichungen

Lösungen

1. a) $L = \{-7; 7\}$ b) $L = \{-\sqrt{15}; \sqrt{15}\}$ c) $L = \{\varnothing\}$ d) $L = \left\{-\frac{3}{5}; \frac{3}{5}\right\}$

2. a) $L = \{-4; 4\}$ b) $L = \{\varnothing\}$ c) $L = \{-3; 3\}$

   d) $L = \{-2; 0\}$ e) $L = \{0; \frac{1}{2}\}$ f) $L = \{0; 7\}$

3. a) $x_{1/2} = \frac{-1 \pm \sqrt{1+24}}{2} \Rightarrow L = \{-3; 2\}$

   b) $x_{1/2} = \frac{13 \pm \sqrt{169-160}}{2} \Rightarrow L = \{5; 8\}$

   c) $x_{1/2} = \frac{50 \pm \sqrt{2500+3900}}{10} \Rightarrow L = \{-3; 13\}$

   d) $x_{1/2} = \frac{84 \pm \sqrt{7056-7056}}{4} \Rightarrow L = \{21\}$

4. a) $2^2 - 4 \cdot (-1) \cdot 1 = 8 \Rightarrow$ Anzahl der Lösungen: 2

   b) $(-3)^2 - 4 \cdot 1 \cdot \frac{9}{4} = 0 \Rightarrow$ Anzahl der Lösungen: 1

   c) $(-3)^2 - 4 \cdot 1 \cdot 3 = -3 \Rightarrow$ Anzahl der Lösungen: 0

   d) $(-16)^2 - 4 \cdot 2 \cdot 0 = 256 \Rightarrow$ Anzahl der Lösungen: 2

5. Die Falldauer beträgt 2,02 Sekunden.

6. a) $x_1 + x_2 = 2; \quad x_1 \cdot x_2 = 1 \Rightarrow L = \{1\}$ (Zwei identische Lösungen: $x_1 = 1; x_2 = 1$)

   b) $x_1 + x_2 = 1; \quad x_1 \cdot x_2 = -20 \Rightarrow L = \{-4; 5\}$

   c) $x_1 + x_2 = -1; \quad x_1 \cdot x_2 = -6 \Rightarrow L = \{-3; 2\}$

7. a) $L = \{-5; 1\}$ (Zwischenlösung: $(x+2)^2 - 9 = 0$)

   b) $L = \{-1; 7\}$ (Zwischenlösung: $(x-3)^2 - 16 = 0$)

   c) $L = \{-6; 4\}$ (Zwischenlösung: $(x+1)^2 - 25 = 0$)

15. Gleichungen dritten und höheren Grades

Von Zeit zu Zeit hört man in den Wettervorhersagen Namen wie Mitch, Andrew, El Niño usw. Dann wird über zum Teil katastrophale Wirbelstürme, Hurrikans und andere Wetterphänomene berichtet, die so bedeutsam sind dass sie eigene Namen erhalten. In der Mathematik ist es ähnlich: Funktionen, die sehr wichtig sind oder sehr oft verwendet werden oder außergewöhnliche Zusammenhänge darstellen, erhalten besondere Namen.

Lineare, quadratische und kubische Gleichungen haben eigene Namen erhalten, da einerseits häufig mit ihnen gearbeitet wird (z. B. in der Schule) und andererseits können mit ihnen alltägliche Dinge wie Punkte, Längen und das Volumen von einfachen Körpern berechnet werden. Biquadratische Gleichungen haben ihren Namen wegen ihres speziellen Lösungsverfahrens erhalten, welches dem der quadratischen Gleichungen ähnelt. Die in diesem Abschnitt besprochenen Gleichungen sind allesamt Potenzgleichungen, da die Variable x in verschiedenen Potenzen vorkommt. In der Wettervorhersage entspräche das dann z. B. dem Oberbegriff „Tiefdruckausläufer".

Grad der Gleichung

Die einzelnen Potenzgleichungen werden nach folgendem Schema benannt:

Die höchste Potenz von x bestimmt den Namen der Gleichung. Wenn x in erster Potenz vorkommt, so handelt es sich um eine *Gleichung ersten Grades*. Ist x^2 die höchste x-Potenz, so spricht man von einer *Gleichung zweiten Grades* usw.

Die höchste Potenz von x entspricht dem *Grad der Gleichung* und bestimmt somit ihren Namen.

Lineare Gleichungen sind also Gleichungen ersten Grades, quadratische Gleichungen sind Gleichungen zweiten Grades, kubische Gleichungen haben den Grad drei und biquadratische haben den Grad vier.

15. Gleichungen dritten und höheren Grades

Gleichungen dritten Grades

Gleichungen dritten Grades werden auch *kubische Gleichungen* genannt. Ihre höchste Potenz von x ist drei.

Eine Gleichung dritten Grades lautet allgemein:

$$a_3x^3 + a_2x^2 + a_1x + a_0 = 0$$

Die Gleichung hat maximal drei Lösungen (in $\mathbb{R}$). Das folgende Beispiel zeigt, wie in drei Schritten die Lösungen ermittelt werden:

B Beispiel: (Definitionsmenge $D = \mathbb{R}$)

$x^3 - 3x^2 - 4x + 12 = 0$

Im ersten Schritt muss eine Lösung „durch Einsetzen" gefunden werden. Was dabei zu tun ist, wird im folgenden Abschnitt beschrieben.

Lösungssuche durch Einsetzen

Bei dieser Methode kann man fast ohne Hilfsmittel eine Lösung finden. Dazu setzt man einzelne Zahlenwerte ein und prüft, ob einer dieser Werte eine Lösung der Gleichung ist. Ein Trost: Schul- und Prüfungsaufgaben sind so gewählt, dass man in der Regel immer eine Lösung findet, indem man ganzzahlige Teiler des x-freien Terms einsetzt. Aber Achtung: Man muss die positiven und die negativen Teiler berücksichtigen!

B Ganzzahlige Teiler der Zahl 12 sind: ± 1, ± 2, ± 3, ± 4, ± 6 und ± 12. Mit der kleinsten Zahl fängt man an und setzt der Reihe nach ein, bis eine Lösung gefunden wird:

Die kleinsten Teiler von 12 sind: 1 und – 1.

1 eingesetzt in $x^3 - 3x^2 - 4x + 12 = 0$

ergibt $1^3 - 3 \cdot 1^2 - 4 \cdot 1 + 12 = 0$

und somit $6 = 0$

Da 6 = 0 eine falsche Aussage ist, kann 1 keine Lösung sein.

– 1	eingesetzt in	$x^3 - 3x^2 - 4x + 12 = 0$
	ergibt	$(-1)^3 - 3 \cdot (-1)^2 - 4 \cdot (-1) + 12 = 0$
	und somit	$12 = 0$

Da 12 = 0 eine falsche Aussage ist, kann – 1 keine Lösung sein.

2	eingesetzt in	$x^3 - 3x^2 - 4x + 12 = 0$
	ergibt	$2^3 - 3 \cdot 2^2 - 4 \cdot 2 + 12 = 0$
	und somit	$0 = 0$

Das ist eine wahre Aussage. Demzufolge ist 2 die erste Lösung: $x_1 = 2$.

Weitere Lösungen findet man mit Hilfe des nächsten Schritts, der Polynomdivision.

Polynomdivision

Die gesamte Gleichung wird nun durch den Ausdruck (x – Lösungswert) geteilt. Da im ersten Schritt der Wert 2 als Lösung ermittelt wurde, teilt man die Gleichung durch (x – 2).

> Die Technik heißt *Polynomdivision*, weil ein Ausdruck der Form $a_n x^n + a_{n-1} x^{n-1} + ... + a_1 x + a_0$ ein Polynom ist.

Bei der Division $(x^3 - 3x^2 - 4x + 12) : (x - 2)$ wird das Polynom $(x^3 - 3x^2 - 4x + 12)$ durch das Polynom $(x - 2)$ dividiert.

B

Zeile	Dividend	Divisor	Ergebnis	Man rechnet
1 a	$(x^3 - 3x^2 - 4x + 12)$	$: (x - 2)$	$= x^2 - x - 6$	$x^3 : x = x^2$
b	$(x^3 - 2x^2)$			$x^2 \cdot (x - 2) = x^3 - 2x^2$
c	$-x^2 - 4x + 12$			$(x^3 - 3x^2 - 4x + 12) - (x^3 - 2x^2) =$ $-x^2 - 4x + 12$
2 a	$-x^2 - 4x + 12$			$-x^2 : x = -x$
b	$-(-x^2 + 2x)$			$-x \cdot (x - 2) = -x^2 + 2x$
c	$-6x + 12$			$-x^2 - 4x + 12 - (-x^2 + 2x)$ $= -6x + 12$

15. Gleichungen dritten und höheren Grades

3a	$-6x + 12$	$-6x : x = -6$
b	$-(-6x + 12)$	$-6 \cdot (x-2) = -6x + 12$
c	0	$-6x + 12 - (-6x + 12) = 0$

Die Polynomdivision unterscheidet sich prinzipiell nicht von der normalen Division. Auch hier besteht jeder Schritt aus den drei Komponenten: Division, Multiplikation und Subtraktion.

B

Zeile 1a (Division): Die höchste x-Potenz des Dividenden (x^3) wird durch die höchste x-Potenz des Divisors (x) geteilt: $\frac{x^3}{x} = x^2$.

Zeile 1b (Multiplikation): Das Ergebnis (x^2) wird nun mit dem gesamten Divisor $(x-2)$ multipliziert: $x^2 \cdot (x - 2) = (x^3 - 2x^2)$.

Zeile 1c (Subtraktion): Der Term $(x^3 - 2x^2)$ wird von Zeile 1a abgezogen, daher das Minus vor der Klammer in Zeile 1b.

Die drei Schritte wiederholen sich nun für die restlichen Zeilen 2a bis 3c.

Den Sinn der Polynomdivision erkennt man nach der *Produktdarstellung* der linken Seite der Gleichung:

B

$(x^3 - 3x^2 - 4x + 12) : (x-2) = x^2 - x - 6$	Als Bruch darstellen
$\frac{x^3 - 3x^2 - 4x + 12}{x-2} = x^2 - x - 6 \quad \vert \cdot (x-2)$	Mit dem Nenner $(x - 2)$ multiplizieren
$x^3 - 3x^2 - 4x + 12 = (x^2 - x - 6) \cdot (x-2)$	Ergebnis: Produktdarstellung der linken Gleichungsseite

Die ursprüngliche Gleichung $x^3 - 3x^2 - 4x + 12 = 0$ und die neue Gleichung $(x^2 - x - 6) \cdot (x - 2) = 0$ sind äquivalent. Die neue Gleichung $(x^2 - x - 6) \cdot (x - 2) = 0$ kann aber sehr viel leichter gelöst werden als die ursprüngliche.

Zur Erinnerung: Ein Produkt wird dann Null, wenn mindestens einer der Faktoren Null wird. Der zweite Faktor (x − 2) wird Null für $x_1 = 2$. Diese Lösung wurde bereits in Schritt 1 gefunden. Wann der andere Faktor $(x^2 - x - 6)$ Null wird, kann nun bequem im nächsten Schritt mit Hilfe der Lösungsformel für quadratische Gleichungen ermittelt werden. Die zu lösende (Teil-) Gleichung lautet: $(x^2 - x - 6) = 0$

Quadratische (Teil-) Gleichung

Zur Erinnerung: Quadratische Gleichungen der Form

$$ax^2 + bx + c = 0$$

haben die Lösungen

$$x_{1/2} = \frac{-b \pm \sqrt{b^2 - 4ac}}{2a}$$

Die quadratische (Teil-) Gleichung wird nun gelöst:

B

$x^2 - x - 6 = 0$	Koeffizienten bestimmen
$a = 1; b = -1; c = -6$	Einsetzen in die Lösungsformel
$x_{2/3} = \frac{1 \pm \sqrt{(-1)^2 - 4 \cdot 1 \cdot (-6)}}{2 \cdot 1}$	Unter der Wurzel zusammenfassen. Achtung: x_1 ist bereits bekannt. Nun wird $x_{2/3}$ berechnet!
$x_{2/3} = \frac{1 \pm \sqrt{25}}{2}$	Wurzel ziehen (radizieren)
$x_{2/3} = \frac{1 \pm 5}{2}$	Aufspalten in positive und negative Lösung
$x_2 = \frac{1 + 5}{2} = 3$	positive Lösung

$x_3 = \frac{1-5}{2} = -2$	negative Lösung
$L = \{-2; 2; 3\}$	Lösungsmenge. Alle Werte sind Element der reellen Zahlen $\mathbb{R}$

Das Ziel ist nun erreicht. Alle drei Lösungen sind bekannt: $x_1 = 2$, $x_2 = 3$, $x_3 = -2$.

Allgemeine Gleichung vom Grad n

Die allgemeine Gleichung fünften Grades lautet:

$$ax^5 + bx^4 + cx^3 + dx^2 + ex + f = 0$$

Hier gilt: $a \neq 0$ (sonst wäre es maximal 4. Grad) und $b, c, d, e, f \in \mathbb{R}$ (können beliebige Zahlen sein, auch Null). Die Buchstaben a, b, ... werden Koeffizienten genannt.

Um die Koeffizienten von den Variablen leichter und schneller unterscheiden zu können und mehr Informationen zum einzelnen Koeffizienten zu haben, wird die Schreibweise

$$a_5x^5 + a_4x^4 + a_3x^3 + a_2x^2 + a_1x + a_0 = 0$$

verwendet.

Nun weiß man durch den jeweiligen *Koeffizientenindex* (die tiefgestellte Nummer am a), welcher Koeffizient zu welcher x-Potenz gehört. a_3 gehört immer zu x^3, und wenn $a_3 = 0$ ist, so wird in der Gleichung der x^3-Anteil weggelassen.

Die allgemeine Gleichung n-ten Grades lautet:

$$a_nx^n + a_{n-1}x^{n-1} + \ldots + a_1x + a_0 = 0$$

Jede Gleichung, in der nur ganzzahlige Potenzen von x vorkommen, kann in dieser Form angegeben werden.

B

Die Gleichung

$x^4 - 3 = 0$

ist eine Gleichung vierten Grades mit den Koeffizienten:

$a_4 = 1;\ a_3 = 0;\ a_2 = 0;\ a_1 = 0;\ a_0 = -3$

Die ausführliche Schreibweise lautet:

$1 \cdot x^4 + 0 \cdot x^3 + 0 \cdot x^2 + 0 \cdot x + (-3) = 0$

Man erkennt, dass die Terme mit x^3, x^2 und x nicht fehlen, sondern lediglich die Koeffizienten vor den Termen den Wert Null haben.

Im Kapitel Quadratische Gleichungen (S. 145) wurde gezeigt, dass eine quadratische Gleichung entweder eine, zwei oder keine Lösung hat. Anders ausgedrückt: Die quadratische Gleichung ist eine Gleichung zweiten Grades und hat maximal zwei Lösungen.

Für lineare Gleichungen wurde nie mehr als eine einzige Lösung gefunden. Lineare Gleichungen sind Gleichungen ersten Grades und haben also maximal eine Lösung. Die Regel kann fast erraten werden:

Eine Gleichung vom Grad n hat maximal n reelle Lösungen.

Gleichungen dritten und höheren Grades werden mittels *Polynomdivision* gelöst (für diese Gleichungen gibt es leider keine so komfortable Lösungsformel wie für quadratische Gleichungen). Die Technik der Polynomdivision wurde beispielhaft im Abschnitt Gleichungen dritten Grades vorgestellt.

Der Lösungsweg für Gleichungen mit einem höheren Grad als drei ist etwas umfangreicher, da die Polynomdivision so oft durchgeführt werden muss, bis das Ergebnis eine quadratische (Teil-) Gleichung ist.

Unter den Gleichungen vierten Grades gibt es sogenannte biquadratische Gleichungen. Für sie gibt es neben der Polynomdivision noch eine weitere Lösungstechnik. Sie wird im folgenden Abschnitt vorgestellt.

15. Gleichungen dritten und höheren Grades

Gleichungen vierten Grades

Die allgemeine Gleichung vierten Grades lautet:

$$a_4x^4 + a_3x^3 + a_2x^2 + a_1x + a_0 = 0$$

Die maximal vier Lösungen können mit Hilfe der Polynomdivision ermittelt werden (vgl. Gleichungen dritten Grades, S. 166, Polynomdivision, S. 167).

Gleichung vierten Grades müssen innerhalb des regulären Schul- und Prüfungsstoffs eher selten gelöst werden, da die Lösungen viel Zeit benötigen und alles mathematisch relevante Wissen bereits mit Gleichungen dritten Grades geprüft werden kann.

Einzige Ausnahme ist die *biquadratische Gleichung,* deren Lösungen über die quadratische Lösungsformel ermittelt werden können. Der Lösungsweg ist trickreich, sehr elegant und nicht besonders aufwändig. Also empfehlenswert.

Biquadratische Gleichungen

Die Gleichung $x^4 - 13x^2 + 36 = 0$, mit $D = \mathbb{R}$ ist zweifellos eine Gleichung vierten Grades. Die Besonderheit: Die Variable x hat nur geradzahlige Exponenten. Der Vorteil dieser Besonderheit: Sie kann ohne die relativ aufwendige Polynomdivision gelöst werden.

Gleichungen dieser Art werden *biquadratische Gleichungen* genannt. Die allgemeine Form lautet:

$$a_4x^4 + a_2x^2 + a_0 = 0$$

Im Vergleich zur normalen quadratischen Gleichung $ax^2 + bx + c = 0$ hat x in der biquadratischen Gleichung jeweils doppelt so große Exponenten. Daher der Name biquadratisch!

Der Trick, wie man durch diese Tatsache den Lösungsweg vereinfacht, wird im folgenden Beispiel aufgezeigt:

B $x^4 - 13x^2 + 36 = 0$

Ersetzt man x^2 durch u, dann erhält man eine normale quadratische Gleichung: $u^2 - 13u + 36 = 0$ (Achtung: Wenn x^2 durch u ersetzt wird, muss x^4 durch u^2 ersetzt werden).

Nun kann die Lösungsformel für quadratische Gleichungen (vgl. Quadratische Gleichungen, S. 151) verwendet werden:

$u^2 - 13u + 36 = 0$	Koeffizienten a, b und c feststellen
$a = 1; b = (-13); c = 36$	Einsetzen in die Lösungsformel
$u_{1/2} = \frac{13 \pm \sqrt{(-13)^2 - 4 \cdot 1 \cdot 36}}{2 \cdot 1}$	Lösungsgleichung. Weil die Variable in dieser Gleichung u ist, sind die beiden Lösungen $u_{1/2}$.
$u_{1/2} = \frac{13 \pm \sqrt{25}}{2}$	Ausdruck unter der Wurzel berechnen
$u_1 = \frac{18}{2} = 9$	„+“ – Lösung
$u_2 = \frac{8}{2} = 4$	„–“ – Lösung

Zwei Lösungen wurden gefunden: $u_1 = 9$ und $u_2 = 4$.

Da aber die Lösungen für x bestimmt werden sollen, ist die Aufgabe noch nicht vollständig gelöst. Um die eigentliche Lösung zu finden, muss man daran denken, dass u für x^2 eingesetzt wurde. Dieses Einsetzen wird nun wieder rückgängig gemacht (Rückersetzung). Die Gegenüberstellung macht es deutlicher:

B

1. Lösung für u		2. Lösung für u
$u = x^2$	Ersetzung	$u = x^2$
$u = 9$	Ergebnis der Rechnung	$u = 4$
$x^2 = 9$	Rückersetzung	$x^2 = 4$

15. Gleichungen dritten und höheren Grades

Nach der Rückersetzung formt man weiter um:

$x^2 = 9$	Wurzel ziehen. Achtung: jeweils 2 Lösungen!	$x^2 = 4$
$x_{1/2} = \pm 3$	Aufspalten in positive und negative Lösungen	$x_{3/4} = \pm 2$
$x_1 = 3$	positive Lösungen für x	$x_3 = 2$
$x_2 = -3$	negative Lösungen für x	$x_4 = -2$

Das Ziel ist erreicht: Die vier Lösungen für x sind bekannt. Alle Lösungen sind reelle Zahlen, die Lösungsmenge lautet also: $L = \{-3; -2; 2; 3\}$

Auf diese Weise können alle biquadratischen Gleichungen gelöst werden.

Die „Ersetzungs-Technik" wird auch als *Substitution* bezeichnet, die „Rückersetzung" entsprechend *Re-Substitution*.

Diese Methode der Ersetzung bzw. Substitution kann und sollte immer dann angewendet werden, wenn alle Exponenten von x einen gemeinsamen Teiler ≥ 2 haben, z. B. wenn in der Gleichung nur geradzahlige Exponenten vorkommen.

Aufgaben

1. Wie lautet die Lösungsmenge (Definition $D = \mathbb{R}$, Grundmenge $G = \mathbb{R}$)?

   a) $x^3 - 2x^2 - x + 2 = 0$
   b) $x^3 + 5x^2 - 2x - 24 = 0$
   c) $2x^3 - 10x^2 + 12x = 0$

2. Die Lösungsmengen der folgenden Gleichungen sind zu bestimmen. Dazu wird folgender Lösungsweg vorgeschlagen:

   1. Prüfen, welche der angegebenen Werte tatsächlich Lösungen sind.
   2. Polynomdivision durch die jeweiligen Linearfaktoren (x – Lösungswert)
   3. Anwendung der quadratischen Lösungsformel
   4. Prüfen, ob die Lösungswerte in der Definitionsmenge enthalten sind

   a) $D = \mathbb{R}$

   $x^4 - 4x^3 - x^2 + 16x - 12 = 0$
   Mögliche Lösungen: $\{-3; -2; -1; 0; 1; 2; 3\}$

   b) $D = \mathbb{R}^+$

   $x^4 + 2x^3 - 8x - 16 = 0$
   Mögliche Lösungen: $\{0; 1; 2; 3\}$

3. Zur Bestimmung der Lösungsmengen der folgenden biquadratischen Gleichungen wird folgender Lösungsweg vorgeschlagen:

   1. Ersetzen (substituieren) einer x-Potenz durch u, so dass sich eine quadratische Gleichung der Form $au^2 + bu + c = 0$ ergibt
   2. Bestimmen der Lösungen für u (quadratische Gleichung, Lösungsformel)
   3. Rückersetzen (re-substituieren) von u durch die entsprechende x-Potenz
   4. Bestimmen der Lösungen für x

   a) $x^4 - 13x^2 + 36 = 0$, $D = \mathbb{R}$
   b) $2x^4 + 4x^2 - 16 = 0$, $D = \mathbb{R}$
   c) $x^6 + 7x^3 - 8 = 0$, $D = \mathbb{R}$

15. Gleichungen dritten und höheren Grades

Lösungen

1. a) $L = \{-1; 1; 2\}$ b) $L = \{-4; -3; 2\}$

   c) $L = \{0; 2; 3\}$
   (Erst den Wert 2 ausklammern, dann x ausklammern;
   die erste Lösung ist: $x = 0$)

2. a) $x_1 = -2; x_2 = 1$ Lösungen: – 2 und 1

   $x_3 = 2; x_4 = 3$ Linearfaktoren: $(x + 2)$ und $(x - 1)$

   $L = \{-2; 1; 2; 3\}$ Quadratische (Teil-) Gleichung: $x^2 - 5x + 6 = 0$

   b) $x_1 = -2; x_2 = 2$ Lösungen: – 2 und 2
   Linearfaktoren: $(x + 2)$ und $(x - 2)$

   $L = \{2\}$ Quadratische (Teil-) Gleichung: $x^2 + 2x + 4 = 0$
   Keine weitere Lösungen;
   (– 2) nicht in Definitionsmenge enthalten!

3. a) $x_1 = -3; x_2 = 3$ Substitution: $u = x^2$

   $x_3 = -2; x_4 = 2$ Quadratische Gleichung: $u^2 - 13u + 36 = 0$

   $L = \{-3; -2; 2; 3\}$ Lösungen für u: $u_1 = 9$ und $u_2 = 4$
   Re-Substition: $x^2 = 9$ bzw. $x^2 = 4$

   b) $x_1 = \sqrt{2}; x_2 = \sqrt{2}$ Substitution: $u = x^2$

   $L = \{-\sqrt{2}; \sqrt{2}\}$ Quadratische Gleichung: $2u^2 + 4u - 16 = 0$
   Lösungen für u : $u_1 = 2$ und $u_2 = -4$
   Re-Substitution: $x^2 = 2$ bzw. $x^2 = -4$ (keine Lösung)

   c) $x_1 = -2; x_2 = 1$ Substitution: $u = x^3$

   $L = \{-2; 1\}$ Quadratische Gleichung: $u^2 + 7u - 8 = 0$
   Lösungen für u: $u_1 = -8$ und $u_2 = 1$
   Re-Substitution: $x^3 = -8$ bzw. $x^3 = 1$

16. Wurzelgleichungen

Neben Potenzen können in Gleichungen auch Wurzeln auftreten (vgl. Potenzen, S. 115 und Wurzeln, S. 119). Von einer *Wurzelgleichung* wird immer dann gesprochen, wenn die Gleichungsvariable (meist x) mindestens einmal im Radikanden auftritt. In einfachen Aufgaben führt ein Potenzieren der Gleichung zu einer linearen Gleichung. Es muss aber darauf geachtet werden, dass das Potenzieren eine nicht äquivalente Umformung sein kann, bei der zusätzliche Lösungen vorhanden sein können.

> Steht die Variable x in einer Gleichung mindestens einmal unter der Wurzel, so spricht man von einer Wurzelgleichung.

Vor dem Lösen der Gleichung ist die Definitionsmenge zu bestimmen. Es darf z. B. bei Quadratwurzeln kein negativer Wert als Radikand auftreten.

Bei der Berechnung werden in den ersten beiden Schritten alle Wurzelgleichungen ähnlich behandelt.

Schritt 1:	Der *Wurzelterm* wird auf einer Seite isoliert (vorzugsweise links).
Schritt 2:	Um die Wurzel zu entfernen werden beide Seiten der Gleichung quadriert. Die Wurzel und das Quadrat heben sich dann gegenseitig auf.

Der weitere Lösungsweg ist dann davon abhängig, welcher Gleichungstyp durch die Quadratur beider Seiten entsteht.

Das Beispiel zeigt den Lösungsweg ($D = \mathbb{R}$):

B

$\sqrt{x+3} - 2 = 1$	$\mid +2$	Um x von der Wurzel zu befreien, wird der Wurzelterm isoliert.
$\sqrt{x+3} = 3$	$\mid$ Quadrieren	Beide Seiten der Gleichung werden quadriert.
$(\sqrt{x+3})^2 = 3^2$		Linke Seite: Quadrat und Wurzel heben sich gegenseitig auf. Rechte Seite: Quadrat berechnen.

16. Wurzelgleichungen

$x + 3 = 9$	$\mid -3$	Eine lineare Gleichung ist entstanden. Sie wird nach x aufgelöst.
$x = 6$		Lösung
$\sqrt{6+3} - 2 = 1$		Probe: 6 ist eine gültige Lösung, da für die linke Seite gilt: $\sqrt{9} - 2 = 3 - 2 = 1$
$L = \{6\}$		Lösungsmenge: 6 ist Element der reellen Zahlen.

Die Kuckucks-Lösung

Durch das Quadrieren wird der Gleichung in einigen Fällen eine zusätzliche Lösung untergeschoben (wie ein Kuckucksei). Diese vermeintliche Lösung ist aber keine gültige Lösung der ursprünglichen Gleichung.

Um herauszufinden, welche Lösungswerte tatsächlich gültig sind, muss jeder Lösungswert noch einmal bestätigt werden. Dazu setzt man ihn in die ursprüngliche Gleichung ein und prüft, ob er die Gleichung erfüllt (mit anderen Worten: Man macht die Probe).

B

$\sqrt{x+3} - x = 1$	$\mid +x$	Wieder muss der Wurzelterm $\sqrt{x+3}$ isoliert werden. Dazu muss x von der linken Seite entfernt werden.
$\sqrt{x+3} = x + 1$	| Quadrieren	Beide Seiten der Gleichung werden quadriert. Achtung: Vorher beide Seiten einklammern!
$(\sqrt{x+3})^2 = (x+1)^2$		Klammern auflösen. Linke Seite: Quadrat und Wurzel heben sich gegenseitig auf. Rechte Seite: Binom! (vgl. Binomische Formeln, S. 124)

$x + 3 = x^2 + 2x + 1 \quad \vert -(x+3)$	Eine quadratische Gleichung ist entstanden. Auf der rechten Seite Null herstellen (der Einfachheit halber wird auf der linken Seite Null hergestellt und dann werden die Seiten vertauscht), dann mit quadratischer Lösungsformel lösen. (vgl. Quadratische Gleichungen, S. 151)
$x^2 + x - 2 = 0$	Koeffizientenvergleich: $a = 1$; $b = 1$; $c = -2$; Einsetzen in quadratische Lösungsformel: $x_{1/2} = \frac{-b \pm \sqrt{b^2 - 4ac}}{2a}$
$x_{1/2} = \frac{-1 \pm \sqrt{1+8}}{2}$	Wurzel berechnen; Lösungen getrennt berechnen
$x_1 = \frac{2}{2} = 1$	„+" – Lösung
$x_2 = \frac{-4}{2} = -2$	„–" – Lösung
$\sqrt{1+3} - 1 = 1$	Probe für x_1 ergibt eine gültige Lösung. Rechte Seite: $\sqrt{4} - 1 = 2 - 1 = 1$
$\sqrt{-2+3} - 1 = 1$	Probe für x_2 ergibt eine ungültige Kuckucks-Lösung. Rechte Seite: $(\sqrt{1} - 1) = 1 - 1 = 0$. Nach der Gleichung sollte aber 1 herauskommen
$L = \{1\}$	Lösungsmenge

Wenn es nicht gelingt, den Wurzelterm auf einer Seite zu isolieren, kann in der Regel x nicht *wurzelfrei* dargestellt werden. Dann ist die Gleichung mit der besprochenen Technik nicht lösbar.

16. Wurzelgleichungen

Aufgaben

1. Die Lösungsmengen der Wurzelgleichungen sind zu bestimmen. Dabei ist folgender Lösungsweg einzuschlagen ($G = \mathbb{R}$):
   1. Bestimmen der (maximalen) Definitionsmenge
   2. Lösen der Gleichung
   3. Prüfen der Lösungen auf Gültigkeit
   4. Bestimmen der Lösungsmenge

   a) $\sqrt{25 - x} = 0$ b) $x + \sqrt{x} = 3$ c) $x - \sqrt{2x + 8} = 0$

2. Wie lauten die Definitionsmengen und die Lösungsmengen der folgenden Gleichungen?

   a) $\sqrt{x + 3} = 3 - \sqrt{x + 2}$ b) $\sqrt{5 - x} = \sqrt{3 + x}$ c) $\sqrt[3]{x + 3} = 4$

Lösungen

1. a) $D =]-\infty; 25]$
   $x = 25$
   $L = \{25\}$

   b) $D = [0; \infty[$
   $x_1 = 1{,}70$
   $x_2 = 5{,}30$
   $L = \{1{,}70\}$

   Gleichung nach Quadrieren: $x^2 - 7x + 9 = 0$

   Lösungen: $x_{1/2} = \dfrac{7 \pm \sqrt{13}}{2}$; $x_1 = 1{,}70$ ist eine Lösung, aber $5{,}30 + \sqrt{5{,}30} = 7{,}60$. Da nach der Gleichung aber 3 herauskommen soll, ist $x_2 = 5{,}30$ eine ungültige Lösung.

   c) $D = [-4; \infty[$
   $x_1 = 4$
   $x_2 = -2_{2x}$
   $L = \{4\}$

   Gleichung nach Quadrieren: $x^2 - 2x - 8 = 0$

   Lösungen: $x_{1/2} = \dfrac{2 \pm \sqrt{36}}{2}$

   $x_1 = 4$ (gültige Lösung) $x_2 = -2$ (ungültige Lösung)

2. a) $D =]-2; \infty[$
   $L = \left\{-\dfrac{8}{36}\right\}$

   b) $D =]-3; 5[$
   $L = \{1\}$

   c) $D = \mathbb{R}$
   $L = \{61\}$

17. Exponential- und Logarithmusgleichungen

Exponentialgleichungen

Mit Exponentialgleichungen berechnen Naturwissenschaftler für Jahrtausende voraus, wie die radioaktive Strahlung von Substanzen abnimmt. Aber auch der Hobbyforscher kann mit Exponentialgleichungen vorausberechnen, ab wann der Bierschaum-Zerfall in seinem Weißbierglas derart vorangeschritten ist, dass das Bier fad schmecken wird. Mit Exponentialgleichungen kann berechnet werden, wann die Population einer Bakterienkultur im Biolabor um den Faktor 100 zugenommen hat, oder wie lange der Nachbar warten muss, bis die beiden neu erworbenen Seerosen die Wasseroberfläche seines Teichs vollkommen überwuchert haben.

Diese Beispiele verdeutlichen, dass mit Exponentialgleichungen bzw. Exponentialfunktionen viele natürliche Zusammenhänge und Vorgänge mathematisch beschrieben werden können.

Exponentialgleichungen erkennt man daran, dass die Variable mindestens einmal in einem *Exponenten* steht.

Im nächsten Beispiel erkennt man die Bedeutung: Es wird die Zahl gesucht, mit der 2 potenziert werden muss, um 8 zu erhalten:

B $2^x = 8$

Hier bereitet die Lösung keine Schwierigkeiten: Durch Ausprobieren ist schnell das Ergebnis ermittelt:
$x = 3$

Die Probe zeigt:

$2^3 = 2 \cdot 2 \cdot 2 = 8$

Die Zahl, die mit x potenziert wird, heißt *Basis*. In diesem Beispiel ist also 2 die Basis des Exponenten x.

17. Exponential- und Logarithmusgleichungen

Bei komplizierteren Aufgaben erreicht die Technik des Ausprobierens allerdings sehr schnell ihre Grenzen, wie das nächste Beispiel zeigt:

B $3^{x^2-x-6} = 1 ;\ (D = \mathbb{R})$

Der Lösungsweg hat (wie immer) das Ziel, die Variable x auf einer Seite (der linken) zu isolieren. Um x aus dem Exponenten zu entfernen, müssen beide Seiten *logarithmiert* werden.

Die Lösung der Gleichung $a^x = c$ mit $a \in \mathbb{R}^+ \setminus \{1\}$ und $c \in \mathbb{R}^+$ heißt *Logarithmus* von c zur Basis a.

$$x = \log_a c$$

Logarithmus (x), *Numerus* (c), *Basis* (a) — gelesen: Der Logarithmus von c zur Basis a

Das Logarithmieren ist die zweite Umkehrung des Potenzierens, wobei zu dem gegebenen Potenzwert und der gegebenen Basis der Exponent gesucht wird. Der Logarithmus von c zur Basis a ist diejenige Zahl, mit der man a potenzieren muss um c zu erhalten.

Sämtliche im Folgenden verwendeten Logarithmusregeln gelten für alle Logarithmen. Als Logarithmus wurde bei allen Berechnungen und Umformungen nur der *natürliche Logarithmus* ln(x) verwendet: $\ln(x) = \log_e(x)$. Die Basis ist die Euler'sche Zahl e. Prinzipiell kann in den meisten Fällen auch jeder andere Logarithmus verwendet werden. Je nach Aufgabentyp kann mit einem passenderen Logarithmus der eine oder andere Rechenschritt gespart werden. Der natürliche Logarithmus hat den Vorteil, dass er mit den meisten Taschenrechnern berechnet werden kann. Er ist ein wesentlicher Bestandteil des Prüfungsstoffs für das Mathematik-Abitur. Daher kann es vorteilhaft sein, wenn man sich die Logarithmusregeln und die Rechenroutine mit dem natürlichen Logarithmus aneignet.

Der wichtigste Umformungsschritt bei der Berechnung einer Exponentialgleichung ist die Anwendung eines Rechengesetzes, welches das entscheidende mathematische Werkzeug ist, um einen Exponenten in einen Faktor umzuwandeln.

$$\ln(a^b) = b \cdot \ln(a)$$

Das gleiche Gesetz gilt auch für den (allgemeineren) Fall, dass der Exponent ein Quotient ist:

$$\ln\left(a^{\frac{n}{m}}\right) = \frac{n}{m} \cdot \ln(a)$$

Die Anwendung des Gesetzes wird im Beispiel deutlich:

B

$3^{x^2-x-6} = 1$	$\mid \ln()$	Beide Seiten werden logarithmiert. Dazu kann der natürliche Logarithmus ln() verwendet werden
$\ln(3^{x^2-x-6}) = \ln(1)$		Der wesentliche Schritt: Umformung mit: $\ln(a^b) = b \cdot \ln(a)$
$(x^2-x-6) \cdot \ln(3) = \ln(1)$	$\mid : \ln(3)$	Etappenziel erreicht: x steht nicht mehr im Exponenten! ln(1) hat den Wert Null (Taschenrechner!); $\ln(3) \approx 1{,}1$
$x^2-x-6=0$		Eine quadratische Gleichung ist entstanden. Lösung über quadratische Lösungsformel (vgl. Quadratische Gleichungen, S. 151, die Aufgabe $x^2-x-6=0$ wird im Abschnitt Satz von Vieta gelöst)
$x_1 = -2$; $x_2 = 3$		Lösungen
$L = \{-2; 3\}$		Beide Lösungen sind Element der reellen Zahlen

Ein anderes Rechengesetz dient zur Auflösung von Produkten und Quotienten, die logarithmiert werden.

$$\ln(a \cdot b) = \ln(a) + \ln(b)$$

$$\ln\left(\frac{a}{b}\right) = \ln(a) - \ln(b)$$

17. Exponential- und Logarithmusgleichungen

$\ln\left(\frac{a}{b}\right) = \ln(a) - \ln(b)$ ist kein neues Gesetz, sondern eine Umformung des Gesetzes $\ln(a \cdot b) = \ln(a) + \ln(b)$.

Lässt sich in einer *Exponentialgleichung* die Variable nicht oder nicht vollständig aus dem (den) Exponenten entfernen, so ist die Gleichung nicht lösbar (zumindest nicht mit den Kenntnissen, die man in der Schule erwirbt).

Anders ausgedrückt: Eine Exponentialgleichung kann gelöst werden, wenn sich die Variable aus dem (den) Exponenten entfernen lässt.

Die Beispiele zeigen, in welchen Fällen und mit welchen Techniken dies gelingt:

B

$2^x \cdot 3^{2-x} = 5^x$	$\mid \ln()$	Beide Seiten werden logarithmiert
$\ln(2^x \cdot 3^{2-x}) = \ln(5^x)$		Linke Seite: Umformung nach dem Gesetz $\ln(a \cdot b) = \ln(a) + \ln(b)$, wobei der erste Faktor 2^x und der zweite Faktor 3^{2-x} ist
$\ln(2^x) + \ln(3^{2-x}) = \ln(5^x)$		Das bekannte Gesetz $\ln(a^b) = b \cdot \ln(a)$ wird angewendet
$x \cdot \ln(2) + (2-x) \cdot \ln(3) = x \cdot \ln(5)$		Etappenziel erreicht: x steht nicht mehr in einem Exponenten! Die Klammer $(2 - x)$ wird aufgelöst
$x \cdot \ln(2) + 2 \cdot \ln(3) - x \cdot \ln(3) = x \cdot \ln(5)$	$\mid -x \cdot \ln(5)$	x auf linker Seite isolieren
$x \cdot \ln(2) + 2 \cdot \ln(3) - x \cdot \ln(3) - x \cdot \ln(5) = 0$	$\mid -2 \cdot \ln(3)$	x-freien Term von linker Seite entfernen

$x \cdot \ln(2) - x \cdot \ln(3) - x \cdot \ln(5) = -2 \cdot \ln(3)$	x ausklammern
$x \cdot (\ln(2) - \ln(3) - \ln(5)) = -2 \cdot \ln(3)$	
$\mid : (\ln(2) - \ln(3) - \ln(5))$	x-freien Faktor (ln(2) – ln(3) – ln(5)) von der linken Seite entfernen. Achtung: Vorher muss man sich davon überzeugen, dass (ln(2) – ln(3) – ln(5)) ungleich Null ist (Taschenrechner!)
$x = -2 \cdot \frac{\ln(3)}{\ln(2) - \ln(3) - \ln(5)}$	Ergebnis
	Die rechte Seite kann weiter umgeformt werden (vgl. Logarithmusgesetze, S. 182; 183) oder mit dem Taschenrechner berechnet werden (gerundet: x = 1,1).
$L = \{1, 1\}$	Lösungsmenge

Mathematisch verallgemeinert müssen folgende Bedingungen erfüllt sein:

Eine Exponentialgleichung ist lösbar, wenn:

1. die Variable nur in (einem oder mehreren) Exponenten vorkommt, aber nicht als Faktor oder Summand außerhalb eines Exponenten.
2. die Terme, bei denen die Variable im Exponenten steht, nicht zueinander addiert oder voneinander subtrahiert werden.

In einer Ausnahme dürfen Terme, bei denen die Variable x im Exponenten steht, doch zueinander addiert oder voneinander subtrahiert werden:

17. Exponential- und Logarithmusgleichungen

B

$4^x - 2^x = 6$		In diesem Fall sind alle Basen, bei denen die Variable im Exponenten steht, eine 2er-Potenz: 4^x kann als $(2^2)^x$ geschrieben werden. Nach dem Potenzgesetz $(a^x)^z = a^{zx}$ gilt nun: $(2^2)^x = 2^{2x} = (2^x)^2$
$(2^x)^2 - 2^x = 6$	$\mid 2^x := u$	Der Übersichtlichkeit wegen wird ein Trick angewendet: 2^x wird ersetzt durch u. Der Trick heißt Substitution und wurde bereits zur Lösung von biquadratischen Gleichungen verwendet (vgl. Gleichungen vierten Grades, S. 173).
$u^2 - u = 6$	$\mid -6$	Eine quadratische Gleichung ist entstanden; Auf der rechten Seite muss also Null stehen.
$u^2 - u - 6 = 0$		Lösung über quadratische Lösungsformel (Quadratische Gleichungen, S. 151, die Aufgabe $x^2 - x - 6 = 0$ wird im Abschnitt Satz von Vieta gelöst)
$u_1 = 3$		Erste Lösung für u
$u_2 = -2$		Zweite Lösung für u
$2^x = 3$	$\mid \ln()$	Erste Re-Substitution. Die Gleichung wird rechnerisch weiter umgeformt: Um x aus dem Exponenten zu entfernen werden beide Seiten logarithmiert
$\ln(2^x) = \ln(3)$		Linke Seite: Umformung nach dem Gesetz $\ln(a^b) = b \cdot \ln(a)$ (vgl. S. 182)
$x \cdot \ln(2) = \ln(3)$	$\mid : \ln(2)$	Konstanten Faktor ln(2) entfernen
$x = \dfrac{\ln(3)}{\ln(2)}$		Erste Lösung der ursprünglichen Gleichung $4^x - 2^x = 6$

$2^x = -2$	Zweite Re-Substitution: Da $2^x > 0$ für alle $x \in \mathbb{R}$ hat die Gleichung $2^x = -2$ keine Lösung. Also hat man auch keine weitere Lösung für die Gleichung $4^x - 2^x = 6$
$L = \left\{\frac{\ln(3)}{\ln(2)}\right\}$	Lösungsmenge; $\frac{\ln 3}{\ln 2}$ ist Element der reellen Zahlen (gerundet: $\frac{\ln(3)}{\ln(2)} = 1{,}585$)

Die mathematische Verallgemeinerung lautet:

Eine Exponentialgleichung ist lösbar, wenn:

1. die Variable nur in Exponenten vorkommt (wie oben).
2. alle Basen der Terme, bei denen die Variable im Exponenten steht, rationale Potenzen von ein und derselben Zahl sind.

Viele Gleichungen sind lösbar, aber nicht alle.

Drei Fälle in denen eine Gleichung nicht weiter berechnet werden kann, werden nun dargestellt.

Fall 1: Gleichungen können nicht gelöst werden, wenn die Variable x im Exponenten und zusätzlich als normaler Faktor vorkommt.

B

$x \cdot 2^x = 5$	$\mid \ln()$	Beide Seiten werden logarithmiert
$\ln(x \cdot 2^x) = \ln(5)$		Linke Seite: Umformung nach dem Gesetz $\ln(a \cdot b) = \ln(a) + \ln(b)$ (erster Faktor x, zweiter Faktor 2^x)
$\ln(x) + \ln(2^x) = \ln(5)$		Linke Seite: $\ln(2^x)$ umformen nach dem Gesetz $\ln(a^b) = b \cdot \ln(a)$.
$\ln(x) + x \cdot \ln(2) = \ln(5)$		Auf der linken Seite kommt x einmal als Argument des Logarithmus und einmal als Faktor vor. Es besteht keine Möglichkeit, die beiden x zusammenzufassen. Die Rechnung endet hier!

17. Exponential- und Logarithmusgleichungen

Fall 2: Wenn die Variable x im Exponenten und als normaler Summand vorkommt, ist man mit der Berechnung noch schneller am Ende.

B

$2^x + x = 5 \quad | \ln()$

Beide Seiten werden logarithmiert

$\ln(2^x + x) = \ln(5)$

Es gibt keine Möglichkeit, den Term $\ln(2^x + x)$ aufzuspalten und/oder die beiden x zusammenzufassen.

Auch diese Rechnung endet hier!

Fall 3: Wenn Terme, bei denen die Variable im Exponenten steht, zueinander addiert oder voneinander subtrahiert werden, scheitert die Berechnung ebenfalls.

B

$2^x + 3^{2-x} = 5 \quad | \ln()$

Beide Seiten werden logarithmiert

$\ln(2^x + 3^{2-x}) = \ln(5)$

Es gibt keine Möglichkeit, den Term $\ln(2^x + 3^{2-x})$ aufzuspalten und/oder die beiden x zusammenzufassen.

Genau wie im vorangegangenen Beispiel endet diese Rechnung hier!

Logarithmusgleichungen

Logarithmusgleichungen sind thematisch eng mit den Exponentialgleichungen verbunden, da die *Exponentialfunktion* und die *Logarithmusfunktion* wechselseitig *Umkehrfunktionen* zueinander sind.

Genau wie beim Potenzieren und Wurzelziehen sind die Wirkungen des Logarithmierens und des Exponenzierens zueinander entgegengesetzt.

Ein Beispiel zeigt den Lösungsweg für Logarithmusgleichungen:

B

$\mathrm{ld}(x) = 3 \quad \vert \exp_2()$	ld(x) ist der Logarithmus zur Basis 2, also $\log_2(x)$. Um den ld() zu neutralisieren wird jede Seite in einen Exponenten zur Basis 2 umgewandelt. Das Symbol $\exp_2()$ bedeutet: Es wird zur Basis 2 exponenziert.
$2^{\mathrm{ld}(x)} = 2^3$	Linke Seite: Exponenzieren und Logarithmieren heben sich gegenseitig auf, wenn die Basis jeweils gleich ist. In diesem Fall ist die Basis beidesmal 2. Von $2^{\mathrm{ld}(x)}$ bleibt also nur x übrig.
$x = 2^3$	Rechte Seite berechnen
$x = 8$	Lösung
$L = \{8\}$	Lösungsmenge: 8 ist Element der reellen Zahlen.

Dieses Vorgehen ist typisch für das Lösen von Logarithmusgleichungen. Beachtet werden muss die Basis des Logarithmus, denn im Verlauf der Lösung muss zur gleichen Basis exponenziert werden. Im Beispiel ist die Basis 2.

Besteht die Gleichung aus mehreren Logarithmen mit unterschiedlicher Basis, dann kann diese Gleichung nur gelöst werden, wenn über die Regel

$$\log_b(a) = \frac{\log_c(a)}{\log_c(b)}$$

alle Logarithmen in die gleiche Basis umgewandelt werden.

B

$\log_3(x) + \log_5(x) = 4$	Um den Logarithmus zur Basis 3 zu beseitigen, müsste zur Basis 3 exponenziert werden. Damit kommt man aber beim Logarithmus zur Basis 5 nicht weiter. Also bleibt nichts anderes übrig, als z. B. den Logarithmus zur Basis 5 in einen Logarithmus zur Basis

3 umzuwandeln: $\log_5(x) = \dfrac{\log_3(x)}{\log_3(5)}$

In der weisen Voraussicht, dass am Ende der Rechnung ein konkreter Wert mit dem Taschenrechner ermittelt werden muss, und weder der Logarithmus zur Basis 3 noch zur Basis 5 auf dem Taschenrechner vertreten sind, können auch beide Logarithmen in ln() (=log zur Basis e) umgewandelt werden. ln() kann mit den meisten Taschenrechnern berechnet werden.

$$\frac{\ln(x)}{\ln(3)} + \frac{\ln(x)}{\ln(5)} = 4$$

ln(x) wird ausgeklammert

$$\ln(x) \cdot \left(\frac{1}{\ln(3)} + \frac{1}{\ln(5)}\right) = 4$$

ln(3) und ln(5) können entweder berechnet oder in dieser Form in der Gleichung gelassen werden. Der besseren Übersicht wegen wird der Klammerausdruck mit dem Taschenrechner berechnet und auf zwei Stellen gerundet.

$$1{,}53 \ln(x) = 4 \qquad |:1{,}53$$

Konstante Faktoren werden immer vor ln() geschrieben, um Missverständnisse zu vermeiden. Es könnte sonst unklar sein, ob der Faktor zum Argument des Logarithmus gehört oder nicht.

$$\ln(x) = 2{,}61 \qquad |\exp()$$

Um ln() zu neutralisieren wird zur Basis e exponenziert. Wenn wie bei exp() keine Basis angegeben ist, heißt das automatisch, dass die Basis e gemeint ist.

$e^{\ln(x)} = e^{2,61}$ — Linke Seite: Exponenzieren und Logarithmieren zur gleichen Basis (e) heben sich gegenseitig auf. Rechte Seite: Berechnen. (e ist die Eulersche Zahl 2,718...)

$x = 13,60$ — Lösung

$L = \{13,60\}$ — Lösungsmenge

Besteht die Gleichung aus mehreren Logarithmen mit unterschiedlichen *Argumenten* (verschiedene Variablen, in die Werte aus der Definitionsmenge eingesetzt werden; vgl. Argumentenmenge S. 203) dann kann sie nur gelöst werden, wenn die Logarithmen mit der Regel $\ln(a) + \ln(b) = \ln(a \cdot b)$ bzw: $\ln(a) - \ln(b) = \ln(\frac{a}{b})$ zusammengefasst werden.

B

$\ln(4x-3) - \ln(x) = \ln(2)$ — Die Basen der Logarithmen, die im Argument x enthalten sind, sind gleich, also wird die Regel $\ln(a) - \ln(b) = \ln(\frac{a}{b})$ angewendet.

$\ln\left(\frac{4x-3}{x}\right) = \ln(2)$ | exp() — Um ln() zu neutralisieren wird zur Basis e exponenziert.

$e^{\ln\left(\frac{4x-3}{x}\right)} = e^{\ln(2)}$ — Auf beiden Seiten heben sich Exponenzieren und Logarithmieren zur gleichen Basis (e) gegenseitig auf.

$\frac{4x-3}{x} = 2$ | $\cdot x$ — x aus dem Nenner entfernen, um die x-Terme zusammenfassen können.

$4x - 3 = 2x$ | $-2x + 3$ — Lineare Gleichung: x auf linker Seite isolieren

$2x = 3$ | $:2$ — Konstanten Faktor entfernen

$x = \frac{3}{2}$ — Lösung

$L = \left\{\frac{3}{2}\right\}$ — Lösungsmenge

17. Exponential- und Logarithmusgleichungen

Zur Erinnerung: Das Argument des Logarithmus ist der Ausdruck, der logarithmiert wird. Bei $3a \cdot \ln(3x^2 - 27)$ ist der Ausdruck $(3x^2 - 27)$ das Argument. Damit eine logarithmische Gleichung gelöst werden kann, müssen entweder die Argumente oder die Basen gleich sein. Des Weiteren darf x nicht zusätzlich außerhalb der Logarithmusargumente als Summand oder Faktor auftreten.

Etwas genauer und mathematischer ausgedrückt:

Die Variable x darf nur in den Argumenten der Logarithmen vorkommen.

Hat die Gleichung mehrere Logarithmen mit unterschiedlichen Basen, dann müssen alle Argumente (die x enthalten) identisch sein.

Hat die Gleichung mehrere Logarithmen mit unterschiedlichen Argumenten, dann müssen alle Basen (der Logarithmen, die x enthalten) identisch sein.

Aufgaben

1. Wie lauten die Lösungsmengen der folgenden Exponentialgleichungen?

   a) $3^x = 9$ Definitionsmenge $D = \mathbb{R}$

   b) $4^{x^2 - x} = 1$ Definitionsmenge $D = \mathbb{R}$

   c) $3^{2x} \cdot 4^{-x} = 9$ Definitionsmenge $D = \mathbb{R}$

   d) $25^x - 5^x = 20$ Definitionsmenge $D = \mathbb{R}$

2. Für folgende Logarithmusgleichungen sollen die Definitions- und die Lösungsmengen angegeben werden:

   a) $\ln(x) = 3$
   Grundmenge $G = \mathbb{R}$

   b) $\log_4(x) + \log_2(x) = 6$
   Grundmenge $G = \mathbb{R}$

   c) $\ln(2x^2 - 60) - \ln(x) = \ln(2)$
   Grundmenge $G = \mathbb{R}$

   d) $\ln\left(\frac{x-3}{2x}\right) = 0$
   Grundmenge $G = \mathbb{R}$

17. Exponential- und Logarithmusgleichungen

Lösungen

1. a) $x = 2$
   $L = \{2\}$

   b) $x_1 = 0$
   $x_2 = 1$
   $L = \{0; 1\}$

   Gleichung nach Logarithmieren: $(x^2 - x) \cdot \ln(4) = 0$

   c) $x = 2{,}71$
   $L = \{2{,}71\}$

   Gleichung nach Logarithmieren:
   $2x\ln(3) - x\ln(4) = \ln(9)$
   $$x = \frac{\ln(9)}{2\ln(3) - \ln(4)} = 2{,}71 \text{ (gerundet)}$$

   d) $x = 1$
   $L = \{1\}$

   Gleichung nach Substitution ($5^x = u$): $u^2 - u = 20$
   Für u ergeben sich die Lösungen: $u_1 = 5$; $u_2 = -4$
   Re-Substitution: $5^x = 5$ und $5^x = -4$ (keine Lösung)

2. a) $D = \mathbb{R}^+ \setminus \{0\}$
   $x = e^3 = 20{,}09$
   $L = \{20{,}09\}$

   b) $D = \mathbb{R}^+ \setminus \{0\}$
   $x = 16$
   $L = \{16\}$

   Beide Logarithmen auf gleiche Basis unformen,
   z. B. Basis e.
   zugehöriger Logarithmus: ln().

   Gleichung nach Umformen: $\left(\frac{1}{\ln(4)} + \frac{1}{\ln(2)}\right) \cdot \ln(x) = 6$

   $\ln(x) = 2{,}77$ $\quad x = 16$

   c) $D =]\sqrt{30}; \infty[$
   $x = 6$
   $L = \{6\}$

   Gleichung nach Exponenzieren:
   $$\frac{2x^2 - 60}{x} = 2$$

   d) $D = \mathbb{R} \setminus [0; 3]$
   $x = -3$
   $L = \{-3\}$

   Gleichung nach Exponenzieren:
   $$\frac{x - 3}{2x} = 1$$

18. Ungleichungen

Ein Beispiel erklärt den Nutzen von *Ungleichungen*: Die Bewohner eines regelmäßig von Hochwasser überfluteten Gebietes wissen, dass sie bei starken Regenfällen im Schnitt 12 Stunden benötigen, um Vorkehrungen gegen eine Überflutung zu treffen. Der Wasserpegel darf während dieser 12 Stunden um nicht mehr als 54 cm steigen. Sie möchten nun ermitteln, wie stark der Wasserspiegel pro Stunde maximal steigen darf, damit sie mit den Vorbereitungen rechtzeitig fertig werden. Dazu stellen sie folgende Ungleichung auf:

$$x \text{ cm/Stunde} \cdot 12 \text{ Stunden} \leq 54 \text{ cm}$$

Die Lösung lautet: Wenn der Fluss nicht schneller als 4,5 cm pro Stunde steigt, dann bleiben den Bewohnern mindestens 12 Stunden Zeit, bis die Überschwemmung beginnt.

Die Ungleichung kann wie eine Gleichung gelöst werden, man muss aber das Zeichen „≤" beibehalten. Allgemein gilt, dass für eine Ungleichung stets eines der Zeichen <, ≤, >, ≥ verwendet wird.

B

$x \cdot 12 \leq 54 \qquad | :12$

$x \leq 4{,}5 \qquad$ Lösung

Die Vermutung, dass Ungleichungen und Gleichungen mit denselben Techniken gelöst werden können, trifft fast zu. Nur zwei Besonderheiten müssen beachtet werden. Eine davon zeigt das nächste Beispiel:

B

8 Tage vor dem Examen in einer Sprachenschule stellt ein Student fest, dass er 500 Vokabeln aus dem vergangenen Semester wiederholen muss, aber nicht genügend Zeit zum Lernen hat. Nun hofft er, dass er die Prüfung auch dann besteht, wenn er nicht mehr als 200 Vokabeln weglässt. Um herauszufinden, wie viele Vokabeln er pro Tag wiederholen muss, stellt er folgende Ungleichung auf:

$500 - 8x \leq 200$

18. Ungleichungen

Der Lösungsweg der Ungleichung erscheint zunächst bekannt:

$500 - 8x \leq 200$	$\mid -500$	x soll auf der linken Seite der Gleichung isoliert werden.
$-8x \leq -300$	$\mid :(-8)$	Linke Seite: Konstanten Faktor entfernen
$x \geq 37{,}5$		Lösung

Er muss also im Durchschnitt 37,5 Vokabeln pro Tag lernen.

Man erkennt, dass das „≤ – Zeichen" in Zeile 3 herumgedreht wurde. Die Ursache dafür liegt in der Division der Ungleichung durch die negative Zahl (– 8) in Zeile 2. Dies ist eine Besonderheit, die beim Lösen von Ungleichungen beachtet werden muss:

Wird eine Ungleichung mit einer negativen Zahl multipliziert oder durch eine negative Zahl dividiert, so muss das >, ≥, <, ≤ – Zeichen umgedreht werden.

Der zweite Unterschied zu Gleichungen besteht in der Lösungsmenge. In der Gegenüberstellung wird es deutlich:

Ungleichung		Gleichung
$12x \leq 54$	$\mid :12$	$12x = 54$
$x \leq 4{,}5$	Lösung	$x = 4{,}5$

Man erkennt, dass in die Gleichung nur ein einziger konkreter Wert (nämlich 4,5) eingesetzt werden darf, damit eine wahre Aussage entsteht. In die Ungleichung dagegen können viele verschiedene Werte (unendlich viele) eingesetzt werden, damit sich eine wahre Aussage ergibt. Die Werte müssen nur kleiner oder gleich 4,5 sein.

Die Lösungsmenge einer Ungleichung kann also einen Wertebereich haben, der unendlich viele Werte enthält. Im Beispiel ist die Lösungsmenge $L =]-\infty; 4{,}5]$.

Die Schreibweise einer Lösungsmenge $L_3 = [0; 3[$ bedeutet, dass die Werte 0; 0,1;... bis 2,999999... in der Lösungsmenge enthalten sind. Der Wert 3 gehört jedoch nicht mehr dazu. Diese Darstellung einer Lösungsmenge mit eckigen Klammern wird *Intervalldarstellung* genannt. Die eckigen Klammern symbolisieren die Grenzen des *Intervalls*.

B $L_1 = [0; 1]$ ist ein (beidseitig) *geschlossenes Intervall*: die Grenzen 0 bzw. 1 gehören zum Intervall.

$L_2 =]-1; 2]$ und $L_3 = [0; 3[$ sind *halboffene Intervalle,* da die untere Grenze bei L_2 bzw. die obere Grenze bei L_3 nicht innerhalb des Intervalls liegen.

$L_4 =]1; 3[$ ist ein (beidseitig) *offenes Intervall*, da beide Grenzen nicht enthalten sind.

$L_5 =]-1; \infty[$ und $L_6 =]-\infty; 1]$ sind offene (L_5) bzw. halboffene (L_6) Intervalle. Das ∞-Symbol (liegende 8) bedeutet Unendlich, d.h. L_5 hat nach oben keine Grenze (auch wenn die Zahlen noch so groß werden), L_6 ist nach unten unbeschränkt.

Die Intervallklammer ist bei ∞ ($-\infty$) immer offen, weil kein größter (kleinster) Wert angegeben werden kann. Für die Lösungsmenge von Ungleichungen gibt es also die drei Möglichkeiten:

1. Die Lösungsmenge einer Ungleichung ist leer: $L = \{\ \}$
2. Die Lösungsmenge einer Ungleichung enthält einzelne konkrete Werte, z. B.: $L = \{-2; 3\}$.
3. Die Lösungsmenge einer Ungleichung enthält einen oder mehrere Wertebereiche, z. B.: $L = [-2; 3]$ oder $L =]-\infty; 4,5]$.

Tipps zum Lösen von Ungleichungen:

Wenn man bei einer Ungleichung nicht mehr weiter weiß, dann überlegt man sich, was im selben Fall mit einer Gleichung zu tun wäre und tut dies auch mit der Ungleichung. Man darf nur nicht vergessen, dass das Zeichen herumgedreht werden muss, wenn mit einer negativen Zahl multipliziert oder dividiert wird.

Bevor man die Lösungsmenge angibt, sollte man die Lösungen oder Lösungsbereiche immer auf einer Zahlengeraden grafisch darstellen. Es passiert sehr leicht und leider auch sehr oft, dass die Ungleichung korrekt aufgelöst und dann die Lösungsmenge falsch angegeben wird (Schade um die ganze Arbeit!).

Ein Lösungsbereich wird auf der Zahlengerade am einfachsten und schnellsten dargestellt, indem in die Gerade erst alle Grenzen eingezeichnet werden (andere Werte müssen nicht eingezeichnet werden, auch nicht die Null!). Danach überlegt man sich in Ruhe, ob der Lösungsbereich links oder rechts der jeweiligen Grenze liegt.

18. Ungleichungen

Aufgaben

1. Wie lauten die Lösungsmengen der folgenden Ungleichungen?

   a) $3x - 8 < 1$
   Definitionsmenge $D = \mathbb{R}$

   b) $x - 2 > 24 + 2x$
   Definitionsmenge $D = \mathbb{R}$

   c) $2x - 4 > x - a$
   Definitionsmenge $D = \mathbb{R}$

2. Die Lösungsmengen und die Definitionsmengen der folgenden Ungleichungen sind zu bestimmen:

   a) $-2x \leq 8$

   b) $\frac{x}{-9} + 2 > 29$

   c) $\frac{6}{x} > 8$

Lösungen

1. a) $x < 3$
   $L =]-\infty; 3[$

   b) $x < -26$
   $L =]-\infty; -26[$

   c) $x > 4 - a$
   $L =]4 - a; \infty[$

2. a) $D =]-2; \infty[$
   $L = \left\{-\frac{8}{36}\right\}$

   b) $D =]-3; 5[$
   $L = \{1\}$

   c) $D =]-3; \infty[$
   $L = \{61\}$

19. Lineare Funktionen

Funktion und Relation

Zwei veränderliche Größen können einander zugeordnet werden, wenn sie voneinander abhängig sind. Hierbei wird ein Eingangswert auf einen Ergebniswert abgebildet. Je nach Art dieser Abbildung kann man Funktionen von Relationen unterscheiden.

Eine Funktion ordnet einem *Eingangswert* genau einen *Ergebniswert* zu. Der Ergebniswert wird *Funktionswert* genannt. Diese Zuordnung muss *eindeutig* sein, d.h. zu einem Eingangswert gehört genau ein Funktionswert.

Bei einer *Relation* dürfen zu einem Eingangswert auch mehrere Ergebniswerte gehören. Bei einer Relation ist die Zuordnung also nicht eindeutig.

Der Unterschied zwischen Funktion und Relation besteht also darin, dass die Funktion einem Eingangswert genau einen Ergebniswert (Funktionswert) zuordnet, die Relation diesem Eingangswert aber auch mehrere Ergebniswerte zuordnen kann (nicht muss!).

B Die Körpergröße von Norbert ist 180 cm, die von Thomas ist 185 cm. Horst und Alfred sind beide 190 cm groß.

Die Zuordnung „hat die Körpergröße" ergibt nun Folgendes:

Norbert	→	180 cm (Norbert hat die Körpergröße 180 cm)
Thomas	→	185 cm
Horst	→	190 cm
Alfred	→	190 cm

Man kann also jeder Person genau eine Körpergröße zuordnen. Die Zuordnung Person x „hat die Körpergröße" y ist also eine Funktion. Dabei ist „Person x" (Norbert, Thomas, ...) die Eingangsgröße, und y (180 cm, 185 cm, ...) der Ergebniswert.

B Die Zuordnung „ist größer als" ergibt Folgendes:

Norbert	→	keiner (zumindest nicht in der angegebenen Personenmenge)
Thomas	→	Norbert (Thomas ist größer als Norbert)
Horst	→	Norbert, Thomas (Horst ist größer als Norbert und Thomas)
Alfred	→	Norbert, Thomas (Alfred ist größer als Norbert und Thomas)

Für Horst und Alfred gibt es jeweils zwei andere Personen, die die Zuordnung „ist größer als" erfüllen, das heißt, dass die Zuordnung nicht eindeutig ist. Person x „ist größer als" Person y ist also eine Relation. „Person x" ist wieder die Eingangsgröße und Person y der Ergebniswert.

Wenn beispielsweise die Oma nach Horsts Körpergröße fragt, so kann man ihr eindeutig antworten: Horst hat die Körpergröße 190 cm. Hier ist genau eine Antwort möglich, das heißt, es handelt sich um eine Funktion. Wenn die Oma dann sagt: „Demjenigen, der kleiner als Horst ist, möchte ich einen Pullover stricken", so weiß man nicht, ob es Norbert oder Thomas ist, der sich freuen darf. Es ist eben nicht eindeutig und somit handelt es sich bei dieser Zuordnung um eine Relation. Dieses Beispiel funktioniert übrigens mit jeder beliebigen Personenmenge.

Der Sinn von Funktionen

Viele physikalische und technische Zusammenhänge werden durch Funktionen mathematisch dargestellt. Ein Physiker oder Techniker kann mit Hilfe der Funktion ermitteln, welches Ergebnis er aufgrund aller möglichen Eingangswerte erhält. Er muss kein Experiment durchführen, sondern kann das Ergebnis berechnen.

Leider ist es oft sehr schwierig, solche mathematischen Funktionen (die auch Formeln genannt werden) zu finden. Dazu sind viele Überlegungen und Experimente erforderlich. Hat man aber eine Formel gefunden, kann sie das (technische) Leben sehr erleichtern. Zum Beispiel wäre der Statiker, der die Pläne eines Wolkenkratzers prüft, ohne Formeln für seine Berechnungen ziemlich hilflos.

Die Funktionsgleichung

In der Mathematik sind *Funktionen* Rechenvorschriften. Sie geben an, wie aus Eingangswerten die dazugehörenden Funktionswerte (= Ergebniswerte) zu berechnen sind.

Eine solche Berechnungsvorschrift kann zum Beispiel lauten:

B „Man nehme den Eingangswert, multipliziere diesen mit 2 und subtrahiere anschließend 1“.

Wählt man als Eingangswert 3, so ergibt sich als Funktionswert 5. Die dazugehörige Rechnung ist:

$3 \cdot 2 - 1 = 5$

Für einen beliebigen Eingangswert lautet die Rechenvorschrift:

$$\text{Funktionswert} = 2 \cdot \text{Eingangswert} - 1$$

Die so dargestellte Rechenvorschrift nennt man *Funktionsgleichung*. Statt „Eingangswert“ wird der Buchstabe x verwendet. x steht für „variabler Eingangswert“ oder kurz: *Variable*.

Statt „Funktionswert“ wird der Ausdruck f(x) verwendet. In dem Beispiel lautet die Funktionsgleichung also:

$$f(x) = 2x - 1$$

Der linke Teil vor dem Gleichheitszeichen bedeutet: Die Funktion heißt f, und die Variable der Funktion ist x. Man liest f(x) als: „Die Funktion f von x“ oder kurz: „f von x“.

Der rechte Teil nach dem Gleichheitszeichen gibt die eigentliche Rechenvorschrift an, die in diesem Fall lautet: Man multipliziere die Variable x mit 2 und subtrahiere anschließend 1.

Eine Funktion muss nicht f(x) heißen – man kann sie auch g(x), h(t) usw. nennen. Wichtig ist, dass alle Informationen im Namen enthalten sind. Bei h(t) weiß man dann, dass die Funktion „h“ heißt und „t“ die Variable ist.

Eine andere Schreibweise, die genau das Gleiche ausdrückt, ist:

$$f{:}x \rightarrow 2x - 1$$

Auch hier steht der Buchstabe f für den Funktionsnamen. Hinter dem Doppelpunkt folgt die Variable (hier also wieder x). Das Zeichen „→" ist ein Abbildungszeichen und bedeutet „wird abgebildet auf".

Man liest $f{:}x \rightarrow 2x - 1$ also: „Funktion f mit x wird abgebildet auf $2x - 1$".

Eine Funktion ist also eine Art Rechenrezept, das angibt, wie aus einem Eingangswert ein Ergebniswert entsteht. Man setzt den Eingangswert in das Rechenrezept ein und erhält den Ergebniswert.

Im weiteren Verlauf des Kapitels wird als Variable immer x verwendet. Es wäre zu unübersichtlich, jedesmal anzugeben, dass die Variable auch ein s, t, v oder w sein könnte. Aus dem gleichen Grund wird als Funktionsname immer f(x) verwendet. Für grafische Darstellungen wählt man statt f(x) oft y. In der Mathematik ist dies zur Gewohnheit geworden.

Grundmenge, Definitionsmenge und Wertemenge

Grundmenge

Die Menge aller Eingangswerte, die grundsätzlich für die Variable x eingesetzt werden dürfen, heißt *Grundmenge* und wird mit G bezeichnet.

Normalerweise wird die Menge $\mathbb{Q}$ (die Menge aller rationalen Zahlen) oder $\mathbb{R}$ (die Menge aller reellen Zahlen) als Grundmenge verwendet.

Man gibt dann an:

$$G = \mathbb{Q} \text{ bzw. } G = \mathbb{R}$$

Definitionsmenge

Die Menge aller Eingangswerte, die dann tatsächlich für x in die Funktion eingesetzt werden, heißt *Definitionsmenge* oder *Definitionsbereich* und wird mit D bezeichnet.

Die maximale Definitionsmenge ist die Grundmenge. Sie kann aber auch eine (kleinere) Teilmenge der Grundmenge sein, weil manchmal aus mathematischer Sicht nicht alle Werte der Grundmenge eingesetzt werden dürfen.

Auch willkürlich kann die Definitionsmenge eingeschränkt werden, weil sich z. B. ein Techniker nicht für die Ergebnisse aus allen (theoretisch möglichen) Eingangswerten interessiert, sondern nur für einen bestimmten Teilbereich. Dann würde er als Definitionsmenge nur den Teilbereich der Grundmenge wählen, der für ihn wirklich interessant ist.

Es gilt also:

$x \in D$ (x ist Element der Menge D) und $D \subseteq G$ (D ist Teilmenge von G)

Die Definitionsmenge wird auch als *Urbildmenge* oder als *Argumentmenge* bezeichnet.

Wertemenge

Man kann alle Werte aus der Definitionsmenge für die Variable x in die Funktionsgleichung einsetzen und daraus jeweils den Funktionswert berechnen.

Die Menge aller Funktionswerte heißt *Wertemenge* und wird mit W bezeichnet.

Es gilt also:

$f(x) \in W$ (Die Funktionswerte f(x) sind Elemente der *Wertemenge* W)

Andere Bezeichnungen für die Wertemenge sind *Bildmenge* und *Menge der Funktionswerte*.

Funktionsgleichung der linearen Funktion

Die allgemeine Gleichung einer *linearen Funktion* lautet:

$$f(x) = mx + t$$

Für lineare Funktionen gelten folgende Regeln:

1. Lineare Funktionen haben genau eine Variable (hier: x).
2. Die Variable einer linearen Funktion hat die Potenz Eins ($x^1 = x$, vgl. Potenzgesetze, S. 115).
3. Die Variable einer linearen Funktion hat einen *Koeffizienten* m.
4. Lineare Funktionen können eine zusätzliche Konstante t haben.
5. Die Grundmenge von linearen Funktionen ist in der Regel $\mathbb{Q}$ oder $\mathbb{R}$.

B Das bereits verwendete Beispiel $f(x) = 2x - 1$ ist also eine lineare Funktion.
Weitere lineare Funktionen sind: $f(x) = 3x - 7$

$f(x) = 0{,}2x$

$f(x) = \frac{1}{2}x + 4$

$f(x) = 4 - \frac{1}{2}x$

usw.

In der Mathematik wird die Variable fast immer mit x bezeichnet. In der Physik werden Variablen unterschiedlich genannt, je nach dem, für welche physikalische Größe die Variable verwendet wird. Eine Variable für die Zeit wird oft mit t (time, engl. für Zeit) bezeichnet, während man Variablen für Längen und Strecken l bzw. s nennt.

Ein Koeffizient ist ein konstanter Faktor, mit dem die Variable multipliziert wird.

Berechnung der Funktionswerte

Für das Beispiel $f(x) = 2x - 1$ sei die Grundmenge $G = \mathbb{Q}$ und die Definitionsmenge $D = [-2; 2]$. Die Definitionsmenge ist hier willkürlich gewählt.

B Wird aus der Definitionsmenge der Wert -2 für x in die Funktionsgleichung eingesetzt, dann erhält man nach Berechnung den dazugehörigen Funktionswert -5.

Man schreibt: $f(-2) = 2 \cdot (-2) - 1 = -5$.

Man erkennt hier, dass in der Funktionsgleichung $f(x) = 2x - 1$ für x der Wert (-2) eingesetzt und dann das Ergebnis berechnet wurde. Die beiden Werte (-2) und (-5) ergeben ein sogenanntes *Wertepaar* der Funktion.

Nach Einsetzen der Werte $-1, 0, 1, 2$ ergeben sich (wieder durch Berechnung) die dazugehörigen Funktionswerte $-3, -1, 1, 3$.

Die Wertepaare lassen sich übersichtlich in einer *Wertetabelle* darstellen:

x	−2	−1	0	1	2
f(x)	−5	−3	−1	1	3

Grafische Darstellung im Koordinatensystem

Die **grafische Darstellung** einer Funktion gibt in sehr übersichtlicher Weise Aufschluss über das **Verhalten** der Funktion im **Definitionsbereich**. Durch die grafische Darstellung wird beispielsweise deutlich, ob und wie stark die Funktion ansteigt oder fällt. Es ist nicht einfach, dieses Verhalten durch berechnete Wertepaare zu erkennen. Zeichnet man die Funktion in ein kartesisches Koordinatensystem ein, erhält man den *Funktionsgraphen* bzw. den *Graph* einer Funktion.

Zur grafischen Darstellung von Funktionen ist das *kartesische Koordinatensystem* sehr gut geeignet. Es besteht aus zwei zueinander senkrecht angeordneten *Achsen*. Der *Achsenschnittpunkt* wird *Ursprung* des *Koordinatensystems* genannt.

19. Lineare Funktionen

Die horizontale Achse wird mit dem Variablennamen bezeichnet. Für die Variable x heißt diese Achse *x-Achse* oder *Abszisse*. Die vertikale Achse wird mit dem Namen der Funktion bezeichnet. Für f(x) ist sie die „f(x) –Achse".

Fast immer bezeichnet man die f(x)–Achse auch als *y-Achse* oder *Ordinate*, da Punkte im Koordinatensystem normalerweise mit *x*- und *y-Koordinaten* angegeben werden. Die Ausdrücke $f(x) = 2x - 1$ und $y = 2x - 1$ bedeuten in diesem Fall dasselbe.

Bevor einzelne Wertepaare (*Punkte*) der Funktion oder der gesamte Funktionsgraph in das Koordinatensystem eingezeichnet werden können, müssen noch für beide Achsen die Einheiten festgelegt werden. Eine Einheit entspricht einer Strecke mit der Länge 1.

Die Einheiten in x-Richtung und in y-Richtung sind frei wählbar und müssen nicht gleich lang sein!

Wertepaare

Jedes *Wertepaar* (x,f(x)) lässt sich als Punkt mit den *Koordinaten* x und f(x) in einem kartesischen Koordinatensystem darstellen. Statt f(x) wird der Buchstabe y verwendet.

B

Im Beispiel hat der Punkt Q die feste x-Koordinate (– 1) und die y-Koordinate (– 3). Man schreibt Q(– 1; – 3). Allgemein wird ein Punkt dargestellt als: $Q(q_x; q_y)$ oder $P(p_x; p_y)$. q_x ist die x-Koordinate, q_y die y-Koordinate.

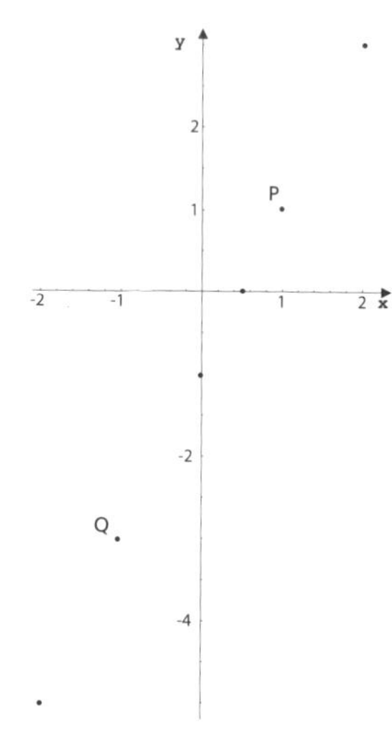

Um den Punkt einzuzeichnen, geht man vom Ursprung aus auf der x-Achse um so viele Einheiten nach rechts (x-Koordinate > 0) bzw. nach links (x-Koordinate < 0), bis man genau den Wert der x-Koordinate erreicht hat.

Von dort aus geht man parallel zur y-Achse um so viele Einheiten nach oben (y-Koordinate > 0) bzw. nach unten (y-Koordinate < 0), bis man genau den Wert der y-Koordinate erreicht hat.

Das Wertepaar x = – 1, f(x) = – 3 ergibt den Punkt Q (– 1; – 3) im Beispiel.

Das Wertepaar x = 1, f(x) =1 ergibt den Punkt P(1; 1) im Beispiel.

Werden nicht nur die wenigen Punkte einer Wertetabelle dargestellt, sondern auch die Zwischenwerte aus dem Definitionsbereich, so ergeben alle Punkte zusammen eine Gerade. Es gilt:

> Der Graph einer linearen Funktion ist immer eine *Gerade.*

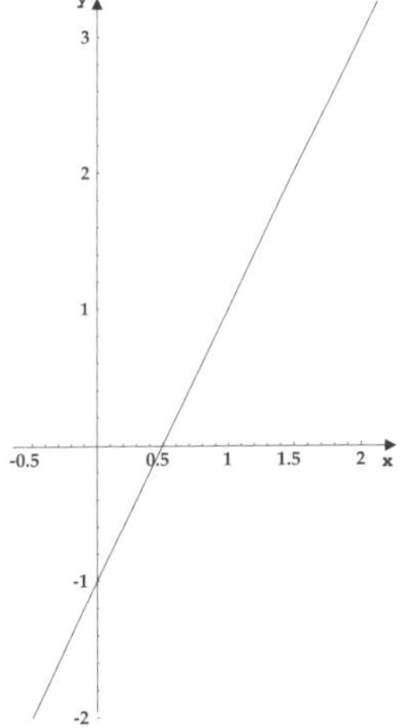

Eigenschaften der Geraden

Der Graph einer linearen Funktion ist eine Gerade. Sie wird mit Kleinbuchstaben bezeichnet, also z. B. „die Gerade g“ oder „die Gerade h“.

Die charakteristischen Größen einer Geraden sind ihre Steigung und die Schnittpunkte der Geraden mit den Achsen des Koordinatensystems.

> Der Schnittpunkt eines Funktionsgraphen mit der x-Achse wird *Nullstelle* genannt, weil der Funktionswert an dieser Stelle Null ist.

19. Lineare Funktionen

Im Beispiel auf dieser Seite ist er mit S_x bezeichnet.

Die y-Koordinate dieses Punktes ist zwangsläufig Null. Die x-Koordinate kann auf der x-Achse abgelesen (grafische Bestimmung, ungenau), oder über die Funktionsgleichung f(x) = mx + t berechnet werden. Dazu wird f(x) durch Null ersetzt, und die Gleichung nach x aufgelöst. Das Ergebnis ist die x-Koordinate der Nullstelle.

B Im Beispiel f(x) = 2x – 1 wäre dies:

$$2x - 1 = 0 \quad | +1$$
$$2x = 1 \quad | :2$$
$$x = \frac{1}{2}$$

Also liegt die Nullstelle bei:

$$S_x\left(\frac{1}{2}; 0\right)$$

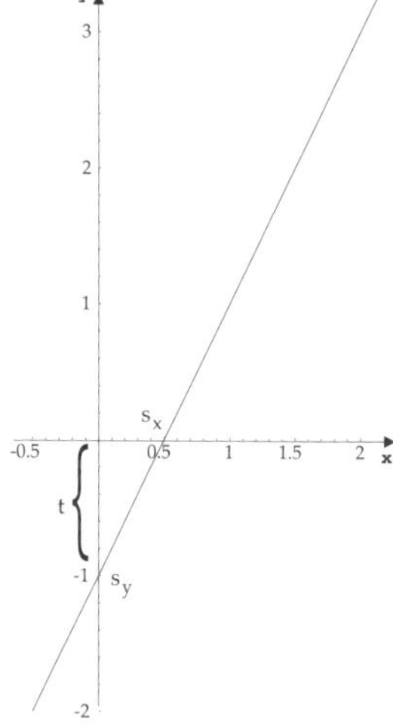

Für die allgemeine Gleichung f(x) = mx + t ergibt sich:

$$mx + t = 0 \quad | -t$$
$$mx = -t \quad | :m$$
$$x = -\frac{t}{m}$$

Die Koordinaten der Nullstelle einer beliebigen linearen Funktion sind also:

$$S_x\left(-\frac{t}{m}; 0\right)$$

Den Schnittpunkt der Geraden mit der y-Achse (im Beispiel mit S_y bezeichnet) erhält man sehr viel einfacher als die Nullstelle S_x. Die x-Koordinate ist zwangsläufig Null. Die y-Koordinate kann auf der y-Achse abgelesen (grafische Bestimmung, ungenau), oder aus der Funktionsgleichung $f(x) = mx + t$ bestimmt werden: Für x wird Null eingesetzt, der Funktionswert f(0) hat dann den Wert t (entspricht der y-Koordinate).

Der Schnittpunkt S_y der Geraden mit der y–Achse kann also ohne Berechnung angegeben werden:

$$S_y(0; t)$$

Die Strecke vom Ursprung des Koordinatensystems bis zu dem Punkt S_y hat genau die Länge t und wird *y-Achsenabschnitt* genannt.

B Im Beispiel: $f(x) = 2x - 1$ ist $S_y(0, -1)$

Ein *Steigungsdreieck* wird benötigt, wenn eine Gerade in ein Koordinatensystem gezeichnet werden soll, und von der Geraden nur ein Punkt und die Steigung bekannt sind.

Wie dies mit möglichst wenig Aufwand gemacht wird, ist im Abschnitt Ermittlung des Graphen einer linearen Funktion(vgl. S. 211) beschrieben. In diesem Abschnitt wird gezeigt, wie man ein Steigungsdreieck zeichnet und welche Eigenschaften es hat.

Ein Steigungsdreieck wird konstruiert, indem man sich einen Punkt sucht, von dem man weiß, dass er auf der Geraden liegt. Von diesem Punkt (hier P) aus zeichnet man eine *Deltastrecke* in x-Richtung, kurz: Δx (Δ steht für Delta). Die Strecke muss parallel zur x-Achse verlaufen.

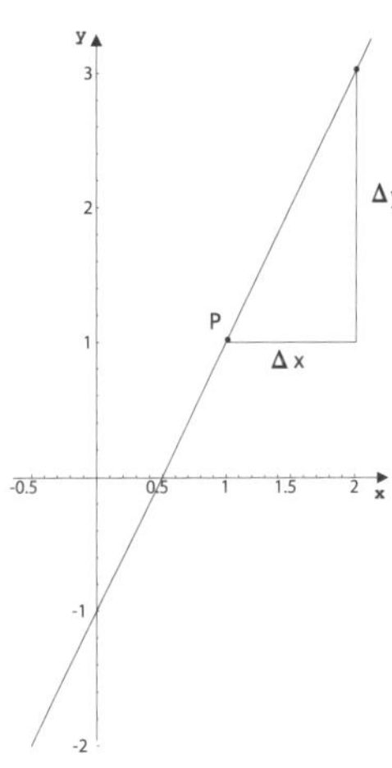

Anschließend zeichnet man eine *Deltastrecke* in y-Richtung, kurz: Δy. Diese muss parallel zur y-Achse nach oben (oder nach unten) verlaufen, und ist genau so lang, dass wieder die Gerade erreicht wird (hier im Punkt Q). Zusammen mit der Srecke [PQ] ergibt sich so das (rechtwinklige) Steigungsdreieck.

19. Lineare Funktionen

Das Steigungsdreieck ist rechtwinklig. Die Seite PQ liegt auf der Geraden, die beiden anderen Seiten, die den rechten Winkel einschließen sind jeweils zu einer Achse parallel.

Im Steigungsdreieck gilt:

Das Verhältnis der Strecken $\frac{\Delta y}{\Delta x}$ entspricht der *Steigung der Geraden.*

$\frac{\Delta y}{\Delta x} = m$ (m ist der Koeffizienten in der Funktionsgleichung $f(x) = mx + t$)

Man kann den Wert für die Steigung also direkt aus der Funktionsgleichung $f(x) = mx + t$ ablesen:

B Auf Landstraßen und Autobahnen sieht man vor Steigungs- und Gefällstrekken oft Warnschilder mit einer Angabe der Steigung (oder des Gefälles) in Prozent. Der Wert 16 % Steigung bedeutet, dass man pro 10 m, die man geradeaus fahren würde, eben auch gleichzeitig 1,6 m nach oben fährt. Das Verhältnis von „nach oben" zu „geradeaus" beträgt dann 1,6 m / 10 m = 0,16 (= 16 %, vgl. Prozentrechnung S. 92). Im Steigungsdreieck wäre dann $\Delta x = 10$ m und $\Delta y = 1{,}6$ m, oder $\Delta x = 100$ m und $\Delta y = 16$ m.

Ein anderer Ausdruck für das *Steigungsverhalten* einer Funktion ist die *Monotonie* der Funktion bzw. ihres Funktionsgraphen.

Untersucht man von einer linearen Funktion den Verlauf ihres Funktionsgraphen (also der Geraden) von links nach rechts, so kann dieser entweder (an)steigen, dann ist $m > 0$, die Gerade ist *streng monoton steigend,* (ab)fallen, dann ist $m < 0$, die Gerade ist *streng monoton fallend* (= negative Steigung) oder parallel zur x-Achse verlaufen, dann ist $m = 0$. Man spricht in diesem Fall nicht von Monotonie, sondern sagt: die Gerade verläuft *parallel* zur x-Achse.

Zur Erinnerung: Der Wert der Steigung der Geraden ist m aus der Funktionsgleichung $f(x) = mx + t$.

Es gilt also:

$m > 0 \Leftrightarrow$ Der Graph von f(x) ist streng monoton steigend
$m < 0 \Leftrightarrow$ Der Graph von f(x) ist streng monoton fallend
$m = 0 \Leftrightarrow$ Der Graph von f(x) verläuft parallel zur x-Achse (konstante Funktion)

Ermittlung des Graphen einer linearen Funktion

Mit zwei Techniken kann der Funktionsgraph einer linearen Funktion (also einer Geraden) relativ einfach in ein Koordinatensystem eingezeichnet werden.

Zwei-Punkte-Technik

Diese Technik wird angewendet, wenn von der Gerade die Funktionsgleichung bekannt ist.

Mit Hilfe von zwei unterschiedlichen Punkten, von denen man weiß, dass die Gerade durch diese Punkte verläuft, kann die Gerade gezeichnet werden (man sagt auch: Die Punkte liegen auf der Geraden). Man muss also nur zwei Punkte bestimmen, die auf der Geraden liegen, und trägt diese in das Koordinatensystem ein. Dann zeichnet man die Gerade durch die beiden Punkte.

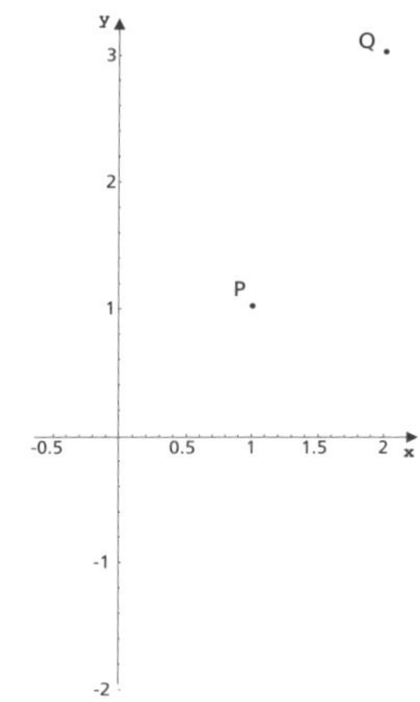

Die Gerade g ist eindeutig bestimmt durch zwei unterschiedliche Punkte P und Q, welche Element des Graphen sind ($P, Q \in g$).

19. Lineare Funktionen

Die beiden benötigten Punkte können wie folgt gefunden werden:

B Einen beliebigen Punkt P auf der Geraden g (man sagt: $P \in g$) erhält man, indem man einen (passenden) Wert aus der Definitionsmenge in die Funktionsgleichung einsetzt und daraus den Funktionswert berechnet (vgl. Wertepaar, Wertetabelle, S. 205). Der Punkt P hat dann die Koordinaten P(x, f(x)), wobei x frei gewählt wurde und f(x) sich durch die Berechnung ergeben hat.

Im Beispiel $f(x) = 2x - 1$ wurden die Punkte P(1; 1) und Q(2; 3) eingezeichnet.

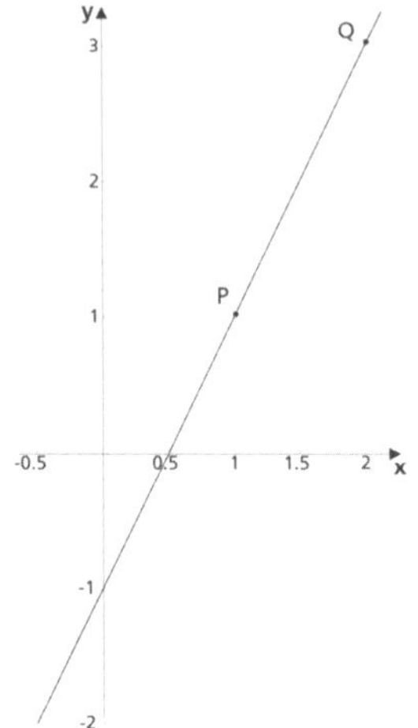

Der einfachste Punkt ist meistens der Schnittpunkt mit der y-Achse: Die x-Koordinate ist Null, die y- Koordinate ist der Wert t aus der Gleichung $f(x) = mx + t$.

Punkt-Steigungsdreieck-Technik

Die *Punkt-Steigungsdreieck-Technik* wird angewendet, wenn von der Geraden nur ein Punkt und ihre Steigung bekannt sind.

Erster Schritt: Der bekannte Punkt P wird in das Koordinatensystem eingezeichnet.

Zweiter Schritt: Passende Werte für ein Steigungsdreieck werden ermittelt.

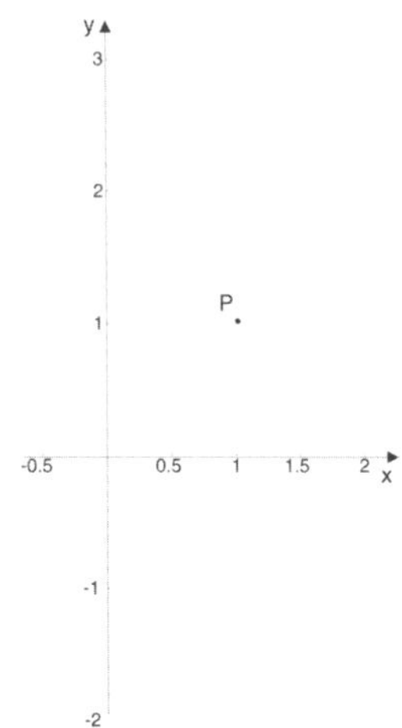

Passende Werte für Δy und Δx erhält man mit Hilfe der Steigung m. Da $m = \frac{\Delta y}{\Delta x}$, können durch Umwandlung von m in einen Bruch (z. B. $2 \rightarrow \frac{2}{1}$; $1{,}5 \rightarrow \frac{3}{2}$; $-1{,}3 \rightarrow \frac{-1{,}3}{1}$) Werte für Δy (Zähler des Bruchs) und Δx (Nenner des Bruchs) gefunden werden.

Achtung: Das Vorzeichen von m muss beachtet werden: Ist m negativ, so ist der Bruch $\frac{\Delta y}{\Delta x}$ ebenfalls negativ. Wahlweise erhält dann der Nenner oder der Zähler von $\frac{\Delta y}{\Delta x}$ ein negatives Vorzeichen, z. B.:

$(-2) \rightarrow \frac{(-2)}{1}$; daraus folgt: $\Delta y = (-2)$ und $\Delta x = 1$

oder

$(-2) \rightarrow \frac{(2)}{(-1)}$; daraus folgt: $\Delta y = 2$ und $\Delta x = (-1)$

B Im Beispiel $f(x) = 2x - 1$ hat die Steigung m den Wert 2. Der einfachste Bruch, der den Wert 2 hat, ist $\frac{2}{1}$. Für Δy und Δx nimmt man dann: $\Delta y = 2$, $\Delta x = 1$.

Dies sind nicht die einzigen möglichen Werte für Δy und Δx, da ja nur das Verhältnis $\frac{\Delta y}{\Delta x}$ den Wert 2 haben muss.

Tipp: Eine Möglichkeit, für m einen Bruch $\frac{\Delta y}{\Delta x}$ zu finden, besteht immer darin $\frac{m}{1}$ zu nehmen.

Dritter Schritt: Das Steigungsdreieck wird in das Koordinatensystem eingezeichnet.

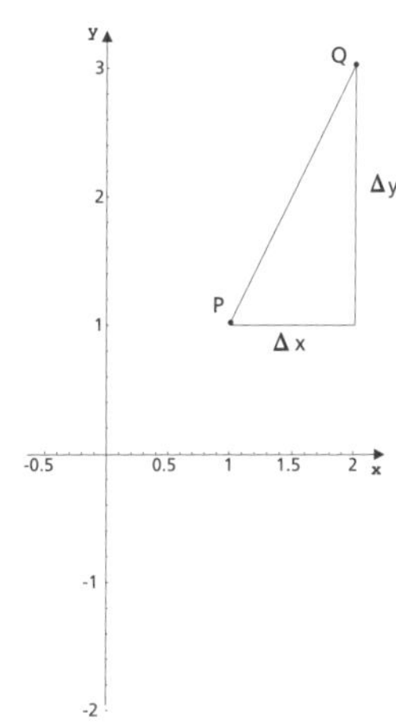

Vom Punkt P aus zeichnet man die Strecke Δx parallel zur x-Achse ins Koordinatensystem ein. Am Ende der Δx –Strecke zeichnet man eine Strecke parallel zur y-Achse mit der Länge Δy ins Koordinatensystem ein.

Wenn Δx positiv ist, muss die Strecke von P aus nach rechts gezeichnet werden.

Wenn Δx negativ ist, muss die Strecke nach links gezeichnet werden.

19. Lineare Funktionen

Wenn Δy positiv ist, muss die Strecke nach oben gezeichnet werden.

Wenn Δy negativ ist, muss die Strecke nach unten gezeichnet werden.

Die beiden Strecken Δx und Δy werden zu einen Dreieck ergänzt.

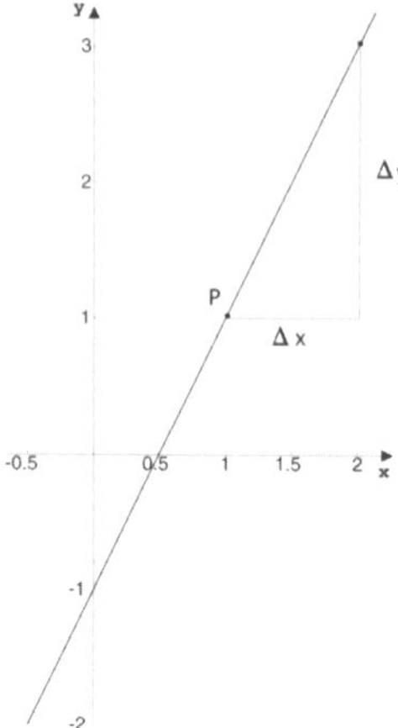

Vierter Schritt: Einzeichnen der Geraden.

Die Gerade wird jetzt entlang der längsten Seite im Steigungsdreieck gezeichnet.

Ermittlung der Funktionsgleichung einer Geraden

Mit Hilfe der „Zwei-Punkte-Technik" oder der „Punkt-Steigung-Technik" kann die Funktionsgleichung einer linearen Funktion ermittelt werden, wenn nur bestimmte Eigenschaften der Geraden bekannt sind.

Das bedeutet: In der allgemeinen Funktionsgleichung $f(x) = mx + t$ müssen m und t durch konkrete Werte ersetzt werden. Die Werte für m und t findet man mit Hilfe der Eigenschaften der Geraden.

Je nachdem, welche Eigenschaften bekannt sind, werden unterschiedliche Techniken angewendet.

Von der Geraden müssen bekannt sein:

mindestens zwei unterschiedliche Punkte, (Zwei-Punkte-Technik)

oder

ein Punkt und die Steigung (Punkt-Steigung-Technik).

Zwei-Punkte-Technik

Da die Gerade durch zwei unterschiedliche Punkte $P(p_x; p_y)$ und $Q(q_x; q_y)$ eindeutig bestimmt ist, kann mit Hilfe dieser beiden Punkte die Funktionsgleichung der Geraden ermittelt werden. Voraussetzung ist, dass die Koordinaten beider Punkte bekannt sind.

Um für m (Steigung) und t (y-Achsenabschnitt) in der Gleichung $f(x) = mx + t$ konkrete Werte zu finden, sind zwei Schritte nötig.

Erster Schritt: Bestimmung von m

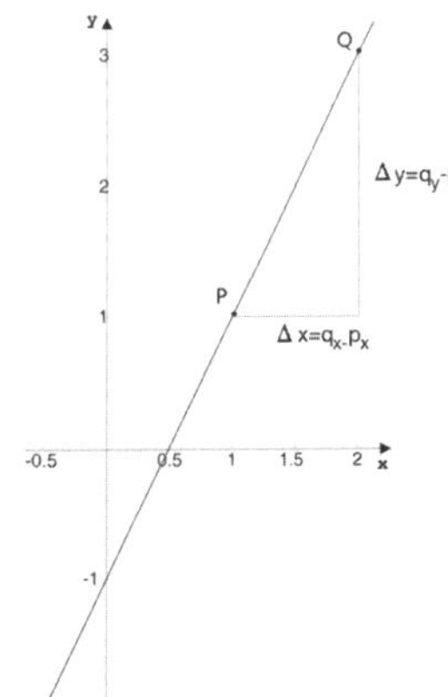

Im Beispiel sind P(1; 1) und Q(2; 3) die bekannten Punkte.

Man kann erkennen, dass die Strecke Δy zwischen den Punkten P und Q im Steigungsdreieck genau die Länge $q_y - p_y$ hat, also 3 – 1 = 2. Somit ist: $\Delta_y = 2$

Die Strecke Δx hat die Länge $q_x - p_y$, also 2 – 1 = 1. Somit ist Δx = 1

Der gesuchte Wert für m wird dann berechnet mit : g

$$m = \frac{\Delta y}{\Delta x} = \frac{2}{1} = 2$$

Die Steigung der Geraden beträgt also: m = 2.

Aus $f(x) = mx + t$ wird mit m = 2 : $f(x) = 2x + t$

Der Wert für t ist noch unbekannt und wird im zweiten Schritt ermittelt.

Für den allgemeinen Fall erhält man nach Einsetzen von $P(p_x; p_y)$ und $Q(q_x; q_y)$ die Gleichung:

$$m = \frac{\Delta y}{\Delta x} = \frac{(q_y - p_y)}{(q_x - p_x)}$$

19. Lineare Funktionen

Dabei ist es unerheblich, ob Q im Koordinatensystem oberhalb von P liegt (dann ist $q_y - p_y$ größer als Null) oder unterhalb von P (dann ist $q_y - p_y$ kleiner als Null). Man muss sich nur entscheiden, ob Q als erster Punkt oder als zweiter verwendet werden soll. Auf jeden Fall muss im Zähler und im Nenner stets der gleiche Punkt als erstes verwendet werden, also entweder:

$$m = \frac{\Delta y}{\Delta x} = \frac{(q_y - p_y)}{(q_x - p_x)}$$

oder mit P als erstem Punkt

$$m = \frac{(p_y - q_y)}{(p_x - q_x)}$$

Beide Rechnungen führen zum gleichen Ergebnis.

Zweiter Schritt: t (y-Achsenabschnitt) wird ermittelt.

Für diesen Schritt ist Voraussetzung, dass der Wert für m (Steigung) bekannt ist. Es kann also nicht mit diesem Schritt begonnen werden, wenn m noch nicht bekannt ist!

Um t zu erhalten wird einer der beiden Punkte $P(p_x, p_y)$ oder $Q(q_x, q_y)$ in die Funktionsgleichung eingesetzt:

B Das bedeutet: In der Gleichung f(x) = 2x + t (m hat den Wert 2, wie im ersten Schritt ermittelt wurde) wird x durch den Wert der x-Koordinate, und f(x) durch den Wert der y-Koordinate des Punktes ersetzt. Mit Q(2; 3) ergibt dies:

$$3 = 2 \cdot 2 + t$$

Die Gleichung kann nach der einzigen Unbekannten t aufgelöst werden:

$3 = 2 \cdot 2 + t$	$\mid -(2 \cdot 2)$
$3 - 4 = t$	linke Seite berechnen, Gleichungsseiten vertauschen
$t = -1$	

Das Ziel ist nun erreicht, denn in der Gleichung

$$f(x) = 2x + t$$

kann für t jetzt der Wert (– 1) eingesetzt werden. Die gesuchte Gleichung lautet also:

$$f(x) = 2x - 1$$

Für den allgemeinen Fall erhält man nach Einsetzen von $P(p_x, p_y)$ folgende Gleichung:

$$p_y = m \cdot p_x + t$$

Es wird nach t aufgelöst:

$p_y = m \cdot p_x + t$	$\mid - m \cdot p_x$
$p_y - m \cdot p_x = t$	Gleichungsseiten vertauschen
$t = p_y - m \cdot p_x$	Ergebnis

Die Aufgabe ist nun gelöst. Die Werte für m und t sind bekannt und werden in die allgemeine Gleichung $f(x) = mx + t$ eingesetzt.

Eine einfach anwendbare Gleichung, in die nur noch die Koordinaten der Punkte eingesetzt werden müssen, findet man, wenn in der allgemeinen Gleichung

$$f(x) = mx + t$$

m und t durch die Ergebnisse der beiden vorangegangenen Schritte ersetzt werden:

$m = \dfrac{(q_y - p_y)}{(q_x - p_x)}$	Ergebnis des 1. Schritts
$t = p_y - m \cdot p_x = p_y - \dfrac{(q_y - p_y)}{(q_x - p_x)} \cdot p_x$	Ergebnis des 2. Schritts, m wurde wieder durch das Ergebnis des 1. Schritts ersetzt
$f(x) = \dfrac{(q_y - p_y)}{(q_x - p_x)}x + p_y - \dfrac{(q_y - p_y)}{(q_x - p_x)} \cdot p_x$	$\dfrac{(q_y - p_y)}{(q_x - p_x)}$ wird ausgeklammert
$f(x) = \dfrac{(q_y - p_y)}{(q_x - p_x)}(x - p_x) + p_y$	Lösung

19. Lineare Funktionen

In diese Gleichung müssen nur noch die Koordinaten der beiden bekannten Punkte P und Q eingesetzt werden.

> Die Funktionsgleichung kann also ohne den Umweg über die Steigung direkt aus den Koordinaten der beiden Punkte bestimmt werden.

Die Gleichung scheint kompliziert, aber wenn die Werte für die Koordinaten eingesetzt sind, ist die Berechnung sehr einfach. Also darf man sich auf keinen Fall abschrecken lassen!

Im Beispiel mit P(1; 1) und Q(2; 3) lautet die Rechnung:

B

$f(x) = \frac{(q_y - p_y)}{(q_x - p_x)}(x - p_x) + p_y$	Koordinaten einsetzen
$f(x) = \frac{(3-1)}{(2-1)}(x-1) + 1$	Die ersten beiden Klammern berechnen
$f(x) = \frac{2}{1} \cdot (x-1) + 1$	Klammer ausmultiplizieren $\left(\frac{2}{1} = 2\right)$
$f(x) = 2 \cdot x - 2 + 1$	Addieren
$f(x) = 2x - 1$	Ergebnis

Punkt-Steigung-Technik

Die *Punkt-Steigung-Technik* ist ein Sonderfall der Zwei-Punkte-Technik. Da hier die Steigung bereits bekannt ist, kann der erste Schritt aus dem vorangegangenen Abschnitt Zwei-Punkte-Technik entfallen, und man ermittelt den y-Achsenabschnitt t wie im zweiten Schritt der Zwei-Punkte-Technik dargestellt.

B Bekannt sind der Punkt P(2; 3) und die Steigung m = 2. In die allgemeine Gleichung $f(x) = mx + t$ eingesetzt ergibt sich:

$3 = 2 \cdot 2 + t$
$t = -1$

Die gesuchte Gleichung lautet somit:
$f(x) = 2x - 1$

Umkehrfunktionen

Bei einer Funktion wird jedem Wert der Definitionsmenge genau ein Wert der Wertemenge zugeordnet. Die Zuordnung ist eindeutig. Kann umgekehrt jedem Wert der Wertemenge wieder genau ein Wert der Definitionsmenge zugeordnet werden, so nennt man die Zuordnung *ein-eindeutig* oder bijektiv (vgl. S 437; 442). Ein-eindeutige Funktionen sind umkehrbar. Das Resultat ist die *Umkehrfunktion* (vgl. auch S. 431)

Zur Veranschaulichung wird das Beispiel aus dem ersten Abschnitt Funktion und Relation betrachtet. Die Funktion Person x „hat die Körpergröße" y ergab in diesem Beispiel die eindeutige

B Zuordnung:

Norbert	→	180 cm
Thomas	→	185 cm
Horst	→	190 cm
Alfred	→	190 cm

Die Umkehr-Zuordnung ergibt dann:

180 cm	→	Norbert
185 cm	→	Thomas
190 cm	→	Horst, Alfred

Dem Wert 190 cm sind also zwei Personen zugeordnet. Daher ist diese Umkehr-Zuordnung nicht mehr eindeutig, und somit keine Funktion.

Das Beispiel ist leicht nachvollziehbar, denn jeder Person kann genau eine Körpergröße zugeordnet werden, aber umgekehrt kann nicht jeder Körpergröße genau eine Person zugeordnet werden.

Eine ein-eindeutige Zuordnung lässt sich dagegen nach heutigem wissenschaftlichen Stand zwischen einer Person und ihrem genetischen Fingerabdruck herstellen. Jede Person hat demnach genau einen genetischen Fingerabdruck, und jedem genetischen Fingerabdruck kann genau eine Person zugeordnet werden.

19. Lineare Funktionen

Lineare Funktionen sind auf ihrem gesamten Definitionsbereich umkehrbar. Die Umkehrfunktion einer linearen Funktion ist wieder eine lineare Funktion. Ihr Graph ist also auch wieder eine Gerade.

Zur Ermittlung der Umkehrfunktion gibt es eine grafische und eine rechnerische Technik:

Grafische Ermittlung der Umkehrfunktion

Die grafische Ermittlung einer Umkehrfunktion erfolgt durch Spiegelung des Funktionsgraphen an der Winkelhalbierenden des 1. und 3. Quadranten (vgl. Achsenspiegelung, S. 314).

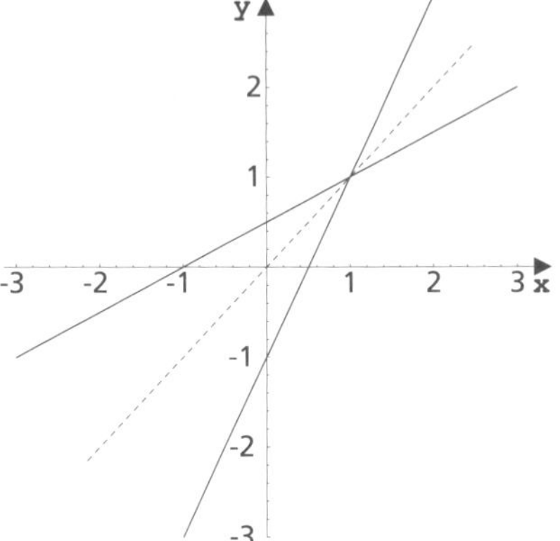

Rechnerische Ermittlung der Umkehrfunktion

Die Umkehrfunktion einer linearen Funktion $f(x) = mx + t$ wird mit $f^{-1}(x)$ bezeichnet.

Sie wird mit den beiden folgenden Schritten berechnet:

Erster Schritt: Die Funktionsgleichung wird nach x aufgelöst.

Vereinfachung der Schreibweise: Für f(x) verwendet man in der Berechnung y.

Für das Beispiel $f(x) = 2x - 1$ erhält man:

B

$f(x) = 2x - 1$	Funktionsgleichung. Statt f(x) = wird y = geschrieben
$y = 2x - 1$	$\mid +1$
$y + 1 = 2x$	$\mid :2$
$\frac{(y+1)}{2} = x$	Seiten vertauschen (wegen besserer Übersichtlichkeit)
$x = \frac{(y+1)}{2}$	Klammer auflösen
$x = \frac{1}{2} \cdot y + \frac{1}{2}$	Ergebnis des ersten Schritts

Zweiter Schritt: x wird durch $f^{-1}(x)$ ersetzt, und jedes y wird durch x ersetzt.

$f^{-1}(x) = \frac{1}{2} \cdot x + \frac{1}{2}$ Umkehrfunktion von $f(x) = 2x - 1$

Die Gleichung der Umkehrfunktion lautet also:

$$f^{-1}(x) = \frac{1}{2} \cdot x + \frac{1}{2}$$

Für die allgemeine lineare Funktion ergibt sich Folgendes:

Erster Schritt: Die Funktionsgleichung wird nach x aufgelöst.

$f(x) = mx + t$	Allgemeine Gleichung. Statt f(x) wird y geschrieben
$y = mx + t$	$\mid -t$
$y - t = mx$	$\mid : m$
$\frac{(y-t)}{m} = x$	Seiten vertauschen (wegen besserer Übersichtlichkeit)
$x = \frac{(y-t)}{m}$	Klammer auflösen
$x = \frac{1}{m} \cdot y - \frac{t}{m}$	Ergebnis des ersten Schritts

Zweiter Schritt: x wird durch $f^{-1}(x)$ ersetzt, und jedes y wird durch x ersetzt.

$f^{-1}(x) = \frac{1}{m} \cdot x - \frac{t}{m}$	Umkehrfunktion von $f(x) = mx + t$

Man kann erkennen, dass die Steigung m nie Null sein darf, da m bei der Umkehrfunktion im Nenner steht.

Eine Funktion, deren Steigung den Wert Null hat, ist eine konstante Funktion. Konstante Funktionen sind nicht umkehrbar.

Die Geraden von konstanten Funktionen verlaufen alle parallel zur x-Achse. Durch Spiegelung an der Winkelhalbierenden erhält man wieder Geraden. Diese verlaufen parallel zur y–Achse. Solche Geraden sind aber nicht *Funktionsgraphen,* sondern *Relationsgraphen*. Daher gilt:

19. Lineare Funktionen

Konstante Funktionen sind nicht umkehrbar.

B Im nebenstehenden Beispiel wurde die konstante Funktion y = 1 an der Winkelhalbierenden gespiegelt. Das Ergebnis der Spiegelung ist die Gerade, die parallel zur y–Achse verläuft. Ihre (Relations-) Gleichung lautet: x = 1.

Diese Gleichung stellt keine Funktion dar, denn dem einzigen x-Wert 1 werden unendlich viele Werte in y-Richtung zugeordnet.

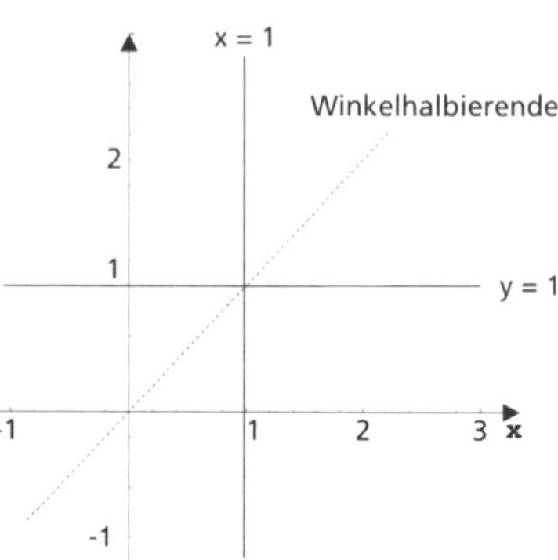

Betragsfunktion

Die Funktion mit der Gleichung f(x)= | x | heißt *Betragsfunktion.* Nach der Regel zur Auflösung des Betrags lautet die *betragsfreie Darstellung*:

f(x) = x, wenn x größer oder gleich Null ist

f(x) = – x, wenn x kleiner Null ist

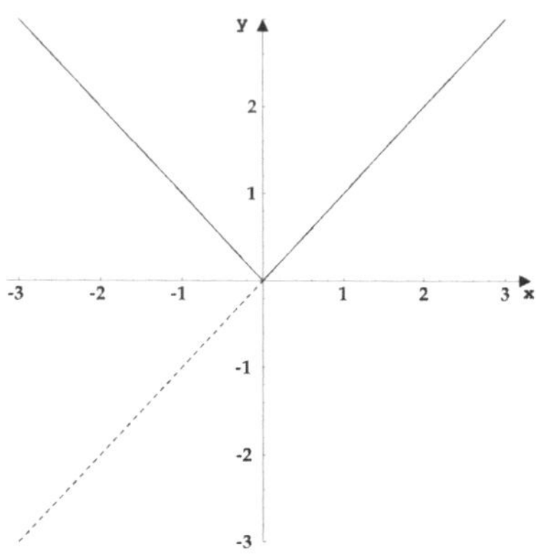

Der Graph der Funktion verläuft ausschließlich im ersten und zweiten Quadranten des Koordinatensystems.

Er hat einen Knick bei x =Null.

Im zweiten Quadranten (x < 0) hat die Steigung den Wert (– 1). Der Graph der Funktion ist dort also monoton fallend. Im ersten Quadranten hat die Steigung den Wert 1, der Funktionsgraph ist dort also streng monoton steigend.

Aufgaben

1. Die Aufgaben für folgende lineare Funktionen sind schrittweise zu lösen:
   1. Bestimmung der Nullstelle (S_x) des Funktionsgraphen (Schnittpunkt mit der x-Achse)
   2. Bestimmung des Schnittpunktes (S_y) des Funktionsgraphen mit der y-Achse
   3. Einzeichnen des Funktionsgraphen in das kartesische Koordinatensystem
   4. Angabe des Steigerungsverhaltens des Graphen

   Für das Koordinatensystem gilt: x-Achse von (– 5) bis 5, y-Achse von (– 5) bis 5 Definitionsmenge $D = \mathbb{R}$.

   a) $f_1(x) = 2x - 2$

   b) $f_2(x) = -x + 1$

   c) $f_3(x) = -0{,}5x + 1$

2. Mit Hilfe der angegebenen Punkte können die Funktionsgleichungen der folgenden Geraden aufgestellt werden:

   a) g_1: $P_1(-1; 1)$; $P_2(1; 3)$

   b) g_2: $P_1(0; 2)$; $P_2(1; -1)$

   c) g_3: $P_1(-3; -3)$; $P_2(2; 2)$

3. Mit Hilfe des angegebenen Punktes sowie der angegebenen Steigung können die Funktionsgleichungen der Geraden aufgestellt werden. Anschließend zeichnet man die Gerade in ein Koordinatensystem. Für das Koordinatensystem gilt: x-Achse von (– 5) bis 5, y-Achse von (– 5) bis 5.

   a) g_1: $P_1(-1; 2)$; $m = -1$

   b) g_2: $P_1(-3; -2)$; $m = \frac{2}{3}$

   c) g_3: $P_1(1; \frac{5}{2})$; $m = \frac{3}{2}$

Lösungen

1. a) $S_x(1; 0)$
   $S_y(0; -2)$

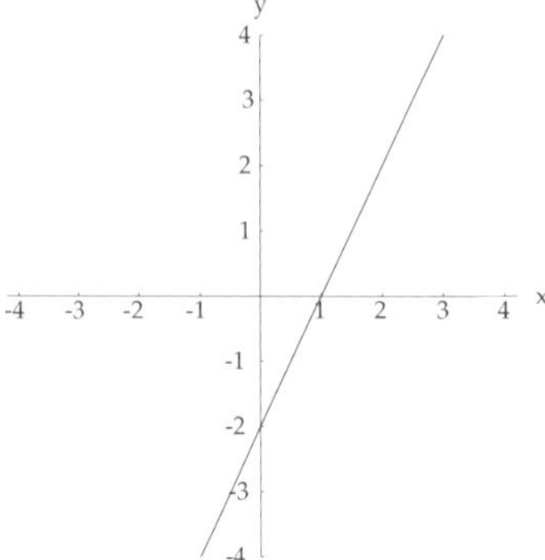

streng monoton steigend

b) $S_x(1; 0)$
   $S_y(0; 1)$

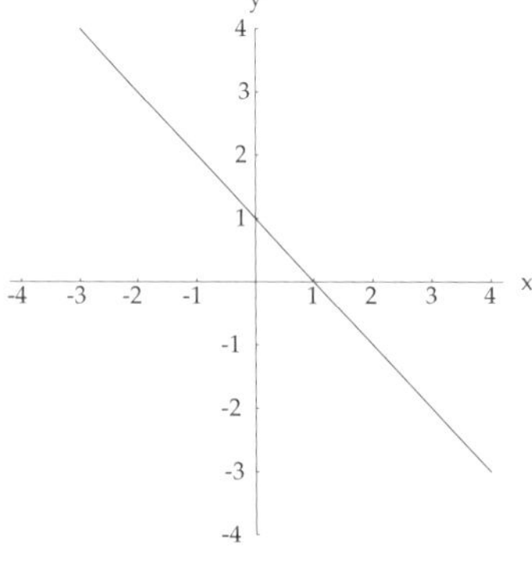

streng monoton fallend

c) $S_x(2; 0)$
   $S_y(0; 1)$

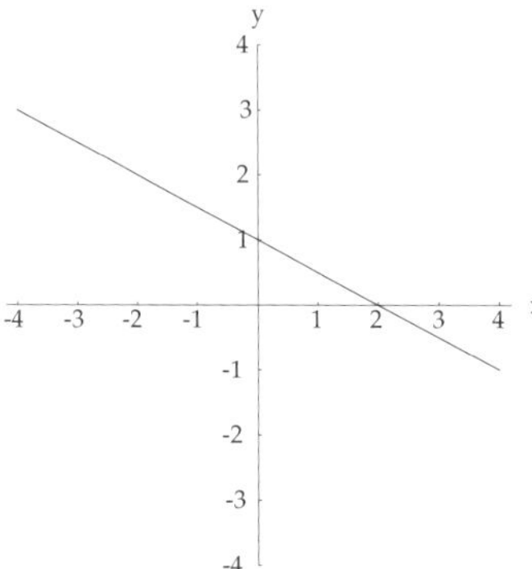

streng monoton fallend

2. a) $g_1(x) = x + 2$

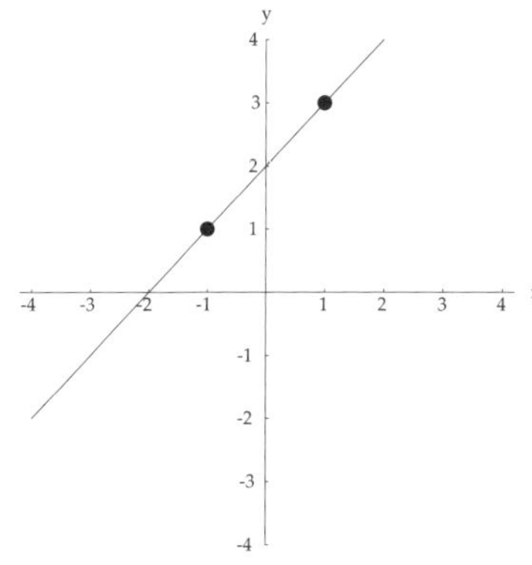

b) $g_2(x) = -3x + 2$

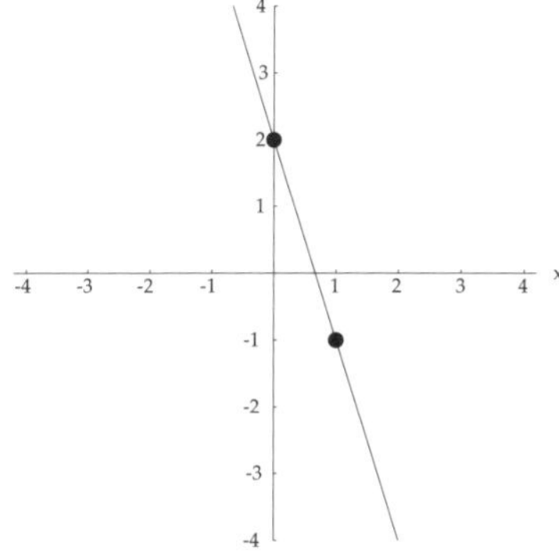

c) $g_3(x) = x$

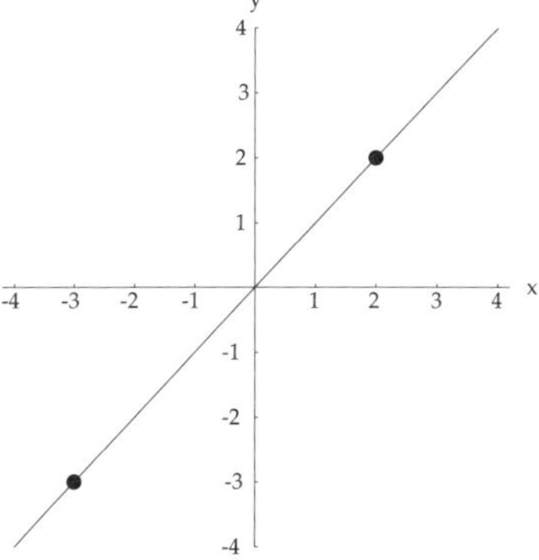

3. a) 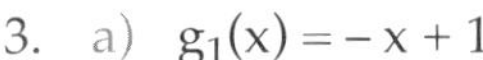
$g_1(x) = -x + 1$

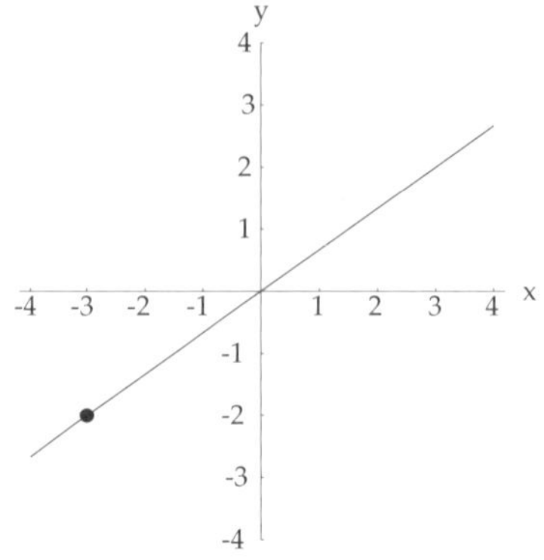

b) $g_2(x) = \frac{2}{3}x$

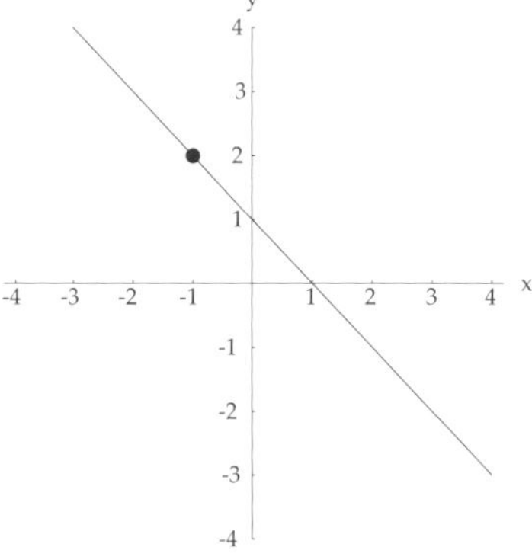

c) $g_3(x) = \frac{3}{2}x + 1$

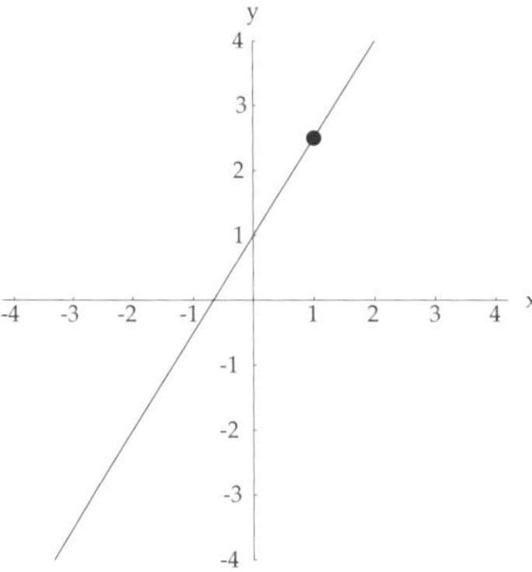

20. Lineare Gleichungssysteme

Nach erfolgreich abgeschlossener Probezeit in der neuen Firma wird für die Kolleginnen und Kollegen eine Einstandsfeier organisiert. Für den Einkauf mehrerer Flaschen Sekt und Orangensaft sind der neuen Mitarbeiterin zwei Dinge wichtig: Einerseits soll das ganze (in etwa) 50 Euro kosten und andererseits sollen es zusammen 14 Flaschen werden. Zwei Bedingungen müssen also für die x Flaschen Sekt und die y Flaschen Saft erfüllt werden:

Bedingung 1: Der Gesamtpreis für x · Sekt + y · Saft = 50 Euro.
Bedingung 2: x Flaschen (Sekt) + y Flaschen (Saft) = 14 Flaschen.

Eine Flasche Sekt kostet im Supermarkt an der Ecke 5 Euro, den Orangensaft gibt es in der Kantine für 1 Euro pro Flasche. Es ergeben sich zwei Gleichungen mit den beiden Variablen x und y:

$5x + y = 50$ Bedingung 1: Preis. Statt $1 \cdot y$ wird nur y geschrieben
$x + y = 14$ Bedingung 2: Anzahl der Flaschen

Lösungen können durch Ausprobieren gefunden werden und auf dem mathematischen Wege. Letzteres wird dargestellt.

B Die unkompliziertere Gleichung $x + y = 14$ wird nach y aufgelöst:

$x + y = 14$	$\mid -x$	Da nach y aufgelöst wird, stört x auf der linken Seite
$y = 14 - x$		Der Wert von y ist abhängig von der zweiten Variable x. Man spricht in diesem Fall von einer *abhängigen Lösung* für y.

Die (abhängige) Lösung für y wird nun in die andere Gleichung eingesetzt:

$5x + 14 - x = 50$	$\mid -14$	y wurde ersetzt durch (14 – x). Die Gleichung hat jetzt nur noch die Variable x und kann also nach x aufgelöst werden (vgl. Lineare Gleichungen, S. 140). Linke Seite: Konstante 14 entfernen, x-Terme zusammenfassen.
$4x = 36$	$\mid :4$	Linke Seite: Konstante 4 entfernen,
$x = 9$		Lösung für x.

Die Lösung für x konnte nur deshalb gefunden werden, weil in der Gleichung $5x + y = 50$ die Variable y durch den Ausdruck $(14 - x)$ ersetzt werden konnte. Aus mathematischer Sicht ist es dabei egal, dass ein zusätzliches x in die Gleichung gekommen ist. Grund: Eine (lineare) Gleichung mit einer Variablen ist lösbar, auch wenn diese Variable mehrmals vorkommt (vgl. Lineare Gleichungen, S. 139).

Um die Lösung für die zweite Variable (also y) zu finden, wird die x-Lösung in die abhängige y-Lösung eingesetzt:

B

$y = 14 - x$	$x = 9$ einsetzen
$y = 14 - 9 = 5$	Lösung für y

Der Einkaufszettel steht also fest: Es werden fünf Flaschen Orangensaft und neun Flaschen Sekt gekauft.

In der Probe erkennt man noch einmal die Bedeutung der Lösungen:

$5x + y = 50$	1. Gleichung
$5 \cdot 9 + 5 = 50$	$x = 9$; $y = 5$ eingesetzt
$x + y = 14$	2. Gleichung
$9 + 5 = 14$	$x = 9$; $y = 5$ eingesetzt

Das Lösungspaar ($x = 9$; $y = 5$) erfüllt beide Gleichungen!

Wenn gleichzeitig mehrere Gleichungen erfüllt werden müssen, dann spricht man von einem *Gleichungssystem*. Die *Lösungswerte* für die Variablen des Gleichungssystems erfüllen dann alle Gleichungen!

Grundmenge, Definitionsmenge, Lösungsmenge

Im Gleichungssystem gelten dieselben Regeln und Bedingungen wie bei einzelnen Gleichungen. Das ist auch verständlich, da eine Gleichung mit einer Variablen bereits ein kleines Gleichungssystem ist, und zwar mit einer Gleichung und einer Variablen.

Für ein Gleichungssystem mit mehreren Variablen muss für jede einzelne Variable die Grund- und die Definitionsmenge angegeben werden.

Die einfache Variante: In den meisten Fällen haben alle Variablen (z. B. x, y und z) die gleiche Grund- bzw. Definitionsmenge. Dann gibt man Folgendes an:

$$D:\ x, y, z \in \mathbb{R}$$

D: steht für Definitionsmenge, dahinter sind die Variablen aufgelistet, die in diesem Fall alle Werte der reellen Zahlen annehmen dürfen.

Die allgemeinere Variante: Gibt es für die einzelnen Variablen unterschiedliche Definitionsmengen, z. B. für x die natürlichen Zahlen $\mathbb{N}$ und für y die reellen Zahlen $\mathbb{R}$, so können für x und y alle Zahlenkombinationen mit einer Zahl aus $\mathbb{N}$ und einer Zahl aus $\mathbb{R}$ verwendet werden. Es heißt dann nicht mehr $x \in \mathbb{N}$, sondern $(x, y) \in \mathbb{N} \times \mathbb{R}$ (lies: $\mathbb{N}$ Kreuz $\mathbb{R}$; die Definitionsmenge ist das *Kreuzprodukt* oder *kartesische Produkt* aus $\mathbb{N}$ und $\mathbb{R}$)

B Wenn z. B. in einem (anderen) Gleichungssystem für die drei Variablen x, y, z gilt:

$x \in \mathbb{R}$, $y \in \mathbb{N}$, $z \in [1; 2] \cap \mathbb{R}$, so ist die Definitionsmenge des Gleichungssystems:

$D = \mathbb{R} \times \mathbb{N} \times [1; 2] \cap \mathbb{R}$

Die Definitionsmenge enthält dann alle Kombinationen aus drei Zahlen, bei denen die erste Zahl eine reelle Zahl, die zweite eine natürliche, und die dritte eine reelle Zahl zwischen 1 und 2 ist.

Als Lösung eines Gleichungssystems erhält man dann auch wieder Zahlenkombinationen, die in runden Klammern angegeben werden. Im Sekt-Orange-Beispiel war die Lösung: x = 9 und y = 5. Die Lösungsmenge lautet also: L = {(9; 5)}.

Wenn das Gleichungssystem drei Variablen enthält, dann haben auch die Zahlenkombinationen drei Werte. Diese 3-Zahlen-Kombinationen nennt man auch 3-Tupel (ein *n-Tupel* ist eine Zahlenkombination aus n Werten).

20. Lineare Gleichungssysteme

Lösungsverfahren

Eine der wichtigsten Voraussetzungen zur erfolgreichen Lösung eines Gleichungssystems ist: Übersicht bewahren! Man erzielt dadurch den Vorteil, sich besser auf das eigentliche Rechnen konzentrieren zu können, statt nach dem Verbleib einzelner Gleichungen zu forschen.

Um nicht den Überblick zu verlieren, sind folgende Punkte zu beachten:

1. Alle Gleichungen werden in einem Gleichungsblock untereinander geschrieben.
2. Nach Möglichkeit werden die Gleichungen so geordnet, dass gleiche Variablen untereinander stehen (also jeweils alle x, alle y, usw. untereinander). Ist eine Variable in einer Gleichung nicht enthalten, so bleibt die entsprechende Stelle leer.
3. Alle Gleichungen werden nummeriert (G1, G2, ...).
4. Nach jedem Schritt werden alle Gleichungen in einem neuen Gleichungsblock aufgeschrieben. Die Nummerierung wird beibehalten, aber aus G1 wird G1', aus G2 wird G2' (usw.).
5. Zur Gleichungsnummer wird vermerkt, wie die Gleichung verändert wurde (siehe Beispiele).

Ein Gleichungsblock hat folgende Gestalt (das Beispiel wird weiter unten berechnet):

B

G1	$3x + \quad 2z = 16$	Der Platz für y bleibt leer
G2	$2x + y + z = 6$	Alle Variablen stehen jeweils untereinander
G3	$x + 2y - z = -9$	

Um lineare Gleichungssysteme zu lösen, können neben den normalen Äquivalenzumformungen zwei Lösungsverfahren angewendet werden. Mit jedem dieser Verfahren kann jedes lineare Gleichungssystem gelöst werden (außer das Gleichungssystem an sich ist nicht lösbar).

Bei den meisten Gleichungssystemen führt allerdings eine Kombination beider Verfahren am schnellsten zum Ziel.

Äquivalenzumformungen

Jede Umformungstechnik (Äquivalenzumformungen), die auf lineare Gleichungen angewendet werden darf, darf auch separat auf die einzelnen Gleichungen des Gleichungssystems angewendet werden. Dies gilt immer!

Einsetzungsverfahren

Das „Sekt-Orange"-Beispiel vom Anfang des Kapitels (vgl. S. 227) wurde folgendermaßen gelöst:

1. Eine (beliebige) Gleichung wird nach einer (beliebigen) Variable aufgelöst; das Ergebnis ist dann eine Gleichung der Form: Variable = (Ergebnisterm). Im Beispiel war das: $y = 14 - x$
2. In einer oder mehreren der anderen Gleichungen wird die Variable dann durch den Ergebnisterm ersetzt. Im Beispiel wurde in der Gleichung $5x + y = 50$ die Variable y durch den Ergebnisterm $(14 - x)$ ersetzt.

Das Verfahren wird entsprechend *Einsetzungs-* bzw. *Ersetzungsverfahren* genannt. Die Anwendung hat immer dann Sinn, wenn in einer Gleichung nicht alle Variablen enthalten sind. Ein Beispiel verdeutlicht die Anwendung ($x, y, z \in \mathbb{R}$):

B

1. Gleichungsblock

G1	$3x \quad + 2z$	$= 16$	Die Gleichung wird nach x aufgelöst.
G2	$y + z$	$= 2$	Die Gleichung wird nach y aufgelöst.
G3	$x + 2y - z$	$= -9$	Keine Aktion

2. Gleichungsblock

G1'	x	$= \frac{(16 - 2z)}{3}$	Abhängige Lösung für x (wird in G3' eingesetzt).
G2'	y	$= 2 - z$	Abhängige Lösung für y (wird in G3' eingesetzt).
G3'	$x + 2y - z$	$= -9$	Keine Aktion

3. Gleichungsblock

G1''	$x = \frac{(16-2z)}{3}$	Unverändert
G2''	$y = 2 - z$	Unverändert
G3''	$\frac{(16-2z)}{3} + 2(2-z) - z = -9$	x bzw. y wurden ersetzt durch die Ergebnisse (Ergebnisterme) aus G1' bzw. G2'. G3'' wird nach z aufgelöst. Das Ergebnis der linearen Gleichung ist: z = 5 (vgl. Lineare Gleichungen, S. 140).

4. Gleichungsblock

G1'''	$x = \frac{(16-2\cdot 5)}{3}$	z = 5 wurde für z eingesetzt
G2'''	$y = 2 - 5$	z = 5 wurde für z eingesetzt
G3'''	$z = 5$	Ergebnis für z

5. Gleichungsblock

G1''''	$x = 2$	Ergebnis für x
G2''''	$y = -3$	Ergebnis für y
G3''''	$z = 5$	unverändert

Die Lösung lautet also: $(x, y, z) = (2; -3; 5)$.
Die Lösungsmenge ist: $L = \{(2; -3; 5)\}$.

Im ersten Gleichungsblock erkennt man, dass die beiden Gleichungen G1 und G2 jeweils eine Variable weniger enthalten als G3. Wenn man die Gleichungen nach x bzw. y auflöst, erzielt man den Vorteil, dass die beiden Lösungsterme nur z enthalten.

Nachdem in G3 die Lösungsterme für x und y eingesetzt wurden, hat man eine (lineare) Gleichung mit nur noch der einen Variablen z. Nun kann z berechnet werden. Mit dem Ergebnis für z können wiederum die beiden anderen Variablen x und y bestimmt werden.

Additionsverfahren

In einem Gleichungssystem dürfen Gleichungen zueinander addiert und voneinander subtrahiert werden. Dabei wird eine der beiden Gleichungen durch die Summe oder Differenz beider Gleichungen ersetzt und die andere unverändert beibehalten. Danach hat man wieder genauso viele Gleichungen wie zuvor!

Es versteht sich von selbst, dass immer die einfachere Gleichung beibehalten wird.

B

1. Gleichungsblock

G1	$5x + y = 50$	
G2	$x + y = 14$	

G2 wird von G1 subtrahiert. G2 ist die einfachere Gleichung, also wird sie beibehalten.

2. Gleichungsblock

G1' = G1 – G2	$4x = 36$	Differenz aus den beiden oberen Gleichungen G1 – G2.
G2'	$x + y = 14$	G2 bleibt unverändert.

Der Effekt ist in G1' erkennbar: Durch die Subtraktion beider Gleichungen wurde y eliminiert. G1' kann nun nach x aufgelöst und das Ergebnis in G2' eingesetzt werden.

3. Gleichungsblock

$G1'' = \frac{G1'}{4}$	$x = 9$	G1' wurde nach x aufgelöst. Ergebnis in G2' für x einsetzen!
G2''	$9 + y = 14$	In G2' wurde x durch 9 ersetzt.

4. Gleichungsblock

G1'''	$x = 9$	Unverändert
G2''' = G2'' – 9	$y = 5$	Ergebnis für y

Die Lösung lautet also: $(x, y) = (9; 5)$, die Lösungsmenge ist: $L = \{(9; 5)\}$.

Das Additionsverfahren bringt immer dann Vorteile, wenn durch Addition oder Subtraktion zweier Gleichungen Variablen eliminiert werden können.

20. Lineare Gleichungssysteme

Bestimmtheit von Gleichungssystemen

In der Mathematik gibt es eine Vielzahl von Gleichungssystemen. Die wesentlichen Merkmale sind die Anzahl der (unterschiedlichen) Gleichungen und die Anzahl der (unterschiedlichen) Variablen.

Die Bestimmtheit von Gleichungssystemen hängt vom Verhältnis dieser beiden Größen ab und hat Einfluss auf die Art und Anzahl der Lösungen des Systems.

Wenn zwei oder mehrere Gleichungen durch Äquivalenzumformung ineinander umgewandelt werden können, so handelt es sich dabei nicht um unterschiedliche Gleichungen!

Gleiches gilt für die Variablen. Eine Variable, die öfter vorkommt, bleibt dennoch nur eine Variable.

Unterschiedliche Variablen müssen unterschiedlich benannt sein!

Wenn für jede Variable des Gleichungssystems genau ein konkreter Lösungswert ermittelt werden kann, dann ist das Gleichungssystem *eindeutig bestimmt*. Das ist immer dann der Fall, wenn das System genauso viele unterschiedliche Gleichungen wie Variablen enthält.

Das folgende Gleichungssystem mit drei Gleichungen und drei Variablen ist eindeutig bestimmt, da es genauso viele Gleichungen wie Variablen hat ($x, y, z \in \mathbb{R}$):

B

1. Gleichungsblock

G1	$x + 2z$	$= 4$	
G2	$2x + y + z$	$= 3$	$\mid \cdot 2$
G3	$x + 2y - 2z$	$= -4$	

In G1 ist y nicht vorhanden. Man versucht nun, durch eine Kombination (Additionsverfahren) von G2 und G3 eine Gleichung herzustellen, in der ebenso kein y enthalten ist. Dies gelingt, wenn G2 mit 2 multipliziert, und dann G3 abgezogen wird.

2. Gleichungsblock

G1'	$x + 2z$	$= 4$
G2' = 2 · G2	$4x + 2y + 2z$	$= 6$
G3'	$x + 2y - 2z$	$= -4$

Nun wird G3 von G2 abgezogen. Die neue Gleichung ersetzt G2, da G3 die einfachere von beiden ist.

3. Gleichungsblock

G1''	$x + 2z$	$= 4$
G2'' = G2' – G3	$3x + 4z$	$= 10$
G3''	$x + 2y - 2z$	$= -4$

G1'' und G2'' haben nun beide kein y mehr. Jetzt kann G1 nach x aufgelöst und in G2 eingesetzt werden.

4. Gleichungsblock

G1'''	x	$= 4 - 2z$
G2'''	$3(4 - 2z) + 4z$	$= 10$
G3'''	$x + 2y - 2z$	$= -4$

In G2 wurde der Ergebnisterm $(4 - 2z)$ für x eingesetzt (Einsetzungsverfahren). Die Gleichung kann jetzt nach z aufgelöst werden. Das Ergebnis ist: $z = 1$. Dieses Ergebnis wird in G1''' für z eingesetzt, dann erhält man die Lösung für x. Ergebnis: $x = 2$. Beide Ergebnisse ($x = 2$ und $z = 1$) werden nun in G3''' für x bzw. z eingesetzt.

5. Gleichungsblock

G1''''	x	$= 2$
G2''''	z	$= 1$
G3''''	$2 + 2y - 2$	$= -4$

G3'''' wird nach y aufgelöst. Das Ergebnis ist: $y = -2$
Die Lösung ist also: $(x; y; z) = (2; -2; 1)$.
Die Lösungsmenge lautet: $L = \{(2; -2; 1)\}$.

20. Lineare Gleichungssysteme

Gleichungssysteme, die weniger Gleichungen als Variablen enthalten, sind *unterbestimmt.*

B

1. Gleichungsblock

G1	$x + 2z$	$= 4$
G2	$2x + y + z$	$= 3$

G1 kann nach x aufgelöst werden: $x = 4 - 2z$. Der Ergebnisterm wird in G2 für x eingesetzt:

2. Gleichungsblock

G1'	x	$= 4 - 2z$
G2'	$2(4 - 2z) + y + z$	$= 3$

In G2 wird die Klammer ausgerechnet und anschließend nach y aufgelöst.

3. Gleichungsblock

G1''	x	$= 4 - 2z$
G2''	y	$= -5 + 3z$

Da das Gleichungssystem unterbestimmt ist, können für die Variablen keine konkreten Lösungswerte ermittelt werden.

Die Lösungen für x und y sind abhängig vom Wert der Variablen z. Die Lösung muss dementsprechend in Abhängigkeit von z angegeben werden: $(x; y; z) = (4 - 2z; -5 + 3z; z)$.

Da für z jeder beliebige Wert aus der Definitionsmenge eingesetzt werden darf, gibt es unendlich viele Lösungskombinationen. Nimmt man z. B. für z den Wert 1, so ist das Lösungs-3-Tupel (2; – 2; 1). Für jeden anderen Wert von z ergeben sich entsprechend andere Werte für x und y.

Beide Gleichungen können auch in Abhängigkeit von x gelöst werden. Dazu muss G1 nach z aufgelöst und in G2 der Ergebnisterm für z eingesetzt werden. Die (abhängigen) Lösungen sind dann:

$z = \frac{4 - x}{2}$ und $y = \frac{2 - 3x}{2}$. Die Lösungskombinationen (3-Tupel) müssen natürlich trotzdem dieselben bleiben.

Gleichungssysteme, die mehr Gleichungen als Variablen enthalten, sind *überbestimmt.*

B

1. Gleichungsblock

G1	$x + y$	$= 5$
G2	$2x + y$	$= 7$
G3	$x - y$	$= -1$

Jeweils zwei der drei Gleichungen bilden für sich ein eindeutig bestimmtes Gleichungssystem, für dessen Variablen x und y konkrete Werte ermittelt werden können. Im Beispiel werden die Lösungswerte mit Hilfe der Gleichungen G1 und G3 ermittelt. G2 wird erst einmal nicht weiter beachtet.

2. Gleichungsblock

G1'	$x + y$	$= 5$
G2	$2x + y$	$= 7$
G3' = G1 + G3	$2x$	$= 4$

G3' wird nach x aufgelöst. Das Ergebnis ist: $x = 2$. In G1' kann x durch 2 ersetzt werden. Nach y aufgelöst ergibt G1': $y = 3$

3. Gleichungsblock

G1'	y	$= 3$
G2	$2x + y$	$= 7$
G3' = G1 + G3	x	$= 2$

Die Gleichung G2 ist aber auch Bestandteil des Gleichungssystems und muss daher ebenso erfüllt werden. Um dies zu prüfen werden die beiden Lösungswerte für x und y in G2 eingesetzt. Wenn G2 erfüllt wird, so sind die Werte 2 und 3 gültige Werte für x und y, und somit ist (2; 3) das Lösungswertepaar des Gleichungssystems. Wird G2 nicht erfüllt, so ist das Gleichungssystem nicht lösbar.

20. Lineare Gleichungssysteme

Aufgaben

1. Wie lauten die Lösungen folgender linearer Gleichungssysteme?

   a) G1: $2x + y = 7$
   G2: $x + y = 5$

   b) G1: $2x + 4y = 0$
   G2: $x - y = 9$

   c) G1: $3x - 4y = 8$
   G2: $2x - 3y = 5$

2. Die linearen Gleichungssysteme sind zu berechnen:

   a) G1: $2x - y = 3$
   G2: $3x + y - z = 4$
   G3: $4x + 2y + z = 13$

   b) G1: $x + y - z = 32$
   G2: $10x - y + z = 1$
   G3: $2x - 2y + 3z = -31$

3. Wie lauten die Lösungen der folgenden unbestimmten linearen Gleichungssysteme?

   a) G1: $x + y = 5$
   G2: $x - y = 1$
   G3: $2x + y = 8$
   Definitionsmenge D: $x, y \in \mathbb{R}$

   b) G1: $x - 2y = -1$
   G2: $3x + y = 18$
   G3: $x + y = 10$
   Definitionsmenge D: $x, y \in \mathbb{R}$

Lösungen

1. a) $x = 2$, $y = 3$ $L = \{(2; 3)\}$
   b) $x = 6$, $y = -3$ $L = \{(6; -3)\}$
   c) $x = 4$, $y = 1$ $L = \{(4; 1)\}$

2. a) $x = 2$, $y = 1$, $z = 3$ $L = \{(2; 1; 3)\}$
   b) $x = 3$, $y = 50$, $z = 21$ $L = \{(3; 50; 21)\}$

3. a) $x = 3$, $y = 2$ $L = \{(3; 2)\}$
   b) nicht lösbar $L = \varnothing$

21. Bruchterme

In manchen Bereichen der Mathematik werden sehr viele Bruchterme verwendet. In der Analysis (vgl. Kurvendiskussion, Ableitungen, S. 498) und bei vielen Gleichungen gehört der Umgang mit Bruchtermen zum mathematischen Alltag. Es sind wenige (neue) Regeln zu beachten, die meisten kennt man schon aus der normalen Bruchrechnung.

Jeder Ausdruck der Form $\frac{\text{Zählerterm}}{\text{Nennerterm}}$ ist ein *Bruchterm*. Er unterscheidet sich vom normalen Bruch dadurch, dass die Variable auch im *Nennerterm* vorkommt, und zusätzlich eventuell auch noch ein Parameter.

In diesem Kapitel werden die Besonderheiten vorgestellt, die beim Rechnen mit solchen variablen Bruchtermen zu beachten sind.

Auf die Grundlagen der Bruchrechnung und Termumformung wird hier nicht weiter eingegangen. Sie werden in den Kapiteln Bruchrechnen (vgl. S. 59), bzw. Termumformung (vgl. S. 51) besprochen.

Typische Etappen bei der Rechnung mit Bruchtermen sind:

1. Finden des Hauptnenners
2. Multiplikation bzw. Division von und mit Bruchtermen
3. Addition oder Subtraktion von Bruchtermen

Finden des Hauptnenners

Um zwei normale Zahlenbrüche (nur Ziffern, keine Buchstaben) zu addieren (oder zu subtrahieren), muss meistens vorher mit Hilfe der Primfaktorzerlegung (vgl. S. 64) Hauptnenner ermittelt werden.

Um den Hauptnenner mehrerer Bruchterme zu ermitteln, müssen die einzelnen Nenner mittels Termumformung in möglichst kleine *Faktoren* zerlegt werden.

21. Bruchterme

B Im folgenden Beispiel wird der *Hauptnenner* der beiden Bruchterme $\frac{1}{x-1}$ und $\frac{2}{x^2-x}$ ermittelt:

Nenner 1: $x - 1$ $x - 1$ lässt sich nicht weiter zerlegen

Nenner 2: $x^2 - x$ x kann ausgeklammert werden: $x^2 - x = x(x - 1)$. Weitere Zerlegung ist nicht möglich.

Der Hauptnenner lautet also: $x(x - 1)$. Die beiden Faktoren x und $(x - 1)$ werden *Linearfaktoren* genannt (da x die Potenz 1 hat). Hier wurde also eine *Linearfaktorzerlegung* durchgeführt.

Die Linearfaktorzerlegung ist trotz ihres komplizierten Namens in diesem Fall nicht allzu aufwendig. Im nächsten Beispiel wird gezeigt, wie in zwei Schritten eine Linearfaktorzerlegung durchgeführt wird, wenn die Terme etwas komplizierter aufgebaut sind:

B Für die beiden folgenden Bruchterme $\frac{5}{2x^2+2x-12}$ und $\frac{2}{3x^3-12x}$ soll der Hauptnenner ermittelt werden. Dazu muss für beide Nenner eine Linearfaktorzerlegung durchgeführt werden.

Mit dem Nenner $(2x^2 + 2x - 12)$ wird begonnen:

Schritt 1: Den Koeffizienten der höchsten x-Potenz ausklammern

$2x^2 + 2x - 12 = 2(x^2 + x - 6)$

Schritt 2: *Nullstellenbestimmung*

Für das Produkt $2(x^2 + x - 6)$ werden alle Nullstellen bestimmt. Dazu muss die Gleichung $2(x^2 + x - 6) = 0$ gelöst werden. Da ein Produkt genau dann Null ist, wenn (mindestens) einer der Faktoren Null ist, werden für alle Faktoren einzeln die Nullstellen bestimmt. Der Faktor 2 kann nicht Null werden. Der Faktor $x^2 + x - 6$ muss aber genauer untersucht werden: Man prüft, ob die Gleichung $x^2 + x - 6 = 0$ Lösungen hat. Es handelt sich um eine quadratische Gleichung (vgl. S. 145), die mit der quadratischen Lösungsformel (vgl. S. 151) gelöst wird. Die Lösungen sind:

$x_1 = 2$ und $x_2 = -3$.

Schritt 3: Linearfaktoren angeben

Mit Hilfe dieser Lösungen $x_1 = 2$ und $x_2 = -3$ können die Linearfaktoren angegeben werden: Der erste Linearfaktor ist $(x - 2)$, der zweite ist $(x - (-3))$, also $(x + 3)$.

Allgemein gilt immer: Pro Lösungswert ergibt sich genau ein Linearfaktor, nämlich (x – Lösungswert).

Die Linearfaktorzerlegung ist jetzt erfolgreich abgeschlossen.

B Der Term $2x^2 + 2x - 12$ kann nun als Produkt seiner einzelnen Faktoren geschrieben werden, also:

$$2x^2 + 2x - 12 = 2(x - 2)(x + 3)$$

Achtung: Den in Schritt 1 ausgeklammerten Koeffizienten nicht vergessen!

Im zweiten Nenner können zwei der Linearfaktoren z. B. mit Hilfe der dritten binomischen Formel ermittelt werden (vgl. binomische Formeln, S. 124):

N2:	$3x^3 - 12x$	Der Faktor 3 muss ausgeklammert werden.
N2:	$3(x^3 - 4x)$	In der Klammer ist der Faktor x in beiden Gliedern enthalten. x wird also ausgeklammert.
N2:	$3x(x^2 - 4)$	Der Ausdruck $(x^2 - 4)$ ist ein Binom. Mit Hilfe der binomischen Formel $a^2 - b^2 = (a + b)(a - b)$ kann er in die Faktoren $(x + 2)(x - 2)$ zerlegt werden.
N2:	$3x(x + 2)(x - 2)$	Etappenziel erreicht: Die einzelnen Faktoren können nicht weiter zerlegt werden.

Am Hauptnenner beteiligt sich der erste Nenner also mit den Faktoren 2, $(x - 2)$ und $(x + 3)$. Der zweite Nenner liefert als neue Faktoren den Wert 3 sowie x und $(x + 2)$.

Der Hauptnenner lautet also: $2 \cdot 3 \cdot x(x + 2)(x - 2)(x + 3)$.

21. Bruchterme

Die allgemeine Darstellung eines Terms wie z. B. der oben zerlegte Nenner ($2x^2 + 2x - 12$) lautet

$$a_n x^n + a_{n-1} x^{n-1} + \ldots + a_1 x + a_0$$

Häufig steht man vor der Aufgabe, einen Term dieser Art (wird auch *Polynom* genannt) in seine Linearfaktoren zu zerlegen. Dazu werden mit Hilfe der Gleichung

$$a_n x^n + a_{n-1} x^{n-1} + \ldots + a_1 x + a_0 = 0$$

die maximal n Nullstellen x_1, x_2, ... x_n des Terms bestimmt. Dies ist um so aufwendiger, je höher die höchste x-Potenz ist. Kommt x in der dritten oder in einer höheren Potenz vor, so werden die Nullstellen mittels Polynomdivision bestimmt. Die Polynomdivision wird im Abschnitt Gleichungen dritten Grades vorgestellt (vgl. S. 167).

Wenn ein Term keine (reellen) Nullstellen hat, wie z. B. $x^2 + 5$, dann ist er auch nicht weiter zerlegbar. Er muss dann so wie er ist in den Hauptnenner übernommen werden.

Wenn im Nenner x-Potenzen und Logarithmen oder Wurzeln oder Exponentialausdrücke gemischt sind, so ist eine Zerlegung in Faktoren meist nur sehr begrenzt möglich (in der Regel nur durch Ausklammern gemeinsamer Faktoren). Die Suche nach Nullstellen bringt in der Regel auch keinen Erfolg, zumal diese oft nur durch Näherungsverfahren bestimmt werden können.

Tipps zur Linearfaktorzerlegung:

1. Das Ziel ist es, den Nenner zu *faktorisieren*. Egal wie! Es muss also nicht direkt nach Linearfaktoren gesucht werden, diese ergeben sich automatisch, wenn man die Nullstellen des Nenners bestimmt.

2. Vor der Lösung einer Gleichung müssen zur Bestimmung ihrer Definitionsmenge bereits die Nullstellen der einzelnen Nenner ermittelt werden. Die Ergebnisse daraus können (und sollten) selbstverständlich benutzt werden!

3. Für die Nullstellenbestimmung des Polynoms $a_n x^n + a_{n-1} x^{n-1} + \ldots + a_1 x + a_0$ muss der Koeffizient a_n nicht unbedingt ausgeklammert werden. Im Beispiel $2x^2 + 2x - 12$ kann auch direkt die Gleichung $2x^2 + 2x - 12 = 0$ gelöst werden. Die Werte für die Nullstellen ($x_1 = 2$ und $x_2 = -3$) ändern sich dadurch nicht! In der Produktdarstellung muss der Koeffizient a_n dann aber mit angegeben werden! Im Beispiel lautet sie: $2(x - 2)(x + 3)$. Der erste Faktor ist nicht zufällig 2, sondern deshalb, weil die höchste x-Potenz (x^2) den Wert 2 als Koeffizienten hat!

Im allgemeinen Fall lautet die Produktdarstellung für ein Polynom vom Grad n mit den n Nullstellen $x_1, x_2, ..x_n$:

$$a_n x^n + a_{n-1} x^{n-1} + \ldots + a_1 x + a_0 = a_n (x - x_1)(x - x_2) \ldots (x - x_n)$$

Multiplikation von Bruchtermen

Die Multiplikation von Bruchtermen gehört ebenso wie die Division zu den leichteren Übungen beim Rechnen mit Bruchtermen: Wie für (einfache) Brüche gilt auch hier:

Bruchterme werden multipliziert, indem man alle Zähler miteinander und alle Nenner miteinander multipliziert.

Beim praktischen Rechnen wird ein großer Bruchstrich gezogen. Alle Zähler werden auf den gemeinsamen Bruchstrich und alle Nenner unter den gemeinsamen Bruchstrich geschrieben. Aber Achtung: Wenn ein Zähler oder Nenner eine Summe oder Differenz ist, so muss dieser (wie im Beispiel gezeigt) eingeklammert werden, wenn die Bruchterme zu einem Bruchterm zusammengefasst werden.

B $$\frac{2x}{x^2 - 4} \cdot \frac{x + 1}{x} \cdot \frac{3}{2} = \frac{2x \cdot (x + 1) \cdot 3}{(x^2 - 4) \cdot x \cdot 2}$$

Nun können alle Techniken des Bruchrechnens angewendet werden, um den Bruchterm weiter umzuformen (kürzen(!), ausmultiplizieren).

21. Bruchterme

Division durch Bruchterme

Durch einen Bruch wird dividiert, indem man mit seinem *Kehrwert* multipliziert.

So schlicht und einfach funktioniert die Division von Bruchtermen. Das Beispiel zeigt die Anwendung beim Lösen einer Bruchgleichung.

B

$$(x+5) \cdot \frac{x-1}{x+1} = 2 \cdot \frac{x-1}{x+1} \quad \Big| \cdot \frac{x+1}{x-1}$$

Der Nenner wird Null für $x = -1$. Die Definitionsmenge lautet daher: $D = \mathbb{R} \setminus \{-1\}$.

Der Bruchterm $\frac{x-1}{x+1}$ kommt auf beiden Seiten der Gleichung als Faktor vor. Sie kann also durch diesen Bruchterm geteilt werden, was der Multiplikation mit dem Kehrbruch entspricht. Aber Achtung: Wenn für x der Wert 1 eingesetzt wird, hat der Nenner des Kehrbruchs den Wert Null. Daher muss der Wert 1 vorerst ausgeschlossen werden: $x \neq 1$.

$$(x+5) = 2$$

Die lineare Gleichung wird nach x aufgelöst. Die Lösung lautet: $x = -3$.

$$x_1 = -3$$
$$x_2 = 1$$

Im ersten Schritt wurde der Wert 1 ausgeschlossen. Setzt man den Wert 1 für x in die Originalgleichung ein, so ergeben beide Seiten der Gleichung den Wert Null. Daher ist $x = 1$ eine weitere Lösung der Gleichung.

$$L = \{-3; 1\}$$

Beide Werte sind in der Definitionsmenge enthalten und somit Bestandteil der Lösungsmenge.

Addition und Subtraktion von Bruchtermen

Für das Addieren und Subtrahieren von Bruchtermen werden die gleichen Regeln und Techniken verwendet wie bei der einfachen Bruchrechnung.

Der Lösungsweg besteht in der Regel aus den folgenden drei Schritten:

> Schritt 1: Für die Bruchterme wird der gemeinsame *Hauptnenner* gesucht (z. B. mit Linearfaktorzerlegung, vgl. S. 240).
>
> Schritt 2: Die Bruchterme werden auf den gemeinsamen (Haupt-) Nenner erweitert.
>
> Schritt 3: Die Bruchterme werden zusammengefasst (auf einen gemeinsamen Bruchstrich geschrieben) und anschließend je nach Art der Aufgabe weiter umgeformt.

B Am Beispiel der Subtraktion zweier Bruchterme werden alle Schritte deutlich:

$$\frac{1}{x^2-1} - \frac{2}{x^2-x}$$

Schritt 1: Linearfaktorzerlegung:

$(x^2-1) = (x+1)(x-1)$; (vgl. dritte binomische Formel, S. 124);

$(x^2-x) = x(x-1)$; (x ausgeklammert)

Der Hauptnenner lautet also:

$x(x-1)(x+1)$.

$$\frac{1 \cdot x}{x \cdot (x-1)(x+1)} - \frac{2(x+1)}{x \cdot (x-1)(x+1)}$$

Schritt 2: Beide Bruchterme werden auf den Hauptnenner erweitert. Bruchterm 1 wird mit x erweitert, Bruchterm 2 mit $(x+1)$.

$$\frac{1 \cdot x}{x \cdot (x-1)(x+1)} - \frac{2x+2}{x \cdot (x-1)(x+1)}$$

Im Zähler des zweiten Bruchterms wurde die Klammer aufgelöst.

$$\frac{x-(2x+2)}{x(x-1)(x+1)}$$

Schritt 3: Beide Bruchterme werden auf einen gemeinsamen Bruchstrich geschrieben.

$$\frac{-x-2}{x(x-1)(x+1)}$$

Der Zähler wird zusammengefasst.

21. Bruchterme

Doppelbrüche

Viele wichtige Dinge wie Staubsaugen oder Zimmer aufräumen kommen einem in den Sinn, wenn in einer Aufgabe Ausdrücke wie

$$\frac{\frac{2x}{x^2-4}}{\frac{x}{x-1}}$$

auftauchen. Solche Gebilde werden *Doppelbrüche* genannt (vgl. Bruchrechnung, S. 67). Auch für sie gilt die bereits angegebene Regel:

Durch einen Bruch wird dividiert, indem man mit seinem *Kehrwert* multipliziert.

Den Kehrwert eines Bruches erhält man, indem Zähler und Nenner vertauscht werden, der Bruch wird also ganz einfach umgedreht. Im Beispiel entspricht der Doppelbruch dem Produkt aus dem Zählerbruchterm $\frac{2x}{x^2-4}$, und dem Kehrwert des Nennerbruchterms $\frac{x-1}{x}$.

B

$$\frac{\frac{2x}{x^2-4}}{\frac{x}{x-1}} = \frac{2x}{x^2-4} \cdot \frac{x-1}{x}$$

Nun können alle Techniken des Bruchrechnens, wie Kürzen oder Ausmultiplizieren angewendet werden, um den Bruchterm weiter umzuformen.

Bruchgleichungen

Wenn die Variable einer Gleichung mindestens einmal im Nenner eines Bruchs auftaucht, so steht man vor der Aufgabe, eine *Bruchgleichung* zu lösen. Die Regeln und Techniken, mit deren Hilfe normale Gleichungen gelöst werden, gelten auch für Bruchgleichungen. Nur wenige Besonderheiten müssen zusätzlich beachtet werden.

Nach folgendem Schema können Bruchgleichungen gelöst werden:

Schritt 1: Bestimmung der Definitionsmenge

Der Wert eines Nenners darf nie Null werden (mathematisches Gesetz)! Daher müssen aus der Definitionsmenge diejenigen Werte für x ausgeschlossen werden, für die der Wert eines Nenners Null ergibt.

Dazu wird überprüft, für welche x – Werte die einzelnen Nenner Null werden. Alle diese Werte (*Nennernullstellen*) müssen aus der Definitionsmenge ausgeschlossen werden.

Achtung: Enthält ein Nenner einen Parameter, so muss zusätzlich angegeben werden, welche x – Werte in Abhängigkeit des Parameters ausgeschlossen werden. Im Beispiel

B $$\frac{1}{x-1} = \frac{x}{x-a}$$

darf x nicht den Wert 1 (wegen Nenner 1), und auch nicht den Wert a (wegen Nenner 2) annehmen! Für die Definitionsmenge gilt also: $D = \mathbb{R} \setminus \{1; a\}$

Schritt 2: Variable Nenner entfernen

Dieser Schritt ist oft der aufwendigste, da der Hauptnenner bestimmt werden muss. Die Suche nach ihm kann einige Zeit in Anspruch nehmen (vgl. Bruchterme, S. 239).

Durch Multiplikation der Bruchgleichung mit dem Hauptnenner werden alle Nenner entfernt. Als Ergebnis hat man eine normale Gleichung.

Um die Gleichung zu lösen ist es ausreichend, alle variablen Nenner (das sind diejenigen, die x enthalten) zu entfernen. Nenner ohne x können prinzipiell bestehen bleiben, allerdings ist es für den weiteren Lösungsweg fast immer von Vorteil, wenn alle Nenner (also auch die x-freien) entfernt werden!

Schritt 3: Gleichung lösen

Der weitere Lösungsweg hängt vom Gleichungstyp ab, der durch die Umformung in Schritt 2 entstanden ist. Die Lösungstechniken für verschiedene Gleichungstypen werden in den Kapiteln 13 – 18 (vgl. S. 133 – 198) vorgestellt.

21. Bruchterme

Schritt 4: Lösungen auf Gültigkeit prüfen

Für jede gefundene Lösung muss überprüft werden, ob sie in der Definitionsmenge enthalten ist. Falls ja, ist es eine gültige Lösung. Falls nicht, ist die Lösung ungültig und darf nicht in die Lösungsmenge aufgenommen werden.

Am folgenden Beispiel werden mit einer einfachen Bruchgleichung alle Schritte verdeutlicht:

B

$$\frac{1}{x-1} - \frac{2}{x^2 - x} = 0$$

Schritt 1: Es wird ermittelt, für welche x einer der beiden Nenner Null wird.
$x - 1 = 0 \Rightarrow x = 1$
$x^2 - x = 0 \Rightarrow x(x-1) = 0 \Rightarrow x_1 = 0; x_2 = 1$
Die Definitionsmenge lautet also:
$D = \mathbb{R} \setminus \{0; 1\}$.

$$\frac{1}{x-1} - \frac{2}{x^2 - x} = 0 \quad | \cdot x(x-1)$$

Schritt 2: Um die beiden Nenner zu entfernen wird die Gleichung mit dem Hauptnenner multipliziert. Der Hauptnenner lautet $x(x-1)$.

$$\frac{1 \cdot x(x-1)}{x-1} - \frac{2 \cdot x(x-1)}{x^2 - x} = 0$$

Beide Brüche werden gekürzt.

$$x - 2 = 0 \quad | + 2$$

Schritt 3: Die Gleichung ist eine lineare Gleichung und wird nach x aufgelöst.

$$x = 2$$

Schritt 4: Lösung. Der Wert 2 ist Element der Definitionsmenge, also lautet die Lösungsmenge: $L = \{2\}$.

Aufgaben

1. Folgende Teilaufgaben sind zu lösen:

   1. Bestimmen des Hauptnenners der angegebenen Bruchterme
   2. Bestimmen der Definitionsmenge der jeweiligen Bruchgleichung
   3. Bestimmen der Lösungsmenge der Bruchgleichung

   a) Terme: $\frac{x-2}{x+2}; \frac{15}{x^2+2x}$

   Gleichung: $\frac{x-2}{x+2} = \frac{15}{x^2+2x}$

   b) Terme: $\frac{x}{x+5}; \frac{x}{x-3}; \frac{42-6x}{x^2+2x-15}$

   Gleichung: $\frac{x}{x+5} + \frac{x}{x-3} = \frac{42-6x}{x^2+2x-15}$

2. Folgende Teilaufgaben sind zu lösen:

   1. Bestimmen des Hauptnenners der angegebenen Bruchterme
   2. Bestimmen der Definitionsmenge der jeweiligen Bruchgleichung
   3. Bestimmen der Lösungsmenge der Bruchgleichung
   4. Multiplizieren der Bruchterme und kürzen so weit wie möglich
   5. Umwandlung der Doppelbrüche in einfache Brüche

   a) Gleichung: $\frac{2x}{x-1} = \frac{x}{x+1}$

   Multiplikation: $\frac{2x}{x-1} \cdot \frac{x}{x+1}$

   Doppelbruch: $\dfrac{\frac{2x}{x-1}}{\frac{x}{x+1}}$

21. Bruchterme

b) Gleichung: $\frac{x-2}{x} + \frac{2}{x+2} = \frac{4}{x^2+2x}$

Multiplikation: $\frac{x-2}{x} \cdot \frac{4}{x^2+2x}$

Doppelbruch: $\frac{\frac{x-2}{x}}{\frac{4}{x^2+2x}}$

3. Folgende Teilaufgaben sind zu lösen:

   1. Bestimmen der Definitionsmenge der einzelnen Bruchterme
   2. Bestimmen des Hauptnenners der angegebenen Bruchterme
   3. Addieren und Subtrahieren der beiden Bruchterme
   4. Bestimmen der Definitionsmenge der Bruchgleichung
   5. Lösungen der Bruchgleichung
   6. Angabe der Lösungsmenge der Bruchgleichung

   Grundmenge $G = \mathbb{R}$

   a) Addition: $\frac{1}{x-20} + \frac{2}{x^2+x}$ Subtraktion: $\frac{1}{x-20} - \frac{2}{x^2+x}$

   Gleichung: $\frac{1}{x-20} + \frac{2}{x^2+x} = 0$

   b) Addition: $\frac{1}{x^2-2x-3} + \frac{6}{x^3+2x^2-15x}$

   Subtraktion: $\frac{1}{x^2-2x-3} - \frac{6}{x^3+2x^2-15x}$

   Gleichung: $\frac{1}{x^2-2x-3} - \frac{6}{x^3+2x^2-15x} = 0$

Lösungen

1. a) Hauptnenner: $x(x + 2)$
   Definitionsmenge: $D = \mathbb{R} \setminus \{-2; 0\}$
   $x_1 = -3$
   $x_2 = 5$
   $L = \{-3; 5\}$

   b) Hauptnenner: $(x + 5)(x - 3)$
   Definitionsmenge: $D = \mathbb{R} \setminus \{-5; 3\}$
   $x_1 = -7$
   $x_2 = 3;\ 3 \notin D$
   $L = \{-7\}$

2. a) Hauptnenner: $(x - 1)(x + 1)$
   Definitionsmenge: $D = \mathbb{R} \setminus \{-1; 1\}$
   $x_1 = 0$
   $x_2 = -3$
   $L = \{-3; 0\}$

   Multiplikation: $\frac{2x^2}{x^2 - 1}$

   Doppelbruch: $\frac{2x}{x - 1} \cdot \frac{x + 1}{x} = \frac{2x + 2}{x - 1}$

   b) Hauptnenner: $x(x + 2)$
   Definitionsmenge: $D = \mathbb{R} \setminus \{-2; 0\}$
   $x_1 = 2$
   $x_2 = -4$
   $L = \{-4; 2\}$

   Multiplikation: $\frac{4x - 8}{x^3 + 2x^2}$

   Doppelbruch: $\frac{x - 2}{x} \cdot \frac{x(x + 2)}{4} = \frac{x^2 - 4}{4}$

21. Bruchterme

3. a) $D_1 = \mathbb{R} \setminus \{20\}$

$D_2 = \mathbb{R} \setminus \{-1; 0\}$

$HN = x(x + 1)(x - 20)$

Addition: $\dfrac{x^2 + 3x - 40}{x(x+1)(x-20)}$

Subtraktion: $\dfrac{x^2 - x + 40}{x(x+1)(x-20)}$

Definitionsmenge der Bruchgleichung: $D = \mathbb{R} \setminus \{-1; 0; 20\}$

Gleichung: $x_1 = 5; x_2 = -8$

$L = \{-8; 5\}$

b) $D_1 = \mathbb{R} \setminus \{-1; 3\}$

$D_2 = \mathbb{R} \setminus \{-5; 0; 3\}$

$HN = x(x - 3)(x + 1)(x + 5)$

Addition: $\dfrac{x^2 + 11x + 6}{x(x-3)(x+1)(x+5)}$

Subtraktion: $\dfrac{x^2 - x - 6}{x(x-3)(x+1)(x+5)}$

Definitionsmenge der Bruchgleichung: $D = \mathbb{R} \setminus \{-5; -1; 0; 3\}$

Gleichung: $x_1 = -2; x_2 = 3$; Wert 3 nicht in D!

$L = \{-2\}$

22. Komplexe Zahlen

Die rationalen Zahlen werden um die irrationalen Zahlen erweitert und ergeben zusammen die reellen Zahlen. Die reellen Zahlen werden um *imaginäre Zahlen* erweitert und ergeben mit diesen zusammen die *komplexen Zahlen*. Die Menge der komplexen Zahlen wird mit $\mathbb{C}$ bezeichnet. Eine komplexe Zahl besteht aus einem *Realteil* und einem *Imaginärteil*. Die beiden Zahlenteile können nicht zusammengerechnet werden. Sie müssen immer getrennt dargestellt werden. Die allgemeine Darstellung ist:

$$z = \text{Realteil} + i \cdot \text{Imaginärteil}$$

oder konkreter:

$$z = a + ib$$

wobei a und b beliebige (reelle) Zahlen sind ($a, b \in \mathbb{R}$).

B Beispiele für komplexe Zahlen sind:
$z_1 = 3 - i4$; $z_2 = 2 + i$; $z_3 = -i3 - 5$; $z_4 = i - 1$; $z_5 = a - i3$; $z_6 = x - iy$

Imaginäre Zahlen

Der Buchstabe „i" steht für die imaginäre Einheit. Sie ist definiert durch:

$$i \cdot i = -1$$

Da $i \cdot i$ auch als i^2 geschrieben werden kann, bedeutet dies:

$$i^2 = -1$$

22. Komplexe Zahlen

Wird auf beiden Seiten die Wurzel gezogen, so ergibt sich etwas, das jahrelang im Mathematikunterricht Grund genug war, jegliche Weiterbearbeitung der Aufgabe ohne Punktverlust abzulehnen:

$$i = \sqrt{-1}$$

Das ist das eigentliche imaginäre: Die Wurzeln aus negativen Zahlen existierten in keiner anderen Zahlenmenge.

B Beispiele für imaginäre Zahlen sind: – i3; i0, 5 usw.

Die Rechenregeln mit imaginären Zahlen kann man bereits erahnen: Es gelten dieselben Regeln wie mit reellen Zahlen, man darf nur nicht das i vergessen.

Beispiel	Allgemein	Rechenart
$i3 + i4 = i7$	$ia + ib = i(a + b)$	Addition
$i3 - i4 = -i$	$ia - ib = i(a - b)$	Subtraktion
$i3 \cdot i4 = -12$	$ia \cdot ib = -ab$	Multiplikation
$\frac{i3}{i4} = \frac{3}{4} = 0,75$	$\frac{ia}{ib} = \frac{a}{b}$	Division

Das Beispiel für die Multiplikation von imaginären Zahlen erklärt sich wie folgt:

Für $i3 \cdot i4$ kann ausführlich geschrieben werden:

$i \cdot 3 \cdot i \cdot 4 = i \cdot i \cdot 3 \cdot 4 = -1 \cdot 3 \cdot 4 = -12$;

Nicht vergessen: $i \cdot i = -1$.

Für das Beispiel zur Division gilt:

$\frac{i \cdot 3}{i \cdot 4}$; i kann gekürzt werden. Das Ergebnis ist $\frac{3}{4}$.

Komplexe Zahlenebene

Da die Menge der reellen Zahlen bereits den gesamten Zahlenstrahl besetzt, wählt man zur grafischen Darstellung von komplexen Zahlen die *komplexe Zahlenebene*. Diese unterscheidet sich nur unwesentlich vom kartesischen Koordinatensystem.

Zur Erinnerung: Das kartesische Koordinatensystem hat eine x-Achse und eine y-Achse. Ein Punkt P(2; 3) wird eingezeichnet, indem man zwei (= x-Koordinate) Einheiten auf der x-Achse nach rechts, und drei (= y-Koordinate) Einheiten auf der y-Achse nach oben geht. Dort wird der Punkt gezeichnet.

Bei der komplexen Zahlenebene wird die x-Achse als *reelle Achse* und die y-Achse als *imaginäre Achse* bezeichnet. Daher ist die Einheit auf der imaginären Achse auch nicht 1, sondern *i*. Sonst ändert sich nichts.

B

Eine komplexe Zahl z = 2 + i3 zeichnet man ganz einfach in die komplexe Zahlenebene ein, indem der Realteil 2 (x-Koordinate) auf der reellen Achse, und der Imaginärteil 3 (y-Koordinate) auf der imaginären Achse abgezählt wird. Im Prinzip also genauso wie beim Punkt P(2; 3).

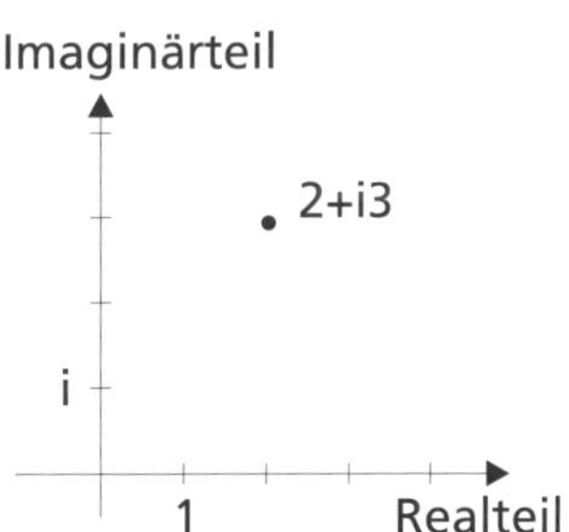

Rechnen mit komplexen Zahlen

Beim Rechnen mit komplexen Zahlen müssen der Realteil und der Imaginärteil getrennt betrachtet werden. Die Rechnung wird deswegen etwas umfangreicher, aber nicht unbedingt komplizierter. Die Rechenregeln für die vier Grundrechenarten werden nun vorgestellt.

Addition komplexer Zahlen

Zwei komplexe Zahlen werden addiert, indem man jeweils die beiden Realteile und die beiden Imaginärteile getrennt addiert.

22. Komplexe Zahlen

Am Beispiel lässt sich die Regel erkennen:

B $(3 + i4) + (2 + i6) = 5 + i10$

Im allgemeinen Fall gilt:

$$(u + iv) + (s + it) = u + s + i(v + t)$$

Subtraktion komplexer Zahlen

Zwei komplexe Zahlen werden subtrahiert, indem jeweils die beiden Realteile und die beiden Imaginärteile getrennt subtrahiert werden.

Auch hier zeigt sich am Beispiel die Regel:

B $(3 + i4) - (2 + i6) = 1 - i2$

Im allgemeinen Fall gilt:

$$(u + iv) - (s + it) = u - s + i(v - t)$$

Multiplikation komplexer Zahlen

B

$(3 + i4) \cdot (2 + i6) =$	Klammern ausmultiplizieren (normale Klammerregeln)
$3 \cdot 2 + 3 \cdot i6 + i4 \cdot 2 + i4 \cdot i6 =$	Multiplizieren. Achtung, nicht vergessen: $i \cdot i = -1$
$6 + i18 + i8 - 24 =$	Realteile (ohne i) und Imaginärteile (mit i) zusammenfassen
$-18 + i26$	Ergebnis

Bei der Multiplikation werden zunächst mit den normalen Klammerregeln die Klammern ausmultipliziert. Dabei muss beachtet werden, dass $i \cdot i$ den Wert (-1) hat (im Beispiel ist dies der Term $i4 \cdot i6$). Anschließend werden die Realteile und Imaginärteile getrennt zusammengefasst.

Zwei komplexe Zahlen werden multipliziert, indem der Real- und der Imaginärteil der ersten Zahl jeweils mit Real- und dem Imaginärteil der zweiten Zahl multipliziert werden.

Allgemein gilt:

$$(u + iv) \cdot (s + it) = u \cdot s + u \cdot it + iv \cdot s + iv \cdot it = (us - vt) + i(ut + vs)$$

Division komplexer Zahlen

Bei den bisherigen Rechenarten gab es nur wenig Neues, auch wenn die Rechnungen komplizierter aussehen. Abgesehen von der Besonderheit, dass $i \cdot i$ den Wert (-1) hat, wurden nur bekannte Regeln angewendet.

Bei der Division dagegen führt ein kleiner Trick zum gewünschten Ergebnis. Natürlich müssen auch die normalen Regeln der Division bzw. des Bruchrechnens angewendet werden. Das Beispiel zeigt wie. Die Division wird von Anfang an als Bruch dargestellt:

B

$\frac{3 + i4}{2 + i6} =$	Nimmt man den Nenner und ändert das Rechenzeichen (aus + wird –, aus – wird +), so erhält man wieder eine komplexe Zahl. Mit dieser Zahl wird der Bruch erweitert. Das ist der Trick!
$\frac{(3 + i4)(2 - i6)}{(2 + i6)(2 - i6)} =$	Klammern auflösen. Achtung: Binom im Nenner; 3. binomische Formel (vgl. Binomische Formeln, S. 124)
$\frac{3 \cdot 2 - 3 \cdot i6 + i4 \cdot 2 - i4 \cdot i6}{2^2 - (i6)^2} =$	Zusammenfassen; Achtung: $(i6)^2$ ist $i^2 \cdot 6^2$; i^2 hat den Wert (-1)

$\frac{6 - i18 + i8 + 24}{4 + 36} =$

Zähler und Nenner zusammenfassen. Man erkennt jetzt, dass der Nenner keinen imaginären Anteil hat. Das ist der Sinn des Tricks.

$\frac{30 - i10}{40} =$

Man könnte die Aufgabe jetzt als beendet betrachten, es ist aber sinnvoll, den Bruch in Real- und Imaginärteil zu teilen und zu kürzen.

$\frac{3}{4} + i\frac{1}{4}$

Ergebnis

Im ersten Schritt wurde der Bruch mit einer komplexen Zahl erweitert, die den gleichen Realteil, aber genau den negativen Imaginärteil des Nenners hat. Solche *Zahlenpaare* heißen *konjugiert-komplex* zueinander.

Die folgenden Beispiele verdeutlichen dies:

B Konjugiert-komplexe Zahlenpaare:

(3 – i) und (3 + i),

(– 2 – i8) und (– 2 + i8),

(0 – i2) und (0 + i2) usw.

Der Trick kann auch mathematisch erklärt werden: Der Bruch wird mit dem konjugiert-komplexen Nenner erweitert. Der Sinn: Im Nenner ist hinterher garantiert kein Imaginärteil mehr vorhanden und es kann bequem weitergerechnet werden.

Betrag einer komplexen Zahl

Bereits weiter oben wurde die komplexe Zahl 2 + i3 als Punkt in die komplexe Zahlenebene eingezeichnet. Die Länge des Abstandes zwischen dem Ursprung und dem Punkt nennt man den *Betrag* von z, in gewohnter Weise als $|z|$ geschrieben.

B Der Betrag der Zahl 2 + i3 entspricht der Länge der Strecke vom Ursprung der Zahlenebene (Achsenschnittpunkt) zum Punkt (2 + i3).

Man erkennt das rechtwinklige Dreieck mit den beiden Katheten „Realteil“ und „Imaginärteil“. |z| entspricht der Länge der dritten Seite (Hypothenuse) und wird mit der Formel des Pythagoras berechnet (vgl. Pythagoras und Euklid, S. 393). Demnach gilt:

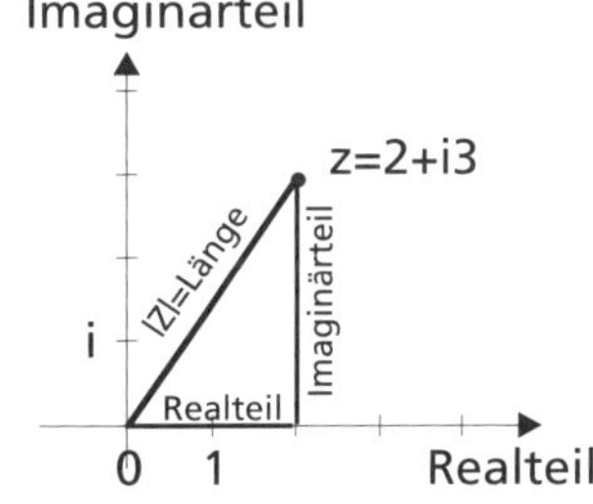

$$|z|^2 = (\text{Realteil})^2 + (\text{Imaginärteil})^2, \text{ oder}$$
$$|z| = \sqrt{(\text{Realteil})^2 + (\text{Imaginärteil})^2}$$

B Der Betrag der komplexen Zahl (2 + i3) ist also:

$$|2 + i3| = \sqrt{2^2 + 3^2} \approx 3,6$$

Der Betrag komplexer Zahlen wird benötigt, um sie in Polarkoordinaten darzustellen.

Darstellung in Polarkoordinaten

Stellt man sich den Ursprung einer komplexen Zahlenebene in der Mitte einer Uhr vor, dann verläuft die reelle Achse von 9 Uhr nach 3 Uhr und die imaginäre Achse von 6 Uhr nach 12 Uhr. Der Sekundenzeiger ist im U(h)rsprung befestigt und dreht gemütlich seine Runden. Ganz nebenbei zeigt seine Spitze auf alle Punkte, die zusammen einen Kreis auf dem Zifferblatt bilden.

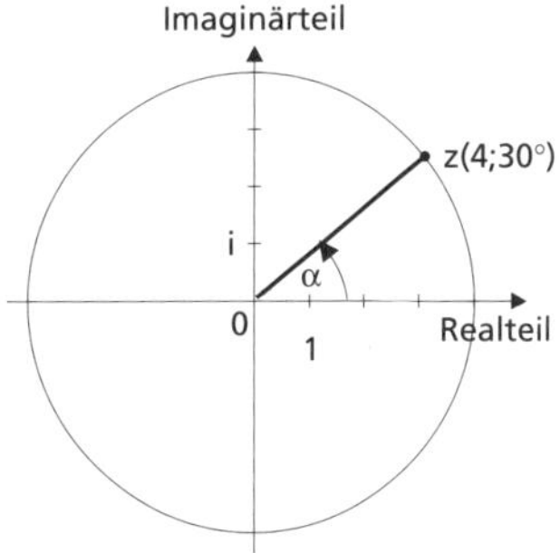

Es ist vergleichsweise schwierig und aufwändig diese Punkte in der Form a + ib anzugeben. Wesentlich besser und anschaulicher ist die Angabe der Länge des Zeigers sowie des Winkels, den er zur horizontalen Achse (reelle Achse) einnimmt.

Eine komplexe Zahl kann also durch ihren Betrag und ihre Richtung angegeben werden. Diese Koordinaten nennt man *Polarkoordinaten,* das Koordinatensystem ist dementsprechend das *Polarkoordinatensystem.*

22. Komplexe Zahlen

B Ein Punkt z, dessen „Zeiger“ die Länge 4 besitzt und einen Winkel von 30° mit der reellen Achse einnimmt, hat die Polarkoordinaten z(4; 30°).

Diese Darstellung komplexer Zahlen ist überall dort weit verbreitet, wo Schwingungen (von Wechselstrom bis Funkwellen) mathematisch dargestellt werden sollen (z. B. in der Elektrotechnik).

Die Umwandlung von Koordinaten des einen Koordinatensystems in die eines anderen Systems wird Koordinatentransformation genannt.

Zur Umwandlung werden u.a. die trigonometrischen Winkelfunktionen Sinus (sin), Cosinus (cos) und Tangens (tan) verwendet (vgl. Sinus- und Cosinussatz, S. 400).

Um die komplexe Zahl z in den Polarkoordinaten $(|z|; \alpha)$ darzustellen, muss man ihren Betrag $|z|$ und den Winkel α, den die Strecke [OZ] mit der reellen Achse einschließt, ermitteln. Den Betrag berechnet man mit:

$$|z| = \sqrt{(\text{Realteil})^2 + (\text{Imaginärteil})^2}$$

Den Winkel α erhält man über die *Winkelfunktionen*:

$$\tan(\alpha) = \frac{\text{Imaginärteil}}{\text{Realteil}}$$

Nach α aufgelöst ergibt sich:

$$\alpha = \arctan\left(\frac{\text{Imaginärteil}}{\text{Realteil}}\right)$$

Diese Formel gilt allerdings nur für Realteil > 0.

Falls Realteil < 0 und Imaginärteil > 0, dann gilt $\alpha = \arctan\left(\frac{\text{Imaginärteil}}{\text{Realteil}}\right) + 180°$

Falls Realteil < 0 und Imaginärteil < 0, dann gilt $\alpha = \arctan\left(\frac{\text{Imaginärteil}}{\text{Realteil}}\right) - 180°$

Sollte Realteil = 0 sein, dann ist $\alpha = 90°$

B Für z(2; i3) ergibt sich (gerundet):

$|z| = \sqrt{2^2 + 3^2} = \sqrt{13} = 3{,}6$

$\alpha = \text{arc tan}\left(\frac{3}{2}\right) = 56{,}3°$

Somit kann die Zahl z(2; i3) in Polarkoordinaten dargestellt werden:

z(2; i3) = z(3,6; 56,3°)

Um eine Zahl $z(|z|; \alpha)$ in rechtwinkligen Koordinaten darzustellen, müssen ihr Realteil und ihr Imaginärteil bestimmt werden. Beide Werte können problemlos mit den Winkelfunktionen bestimmt werden.

Für den Realteil der Zahl z gilt: Der Cosinus des Winkels α ist gleich dem Realteil von z (abgekürzt: Re(z)) dividiert durch den Betrag von z. Also:

$$\cos(\alpha) = \frac{\text{Re}(z)}{|z|}$$

Nach Re(z) aufgelöst ergibt sich:

$$\text{Re}(z) = |z| \cdot \cos(\alpha)$$

B Für das Beispiel z (3,6; 56,3) erhält man den Realteil also durch:

$\text{Re}(z) = |3{,}6| \cdot \cos(56{,}3) = 2$

Für den Imaginärteil der Zahl z gilt: Der Sinus des Winkels α ist gleich dem Imaginärteil von z (abgekürzt: Im(z)) dividiert durch den Betrag von z. Also:

$$\sin(\alpha) = \frac{\text{Im}(z)}{|z|}$$

Nach Im(z) aufgelöst ergibt sich:

$$\text{Im}(z) = |z| \cdot \sin(\alpha)$$

B Für das Beispiel z(3,6; 56,3°) erhält man den Imaginärteil also durch:

$\text{Im}(z) = |3{,}6| \cdot \sin(56{,}3) = 3$ (gerundet).

22. Komplexe Zahlen

Aufgaben

1. Folgende Teilaufgaben sind zu lösen:
   1. Darstellen der beiden komplexen Zahlen z_1 und z_2 im Koordinatensystem
   2. Berechnen der Summe $u = z_1 + z_2$ sowie der Differenz $v = z_1 - z_2$
   3. Eintragen von u und v ins gleiche Koordinatensystem
   4. Berechnen des Betrags von z_1, z_2, u und v
   5. Berechnen des Winkels, den jede der komplexen Zahlen z_1, z_2, u und v mit der x – Achse einschließt (auf 2 Stellen hinter dem Komma gerundet)
   6. Angabe der Polarkoordinaten von z_1, z_2, u und v

   Komplexe Zahlen: $z_1 = 3 + i4$ $z_2 = 3 - i4$

   Summe: $u = z_1 + z_2$

   Differenz: $v = z_1 - z_2$

2. Folgende Teilaufgaben sind zu lösen:
   1. Darstellen der beiden komplexen Zahlen z_1 und z_2 im Koordinatensystem
   2. Berechnen des Produkts $u = z_1 \cdot z_2$
   3. Bestimmen der konjugiert-komplexen Zahl $\overline{z_2}$
   4. Berechnen des Quotienten $v = \frac{z_1}{z_2}$
   5. Eintragen von u, v und $\overline{z_2}$ ins gleiche Koordinatensystem

   Komplexe Zahlen: $z_1 = 1 + i2$ $z_2 = -1 - i2$

   Produkt: $u = z_1 \cdot z_2$

   Quotient: $v = \frac{z_1}{z_2}$

Lösungen

1. Betrag:

Betrag	Winkel zur x-Achse:	Polarkoordinaten:
$\lvert z_1 \rvert = \sqrt{3^2 + 4^2} = 5$	$z_1 : \alpha = 53{,}13°$	$z_1(5; 53{,}13°)$
$\lvert z_2 \rvert = \sqrt{3^2 + (-4)^2} = 5$	$z_2 : \beta = -53{,}13°$ (oder $\beta = 306{,}87°$)	$z_2\,(5; -53{,}13°)$

$u = 6$ Winkel zur x-Achse: Polarkoordinaten:

$\lvert u \rvert = 6$ $u : \gamma = 0°$ $u(8,0°)$

$v = i8$ Winkel zur x-Achse: Polarkoordinaten:

$\lvert v \rvert = 8$ $v : \delta = 90°$ $v(8,90°)$

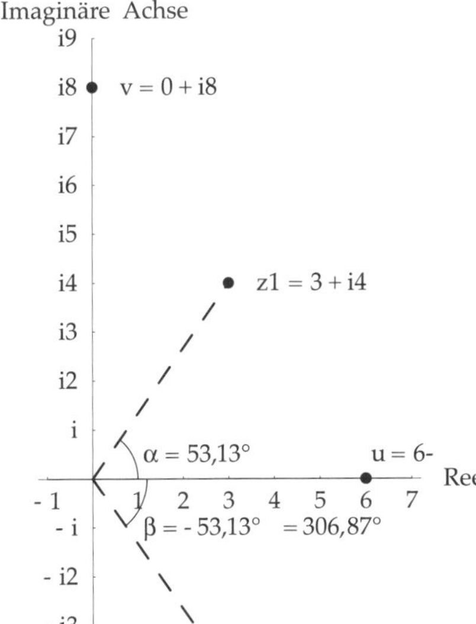

22. Komplexe Zahlen

2. konjugiert-komplex: $\overline{z_2} = -1 + i2$

$u = 3 - i4$

$v = -1 + i0$

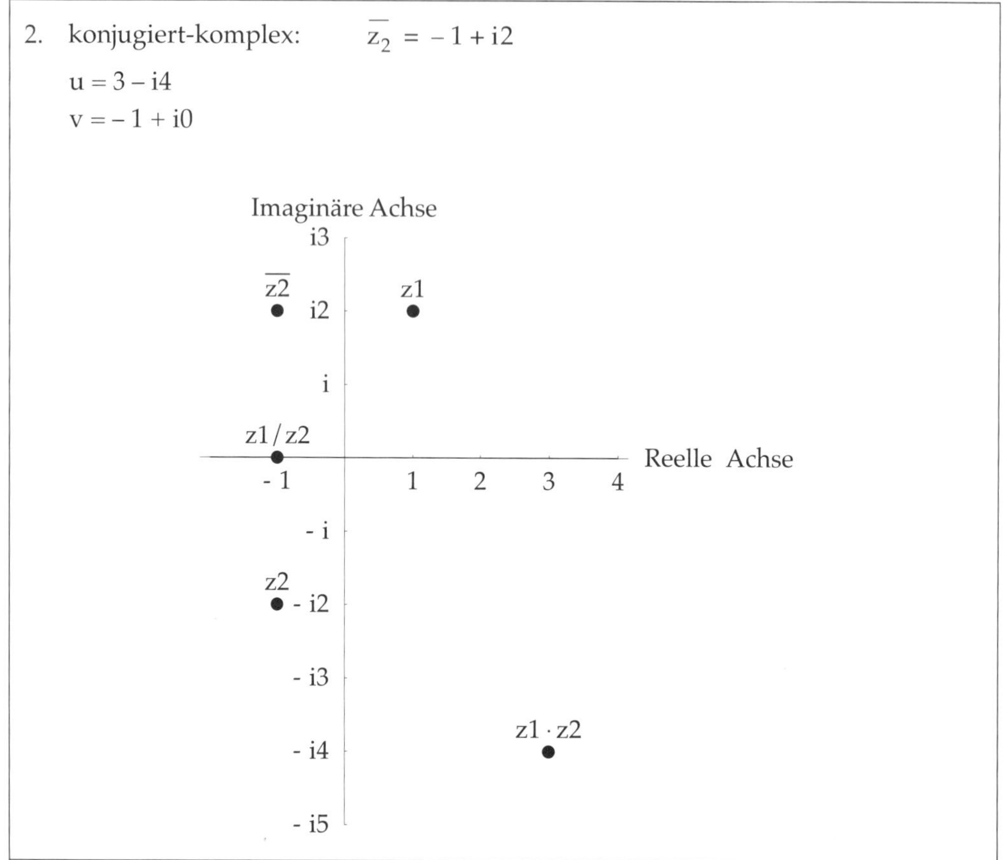

1. Einführung in die Geometrie

Geometrische Figuren sind mit Lage (eines Punktes), Länge (einer Strecke), Größe (eines Winkels) und Richtung (einer Geraden) genau zu beschreiben. Um sie auf Papier zu zeichnen stehen Lineal, Winkelmesser und Zirkel zur Verfügung. Mit diesen Werkzeugen können alle Figuren konstruiert werden. Mit wenigen bekannten Teilen einer Figur können die unbekannten Teile oft berechnet werden. Dazu muss man die Beziehungen innerhalb der Figuren kennen.

Alle zur Konstruktion und Berechnung nötigen Kenntnisse werden in diesem Kapitel vorgestellt.

Mit Hilfe der Geometrie werden die Umlaufbahnen von Satelliten und die Neigungswinkel für den Start der Trägerraketen berechnet. In der Datenverarbeitung werden mit Hilfe der Vektorgeometrie in CAD-Systemen (Computer-Aided Design, computergestütztes Entwerfen) zwei- und mehrdimensionale Computergrafiken erstellt. Bei der Auswertung von Satellitenbildern spielt die Geometrie ebenso eine Rolle wie bei Planung und Konstruktion von modernen Einkaufszentren.

Aber neben der Hochtechnologie hat die Geometrie auch in alltäglichen Bereichen ihren Nutzen, wie in später folgenden Beispielen gezeigt wird.

Bevor die einzelnen Themen und Konstruktions- und Berechnungsschritte vorgestellt werden, sollen erst einmal die geometrischen Grundlagen dargestellt werden.

Einfache Figuren sind die Grundlagen für alle *Konstruktionen*. Sie sind „einfach", weil sie eben nicht aus mehreren Dingen zusammengesetzt, sondern die Grund-bausteine der Geometrie sind.

Wie einfache „Ziegelsteine" und „Mörtel", aus denen der Maurer wunderbar komplizierte Häuser mauert. Etwas Exotik ist allerdings dabei, wie bei der Unendlichkeit der Geraden festgestellt werden kann.

Kartesisches Koordinatensystem

In einem *kartesischen Koordinatensystem* wird die Lage eines Punktes in *Koordinaten* angegeben.

Ein kartesisches Koordinatensystem besteht aus zwei senkrecht zueinander angeordneten *Achsen*. Die Achsen werden *x-Achse* (auch: *Abszisse*) und *y-Achse* (auch: *Ordinate*) genannt.

B In dem untenstehenden Koordinatensystem ist die Lage von vier „Schätzen" dargestellt. Die beiden möglichen Richtungen, in die man sich bewegen kann, sind rechts-links (horizontal, x-Richtung) und oben-unten (vertikal, y-Richtung). Der Ausgangspunkt wird *Ursprung* genannt und ist der Schnittpunkt der x-Achse mit der y-Achse.

Die Diamanten findet man, indem man 4 Schritte nach rechts, dann 3 Schritte nach oben geht. Die „Schritte" nennt man *Einheiten*. Die Anzahl der Schritte sind die *Koordinaten*. Die Diamanten haben somit die Koordinaten (4; 3).

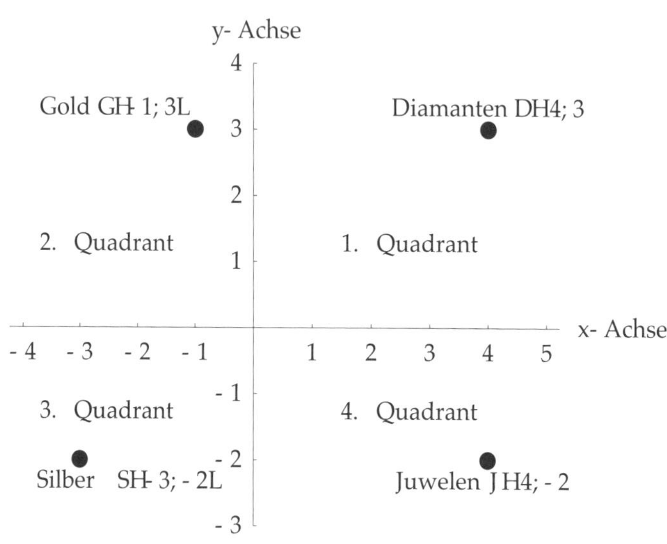

Es ist in der Mathematik vereinbart, dass, falls nichts anderes angegeben ist, die erste Koordinate die *x-Koordinate* ist. In diesem Fall wird mit der x-Koordinate die Anzahl der Schritte in x-Richtung angegeben. Dementsprechend gibt die zweite Koordinate die Zahl der Schritte in y-Richtung an, sie ist also die *y-Koordinate*.

Ist die x-Koordinate positiv, muss man vom Ursprung aus nach rechts, für negative x-Koordinaten nach links gehen. Für positive y-Koordinaten geht man nach oben, für negative entsprechend nach unten. Der Bereich links von der y-Achse hat somit negative Koordinaten, ebenso der Bereich unterhalb der x-Achse. Anhand der anderen drei „Schätze" Gold, Silber und Juwelen kann die jeweilige Lage des Schatzes mit Größe und Vorzeichen der Koordinaten verglichen werden.

Im Koordinatensystem werden vier *Quadranten* unterschieden. Ein *Quadrant* ist jeweils ein Viertel des gesamten Koordinatensystems. Jeder Quadrant ist durch die Achsen begrenzt. So ist der erste *Quadrant* z. B. begrenzt durch die positiven Teile der x- und der y-Achse (die positive x-Achse wird auch positive x-*Halbachse* genannt, die negative x-*Halbachse* ist die andere Hälfte der x-Achse. Gleiches gilt für die y-Achse).

Punkt

Ein *Koordinatenpaar*, das aus einer x-Koordinate und einer y-Koordinate besteht, gibt die Lage eines Punktes im Koordinatensystem an. Wenn man einen *Punkt* zeichnet, so markiert man eine winzige Fläche.

Im geometrischen Sinn hat ein Punkt aber keine Ausdehnung oder Fläche. Er ist *nulldimensional*.

Punkte werden mit Großbuchstaben bezeichnet. Im oben genannten Beispiel können statt der „Schätze" auch einfach die Punkte D, G, S und J angegeben werden.

Ein Punkt, dessen Lage durch Koordinaten festgelegt ist, wird als *geometrischer Ort* bezeichnet. Er hat seiner Lage nach einen Bezug zum Ursprung und damit auch zu allen weiteren Punkten innerhalb des Koordinatensystems.

Ein Punkt muss aber nicht unbedingt Koordinaten haben, er kann auch durch andere Angaben bestimmt werden. Wenn z. B. ein Dreieck nicht in ein Koordinatensystem gezeichnet wird, so haben dessen Eckpunkte A, B, und C keine Koordinaten.

Punkte werden in der Geometrie in (fast) jeder Aufgabe benötigt, egal ob mit oder ohne Koordinaten.

Strecke

Eine *Strecke* ist die (kürzeste) *Verbindungslinie* zwischen zwei Punkten. Das Symbol für die Strecke zwischen den Punkten A und B ist [AB].

Strecken werden mit Kleinbuchstaben bezeichnet, z. B. mit s. Man schreibt: s = [AB].

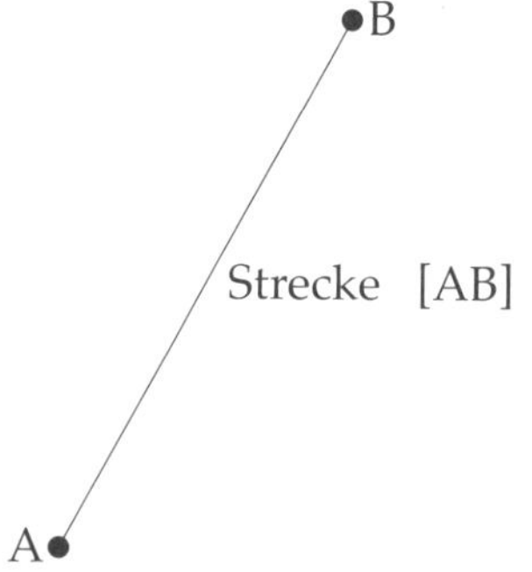

Eine Strecke wird auch als die Menge aller Punkte zwischen den Endpunkten A und B angesehen. Dass die Punkte A und B gleichfalls Element der Strecke sind, wird durch die geschlossenen Klammern [AB] symbolisiert. Strecken haben eine *Länge,* die in Zentimetern, Metern usw. angegeben wird. Sie sind *eindimensional,* da sie nur eine Länge, aber keine Breite haben.

Strecken werden in der Geometrie häufig gebraucht, insbesondere zur *Abstandsbestimmung* zwischen zwei Punkten.

Halbgerade

Wird eine Strecke über einen Punkt hinaus unendlich weit verlängert, so erhält man eine *Halbgerade.* Das Symbol für eine Halbgerade, die bei A beginnt und über B hinausgeht ist [AB. Das offene Ende bei B ist dadurch gekennzeichnet, dass bei B die Klammer fehlt.

Halbgeraden werden ebenso wie Strecken mit Kleinbuchstaben bezeichnet, z. B. mit h. Man schreibt: h = [AB. Da Halbgeraden unendlich lang sind, kann man sie nicht messen.

Halbgeraden werden eher selten benötigt, da für Konstruktionen und Berechnungen normalerweise Strecken oder Geraden bevorzugt werden.

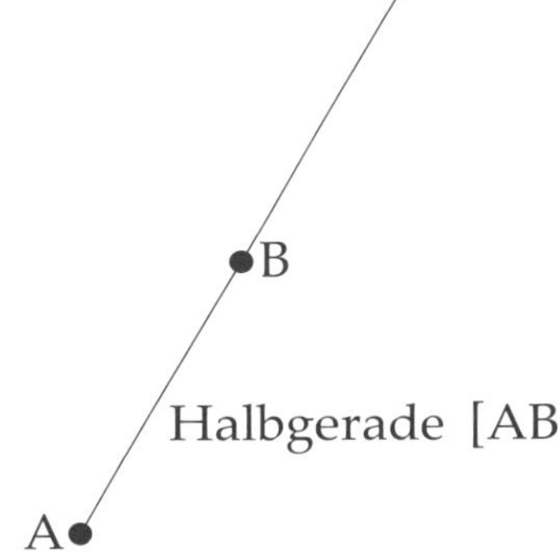

Gerade

Wird eine Strecke über beide (End-) Punkte hinaus unendlich weit verlängert, so erhält man eine *Gerade*. Das Symbol für eine Gerade durch die beiden Punkte A und B ist AB.

Anders ausgedrückt: Durch zwei Punkte kann immer genau eine Gerade gelegt werden. Die Gerade ist in beide Richtungen unendlich lang, sie hat keinen Anfang und kein Ende. Daher kann sie auch nicht gemessen werden.

Neben Punkten sind Geraden in der Geometrie die wichtigsten Bestandteile für Konstruktionen.

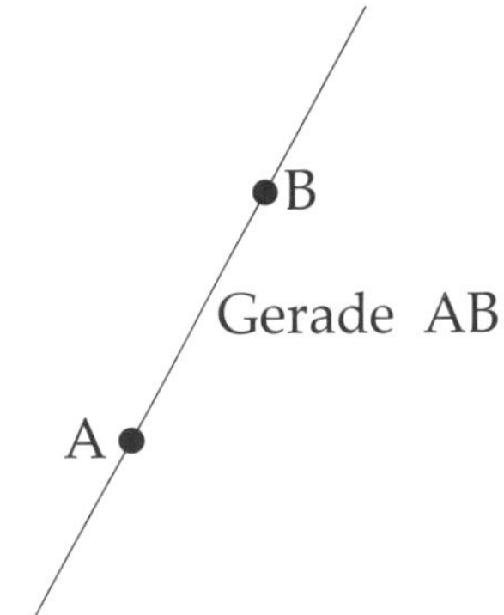

Winkel

Von Zeit zu Zeit ändert sich eine Person so stark, dass sie im Vergleich zu früher geradezu gegenteilige Meinungen vertritt. Man sagt dann, sie habe sich um 180 Grad gewendet. Streng genommen bedeutet dies, dass ihre alte und neue Meinung in einem Winkel von 180 Grad zueinander stehen. Geometrisch hat diese Interpretation natürlich keinen Sinn. In der Geometrie können nur Strecken, Geraden oder Ebenen in einem bestimmten *Winkel* zueinander stehen. Ein *Winkel* wird bestimmt durch die Lage, die zwei Strecken (z. B. die Strecke [AS] und [BS]) mit einem gemeinsamen Ausganspunkt zueinander haben.

Die Strecken [AS] und [BS] werden (Winkel-) *Schenkel* genannt. S ist der Scheitelpunkt des Winkels. Die Größe eines Winkels wird in (*Winkel-*) *Grad* angegeben.

1 Grad (Symbol: 1°) entspricht dem 360sten Teil eines Kreises. Eine volle Umdrehung nennt man *Vollwinkel* (360°), eine halbe Umdrehung entspricht somit 180°. Ein Grad (1°) hat 60 *Winkelminuten* (60'), eine Winkelminute hat 60 *Winkelsekunden* (60"). Es gilt also:

$$1° = 60' = 3600''$$

Winkel werden in der Regel mit griechischen Kleinbuchstaben bezeichnet (z. B. α, β, γ, δ). Das Symbol für einen Winkel ist: ∢. Durch die Angabe der Schenkel oder der entsprechenden Punkte ist ein Winkel vollständig bestimmt. Die Beispielwinkel lauten also: ∢ [AS], [BS] oder ∢ ASB.

Bei der Angabe des Winkels mit Punkten ∢ ASB muss die Reihenfolge beachtet werden. Der *Scheitelpunkt* steht stets in der Mitte. B muss an letzter Stelle stehen, da B auf dem Schenkel liegt, der sich beim weiteren Öffnen in den Gegen-(Uhr-)zeigersinn dreht. Der Grund dafür ist die Tatsache, dass in der Mathematik eine positive Drehung immer im Gegenzeigersinn verläuft.

Je nach Größe des Winkels unterscheidet man verschiedene Winkelarten. Die folgende Tabelle gibt die Größenbereiche und einen entsprechenden Beispielwinkel an.

Winkelart	**Bereich**	**Beispielwinkel**
Nullwinkel	$\alpha = 0$	$\alpha = 0°$ S B A

Winkelart	Bereich	Beispielwinkel
spitzer Winkel	$0° < \alpha < 90°$	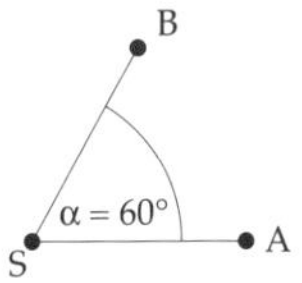 B, S, A, $\alpha = 60°$
rechter Winkel	$\alpha = 90°$	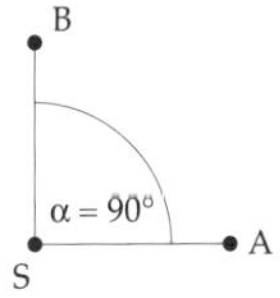 B, S, A, $\alpha = 90°$
stumpfer Winkel	$90° < \alpha < 180°$	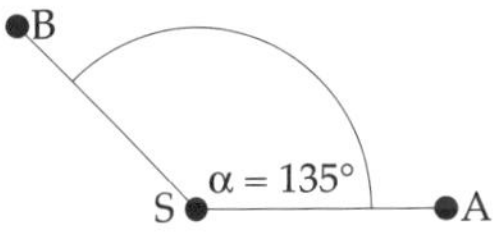 B, S, A, $\alpha = 135°$
gestreckter Winkel	$\alpha = 180°$	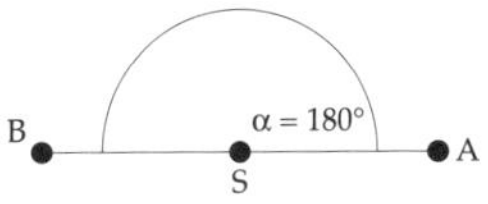 B, S, A, $\alpha = 180°$
überstumpfer Winkel	$180° < \alpha < 360°$	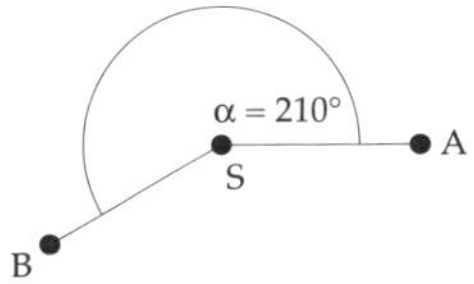 B, S, A, $\alpha = 210°$
Vollwinkel	$\alpha = 360°$	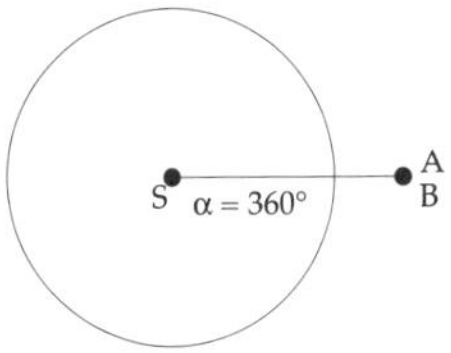 S, A, B, $\alpha = 360°$

Kreis

Die Entdeckung des Kreises war eine der sehr wichtigen Entdeckungen in der Menschheitsgeschichte, da ohne den *Kreis* kein Rad rollen könnte. Und wie zum Rad die Radachse gehört, so hat jeder Kreis seinen *Mittelpunkt*.

Bei Fahrrädern sind zwischen Radachse und Felge die Speichen angebracht. Diese Speichen sind in der Regel alle gleich lang. Gleiches gilt für den Kreis: Alle Punkte der *Kreislinie* (Felge) haben zum *Mittelpunkt* (Radachse) den gleichen Abstand.

Die geometrische Definition eines Kreises lautet deswegen auch:

Ein Kreis ist die Menge aller Punkte, die von einem Punkt M den gleichen Abstand haben. Dieser Punkt M ist der Mittelpunkt des Kreises, der Abstand ist der *Radius*.

B In der linken Grafik besteht die obere Hälfte aus ca. 40 Punkten, wovon jeder noch einzeln erkannt werden kann. Die untere Hälfte besteht aus ca. 100 Punkten, die im unteren Bereich nicht ohne weiteres auseinander gehalten werden können.

Der Kreis in der rechten Grafik besteht (theoretisch) aus unendlich vielen Punkten.

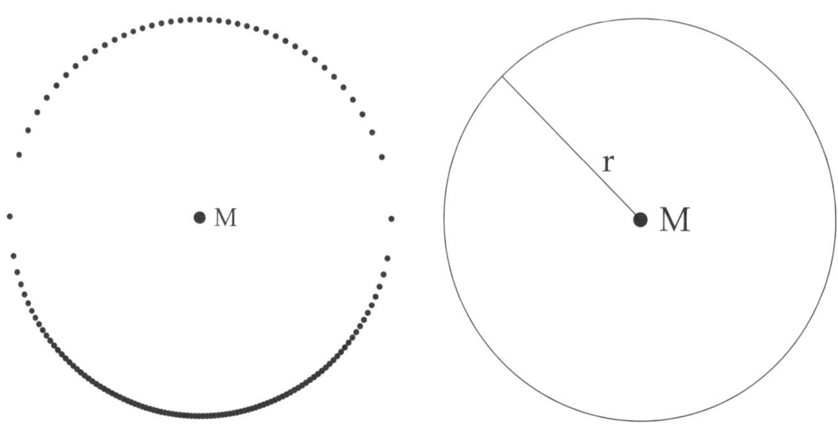

Um sich die ausführliche Beschreibung des Kreises mit vielen Worten zu sparen wurde folgende Darstellung vereinbart: K(M,r). Dieser Ausdruck bedeutet: Kreis um den Mittelpunkt M mit Radius r. Statt eines Buchstaben können auch direkt die Koordinaten des Mittelpunktes angegeben werden.

Für einen Kreis um den Mittelpunkt M(3; 4) mit dem Radius 2 (2 Längeneinheiten) schreibt man entweder K((3; 4),2) oder besser: K(M(3; 4),2).

Dieser Kreis ist in der Grafik in einem Koordinatensystem dargestellt.

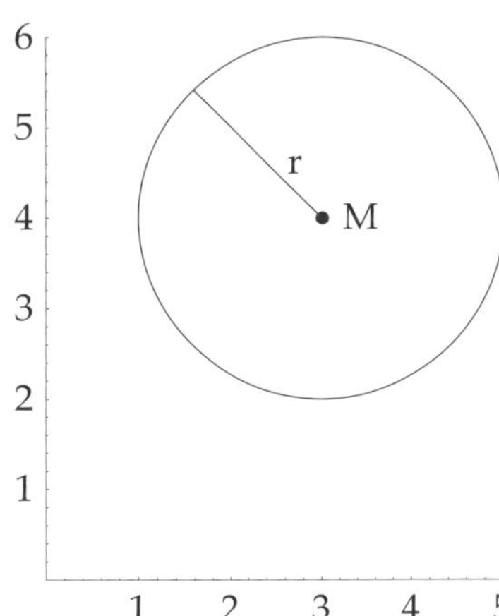

Aufgaben

1. Man zeichne in ein kartesisches Koordinatensystem die Punkte
   A (4; 0),
   B (1; 3),
   C (– 1; 2),
   D (– 2; – 3),
   E (2; – 1) und
   F (4; 3) ein.

   Koordinatenachsen:
   x-Achse: – 3 bis + 5
   y-Achse: – 4 bis + 4
2. Nun lassen sich in das gleiche Koordinatensystem die Strecke s = [DF] und die beiden Geraden g = CE und h = AB einzeichnen.

Lösungen

1.

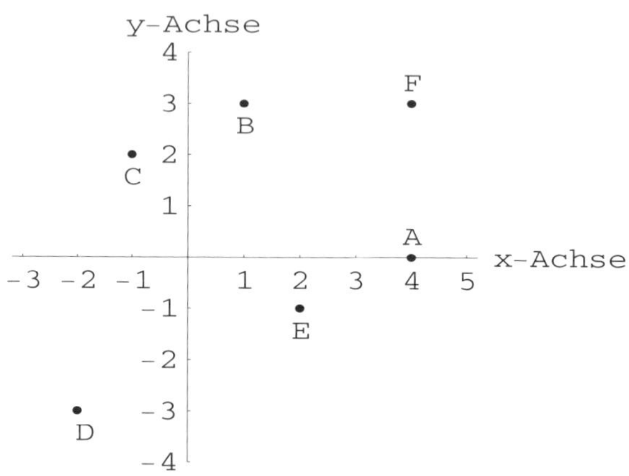

y-Achse
x-Achse
A
B
C
D
E
F
4
3
2
1
-1
-2
-3
-4
-3 -2 -1
1 2 3 4 5

2.

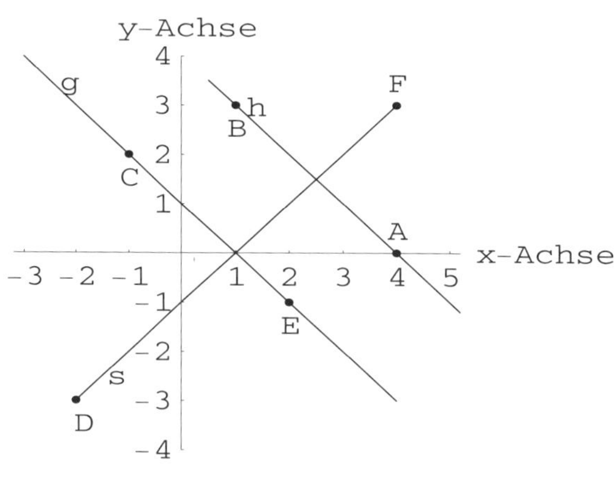

y-Achse
x-Achse
g
h
s
A
B
C
D
E
F
4
3
2
1
-1
-2
-3
-4
-3 -2 -1
1 2 3 4 5

2. Kongruente Figuren und ihre Konstruktion

Figuren

Jedes Gebilde, das mit einem Stift auf Papier gezeichnet werden kann, ist im Prinzip eine geometrische Figur. Wenn sie flach ist, also nur Länge und Breite, aber keine (perspektivische) Tiefe hat, handelt es sich um eine ebene Figur. Man sagt dann, diese Figur hat die beiden Dimensionen *Länge* und *Breite.* (Von der dritten Dimension spricht man, wenn zu den zwei Dimensionen die Dimension *Tiefe* (*Höhe*) hinzukommt).

Jede dieser Figuren kann auf die Basiselemente Punkt, Strecke, Kreis und Winkel zurückgeführt werden (Farbe und Linienstärke nicht berücksichtigt).

Bedeutung von Konstruktionen

Ein Architekt, der einen Plan für ein Gebäude entwirft, hat feste Größen mit deren Hilfe er den Plan konstruieren kann (z. B. Länge und Form des Grundstücks, Zahl und Anordnung der Räume usw.). Eine Figur zu konstruieren bedeutet sie aufzuzeichnen, wobei die angegebenen *Größenverhältnisse* sowie Aussagen über die *Lage* einzelner Komponenten innerhalb der Figur (... steht senkrecht auf, ... verläuft parallel zu ...) oder zwischen Figuren (... ist verschoben, gedreht, gespiegelt ...) exakt berücksichtigt werden müssen.

Die vielfältigen Formen, die dabei entstehen, sind aus Punkten, Linien, Dreiecken und Kreisen aufgebaut. Diese und weitere *Grundformen* werden nun vorgestellt. Darüber hinaus wird für jede Figur die *Konstruktion* besprochen. Dabei werden alle Informationen angegeben, die für die Konstruktion mindestens benötigt werden.

Diese Angaben bestimmen die Figur eindeutig, d.h.

1. sie reichen genau aus, um die Figur zu konstruieren.
2. es können keine zwei unterschiedlichen Figuren konstruiert werden, welche beide die angegebenen Eigenschaften besitzen.

2. Kongruente Figuren und ihre Konstruktion

Größen und Einheiten

In den Konstruktionen wird für Längen nur die Zahl der Einheiten angegeben, nicht aber die Einheit selbst (Millimeter, Zentimeter, Meter oder Kilometer ...). Innerhalb einer Konstruktionszeichnung stimmen aber immer alle Größenverhältnisse überein, d.h. eine Strecke der Länge 6 ist immer doppelt so lang wie eine Strecke der Länge 3. Bei Winkeln wird die Einheit (Winkel-) Grad mit angegeben.

Bezeichnungen

In den Konstruktionsbeschreibungen werden immer wieder dieselben Bezeichnungen verwendet. Der Vorteil ist: Man gewöhnt sich an die Bezeichnungen und kann seine Aufmerksamkeit dem Wesentlichen widmen. Grundsätzlich gilt aber: Derjenige, der sich die Konstruktion oder Aufgabe ausdenkt, hat volles Namensrecht. Er kann eine Gerade Hansi nennen und einen Punkt Susi (ob es zum Verständnis beiträgt, bleibt offen). Die folgende Liste der im Geometrieteil am häufigsten verwendeten Bezeichnungen hilft, innerhalb der Konstruktionen die Übersicht zu behalten. Eine ausführlichere Tabelle steht am Anfang des Buches.

Bezeichnung	entspricht ...
A, B, C, D, E, F...	*Punkt* ohne besondere Eigenschaft
M, N, O	*Mittelpunkt* einer Strecke oder eines Kreises
K_1, K_2 ...	*Kreise*
r	*Radius* eines Kreises
g, h, i, k ...	*Geraden*
a, b, c, d ...	*Seiten* einer Figur
l_1, l_2 ...	*Lotgeraden*. Stehen *senkrecht* (90°-Winkel) zu einer gegebenen Geraden
F	*Fußpunkt* einer Lotgeraden
s, t, [AB], [FP] ...	*Strecken*
$\lvert s \rvert$, $\lvert AB \rvert$, $\overline{AB}$	*Betrag* der Strecken s bzw. [AB]. Der Betrag einer Strecke ist ihre *Länge*.
α, β, γ, δ ...	*Winkel*
S, T	*Scheitelpunkt* eines Winkels oder Schnittpunkt zweier Linien

Sprachgebrauch bei Konstruktionsbeschreibungen:

Es ist oft schwierig, genau das zu sagen, was eigentlich gemeint ist. Bei Konstruktionsbeschreibungen in der Geometrie ist das nicht anders. Von immer wiederkehrenden Aktionen werden deshalb Beschreibungen angegeben, die innerhalb des Geometrieteils häufig verwendet werden.

Das ist zwar etwas langweilig und fantasielos, trägt aber enorm zum besseren Verständnis bei. Wenn dann einmal bei der einen oder anderen Konstruktionsbeschreibung nicht ganz klar ist, was eigentlich gemacht werden soll, dann kann man einfach in der Tabelle nachsehen.

Bei den (einfacheren) Konstruktionen, die nur wenige Schritte erfordern, ist zur Gewöhnung der Beschreibungstext mit angegeben. Bei den aufwendigeren Konstruktionen werden manchmal nur die mathematisch-formalen Angaben gemacht, das erspart das Lesen des „Konstruktionsromanes".

Aktion/ Beschreibung	formal	Was ist gemeint?
Punkt A zeichnen	A	Der Punkt A wird in die Konstruktionszeichnung eingetragen.
Punkte A, B verbinden	[AB]	Die beiden Punkte A und B werden mit einem Lineal verbunden. Daraus ergibt sich die Strecke [AB].
Kreise: Kreis mit Mittelpunkt M und Radius r	K(M, r)	Mit dem *Zirkel* soll ein Kreis gezeichnet werden, der den Mittelpunkt M und den Radius r hat. Dazu wird der Zirkel so weit aufgeklappt, dass die Metallspitze und die Bleistiftspitze genau den Abstand r haben (mit Lineal nachmessen). Die Metallspitze des Zirkels wird im Punkt M angesetzt (leicht einstechen, damit der Zirkel hält). Dann wird mit der Bleistiftmine die Kreislinie gezogen.

Aktion/ Beschreibung	formal	Was ist gemeint?
Schnittpunkte: Der Schnittpunkt zwischen Kreis K (mit Mittelpunkt M und Radius r) und Gerade g ist der Punkt S.	$S = K(M,r) \cap g$	Ein *Schnittpunkt* ist immer die *Kreuzung* zweier Linien. Entweder sind beide Linien Strecken, Halbgeraden oder Geraden, oder eine davon ist eine *Kreislinie*. Das Kreuzen bzw. Schneiden wird durch das Symbol „∩" ausgedrückt.
Winkel: Winkel α mit Scheitelpunkt S und den Schenkeln [SA und [SB oder: Winkel β mit Scheitelpunkt S zwischen den Punkten A und B.	α = ∢ ([SA, [SB) β = ∢ (a,b) γ = ∢ ASB ∢ (α, S)	Zu *Winkeln* wird meistens angegeben, zwischen welchen Seiten (einer Figur), Strecken, Halbgeraden oder Geraden sie liegen. Bei α = ∢ ([SA, [SB) ist gemeint, dass der Winkel zwischen den beiden Halbgeraden [SA und [SB liegt. Bei β = ∢ (a,b) liegt der Winkel β zwischen den beiden Geraden a und b oder den Seiten a und b einer Figur (ob Seite oder Gerade geht aus der jeweiligen Konstruktion hervor). Mit γ = ∢ ASB ist gemeint, dass sich der Winkel zwischen den beiden Strecken (oder Halbgeraden) [SA] und [SB] befindet. Mit ∢ (α, S) ist der Winkel α mit Scheitelpunkt S gemeint.

Kreis

Die beiden charakteristischen Größen eines Kreises sind sein *Mittelpunkt* M und sein *Radius* r.

Der Abstand zwischen *Kreislinie* und Mittelpunkt ist überall konstant (gleich). Dieser Abstand ist der Radius.

Für den *Kreisdurchmesser* d zeichnet man eine beliebige Gerade durch den Mittelpunkt des Kreises.

Die Schnittpunkte der Geraden mit dem Kreis sind die beiden Punkte D1 und D2.

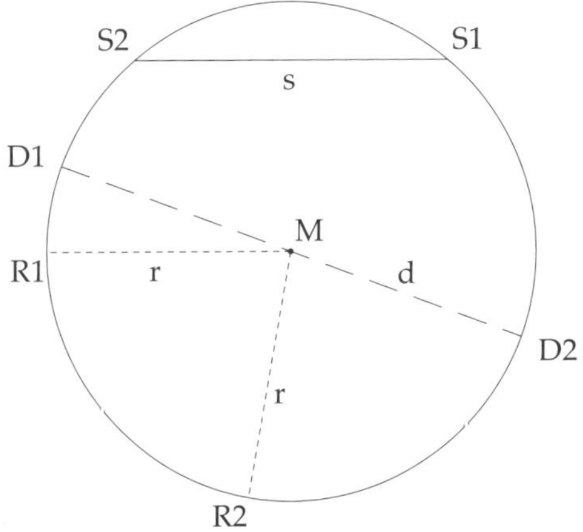

Der Abstand von D1 zu D2 ist der *Kreisdurchmesser*. Er ist doppelt so groß wie der Radius r. Es gilt: d = 2r.

Eine (Kreis-) *Sehne* ergibt sich, wenn eine Gerade den Kreis in zwei beliebigen Punkten schneidet. Die Sehne ist die Strecke zwischen den Schnittpunkten. Im Beispiel hat die Sehne s die beiden Endpunkte S1 und S2.

Das Tortenstück, welches von den beiden Strecken [R1M] und [R2M] sowie dem *Kreisbogen* zwischen R1 und R2 begrenzt wird, ist ein *Kreissektor*.

Die Konstruktion eines Kreises ist denkbar einfach:

Bekannt:	Mittelpunkt des Kreises Radius des Kreises
Konstruktion:	Den Zirkel auf den Radius einstellen (Lineal verwenden!). Mit dem Zirkel einen Kreis um den Mittelpunkt M zeichnen.

Gerade

Von allen Linien wird in Konstruktionen am häufigsten die Gerade verwendet. Sie hat (nur) eine Richtung, aber keinen Anfangs- und keinen Endpunkt. Sie verläuft in beiden Richtungen ins Unendliche. Die Richtung der Geraden ist festgelegt durch mindestens zwei feste Punkte, die auf der Geraden liegen bzw. durch die die Gerade verläuft.

Bekannt:	Zwei Punkte D und F, die beide auf der Geraden liegen
Konstruktion:	Die beiden Punkte D und F werden verbunden, wobei die Linie über beide Punkte hinaus weitergezeichnet wird.

B

g = FD

Die Gerade heißt g.

Die beiden Punkte D und F liegen auf g. Sie geben die Richtung der Geraden g an.

Schritt 1: Die beiden Punkte D und F einzeichnen (falls noch nicht vorhanden)

Schritt 2: Beide Punkte D und F verbinden, wobei die Linie über beide Punkte hinaus weitergezeichnet wird

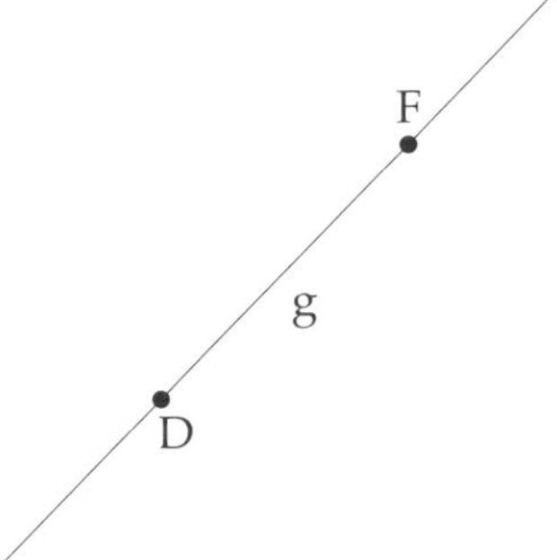

Halbgerade

„Über das Ziel hinausschießen" ist eine Redewendung, die aus der Geometrie stammen könnte. Wenn von einem festen Anfangspunkt aus auf geradem Weg ein weiterer Punkt „angesteuert" wird und man über diesen Punkt (geradlinig) hinaus weiter geht, so bewegt man sich auf einer *Halbgeraden*. Sie hat einen festen *Anfangspunkt*, aber keinen Endpunkt. Die Halbgerade kann besonders dann sinnvoll eingesetzt werden, wenn in einer Konstruktion von einem festen Anfangspunkt ausgehend die Richtung wichtig ist.

Bekannt:	Anfangspunkt D Ein weiterer Punkt F der Halbgeraden
Konstruktion:	Die beiden Punkte D und F werden verbunden, wobei die Linie über den Punkt F hinaus weitergezeichnet wird.

B Halbgerade s = [DF

Die Halbgerade heißt s.

Der Anfangspunkt ist D.

Schritt 1: Punkte D und F zeichnen

Schritt 2: D und F verbinden, wobei die Linie über den Punkt F hinaus weitergezeichnet wird

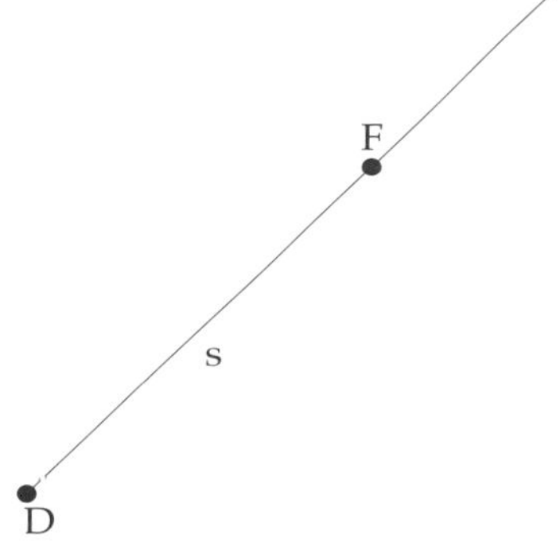

Strecke

Wenn man auf dem kürzesten Weg von einem Ort zum anderen gehen will, so geht man (falls möglich) gerade aus auf das Ziel zu. Dann wurde die Strecke zwischen den beiden Orten zurückgelegt. Eine *Strecke* ist also die kürzeste (geradlinige) Verbindung zwischen zwei Punkten A und B. Die charakteristischen Größen sind *Anfangspunkt* und *Endpunkt* (wobei egal ist, welcher Punkt Anfangs- und welcher Endpunkt ist) und die *Länge* der Strecke.

Bekannt:	Beide Endpunkte
Konstruktion:	Die beiden Endpunkte werden mit einem Lineal verbunden.

B Strecke [DF]

Schritt 1: Beide Punkte D und F einzeichnen

Schritt 2: Die Punkte D und F mit einem Lineal verbinden

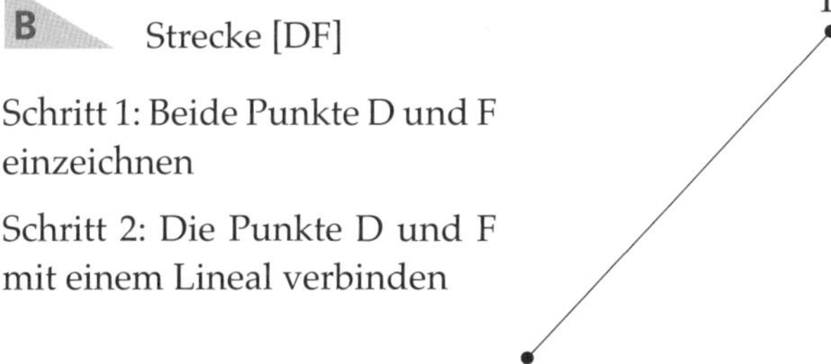

Bekannt:	Anfangspunkt D auf einer Geraden g Streckenlänge $\lvert s \rvert$
Konstruktion:	Gerade zeichnen Anfangspunkt D (an beliebiger Stelle) auf der Geraden einzeichnen Kreis K mit Mittelpunkt D und Radius $r = \lvert s \rvert$ einzeichnen Der Schnittpunkt des Kreises K mit der Geraden g ist der Endpunkt der Strecke.

B Die Strecke s liegt auf der Geraden g. Der Anfangspunkt der Strecke ist D. Der Endpunkt der Strecke ist H. Die Strecke ist also: s = [DH]. Streckenlänge $\lvert s \rvert = 3$

Schritt 1: Gerade g zeichnen (falls noch nicht vorhanden)

Schritt 2: Kreis mit Mittelpunkt D und Radius $r = 3$ zeichnen

Der Schnittpunkt zwischen dem Kreis und der Geraden ist der Endpunkt H der Strecke.

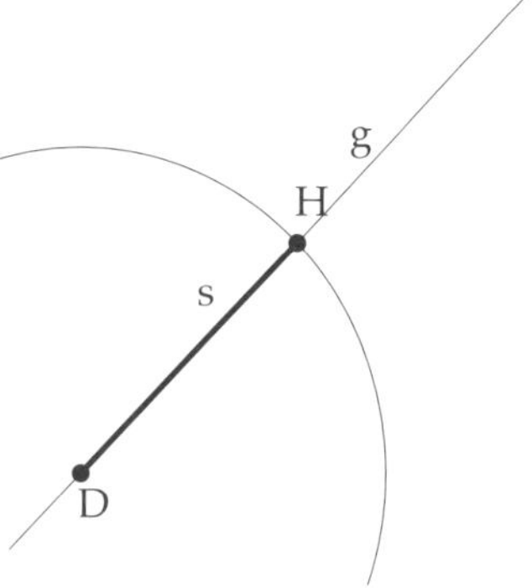

Lotgerade

Eine der größten Herausforderungen kurz vor Weihnachten ist das Aufstellen des Christbaumes. Auf den Ort kann man sich im Familienkreis zumeist schnell einigen, aber wie lange dauert es, bis dann alle davon überzeugt sind, dass er „kerzengerade" steht? In der Geometrie lässt sich dieses Problem auf zwei Arten lösen.

Lot errichten

Zu einer Strecke oder Geraden (*Basisgerade*) soll eine weitere Gerade (*Lotgerade*) mit folgenden Eigenschaften konstruiert werden:
Die Lotgerade steht senkrecht zur Basisgeraden.
Die Lotgerade schneidet die Basisgerade in einem vorher festgelegten Punkt. Dieser Punkt ist der *Fußpunkt* der Lotgeraden.

Die Konstruktion wird *Lot errichten* genannt. Folgende Konstruktion führt zum Ziel:

Bekannt:	Der Fußpunkt F des Lotes auf der Basisgeraden g
Konstruktion:	Schritt 1: Einen Kreis K1 mit Mittelpunkt F und beliebigem (nicht zu kleinem) Radius zeichnen. Die beiden Schnittpunkte des Kreises K1 mit der Geraden g sind die Punkte A und B. Schritt 2: Einen Kreis K2 mit Mittelpunkt B und beliebigem Radius (aber größer als der Radius von K1) zeichnen. Einen Kreis K3 mit Mittelpunkt A und gleichem Radius wie K2 zeichnen. Der Schnittpunkt der beiden Kreise K2 und K3 ist der Punkt C. Schritt 3: Die Lotgerade l einzeichnen. Sie verläuft durch die beiden Punkte C und F.

B Schritt 1: Schritt 2: Schritt 3:

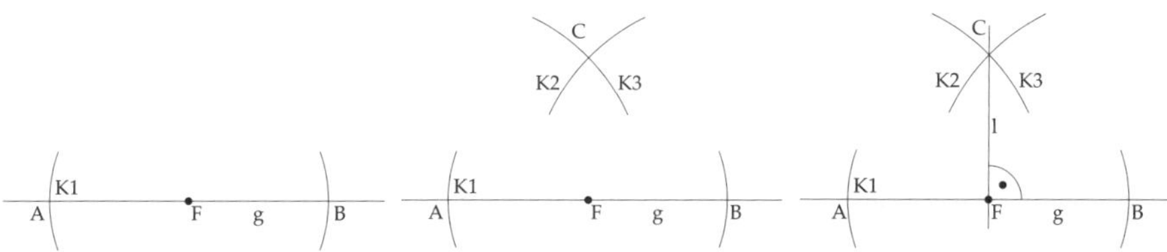

Lot fällen

Eine Gerade (Lotgerade) soll unter folgenden Bedingungen konstruiert werden:

Die Lotgerade verläuft durch einen gegebenen Punkt P.

Die Lotgerade schneidet die Basisgerade in einem rechten Winkel (90°).

Die Konstruktion wird *Lot fällen* genannt. Es gibt hier mehrere Lösungswege. Der einfachste und schnellste spiegelt den Punkt P auf die andere Seite der Basisgerade:

Bekannt:	Basisgerade g Der Punkt P, durch den das Lot gefällt werden soll
Konstruktion:	Schritt 1: Auf der Basisgeraden sucht man sich zwei beliebige Punkte A und B, die von Punkt P in etwa den gleichen Abstand haben (in der Zeichnung sind zur Verdeutlichung der Beliebigkeit die Abstände unterschiedlich). Schritt 2: Einen Kreis K_1 mit Mittelpunkt B und Radius r = [BP] (Abstand der Punkte B und P) zeichnen Einen weiteren Kreis K_2 mit Mittelpunkt A und Radius r = [AP] zeichnen Der Schnittpunkt der beiden Kreise K_1 und K_2 ist der Spiegelpunkt P' von Punkt P. Die Spiegelachse ist dabei die Basisgerade g. Nach den Gesetzen der Achsenspiegelung (S. 514 ff) steht die Gerade PP' senkrecht auf der Geraden g. Somit ist die Gerade PP' die gesuchte Lotgerade. Schritt 3: Lotgerade einzeichnen

B

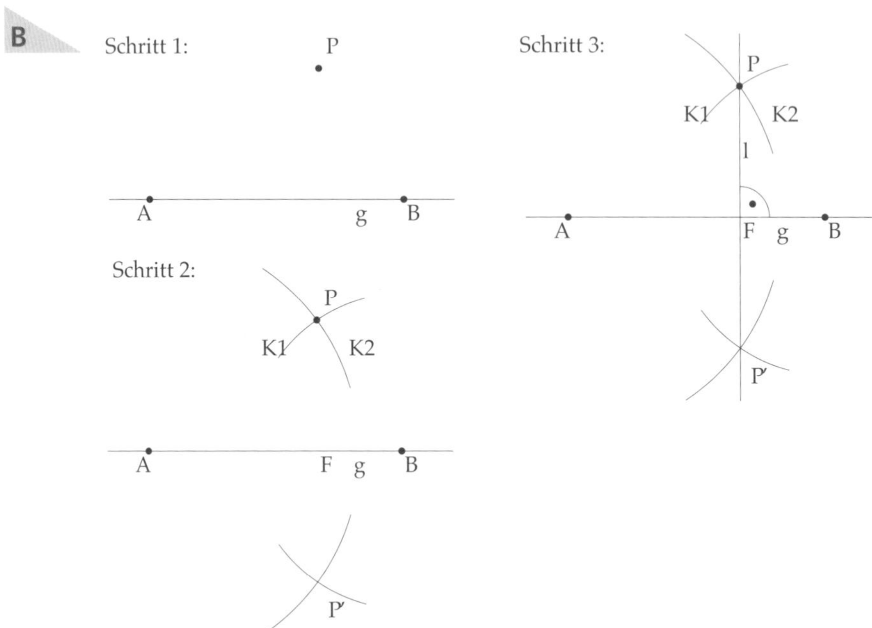

Streckenmittelpunkt, Mittelpunkt zwischen zwei Punkten, Spiegelachse zweier Punkte

Der *Mittelpunkt* einer Strecke oder zweier Punkte kann auf einfache Weise ermittelt werden. Die Konstruktion ist ähnlich wie beim Fällen eines Lotes:

Bekannt:	Punkte A und B oder Strecke [AB]
Konstruktion:	Schritt 1: Die beiden Punkte A und B werden verbunden. Einen Kreis K1 mit Mittelpunkt A und Radius r = [AB] (Abstand der Punkte A und B) zeichnen Einen weiteren Kreis K2 mit Mittelpunkt B und gleichem Radius r = [AB] zeichnen Schritt 2: Die beiden Schnittpunkte der Kreise K1 und K2 durch eine Gerade s verbinden. Der Schnittpunkt von s mit der Strecke [AB] ist der Mittelpunkt M der Strecke [AB].

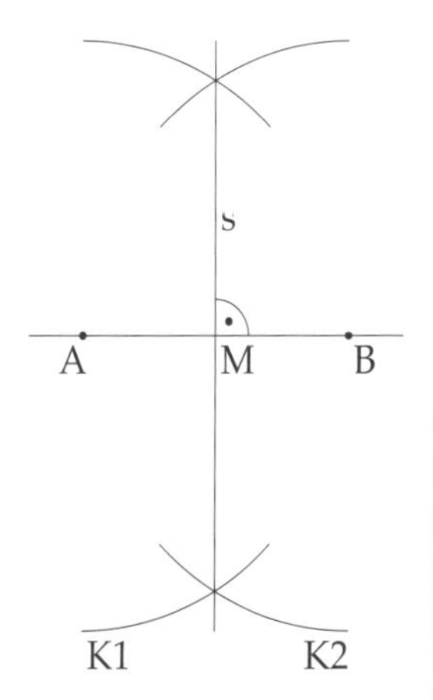

Die Gerade s steht senkrecht (90°-Winkel) auf der Strecke [AB]. Da sie von A und B den gleichen Abstand hat, ist sie auch gleichzeitig eine *Spiegelachse*, die A auf B spiegelt.

Parallele Geraden

Bei vielen verschiedenen Konstruktionsaufgaben muss dann und wann mal schnell eine neue Gerade konstruiert werden, die zu einer bereits vorhandenen *Gerade parallel* verläuft (vgl. S. 347) und zudem entweder einen fest vorgegebenen Abstand hat oder durch einen vorher bekannten Punkt verläuft.

Beide Aufgaben können in wenigen Schritten gelöst werden. Es gibt mehrere unterschiedliche Lösungswege, jeweils einer wird im folgenden Abschnitt vorgestellt.

Parallele Gerade durch einen gegebenen Punkt

Eine Gerade h soll so konstruiert werden, dass sie parallel zu einer bereits vorhandenen Gerade g und durch einen bereits vorhandenen Punkt P verläuft.

Die Aufgabe kann ohne großen Aufwand mit folgender Technik gelöst werden:

Bekannt:	Gerade g Punkt P
Konstruktion:	Schritt 1: Auf der Geraden wird ein beliebiger Punkt MK1 (Mittelpunkt Kreis 1) eingezeichnet. Der Kreis K1 mit Mittelpunkt MK1 und Radius r = [MK1P] (Abstand zwischen MK1 und P) wird gezeichnet. Der Kreis schneidet die Gerade g in den Punkten Pg und MK2. Schritt 2: Ein Kreis K2 mit Mittelpunkt MK2 und Radius r2 = [PgP] (Abstand zwischen Pg und P) wird gezeichnet. Der Kreis K2 schneidet den Kreis K1 im Punkt Ph. Schritt 3: Die gesuchte Gerade h verläuft durch die Punkte P und Ph. Die Gerade wird nun eingezeichnet.

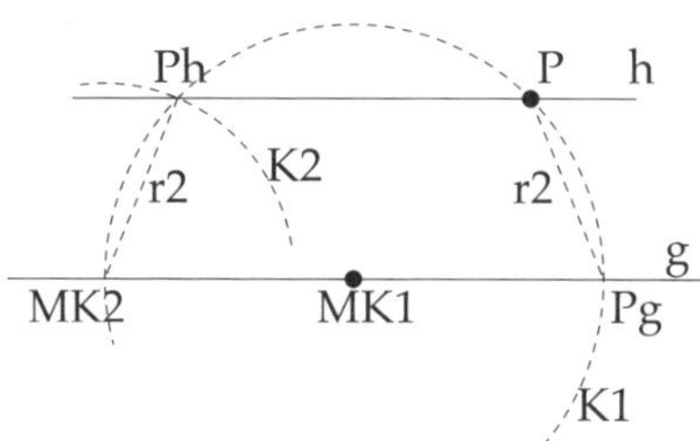

Parallele Gerade mit vorgegebenem Abstand

Eine Gerade h soll so konstruiert werden, dass sie parallel zu einer bereits vorhandenen Geraden g und in einem vorher festgelegten Abstand zu g verläuft.

Die Strategie zur Lösung der Aufgabe ist:

1. Man findet einen Punkt P, der den geforderten Abstand zur Geraden hat (siehe Konstruktion).
2. Man konstruiert eine Gerade, die durch P verläuft und parallel zur Geraden g ist.

Der zweite Teil wird in dem oberen Abschnitt „Parallele Gerade durch einen gegebenen Punkt" beschrieben. Hier wird diese Technik nicht noch einmal vorgestellt, da man sonst leicht den Überblick verliert und nicht mehr sicher sein kann, was neu ist und was bereits in einem anderen Kapitel besprochen wurde.

Bekannt:	Gerade g Abstand d der beiden Geraden g und h
Konstruktion:	Schritt 1: Auf der Geraden wird an beliebiger Stelle das Lot errichtet (oder gefällt). Der Schnittpunkt des Lotes mit der Geraden g ist der Punkt F. Schritt 2: Ein Kreis mit Mittelpunkt F und Radius r = d (geforderter Abstand zwischen den Geraden g und h) wird gezeichnet. Der Kreis schneidet das Lot im Punkt P. Schritt 3: Nun ist der Punkt P bekannt, durch den die Gerade verlaufen muss. Man konstruiert jetzt eine parallele Gerade durch einen gegebenen Punkt (hier P). Die Lösung wird im vorangehenden Abschnitt besprochen.

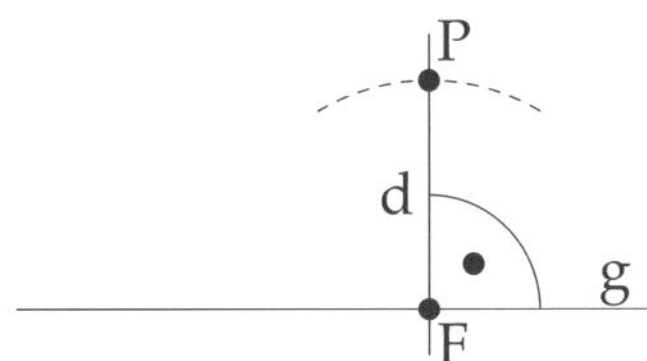

Winkel

Der *Winkel* gibt eine Richtung (Richtung 1) an, die immer auf eine andere Richtung (Richtung 2, *Bezugsrichtung*) bezogen ist.

Der Blick aus den Augenwinkeln (in Richtung nach ganz rechts oder links) ist bezogen auf den „ruhenden" geradeaus gerichteten Blick. Verwinkelte Räume haben viele schräge Wände und Decken, bezogen auf andere Wände und den Boden. Der „neue" Blickwinkel bezieht sich auf die alte Blickrichtung. Eine Autobahn hat genau eine Richtung, aber zwei sich kreuzende Autobahnen schließen einen bestimmten Winkel ein.

B In der Zeichnung gibt die Strecke [SA] die Bezugsrichtung vor. Der Schenkel [SA] wird daher auch Basisschenkel genannt. „Richtung 1" ist die Richtung der Strecke [SB], die bezogen auf den *Basisschenkel* den 45°-Winkel einnimmt.

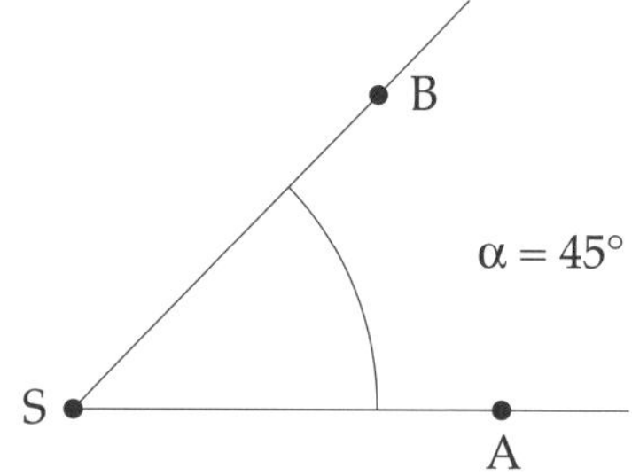

Seit es *Geodreiecke* gibt, werden Winkel in der Regel nicht mehr 100%ig konstruiert, sondern abgemessen. Wie das nächste Beispiel zeigt, kommt eine *Winkelkonstruktion* ohne Winkelmesser aus:

B *Winkelhalbierung*:

Erste Möglichkeit:

Im (relativ einfach zu konstruierenden) gleichseitigen Dreieck sind alle Winkel gleich groß, also 60 Grad (die Winkelsumme im Dreieck beträgt 180°, vgl. Dreieck, S. 354). Durch (mehrfache) Halbierung eines 60°-Winkels erhält man die Winkel 30°; 15°; 7,5°; usw.

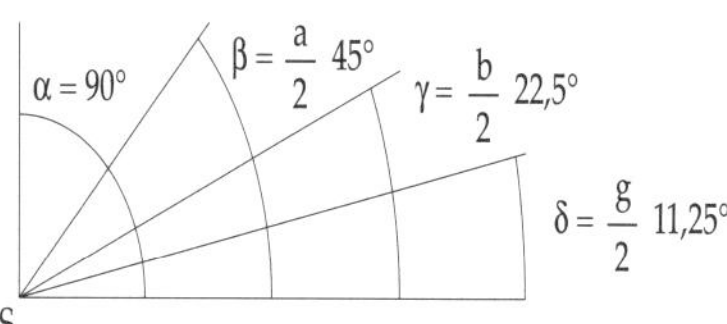

Zweite Möglichkeit:

Zwei senkrecht aufeinander stehende Strecken schließen einen 90°-Winkel ein. Durch Winkelhalbierung können daraus Winkel der Größe 45°; 22,5°; 11,25° usw. konstruiert werden.

Am Beispiel des 90°-Winkels wird die Technik der Winkelhalbierung gezeigt:

Schritt 1: Ein Kreis mit Mittelpunkt S und beliebigem Radius wird gezeichnet. Der Kreis schneidet die beiden senkrecht aufeinander stehenden Schenkel in den Punkten A und B.

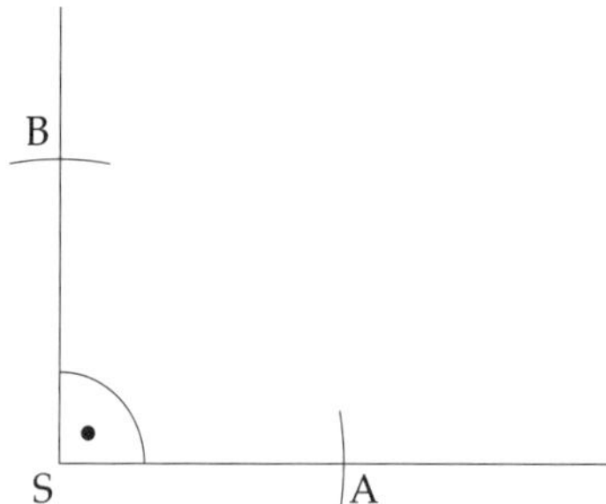

Schritt 2: Zwei Kreise werden gezeichnet. Ein Kreis mit Mittelpunkt A und beliebigem Radius, ein weiterer Kreis mit Mittelpunkt B und gleichem Radius wie der erste Kreis. Im Schnittpunkt beider Kreise liegt der Punkt C.

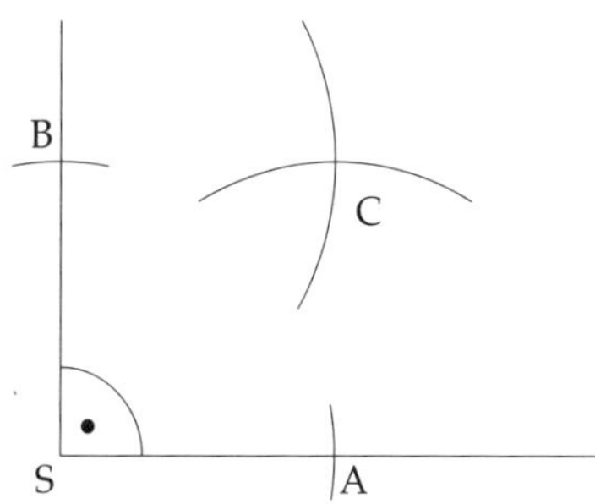

Schritt 3: Die Punkte S und C werden verbunden. Im Vergleich zum Winkel ASB ist der Winkel ASC nun genau halb so groß, also 45°.

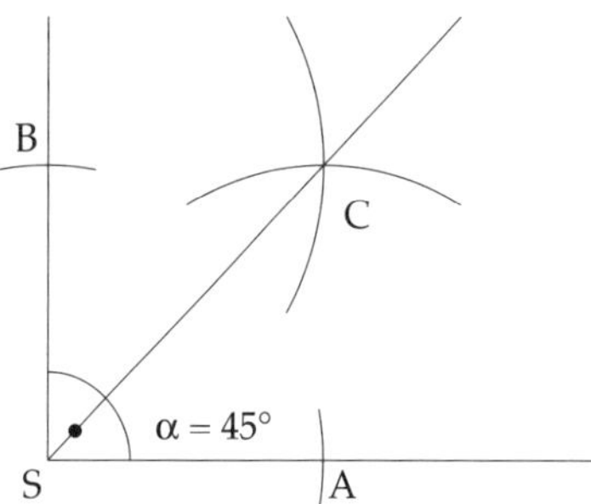

Winkelmessung

Im Normalfall werden Winkel mit dem Geodreieck gemessen und eingezeichnet (man sagt auch: angetragen). Dazu sind folgende Schritte nötig:

Bekannt:	Scheitelpunkt S Winkelgröße (in Grad) Ein weiterer Punkt A, der auf einem Schenkel liegt
Konstruktion:	Konstruktion der Halbgeraden [SA; die Strecke [SA] ist der Basisschenkel. Mittels Geodreieck einen Punkt P bestimmen, so dass die Halbgeraden [SP und [SA den gesuchten Winkel einschließen. Halbgerade [SP einzeichnen.

B $\alpha = 45°$

Der Winkel heißt α (Alpha).

Schritt 1: Die Halbgerade [SA konstruieren

Den Winkelmesser (Geodreieck) mit der (langen) Linealseite so an [SA anlegen, dass der Nullpunkt des Lineals auf dem Scheitel S liegt und die Linealseite exakt entlang [SA verläuft

Schritt 2: Auf der äußeren *Winkelskala* (α ist positiv) den Wert 45 suchen und an dieser Stelle den Punkt P einzeichnen

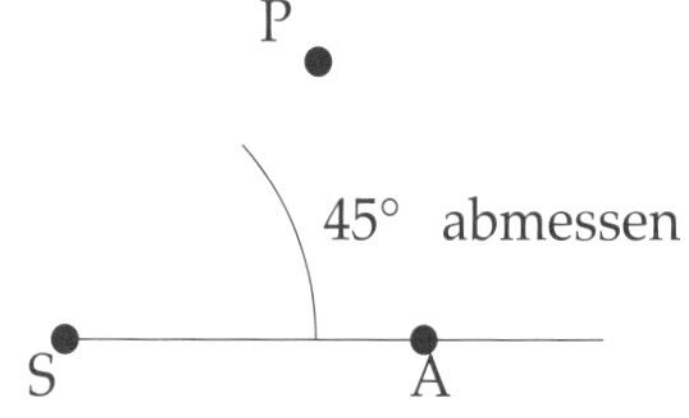

Schritt 3: Halbgerade [SP einzeichnen

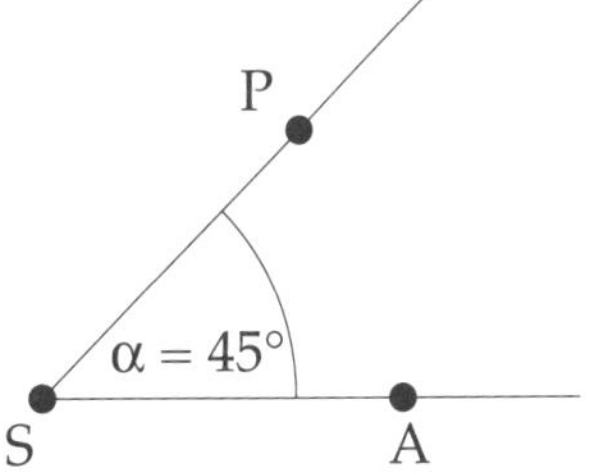

Winkelkonstruktion über Dreieckbeziehungen

Durch vorherige Berechnung der Längenverhältnisse im rechtwinkligen Dreieck (vgl. S. 393), kann ein beliebiger Winkel konstruiert werden. Für die Berechnungen werden die trigonometrischen Funktionen, (vgl. S. 399), z. B. der Tangens, benötigt.

B In einem rechtwinkligen Dreieck soll ein weiterer Winkel (z. B. α) die Größe 66,5° haben. Dazu muss das Verhältnis der Gegenkathete (b) zur Ankathete (a) (vgl. S. 400), dem Tangens des Winkels entsprechen:

$$\tan(66{,}5°) = \frac{b}{a} = 2{,}3$$

Man konstruiert also ein rechtwinkliges Dreieck, in dem z. B. die Ankathete die Länge 1 und die Gegenkathete die Länge 2,3 hat. Der gesuchten Winkel $\alpha = 66{,}5°$ wird dann sozusagen automatisch mitgeliefert.

Die Kapitel Pythagoras und Euklid (vgl. S. 393) sowie Sinus- und Cosinussatz (vgl. S. 399) gehen ausführlich auf die Zusammenhänge zwischen Seiten und Winkeln im rechtwinkligen Dreieck ein.

Neben den (Winkel-) Grad gibt es für Winkel noch die Einheit *Radiant (rad)*. Dieses Winkelmaß bezieht sich im Kreis auf das Verhältnis der *Bogenlänge* eines Mittelpunktwinkels zu seinem Radius:

1 rad ist der Winkel, dessen zugehöriger Kreisbogen genau so lang ist wie sein Radius.

Umrechnung Radiant / (Winkel-) Grad:

Die *Bogenlänge* eines *Vollkreises (360°)* entspricht seinem Umfang: $U = 2 \cdot \pi \cdot r$. Für $r = 1$ (*Einheitskreis*) kann damit die Beziehung zwischen einem Winkel α in *Grad* ($\alpha[°]$) und dem entsprechenden Winkel α in rad ($\alpha[\text{rad}]$) angegeben werden:

$$\frac{\alpha[°]}{360°} = \frac{\alpha[\text{rad}]}{2\pi}$$

Für die Umrechnung von rad in Grad ergibt sich so die hilfreiche Formel:

$$\alpha[\text{rad}] = \frac{\pi}{180°}\alpha[°]$$

Umgekehrt gilt für die Umrechnung von Grad in rad die Formel:

$$\alpha[°] = \frac{180°}{\pi}\alpha[\text{rad}]$$

Dreieck

Dreiecke sind die mit Abstand am häufigsten berechneten und konstruierten Figuren. Das liegt zum einen daran, dass Dreieck-Aufgaben (fast) alle Konstruktionsaufgaben beinhalten können, zum anderen ist das *Dreieck* die grundlegende Figur, aus der alle anderen Vielecke aufgebaut werden können. Das Dreieck hat deshalb einen hohen Stellenwert in der Geometrie.

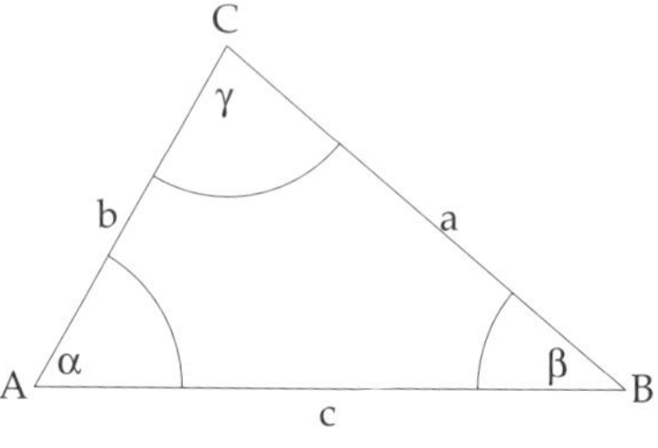

Die Eckpunkte des Dreiecks werden (wenn nichts anderes angegeben ist) mit A, B und C benannt, die Reihenfolge der Punkte ist (im mathematisch positiven Sinn) entgegen dem Uhrzeigersinn. Die Seiten des Dreiecks werden mit dem Kleinbuchstaben der jeweils gegenüberliegenden Ecke bezeichnet.

Verschiedene besondere Dreiecktypen werden im Kapitel Winkelbeziehungen für Dreiecke (vgl. S. 353) besprochen. Die folgenden Konstruktionen sind Pflichtübungen im regulären Schulstoff.

Bekannt:	Alle drei Seitenlängen $\lvert a \rvert$, $\lvert b \rvert$ und $\lvert c \rvert$ (*SSS: Seite Seite Seite*)
Konstruktion:	Einzeichnen einer Strecke, z. B. c = [AB] Kreis um Mittelpunkt A mit Radius r = $\lvert AC \rvert$ Kreis um Mittelpunkt B mit Radius r = $\lvert BC \rvert$ Schnittpunkt der beiden Kreise ist der Punkt C Verbinden der Punkte A und C sowie B und C

B Wenn die Namen der Eckpunkte z. B. A, B und C sind, dann hat das Dreieck die Seiten [AB] = c, [AC] = b und [BC] = a

$\lvert AB \rvert = \lvert c \rvert = 5$; die Strecke c ist 5 Einheiten lang.
$\lvert BC \rvert = \lvert a \rvert = 4$; die Strecke a ist 4 Einheiten lang.
$\lvert AC \rvert = \lvert b \rvert = 3$; die Strecke b ist 3 Einheiten lang.

Schritt 1: Einzeichnen der Strecke c (es kann auch mit a oder b begonnen werden)

Schritt 2: Kreis zeichnen mit Mittelpunkt A und Radius r = $\lvert b \rvert = 3$

Einen weiteren Kreis zeichnen mit Mittelpunkt B und Radius r = $\lvert a \rvert = 4$. Der Schnittpunkt beider Kreise ist der Punkt C.

Schritt 3: Punkte B und C sowie A und C verbinden

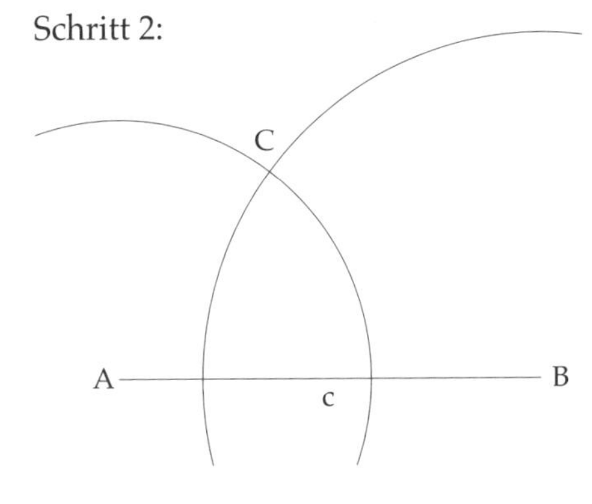

Schritt 1: A ——— B
c

Schritt 2:

C
A ——— B
c

Schritt 3:

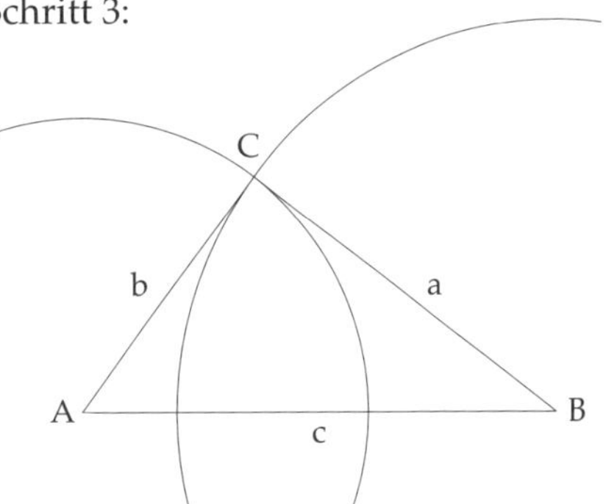

Bekannt:	Eine Seitenlänge und die *Aussenwinkel* (Winkel an beiden Enden der bekannten Seite). (*WSW*: Winkel Seite Winkel)
Konstruktion:	Einzeichnen der bekannten Strecke Beide Winkel einzeichnen Der unbekannte dritte Punkt des Dreiecks ist der Schnittpunkt der beiden Schenkel.

B

$|c| = 6$
Winkel $\alpha = 30°$
Winkel $\beta = 40°$

Schritt 1: Die bekannte Seite c mit Länge 6 (zwischen A und B) einzeichnen.

Schritt 2: Den Winkel $\alpha = 30°$ mit Scheitel A einzeichnen (mit Geodreieck)

Schritt 3: Den Winkel $\beta = 40°$ mit Scheitel B einzeichnen (mit Geodreieck). Der Schnittpunkt der beiden oberen Schenkel ist der dritte Punkt des Dreiecks ABC.

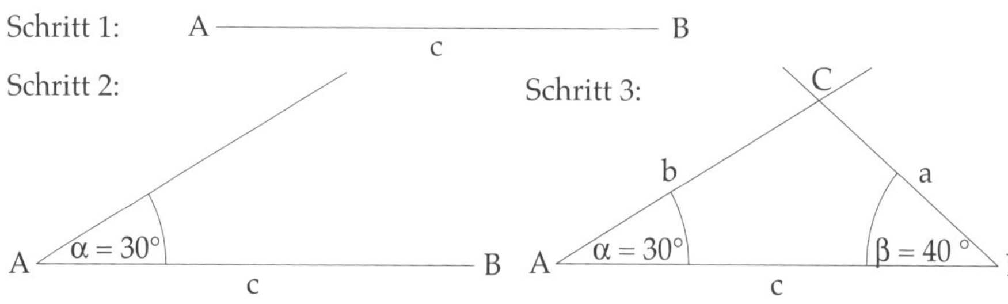

Bekannt:	Zwei Seitenlängen (z. B. $|b|$ und $|c|$ der Seiten b und c) und ihr *Zwischenwinkel* (zwischen b und c liegt der Winkel α). (*SWS*: Seite Winkel Seite)
Konstruktion:	Zwischenwinkel konstruieren. Der Scheitelpunkt ist der Punkt A. Kreis mit Mittelpunkt A und Radius $r = |c|$ zeichnen. Der Schnittpunkt des Kreises mit dem Basisschenkel ist der Punkt B. Kreis mit Mittelpunkt A und Radius $r = |b|$ zeichnen. Der Schnittpunkt des Kreises mit dem oberen Schenkel ist der Punkt C.

B

$|c| = 6$

$|b| = 3$

$\alpha = 30°$

Schritt 1: Winkel $\alpha = 30°$ zeichnen. Auf dem Basisschenkel liegt die Seite c, auf dem oberen Schenkel die Seite b.

Schritt 2: Zwei Kreise zeichnen: Einen Kreis mit Mittelpunkt A und Radius $r = |c| = 6$. Der Schnittpunkt des Kreises mit dem Basisschenkel c ist der Punkt B.

Weiteren Kreis mit Mittelpunkt A und Radius $r = |b| = 3$ zeichnen. Der Schnittpunkt dieses Kreises mit dem oberen Schenkel b ist der Punkt C.

Schritt 3: Punkte B und C verbinden. Die Strecke [BC] ist die Dreiecksseite a.

Schritt 1:

Schritt 2:

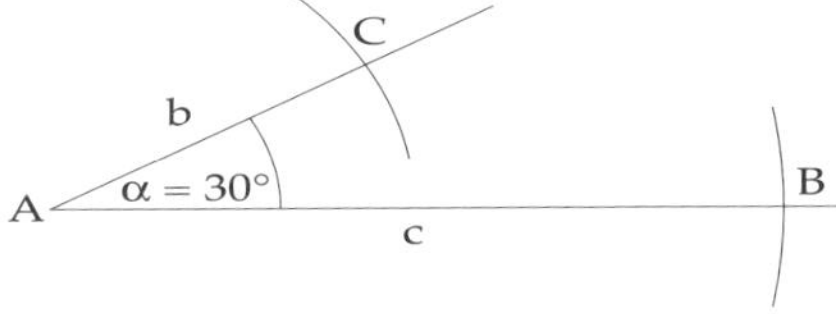

Schritt 3:

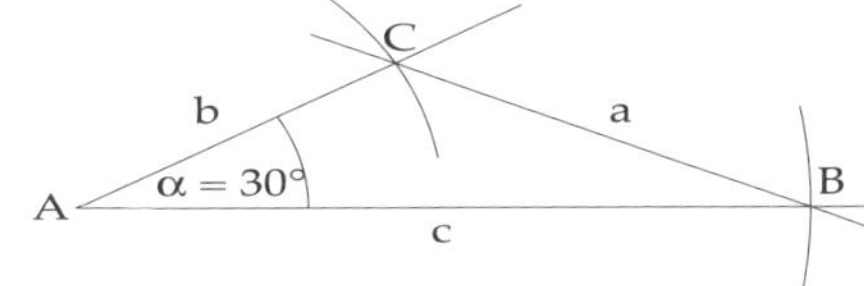

Rechteck

„Sieh dich nur um, die Form, die du am häufigsten siehst, das alles sind *Rechtecke*". Das Rechteck, so scheint es, ist die Lieblingsform der halben Welt.

Wenn man nicht gerade im Wald steht oder hinter dem Mond lebt, dann nimmt man mit einem einzigen Blick, den man durch seine unmittelbare Umgebung schweifen lässt, erstaunlich viele Rechtecke unterschiedlichster Größen wahr. Obwohl die Trends in der Architektur und beim Möbeldesign wieder etwas mehr in Richtung runder Formen gehen, dominiert noch immer das Rechteck unseren bewohnten Lebensraum.

Die vier *rechten Winkel* (90°-Winkel) geben dem Rechteck seinen Namen und unterscheiden es vom gewöhnlichen Viereck.

Als Folge der vier rechten Winkel sind im Rechteck die beiden jeweils gegenüberliegenden Seiten gleich lang und zueinander parallel.

Daher hat das Rechteck nur zwei variable Größen: Die Höhe und die Breite.

Das Spannendste an der Konstruktion sind die beiden Lotgeraden. Wie sie konstruiert werden, wird im Folgenden aufgezeigt.

Bekannt:	Von beiden Seiten a und b die Längen $\|a\|$ und $\|b\|$
Konstruktion:	Die Gerade zeichnen, auf der eine der bekannten Seiten liegt
	Den Eckpunkt A der Seite a auf der Geraden einzeichnen
	Einen Kreis mit Mittelpunkt A und Radius $r = \|a\|$ zeichnen
	Der Schnittpunkt des Kreises mit der Geraden ist der Punkt B.
	Lot l1 errichten auf Seite a im Punkt B
	Lot l2 errichten auf Seite a im Punkt A
	Kreis mit Mittelpunkt B und Radius $r = \|b\|$ zeichnen
	Der Schnittpunkt des Kreises mit dem Lot l1 ist der Punkt C.
	Kreis mit Mittelpunkt A und Radius $r = \|b\|$ zeichnen
	Der Schnittpunkt des Kreises mit dem Lot l1 ist der Punkt D.
	Punkte C und D verbinden

B

$|a| = 4$
$|b| = 3$

Schritt 1: Eine Gerade zeichnen, auf dieser (an beliebiger Stelle) den Punkt A eintragen

Einen Kreis mit dem Mittelpunkt A und dem Radius $r = 3$ zeichnen

Der Kreis schneidet die Gerade im Punkt B.

Schritt 2: Die beiden Lotgeraden l1 und l2 errichten. l1 mit Fußpunkt B, l2 mit Fußpunkt A

Schritt 3: Zwei Kreise zeichnen. Den einen mit Mittelpunkt B und Radius r = 3, den anderen mit Mittelpunkt A und gleichem Radius r = 3

Der Punkt C ist der Schnittpunkt zwischen dem Kreis und der Lotgeraden l1.

Der Punkt D ist der Schnittpunkt zwischen dem Kreis und der Lotgeraden l2.

Schritt 4: Beide Punkte C und D verbinden.

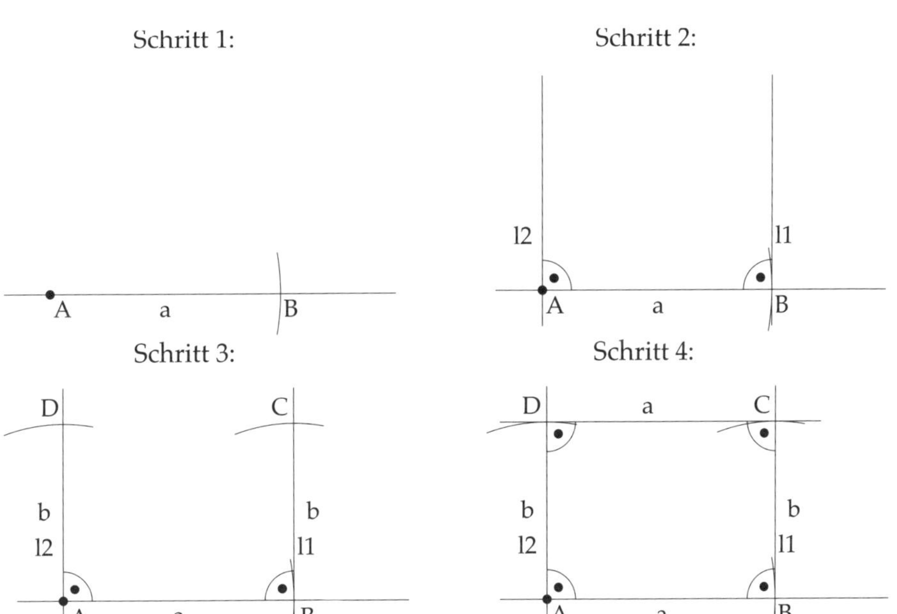

Quadrat

Ein Rechteck mit vier gleich langen Seiten ist ein *Quadrat*. Die Konstruktion verläuft daher auch genauso wie beim Rechteck.

Statt zwei Seitenlängen wie beim Rechteck ist für ein Quadrat also die Angabe einer Seitenlänge ausreichend, alle weiteren Seitenlängen sind dann ja automatisch bekannt.

Bekannt:	Die Länge $\lvert a \rvert$ einer Seite a
Konstruktion:	Wie beim Rechteck Alle Seitenlängen sind $\lvert a \rvert$

B $|a| = 4$

Schritt 1: Gerade zeichnen. Eckpunkt A der Seite a auf die Gerade zeichnen

Einen Kreis mit Mittelpunkt A und Radius $r = |a|$ zeichnen

Der Schnittpunkt des Kreises mit der Geraden ist der Punkt B.

Schritt 2: Lot l1 errichten auf Seite a im Punkt B

Lot l2 errichten auf Seite a im Punkt A

Schritt 3: Einen Kreis mit Mittelpunkt B und Radius $r = |a|$ zeichnen

Der Punkt C ist der Schnittpunkt des Kreises mit dem Lot l1

Einen weiteren Kreis mit Mittelpunkt A und dem (alten) Radius $r = |a|$ zeichnen

Der Punkt D ist der Schnittpunkt des Kreises mit dem Lot l2.

Schritt 4: Die Punkte C und D verbinden

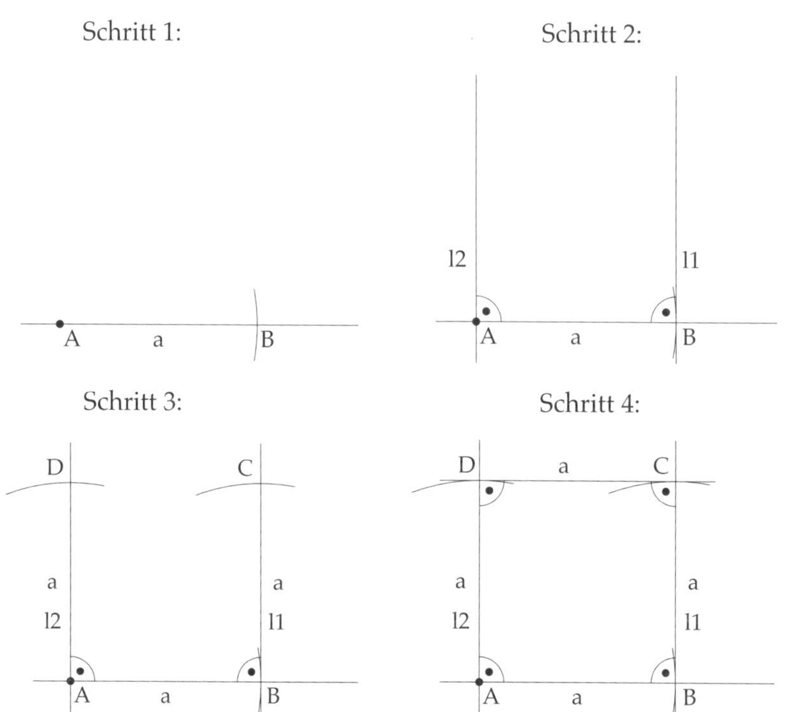

Parallelogramm

Freistehende Regale, die schon mehrere Male auf- und abgebaut wurden, haben oft nicht mehr die volle Stabilität. Sie sind dann etwas schief bzw. neigen sich nach links oder rechts.

Bei einem *Parallelogramm* sind die jeweils gegenüberliegenden Seiten parallel und gleich lang. Gegenüberliegende Winkel haben die gleiche Größe.

Bekannt:	Beide Seitenlängen ($\lvert a \rvert$ und $\lvert b \rvert$)
	Der Zwischenwinkel α
	Damit ist auch bekannt, dass die Winkelschenkel die Seiten a und b sind.
Konstruktion:	$\alpha = \sphericalangle a, b$
	$B = K(A, r = \lvert a \rvert) \cap$ Basisschenkel $D = K(A, r = \lvert b \rvert) \cap$ Schenkel $C = K(D, r = \lvert a \rvert) \cap K(B, r = \lvert b \rvert)$

B

$\lvert a \rvert = 4$
$\lvert b \rvert = 3$
$\alpha = 60°$

Die Länge der Seite a ist 4, die Länge von b ist 3.

Die Größe des Winkels zwischen den Seiten a und b beträgt 60°.

Schritt 1: Einzeichnen des Winkels $\alpha = 60°$. Der untere Schenkel ist a, der obere b.

Schritt 2: Einen Kreis mit Mittelpunkt A und Radius $r = \lvert a \rvert$ zeichnen. Der Schnittpunkt des Kreises mit dem Schenkel a ist der Punkt B.

Einen Kreis mit Mittelpunkt A und Radius $r = \lvert b \rvert$ zeichnen. Der Schnittpunkt des Kreises mit dem Schenkel b ist der Punkt D.

Schritt 3: Um die Lage des Punktes C zu ermitteln, werden zwei weitere Kreise gezeichnet:

Ein Kreis mit Mittelpunkt D und Radius r = |a| und ein Kreis mit Mittelpunkt B und Radius r = |b|. Der Schnittpunkt beider Kreise ist D.

Schritt 4: Punkte D und C sowie B und C verbinden

Schritt 1:

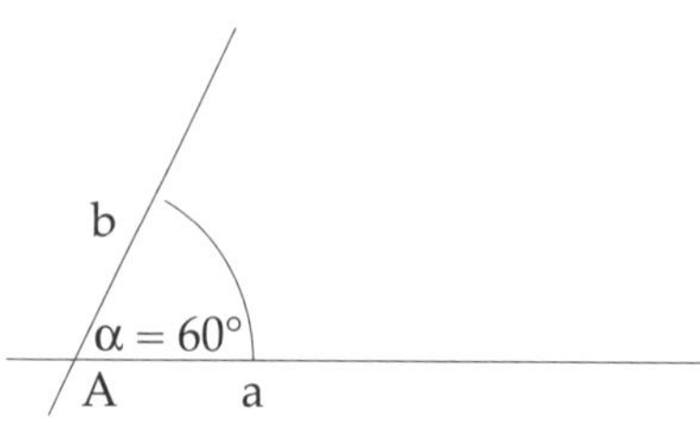

Schritt 2:

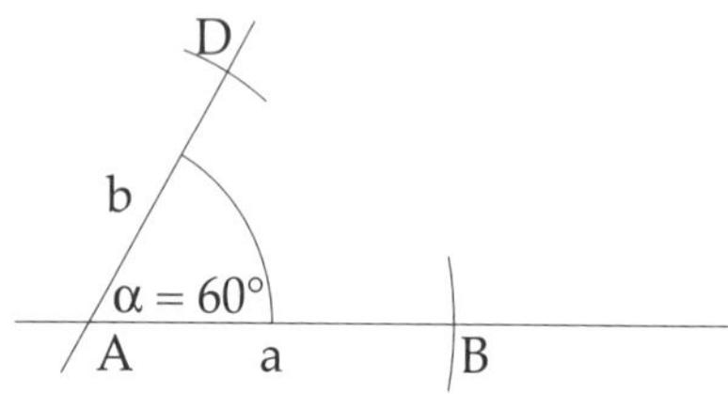

Schritt 3:

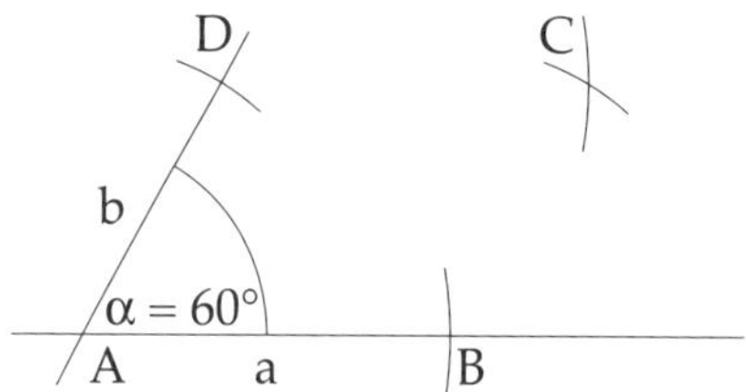

Schritt 4:

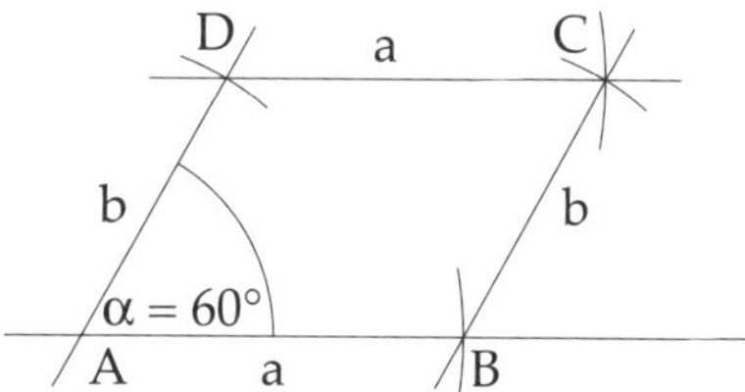

Die beiden letzten Seiten haben wieder die Namen a und b, da sie gleich lang und parallel zu den ersten beiden Seiten a und b sind (daher auch der Name Parallelogramm).

Ein Parallelogramm kann auch dann konstruiert werden, wenn nur eine Seitenlänge bekannt ist. Allerdings muss in diesem Fall zusätzlich noch die Höhe auf diese Seite bekannt sein.

Bekannt:	Eine Seitenlänge (|a|), ein Winkel (α), und die Höhe h auf die bekannte Seite (a). Damit ist auch bekannt, dass die Seite b auf dem anderen Schenkel liegt.
Konstruktion:	$\alpha = \measuredangle\, a, b$ Zur Seite a parallele Gerade l im Abstand h $D = l \cap$ Schenkel (b) $B = K(A, r = \|a\|) \cap$ Basisschenkel $C = l \cap K(D, r = \|a\|)$

B

$|a| = 4$
$|h| = 3$
$\alpha = 60°$

Die Länge der Seite a ist 4, die Höhe des Parallelogramms ist 3.

Der Winkel zwischen den Seiten a und b beträgt $\alpha = 60°$.

Schritt 1: Einzeichnen des Winkels $\alpha = 60°$. Der untere Schenkel ist a, der obere b.

Schritt 2: Zur Seite a parallele Gerade l mit Abstand $|h| = 3$ konstruieren.

Der Punkt D ist der Schnittpunkt des oberen Schenkels (b) mit der Geraden l.

Schritt 3: Einen Kreis mit Mittelpunkt A und Radius $r = |a|$ zeichnen.

Der Schnittpunkt zwischen dem Kreis und dem Schenkel a ist der Punkt B.

Einen Kreis mit Mittelpunkt D und Radius $r = |a|$ zeichnen.

Der Schnittpunkt zwischen dem Kreis und der Geraden l ist der Punkt C.

Schritt 4: Punkte B und C verbinden.

Schritt 1:

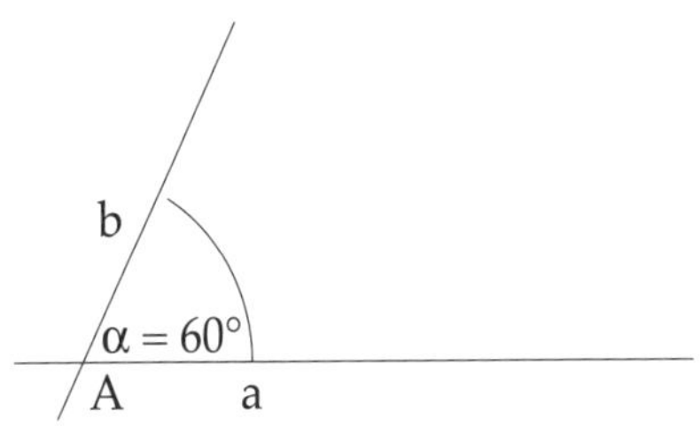

Schritt 2:

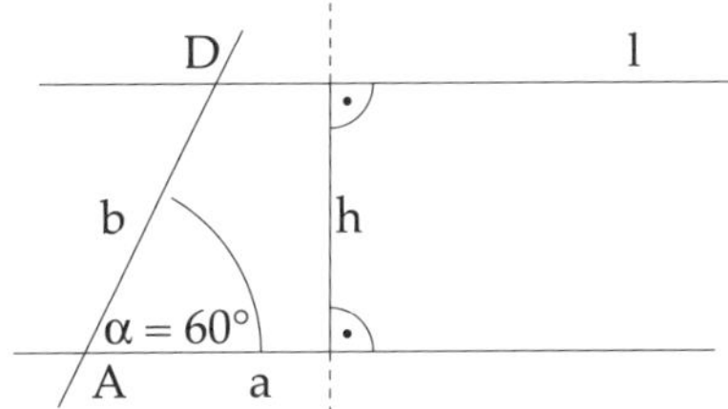

Schritt 3:

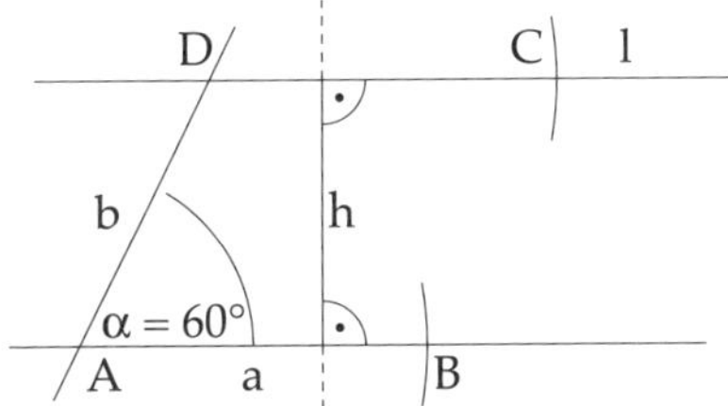

Schritt 4:

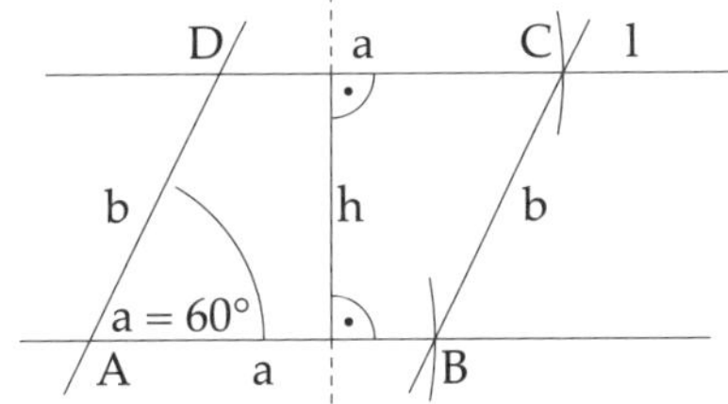

Falls der Winkel α nicht bekannt ist, gibt es eine weitere Möglichkeit, ein Parallelogramm zu konstruieren. Die einzelnen Konstruktionsschritte werden im Folgenden dargestellt.

2. Kongruente Figuren und ihre Konstruktion

Bekannt:	Die Längen $\lvert a \rvert$ und $\lvert b \rvert$ der beiden Seiten a und b
	Die Höhe h des Parallelogramms
Konstruktion:	$\alpha = \measuredangle\, a, b$
	Zur Seite a parallele Gerade l im Abstand h
	$D = l \cap$ Schenkel (b)
	$B = K(A, r = \lvert a \rvert) \cap$ Basisschenkel
	$C = l \cap K(D, r = \lvert a \rvert)$

B

$\lvert a \rvert = 6$
$\lvert b \rvert = 4$
$\lvert h \rvert = 3$

Die Länge der Seite a ist 6, die Länge der Seite b ist 4, die Höhe des Parallelogramms ist 3.

Schritt 1: Gerade zeichnen. Punkt A (beliebig) auf der Geraden einzeichnen. Einen Kreis mit Mittelpunkt A und Radius $r = \lvert a \rvert$ zeichnen. Der Punkt B ist der Schnittpunkt des Kreises mit der Geraden.

Schritt 2: Zur Seite a parallele Gerade l mit Abstand $\lvert h \rvert = 3$ konstruieren.

Schritt 3: Einen weiteren Kreis mit Mittelpunkt A und Radius $r = \lvert b \rvert$ zeichnen. Der Punkt D ist der Schnittpunkt von diesem Kreis mit l.
Einen dritten Kreis mit Mittelpunkt B und Radius $r = \lvert b \rvert$ zeichnen. Der Punkt C ist der Schnittpunkt von diesem Kreis mit l.

Schritt 4: Die Punkte A und D sowie die Punkte B und C verbinden

Schritt 1:

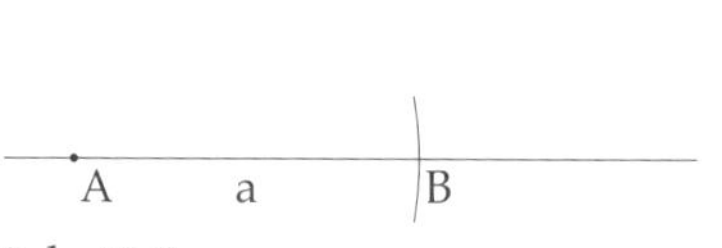

Schritt 2:

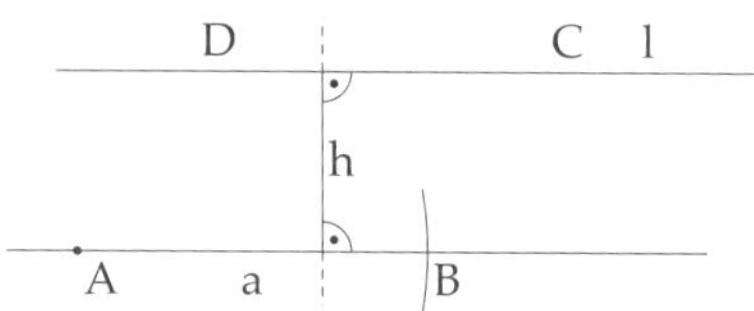

Schritt 3:

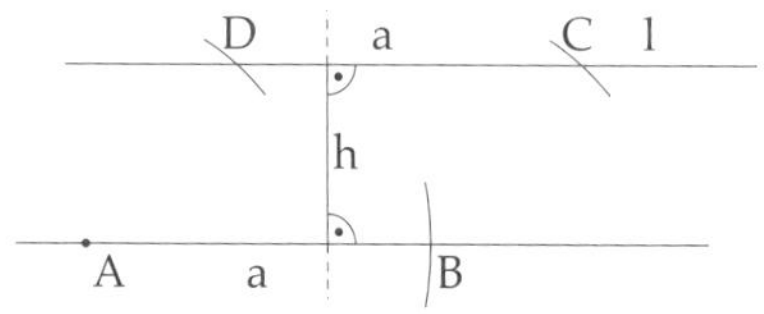

Schritt 4:

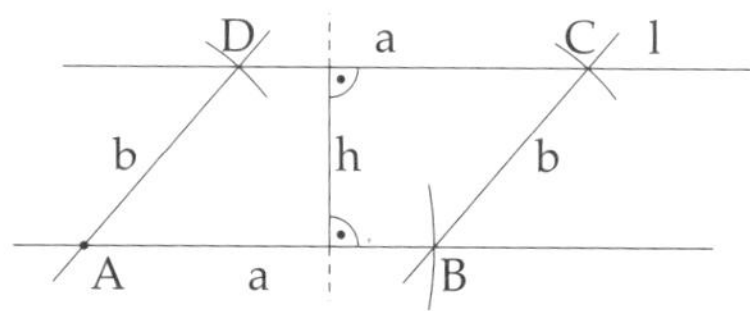

Raute

Eine *Raute* ist ein spezielles Parallelogramm mit vier gleich langen Seiten.

Wenn also eine Seitenlänge bekannt ist, dann sind automatisch alle vier Seitenlängen bekannt.

Rauten können mit den gleichen Einzelschritten wie Parallelogramme konstruiert werden. Zusätzlich zur Seitenlänge ist entweder noch ein Winkel oder die Höhe (Abstand zweier gegenüberliegender Seiten) bekannt. In der nebenstehenden Zeichnung sind alle Elemente einer Raute angegeben.

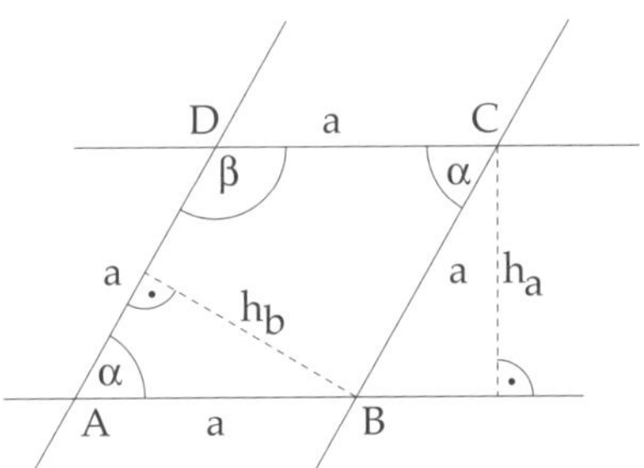

Trapez

Ein *Trapez* ist ein Viereck, bei dem zwei Seiten zueinander parallel sind. Die beiden anderen Seiten können eine beliebige Lage haben.

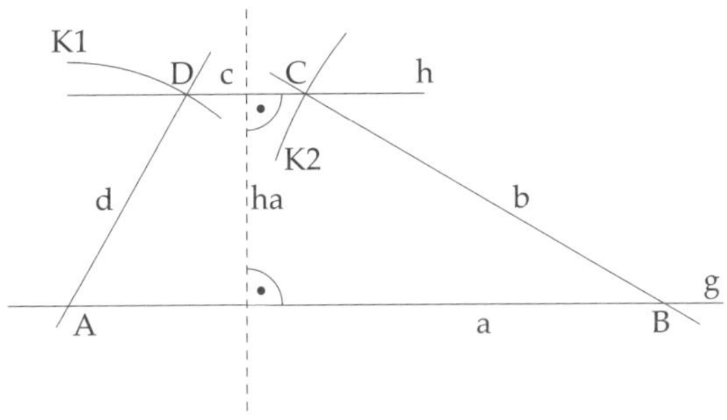

Bekannt:	Die Längen |a|, |b| und |d| der Seiten a, b und d Die Höhe h_a des Trapezes
Konstruktion:	Schritt 1: Gerade g zeichnen
	Seite a mit Endpunkten A und B auf g einzeichnen
	Zu g parallele Gerade h im Abstand h_a konstruieren
	Schritt 2: Kreis K1 mit Mittelpunkt A und Radius r = |d| zeichnen. Der Schnittpunkt von K1 mit der Geraden h ist der Punkt D.
	Kreis K2 mit Mittelpunkt B und Radius r = |b| zeichnen. Der Schnittpunkt von K2 mit der Geraden h ist der Punkt C.
	Schritt 3: Punkte A und D sowie B und C verbinden. Das Trapez ist das Viereck ABCD.

Drachenviereck

Der (klassische) *Drachen* ist vielen aus der Kindheit bekannt. Dass er als geometrische Figur konstruiert werden kann, ahnte man als Kind noch nicht. Die geometrische Drachenfigur hat im Gegensatz zum Flugdrachen allerdings keine Tiefe, ohne die der Flugdrachen nicht stabil im Wind fliegen könnte.

Bekannt:	Die Länge |e| einer Diagonalen e
	Die Längen |a| und |b| der Seiten a und b
Konstruktion:	Gerade zeichnen: Eckpunkt A der Seite a auf der Geraden einzeichnen
	Kreis mit Mittelpunkt A und Radius r = |e| zeichnen
	Der Punkt C ist der Schnittpunkt des Kreises mit der Geraden.
	Zwei weitere Kreise zeichnen: Einen mit Mittelpunkt A und Radius r = |a|, einen mit Mittelpunkt C und Radius r = |b|
	Die Schnittpunkte beider Kreise sind die Punkte B und D.
	Punkte A, B, C und D verbinden

B $|a| = 5$, $|b| = 3$, $|e| = 6$

Schritt 1: Die Gerade e zeichnen, auf dieser (an beliebiger Stelle) den Punkt A eintragen.
Einen Kreis mit dem Mittelpunkt A und dem Radius r = 6 zeichnen.
Der Kreis schneidet die Gerade im Punkt C.

Schritt 2: Einen Kreis mit dem Mittelpunkt A und dem Radius r = 5 zeichnen.
Einen weiteren Kreis mit dem Mittelpunkt C und dem Radius r = 3 zeichnen.
Die beiden Kreise schneiden sich in den Punkten B und C.

Schritt 3: Punkte A, B, C und D verbinden.

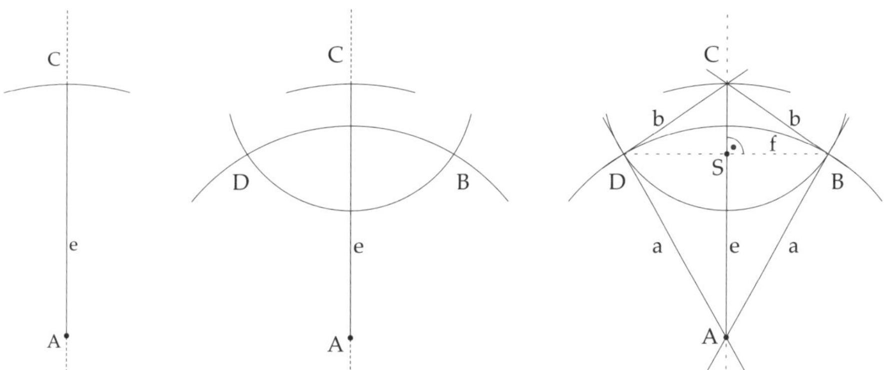

n-Eck, Polygon

Jede (geschlossene) Figur, die durch Verbindung von n (n = beliebige natürliche Zahl: $n \in \mathbb{N}$) Punkten entsteht, ist ein *n-Eck*, auch *Polygon* genannt. Sind alle Seiten gleich lang, so handelt es sich um ein *regelmäßiges n-Eck*, sonst ist es ein *unregelmäßiges n-Eck*.

Die Konstruktion unregelmäßiger n-Ecke kann nicht allgemein beschrieben werden, da sie von der Lage der einzelnen Punkte bzw. Seiten abhängig ist und unter Umständen für jedes n-Eck anders beschrieben werden muss. Wenn die Koordinaten aller Punkte bekannt sind, dann werden die Punkte in ein Koordinatensystem eingetragen und miteinander verbunden.

2. Kongruente Figuren und ihre Konstruktion

Wird im regulären Schulstoff die Konstruktion eines unregelmäßigen n-Ecks verlangt (was eher selten vorkommt), kann dieses im Normalfall durch Basiskonstruktionen (Dreiecke und Vierecke) erstellt werden. Die dazu benötigten Informationen werden zur Aufgabe mit angegeben.

Im regelmäßigen n-Eck gilt:

Alle n Seiten s sind gleich lang.

Alle n *Mittelpunktswinkel* α sind gleich groß: $\alpha = \frac{360°}{n}$.

Alle n Ecken liegen auf einem Kreis. Dieser Kreis wird *Umkreis* genannt.

Mit diesen Informationen können regelmäßige n-Ecke konstruiert werden.

Bekannt: Die Zahl der Ecken (= n). Die Ecken werden P1, P2, ... Pn genannt.

Der Radius r des Umkreises, evtl. zusätzlich die Koordinaten des Mittelpunktes M.

Konstruktion: Kreis K(M,r)

∢ (α, M) konstruieren. Die beiden Schnittpunkte der Schenkel mit dem Kreis sind die ersten beiden Punkte P1 und P2. Zwischen diesen Punkten liegt die erste Seite s.

$P3 = K(P2, r = |s|) \cap K(M,r)$
$P4 = K(P3, r = |s|) \cap K(M,r)$
...
$Pn = K(Pn - 1, r = |s|) \cap K(M,r)$

B $n = 6$, also ist $\alpha = \frac{360°}{6}$, $r = 1$

Bemerkung: Für die Konstruktionsbeschreibung werden die einzelnen Ecken P_1, P_2, ... P_6 genannt.

Schritt 1: Umkreis des 6-Ecks zeichnen: Dies ist der Kreis mit Mittelpunkt M und Radius $r = 1$.

Winkel $\alpha = 60°$ mit Scheitelpunkt M konstruieren.

Schritt 2: Die beiden Schnittpunkte der Schenkel mit dem Kreis sind die ersten beiden Punkte P1 und P2. Zwischen diesen Punkten liegt die erste Seite s.

Schritt 3: Radius des Zirkels auf die Länge von s einstellen. Kreis mit Mittelpunkt P2 und Radius r = |s| zeichnen.

Der Punkt P3 ist der Schnittpunkt des neuen Kreises mit dem Umkreis.

Weiteren Kreis mit Mittelpunkt P3 und Radius r = |s| zeichnen.

Der Punkt P4 ist der Schnittpunkt des neuen Kreises mit dem Umkreis.

Gleiches wiederholen für die Punkte P5 und P6.

Schritt 4: Alle Punkte auf der Kreislinie verbinden.

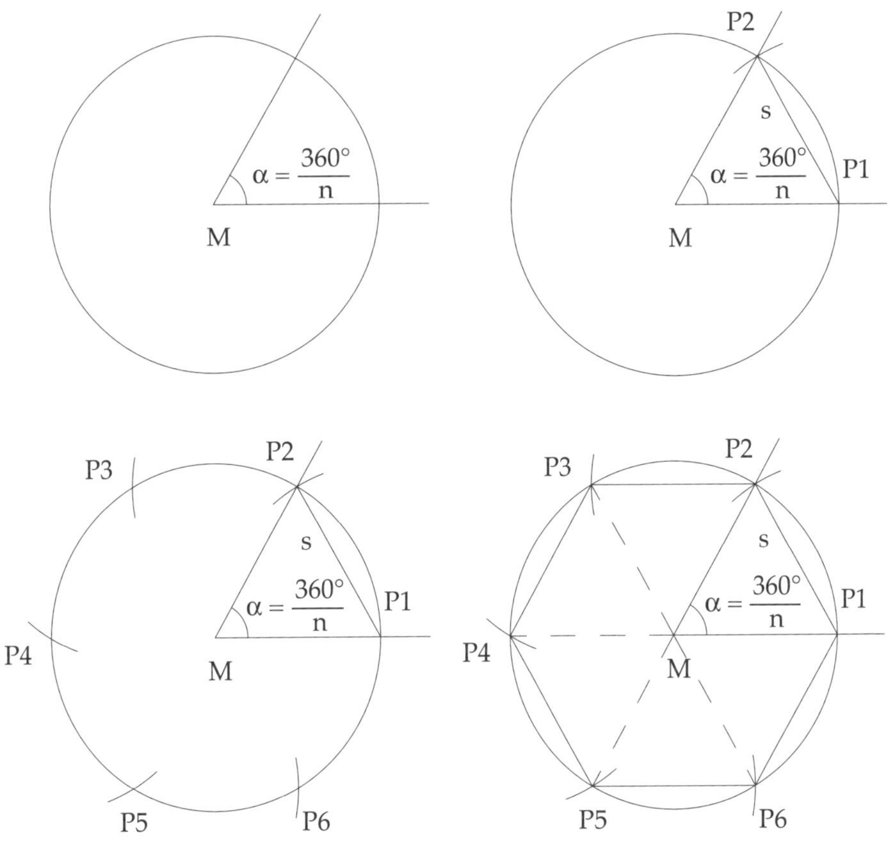

Ellipse

In der Regel werden keine geometrischen Konstruktionsaufgaben für Ellipsen gestellt, daher wird in diesem Abschnitt der recht interessante Zusammenhang zwischen Kreis und Ellipse dargestellt.

Eine *Ellipse* entsteht folgendermaßen: l1 ist der Abstand des Punktes P zu F1. l2 ist der Abstand zwischen P und F2. Zeichnet man alle Punkte ein, deren Abstände l1 + l2 als Summe konstant sind, so erhält man eine Ellipse.

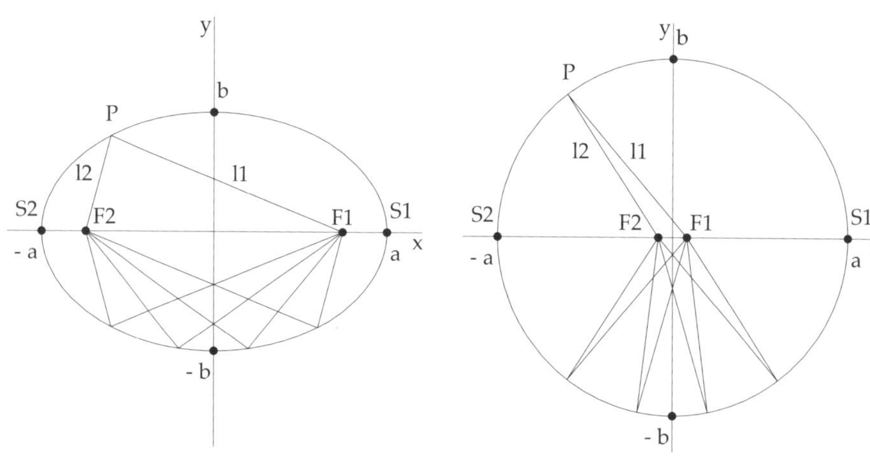

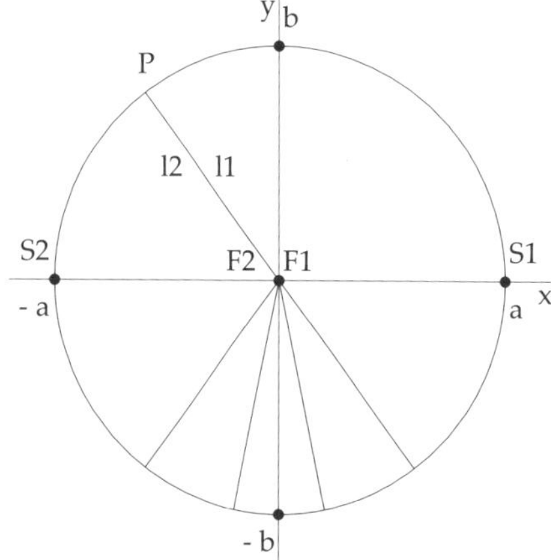

Die charakteristischen Punkte einer Ellipse sind ihre Schnittpunkte mit den Achsen bei (-a) bzw. a (x-Achse) und (-b) bzw. b (y-Achse). Die beiden Punkte F1 und F2 nennt man *Brennpunkte*.

In der ersten Zeichnung ist a = 3 und b = 2. Wenn b immer weiter vergrößert wird, bis b genauso groß wie a ist, wird die Ellipse immer kreisähnlicher.

Man erkennt dies, wenn man die beiden anderen Ellipsen betrachtet: In der zweiten Zeichnung hat b den Wert 2,99. Die beiden Punkte F1 und F2 sind schon ein gutes Stück weit zusammengerückt und die Ellipse kann fast nicht mehr von einem Kreis unterschieden werden. In der dritten Zeichnung ist b = 3, also genauso groß wie a. Damit sind auch die x-Koordinaten der Punkte F1 und F2 Null und die Ellipse ist zum Kreis geworden.

Kongruenzabbildungen

In manchen Stadtteilen gleichen sich die Häuser wie ein Ei dem anderen. Es sieht aus, als wäre eines der Häuser in jedem Nachbargarten dupliziert worden.

In der Geometrie können von jeder Figur Duplikate erstellt werden, die gegenüber dem Original entweder verschoben, gedreht oder gespiegelt sind.

Diese Duplikate unterscheiden sich vom Original nur durch die Lage, ansonsten sind sie mit den Originalen *deckungsgleich*. Man sagt dann, die beiden Figuren sind *kongruent*.

Bei einer *Kongruenzabbildung* wird ein (deckungsgleiches) Duplikat der Originalfigur erstellt, das zur Originalfigur einen ganz bestimmten (definierten) *Abstand* hat oder einen ganz bestimmten (definierten) *Drehwinkel* einnimmt oder das *Spiegelbild* ist.

Ein Spiegelbild entsteht, ohne dass der Spiegel die genauen Größen und Maße des Originals kennt. Genauso wenig werden für die Kongruenzabbildung die Größen und Maße der Originalfigur benötigt. Man muss die Originalfigur lediglich sehen.

2. Kongruente Figuren und ihre Konstruktion

Mit den vier *Kongruenzabbildungen Parallelverschiebung* (vgl. Parallel S. 347 und S. 349), *Drehung, Achsenspiegelung* und *Punktspiegelung* können von jeder Figur Duplikate erzeugt werden. Die Technik dazu wird mit den folgenden Beispielen vorgestellt.

Durch Kombination der einzelnen Techniken kann das Duplikat an jedem beliebigen Ort auf der Zeichenebene erstellt werden.

Parallelverschiebung

Eine Figur kann verschoben werden, ohne dass sich dadurch die Richtung ihrer einzelnen Seiten ändert. Die einzelnen Seiten der neuen Figur bleiben parallel zu den jeweiligen Seiten im Original.

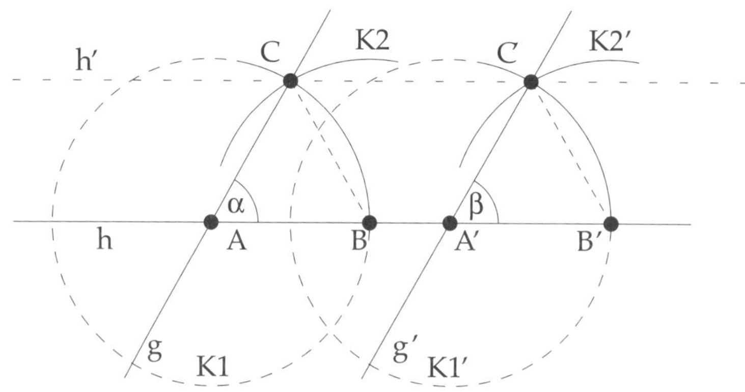

Die zugehörige Konstruktion nennt man *Parallelverschiebung*. In der Zeichnung sind alle Zusammenhänge dargestellt, die man zum Verschieben einer Geraden, eines Winkels, eines Dreiecks oder eines Kreises benötigt. Um die einzelnen Konstruktionen durchzuführen, fertigt man jeweils eine eigene Zeichnung an, die dann genau die Teile enthält, die in der einzelnen Konstruktionsbeschreibung angegeben sind. Aus der Zeichnung erkennt man die über die einzelne Konstruktion hinausgehenden Zusammenhänge. Im Folgenden werden die Konstruktionsschritte für verschiedene geometrische Figuren aufgezeigt.

Der Winkel α mit Scheitelpunkt A und Basisschenkel AB soll so verschoben werden, dass der neue Winkel β den Scheitelpunkt A' hat. Der Basisschenkel soll auf h liegen.

B Schritt 1: Zwei Kreise werden gezeichnet: Kreis K1 mit Mittelpunkt A und Radius r = [AB] und Kreis K1' mit Mittelpunkt A' und gleichem Radius. Der Schnittpunkt von K1 mit dem zweiten Schenkel ist der Punkt C. Der Schnittpunkt von K1' mit dem der Geraden h ist der Punkt B'.

Schritt 2: Der Abstand zwischen B und C wird mit dem Zirkel gemessen. Dazu wird der Zirkel so weit aufgeklappt, dass die Metallspitze auf B und die Bleistiftspitze auf C liegt. Mit diesem Radius wird ein Kreis K2' mit Mittelpunkt B' gezeichnet. Der Schnittpunkt zwischen K2' und K1' ist der Punkt C'.

Schritt 3: Die beiden Punkte A' und C' werden verbunden. Der gesuchte Winkel ist der Winkel B'A'C' und hat die beiden Schenkel A'B' und A'C'.

Das Dreieck ABC soll so verschoben werden, dass der Punkt A auf den Punkt A' abgebildet wird.

B Schritt 1: Die Gerade AB wird parallel verschoben, so dass sie durch den Punkt A' verläuft. Diese neue Gerade wird h genannt.

Schritt 2: Der Abstand zwischen A und B wird mit dem Zirkel gemessen. Ein Kreis K1' wird gezeichnet mit A' als Mittelpunkt und Radius r = [AB] des Originaldreiecks. Der Schnittpunkt zwischen K1 und h ist der Punkt B'.

Schritt 3: Der Abstand zwischen B und C wird mit dem Zirkel gemessen. Ein Kreis K2' wird gezeichnet mit Mittelpunkt B' und dem (gerade gemessenen) Radius r = [BC]. Der Schnittpunkt der beiden Kreise K1' und K2' ist der Punkt C'. Das gesuchte Dreieck ist das Dreieck A'B'C'.

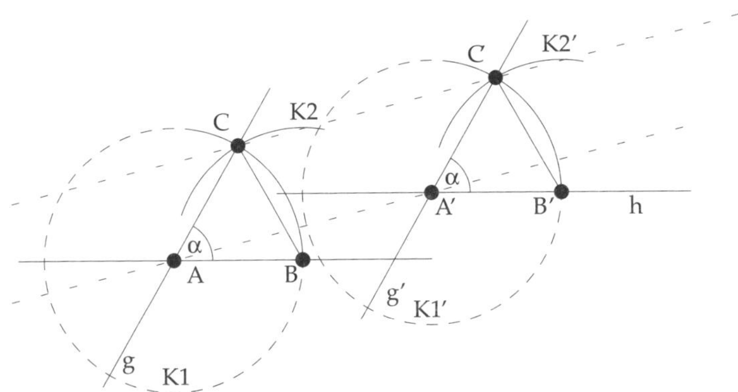

Einander entsprechende Seiten im Originaldreieck und abgebildetem Dreieck sind parallel: A'B' // AB, A'C' // AC und B'C' // BC (der Doppelstrich „//“ ist das Symbol für Parallelität).

Der Kreis K1 mit Mittelpunkt A und Radius r = [AC] soll so verschoben werden, dass der neue Mittelpunkt auf A' liegt.

B

Schritt 1: Der Abstand zwischen A und C wird mit dem Zirkel gemessen.

Schritt 2: Kreis K1' mit Mittelpunkt A' und Radius r = [AC] wird gezeichnet.

Abbildung der *Kreispunkte*: Der Kreispunkt C auf dem Kreis K1 soll auf den Kreis K1' abgebildet werden.

B

Schritt 1: Hilfsgerade h durch die Mittelpunkte A und A' zeichnen.

Schritt 2: Parallelverschiebung der Geraden h, so dass die neue Gerade h' durch C verläuft. Der Schnittpunkt der Geraden h' mit dem Kreis K1' ist der gesuchte Punkt C'.

Drehung

Die Drehung um einen festen Punkt kann man mit dem Gang des Sekundenzeigers einer Uhr vergleichen. Da der mathematisch positive Drehsinn entgegen dem Uhrzeigersinn ist, muss man sich für eine positive Drehung (um einen positiven Winkel) einen Sekundenzeiger vorstellen, der sich rückwärts bewegt. Für Drehungen um negative Winkel bewegt sich der Zeiger im gewohnten Uhrzeigersinn.

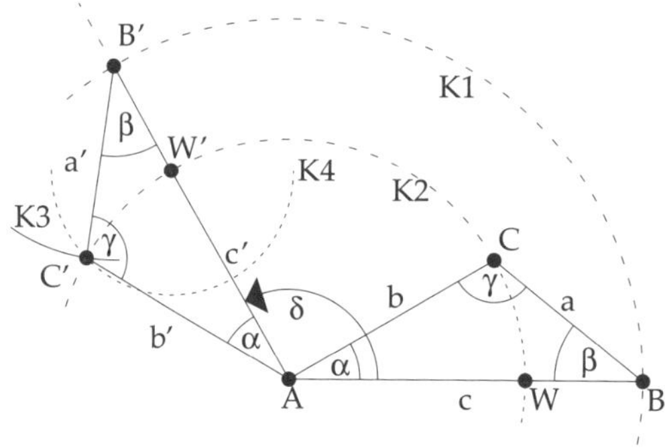

Die *Drehung* ist eine Kongruenzabbildung, bei der die Originalfigur um einen *Drehpunkt* in das Duplikat hineingedreht wird. In der Zeichnung ist der Punkt A der Drehpunkt.

Der Drehpunkt kann innerhalb oder außerhalb der Figur liegen oder ein Bestandteil der Originalfigur sein (wie in der Zeichnung).

In der Zeichnung wurde das Dreieck ABC mit δ = 120° um den Punkt A gedreht. Das Dreieck an sich hat sich dabei nicht geändert, alle Winkel sind gleich groß und alle Strecken gleich lang geblieben. Aber die Dreieckseiten des neuen Dreiecks AB'C' schließen mit den entsprechenden Seiten im Originaldreieck ABC jeweils einen Winkel der Größe des Drehwinkels δ = 120° ein.

Für die Konstruktion einer Drehung benötigt man die Angabe des Drehpunktes und des *Drehwinkels*. Es werden dann folgende Konstruktionsschritte durchgeführt:

Das Dreieck ABC soll mit δ = 120° um den Drehpunkt A gedreht werden.

B

Schritt 1: Der Winkel δ = 120° mit Scheitel auf dem Drehpunkt A wird konstruiert (oder abgemessen). Der Basisschenkel von δ sollte auf der längsten Seite der Figur liegen (dann wird die Zeichnung am übersichtlichsten).

Schritt 2: Für jeden weiteren Punkt der Figur wird ein Kreis um den Drehpunkt A gezeichnet. Der Radius ist jeweils der Abstand des Punktes zum Drehpunkt.

In der Zeichnung werden also die Kreise K1 mit Mittelpunkt A und Radius r = [AB] und K2 mit gleichem Mittelpunkt, aber dem Radius r = [AC] gezeichnet. Der Schnittpunkt des Kreises K1 mit dem oberen Schenkel ist der Punkt B'. Damit ist die Seite c' des neuen Dreiecks bereits bekannt.

Schritt 3: Die Seite a des Dreiecks wird ins neue Dreieck übertragen. Dazu misst man mit dem Zirkel die Länge der Seite BC und zeichnet einen Kreis K3 mit Mittelpunkt B' und Radius r = [BC].

Der Schnittpunkt der Kreise K3 und K2 ist der Punkt C'.

Die Punkte A, C' und B' werden verbunden. Das gedrehte Dreieck ist das Dreieck AB'C'.

Der Winkel α soll mit $\delta = 120°$ um seinen Scheitelpunkt A gedreht werden.

B

Schritt 1: Der Winkel $\delta = 120°$ mit Scheitel auf dem Drehpunkt A wird konstruiert (oder abgemessen). Der Basisschenkel von δ liegt auf dem Basisschenkel des Winkels α.

Schritt 2: Der Kreis K2 mit Mittelpunkt A (Drehpunkt!) und beliebigem Radius wird gezeichnet. Die Schnittpunkte von K2 mit den Schenkeln des Winkels α sind die Punkte C und W.

Der Schnittpunkt von K2 mit dem zweiten (nach oben stehenden) Schenkel des Drehwinkels δ ist der Punkt W'.

Schritt 3: Ein Kreis K4 mit Mittelpunkt W' wird gezeichnet. Der Radius von K4 ist der Abstand der Punkte C und W. Der Schnittpunkt von K4 mit K2 ist der Punkt C'.

Die Punkte A und C' werden verbunden.

Der gedrehte Winkel ist der Winkel ∢ W'AC'.

Achsenspiegelung

Stellt man sich einen Spiegel vor, der statt aus einer Spiegelfläche nur aus einem dünnen senkrechten Strich besteht, so entspricht dieser „Spiegelstrich" einer *Spiegelachse*.

Im Spiegel betrachtet erscheint das Spiegelbild

1. genau so weit hinter der Spiegelfläche, wie man selbst bzw. die Originalfigur Abstand zum Spiegel hat.

2. *spiegelverkehrt*. Originalfigur und *Spiegelbild* „sehen sich gegenseitig an". Wenn man als Vorderseite diejenige Seite bezeichnet, die der Spiegelachse zugewandt ist, dann sind auch die Vorderseiten von Figur und Spiegelfigur einander zugewandt. Spiegelbild und Original haben die gleichen *Proportionen*. Die einzelnen Details im Spiegelbild befinden sich an den gleichen Stellen wie beim Original, nur eben im Spiegelbild und damit spiegelverkehrt.

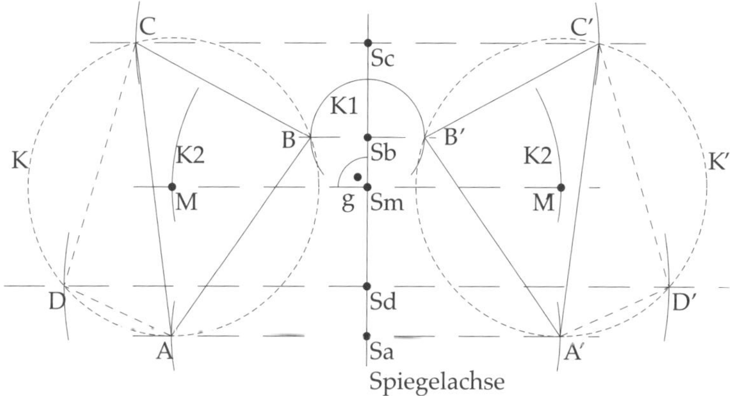

Diese beiden Eigenschaften geben dann auch schon die Anleitung zur **Achsenspiegelung** einer Figur: Jeder Punkt wird einzeln an der Spiegelachse gespiegelt. Die einzelnen Schritte werden für Punkt M (Mittelpunkt von Kreis K) vorgestellt:

Schritt 1: Durch den Punkt M wird das Lot g auf die Spiegelachse gefällt. Der Schnittpunkt von g mit der Achse (= Fußpunkt des Lotes) wird mit Sm bezeichnet.

Schritt 2: Mit dem Zirkel wird der Abstand des Punktes M von der Spiegelachse (Sm) gemessen. Ein Kreis K2 mit Mittelpunkt Sm und Radius r = MSm wird gezeichnet. Der Schnittpunkt des Kreises K2 mit der Lotgeraden g (auf der anderen Seite der Spiegelachse) ist der Spiegelpunkt M'.

Soll eine Gerade gespiegelt werden, so spiegelt man zwei Punkte dieser Geraden. Die Spiegelgerade verläuft dann genau durch diese beiden Spiegelpunkte.

In der Konstruktionszeichnung wird zur Geraden AC die Spiegelgerade gefunden, indem die beiden Punkte A und C auf A' und C' gespiegelt werden. Die Spiegelgerade ist die Gerade A'C'.

Beim Dreieck ABC werden die drei Eckpunkte auf A', B' und C' gespiegelt. Das gesuchte *Spiegeldreieck* ist das Dreieck A'C'B'.

Im Namen A'C'B' hat sich die Reihenfolge der Eckpunkte verändert, da sich die relative Lage der Punkte zueinander geändert hat. Für den Namen werden die Punkte aber immer im mathematisch positiven (Gegen(uhr-)zeiger-) Sinn abgezählt.

Das Viereck ABCD wird genauso wie das Dreieck gespiegelt, nur kommt noch die vierte Ecke hinzu.

Das *Spiegelviereck* heißt A'D'C'B'. Die Reihenfolge ergibt sich aus der mathematisch positiven Abzählrichtung.

Einen Kreis zu spiegeln ist eine der leichteren Übungen. Vom Kreis K muss der Mittelpunkt M gespiegelt werden. Der *Spiegelkreis* K' hat den Mittelpunkt M' und den gleichen Radius wie der Originalkreis (z. B. [MC]).

Achtung: Der Kreis ist nicht verschoben worden (obwohl es so aussieht), denn die Lage der einzelnen Kreispunkte hat sich verändert. Man erkennt das an den Punkten A,B, ..., deren Spiegelpunkte A',B', ... im Spiegelkreis K' in Bezug auf den Mittelpunkt M' eine andere Lage haben.

Punktspiegelung

Der Spiegel einer *Punktspiegelung* ist ein einziger Punkt. Dieser Punkt ist das *Spiegelzentrum* (Z).

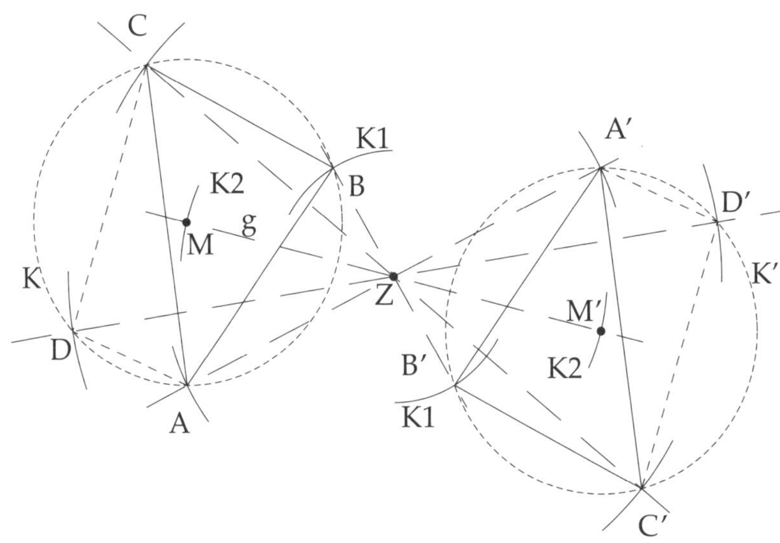

2. Kongruente Figuren und ihre Konstruktion

Wenn man von sich selbst ein Spiegelbild betrachten könnte, das durch Punktspiegelung entstanden ist, dann würde man sein Spiegelbild spiegelverkehrt und zusätzlich auf dem Kopf stehend sehen.

Für die Spiegelfiguren einer Punktspiegelung gilt also:

1. Sie sind spiegelverkehrt (wie bei der Achsenspiegelung).
2. Sie stehen auf dem Kopf.
3. Sie sind in den Proportionen, den Winkeln und Seitenlängen deckungsgleich mit den Originalfiguren.

Wie jeder einzelne Punkt der Originalfigur in zwei Schritten an dem Spiegelzentrum Z gespiegelt wird, zeigt das Beispiel mit dem Originalpunkt M und dessen Spiegelpunkt M':

B Schritt 1: Die Gerade g wird durch M und Z gezeichnet.

Schritt 2: Der Abstand der Punkte M und Z wird mit dem Zirkel gemessen. Der Kreis K2 mit Mittelpunkt M und Radius r = [MZ] wird gezeichnet. Der Schnittpunkt von K2 mit der Geraden g (auf der anderen Seite des Zentrums Z) ist der gesuchte Spiegelpunkt M'.

Vom Dreieck ABC wird jeder einzelne Punkt A, B und C an Z gespiegelt („punktgespiegelt“).

Die Spiegelpunkte A', B' und C' ergeben das gesuchte *Spiegeldreieck* A'B'C'.

Beim Viereck wird zu den Punkten des Dreiecks ABC noch der vierte Punkt D an Z gespiegelt.

Das Spiegelviereck ist das Viereck A'B'C'D'.

Um den Kreis K mit Mittelpunkt M und Radius r = [MC] an einem Punkt zu spiegeln muss lediglich der Mittelpunkt M gespiegelt werden. Der Spiegelpunkt M' ist der Mittelpunkt des Spiegelkreises K'.

Aufgaben

1. Zum Thema Kreis, Gerade, Halbgerade, Strecke, Lot, Winkel führe man die angegebenen Konstruktionsschritte aus und messe anschließend den Winkel γ mit dem Geodreieck.

   Eine Längeneinheit entspricht der Länge 1 cm.

   Bekannt: $[AB] = 6$
   $\alpha = 30°$
   $\beta = 40°$

   Konstruktion:
   1. Man zeichne die Strecke [AB].
   2. Man zeichne den Winkel α mit Scheitelpunkt A und Basisschenkel AB (Winkel abmessen).
   3. Man zeichne den Winkel β mit Scheitelpunkt B und Basisschenkel BA (Winkel abmessen).
   4. S ist der Schnittpunkt der beiden (freien) Schenkel. Nun kann man den Punkt S einzeichnen.
   5. Man fälle das Lot l durch S auf die Strecke [AB].
   6. F ist der Fußpunkt des Lotes l. Man zeichne den Punkt F ein.
   7. Man zeichne den Kreis K mit Mittelpunkt F und Radius [FS] ein.
   8. Die beiden Schnittpunkte des Kreises mit der Strecke [AB] sind die Punkte C und D. Die beiden Punkte lassen sich einzeichnen.
   9. Man zeichne die Halbgeraden [SC und [SD ein.
   10. Nun kann man den Winkel $\gamma = \sphericalangle CSD$ messen.

2. Dreieck, Rechteck, Quadrat, Parallelogramm

Für den exakten Plan einer Küchenzeile sollen unten stehende Konstruktionsschritte durchgeführt werden. (Eine Längeneinheit entspricht der Länge 20 cm; 60 cm in Wirklichkeit entsprechen dann 3 cm in der Zeichnung.)

Bekannt:

Quadratischer Kühlschrank: ABCD; Seitenlänge a = 60 cm

Arbeitsplattenstück „Dreieck“ DCG mit: [DC] = [CG] = 60 cm, ∢ DCG = 90°

Rechteckiger Spühlschrank CEFG, mit [CE] = 120 cm, [EF] = 60 cm

Arbeitsplattenstück „Parallelogramm“ KLEH mit: [EH] = [KL] = 60 cm, ∢ EHK = 50° und Abstand [HE] zu [KL] ist 30 cm

Quadratischer Herd LKMN

Arbeitsplatte „kleines Dreieck“ PNM mit ∢ PMN = 30°, ∢ PNM = 90°

Konstruktion:

1. Man konstruiere das Quadrat des Kühlschrankes ABCD.
2. Man konstruiere das Arbeitsplattenstück „Dreieck“ DCG, wobei das Dreieck die Seite DC gemeinsam mit dem Kühlschrank hat.
3. Man konstruiere den rechteckigen Spühlschrank CEFG, wobei der Spühlschrank und das Dreieck die Seite CG gemeinsam haben.
4. Man konstruiere das Arbeitsplattenstück „Parallelogramm“, wobei das Parallelogramm den Eckpunkt E mit dem Spühlschrank gemeinsam hat.
5. Nun kann der Herd MNLK konstruiert werden. Herd und Parallelogramm haben die Seite KL gemeinsam.
6. Schließlich lässt sich die Arbeitsplatte „kleines Dreieck“ konstruieren, wobei das Dreieck die Seite MN gemeinsam mit dem Herd hat.

3. n-Eck, Drachenviereck

a) Man konstruiere das folgende 5-Eck.

Bekannt: 5-Eck ABCDE
Radius des Umkreises: r = 5

b) In das 5-Eck soll ein Drachenviereck ABCS konstruiert werden. Das 5-Eck und das Drachenviereck haben die Seiten AB und BC gemeinsam. Der vierte Punkt S des Drachenvierecks liegt auf der Strecke [DE].

Bekannt: Seiten [AB], [BC]
SE [DE]

4. Konstruktion, Spiegelung

a) Es soll die Figur nach der angegebenen Konstruktionsanleitung konstruiert werden. Sie besteht aus den Geraden g und h, den Dreiecken ABC und SNF und dem Kreis K. Eine Längeneinheit entspricht 2 cm.

Bekannt: Dreieck ABC: $c = [AB] = 4$; $\alpha = \sphericalangle BAC = 20°$, $\beta = \sphericalangle ABC = 50°$
Kreis K: Radius $r = 1$

Konstruktion:

1. Man konstruiere das Dreieck ABC.
2. Man konstruiere die Lotgerade g durch Punkt C auf die Dreieckseite $c = [AB]$. Der Fußpunkt des Lotes auf der Seite c ist der Punkt F.
3. Der Punkt M liegt auf der Geraden g ($M \in g$) außerhalb des Dreiecks ABC und hat von F den Abstand 1 ($[FM] = 1$). Der Punkt M ist in die Konstruktionszeichnung einzuzeichnen.
4. Man errichte das Lot auf der Geraden g im Punkt M.
5. Man zeichne den Kreis K mit Mittelpunkt M und Radius $r = 1$; die Schnittpunkte zwischen K und der Geraden g sind der bekannte Punkt F und der neue Punkt S. Ein Schnittpunkt von K mit der Geraden h ist N. N liegt bezüglich der Geraden g auf derselben Seite wie der Punkt B.

b) Die Figur aus Aufgabe 4a wird nun an einer Achse gespiegelt.

Bekannt: [BL] = 2

Konstruktion:

1. Der Punkt L liegt auf der Geraden AB und hat von B den Abstand 2.

   Der Punkt B liegt auf der Strecke [AL] (B ist innerer Teilpunkt von [AL]).

   Es kann die Gerade AB und der Punkt L eingezeichnet werden.

2. Man errichte eine Lotgerade l auf der Geraden AB im Punkt L.

   Diese Lotgerade ist die Spiegelachse.

3. Nun lässt sich die gesamte Figur an der Spiegelachse l spiegeln.

c) Die Figur aus Aufgabe 4a wird nun an einem Punkt gespiegelt.

Bekannt: [BZ] = 2

Konstruktion:

1. Der Punkt Z liegt auf der Geraden AB und hat von B den Abstand 2.

   Der Punkt B liegt auf der Strecke [AZ] (B ist innerer Teilpunkt von [AZ]).

   Es lassen sich die Gerade AB und der Punkt Z einzeichnen.

   Der Punkt Z ist das Spiegelzentrum.

2. Nun spiegelt man die gesamte Figur am Spiegelzentrum Z.

Lösungen

1. $\gamma = 90°$

Dreiecke mit einem 90°-Winkel sind rechtwinklige Dreiecke. Diese speziellen Dreiecke werden ausführlich im Kapitel Winkelbeziehungen für Dreiecke (vgl. S. 345) besprochen.

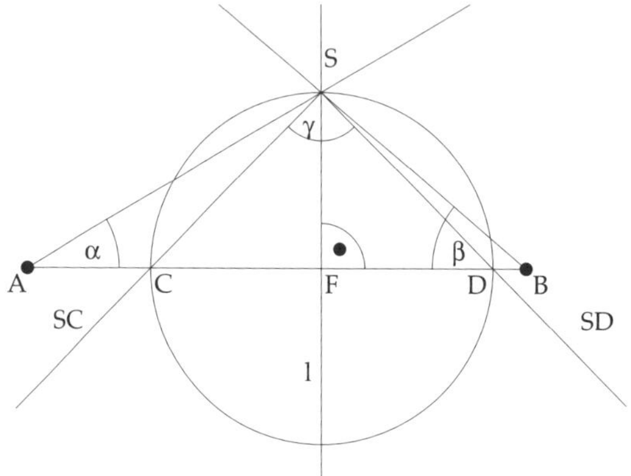

2.

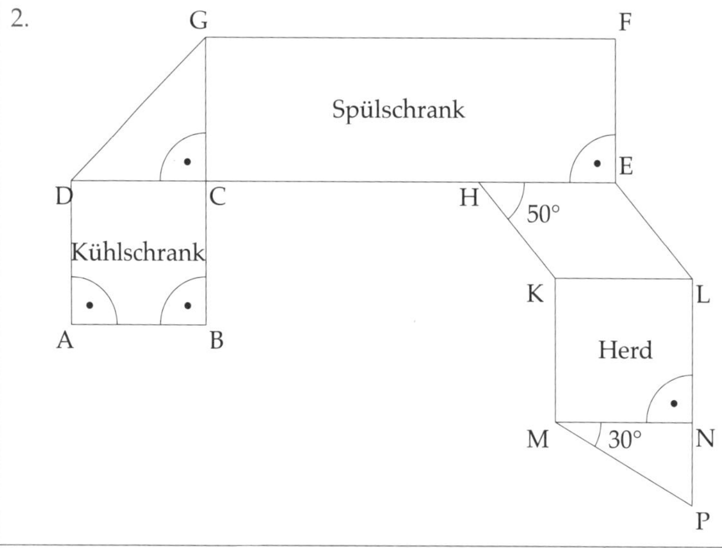

3. a)

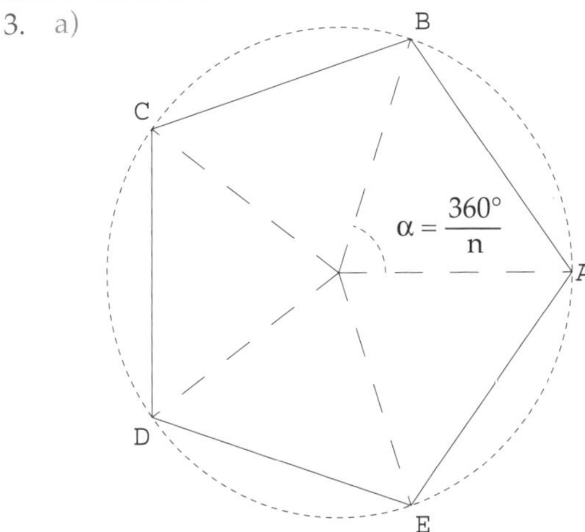

b) Konstruktion:

Da die Diagonalen des Drachenvierecks senkrecht aufeinander stehen, muss die längere Diagonale auf der Halbgeraden [BM liegen. Der Schnittpunkt der Halbgeraden [BM mit der Strecke [DE] ist der Punkt S.

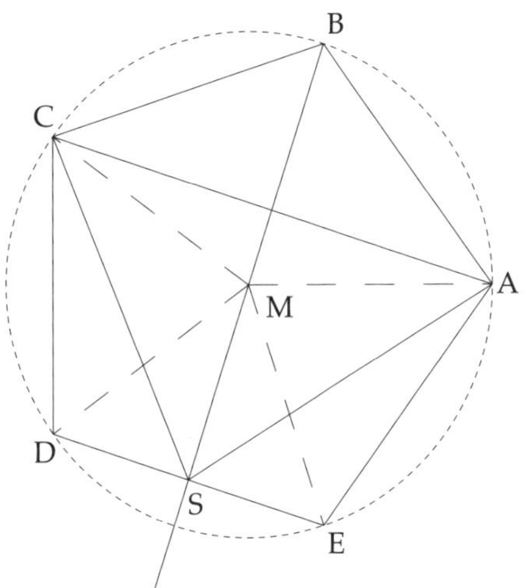

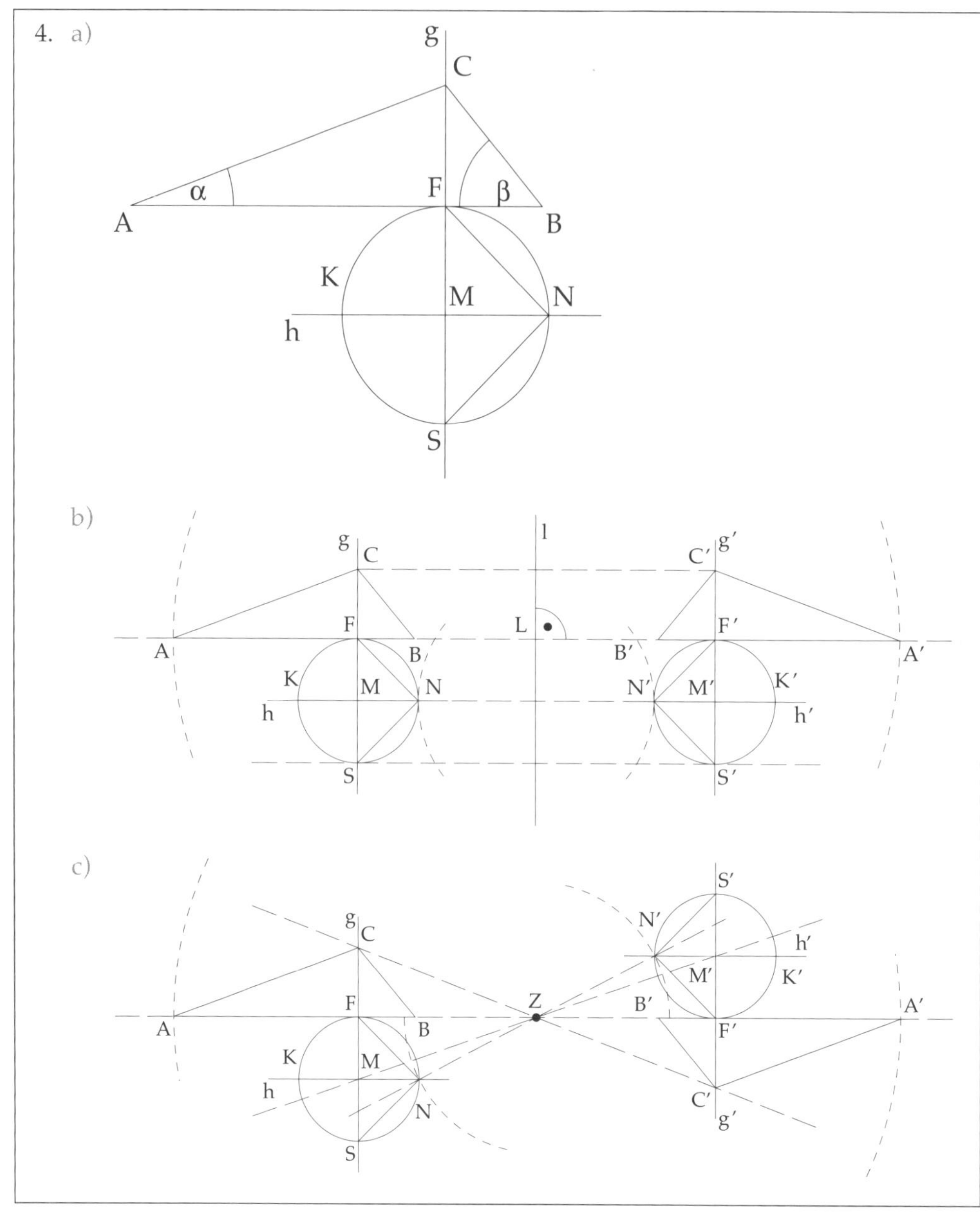
4. a)
g
C
α
F
β
A
B
K
M
N
h
S
b)
g
C
l
C′
g′
F
L
F′
A
B
B′
A′
K
M
N
N′
M′
K′
h
h′
S
S′
c)
S′
g
C
N′
h′
M′
K′
F
Z
B′
A′
A
B
F′
K
M
h
N
C′
g′
S

3. Umfang und Flächeninhalt von Vielecken

Die Berechnung von Flächeninhalten gehört zu den Standardaufgaben in der Geometrie. Sei es, dass die Wohnfläche eines Apartments berechnet werden soll oder die Fläche eines Grundstücks etc., immer wird man dazu die Fläche einer geometrischen Figur berechnen. Das Dreieck nimmt auch hier wieder eine Sonderposition ein, da jedes Vieleck auf Dreiecke zurückgeführt werden kann. In diesem Kapitel werden der *Umfang* U und die *Fläche* A der Figuren besprochen. Weitere Angaben zu den einzelnen Vielecken befinden sich in den Kapiteln Winkelbeziehungen für Drei- und Vierecke (vgl. S. 353 und S. 367), Kongruenzsätze für Dreiecke (vgl. S. 377), Pythagoras und Euklid (vgl. S. 393) sowie Sinus- und Cosinussatz (vgl. S. 399).

Allgemeines Dreieck

Bezeichnungen:

A, B, C: Eckpunkte des Dreiecks (Scheitelpunkte der Winkel)

a, b, c: Seiten des Dreiecks. Eine Seite wird immer mit dem Kleinbuchstaben des gegenüberliegenden Eckpunktes bezeichnet.

hc: Höhe des Dreiecks durch den Punkt C auf die Seite c

hb: Höhe des Dreiecks durch den Punkt B auf die Seite b

ha: Höhe des Dreiecks durch den Punkt A auf die Seite a

F: Fußpunkt der Höhe durch den Punkt C auf die Seite c

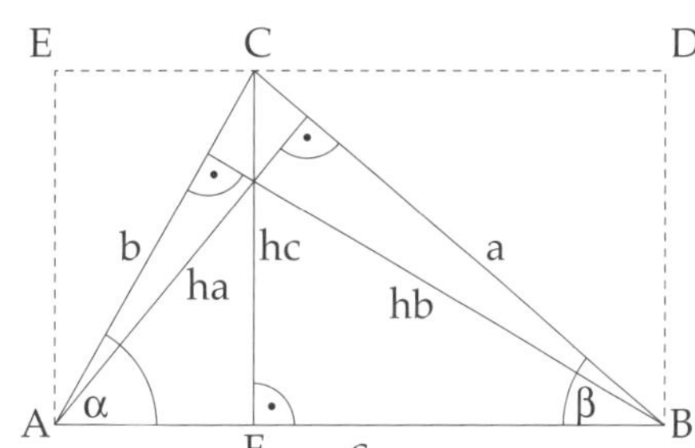

Umfang
$U = a + b + c$

Das gestrichelte Rechteck ABDE hat die Fläche A = c · hc. Die beiden Teildreiecke AFC bzw. FBC haben jeweils die Hälfte der Fläche der Rechtecke AFCE bzw. FBDC. Die Fläche A des Dreiecks ABC ist also:

$$A = \frac{1}{2} \cdot c \cdot hc = \frac{1}{2} \cdot b \cdot hb = \frac{1}{2} \cdot a \cdot ha$$

In Worten lautet die Regel zur Berechnung der Fläche:

$$A = \frac{1}{2} \text{ mal Grundseite mal Höhe}$$

Als Grundseite kann jede Seite des Dreiecks verwendet werden, man muss dann allerdings auch die dazugehörige Höhe verwenden. Das ist immer die Höhe, die senkrecht auf der gewählten Grundseite steht und im gegenüberliegenden Eckpunkt endet.

Über die trigonometrische Funktion Sinus (vgl. S. 400) kann die Fläche in Abhängigkeit der Seitenlängen angegeben werden:

$$A = \frac{1}{2} \cdot c \cdot b \cdot \sin(\alpha) = \frac{1}{2} \cdot c \cdot a \cdot \sin(\beta)$$

Rechteck

Die jeweils einander gegenüberliegenden Seiten eines *Rechtecks* haben die gleiche Länge. Alle Seiten stehen in einem rechten Winkel (90°) aufeinander.

Es gilt: a = c und b = d

Umfang

$$U = 2a + 2b = 2c + 2d$$

Die Fläche ist das Produkt aus jeweils zwei senkrecht aufeinander stehenden Seiten, also:

$$A = a \cdot b = b \cdot c = c \cdot d = a \cdot d$$

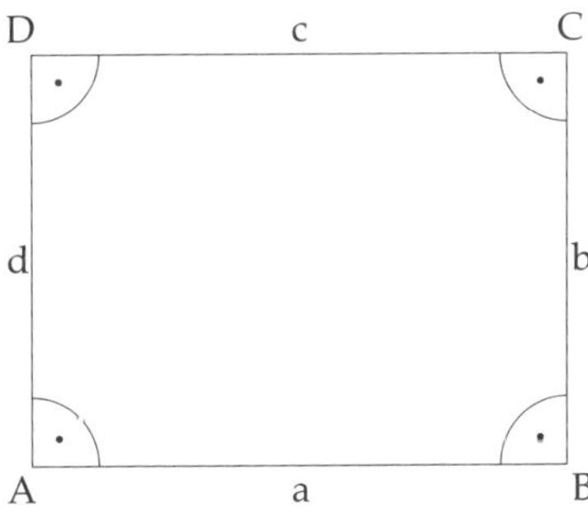

Quadrat

Das *Quadrat* ist ein spezielles Rechteck mit vier gleich langen Seiten. Alle Seiten stehen in einem rechten Winkel (90°) aufeinander.

Es gilt: $a = b = c = d$

Umfang
$$U = a + b + c + d = 4 \cdot a$$

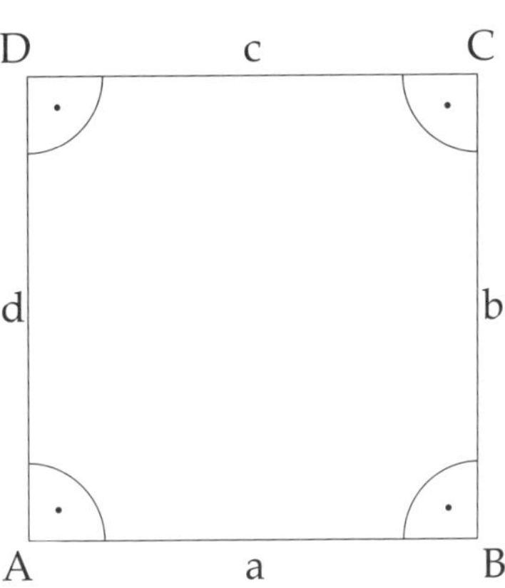

Die Fläche ist wie beim Rechteck das Produkt aus jeweils zwei senkrecht aufeinander stehenden Seiten. Da alle Seiten gleich lang sind, entspricht die Fläche dem Quadrat der Seitenlänge. Es gilt also:

$$A = a^2$$

Parallelogramm

Seinen Namen hat das Parallelogramm von der Eigenschaft, dass die jeweils gegenüberliegenden Seiten parallel sind. Das hat zwei Dinge zur Folge: Zum einen sind die jeweils parallelen Seiten gleich lang, zum anderen haben die gegenüberliegenden Winkel jeweils die gleiche Größe.

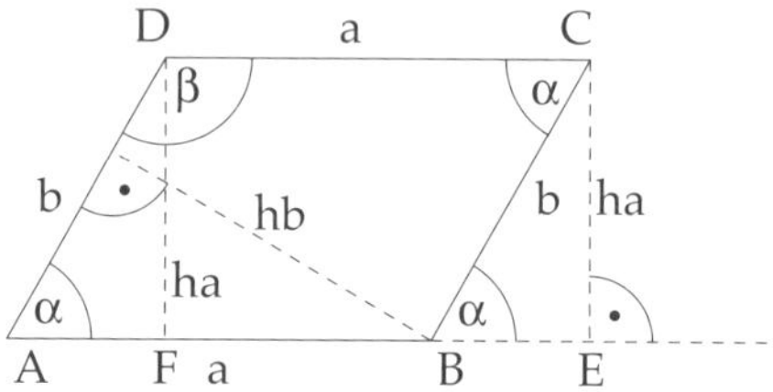

Umfang

$U = 2 \cdot a + 2 \cdot b$

Schneidet man an der linken Seite des Parallelogramms das Dreieck AFD ab und fügt es an der rechten Seite an, so entsteht das Rechteck FECD.

Dieses Rechteck hat denselben Flächeninhalt wie das Parallelogramm ABCD. Um die Fläche des Parallelogramms zu bestimmen, wird also einfach die Fläche des Ersatz-Rechtecks FECD berechnet. Die Fläche eines Rechtecks ist das Produkt von zwei senkrecht aufeinander stehenden Seiten, also z. B. Grundseite FE und Höhe ha : A = a · ha. Die Seite FE ist genauso groß wie die Seite a des Parallelogramms (das Dreieck AFD wurde nur verschoben).

Die Länge der Höhe h_a kann mit Hilfe des Sinus (vgl. S. 400) berechnet werden:

$$ha = b \cdot \sin(\alpha)$$

Damit sind die Fläche des Ersatz-Rechtecks und des Parallelogramms:

$$A = a \cdot b \cdot \sin(\alpha)$$

Als Regel kann man sich merken:

Die Fläche des Parallelogramms ist das Produkt aus einer beliebigen Seite und der dazugehörigen Höhe (das ist die Höhe, die senkrecht auf der entsprechenden Seite steht).

Der Winkel α ist immer der spitze Winkel im Parallelogramm.

$$A = a \cdot ha = b \cdot hb = a \cdot b \cdot \sin(\alpha)$$

Raute

Die *Raute* ist ein besonderes Parallelogramm: Die Länge aller Seiten ist gleich.

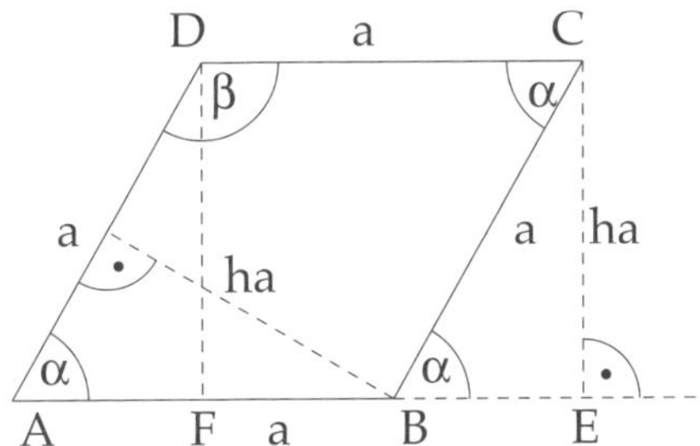

Die Berechnungen können daher mit den gleichen Schritten wie beim Parallelogramm durchgeführt werden.

Umfang
$$U = 4 \cdot a$$

Der Flächeninhalt der Raute berechnet sich dann mit folgender Formel:

$$A = a^2 \cdot \sin(\alpha)$$

Der Winkel α ist auch hier immer der spitze Winkel in der Raute.

Trapez

Ein *Trapez* ist ein Viereck mit zwei parallelen und zwei beliebigen Seiten. Die vier Seiten können alle unterschiedlich groß sein. Gleiches gilt für die Winkel.

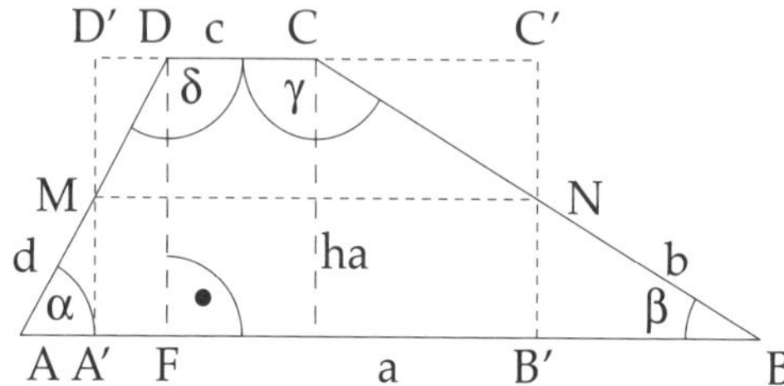

Die Seiten a und c werden Grundlinien genannt, ha ist die Höhe des Trapezes und die Strecke [MN] seine Mittellinie: $|MN| = \frac{1}{2} \cdot (a + c)$. Die Mittellinie verbindet immer die Mittelpunkte der nicht parallelen Seiten.

Wenn die Seiten b und d gleich lang sind, dann spricht man von einem gleichschenkligen Trapez.

Umfang

$U = a + b + c + d$

Ähnlich wie beim Parallelogramm werden wieder Dreiecke an der einen Seite abgeschnitten und an der anderen Seite angefügt:

Das Dreieck AA'M wird abgeschnitten und als Dreieck MDD' angefügt.

Das Dreieck B'BN wird abgeschnitten und als Dreieck NC'C angefügt.

Das Ersatz-Rechteck A'B'C'D' ist flächengleich mit dem Trapez ABCD.

Die Seite A'B' ist der (arithmetische) Mittelwert der beiden Seiten a und c. Die Länge kann berechnet werden mit:

$$A'B' = \frac{1}{2}\,(a + c)$$

Die Höhe des Rechtecks ist gleich der Höhe des Trapezes und kann mit Hilfe des Sinus berechnet werden:

$$h_a = d \cdot \sin(\alpha) = b \cdot \sin(\beta)$$

Die Fläche des Trapezes ist dann:

$$A = A'B' \cdot h_a = \frac{1}{2} \cdot (a + c) \cdot d \cdot \sin(\alpha) = \frac{1}{2} \cdot (a + c) \cdot b \cdot \sin(\beta)$$

Drachenviereck

Das *Drachenviereck* wird durch seine beiden Diagonalen e und f bestimmt. Beide Diagonalen schneiden sich unter einem rechten Winkel (90°) im Punkt S.

Eine Diagonale wird im Verhältnis 1:1 geteilt (hier: f), die Teilung der anderen Diagonale ist beliebig. Das Drachenviereck hat jeweils zwei gleich lange Seiten, die jeweils einen gemeinsamen Punkt haben (hier: A und C). Das Drachenviereck besteht aus zwei kongruenten, spiegelsymmetrischen Dreiecken (hier: Dreieck ABC und Dreieck ACD), die eine gemeinsame Seite besitzen (hier: AC).

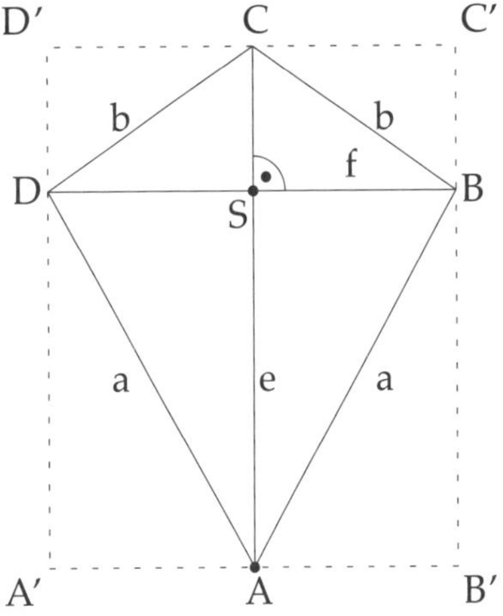

Umfang

$U = 2 \cdot a + 2 \cdot b$

Die Fläche des Drachenvierecks ABCD ist genau halb so groß wie die Fläche des Hilfsrechtecks A'B'C'D'.

Dies kann man leicht erkennen, wenn man sich den Drachen in seine vier einzelnen Dreiecke zerlegt vorstellt: Das Dreieck ABS ist genau halb so groß wie das Rechteck AB'BS. Gleiches gilt für das Dreieck SBC: Es ist halb so groß wie das Rechteck SBC'C usw.

Die Fläche des Hilfsrechtecks ist das Produkt der Seiten f = A'B' und e = B'C', also gilt:

$$A_{A'B'C'D'} = e \cdot f$$

Die Fläche des Drachenvierecks ist genau halb so groß wie die des Hilfsrechtecks:

$$A = \frac{1}{2} \cdot e \cdot f$$

Regelmäßiges 5-Eck

Alle Ecken eines *regelmäßigen 5-Ecks* liegen auf einem Kreis, dem Umkreis des 5-Ecks.

Werden die Ecken mit dem Mittelpunkt des Umkreises verbunden, so entstehen fünf kongruente (deckungsgleiche) gleichschenklige Dreiecke. Das Dreieck P1P2M ist ein solches gleichschenkliges Dreieck mit den beiden gleichen Schenkeln MP1 und MP2. Die Länge beider Schenkel ist der Radius des Umkreises r. Die charakteristische Größe des 5-Ecks ist der Radius r des Umkreises. Alle weiteren Größen lassen sich folgendermaßen berechnen.

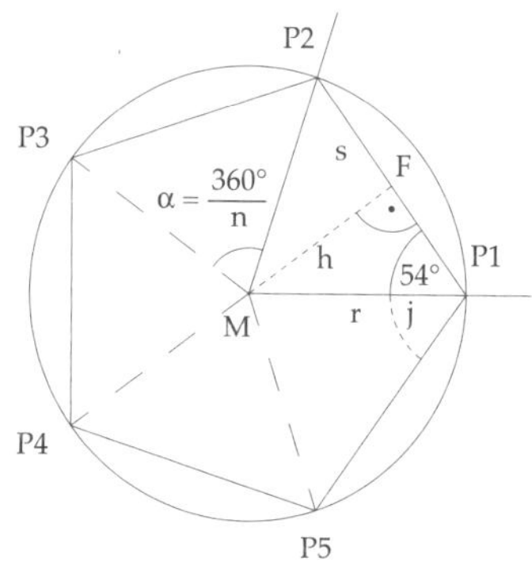

Durch die sternförmig vom Mittelpunkt in Richtung Kreislinie verlaufenden Dreiecksseiten wird der Umkreis des 5-Ecks in fünf gleiche Teile (Tortenstücke) unterteilt.

Die Winkel zwischen allen Dreiecksseiten, deren gemeinsamer Punkt der Mittelpunkt ist (z. B. der Winkel P1MP2), werden *Mittelpunktswinkel* genannt. Die Größe aller Mittelpunktswinkel ist gleich:

$$\alpha = \frac{360°}{5} = 72°$$

Alle Winkel zwischen zwei Seiten des 5-Ecks (z. B. der Winkel P2P1P5) sind gleich groß.

Aus Symmetriegründen ist der Winkel $P_2P_1P_5$ genau doppelt so groß wie der Winkel P2P1M. Wenn der Winkel P2P1M bestimmt werden kann, dann lässt sich also auch der Winkel zwischen zwei Seiten bestimmen (durch Multiplikation mit dem Faktor 2).

Zur Bestimmung des Winkels P2P1M können die Gesetze für das gleichschenklige Dreieck (vgl. S. 354 und S. 359) zur Hilfe genommen werden:

Es gilt:

1. Die Winkelsumme im Dreieck beträgt 180°.
2. Die beiden Basiswinkel eines gleichschenkligen Dreiecks sind gleich groß.

Mit diesen beiden Informationen lässt sich die folgende Beziehung herstellen:

$$72° + 2 \cdot \sphericalangle\, P2P1M = 180°, \text{ oder}$$

$$\sphericalangle\, P2P1M = \frac{180° - 72°}{2} = 54°$$

Die Winkel zwischen zwei Seiten betragen im regelmäßigen 5-Eck also $2 \cdot 54° = 108°$.

Zur Berechnung der Seite P1P2 kann das rechtwinklige Dreieck MP1F zur Hilfe genommen werden. Der Punkt F ist der Schnittpunkt der *Winkelhalbierenden* des Winkels P1MP2 und der Strecke [P1P2]. Mit Hilfe des Cosinus kann die Länge der Strecke [P1F] berechnet werden.

Es gilt:

$\cos(54°) = \frac{P_1F}{r}$. Nach P1F aufgelöst ergibt sich:

$$P1F = r \cdot \cos(54°)$$

Die Seitenlänge s ist genau doppelt so lang wie die Strecke [P1F], also gilt:

$$s = 2 \cdot r \cdot \cos(54°)$$

Für den Umfang des 5-Ecks gilt:

$$U = 10 \cdot s \cdot r \cdot \cos(54°)$$

In einem regelmäßigen 5-Eck haben alle fünf Dreiecke den gleichen Flächeninhalt. Man errechnet daher den Flächeninhalt eines einzelnen Dreiecks, z. B. P1P2M, und multipliziert das Ergebnis mit fünf. Die Fläche des Dreiecks ist $\frac{1}{2} \cdot$ Grundseite $\cdot$ Höhe. Als Grundseite wählt man am besten die Seite s = [P1P2]. Die Höhe h ist die Strecke [MF]. Im rechtwinkligen Dreieck MP1F wird h mit Hilfe des Sinus berechnet: $h = r \cdot \sin(54°)$.

Die Seite s wurde bereits weiter oben bestimmt: $s = 2 \cdot r \cdot \cos(54°)$. Damit ergibt sich die Fläche des Dreiecks MP1P2:

$A_{Dreieck} = \frac{1}{2} \cdot s \cdot h = \frac{1}{2} \cdot 2 \cdot r \cdot \cos(54°) \cdot r \cdot \sin(54°)$

Zusammengefasst ergibt dies:

$$A_{Dreieck} = r^2 \cdot \cos(54°) \cdot \sin(54°)$$

Die Gesamtfläche des 5-Ecks ist dann $5 \cdot A_{Dreieck}$, also:

$$A = 5 \cdot r^2 \cdot \cos(54°) \cdot \sin(54°)$$

Durch weitere Umformung kann die Formel auf die zum n-Eck analoge Form gebracht werden:

$$A_{5\text{-}Eck} = \frac{5}{2} \cdot r^2 \cdot \sin(72°)$$

Regelmäßiges n-Eck

Im regelmäßigen *n-Eck* gelten grundsätzlich die gleichen Beziehungen wie im 5-Eck, nur eben auf die beliebige Eckenzahl n verallgemeinert.

Alle Ecken eines regelmäßigen n-Ecks liegen auf einem Umkreis. Durch Verbindung der Ecken mit dem Mittelpunkt des Umkreises entstehen n kongruente (deckungsgleiche) gleichschenklige Dreiecke.

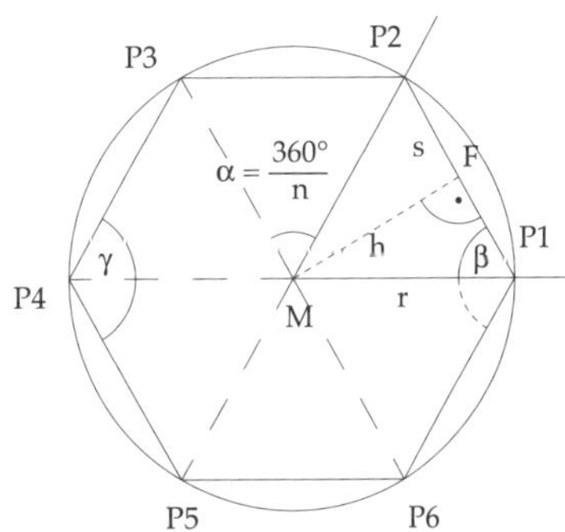

Die charakteristischen Größen des n-Ecks sind dann auch der Radius r des Umkreises und die Anzahl n der Ecken. Alle weiteren Größen lassen sich folgendermaßen berechnen (in den folgenden Erklärungen wird auf das abgebildete 6-Eck Bezug genommen):

Die Größe aller *Mittelpunktswinkel* ist gleich. Für das n-Eck gilt:

$$\alpha = \frac{360^\circ}{n}.$$

Alle Winkel zwischen zwei Seiten des n-Ecks sind gleich groß. In der Zeichnung ist der Seitenwinkel $\gamma = \sphericalangle\, P5P4P3$ eingezeichnet.

Aus Symmetriegründen ist der Winkel γ genau doppelt so groß wie der Winkel β.

Mit den Gesetzen für Winkelbeziehungen im gleichschenkligen Dreieck kann für β folgende Beziehung hergestellt werden:

$$\alpha + 2 \cdot \beta = 180^\circ \qquad \text{oder} \qquad \beta = \frac{180^\circ - \alpha}{2} = 90^\circ - \frac{\alpha}{2}$$

Die Winkel zwischen zwei Seiten betragen im regelmäßigen n-Eck also:

$$\gamma = 180^\circ - \alpha$$

Zur Berechnung der Seite P1P2 wird wiederum das rechtwinklige Dreieck MP1F zur Hilfe genommen. Der Punkt F ist der Schnittpunkt der Winkelhalbierenden des Winkels P1MP2 und der Strecke [P1P2]. Mit Hilfe des Cosinus wird die Länge der Strecke [P1F] berechnet. Es gilt:

$\cos(\beta) = \frac{P1F}{r}$. Die Auflösung nach P1F ergibt:

$$P1F = r \cdot \cos(\beta)$$

Die Seitenlänge s ist (wie im 5-Eck) genau doppelt so lang wie die Strecke P1F, also gilt:

$$s = 2 \cdot r \cdot \cos(\beta)$$

Ersetzt man β durch das Ergebnis der Berechnung der Seitenwinkel:

$$\beta = \frac{180° - \alpha}{2} = 90° - \frac{\alpha}{2}$$

und α durch $\frac{360°}{n}$, dann ist β nur noch von der Anzahl der Ecken abhängig:

$$\beta = 90° - \frac{180°}{n}$$

Für die Seitenlänge s in Abhängigkeit der Anzahl n der Ecken gilt dann:

$$s = 2 \cdot r \cdot \cos(90° - \frac{180°}{n})$$

Mit Hilfe der trigonometrischen Beziehung $\cos(90° - \varphi) = \sin(\varphi)$ ergibt sich:

$$s = 2 \cdot r \cdot \sin\left(\frac{180°}{n}\right)$$

Für den Umfang des n-Ecks gilt:

$$U = n \cdot s = 2 \cdot n \cdot r \cdot \sin\left(\frac{180°}{n}\right)$$

In einem regelmäßigen n-Eck haben alle n Dreiecke den gleichen Flächeninhalt.

Man errechnet daher den Flächeninhalt eines einzelnen Dreiecks, z. B. P1P2M, und multipliziert das Ergebnis mit n.

Die Fläche des Dreiecks ist $\frac{1}{2}$ · Grundseite · Höhe. Als Grundseite wählt man am besten die Seite s = [P1P2]. Die Höhe h ist die Strecke [MF]. Im rechtwinkligen Dreieck MP1F wird h mit Hilfe des Sinus berechnet:

$$h = r \cdot \sin(\beta)$$

Für β kann das Ergebnis aus der Bestimmung der Seitenwinkel eingesetzt werden:

$$\beta = 90° - \frac{180°}{n}$$

Für die Höhe h ergibt sich dann:

$$h = r \cdot \sin(90° - \frac{180°}{n}) = r \cdot \cos\left(\frac{180°}{n}\right)$$

Die Seite s wurde bereits weiter oben bestimmt: $s = 2 \cdot r \cdot \sin\left(\frac{180°}{n}\right)$. Damit ergibt sich die Fläche des Dreiecks MP1P2:

$$A_{Dreieck} = \frac{1}{2} \cdot s \cdot h = r \cdot \sin\left(\frac{180°}{n}\right) \cdot r \cdot \cos\left(\frac{180°}{n}\right)$$

Zusammengefasst ergibt dies:

$$A_{Dreieck} = r^2 \cdot \sin\left(\frac{180°}{n}\right) \cdot \cos\left(\frac{180°}{n}\right)$$

Mit den trigonometrischen Beziehungen für Vielfache des Arguments: $\sin(\varphi) \cdot \cos(\varphi) = \frac{1}{2} \cdot \sin(2\varphi)$ ergibt sich die vereinfachte Formel:

$$A_{\text{Dreieck}} = \frac{1}{2} \cdot r^2 \cdot \sin\left(\frac{360°}{n}\right)$$

Für das n-Eck hat man dann schließlich die recht komfortable (weil nur noch vom Radius und der Anzahl der Ecken abhängige) Formel:

$$A_{\text{n-Eck}} = \frac{1}{2} \cdot n \cdot r^2 \cdot \sin\left(\frac{360°}{n}\right)$$

Kreis

Der *Kreis* kann als ein regelmäßiges n-Eck mit unendlich vielen Ecken betrachtet werden. Je mehr Ecken ein solches regelmäßiges n-Eck hat, desto kreisähnlicher wird es.

Die charakteristische Größe eines Kreises ist sein Radius r. Der Radius ist die Entfernung vom *Kreismittelpunkt* zur *Kreislinie*. Diese Entfernung ist für alle Punkte auf der Kreislinie gleich groß.

Zur Berechnung der Kreisfläche und des Kreisumfangs wird die *Kreiszahl* π (griechischer Buchstabe, sprich: Pi) benötigt. π ist eine irrationale Zahl, d.h. sie ist unendlich lang und nicht periodisch (vgl. reelle Zahlen, S. 113). Ihr Wert beträgt 3,14 (gerundet).

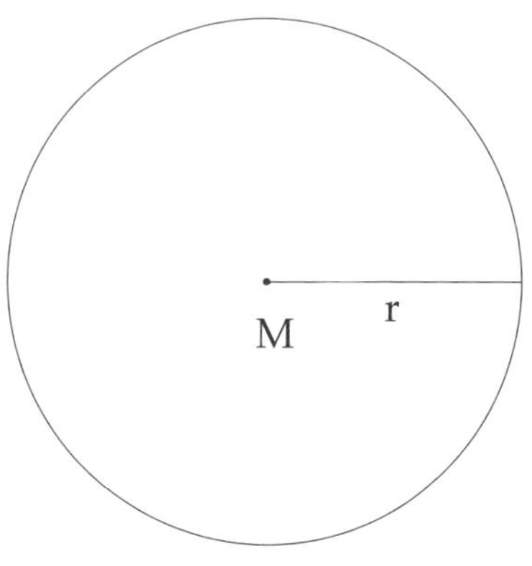

Umfang
$$U = 2 \cdot \pi \cdot r$$

Fläche
$$A = \pi \cdot r^2$$

Aufgaben

In den folgenden Aufgaben sind Umfang und Fläche der folgenden Figuren zu berechnen: Allgemeines Dreieck, Rechteck, Parallelogramm, Trapez, Drachenviereck, 10-Eck, Kreis.

Damit die einzelnen Figuren auch untereinander verglichen werden können, haben alle Figuren einige Größen gemeinsam.

1. Man berechne von dem Dreieck ABC

   a) den Umfang U

   b) die Fläche A

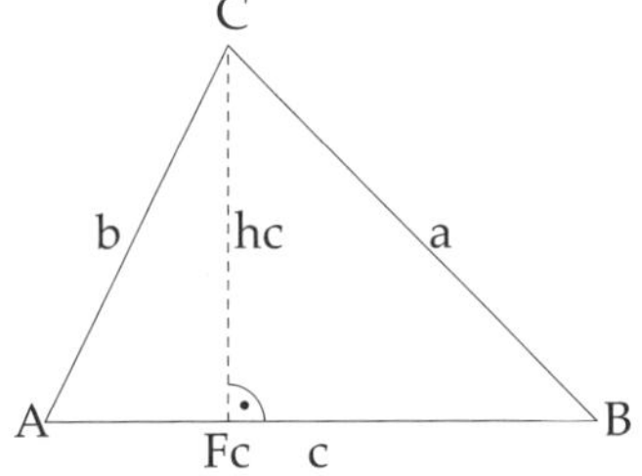

Bekannt: $|AB| = c = 6$
$|BC| = a = 2\sqrt{5}$
$|AC| = b = 4\sqrt{2}$
$h_c = 4$

2. Man berechne von dem Rechteck ABDE

   a) den Umfang U

   b) die Fläche A

   c) Nun soll die Fläche des Rechtecks mit der Fläche des Dreiecks aus Aufgabe 1 verglichen werden.

   Bekannt: $|AB| = a = 6$
   $|BD| = b = 4$

   In das Rechteck ist das Dreieck aus Aufgabe 1 gestrichelt eingezeichnet.

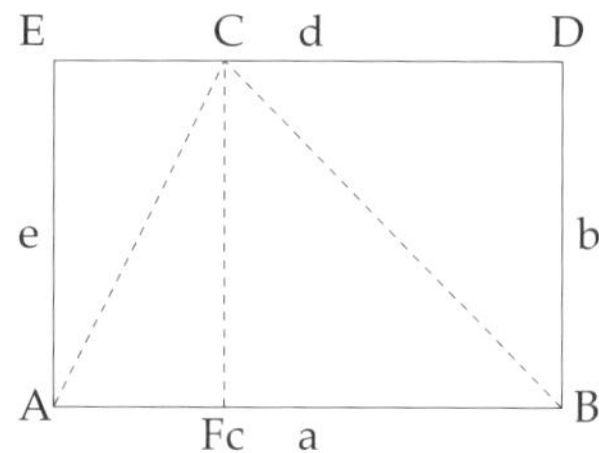

3. Man berechne von dem Parallelogramm ABFC

   a) den Umfang U

   b) Man vergleiche den Umfang des Parallelogramms mit dem Umfang des Rechtecks aus Aufgabe 2.

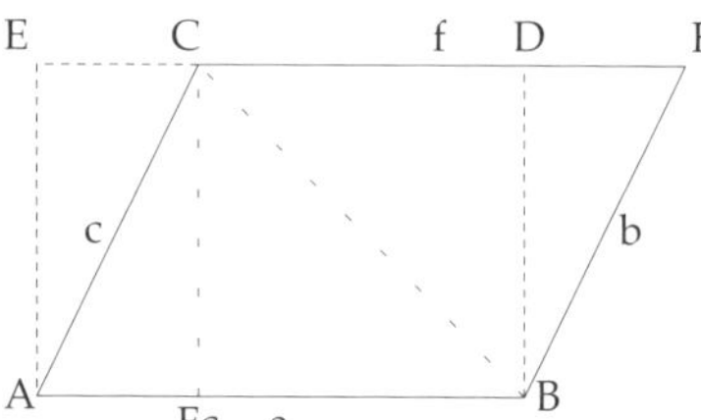

   c) die Fläche A

   d) Man vergleiche die Fläche des Parallelogramms mit der Fläche des Rechtecks aus Aufgabe 2.

   e) Man vergleiche die Fläche des Parallelogramms mit der Fläche des Dreiecks aus Aufgabe 1.

   Bekannt: $|AB| = |CF| = 6$
   $|AC| = |BF| = 4\sqrt{2}$
   $|CF_c| = 4$

   In das Parallelogramm ist das Rechteck aus Aufgabe 2 gestrichelt eingezeichnet.

4. Man berechne von dem Trapez ADEF

   a) die Länge der Seite AF

   b) die Länge der Seite DE

   c) den Umfang U

   d) die Fläche A

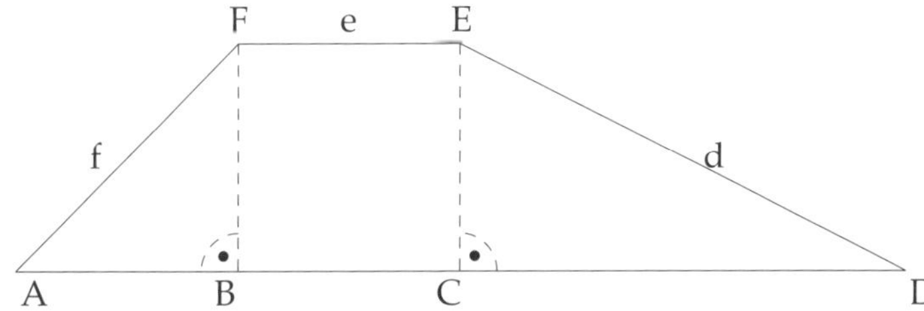

Bekannt: $|AB| = |BC| = |BF| = |CE| = 3$
$|CD| = 6$

Man berechne die Länge der Seiten AF und DE mit Hilfe des Satzes des Pythagoras (vgl. S. 393).

5. Man bestimme von dem Drachenviereck BGDE (ohne Berechnung)

   a) die Länge der Diagonalen GE

   b) die Länge der Seite BE

   Dann berechnet man

   c) den Umfang U

   d) die Fläche A_{Drache}

   e) die Fläche $A_{Parallelogramm}$ des Parallelogramms ABEF.

5. f) Es soll ein Bezug zwischen der Fläche des Trapezes, der Fläche des Parallelogramms und der Fläche des Drachenvierecks hergestellt werden.

In der Zeichnung ist das Trapez aus Aufgabe 4 gestrichelt eingezeichnet.

Man kann die Länge der Seiten AF und DE mit Hilfe des Satzes des Pythagoras (vgl. S. 393) berechnen.

zu f: Man kann versuchen zu erkennen, wie sich die Fläche des Drachenvierecks aus den Flächen des Parallelogramms und des Trapezes zusammensetzt. Tipp: Das Drachenviereck besteht aus zwei Dreiecken, wovon eines im Trapez liegt.

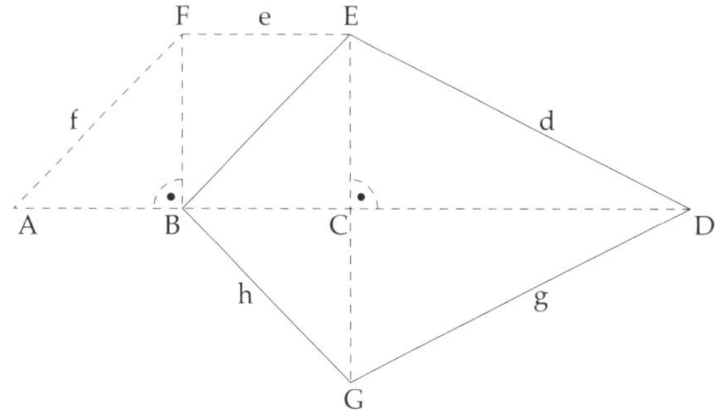

6. Man berechne von dem regelmäßigen 10-Eck

a) den Radius r des Umkreises

b) die Größe des Mittelpunktwinkels α (welcher Dreiecktyp ist das Dreieck P1P2M?)

c) die Größe des Seitenwinkels β

d) die Höhe h im Dreieck P1P2M, die durch den Punkt M verläuft und senkrecht auf der Seite P1P2 steht.

e) die Länge der Seite P1P2

f) den Umfang U des 10-Ecks

g) die Fläche A_{P1P2M} des Dreiecks P1P2M

h) die Fläche A des 10-Ecks

Bekannt: d = 4
n = 10 Ecken

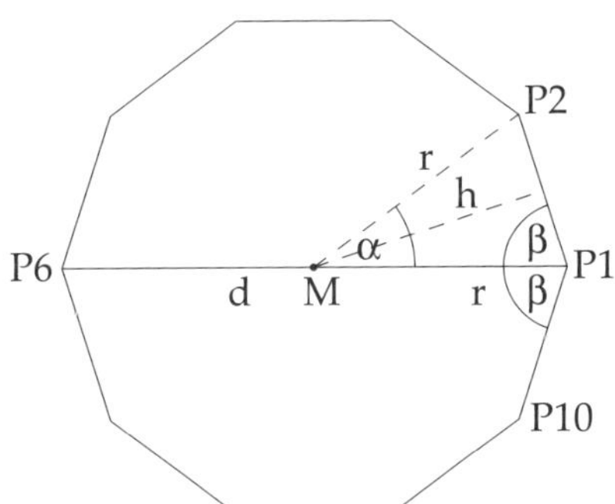

7. Man berechne vom Kreis K(M,r)

a) den Umfang U

b) die Fläche A

c) Nun lassen sich die Fläche des Kreises mit der Fläche des 10-Ecks aus Aufgabe 6 vergleichen. Was folgt daraus für die Fläche der 10 Kreissegmente zwischen den Seiten des 10-Ecks und der Kreislinie?

Bekannt: r = 2

Das 10-Eck aus der vorangegangenen Aufgabe ist gestrichelt eingezeichnet.

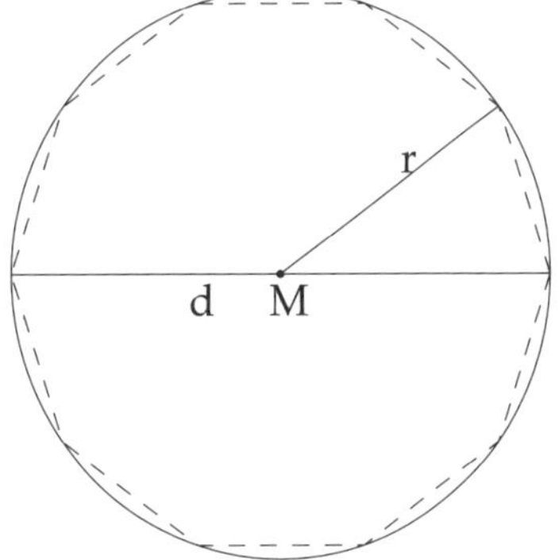

Lösungen

1. a) $U = a + b + c = 16{,}13$

   Das Ergebnis ist auf zwei Stellen gerundet.

   b) $A = \frac{1}{2} \cdot c \cdot h_c = 12$

2. a) $U = 2 \cdot a + 2 \cdot b = 20$

   b) $A = a \cdot b = 24$

   c) Vergleich:

   Das Rechteck hat genau den doppelten Flächeninhalt des Dreiecks.

   Man kann in der Zeichnung erkennen, dass das Dreieck AFcC den halben Flächeninhalt des Rechtecks AFcCE hat. Gleiches gilt für das Dreieck FcBC und das Quadrat FcBDC.

3. a) $U = 2 \cdot a + 2 \cdot b = 12 + 8\sqrt{2} = 23{,}31$

   b) Vergleich:

   Der Umfang des Parallelogramms ist größer, da die Seite AC des Parallelogramms länger als die Seite AE des Rechtecks ist. Gleiches gilt für die Seiten BF und BD.

   c) $A = a \cdot |CFc| = 24$

   d) Vergleich:

   Die Fläche des Parallelogramms und die Fläche des Rechtecks sind gleich. Mit etwas Fantasie kann man sich vorstellen, dass aus dem Rechteck ABDE des Dreieck ACE herausgeschnitten und auf der rechten Seite BD des Rechtecks wieder angefügt wurde.

e) Vergleich:

Die Fläche des Parallelogramms ABFC ist doppelt so groß wie die Fläche des Dreiecks ABC.

In der Zeichnung kann man erkennen, dass das Parallelogramm aus den beiden Dreiecken ABC und CBF aufgebaut ist. Diese beiden Dreiecke sind flächengleich (kongruent), da sie in allen drei Seitenlängen übereinstimme $|AB| = |CF|$, $|AC| = |BF|$ (vgl. S. 379).

4. a) $|AF| = \sqrt{|AB|^2 + |BF|^2}$
$= \sqrt{3^2 + 3^2} = 3\sqrt{2}$

Die Dreiecke ABF und CDE sind rechtwinklig. Man kann hier also den Satz des Pythagoras (vgl. S. 393). anwenden.

b) $|DE| = \sqrt{|CD|^2 + |CE|^2}$
$= \sqrt{3^2 + 6^2} = 3\sqrt{5}$

c) $U = |AD| + |DE| + |EF| + |FA|$
$= 12 + 3\sqrt{5} + 3 + 3\sqrt{2} = 25,95$ gerundet

d) $A = \frac{1}{2} \cdot (|AD| + |EF|) \cdot |BF| = 22,5$

5. a) $|GE| = 2 \cdot |CE| = 6$

Die beiden Dreiecke BGD und BDE sind kongruent (wie in allen Drachenvierecken).

b) $|BE| = |AF| = 3\sqrt{2}$

Im Parallelogramm ABEF sind (wie in jedem Parallelogramm) die gegenüberliegenden Seiten gleich lang.

c) $U = |BG| + |CD| + |DE| + |BE|$
$= 2 \cdot (|BE| + |DE|) = 6\sqrt{2} + 6\sqrt{5}$

d) $A_{Drache} = \frac{1}{2} \cdot |BD| \cdot |EG| = \frac{1}{2} \cdot 6 \cdot 9 = 27$

e) $A_{Parallelogramm} = |AB| \cdot |BF| = 3 \cdot 3 = 9$

f) Vergleich: Durch Vergleichen in der Zeichnung erkennt man: Die Fläche des Trapezes minus der Fläche des Parallelogramms ergibt genau die halbe Drachenfläche:
Fläche des oberen Drachendreiecks:
$A_{BDE} = 22{,}5 - 9 = 13{,}5$
Fläche des Drachenvierecks:
$A_{BGDE} = 27 = 2 \cdot 13{,}5$

6. a) $r = \frac{d}{2} = 2$

b) $\alpha = \frac{360°}{10} = 36°$ (Dreiecktyp: Gleichschenkliges Dreieck)

c) $\beta = \frac{(180° - 36°)}{2} = 72°$

d) $h = r \cdot \cos\left(\frac{\alpha}{2}\right) = 2 \cdot \cos(18°) = 1{,}90$

e) $|P1P2| = 2 \cdot r \cos(\beta) = 1{,}24$

f) $U = 10 \cdot |P1P2| = 12{,}4$

g) $A_{P1P2M} = \frac{1}{2} \cdot |P1P2| \cdot h = 1{,}18$

h) $A = 10 \cdot A_{P1P2M} = 11{,}8$

7. a) $U = 2 \cdot \pi \cdot r = 12{,}57$

b) $A = \pi \cdot r^2 = 12{,}57$ Im Vergleich zu Aufgabe a handelt es sich bei diesem Ergebnis nicht um Längeneinheiten, sondern um Flächeneinheiten.

c) Vergleich: Der Kreis ist genau um die Fläche der 10 Kreissegmente größer als das 10-Eck. Für die Fläche der einzelnen Kreissegmente bedeutet dies:
$A_{Segment} = \frac{A_{Kreis} - A_{10\text{-}Eck}}{10} = \frac{12{,}57 - 11{,}8}{10}$
$= 0{,}077$

4. Winkelbeziehungen an Geradenkreuzungen

Relative Lage von Geraden zueinander

Eine Gerade, die ohne Bezug zu irgend etwas anderem liegt, hat keine Eigenschaften außer dass sie „gerade" ist. Erst die Möglichkeit, die Gerade in Bezug zu etwas anderem zu setzen, gibt ihr gewisse Eigenschaften. Sie kann beispielsweise die Ellipse (vgl. S. 308) einer Planetenlaufbahn einzig im Punkt P berühren, dann ist die Gerade in Bezug auf diese Ellipse eine *Tangente* (vgl. S. 276).

Sie kann auch den Flugweg eines Kometen senkrecht im Punkt S kreuzen, dann wäre sie eine Lotgerade (vgl. S. 276) zu diesem Flugweg. Sie könnte auch senkrecht die Oberfläche des Jupiters durchstoßen, dann wäre sie als eine Normalengerade bzw. ein Normalenvektor (vgl. S. 625) zur Jupiteroberfläche zu deuten.

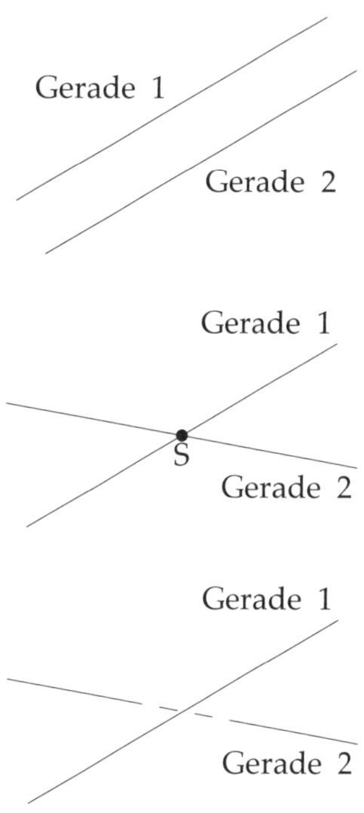

Wenn außer dieser einen Geraden noch eine weitere Gerade existiert, dann kann es sein, dass beide Geraden auf ihrer gesamten unendlichen Länge den gleichen Abstand voneinander haben. In diesem Fall verlaufen sie *parallel*.

Oder die beiden Geraden *schneiden* sich, dann nähern sie sich einander an, überschneiden sich, und entfernen sich hinter dem gemeinsamen *Schnittpunkt* S wieder. Auf ihrer gesamten unendlichen Länge haben sie nur diesen einen Punkt S gemeinsam. Diese Geraden sind dann *schief* zueinander.

Es besteht noch eine weitere Möglichkeit: Von der einen Seite her nähern sie sich immer weiter an und dann, statt sich zu schneiden, liegt die eine Gerade knapp unter der anderen. In etwa so, wie bei einer Straße (Gerade g), die mit Hilfe einer Brücke über einen Fluss (Gerade h) führt. Die Geraden haben keinen gemeinsamen Schnittpunkt. Die Lage solcher Geraden zueinander nennt man *windschief*.

II. Geometrie

Die letzte Möglichkeit der beiden Geraden ist: Sie liegen aufeinander. Das bedeutet, dass jeder Punkt der einen Geraden auch gleichzeitig auf der anderen liegt. Dann haben beide Geraden die gleiche Richtung und alle Punkte gemeinsam. Es unterscheidet sie nichts mehr voneinander. Aus geometrischer Sicht sind beide Geraden identisch.

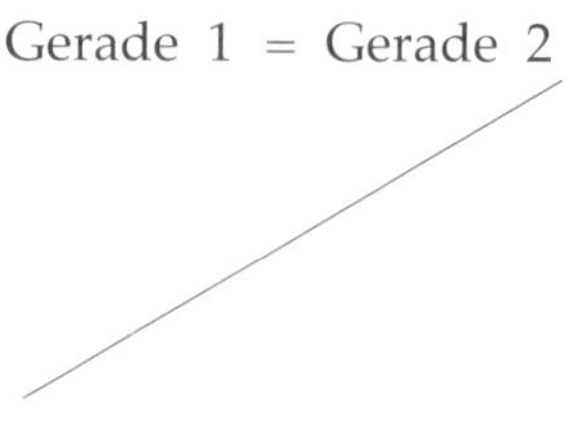

Auf der ebenen Fläche eines Blatt Papiers können zwei Geraden nicht windschief zueinander sein. Das bleibt dem dreidimensionalen Raum vorbehalten. In der Ebene sind Geraden entweder schief, parallel oder identisch.

Identische Geraden

Zwei *Geraden* g und h sind *identisch,* wenn jeder Punkt der Geraden g auch gleichzeitig auf der Geraden h liegt.

Um zu beweisen, dass beide Geraden identisch sind, muss allerdings nicht für jeden einzelnen Punkt von g nachgewiesen werden, dass er auch auf h liegt. Das wäre auch gar nicht möglich, denn eine Gerade besteht ja bekanntermaßen aus unendlich vielen Punkten. Vielmehr muss man nur zwei Punkte betrachten (z. B. A und B), um die Identität der beiden Geraden g und h nachzuweisen oder zu widerlegen:

Wenn die Gerade g durch die beiden Punkte A und B verläuft, dann kann sie durch diese Punkte bestimmt werden: g = AB.
Liegen diese beiden Punkte A und B ebenso auf der Geraden h, dann kann auch die Gerade h durch diese beiden Punkte bestimmt werden: h = AB.

Jetzt kann man verstehen, warum zwei Punkte ausreichen, um die Identität der beiden Geraden nachzuweisen. Wenn andererseits die beiden Punkte A und B auf der Geraden g liegen, aber zumindest einer der beiden Punkte liegt nicht auf der Geraden h, dann sind beide Geraden mit Sicherheit nicht identisch.

Auf einer (Konstruktions-) Zeichnung kann recht einfach erkannt werden, ob zwei Geraden identisch sind, oder nicht. In der analytischen Geometrie (vgl. S. 563) dagegen hat man auch die (oft sogar einzige) Möglichkeit, mit der Vektorrechnung (vgl. S. 615) die Identität zweier Geraden rechnerisch nachzuweisen oder zu widerlegen.

Parallele Geraden

Wenn die beiden Geraden g und h überall den gleichen Abstand voneinander haben, dann sind sie *parallel*.

Obwohl parallele Geraden keinen gemeinsamen Punkt haben, sagt man, sie schneiden sich im Unendlichen (also nie, da „das Unendliche“ ja nicht erreicht wird).

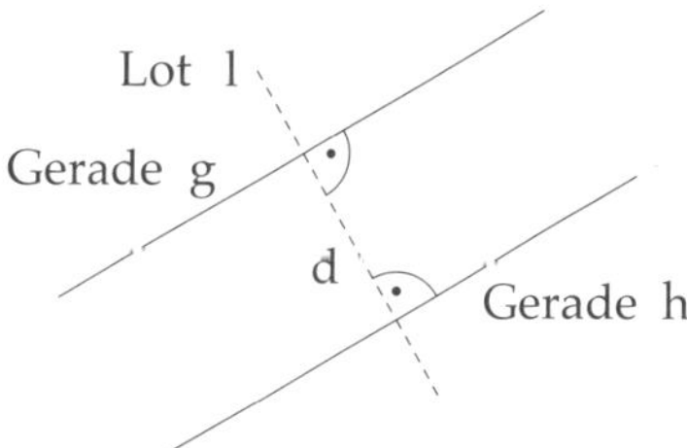

Der Abstand zweier paralleler Geraden g und h ist die kürzeste Verbindung zwischen den beiden Geraden. Der Abstand ist überall gleich. Man erhält ihn am einfachsten, indem man von einem beliebigen Punkt der Geraden g das Lot l auf die Gerade h fällt (vgl. S. 282). Der Abstand zwischen den beiden Schnittpunkten des Lotes mit den Geraden ist der Abstand d beider Geraden voneinander.

Schiefe Geraden

Geraden, die nicht identisch und nicht parallel sind und in einer Ebene liegen, müssen sich irgendwo in einem (Schnitt-) Punkt schneiden. Die beiden Geraden liegen dann *schief* zueinander.

Die beiden sich schneidenden Geraden bilden gemeinsam vier Winkel, von denen jeweils zwei gleich groß sind.

Damit nicht diskutiert werden muss, welcher von beiden Winkeln α oder β nun der *Schnittwinkel* der Geraden ist, wurde festgelegt, dass immer der nichtstumpfe Winkel (vgl. S. 271) zwischen den Geraden ihr Schnittwinkel ist, also ist im Beispiel α der Schnittwinkel. Die beiden jeweils gleichen Winkelpaare α bzw. β sind *Scheitelwinkelpaare*.

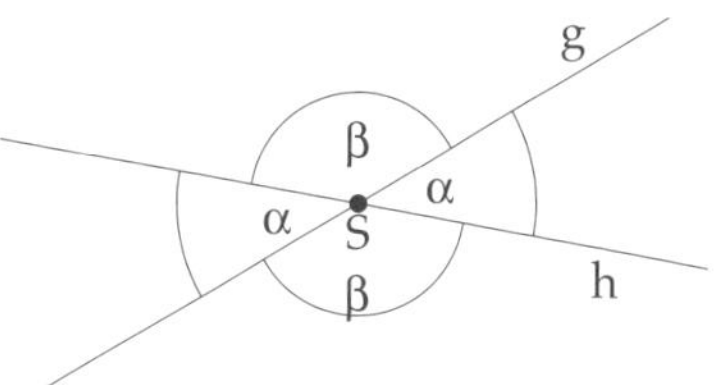

Auf beiden Seiten neben dem Schnittwinkel α befindet sich der Winkel β. Gemeinsam ergeben α und β einen gestreckten Winkel (vgl. S. 271), einmal bezüglich der Geraden g (unterer Winkel β) und einmal bezüglich h (oberer Winkel β). Der Winkel α wird durch β zu 180° ergänzt (und umgekehrt). Daher ist β der *Ergänzungswinkel* zu α und umgekehrt ist α der *Ergänzungswinkel* zu β (man kann auch den etwas ausgefalleneren Begriff *Supplementwinkel* verwenden).

Werden zwei parallele Geraden (g und h) von einer dritten Gerade geschnitten, so ergeben sich bei beiden Schnittpunkten jeweils die gleichen Winkelverhältnisse. Alle mit α und α' benannten Winkel sind gleich groß, genauso alle mit β und β' benannten.

Bei den Stufenwinkeln β und β' kann man sich tatsächlich eine etwas schiefe Treppevorstellen. Die beiden Stufenwinkel sind gleich: β = β'

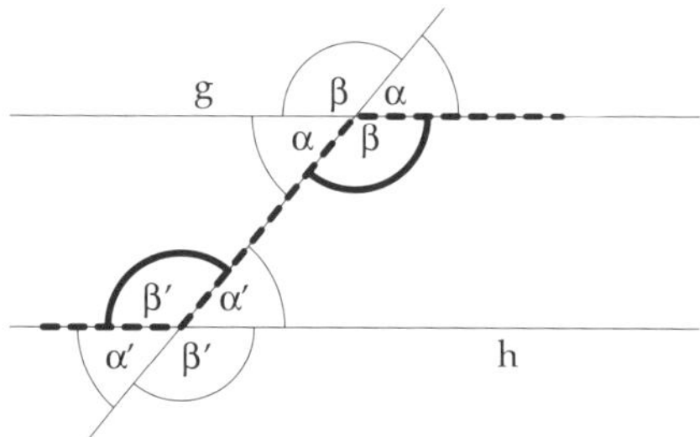

Bei den Wechselwinkeln α und α' kann man sich ein Z vorstellen. Daher ist der Begriff *Z-Winkel* auch weit verbreitet.

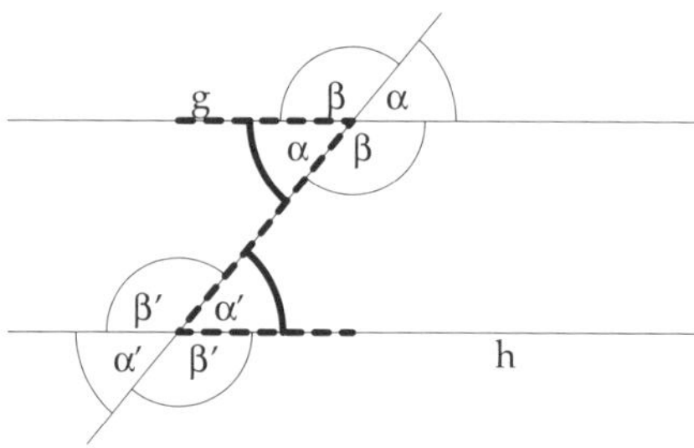

Auch hier gilt natürlich, dass sich jeweils ein α-Winkel und ein β-Winkel zu 180° ergänzen (Ergänzungswinkel). Zusätzlich gilt auch, dass ein α'-Winkel und ein β-Winkel, bzw. ein α und ein β'-Winkel sich zu 180° ergänzen.

Aufgaben

1. Durch den Punkt C des Dreiecks ABC verläuft die Gerade h parallel zur Dreieckseite c. Man gebe für alle Schnittwinkel zwischen der Geraden h und den beiden Halbgeraden [AC und [BC die Größe an.
2. Welche besonderen Winkelbeziehungen wie Scheitel-, Stufen- oder Wechsel- (Z-) Winkel bestehen zwischen den Winkeln?
3. Man gebe mindestens vier Winkel-Kombinationen an, die sich zusammen zu 180° ergänzen.

Bekannt: $\alpha = 63°$
$\beta = 45°$
$\gamma = 72°$

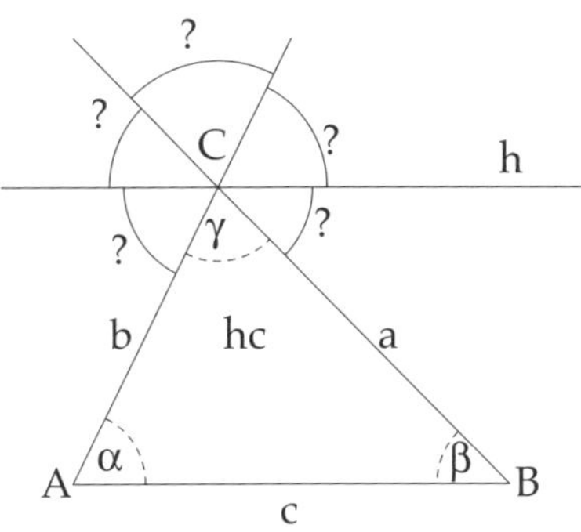

Lösungen

1.

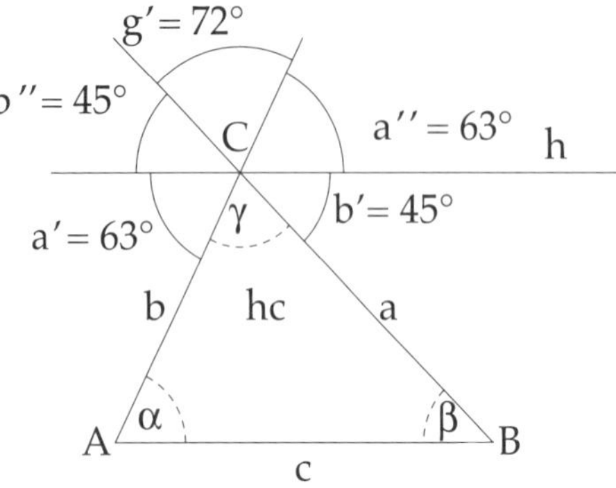

2. | | |
---|---|
α, α' | Wechsel- (Z-) Winkel |
β, β' | Wechsel- (Z-) Winkel |
α', α'' | Scheitelwinkel |
β', β'' | Scheitelwinkel |
γ, γ' | Scheitelwinkel |
α, α'' | Stufenwinkel |
β, β'' | Stufenwinkel |

3. α'β''γ', β''γ'α'', γ'α''β', α''β'γ, β'γα' Jeweils drei Winkel ergänzen sich gemeinsam zu 180°.

5. Winkelbeziehungen für Dreiecke

Ein Dreieck ist die Fläche, die von drei sich (nicht in einem Punkt) schneidenden Geraden, z. B. g1, g2 und g3 begrenzt wird. Oder einfach: Eine Figur mit genau drei Ecken. So einfach das Dreieck auch ist, seine Bedeutung in der Geometrie ist enorm. Jedes beliebige Vieleck kann aus Dreiecken zusammengesetzt werden. Die meisten Konstruktionen und insbesondere Berechnungen an geometrischen Figuren lassen sich auf Konstruktionen und Berechnungen an einem Dreieck zurückführen. Das Dreieck ist (neben dem Kreis) der Grundbaustein aller ebenen Figuren.

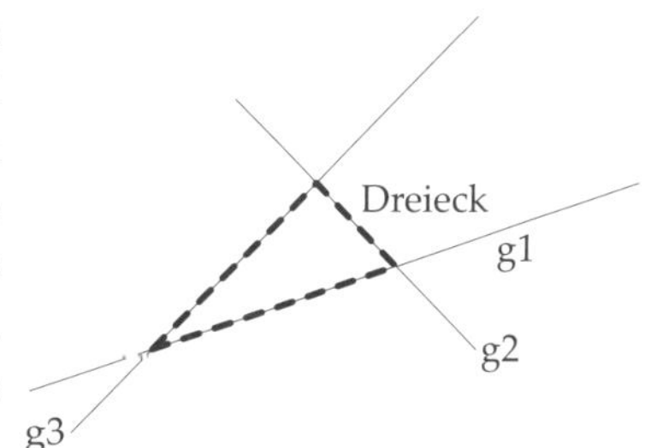

Wer das Dreieck beherrscht, der beherrscht die Geometrie. Diese Aussage ist sicher etwas gewagt, aber prinzipiell nicht falsch. Daher wird auch im Schulstoff viel mehr Zeit und Aufwand auf das Dreieck verwendet, als für jede andere geometrische Figur.

Dreiecktypen

Es gibt verschiedene Dreiecktypen mit jeweils eigenen charakteristischen Eigenschaften. Wenn man diese speziellen Eigenschaften kennt und mit ihnen umgehen kann, dann helfen einem diese Fähigkeiten bei Konstruktion und Berechnung der meisten anderen Figuren.

Bei jeder Geometrieaufgabe sollte man also wie ein Detektiv die entsprechende Figur nach Dreiecken absuchen, um dann die Gesetze und Regeln anzuwenden, die für den jeweils entdeckten Dreiecktyp gelten.

Die besonderen Dreiecktypen sind: Das *gleichseitige*, das *gleichschenklige* und das *rechtwinklige* Dreieck.

Alle anderen Dreiecke sind unter dem Begriff „allgemeines Dreieck" zusammengefasst.

Die Eigenschaften der besonderen Dreiecke werden im zweiten Teil dieses Kapitels beschrieben. Im ersten Teil werden die Gesetze und Regeln für das allgemeine Dreieck besprochen. Alle Gesetze und Regeln, die für das allgemeine Dreieck gelten, können natürlich für alle Dreiecktypen angewendet werden, also auch für rechtwinklige, gleichseitige oder gleichschenklige Dreiecke. Umgekehrt gelten aber die für rechtwinklige Dreiecke angegebenen Gesetze ausschließlich für diese Dreiecke. Genauso kann man die Gesetze des gleichschenkligen oder gleichseitigen Dreiecks auch nur für diesen jeweiligen Dreiecktyp anwenden.

Tipp: Die Berechnungen an einem speziellen Dreieck (rechtwinkliges, gleichseitiges oder gleichschenkliges Dreieck) sind in der Regel einfacher als Berechnungen an einem allgemeinen Dreieck, weil die Gesetze weniger Größen enthalten. Die jeweilige Eigenart des Dreiecks (Rechtwinkligkeit etc.) ist ja bereits ohne spezielle Angabe (implizit) in der Formel enthalten. Deshalb sollte bei der Berechnung eines Dreiecks immer zuerst geprüft werden, ob es sich um ein rechtwinkliges, gleichschenkliges oder gleichseitiges Dreieck handelt. Falls ja, kann dann mit den jeweiligen Gesetzen für diesen Dreiecktyp gerechnet werden.

Allgemeines Dreieck

Winkelsummensatz für Dreiecke:

Die Summe der Winkel im Dreieck beträgt immer 180°:

$$\alpha + \beta + \gamma = 180°$$

Anwendung: Zwei Winkel des Dreiecks sind bekannt, der dritte soll berechnet werden.

Ein Dreieck hat die drei Höhen ha, hb und hc. Eine *Höhe* ist der Abstand des Scheitelpunkts eines Winkels von der gegenüberliegenden Seite (hc verbindet Punkt C und Seite c usw.).

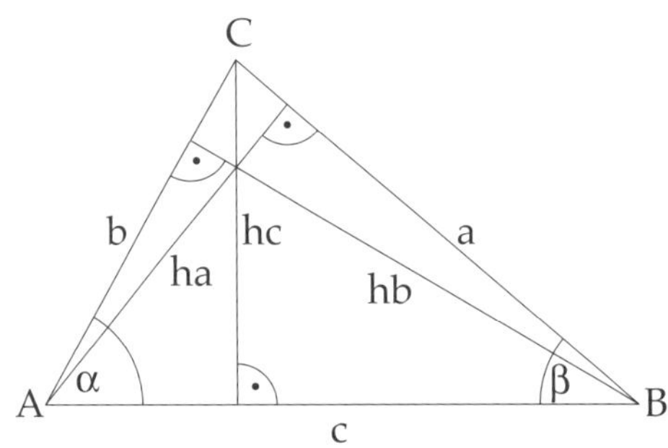

Man erhält die Höhe, indem man durch einen Scheitelpunkt das Lot auf die gegenüberliegende Seite fällt.

Die drei Höhen ha, hb und hc schneiden sich immer in einem Punkt (sein selten benutzter Name: *Orthozentrum*).

Ein Dreieck kann in seinem *Schwerpunkt* S auf einer Nadel balanciert werden. Es bleibt dann im Gleichgewicht.

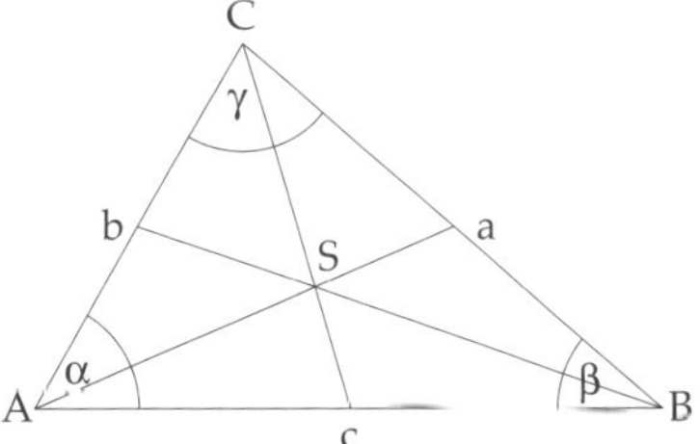

Der *Schwerpunkt* eines Dreiecks ist der Schnittpunkt aller drei *Seitenhalbierenden*. Eine Seitenhalbierende ist die Verbindung des Scheitelpunktes eines Winkels mit dem Mittelpunkt der gegenüberliegenden Seite.

Der Schwerpunkt teilt alle Seitenhalbierenden jeweils im Verhältnis 1:2, d.h. die Strecke von einem Scheitelpunkt zu S ist jeweils doppelt so lang wie die Strecke von S zur Dreieckseite.

Eine *Winkelhalbierende* teilt einen (inneren) Dreieckwinkel in zwei gleiche Teile.

Die drei Winkelhalbierenden schneiden sich alle in einem Punkt (M). Dieser Schnittpunkt M ist der Mittelpunkt eines Kreises, dessen Kreislinie alle drei Dreieckseiten berührt. Dieser Kreis wird *Inkreis* genannt. Seine Kreislinie verläuft (mit Ausnahme der Berührpunkte) im Inneren des Dreiecks (daher der Name).

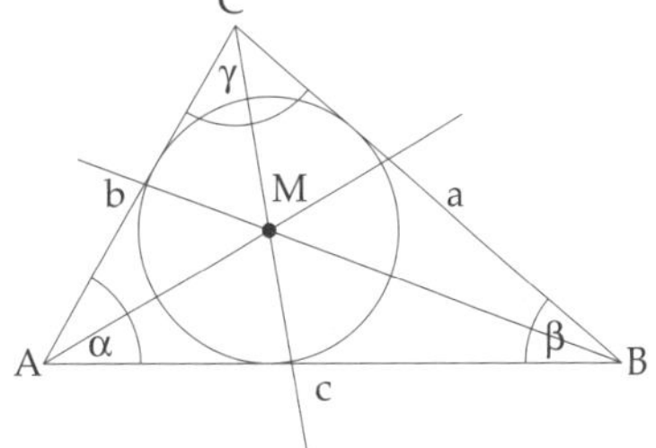

Um den Radius des Inkreises zu ermitteln fällt man ein Lot durch den Mittelpunkt des Inkreises auf eine beliebige Dreieckseite. Der Abstand des Mittelpunktes zum Schnittpunkt von Lot und Dreieckseite ist der Radius des Inkreises.

5. Winkelbeziehungen für Dreiecke

Die *Mittelsenkrechte* einer Dreieckseite erhält man, indem man im Mittelpunkt der Seite ein Lot errichtet.

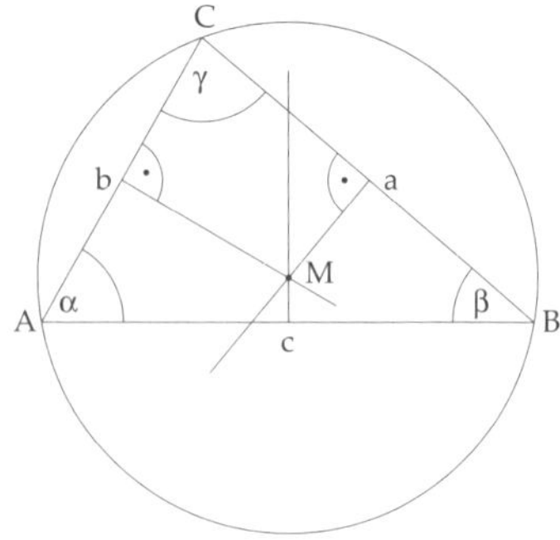

Die drei Mittelsenkrechten schneiden sich alle in einem Punkt (M). Dieser Schnittpunkt M ist der Mittelpunkt eines Kreises, auf dessen Kreislinie alle Scheitelpunkte der Dreieckwinkel liegen.

Dieser Kreis wird *Umkreis* genannt. Seine Kreislinie verläuft (mit Ausnahme der Berührpunkte) außerhalb des Dreiecks (daher der Name „Umkreis").

Der Radius des Umkreises ist der Abstand des Punktes M von den Scheitelpunkten der Dreieckwinkel ($|MA| = |MB| = |MC|$).

Als *Mittellinien* werden die Strecken bezeichnet, welche die Mittelpunkte von jeweils zwei Dreieckseiten verbinden (MaMb, MaMc, MbMc).

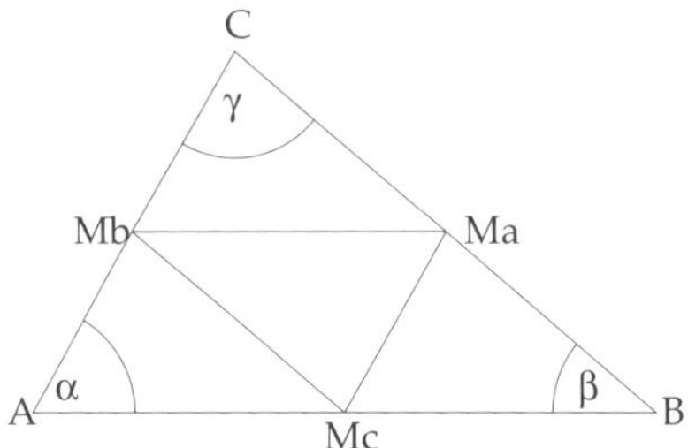

Diese Mittellinien besitzen stets die folgenden zwei Eigenschaften:

Die Mittellinie zweier Dreieckseiten ist

1. parallel zur dritten Dreieckseite,
2. halb so lang wie die dritte Dreieckseite (zu der sie parallel ist).

Wenn man einen Dreieckpunkt (hier: C) auf dem Umkreis verschiebt, und die anderen beiden Eckpunkte (A, B) nicht verändert, dann ändert der Winkel γ seine Größe nicht (das ist das Besondere)!

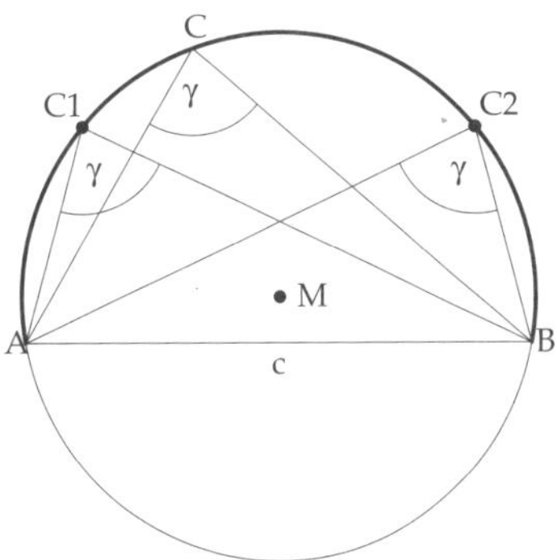

Der Teil des Kreises (Teil des Kreises = *Kreisbogen*), auf dem der Scheitelpunkt eines Dreieckwinkels verschoben werden kann, ist sein *Fasskreisbogen*.

Der Fasskreisbogen des Winkels γ beginnt bei B, verläuft über C und endet bei A.

Der Fasskreisbogen des Winkels ∢ CBA beginnt bei A, verläuft über B und endet bei C.

Der Fasskreisbogen des Winkels ∢ BAC beginnt bei C, verläuft über A und endet bei B.

Der Fasskreisbogen ist also der Teil des Umkreises, auf dem der jeweilige Dreieckpunkt liegt, und der an den beiden anderen Dreieckpunkten endet.

Ein anderer Ausdruck für Fasskreisbogen ist *Umkreisbogen*, da es sich um einen Teil des Umkreises handelt.

Ein *Mittelpunktswinkel* hat als Scheitelpunkt den Mittelpunkt M des Umkreises (∢ AMB, ∢ BMC, ∢ CMA).

Die beiden Schenkel eines Mittelpunktswinkels verbinden M mit jeweils einem Eckpunkt des Dreiecks.

Von einer Dreieckseite aus betrachtet ist der gegenüberliegende Mittelpunktswinkel genau doppelt so groß wie der gegenüberliegende Dreieckwinkel. Das bedeutet: Von Seite c aus betrachtet : ∢ AMB = 2γ, von Seite b aus betrachtet: ∢ AMC = 2β, von Seite a aus betrachtet: ∢ BMC = 2 · ∢ BAC.

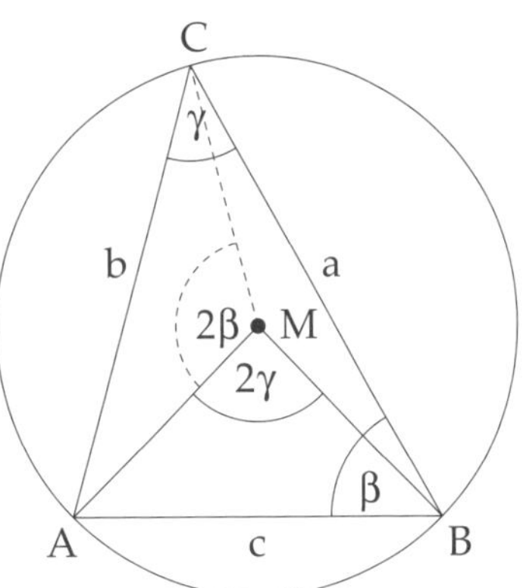

Man kann erkennen, dass die Längenverhältnisse der Seiten Einfluss auf die Größe der Winkel haben. Diese wechselseitigen Abhängigkeiten werden ausführlicher im Kapitel Sinussatz und Cosinussatz dargestellt (vgl. S. 399). Hier wird eine (kurze) Übersicht über die Beziehungen zwischen Winkel und Seiten im Dreieck gezeigt.

Sinussatz

$$\frac{a}{\sin(\alpha)} = \frac{b}{\sin(\beta)} = \frac{c}{\sin(\gamma)}$$

Der Sinussatz sagt aus:
In jedem Dreieck ist das Verhältnis aller Seitenlängen zum Sinus ihres jeweils gegenüberliegenden Winkels gleich groß.

Cosinussatz

$$c^2 = a^2 + b^2 - 2 \cdot a \cdot b \cdot \cos(\gamma)$$

$$b^2 = c^2 + a^2 - 2 \cdot c \cdot a \cdot \cos(\beta)$$

$$a^2 = b^2 + c^2 - 2 \cdot b \cdot c \cdot \cos(\alpha)$$

In Worten lautet der Cosinussatz:
Das Quadrat einer (unbekannten) Seite ist gleich der Summe der Quadrate der beiden anderen (bekannten) Seiten minus dem Cosinus des Zwischenwinkels (der Winkel, welcher der unbekannten Seite gegenüberliegt).

Gleichseitiges Dreieck

Sind im Dreieck alle Seiten gleich groß ($a = b = c$), so handelt es sich um ein *gleichseitiges Dreieck.*

Im gleichseitigen Dreieck sind zusätzlich zu den Seiten auch alle Winkel gleich groß.

Da die Winkelsumme aller drei Winkel 180° beträgt, hat jeder einzelne Winkel die Größe:

$$\alpha = \beta = \gamma = \frac{180°}{3} = 60°$$

Der Mittelpunkt des Inkreises und des Umkreises sowie der Schwerpunkt des gleichseitigen Dreiecks sind identisch (M). Das bedeutet, dass zu jeder Seite die Seitenhalbierende, die Mittelsenkrechte und die Winkelhalbierende des gegenüberliegenden Winkels jeweils identisch sind.

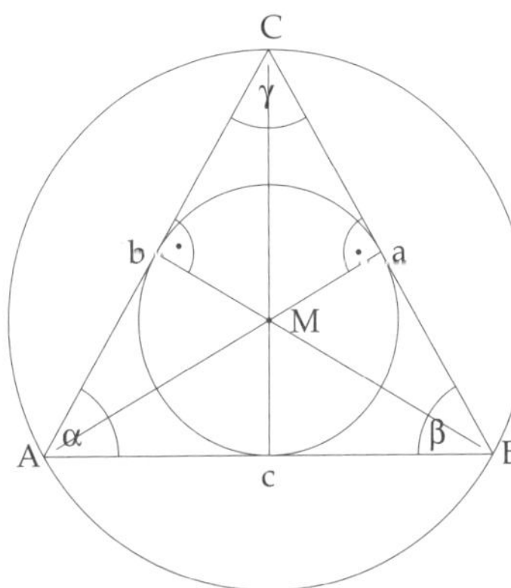

Gleichschenkliges Dreieck

Ein Dreieck mit zwei gleichen Seiten (a, b) wird *gleichschenkliges Dreieck* genannt.

Die dritte Dreieckseite (c) wird *Basisseite* des gleichschenkligen Dreiecks genannt (sie liegt dem Winkel gegenüber, der die beiden gleichen Seiten als Schenkel hat).

Die beiden Höhen ha und hb (auf die Seiten gleicher Länge, hier: a, b) sind gleich lang.

Die beiden Winkel α und β auf der Basisseite nennt man *Basiswinkel* (die Endpunkte der Basisseite (A, B) sind die Scheitelpunkte der Basiswinkel). Beide Basiswinkel sind gleich groß:

$$\alpha = \beta = \frac{180° - \gamma}{2}$$

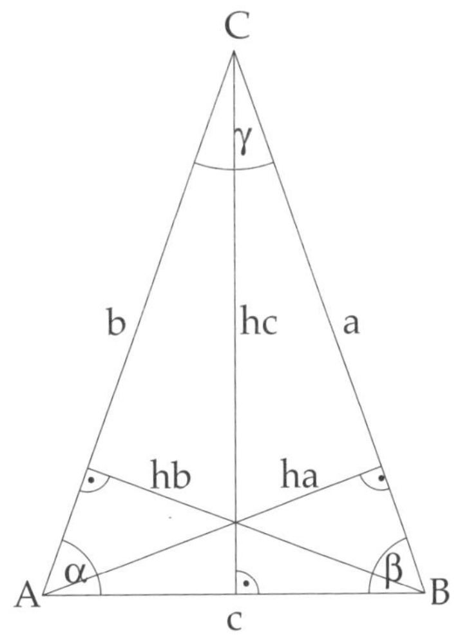

Rechtwinkliges Dreieck

Hat ein Dreieck einen 90° großen Winkel, so handelt es sich um ein *rechtwinkliges Dreieck.*

Die vielleicht wichtigsten und am häufigsten verwendeten Eigenschaften im rechtwinkligen Dreieck sind zusammengefasst in der Satzgruppe des Pythagoras (vgl. S. 393).

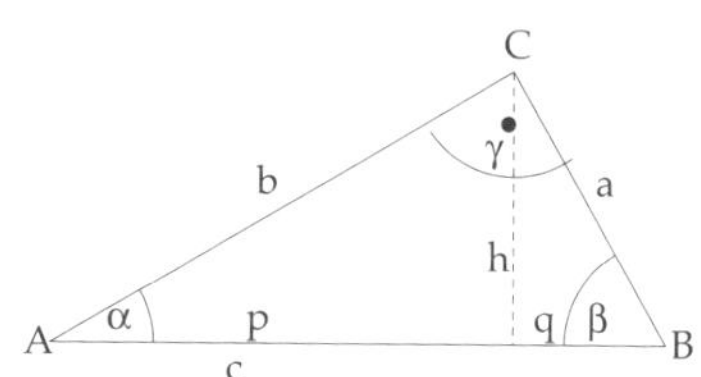

Im folgenden Abschnitt werden die Gesetze ohne ergänzende Erklärungen vorgestellt.

Im Kapitel Pythagoras und Euklid (vgl. S. 393) werden die Zusammenhänge ausführlich besprochen.

Gleiches gilt für die Beziehungen zwischen Seiten und Winkeln: Die Gesetze (Anwendung des Sinus, Cosinus und Tangens) werden ohne ergänzende Erklärungen vorgestellt. Im Kapitel Sinussatz und Cosinussatz (vgl. S. 399) werden die Zusammenhänge ausführlich besprochen.

$a^2 + b^2 = c^2$	*Satz des Pythagoras*: Das Quadrat über den beiden *Katheten* (Seiten a, b) ist gleich dem Quadrat über der *Hypothenuse* (Seite c).
$h^2 = p \cdot q$	*Höhensatz* (Euklid): Das Quadrat über der Höhe ist gleich dem Produkt der beiden Hypothenusenabschnitte (p, q).
$a^2 = p \cdot c$	*Kathetensatz* (Euklid): Das Quadrat über der größeren Kathete ist gleich dem Produkt aus Hypothenuse und größerem *Hypothenusenabschnitt.*
$b^2 = q \cdot c$	*Kathetensatz* (Euklid): Das Quadrat über der kleineren Kathete ist gleich dem Produkt aus Hypothenuse und kleinerem Hypothenusenabschnitt.

Die Fläche eines rechtwinkligen Dreiecks kann sehr einfach berechnet werden, wenn die Längen der beiden Schenkel des rechten Winkels bekannt sind (hier: a und b).

$$A = \frac{1}{2} \cdot a \cdot b$$

Winkelbeziehungen:

$$\sin(\alpha) = \cos(\beta) = \frac{a}{c}$$

$$\cos(\alpha) = \sin(\beta) = \frac{b}{c}$$

$$\tan(\alpha) = \frac{a}{b}; \; \tan(\beta) = \frac{1}{\tan(\alpha)} = \frac{b}{a}$$

Der Mittelpunkt des Umkreises eines rechtwinkligen Dreiecks liegt auf der Mitte der Hypothenuse. Anders ausgedrückt: Die Hypothenuse ist gleichzeitig Durchmesser des Umkreises.

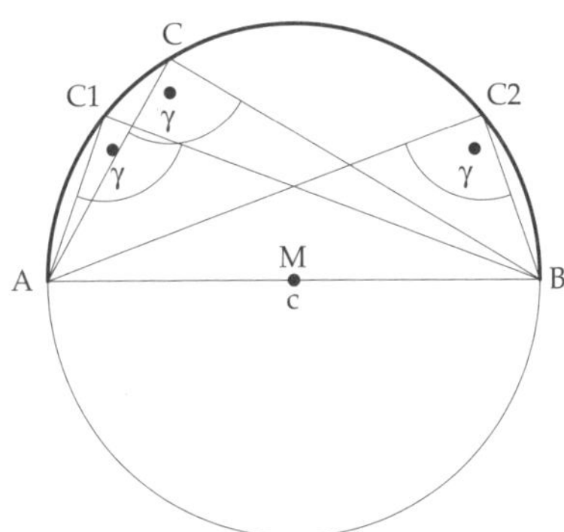

Also sind alle Dreiecke, deren eine Seite Kreisdurchmesser ist und deren dritter Punkt auf dem Umkreis liegt, rechtwinklig (*Satz des Thales*).

Es handelt sich um einen Spezialfall des weiter oben besprochenen Fasskreis- bzw. Umkreisbogens.

Erwähnenswert ist zudem, dass der Fasskreisbogen für rechtwinklige Dreiecke einen besonderen Namen erhalten hat: Er wird (auch) *Thaleskreis* genannt.

Aufgaben

In den folgenden Aufgaben werden für das allgemeine Dreieck unterschiedliche Konstruktionen durchgeführt. Dabei wird immer wieder das Dreieck aus Aufgabe 1 verwendet. Da die Konstruktionszeichnung unübersichtlich wird, wenn mehrere Aufgaben in ein und derselben Zeichnung gelöst werden, sollte für jede neue Aufgabe das Dreieck aus Aufgabe 1 neu konstruiert werden. Aufgaben zu rechtwinkligen Dreiecken findet man im Anschluss an die Kapitel Pythagoras und Euklid (vgl. S. 396) sowie Sinussatz und Cosinussatz (vgl. S. 405).

1. Man konstruiere das Dreieck ABC mit den angegebenen Größen

   Bekannt: $c = [AB] = 6$
   $\alpha = ∢\, BAC = 70°$
   $\beta = ∢\, CBA = 45°$

   Dieses Dreieck ist Grundlage für die Berechnungen und Konstruktionen der folgenden Aufgaben zum allgemeinen Dreieck.

2. Man konstruiere in das Dreieck aus Aufgabe 1

   a) die Höhe ha durch den Punkt A auf die Seite a

   b) die Höhe hb durch den Punkt B auf die Seite b

   c) die Höhe hc durch den Punkt C auf die Seite c

   Bekannt: Dreieck aus Aufgabe 1

3. Man konstruiere in das Dreieck ABC aus Aufgabe 1 den Schwerpunkt des Dreiecks.

4. a) Man konstruiere in das Dreieck ABC aus Aufgabe 1 alle Winkelhalbierenden.

   b) Man zeichne in das Dreieck den Inkreis ein.

   c) Man konstruiere in das Dreieck alle Seitenhalbierenden.

   d) Man zeichne den Umkreis des Dreiecks ein.

5. Wie groß ist für das Dreieck aus Aufgabe 2

   a) die Größe des Winkels γ

   b) die Länge der Seite a

   c) die Länge der Seite b

   d) die Länge der Höhe ha

   e) die Länge der Höhe hb

   f) die Länge der Höhe hc

   Bekannt: Dreieck aus Aufgabe 2

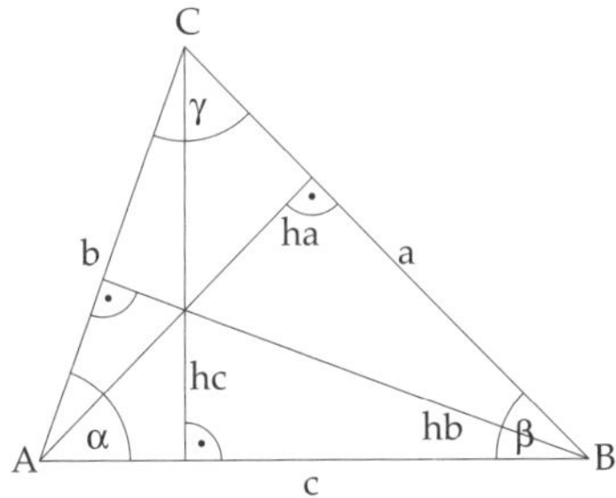

6. a) Man bestimme die Größe des Basiswinkels $\beta = \sphericalangle$ CBA.

   b) Man bestimme die Größe des Winkels $\gamma = \sphericalangle$ ACB.

   c) Man konstruiere das gleichschenklige Dreieck ABC.

   d) Man bestimme die Länge der Seiten a und b.

   e) Man bestimme die Länge der Höhe hc.

   Bekannt: c = [AB] = 4 (Basisseite)

   $\alpha = \sphericalangle$ BAC = 70° (Basiswinkel)

Lösungen

1.

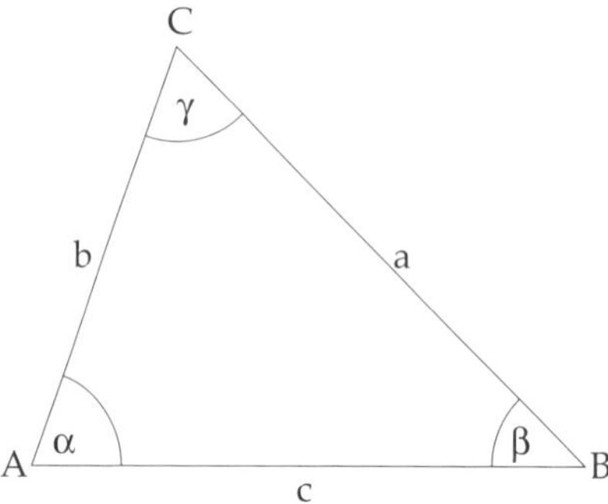

2.

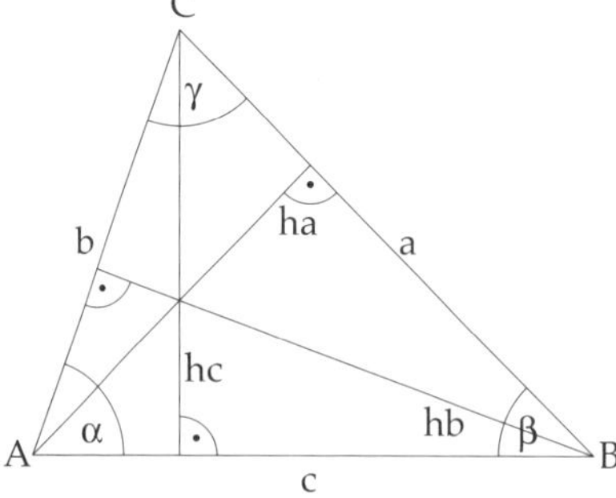

3.

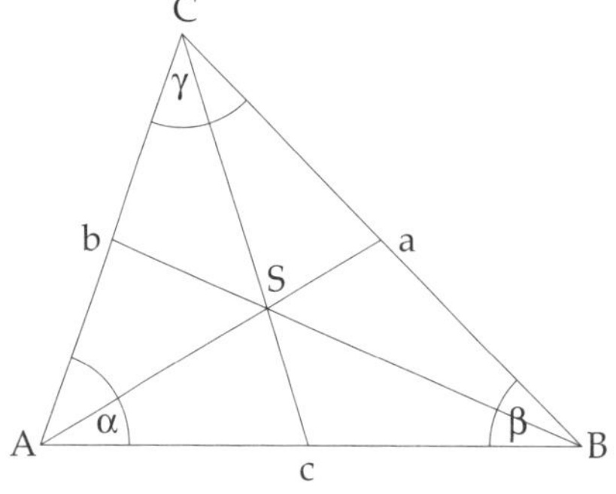

4.

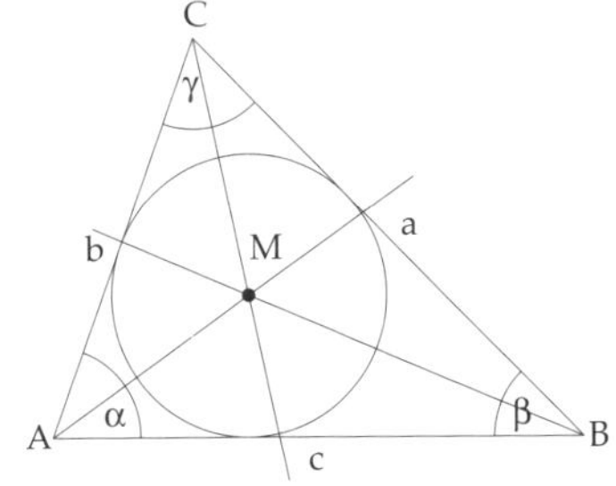

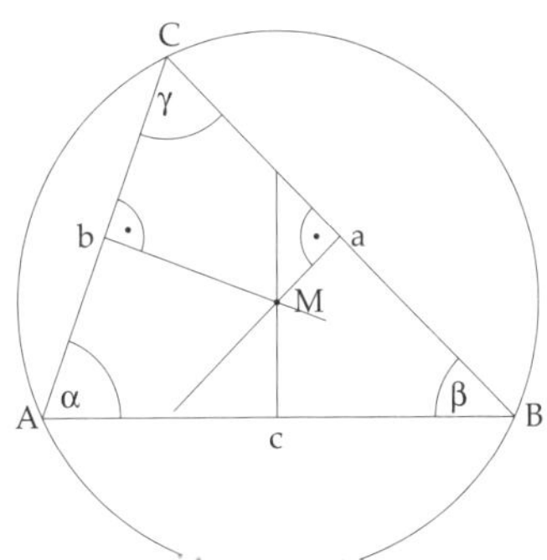

5.

a) $\gamma = 180° - \alpha - \beta = 65°$

b) $\frac{a}{\sin(\alpha)} = \frac{c}{\sin(\gamma)} \Rightarrow a = \frac{\sin(\alpha)}{\sin(\gamma)} \cdot c$

$= 1{,}04 \cdot 6 = 6{,}24$

Berechnung mit Sinussatz

c) mit Cosinussatz:

$b^2 = a^2 + c^2 - 2 \cdot c \cdot a \cdot \cos(\beta)$

$\Rightarrow b = \sqrt{6{,}24^2 + 6^2 - 2 \cdot 6{,}24 \cdot 6 \cdot \cos(45°)}$

$= \sqrt{21{,}99} = 4{,}69$

oder mit Sinussatz:

$\frac{b}{\sin(\beta)} = \frac{c}{\sin(\gamma)} \Rightarrow b = \left(\frac{\sin(\beta)}{\sin(\gamma)} \cdot c\right)$

$= 0{,}78 \cdot 6 = 4{,}68$

Der Unterschied zwischen den Ergebnissen der beiden Rechnungen (4,68 und 4,69) ergibt sich durch Rundungsfehler.

d) $\sin(\beta) = \frac{ha}{c} \Rightarrow ha = c \cdot \sin(\beta) = 6 \cdot 0{,}71 = 4{,}26$

Rechtwinkliges Dreieck mit den Eckpunkten B, ha « a (rechter Winkel!) und A. (ha « a bedeutet: Schnittpunkt der Höhe ha mit Seite a).

e) $\sin(\alpha) = \frac{hb}{c} \Rightarrow hb = c \cdot \sin(\alpha) = 6 \cdot 0{,}94 = 5{,}64$

Rechtwinkliges Dreieck AB($hb \cap b$)

f) $\sin(\alpha) = \frac{hc}{b} \Rightarrow hc = b \cdot \sin(\alpha) = 4{,}68 \cdot 0{,}94 = 4{,}40$

Rechtwinkliges Dreieck A($hc \cap c$)C

6. a) $\beta = \alpha$

Die Basiswinkel sind gleich (gleichschenkliges Dreieck!).

b) $\gamma = 180° - \alpha - \beta = 40°$

Winkelsummensatz!

c)

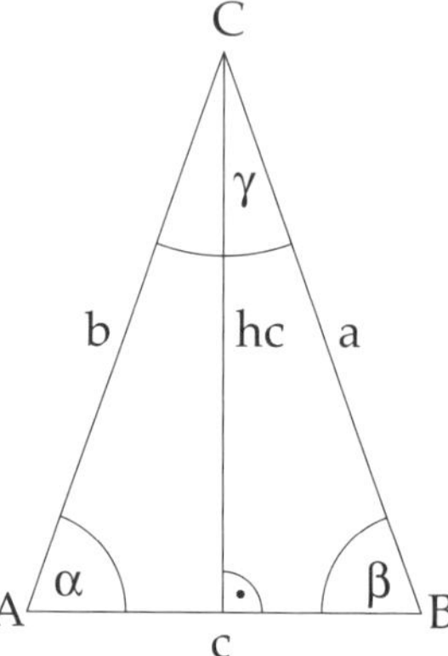

d) $\frac{a}{\sin(\alpha)} = \frac{c}{\sin(\gamma)} \Rightarrow a = \frac{\sin(\alpha)}{\sin(\gamma)} \cdot c$

$= 1{,}46 \cdot 4 = 5{,}84$

$b = a = 5{,}84$

$b = a$ (gleiche Schenkel!)

e) $\sin(\alpha) = \frac{hc}{b} \Rightarrow hc = b \cdot \sin(\alpha)$

$= 5{,}84 \cdot 0{,}94 = 5{,}49$

Rechtwinkliges Dreieck mit den Eckpunkten A, $hc \cap c$, C

$hc \cap c$ bedeutet: Schnittpunkt der Höhe hc

6. Winkelbeziehungen für Vierecke

Die Verbindungen zweier gegenüberliegender Eckpunkte eines Vierecks nennt man *Diagonalen*. In jedem Viereck gibt es zwei davon (d_1 und d_2). Jede Diagonale teilt das Viereck in zwei Dreiecke. Die Diagonale AC = d_1 unterteilt das Viereck in die beiden Dreiecke ABC und ACD. Durch BD = d_2 entstehen die beiden Dreiecke ABD und BCD. Der Umweg über diese Dreiecke erleichtert die Ermittlung der Winkel- und Seitenverhältnisse im *Viereck*.

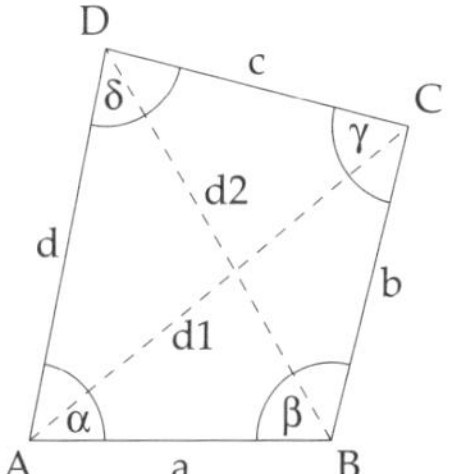

Für jedes dieser Dreiecke gelten alle Regeln und Gesetze des jeweiligen Dreiecktyps (rechtwinkliges, gleichseitges oder gleichschenkliges Dreieck).

Im folgenden Abschnitt werden die gängigsten Vierecke in Dreiecke aufgeteilt und der entsprechende Dreiecktyp angegeben. Mit den Winkelbeziehungen für Dreiecke (vgl. S. 353) können dann alle Berechnungen durchgeführt werden.

Der Bezug auf Dreiecke hat den Nachteil, dass man immer wieder im Buch blättern muss, um die Gesetze der jeweiligen Dreiecktypen herauszusuchen. Man erkennt dabei allerdings, und das ist ein gewaltiger Vorteil, dass in der Viereckberechnung die Dreieckberechnung verwendet wird, also nichts wirklich Neues gelernt werden muss.

Wenn nichts anderes angegeben ist, wird jeweils nur ein Dreieckpaar besprochen. Für das andere Dreieckpaar (welches durch die andere Diagonale entsteht) gilt dann sinngenmäß das Gleiche.

Wenn zu einer Figur über eine spezielle Eigenschaft nichts ausgesagt wird, dann kann bei dieser Figur keine allgemeingültige Aussage zu dieser Eigenschaft getroffen werden.

Fläche und Umfang von Vielecken (dazu gehören selbstverständlich auch die Vierecke) sind im Kapitel Umfang und Flächeninhalt von Vielecken beschrieben (vgl. S. 325). Dort werden auch weitere grundlegende Eigenschaften der Vierecke vorgestellt.

Man unterscheidet zwischen *konkaven* und *konvexen Vierecken*. In konvexen Vierecken liegen beide Diagonalen innerhalb des Vierecks, bei konkaven Vierecken liegt eine Diagonale außerhalb des Vierecks. Konkave Vierecke werden grundsätzlich als zwei Dreiecke mit einer gemeinsamen Seite behandelt. Im Folgenden werden die konvexen Vierecke besprochen.

Allgemeines Viereck

Winkelsummensatz für Vierecke

Da jedes Viereck aus zwei Dreiecken aufgebaut ist, beträgt die *Winkelsumme* im Viereck $\alpha + \beta + \gamma + \delta = 2 \cdot 180° = 360°$.

Rechteck

Das *Rechteck* hat jeweils zwei parallele gleich lange Seiten. Es gilt: $a = c$ und $b = d$. Alle vier *Seitenwinkel* betragen 90°.

Winkel	Alle *Seitenwinkel* a, β, γ und δ sind gleich groß. Es gilt: $\alpha = \beta = \gamma = \delta = 90°$
Hauptdreiecke	Rechtwinklige, kongruente Dreiecke ABC und ACD
Weitere Dreiecke	Vier gleichschenklige Dreiecke ABM, BCM, CDM, DAM; jeweils gegenüberliegende Dreiecke sind kongruent
Diagonalen	Gemeinsame Hypothenuse (vgl. S. 393) beider Hauptdreiecke ABC, ACD
Diagonalen-schnittwinkel	Winkel AMD wird durch Berechnung, z. B. am gleichschenkligen Dreieck AMD bestimmt
Diagonalen-länge	Satz des Pythagoras (vgl. S. 393): $d1 = d2 = \sqrt{a^2 + b^2}$
Diagonalen-schnittpunkt	Mittelpunkt beider Diagonalen

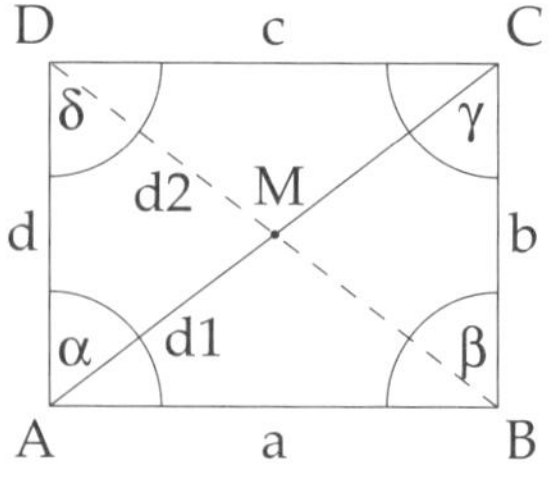

Quadrat

Das *Quadrat* ist ein spezielles Rechteck mit vier gleich langen Seiten.
Es gilt: $a = b = c = d$

Winkel	Alle Seitenwinkel a, β, γ und δ sind gleich groß. Es gilt: $\alpha = \beta = \gamma = \delta = 90°$.
Hauptdreiecke	Rechtwinklige, gleichschenklige und kongruente Dreiecke ABC und ACD
Weitere Dreiecke	Vier gleichschenklige, rechtwinklige, kongruente Dreiecke ABM, BCM, CDM, DAM
Diagonalen	Für beide Hauptdreiecke ABC, ACD sind die Diagonalen: Gemeinsame Hypothenuse (rechtwinklige Dreiecke), Gemeinsame Basis (gleichschenklige Dreiecke), Winkelhalbierende der Seitenwinkel (Basiswinkel der gleichschenkligen Dreiecke sind also 45° groß)
Diagonalen-schnittwinkel	Der Schnittwinkel der Diagonalen beträgt 90°
Diagonalen-länge	Satz des Pythagoras (vgl. S. 393): $d1 = d2 = \sqrt{a^2 + b^2} = \sqrt{2a^2} = a\sqrt{2}$.
Diagonalen-schnittpunkt	Mittelpunkt beider Diagonalen

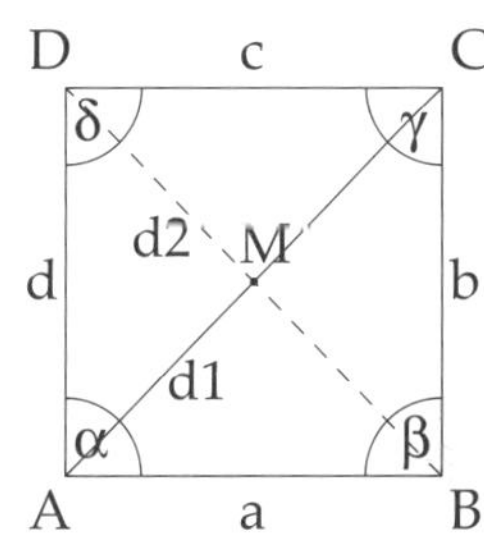

Parallelogramm

Beim *Parallelogramm* sind je zwei gegenüberliegende Seiten parallel und gleich lang.

Winkel	Je zwei gegenüberliegende Winkel sind gleich groß.
Hauptdreiecke	Zwei kongruente Dreiecke ABC und ACD. Beide Dreiecke sind punktsymmetrisch zum Diagonalenschnittpunkt M.
Weitere Dreiecke	Je zwei kongruente, zu M punktsymmetrische Dreiecke ABM und CDM sowie AMD und BCM
Diagonalenlänge	Es gilt der Zusammenhang: $d1^2 + d2^2 = 2(a^2 + b^2)$
Diagonalenschnittpunkt	Mittelpunkt beider Diagonalen

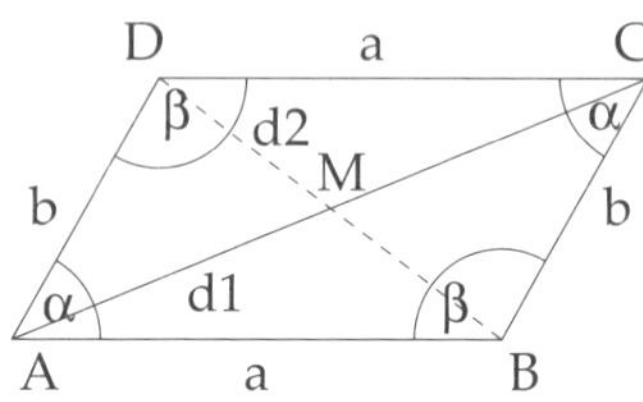

Raute

Eine *Raute* ist ein spezielles Parallelogramm mit vier gleich langen Seiten.
Es gilt: a = b = c = d

Winkel	Je zwei gegenüberliegende Winkel sind gleich groß.
Hauptdreiecke	Zwei gleichschenklige kongruente Dreiecke ABC und ACD. Die Dreiecke sind punktsymmetrisch zum Diagonalenschnittpunkt M.

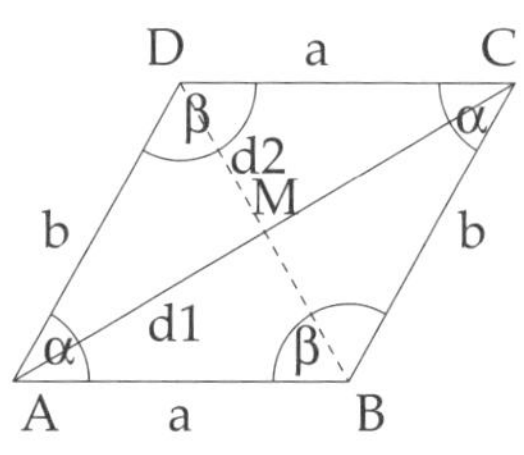

Weitere Dreiecke	Vier rechtwinklige, gleichschenklige, kongruente Dreiecke ABM, BCM, CDM und DAM
Diagonalen	Für beide Hauptdreiecke ABC und ACD sind die Diagonalen: Gemeinsame Hypothenuse (rechtwinklige Dreiecke), Gemeinsame Basis (gleichschenklige Dreiecke), Winkelhalbierende der Seitenwinkel.
Diagonalenschnittwinkel	Der Schnittwinkel der Diagonalen beträgt 90°.
Diagonalenlänge	$d1 = 2a \cdot \cos\left(\frac{\alpha}{2}\right)$; $d2 = 2a \cdot \sin\left(\frac{\alpha}{2}\right)$; $d1^2 + d2^2 = 4a^2$
Diagonalenschnittpunkt	Mittelpunkt beider Diagonalen

Trapez

Beim *Trapez* sind zwei Seiten parallel, die anderen beiden Seiten können beliebig angeordnet sein.

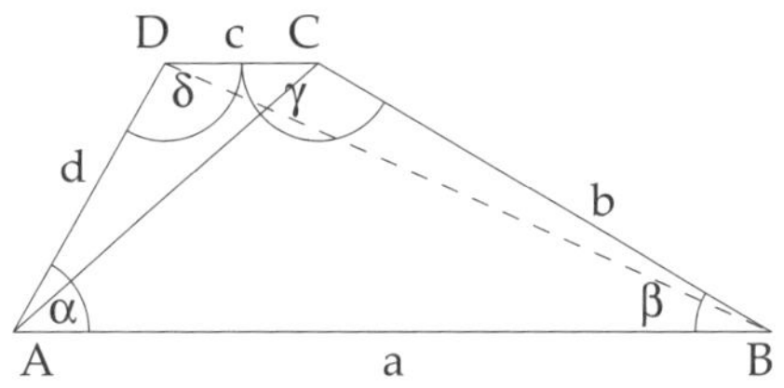

Da die nicht parallelen Seiten im Trapez beliebig angeordnet sein können, können auch die Dreiecke, aus denen ein Trapez besteht, eine beliebige Form haben (das bedeutet, man kann im Allgemeinen nicht davon ausgehen, dass es sich um gleichschenklige, gleichseitige, rechtwinklige oder auch nur kongruente Dreiecke handelt).

Die Berechnungen müssen unter Umständen (wie in der Zeichnung) über das allgemeine Dreieck durchgeführt werden. Die beiden Hauptdreiecke sind die Dreiecke ABC und ACD.

Drachenviereck

Beim *Drachenviereck* sind jeweils zwei Seiten gleich lang und besitzen einen gemeinsamen Punkt.

Winkel	Je zwei gegenüberliegende Winkel sind gleich groß.
Hauptdreiecke	Zwei kongruente, achsensymmetrische Dreiecke ABC und ACD (AC ist Symmetrieachse beider Dreiecke) oder zwei gleichschenklige Dreiecke DAB und DBC
Weitere Dreiecke	Vier rechtwinklige Dreiecke ABS, BCS, CDS und DAS, ABS und DAS sowie BCS und CDS sind jeweils kongruent
Diagonalen	[AC] ist Symmetrieachse
Diagonalen-schnittwinkel	Der Schnittwinkel der Diagonalen beträgt 90°
Diagonalen-schnittpunkt	Diagonale f wird im Mittelpunkt geschnitten

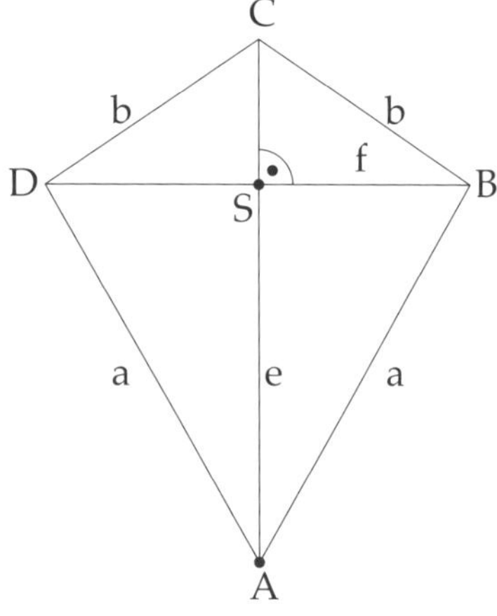

Aufgaben

1. Es sollen im Rechteck ABCD berechnet werden:
   a) die Länge der Diagonalen d1 und d2
   b) der Winkel α
   c) der Schnittwinkel $\varepsilon 1$ der Diagonalen
   d) der Winkel $\varepsilon 2$
   e) der Winkel γ

   Bekannt: $|a| = 5$
   $|b| = 3$

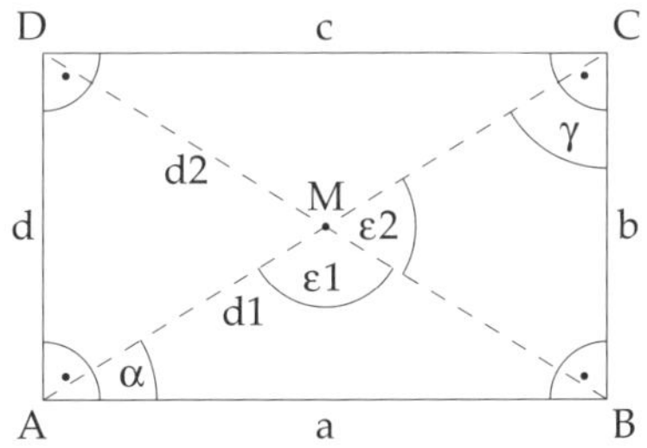

2. Wie groß sind die Seitenlängen des Rechtecks ABCD?

   Bekannt: $|d_1| = 6$

   $\alpha = 35°$

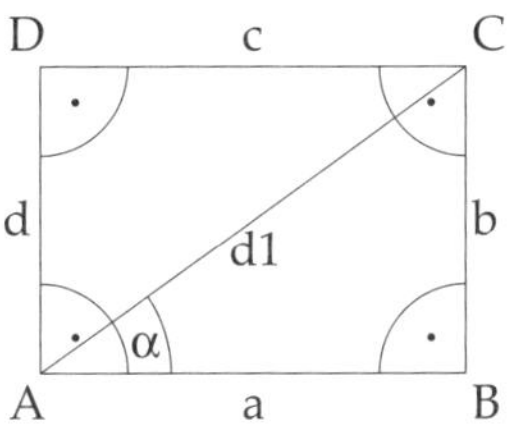

3. Man berechne von dem Parallelogramm ABCD

a) den Winkel $\alpha 1$ mit dem Cosinussatz (vgl. S. 358)

b) die Länge der Strecke [MB] mit dem Cosinussatz

c) die Länge der Diagonalen d2

d) den Winkel $\gamma 1$ mit dem Cosinussatz

e) den Winkel β

f) den Winkel $\varepsilon 1$ mit dem Cosinussatz

g) den Winkel $\varepsilon 2$

Man bestimme (ohne Berechnung)

h) den Winkel $\alpha 2$

i) den Winkel $\gamma 2$

j) den Winkel δ

Bekannt: $|a| = 5$
$|b| = 3$
$|d1| = 7$

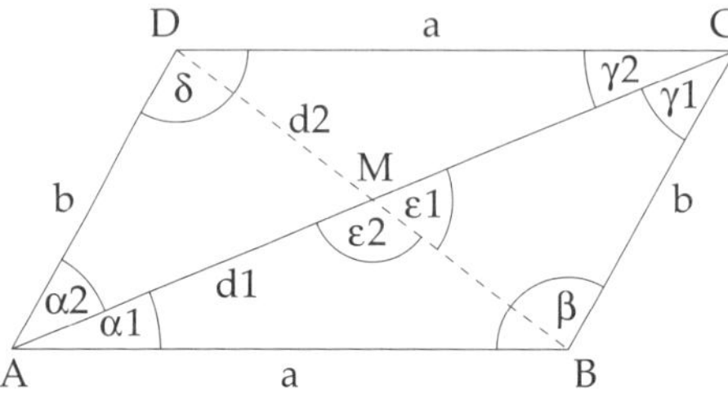

Lösungen

1. a) $d1^2 = a^2 + b^2$ Satz des Pythagoras (vgl. S. 393)

   $\Rightarrow d1 = \sqrt{a^2+b^2} = \sqrt{25+9} = 5,83$ Ergebnis ist auf zwei Stellen gerundet.

   $d1 = d2$

   b) $\tan(\alpha) = \frac{b}{a} \Rightarrow \alpha = \arctan\left(\frac{b}{a}\right)$

   $\alpha = \arctan\left(\frac{3}{5}\right) = 31°$

   c) $\varepsilon1 = 180° - 2 \cdot \alpha = 118°$

   Das Dreieck ABM ist gleichschenklig. Die Basiswinkel sind also gleich groß.

   d) $\varepsilon2 = 180° - \varepsilon1 = 62°$

   $\varepsilon2$ ist der Ergänzungswinkel von ε_1.

   e) $\gamma = 180° - 90° - \alpha = 59°$

2. Das Dreieck ABC ist rechtwinklig, daher können die trigonometrischen Funktionen (vgl. S. 361) angewendet werden:

   $\cos(\alpha) = \frac{a}{d1}$

   $\Rightarrow a = d1 \cdot \cos(a)$

   $= 6 \cdot 0{,}82 = 4{,}92$

   $\sin(\alpha) = \frac{b}{d1}$

   $\Rightarrow b = d1 \cdot \sin(\alpha)$

   $= 6 \cdot 0{,}57 = 3{,}42$

3. a) $b^2 = a^2 + d1^2 - 2 \cdot a \cdot d1 \cdot \cos(\alpha 1)$

$$\Rightarrow \cos(\alpha 1) = \frac{a^2 + d1^2 - b^2}{2 \cdot a \cdot d1}$$

$$\alpha \Rightarrow \alpha_1 = \left(\arccos\left(\frac{5^2 + 7^2 - 3^2}{2 \cdot 5 \cdot 7}\right) = 21,79°\right)$$

b) $|MB|^2 = \left(\frac{d1}{2}\right)^2 + a^2 - 2 \cdot \frac{d1}{2} \cdot a \cdot \cos(\alpha 1)$

$$\Rightarrow |MB| = \sqrt{(3,5)^2 + 5^2 - 2 \cdot 3,5 \cdot 5 \cdot \cos\ (21{,}79°)} = 2,18$$

c) $d2 = 2 \cdot |MB| = 4{,}36$

d) $a^2 = b^2 + d1^2 - 2 \cdot b \cdot d1 \cdot \cos \gamma 1 \Rightarrow$

$$\cos(\gamma 1) = \frac{b^2 + d1^2 - a^2}{2 \cdot b \cdot d1} \Rightarrow$$

$$\gamma 1 = \arccos\left(\frac{3^2 + 7^2 - 5^2}{2 \cdot 3 \cdot 7}\right) = 38,21°$$

e) $\beta = 180° - \alpha_1 - \gamma_1 = 120°$

f) $b^2 = \left(\frac{1}{2} \cdot d1\right)^2 + \left(\frac{1}{2} \cdot d2\right)^2 - 2 \cdot \left(\frac{1}{2} \cdot d1\right) \cdot \left(\frac{1}{2} \cdot d2\right) \cdot \cos(\varepsilon 1)$

$$\Rightarrow \cos(\varepsilon 1) = \frac{\left(\frac{d^1}{2}\right)^2 + \left(\frac{d^2}{2}\right)^2 - b^2}{2 \cdot \frac{d^1}{2} \cdot \frac{d^2}{2}} \Rightarrow \varepsilon_1 = \arccos\left(\frac{3,5^2 + 2,18^2 - 3^2}{2 \cdot 3,5 \cdot 2,18}\right) = 58,37°$$

g) $\varepsilon 2 = 180° - \varepsilon 1 = 121{,}63°$

h) $\alpha 2 = \gamma 1 = 38{,}21°$ (Wechsel- (Z-) Winkel)

i) $\gamma 2 = \alpha 1 = 21{,}79°$ (Wechsel- (Z-) Winkel)

j) $\delta = \beta = 120°$ (Gegenüberliegende Winkel sind gleich)

7. Kongruenzsätze für Dreiecke

Kongruenz, Übereinstimmung

Man redet über das Gleiche und versteht doch alles anders. Woran ist erkennbar, ob ein Ei tatsächlich dem anderen gleicht? Und wenn sie es tun, worin dürfen sie sich noch unterscheiden? Gleichheit ist im normalen Sprachgebrauch eine komplizierte Angelegenheit.

Zwei Dinge werden als gleich empfunden, wenn nach mehr oder weniger genauer Betrachtung keine Unterschiede erkennbar sind. Für den Laien sind zwei Computer gleich, für den Experten sind es zwei Welten.

Um Gleichheit zu beurteilen, müssen erst einmal Vergleichskriterien festgelegt werden. Man kann z. B. einen Computer anhand seiner Farbe und der Form des Gehäuses vergleichen. Oder man vergleicht den Prozessortyp, die Prozessortaktung (soundso viele Megaherz), die Speicherkapazität der Festplatte und die Größe des Arbeitsspeichers. Sicherlich werden jedesmal (abhängig von den Vergleichskriterien) unterschiedliche Computer als gleich oder ungleich eingestuft.

Man benötigt also eindeutige Vergleichskriterien, anhand derer man entscheiden kann, ob zwei Dinge gleich oder ungleich sind.

Statt Gleichheit verwendet man in der Geometrie den etwas aussagekräftigeren Begriff *Kongruenz*, was soviel wie Übereinstimmung bedeutet und für ebene Figuren *Deckungsgleichheit* ist.

Da außer dem Kreis alle Figuren (Vielecke) aus Dreiecken aufgebaut sind (und auch wieder in solche zerlegt werden können), kann die Kongruenz zweier Figuren durch den Vergleich der einzelnen Dreiecke nachgewiesen (oder widerlegt) werden:

Zwei Vielecke sind *kongruent*, wenn

1. alle Dreiecke kongruent sind,
2. die relative Lage der (paarweise) kongruenten Dreiecke innerhalb der beiden Vielecke übereinstimmt.

Zwei Vielecke sind nicht kongruent, aber *flächengleich*, wenn

1. alle Dreiecke kongruent sind,
2. die relative Lage der (paarweise) kongruenten Dreiecke innerhalb der beiden Vielecke **nicht** übereinstimmt.

Welche Vergleichskriterien für die Kongruenz zweier Dreiecke gegeben sein müssen, wird im nächsten Abschnitt beschrieben.

Kongruenz zweier Dreiecke

Bei der Entscheidung, ob zwei einzelne Dreiecke kongruent sind oder nicht, ist eines vollkommen bedeutungslos: Die Lage der Dreiecke. Ob sie zueinander spiegelverkehrt, gedreht oder verschoben sind, spielt keine Rolle. Ausschlaggebend ist nur, dass sie in allen drei Seiten und allen drei Winkeln exakt übereinstimmen.

Zum Glück müssen nicht alle drei Seiten und alle drei Winkel einzeln überprüft werden. Es ist ausreichend, bestimmte Kombinationen aus Winkeln und Seiten zu überprüfen. Wenn diese Kombinationen in beiden Dreiecken übereinstimmen, stimmt automatisch auch der Rest beider Dreiecke überein.

Kongruenzsätze

Da Dreiecke aus drei Seiten und drei Winkeln bestehen, werden diese Größen verglichen.

Wenn zwei Dreiecke in einem Winkel übereinstimmen, bedeutet dies, die Größe des Winkels im einen Dreieck stimmt überein mit der Größe eines Winkels im anderen Dreieck. Es ist vollkommen egal, ob die Winkel in den beiden Dreiecken die gleiche Lage haben oder die Scheitelpunkte oder Schenkel unterschiedlich benannt sind oder nicht. Einzig und allein auf die Größe der Winkel kommt es an.

Wenn die Dreiecke in einer Seite übereinstimmen, bedeutet dies, die Länge einer Seite in einem Dreieck ist gleich der Länge einer Seite im anderen Dreieck. Es ist wiederum vollkommen egal, ob die Seiten in beiden Dreiecken die gleiche Lage haben oder unterschiedlich benannt sind. Es kommt einzig und allein auf die Länge der Seiten an.

Seite Seite Seite (*SSS*)

Zwei Dreiecke sind kongruent, wenn sie in den drei Seiten übereinstimmen.

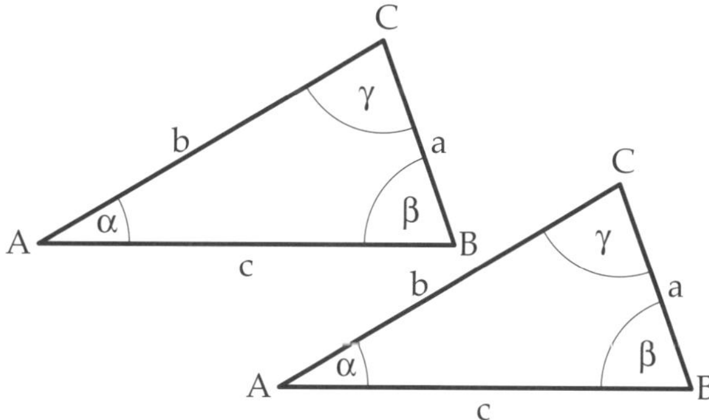

Seite Winkel Seite (*SWS*)

Zwei Dreiecke sind kongruent, wenn sie in zwei Seiten und dem dazwischen liegenden Winkel übereinstimmen.

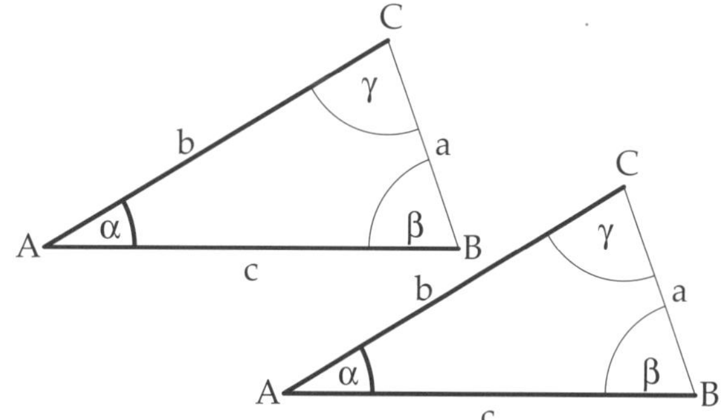

Seite Seite Winkel (*SSW*)

Zwei Dreiecke sind kongruent, wenn sie in zwei Seiten und dem Winkel übereinstimmen, welcher der größeren Seite gegenüberliegt.

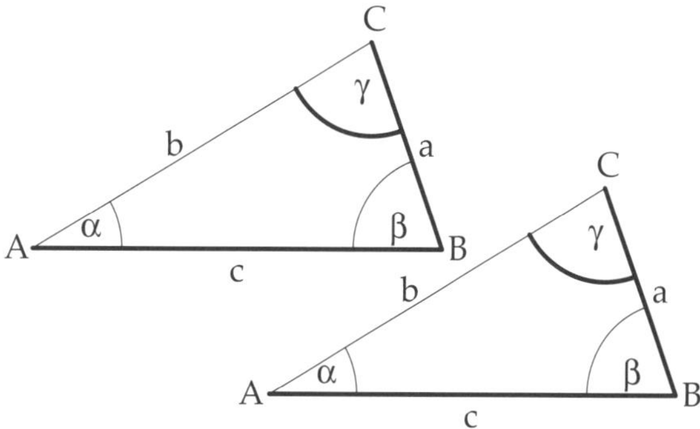

Seite Winkel Winkel (*SWW*)

Zwei Dreiecke sind kongruent, wenn sie in zwei Winkeln und einer Seite übereinstimmen.

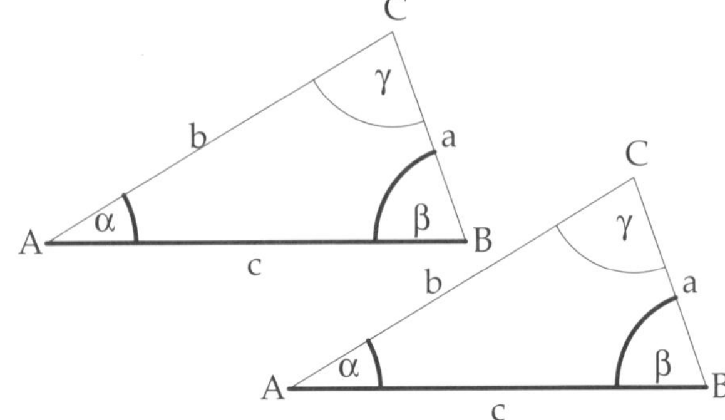

Zwei Dreiecke, die in allen drei Winkeln übereinstimmen, können trotzdem unterschiedliche Seitenlängen haben und sind dann nicht kongruent. Da sie aber gleiche Proportionen haben, sind sie einander *ähnlich* (vgl. Strahlensätze und Zentrische Streckung S. 381).

8. Strahlensätze und zentrische Streckung

Ähnlichkeit

Wo sind die Grenzen zwischen Ähnlichkeit und Unähnlichkeit? Zwei Dinge sind wohl am ehesten dann ähnlich, wenn ihre charakteristischen Eigenschaften übereinstimmen, aber dennoch unübersehbare Unterschiede bestehen.

Eigenschaften einer Figur sind Form und Größe. Sind Figuren der Form nach gleich, aber unterschiedlich groß, so werden sie als ähnlich bezeichnet. Wenn sie umgekehrt zwar gleich groß sind, aber unterschiedliche Formen haben, dann wird man sie nicht als ähnlich erkennen.

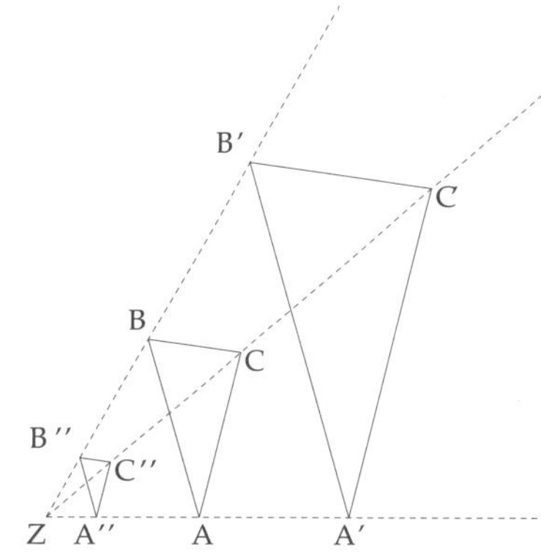

Die charakteristische Eigenschaft einer Figur ist also ihre Form.

Die Form einer ebenen Figur wird durch die Größe und die Anordnung (Reihenfolge) ihrer Winkel bestimmt.

Damit hat man ein eindeutiges Kriterium, nach dem entschieden werden kann, ob zwei Figuren (im geometrischen Sinne) ähnlich sind: Sie müssen in allen Winkeln übereinstimmen. Das bedeutet:

Zwei Figuren sind *ähnlich*, wenn

1. jeder Winkel in der einen Figur einem Winkel mit gleicher Größe in der anderen Figur entspricht,
2. die relative Lage (Anordnung) der Winkel innerhalb beider Figuren übereinstimmt.

Wenn diese beiden (Winkel-) Forderungen erfüllt sind, können beide Figuren dennoch unterschiedlich groß sein. Die Proportionen bleiben allerdings erhalten.

Das bedeutet: Ist in der ähnlichen Figur eine Seite doppelt so groß wie in der Originalfigur, dann sind alle Seiten der ähnlichen Figur doppelt so groß wie in der Originalfigur.

Zur Prüfung der Ähnlichkeit zweier Figuren werden also nur ihre Winkel betrachtet: Diese müssen in Größe und Lage bei beiden Figuren jeweils übereinstimmen.

Ähnlichkeitsabbildung

In der Industrie ist es vollkommen normal, vor einer neuen Produktionsserie erst einmal Modelle zu bauen (meistens in geändertem Maßstab).

Das Original existiert dann erst einmal nur als Konstruktionsplan auf dem Papier. Von diesem Plan wird für das Modell ein weiterer Plan entworfen, der mit dem Original in der Form übereinstimmt, allerdings einen kleineren (oder größeren) Maßstab hat.

Die *Abbildung* des Originalplans auf einen Modellplan nennt man *Ähnlichkeitsabbildung*. Alle Strecken- und Winkelverhältnisse im Original- und Modellplan sind identisch, die absolute Größe der Streckenlängen kann sich allerdings unterscheiden.

B Um das Modell zu erstellen, werden dem Konstrukteur die Baupläne des Originals ausgehändigt. Seine Aufgabe ist es, ein Modell im Maßstab 1:2 anzufertigen.

Der *Maßstab* 1 : 2 bedeutet: Jede Seite im Modell ist genau $1 : 2 = \frac{1}{2}$ mal so lang wie die entsprechende Seite im Original.

Der Maßstab 2 : 1 würde bedeuten, dass im Modell alle Strecken $\frac{2}{1} = 2$ mal so lang sind wie im Original (in der Nanotechnologie werden Modelle mit weit über der 100-fachen Größe des Originals angefertigt).

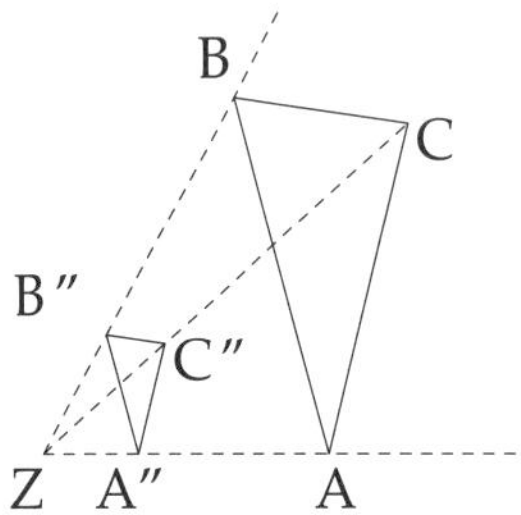

Egal welcher Maßstab verwendet wird, die Winkel im Modell bleiben immer genau so groß wie im Original.

Allgemeiner Fall:

> In einem Modell im Maßstab n : m hat jede Seite die n : m-fache Länge der Originalseite. Die Winkel bleiben jedoch in Größe und Lage unverändert.
>
> Das Verhältnis $\frac{n}{m} = \frac{\text{neue Länge}}{\text{alte Länge}}$ wird *Streckungsfaktor* genannt. Der gemeinsame (Schnitt-) Punkt aller Halbgeraden ist das *Streckungszentrum* Z.

Mit Hilfe der *zentrischen Streckung* wird am Beispiel eines Dreiecks gezeigt, wie von einer Originalfigur Modelle im Maßstab 2 : 1 und im Maßstab 1 : 2 entstehen.

Grundlage der zentrischen Streckung sind die *Strahlensätze*.

In der Zeichnung sind die beiden Geraden AB und A'B' parallel. Außerdem sind die Seiten ZA und ZA' ebenso wie die Seiten ZB und ZB' parallel (sie liegen jeweils aufeinander).

Daraus ergibt sich die Folgerung:

Die Dreiecke ZAB und ZA'B' haben paarweise parallele Seiten, daher stimmen einander entsprechende Winkel der Dreiecke überein (sind gleich groß). Die Dreiecke sind somit ähnlich.

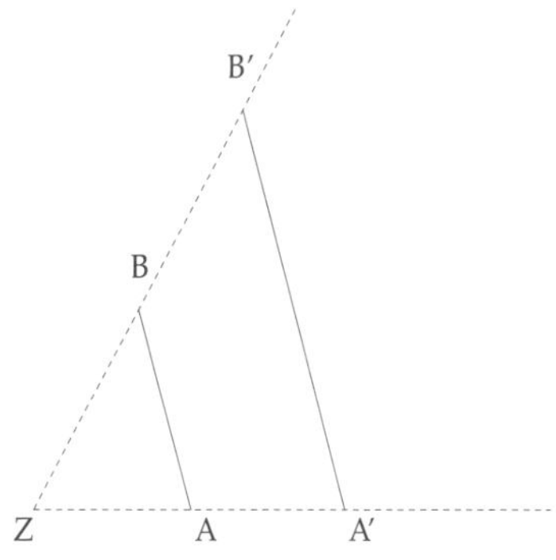

Für zwei ähnliche Figuren gilt: Die Verhältnisse einander entsprechender Seiten sind überall konstant. Es gilt:

1. Strahlensatz: $\frac{\overline{ZA}}{\overline{AA'}} = \frac{\overline{ZB}}{\overline{BB'}}$

und weiterhin:

2. Strahlensatz: $\frac{\overline{ZA}}{\overline{ZA'}} = \frac{\overline{ZB}}{\overline{ZB'}} = \frac{\overline{AB}}{\overline{A'B'}}$

Diese Beziehungen kann man sich zunutze machen, um bewusst eine Strecke zu konstruieren, die

1. genau die n : m-fache Länge hat und
2. parallel zu einer vorhandenen Strecke liegt.

Bei der Konstruktion geht man folgendermaßen vor:

Bekannt:	Streckungsfaktor n : m Die Strecke, zu der die parallele Strecke mit n : m-facher Länge konstruiert werden soll.
Konstruktion:	Schritt 1: Zu der Strecke wird ein Streckungszentrum Z eingezeichnet. Prinzipiell kann es an einer beliebigen Stelle eingezeichnet werden, allerdings sollte man den Abstand nicht zu klein wählen, da die Zeichnung sonst ungenauer wird. Anschließend werden die Halbgeraden [ZA und [ZB eingezeichnet. Schritt 2: Einen Kreis mit Mittelpunkt Z und Radius $r = \frac{n}{m} \cdot \lvert ZA \rvert$ zeichnen. Der Schnittpunkt des Kreises mit der Halbgeraden [ZA ist der Punkt A'. Einen Kreis mit Mittelpunkt Z und Radius $r = \frac{n}{m} \cdot \lvert ZB \rvert$ zeichnen. Der Schnittpunkt des Kreises mit der Halbgeraden [ZB ist der Punkt B'. Schritt 3: A' und B' verbinden. Die Strecke [A'B'] ist nun parallel zu [AB] und hat die n : m-fache Länge.

B Streckungsfaktor n : m = 2 : 1 = 2

Schritt 1: Streckungszentrum Z in der Nähe der gegebenen Strecke [AB] einzeichnen

Halbgeraden [ZA und [ZB einzeichnen

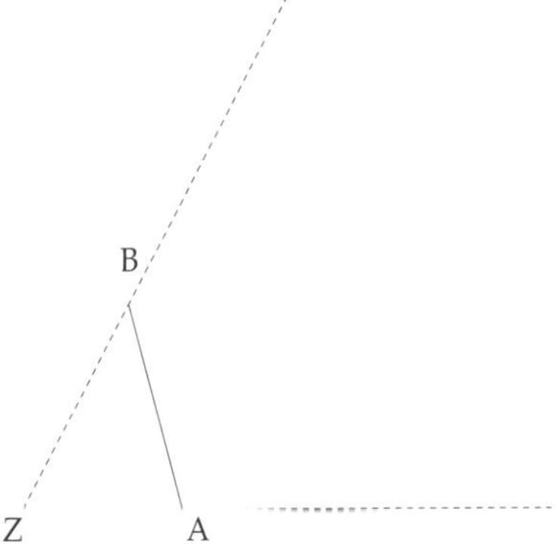

Schritt 2: Einen Kreis mit Mittelpunkt Z und Radius r = 2 · |ZA| zeichnen. Der Schnittpunkt des Kreises mit der Halbgeraden [ZA ist der Punkt A'.

Einen Kreis mit Mittelpunkt Z und Radius r = 2 · |ZB| zeichnen. Der Schnittpunkt des Kreises mit der Halbgeraden [ZB ist der Punkt B'.

Der genaue Radius kann nicht angegeben werden, da er abhängig ist von der (frei gewählten) Lage des Streckungszentrums Z.

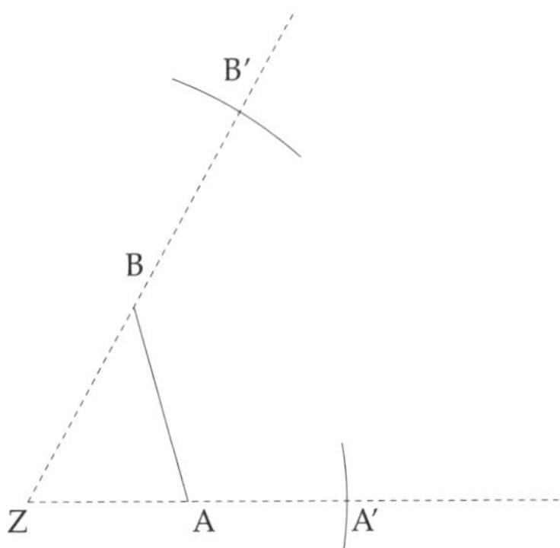

Schritt 3: A' und B' verbinden. Die Strecke [A'B'] ist nun parallel zu [AB] und hat die 2-fache Länge.

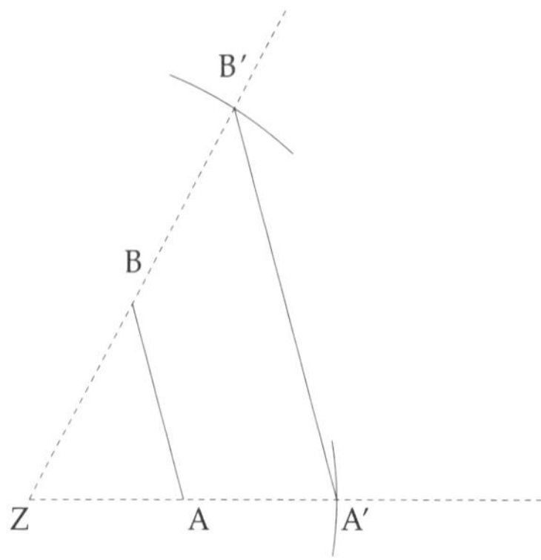

Die verwendete Technik wird *zentrische Streckung* genannt, weil die neue Seite gegenüber der Originalseite gestreckt (in der Länge geändert) wird. Die Streckung ist zentrisch, weil sie von dem Streckungszentrum Z ausgeht.

Zentrische Streckung

Anstelle der Streckung einer einzigen Strecke [AB] (wie im vorangegangenen Beispiel gezeigt) wird nun ein Dreieck gestreckt. Die Technik bleibt dabei genau dieselbe, allerdings muss man sie für alle drei Seiten des Dreiecks anwenden.

Wichtig ist hier, dass die Streckung für alle Seiten von ein und demselben Streckungszentrum aus erfolgt.

Die einzelnen Konstruktionsschritte unterscheiden sich also nicht wesentlich von der Konstruktion bei der Streckung einer Strecke. Im Folgenden werden die notwendigen Schritte ausführlich dargestellt.

Bekannt:	Streckungfaktor n : m Das Dreieck, welches gestreckt werden soll
Konstruktion:	Schritt 1: Zu dem Dreieck wird ein Streckungszentrum Z eingezeichnet. Auch hier gilt wieder: Prinzipiell kann Z an einer beliebigen Stelle eingezeichnet werden, allerdings sollte man den Abstand nicht zu klein wählen, da die Zeichnung sonst ungenauer wird. Anschließend werden von Z aus Halbgeraden zu jedem Punkt der Figur eingezeichnet, also [ZA , [ZB und [ZC.
	Schritt 2: Einen Kreis mit Mittelpunkt Z und Radius $r = \frac{n}{m} \cdot \lvert ZA \rvert$ zeichnen. Der Schnittpunkt des Kreises mit der Halbgeraden [ZA ist der Punkt A'. Einen Kreis mit Mittelpunkt Z und Radius $r = \frac{n}{m} \cdot \lvert ZB \rvert$ zeichnen. Der Schnittpunkt des Kreises mit der Halbgeraden [ZB ist der Punkt B'. Einen Kreis mit Mittelpunkt Z und Radius $r = \frac{n}{m} \cdot \lvert ZC \rvert$ zeichnen. Der Schnittpunkt des Kreises mit der Halbgeraden [ZC ist der Punkt C'. Schritt 3: A', B' und C' verbinden. Das gesuchte Dreieck ist das Dreieck A'C'B'. Die einzelnen Seiten sind parallel zu den Originalseiten und haben jeweils genau die n : m-fache Länge.

B Streckungsfaktor n : m = 2 : 1 = 2

Schritt 1: Streckungszentrum Z in der Nähe des gegebenen Dreiecks ACB einzeichnen.

Halbgeraden [ZA, [ZB und [ZC einzeichnen.

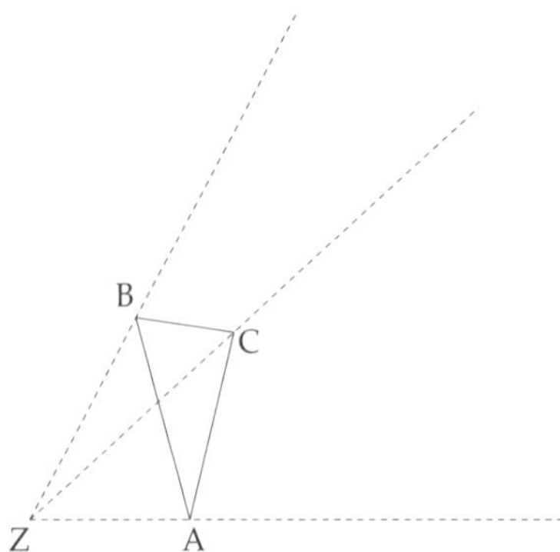

Schritt 2: Einen Kreis mit Mittelpunkt Z und Radius r = 2 · |ZA| zeichnen. Der Schnittpunkt des Kreises mit der Halbgeraden [ZA ist der Punkt A'.

Einen Kreis mit Mittelpunkt Z und Radius r = 2 · |ZB| zeichnen. Der Schnittpunkt des Kreises mit der Halbgeraden [ZB ist der Punkt B'.

Einen Kreis mit Mittelpunkt Z und Radius r = 2 · |ZC| zeichnen. Der Schnittpunkt des Kreises mit der Halbgeraden [ZC ist der Punkt C'.

Der genaue Radius kann wiederum nicht angegeben werden, da er abhängig ist von der (frei gewählten) Lage des Streckungszentrums Z.

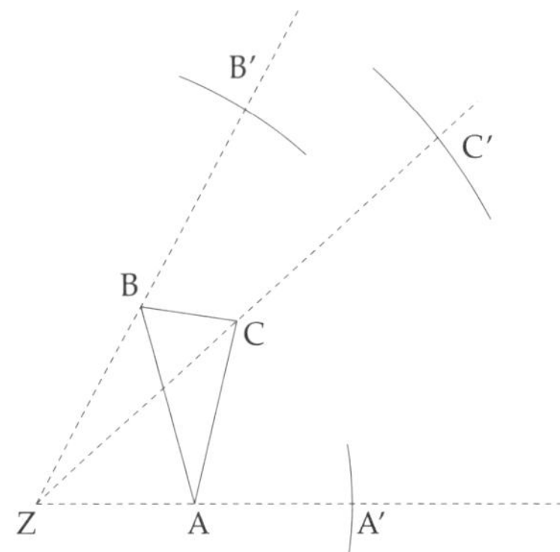

Schritt 3: A', B' und C' verbinden. Das gesuchte Dreieck ist das Dreieck A'C'B'. Die einzelnen Seiten sind parallel zu den Originalseiten und haben jeweils genau die 2-fache Länge.

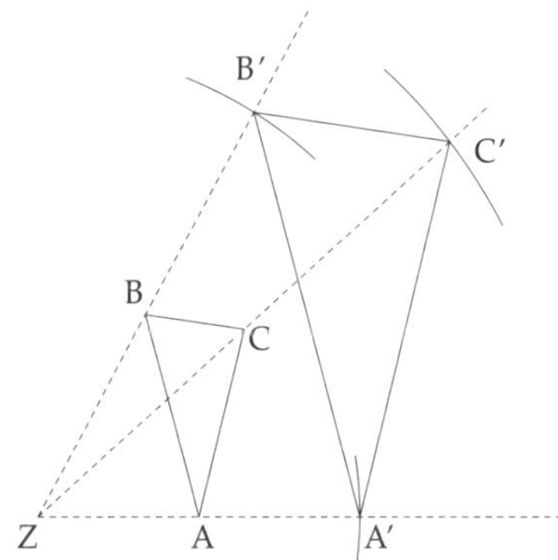

Vom Dreieck ACB soll nun ein ähnliches Dreieck A"C"B" so konstruiert werden, dass jede Seite von A"C"B" genau halb so groß ist wie die entsprechende Seite im Dreieck ACB.

Die Schritte sind genau die gleichen. Es ändert sich lediglich der Streckungsfaktor:

B Streckungsfaktor zwischen Null und 1

$$\frac{\text{neue Länge}}{\text{alte Länge}} = \frac{\frac{1}{2}}{1} = \frac{1}{2}$$

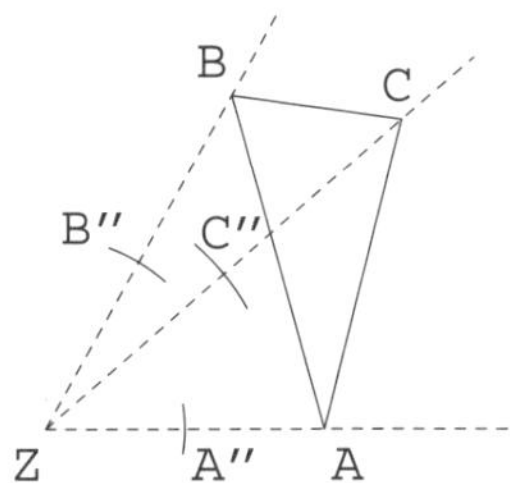

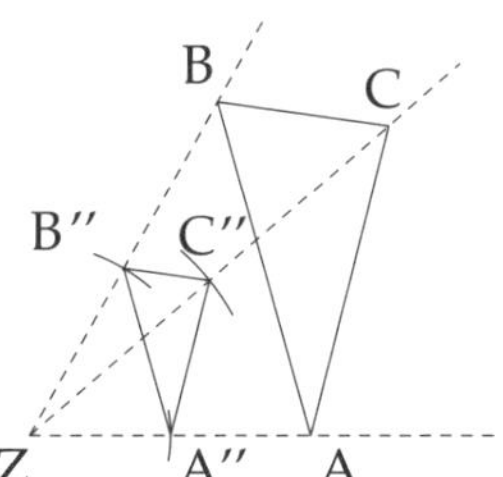

In den bisherigen Beispielen liegen Originalfigur und gestreckte Figur vom Streckungszentrum aus betrachtet auf der gleichen Seite. Man spricht in diesem Fall von einem *äußeren Sreckungszentrum.*

Wenn das Streckungszentrum zwischen Originalfigur und gestreckter Figur (Bildfigur) liegt, dann steht die Bildfigur gegenüber der Originalfigur auf dem Kopf. Bei dieser Ähnlichkeitsabbildung handelt es sich um eine „normale" Streckung in Kombination mit einer Punktspiegelung am Streckungszentrum (vgl. Kongruente Figuren und ihre Konstruktion, S. 316). In der folgenden Zeichnung wird das Dreieck ACB am *inneren Streckungszentrum* Z gestreckt. Der Streckungsfaktor hat den Wert 2. Das gestreckte Dreieck ist das Dreieck A''C''B''.

In der Zeichnung ist zusätzlich das mit gleichem Streckungsfaktor 2 „normal" gestreckte Dreieck A'C'B' eingezeichnet. Man erkennt nun, dass die Dreiecke A'C'B' und A''C''B'' zueinander punktsymmetrisch sind.

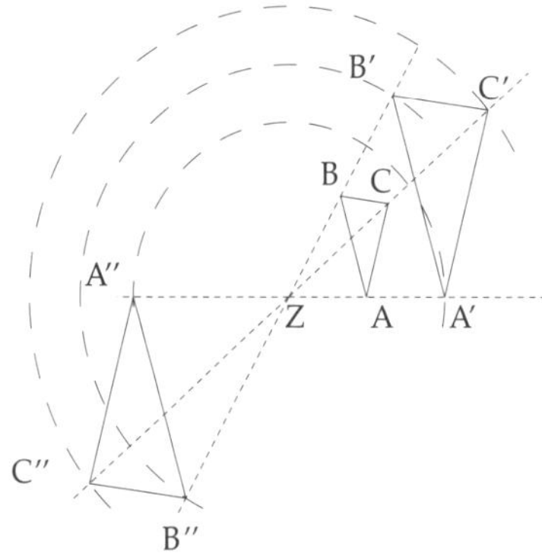

Welchen Einfluss die Lage des Streckungszentrums hat, ist hier noch einmal zusammengefasst:

Äußeres Streckungszentrum: Streckungsfaktor > 0 (positiv)

Bild- und Originalfigur liegen auf der gleichen Seite des Streckungszentrums.

Bild- und Originalfigur sind gleich ausgerichtet (stehen beide aufrecht).

Die Bildfigur ist kleiner als die Originalfigur für Streckungsfaktoren zwischen Null und 1.

Die Bildfigur ist größer als die Originalfigur für Streckungsfaktoren größer als 1.

Inneres Streckungszentrum: Streckungsfaktor < 0 (negativ)

Bild- und Originalfigur liegen auf unterschiedlichen Seiten des Streckungszentrums.

Bild- und Originalfigur sind entgegengesetzt ausgerichtet (Bildfigur steht auf dem Kopf).

Die Bildfigur ist kleiner als die Originalfigur für Streckungsfaktoren zwischen Null und – 1.

Die Bildfigur ist größer als die Originalfigur für Streckungsfaktoren kleiner als – 1.

Aufgaben

1. Zentrische Streckung (äußeres Streckungszentrum)

   a) Man konstruiere das Drachenviereck ABCD. Der Schnittpunkt der beiden Diagonalen ist der Punkt S. Dann lässt sich das (äußere) Streckungszentrum Z einzeichnen.

   b) Man strecke das Drachenviereck im Verhältnis 2 : 1 (Streckungsfaktor 2). Die neuen Punkte sollen mit A', B', C' und D' benannt werden.

   Bekannt: [ZA] = 6 [AS] = 2,5
   [SC] = 1,5 [BD] = 3

2. Zentrische Streckung (inneres Streckungszentrum)

   a) Man konstruiere das Drachenviereck ABCD. Der Schnittpunkt der beiden Diagonalen ist der Punkt S. Man zeichne das Streckungszentrum Z ein.

   b) Das Drachenviereck aus Aufgabe 1 soll an dem inneren Streckungszentrum Z mit dem Streckungsfaktor 3 : 1 gestreckt werden.

   c) Durch welche beiden Abbildungen könnte diese Streckung ersetzt werden?

   Bekannt: Wie in Aufgabe 1:
   [ZA] = 6 [AS] = 2,5
   [SC] = 1,5 [BD] = 3

Lösungen

1. a) b) Siehe Zeichnung:

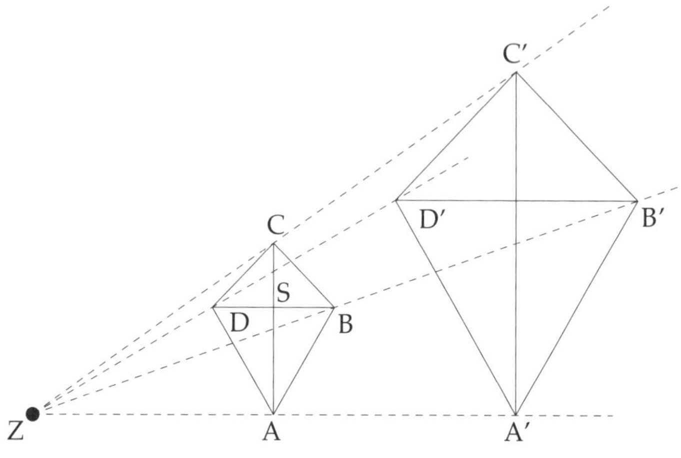

2. a) b) Siehe Zeichnung:

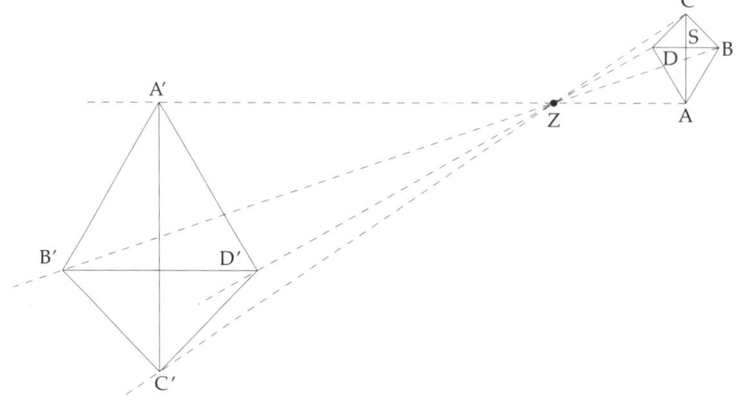

c) Eine Streckung mit Z als äußerem Streckungszentrum und anschließender Punktspiegelung

9. Pythagoras und Euklid

Der *Satz des Pythagoras* ist untrennbar mit *rechtwinkligen Dreiecken* verbunden.

Wenn ein Dreieck rechtwinklig ist, also einen 90°-Winkel enthält, dann können zur Berechnung von Streckenlängen in diesem Dreieck die Sätze aus der Satzgruppe des Pythagoras verwendet werden. In den Sätzen des Pythagoras sind darüber hinaus die Sätze des Euklid enthalten.

Für Dreiecke, die nicht rechtwinklig sind, gelten diese Sätze nicht. Für diese Dreiecke kann statt dessen der Sinussatz oder der Cosinussatz (vgl. S. 402) angewendet werden.

Mit ein bisschen Übung gewinnt man ein Gefühl dafür, welchen Satz man für die jeweilige Aufgabenstellung anwenden sollte. Die Beispiele zeigen die wichtigsten Fälle.

Benennung der Seiten in einem rechtwinkligen Dreieck:

Die längste Seite liegt dem 90°-Winkel (hier: γ) gegenüber und wird *Hypothenuse* genannt (hier: Seite c). Die *Höhe* h durch den Punkt C auf die Seite c teilt die Hypothenuse in die beiden *Hypothenusenabschnitte* p und q. Die beiden Seiten, die den 90°-Winkel einschließen, werden *Katheten* genannt (hier: a und b).

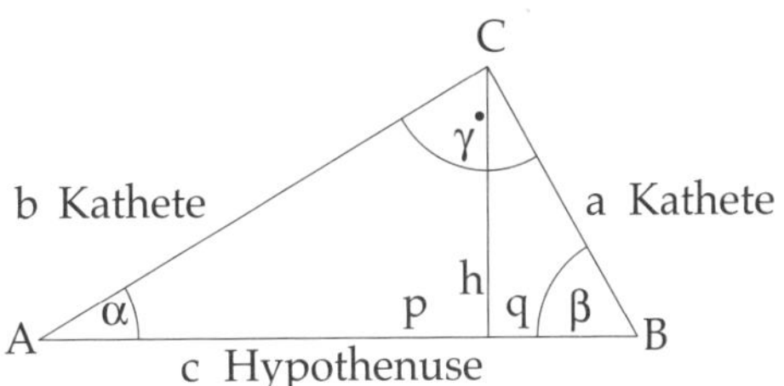

Satz des Pythagoras

In einem rechtwinkligen Dreieck ist die Summe der Quadrate über den Katheten gleich dem Quadrat über der Hypothenuse.

$$a^2 + b^2 = c^2$$

II. Geometrie

Anwendung:

Im rechtwinkligen Dreieck sind zwei Seiten gegeben, die dritte soll berechnet werden.

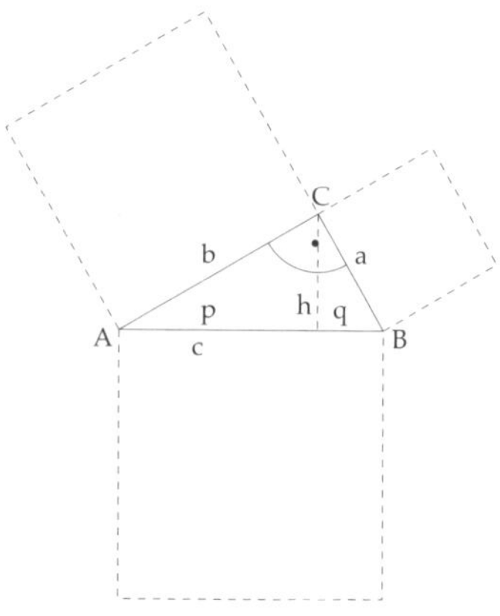

Die Gleichung $a^2 + b^2 = c^2$ wird nach der dritten Seite aufgelöst:

$$c = \sqrt{a^2 + b^2}$$

$$b = \sqrt{c^2 - a^2}$$

$$a = \sqrt{c^2 - b^2}$$

Höhensatz (von Euklid)

Das Quadrat über der Höhe ist gleich dem Produkt aus den beiden Hypothenusenabschnitten.

$$h^2 = p \cdot q$$

Anwendung:

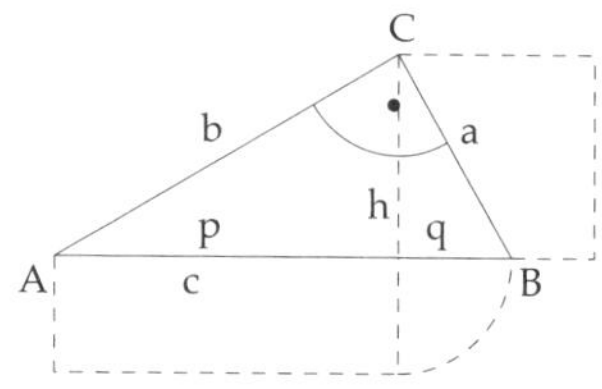

Zur Berechnung der Höhe des Dreiecks. Die Hypothenusenabschnitte p und q müssen hierzu bekannt sein. Man kann p und q über die Kathetensätze bestimmen.

Die Höhe im rechtwinkligen Dreieck kann (bedeutend einfacher) über die Fläche bestimmt werden: Da die Fläche mit $A = \frac{1}{2} \cdot$ Grundseite $\cdot$ Höhe berechnet wird, gilt die Beziehung:

$$\frac{1}{2} \cdot a \cdot b = \frac{1}{2} \cdot c \cdot hc \qquad | \cdot 2$$

$$a \cdot b = c \cdot hc \qquad | : c$$

$$h_c = \frac{a \cdot b}{c}$$

Man kann a als Grundseite wählen, dann ist b die Höhe auf a. Gleiches gilt für b als Grundseite: In diesem Fall ist a die Höhe.

Kathetensätze (von Euklid):

Das Quadrat über einer Kathete ist gleich dem Produkt aus Hypothenuse und dem Hypothenusenabschnitt, der diese Kathete berührt.

$$b^2 = c \cdot p$$

$$a^2 = c \cdot q$$

Anwendung:

Zur Berechnung der Katheten:

$a = \sqrt{c \cdot q}$

$b = \sqrt{c \cdot p}$

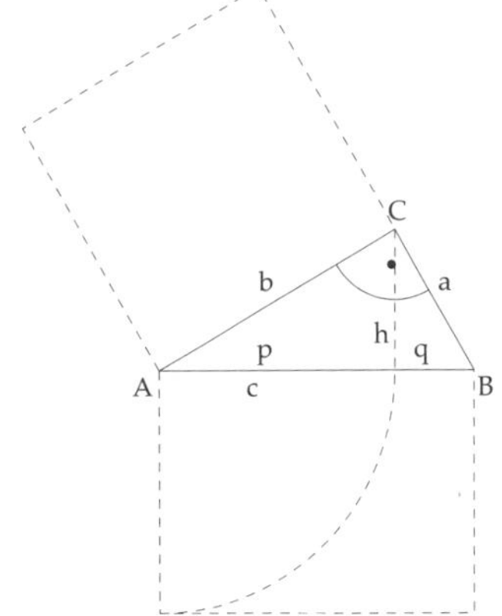

oder zur Berechnung der Hypothenusenabschnitte:

$p = \dfrac{b^2}{c}$

$q = \dfrac{a^2}{c}$

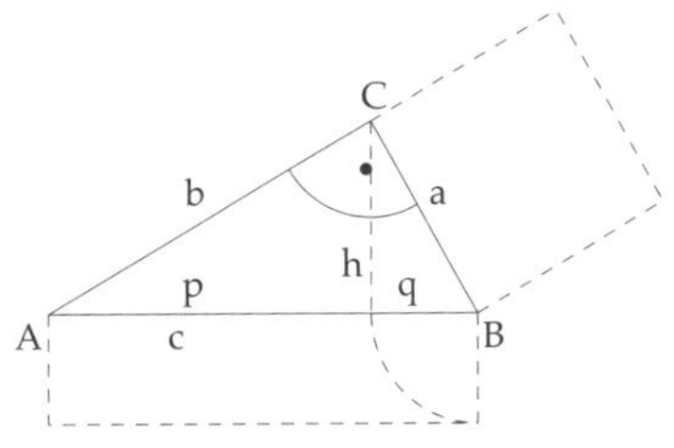

Aufgaben

Die folgenden Aufgaben betreffen Berechnungen am rechtwinkligen Dreieck. Es sind jeweils unterschiedliche Strecken eines rechtwinkligen Dreiecks gegeben. Die unbekannten Strecken können mit dem Satz des Pythagoras, dem Höhensatz oder den Kathetensätzen berechnet werden.

Das Dreieck hat immer den rechten Winkel bei Punkt C, die Hypothenuse ist also in allen Aufgaben die Seite c.

Beim Lösen der Aufgaben muss man sich durch Vergleichen der bekannten Größen mit den Musterlösungen zu einer brauchbaren Formel durchkämpfen, dann kann man eine weitere Größe berechnen. Man muss also wie ein Detektiv vorgehen und sich immer zwei Fragen stellen:

Was ist in der Aufgabe gegeben?

Was muss gegeben sein, um eine bestimmte Formel/Technik zu verwenden?

1. Satz des Pythagoras: Wie groß ist jeweils die dritte Seite des Dreiecks ABC?

   a) $a = 3; b = 4; c = ?$

   b) $a = 4; b = ?; c = 6$

   c) $a = ?; b = 5; c = 6$

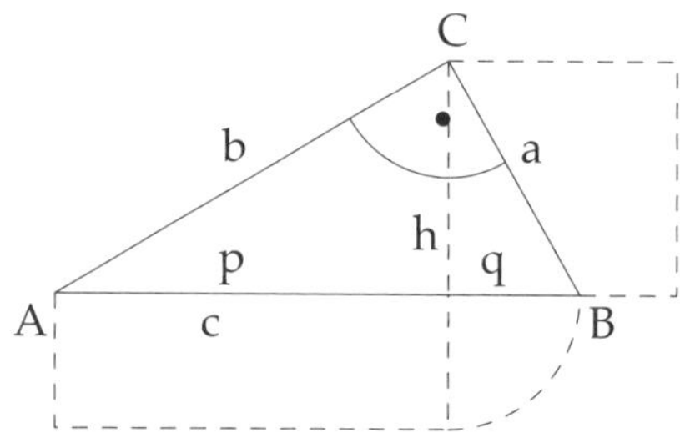

2. Kathetensätze: Wie groß sind jeweils die Hypothenusenabschnitte p und q des Dreiecks ABC?

   a) $a = 3; b = 4; c = 5$

   b) $a = 4; b = \sqrt{20}; c = 6$

   c) $a = \sqrt{11}; b = 5; c = 6$

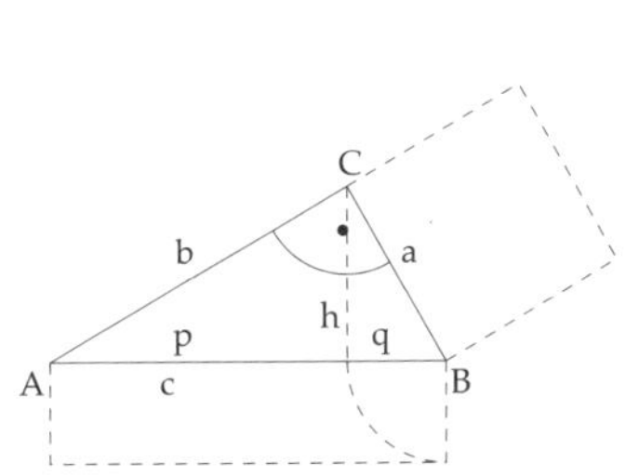

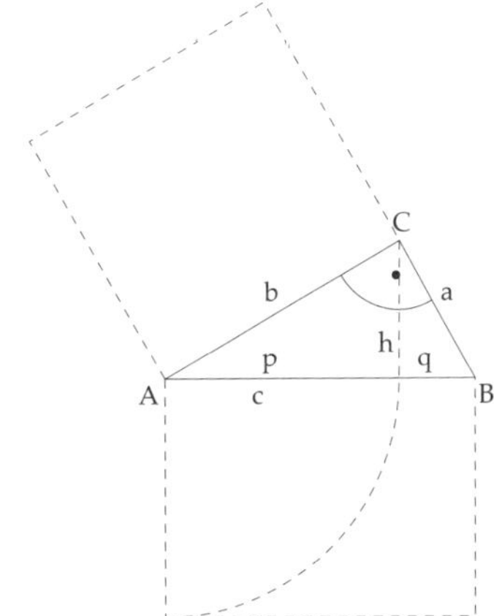

3. Höhensatz: Wie groß ist jeweils die Höhe h des Dreiecks ABC?

   a) $p = 3{,}2; q = 1{,}8$

   b) $p = 3{,}33; q = 2{,}67$

   c) $p = 4{,}17; q = 1{,}83$

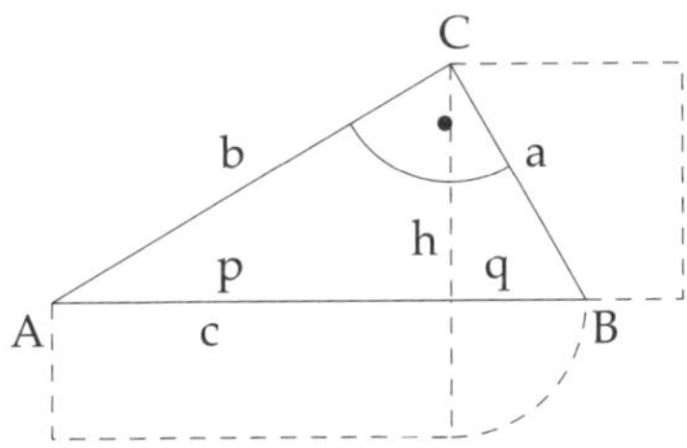

Lösungen

1. a) $c^2 = a^2 + b^2$

   $\Rightarrow c = \sqrt{25} = 5$

   b) $b^2 = c^2 - a^2$

   $\Rightarrow b = \sqrt{20} = 4,47$

   c) $a^2 = c^2 - b^2$

   $\Rightarrow a = \sqrt{11} = 3,32$

2. a) $p = \frac{b^2}{c} = 3{,}2$

   $q = c - p = 1{,}8$ q kann auch mit dem Kathetensatz bestimmt werden:

   $q = \frac{a^2}{c} = 1{,}8$

   b) $p = \frac{b^2}{c} = 3{,}33$

   $q = c - p = 2{,}67$

   c) $p = \frac{b^2}{c} = 4{,}17$

   $q = c - p = 1{,}83$

3. a) $h^2 = p \cdot q$

   $\Rightarrow h = \sqrt{p \cdot q} = 2{,}4$

   b) $h = 2{,}98$

   c) $h = 2{,}76$

10. Sinus- und Cosinussatz

Es gibt nur eine einzige Beziehung im Dreieck, die ausschließlich die Winkel betrifft: Der Winkelsummensatz (die Summe aller Winkel im Dreieck ist 180°). Alle anderen Beziehungen betreffen das Verhältnis zwischen Winkel und Seite:

1. Im rechtwinkligen Dreieck ist der 90°-Winkel automatisch mit berücksichtigt. Die Längenverhältnisse werden durch die Sätze von Pythagoras und Euklid beschrieben (vgl. S. 393).
2. Im rechtwinkligen Dreieck werden Winkel- und Seitenverhältnisse über die trigonometrischen Funktionen Sinus, Cosinus und Tangens beschrieben.
3. Im allgemeinen Dreieck werden die Zusammenhänge zwischen Seitenlängen und Winkel durch den Sinussatz und den Cosinussatz beschrieben.

In dem Kapitel Pythagoras und Euklid wurde der erste Punkt besprochen, der zweite und dritte Punkt sind Thema dieses Kapitels.

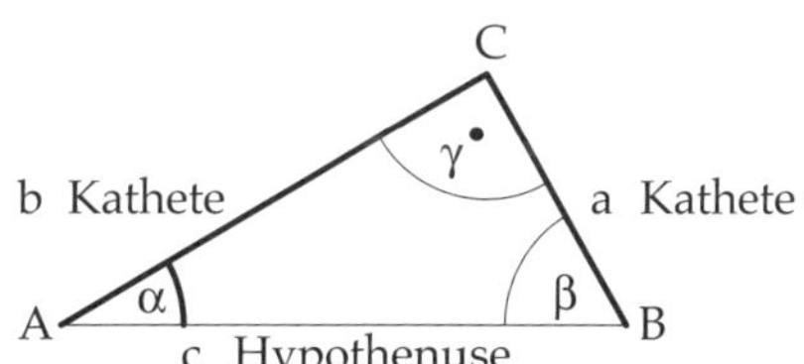

Die trigonometrischen Funktionen Sinus, Cosinus und Tangens werden hier nur angewendet. Die Grundlagen dazu sind im Analysis-Teil des Buches ausführlich dargestellt (vgl. S. 537).

Sinus, Cosinus und Tangens im rechtwinkligen Dreieck

Den Zusammenhang zwischen der Größe eines Winkels und der Größe (Länge) von je zwei Seiten im rechtwinkligen Dreieck liefern die drei trigonometrischen Funktionen $\sin(\alpha)$, $\cos(\alpha)$ und $\tan(\alpha)$:

10. Sinus- und Cosinussatz

Seiten	Funktion	Beschreibung	Abbildung
c, b	$\sin(\alpha) = \frac{\text{Gegenkathete}}{\text{Hypothenuse}} = \frac{a}{c}$	Der *Sinus* des Winkels ist das Verhältnis der Gegenkathete zur Hypothenuse	C, b, γ, a, A, α, β, B, c
b, c	$\cos(\alpha) = \frac{\text{Ankathete}}{\text{Hypothenuse}} = \frac{b}{c}$	Der *Cosinus* des Winkels ist das Verhältnis der Ankathete zur Hypothenuse	C, b, γ, a, A, α, β, B, c
a, b	$\tan(\alpha) = \frac{\text{Gegenkathete}}{\text{Ankathete}} = \frac{a}{b}$	Der *Tangens* des Winkels ist das Verhältnis der Gegenkathete zur Ankathete	C, b, γ, a, A, α, β, B, c

II. Geometrie

Die Winkelbeziehungen gelten natürlich auch für den Winkel β. Man muss dabei allerdings beachten, dass die *Ankathete* von α die *Gegenkathete* von β ist (und umgekehrt).

Anwendung:

Sinus, Cosinus und Tangens werden im Kapitel Trigonometrische Funktionen ausführlich besprochen (vgl. S. 537). Für die reine Anwendung reicht es zu wissen, wie die entsprechenden Funktionen (mit dem Taschenrechner) berechnet werden können. Folgende zwei Fälle können unterschieden werden:

Fall 1:

B

Bekannt sind: Winkel α = 60°, Seite c = 5

Gesucht ist: Seite b

$$\cos(\alpha) = \frac{b}{c} \quad | \cdot c \qquad \text{nach b auflösen}$$

$$c \cdot \cos(\alpha) = b$$

Zur Berechnung des konkreten Wertes für b muss der Taschenrechner verwendet werden: Man gibt den Wert für den Winkel ein, also 60. Dann drückt man auf die „cos"-Taste. Der angezeigte Wert ist 0,5. Dieser Wert ist der Cosinus des Winkels, also das Verhältnis der Seite b zur Seite c.

Dieser Wert wird nun noch mit der Länge der Seite c multipliziert. Das Ergebnis lautet also:

$b = 2{,}5.$

Fall 2:

B

Bekannt sind: Seite $c = 5$, Seite $b = 2{,}5$

Gesucht ist: Winkel α

$\cos(\alpha) = \frac{b}{c}$ | arccos

Man muss den Cosinus auflösen. Dazu verwendet man die Umkehrfunktion des Cosinus, den Arcus Cosinus.

$\alpha = \arccos\left(\frac{b}{c}\right)$

Auf der linken Seite heben sich Cosinus und Arcus Cosinus gegenseitig auf.

Zur Berechnung des konkreten Werts für α wird wieder der Taschenrechner verwendet. Man berechnet den Quotienten (Bruch):

$$\frac{b}{c} = \frac{2{,}5}{5}$$

Als Ergebnis erscheint in der Anzeige der Wert 0,5. Von diesem Wert muss nun der Arcus Cosinus genommen werden. Dazu tippt man einfach auf die Taste „arccos" oder „$\cos^{-1}$" (es ist nur eine von beiden vorhanden).

Achtung: Oft muss vorher noch die Taste „2nd" oder „Shift" oder „INV" gedrückt werden, damit man die richtige Funktion verwendet.

Dass man richtig gerechnet und getippt hat erkennt man daran, dass jetzt in der Anzeige 60 steht.

$$\alpha = 60°$$

Die Funktionenpaare sin und arcsin sowie tan und arctan werden genauso wie cos und arccos verwendet, nur eben mit anderen Seiten. Das Vorgehen für die Berechnungen ändert sich aber nicht.

Man braucht zur Berechnung nicht unbedingt zu verstehen, was die Funktionen Sinus, Cosinus und Tangens wirklich bedeuten, man muss sich lediglich die Anwendungstechnik merken. ABER: Dennoch sollte man sich selbstverständlich auch einmal eingehend mit diesen Funktionen beschäftigen (vgl. trigonometrische Funktionen, S. 537).

Sinus- und Cosinussatz im allgemeinen Dreieck

Berechnungen von Seiten und Winkeln sind im allgemeinen Dreieck nicht schwerer als im rechtwinkligen, man muss lediglich ein paar andere oder zusätzliche Rechenschritte durchführen. Als Werkzeuge stehen dazu der Sinus- und der Cosinussatz zur Verfügung. Diese beiden Sätze sind allgemein gültig, d.h. beide können auf jedes beliebige Dreieck angewendet werden. Die Abhängigkeit zwischen den Winkeln und der jeweils gegenüberliegenden Seite im Dreieck wird durch den *Sinussatz* wiedergegeben.

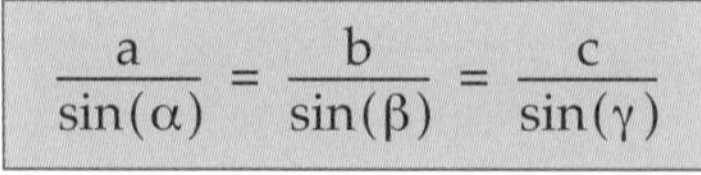

$$\frac{a}{\sin(\alpha)} = \frac{b}{\sin(\beta)} = \frac{c}{\sin(\gamma)}$$

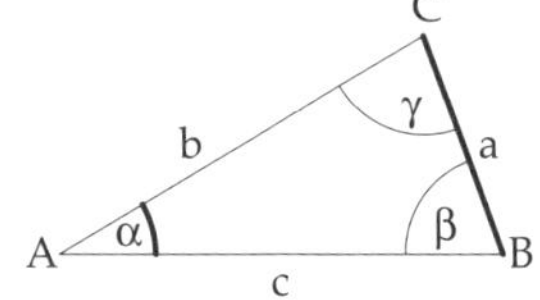

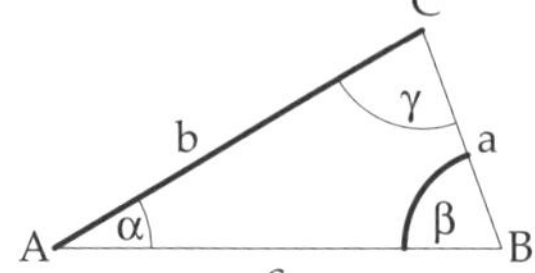

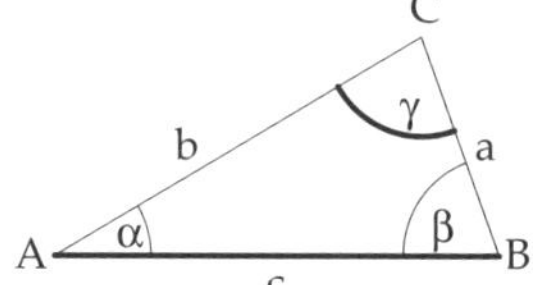

Der Sinussatz sagt aus:

In jedem Dreieck ist das Verhältnis aller Seitenlängen zu dem Sinus ihres jeweils gegenüberliegenden Winkels gleich.

Durch Umformung wird gezeigt:

Das Verhältnis von jeweils zwei Seitenlängen ist gleich dem Verhältnis der Größen des Sinus ihrer gegenüberliegenden Winkel.

Sinussatz	Umformung	nach Umformung
$\frac{a}{\sin(\alpha)} = \frac{b}{\sin(\beta)}$	$\mid \cdot \frac{\sin(\alpha)}{b}$	$\frac{a}{b} = \frac{\sin(\alpha)}{\sin(\beta)}$
$\frac{b}{\sin(\beta)} = \frac{c}{\sin(\gamma)}$	$\mid \cdot \frac{\sin(\beta)}{c}$	$\frac{b}{c} = \frac{\sin(\beta)}{\sin(\gamma)}$
$\frac{a}{\sin(\alpha)} = \frac{c}{\sin(\gamma)}$	$\mid \cdot \frac{\sin(\alpha)}{c}$	$\frac{a}{c} = \frac{\sin(\alpha)}{\sin(\gamma)}$

Anwendung des Sinussatzes:

Wie zu erkennen ist, werden im Sinussatz jeweils vier Größen ins Verhältnis zueinander gebracht. Wenn in einem beliebigen Dreieck drei von diesen vier Größen bekannt sind, kann die vierte Größe über eine der Formeln berechnet werden:

Bekannt sein müssen:
zwei Winkel und eine Seite, die einem dieser Winkel gegenüberliegt.

Berechnet werden kann dann:
die unbekannte Seite, die dem anderen bekannten Winkel gegenüberliegt.

Wenn nur die Seite zwischen den beiden Winkeln bekannt ist, dann berechnet man den dritten Winkel des Dreiecks über den Winkelsummensatz ($\alpha + \beta + \gamma = 180°$). Anschließend kann der Sinussatz wieder angewendet werden:

Bekannt sein müssen:
zwei Seiten und ein Winkel, der einer dieser Seiten gegenüberliegt, also jeder Winkel außer jenem zwischen den beiden Seiten.

Berechnet werden kann dann:
der unbekannte Winkel, welcher der anderen bekannten Seiten gegenüberliegt.

Wenn der Winkel zwischen den beiden Seiten bekannt ist, dann wendet man den Cosinussatz an.

Beim Cosinussatz liegt der Schwerpunkt auf den Seitenbeziehungen im Dreieck, wobei jeweils genau ein Winkel mit berücksichtigt wird (beim Sinussatz: 2 Seiten, 2 Winkel).

Wenn also zwei Seiten und deren Zwischenwinkel bekannt sind, dann wartet der *Cosinussatz* nur darauf, die dritte Seite berechnen zu dürfen:

$$c^2 = a^2 + b^2 - 2ab\cos(\gamma)$$

In Worten lautet der Cosinussatz:

Das Quadrat einer (unbekannten) Seite ist gleich der Summe der Quadrate der beiden (bekannten) Seiten minus dem Cosinus des Winkels, der gegenüber der unbekannten Seite liegt.

Dieser Zusammenhang gilt natürlich nicht nur für die Seite c, sondern für alle Seiten. Es ergeben sich drei Formeln, die im Grunde alle gleich sind. Es sind jeweils nur die Seiten und Winkel vertauscht:

$$c^2 = a^2 + b^2 - 2ab\cos(\gamma),$$
$$b^2 = c^2 + a^2 - 2ca\cos(\beta),$$
$$a^2 = b^2 + c^2 - 2bc\cos(\alpha).$$

Die erste Gleichung erinnert mit Recht sehr stark an den Satz des Pythagoras (vgl. S. 393). Wenn im rechtwinkligen Dreieck c die Hypothenuse ist, dann ist γ der 90°-Winkel und liegt c gegenüber.

Der Cosinus eines 90°-Winkels ist Null ($\cos(90°) = 0$). Die Gleichung reduziert sich also dann von $c^2 = a^2 + b^2 - 2ab \cos(\gamma)$ auf $c^2 = a^2 + b^2$.

Und das ist nichts anderes als der Satz des Pythagoras.

Anwendung des Cosinussatzes:

Der Cosinussatz kann immer dann angewendet werden, wenn in einem Dreieck zwei Seiten und ihr Zwischenwinkel bekannt sind. Die dritte Seite kann dann mit Hilfe einer der oben angegebenen Formeln berechnet werden.

Sollte statt des Zwischenwinkels ein anderer Winkel bekannt sein, kann man mit dem Sinussatz (vgl. S. 402) weiterarbeiten.

Aufgaben

1. Wie groß sind die unbekannten Winkel und Seiten des rechtwinkligen Dreiecks ABC?

   a) Bekannt: 1 Seite, 2 Winkel

   $|a| = 3$ $\alpha = 30°$ $\gamma = 90°$
   $|b| = ?$
   $|c| = ?$
   $\beta = ?$
   $h = ?$
   $p = ?$
   $q = ?$

   b) Bekannt: Hypothenusenabschnitte p, q

   $p = 9$ $q = 4$ $\gamma = 90°$
   $|a| = ?$
   $|b| = ?$
   $|c| = ?$
   $\alpha = ?$
   $\beta = ?$
   $h = ?$

   Die Höhe lässt sich über den Höhensatz berechnen ($h^2 = p \cdot q$)

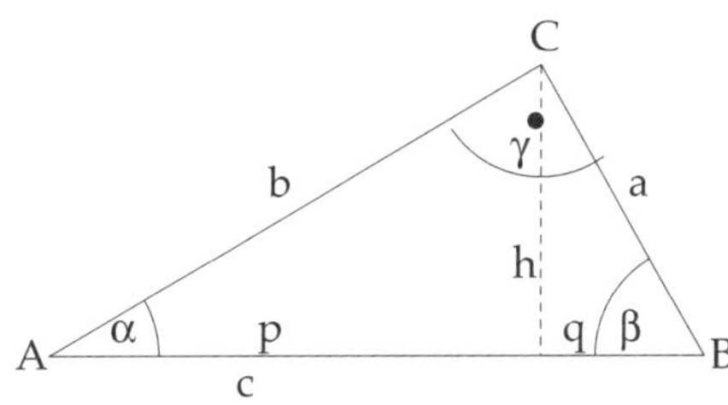

2. Wie groß sind die unbekannten Winkel und Seiten des Dreiecks ABC?

   Bekannt: 1 Seite, 2 Winkel

   a) $\alpha = 20°$ $\gamma = 120°$ $|c| = 6$
      $|a| = ?$
      $|b| = ?$
      $\beta = ?$

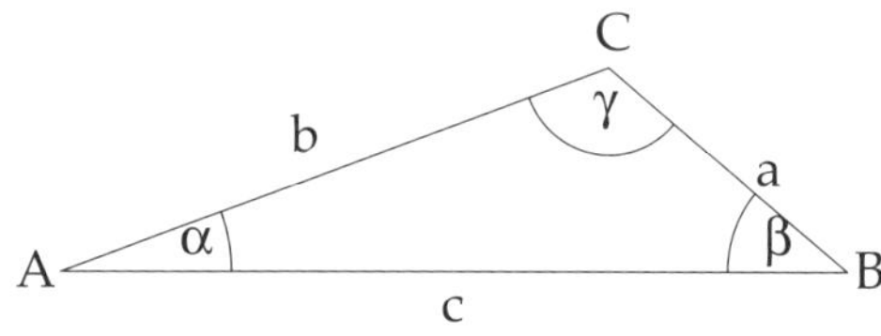

3. Wie groß sind die unbekannten Winkel und Seiten des Dreiecks ABC?

   a) Bekannt: 3 Seiten
      $|a| = 2{,}37$ $|b| = 4{,}45$ $|c| = 6;$
      $\alpha = ?$
      $\beta = ?$
      $\gamma = ?$

   b) Bekannt: 2 Seiten, 1 Zwischenwinkel
      $|a| = 2{,}37$ $|c| = 6$ $\beta = 40°$
      $|b| = ?$
      $\alpha = ?$
      $\gamma = ?$

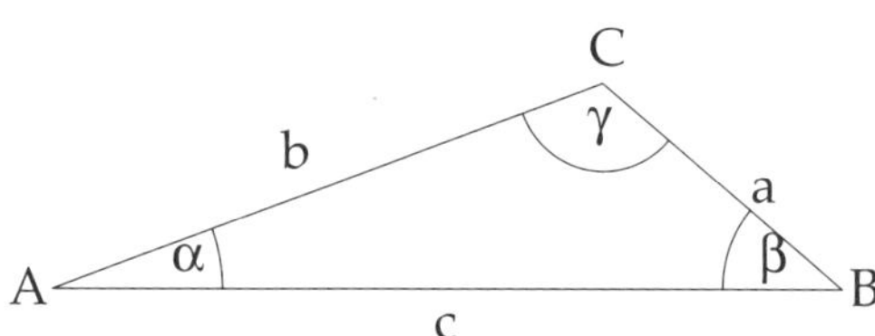

Lösungen

1. a) $\beta = 180° - \alpha - \gamma = 60°$

$$\sin(\alpha) = \frac{a}{c} \Rightarrow c = \frac{3}{\sin(30°)} = 6$$

$$\cos(\alpha) = \frac{b}{c} \Rightarrow b = c \cdot \cos(30°) = 5,2$$

$$\sin(\alpha) = \frac{h}{b} \Rightarrow h = 5,2 \cdot \sin(30°) = 2,6$$

$$\cos(\alpha) = \frac{p}{b} \Rightarrow p = 5,2 \cdot \cos(30°) = 4,5$$

$$\cos(\beta) = \frac{q}{a} \Rightarrow q = 3 \cdot \cos(60°) = 1,5$$

b) $c = p + q = 13$

$$h^2 = p \cdot q \Rightarrow h = \sqrt{9 \cdot 4} = 6$$

$$\tan(\alpha) = \frac{h}{p} \Rightarrow \alpha = \arctan\frac{6}{9} = 33,69°$$

$$\tan(\beta) = \frac{h}{q} \Rightarrow \beta = \arctan\frac{6}{4} = 56,31°$$

$$\sin(\alpha) = \frac{h}{b} \Rightarrow b = \frac{6}{\sin(33,69°)} = 10,82$$

$$\sin(\alpha) = \frac{a}{c} \Rightarrow a = 13 \cdot \sin(33,69°) = 7,21$$

2. $\alpha + \beta + \gamma = 180° \Rightarrow \beta = 180° - 20° - 120° = 40°$

$$\frac{a}{\sin(\alpha)} = \frac{c}{\sin(\gamma)} \Rightarrow a = 6 \cdot \frac{\sin(20°)}{\sin(120°)} = 2,37$$

$$\frac{b}{\sin(\beta)} = \frac{c}{\sin(\gamma)} \Rightarrow b = 6 \cdot \frac{\sin(40°)}{\sin(120°)} = 4,45$$

3. a) $c^2 = a^2 + b^2 - 2ab\cos(\gamma)$

$$\Rightarrow \gamma = \arccos\left(\frac{a^2 + b^2 - c^2}{2 \cdot a \cdot b}\right)$$

$$= \arccos\left(\frac{2,37^2 + 4,45^2 - 6^2}{2 \cdot 2,37 \cdot 4,45}\right) = 120,1°$$

$b^2 = c^2 + a^2 - 2ca\cos(\beta)$

$$\Rightarrow \beta = \arccos\left(\frac{6^2 + 2,37^2 - 4,45^2}{2 \cdot 6 \cdot 2,37}\right) = 39,91°$$

$a^2 = b^2 + c^2 - 2bc\cos(\alpha)$

$$\Rightarrow \alpha = \arccos\left(\frac{4,45^2 + 6^2 - 2,37^2}{2 \cdot 4,45 \cdot 6}\right) = 19,98°$$

Eigentlich hätten für die Winkel die gleichen Werte herauskommen müssen wie im Dreieck in der Aufgabe zum Sinussatz (Aufgabe 1). Die Unterschiede liegen daran, dass die Ergebnisse für die Seitenlängen in Aufgabe 1 gerundet und diese Werte hier übernommen wurden.

b) $b^2 = c^2 + a^2 - 2ca\cos(\beta)$

$$\Rightarrow b = \sqrt{6^2 + 2,37^2 - 2 \cdot 6 \cdot 2,37 \cdot \cos(40°)} = 4,45$$

$c^2 = a^2 + b^2 - 2ab\cos(\gamma)$

$$\Rightarrow \gamma = \arccos\left(\frac{2,37^2 + 4,45^2 - 6^2}{2 \cdot 2,37 \cdot 4,45}\right) = 120,1°$$

$a^2 = b^2 + c^2 - 2bc\cos(\alpha)$

$$\Rightarrow \alpha = \arccos\left(\frac{4,45^2 + 6^2 - 2,37^2}{2 \cdot 4,45 \cdot 6}\right) = 19,98°$$

Den zweiten Winkel berechnet man viel einfacher über den Sinussatz, z. B. $\frac{a}{\sin(\alpha)} = \frac{c}{\sin(\gamma)}$; den dritten Winkel berechnet man dann selbstverständlich über den Winkelsummensatz. Aber, und das wurde hier gezeigt: Es geht auch mit dem Cosinussatz!

11. Dreidimensionale Körper im Raum

In den bisherigen Kapiteln war die geometrische Welt auf Flächen begrenzt. Aber wie im richtigen Leben gibt es auch in der Geometrie eine dritte Dimension. Wenn man die beiden Dimensionen des Blatt Papiers als Länge und Breite bezeichnet, dann ist die dritte Dimension die Höhe. Ein Körper unterscheidet sich von flachen, ebenen Figuren genau dadurch, dass er eine Ausdehnung in jeder der drei Dimensionen Länge, Breite und Höhe hat, während die ebene Figur mit Länge und Breite nur zweidimensional ist.

Die wenigen wirklichen Neuigkeiten, die durch die Berücksichtigung der dritten Dimension entstehen, sind Inhalt dieses Kapitels. Am Beispiel der bekannten Körper wie Würfel, Zylinder usw. wird man erkennen, dass die Berechnungen nicht schwieriger werden, sondern nur etwas länger dauern (weil eine Dimension hinzugekommen ist). Man darf natürlich nicht übersehen, dass alle Regeln und Gesetze der ebenen Figuren, also z. B. der Drei- und Vierecke, nach wie vor gelten und angewendet werden müssen. Auf diese Regeln und Gesetze wird in den folgenden Erklärungen bei Bedarf hingewiesen, ohne nochmals detailliert darauf einzugehen.

Körpergrößen

Nun werden alle neuen Begriffe vorgestellt, die aus der Welt der ebenen Geometrie noch nicht bekannt sind. Auf die (bekannten) Größen der ebenen Geometrie wie Flächeninhalt, Länge einer Strecke usw. wird hier nicht eingegangen. Diese Begriffe wurden in den vorangehenden Kapiteln ausführlich besprochen.

Die *Grundfläche* ist die Fläche, auf die man den Körper stellen kann, ohne dass er umfällt.

Kommen verschiedene Flächen als Grundfläche in Betracht, dann kann prinzipiell jede dieser Flächen zur Grundfläche erklärt werden.

Die Fläche, die der Grundfläche gegenüberliegt, ist die *Deckfläche*. Falls Grund- und Deckfläche zueinander parallel sind, ist der Abstand der beiden Flächen die Höhe.

Tipp: Die (richtige) Wahl der Grundfläche (und damit gleichzeitig auch der dazugehörigen Höhe) ist wichtig für die Berechnung des Volumens. Falls der Körper zwei parallele Flächen hat, sollten diese immer als Grund- und Deckfläche betrachtet werden (die größere ist dann Grundfläche).

Die Summe der Begrenzungsflächen eines Körpers ist seine *Oberfläche.*

Die gesamte Oberfläche ohne Grund- und Deckfläche ergibt die *Mantelfläche.* Da es außer Grund- und Deckflächen im Körper sonst nur noch Seitenflächen gibt, ist die Mantelfläche also die Summe aller *Seitenflächen.*

Jeder Körper wird durch eine oder mehrere runde und/oder ebene Flächen begrenzt. Diese Flächen sind Seitenflächen, Boden- oder Deckfläche, oder allgemein: *Begrenzungsflächen.*

Ein Mensch-ärgere-Dich-nicht-Würfel hat beispielsweise sechs ebene Flächen als Begrenzungsflächen, eine Konservendose zwei ebene und eine runde. Für die ebenen Flächen gelten natürlich die Regeln und Gesetze der jeweiligen ebenen Figur aus den vorangegangenen Kapiteln (Winkelbeziehungen, Flächeninhalte, usw.).

Wo zwei Begrenzungsflächen aufeinander stoßen entsteht eine *Kante.* An diesen Kanten kann der *(Flächen-) Winkel* bestimmt werden, unter dem die beiden Flächen sich schneiden bzw. aufeinander treffen.

Wie bei dem Schnittwinkel an Geradenkreuzungen wird auch bei Flächen immer der nicht stumpfe Winkel als Schnittwinkel bezeichnet.

Wo sich drei oder mehr Kanten schneiden (aufeinander stoßen), entstehen *Ecken* bzw. *Eckpunkte.*

Wenn der Körper nur aus ebenen Flächen besteht, reicht die Angabe aller Eckpunkte aus, um den Körper zeichnen bzw. konstruieren zu können.

Alle Verbindungslinien zwischen zwei Eckpunkten, die nicht auf der Oberfläche verlaufen, sind *Raumdiagonalen.* Davon abgesehen, dass eine Raumdiagonale quer durch das Körperinnere verläuft, unterscheidet sie sich nicht von einer normalen (Flächen-) Diagonalen.

Die Berechnung der Länge solcher Raumdiagonalen ist eine interessante Aufgabe, weil dazu mindestens drei Kanten berücksichtigt werden müssen.

Die Menge an Milch oder Wasser, die man benötigt, um einen Körper zu füllen, ist sein *Volumen*. Die Basiseinheiten für Volumen sind die (abstrakten) Volumeneinheiten (VE), oder konkret *Liter* (l) bzw. *Kubikmeter* (m^3).

Stellt man sich einen Stapel Zeitungen oder Bücher vor, so nimmt der gesamte Stapel ein bestimmtes Volumen ein. Dieses Volumen bleibt gleich, egal ob die Bücher gerade oder etwas schief aufeinander liegen. Dies ist ein wichtiger Aspekt bei der Berechnung des Volumens. Das Volumen der meisten Körper ist also von deren Grundfläche und Höhe abhängig, sowie ihrer prinzipiellen Form (z. B. Zylinder oder Kegel). Ob der Körper verschoben ist oder nicht, ist dabei egal.

Die Umrechnungsfaktoren für Volumeneinheiten vergisst man leicht. Dies führt immer wieder zu Problemen, wenn z. B. im Kochbuch 1/8 Liter empfohlen wird, der Messbecher aber nur Auskunft in cm^3 (auch: ccm, *Kubikzentimeter*) gibt. Für die Umrechnung gilt: 1 Liter $= 1000\ cm^3$, $1\ cm^3 = \frac{1}{1000}\ l$.

Berechnungen am Körper

Die charakteristischen Größen eines Körpers, die man benötigt um ihn zu konstruieren oder zu zeichnen, sind seine *Bestimmungsgrößen*. Wenn diese Bestimmungsgrößen bekannt sind, lassen sich alle weiteren Größen aus ihnen berechnen. In den folgenden Abschnitten werden für die wichtigsten Körper die Bestimmungsgrößen angegeben. Weiterhin wird dabei besprochen, welche Begrenzungsflächen der Körper besitzt (z. B. Quadrate, Rechtecke oder rechtwinklige Dreiecke), wie man seine Oberfläche und die Raumdiagonalen berechnen kann und welches Volumen er besitzt.

Für einen Würfel ist die Angabe einer einzigen Bestimmungsgröße ausreichend: Die Kantenlänge. Sie bestimmt den Würfel eindeutig. Natürlich könnten auch andere Größen, z. B. sein Volumen, die Oberfläche oder der Flächeninhalt einer Seitenfläche angegeben werden. Auch damit ist der Würfel eindeutig bestimmt. Diese Größen lassen sich aber aus der Bestimmungsgröße ableiten und sind komplizierter, weil sie aus Berechnungen entstanden sind.

Im Normalfall werden daher nur die Bestimmungsgrößen angegeben.

Polyeder

Der allgemeine Name für alle Körper, die von geraden, ebenen Flächen begrenzt werden, ist *Polyeder*. In diesem Abschnitt wird zunächst der allgemeinste Fall, das Prisma, vorgestellt und anschließend aufgezeigt, welche zusätzlichen Bedingungen Quader, Würfel und Pyramiden erfüllen müssen.

Prisma

Nur eine einzige Bedingung muss ein Körper erfüllen, damit er ein *Prisma* ist: Seine Grund- und Deckfläche müssen kongruente n-Ecke sein.

Als Folge davon sind die Seitenflächen allesamt Parallelogramme.

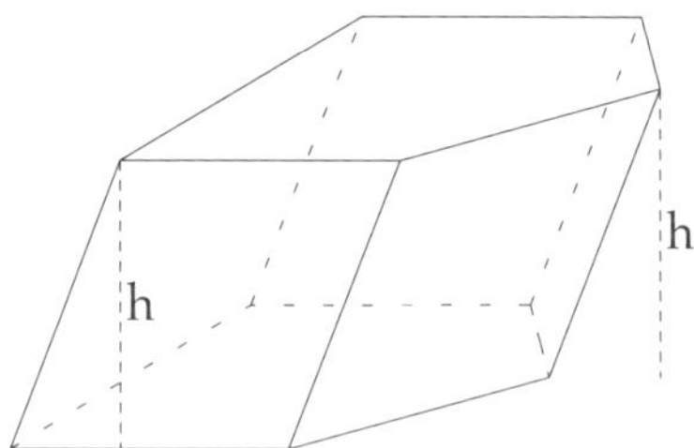

Gerades Prisma, reguläres Prisma

Wenn die Seitenflächen des Prismas senkrecht auf seiner Grundfläche stehen, handelt es sich um ein gerades Prisma.

Ist die Grundfläche (eines geraden Prismas) zusätzlich ein regelmäßiges n-Eck, dann handelt es sich um ein reguläres Prisma.

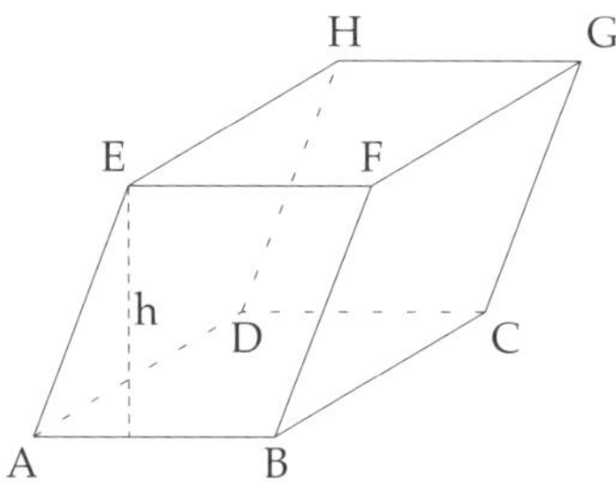

Aus dem Physikunterricht sind Prismen mit dreieckiger Grundfläche bekannt: Sie werden zur Brechung des Lichts verwendet. Ein dreiseitiges Prisma aus Glas zerlegt wegen seiner Körperform normales Lampen- oder Sonnenlicht in die Regenbogenfarben (bzw. die Spektralanteile der jeweiligen Lichtquelle).

Bestimmungsgrößen	Grundfläche G, Höhe h Relative Lage der Deckfläche bezüglich der Grundfläche
Grundfläche	Die Grundfläche G ist ein n-Eck (vgl. Umfang und Flächeninhalt von Vielecken, S. 326).
Deckfläche	Die Deckfläche D ist ein n-Eck, welches zur Grundfläche kongruent (deckungsgleich) ist.
Seitenflächen	Jede Seitenfläche ist ein Parallelogramm. Bei einem n-Eck als Grundfläche hat das Prisma auch n Seitenflächen.
Oberfläche	Summe der Parallelogramme plus Grundfläche G plus Deckfläche D
Volumen	Grundfläche mal Höhe: $V = G \cdot h$ Die Grundfläche ist dabei eine der beiden einander gegenüberliegenden kongruenten Seiten. Die Höhe ist der Abstand der beiden Seiten.

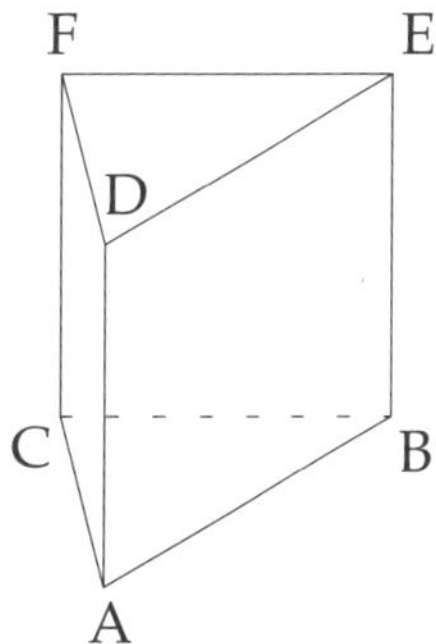

Quader

Ein gerades Prisma, dessen Grund- und Deckflächen Rechtecke sind, wird *Quader* genannt.

Man ist täglich umgeben (im wahrsten Sinne des Wortes) von Quadern: Die meisten Zimmer eines Hauses sind Quader. Sie werden begrenzt von Fußboden, Decke (Grund- und Deckseite) und vier rechteckigen Wänden (Seitenflächen), von denen jeweils die beiden gegenüberliegenden kongruent (deckungsgleich) und parallel sind.

Sowohl zwischen den Seitenflächen als auch zwischen den Kanten des Quaders betragen alle Winkel 90°.

Bestimmungsgrößen	Kantenlängen a, b, c
Grundfläche	$G = a \cdot b$
Deckfläche	$D = G = a \cdot b$
Oberfläche	Zwei Seitenflächen $a \cdot c$, zwei Seitenflächen $b \cdot c$, Grund- und Deckfläche $a \cdot b$ $O = 2 \cdot a \cdot c + 2 \cdot b \cdot c + 2 \cdot a \cdot b = 2(a \cdot c + b \cdot c + a \cdot b)$
Flächenschnittwinkel	Alle Flächen schneiden sich im rechten Winkel.
Raumdiagonalen	Alle Raumdiagonalen sind gleich lang: $d = \sqrt{a^2 + b^2 + c^2}$
Volumen	Grundfläche mal Höhe: $V = a \cdot b \cdot c$ Jede beliebige Seitenfläche kann Grundfläche sein. Die dazugehörige Höhe ist dann der Abstand zur gegenüberliegenden Seitenfläche.

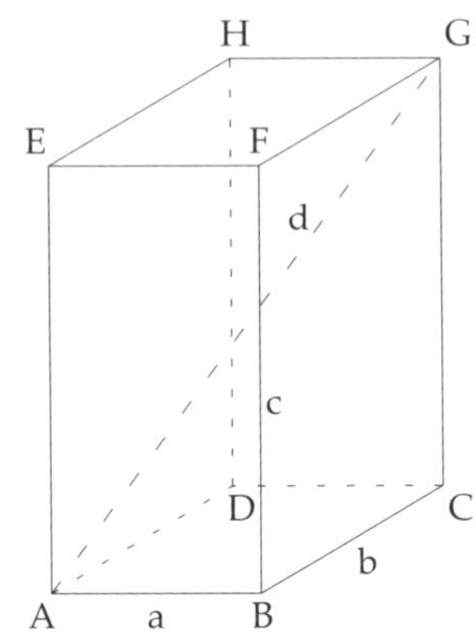

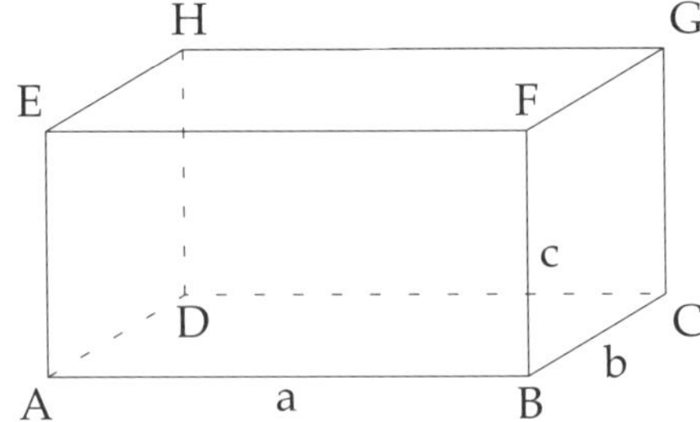

Würfel

Ein *Würfel* verhält sich zum Quader in etwa wie ein Quadrat zum Rechteck: Der Würfel ist ein Quader, der von sechs kongruenten (deckungsgleichen) Quadraten begrenzt wird. Alle Kanten haben die gleiche Länge.

Einander gegenüberliegende Flächen sind parallel.

Bestimmungsgrößen	Kantenlänge a
Grundfläche	$G = a \cdot a = a^2$
Deckfläche	$D = G = a \cdot a = a^2$
Oberfläche	Sechs kongruente Flächen $a \cdot a = a^2$ $O = 2 \cdot a \cdot a + 2 \cdot a \cdot a + 2 \cdot a \cdot a$ $= 6a^2$
Flächenschnittwinkel	Alle Flächen schneiden sich im rechten Winkel (90°)
Raumdiagonalen	Alle Raumdiagonalen sind gleich lang: $d = \sqrt{a^2 + a^2 + a^2} = a\sqrt{3}$
Volumen	Grundfläche mal Höhe: $V = a \cdot a \cdot a = a^3$

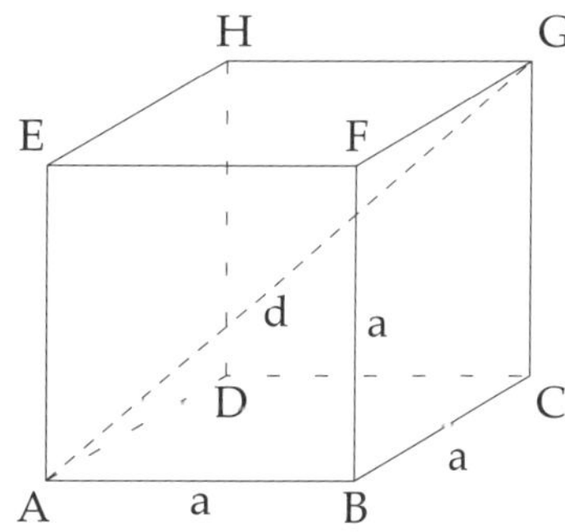

Pyramide

Vierseitige *Pyramiden* waren bereits vor 4000 Jahren die bevorzugten Ruhestätten der Pharaonen. Sie sind als Bauwerke genauso bekannt wie geheimnisumwittert. Eher weniger bekannt ist die Tatsache, dass Pyramiden eine beliebige Grundfläche besitzen können. Man spricht dann von einer *n-seitigen Pyramide*, wobei n eine beliebige natürliche Zahl größer Drei ist.

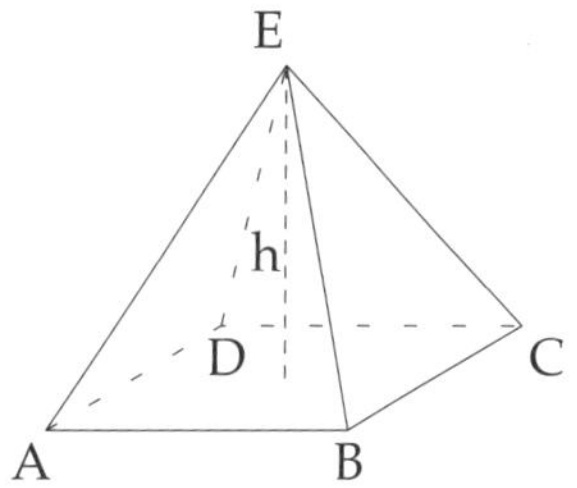

11. Dreidimensionale Körper im Raum

Das Volumen einer Pyramide hängt lediglich von ihrer Grundfläche (G) und der Höhe (h) ab. Für die Berechnung der Oberfläche müssen zuvor die Grundfläche sowie alle dreieckigen Seitenflächen berechnet werden.

Reguläre Pyramiden

In den meisten Aufgaben werden Pyramiden berechnet, die ein regelmäßiges Vieleck als Grundfläche haben (d.h. alle Seiten der Grundfläche sind gleich lang) und deren Spitze über dem Mittelpunkt der Grundfläche liegt.

In diesem Fall wird die Pyramide reguläre Pyramide genannt.

Dann sind die Seitenflächen kongruente, gleichschenklige Dreiecke (was die Berechnungen erheblich verkürzt).

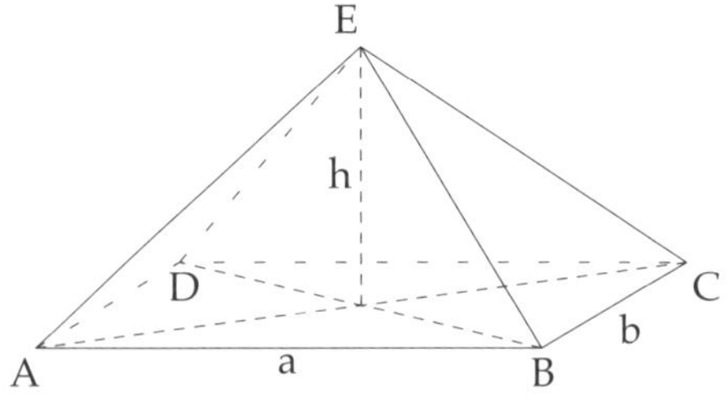

Bestimmungsgrößen	Grundfläche G, Höhe h
Grundfläche	Die Grundfläche G ist ein n-Eck
Seitenflächen	Reguläre Pyramide: n gleichschenklige Dreiecke
Oberfläche	Summe der Dreieckflächen plus Grundfläche
Volumen	Ein Drittel mal Grundfläche mal Höhe: $V = \frac{1}{3} \cdot G \cdot h$

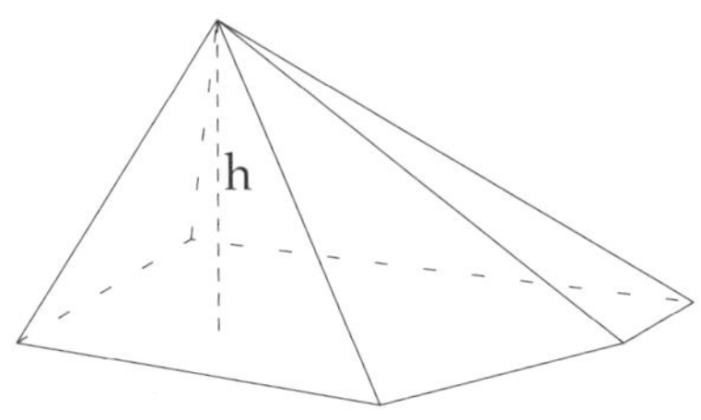

Pyramidenstumpf

Von einer Pyramide, deren Spitze abgeschnitten wurde, bleibt ein *Pyramidenstumpf* übrig. Im Gegensatz zur Pyramide hat der Pyramidenstumpf zusätzlich eine Deckfläche.

Bestimmungsgrößen	Grundfläche G, Höhe h, Deckfläche D, relative Lage der Deckfläche bezüglich der Grundfläche
Grundfläche	Die Grundfläche (hier Rechteck ABCD) ist ein n-Eck.
Seitenflächen	Regulärer Pyramidenstumpf: n gleichschenklige Trapeze Sonst: Allgemeine Trapeze
Deckfläche	Die Deckfläche (hier Rechteck EFGH) ist ein n-Eck, das zur Grundfläche ähnlich ist. Eine allgemeine Berechnungsformel kann nicht angegeben werden.
Oberfläche	Summe aller Trapezflächen (Seitenflächen) plus Grundfläche plus Deckfläche
Volumen	Möglichkeit 1: Volumen der gesamten Pyramide minus Volumen der Pyramidenspitze Möglichkeit 2 (Formel): $V = \frac{h}{3} \cdot (G + D + \sqrt{G \cdot H})$

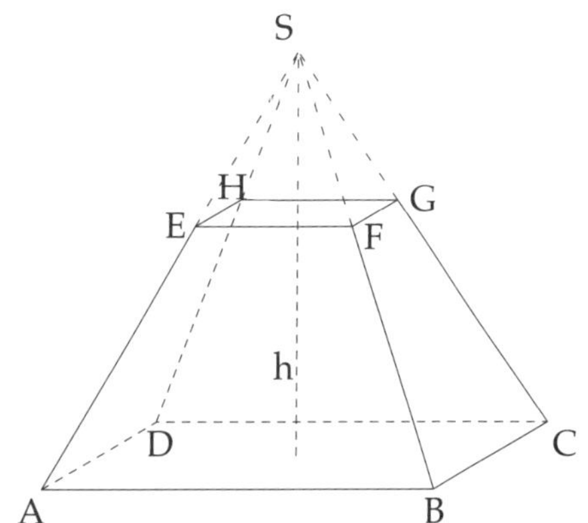

Tetraeder

Der *Tetraeder* ist ein Spezialfall der Pyramide: Die Grundfläche ist ein Dreieck, die Seitenflächen sind (wie bei allen Pyramiden) ebenso Dreiecke. Der Tetraeder hat also als Seitenflächen vier Dreiecke.

Volumen und Oberfläche des Tetraeders werden genau wie bei der Pyramide berechnet:

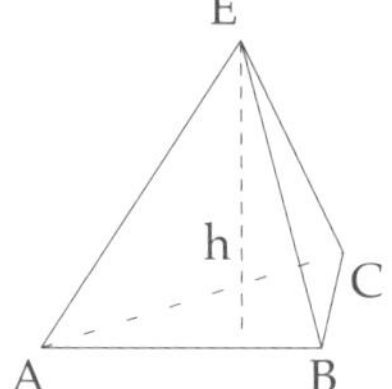

Volumen ist ein Drittel mal Grundfläche mal Höhe:

$$V = \frac{1}{3} \cdot G \cdot h$$

Die Oberfläche ist die Summe der vier Dreiecke.

Körper mit gekrümmten Flächen

Neben Körpern, die von ebenen Flächen begrenzt werden (Polyeder), gibt es auch einige, deren Seitenflächen gekrümmt sind.

Die wichtigsten dieser Körper (Zylinder, Kegel und Kugel) werden im folgenden Abschnitt besprochen, wobei jeweils der Bezug zu dem Polyeder hergestellt wird, der jeweils am ähnlichsten ist.

Gerader Kreiszylinder

Die Form eines geraden *Kreiszylinders* erinnert an eine Konservendose. Grund- und Deckfläche sind kongruente, parallele Kreisflächen. Entfernt man von der Konservendose Boden und Deckel, und biegt die Seitenfläche gerade, dann erhält man ein Rechteck.

Eine Seite des Rechtecks hat die Länge des Kreisumfangs, die andere entspricht der Höhe des *Zylinders*. Dies ist die Mantelfläche des *geraden Kreiszylinders*.

Der Kreiszylinder entspricht am ehesten dem Prisma: Ein Prisma, dessen Grundfläche unendlich viele Ecken hat, ist ein Kreiszylinder.

Beim allgemeinen Zylinder müssen Boden- und Deckflächen nicht kreisförmig sein, aber dennoch rund (z. B. ellipsenförmig). Außerdem sind sie ebenfalls kongruent und parallel, können aber gegeneinander verschoben sein.

Bestimmungsgrößen	Radius r der Grund- und der Deckfläche Höhe h
Grundfläche	$G = \pi \cdot r^2$
Deckfläche	$D = G = \pi \cdot r^2$
Mantelfläche	$M = 2 \cdot \pi \cdot r \cdot h$
Oberfläche	Zwei mal Grund- (Kreis-) Fläche plus Mantel: $O = 2 \cdot \pi \cdot r^2 + 2 \cdot \pi \cdot r \cdot h$ $= 2 \cdot \pi \cdot r \cdot (r + h)$
Flächenschnittwinkel	Der Winkel zwischen Mantelfläche und Grundfläche sowie Mantelfläche und Deckfläche beträgt 90°
Volumen	Grundfläche mal Höhe: $V = \pi \cdot r^2 \cdot h$

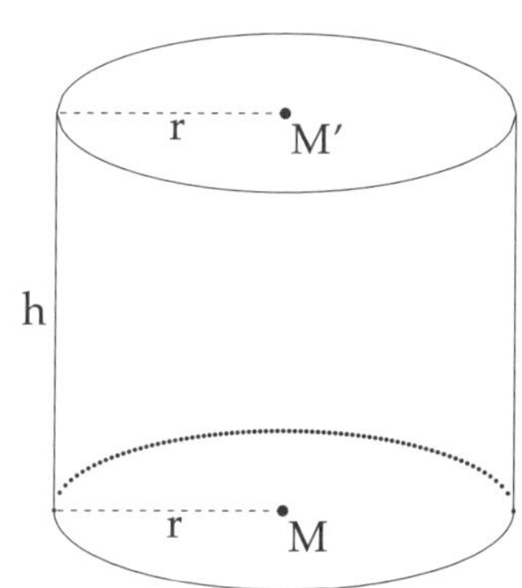

Gerader Kreiskegel

Der *gerade Kreiskegel* hat als Grundfläche einen Kreis. Statt einer Deckfläche hat er einen einzigen Punkt S als Spitze. Diese Spitze liegt über dem Mittelpunkt des Grundflächenkreises.

Die Verbindungslinie zwischen einem beliebigen Punkt des Grundflächenkreises (Kreislinie) und der *Kegelspitze* wird Mantellinie genannt.

Der *Kreiskegel* entspricht am ehesten der Pyramide: Eine Pyramide, deren Grundfläche unendlich viele Ecken hat, ist ein Kreiskegel.

Kreiskegel findet man des öfteren an Straßenbaustellen zur Verkehrsführung (rot-weiß gestreifte Kegelhütchen).

Bestimmungsgrößen	Radius r der Grundfläche Höhe h
Mantellinlie	$l = \sqrt{h^2 + r^2}$ (vgl. S. 393)
Grundfläche	$A_G = \pi \cdot r^2$
Mantelfläche	$A_M = \pi \cdot r \cdot l = \pi \cdot r \cdot \sqrt{h^2 + r^2}$
Oberfläche	Die Oberfläche setzt sich aus der Grund- und der Mantelfläche zusammen. $O = \pi \cdot r \cdot (r + l)$
Flächenschnittwinkel	$\tan(\alpha) = \frac{h}{r} \Rightarrow \alpha = \arctan\left(\frac{h}{r}\right)$
Volumen	Ein Drittel mal Grundfläche mal Höhe: $V = \frac{1}{3}\pi \cdot r^2 \cdot h$

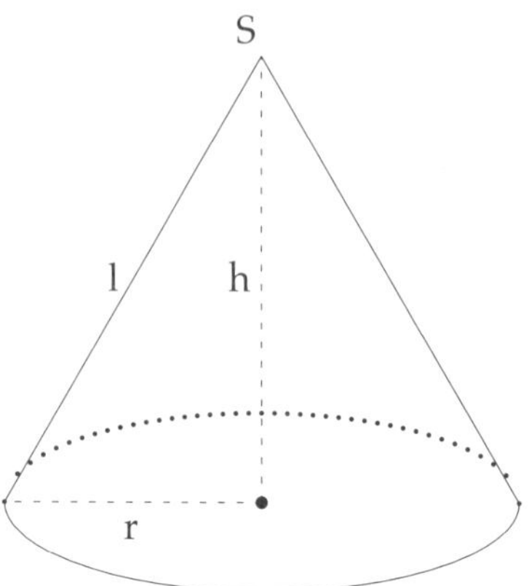

Gerader Kreiskegelstumpf

Von einem (geraden) Kegel, dessen Spitze abgeschnitten wurde bleibt ein (gerader) *Kegelstumpf* übrig.

Der *Kreiskegelstumpf* entspricht am ehesten dem Pyramidenstumpf: Ein Pyramidenstumpf, dessen Grundfläche unendlich viele Ecken hat, ist ein Kreiskegelstumpf.

Bestimmungsgrößen	Radius R der Grundfläche, Radius r der Deckfläche, Höhe h
Mantellinie	$l = \sqrt{h^2 + (R - r)^2}$ (Satz des Pythagoras, vgl. S. 393)
Höhe des Originalkegels	$H = [MS] = h + \frac{h \cdot r}{R - r}$
Grundfläche	$G = \pi \cdot R^2$

Mantelfläche	$M = \pi \cdot l \cdot (R + r)$
Deckfläche	$D = \pi \cdot r^2$ (obere Kreisfläche)
Oberfläche	Die Oberfläche setzt sich aus den beiden Kreisen und der Mantelfläche zusammen. $O = \pi \cdot r^2 + \pi \cdot R^2 + \pi \cdot (R + r) \cdot l$ $= \pi \cdot r \cdot (r + l) + \pi \cdot R \cdot (R + l)$
Flächenschnitt-winkel	$\tan(\alpha) = \frac{H}{R} \Rightarrow \alpha = \arctan\left(\frac{H}{R}\right)$ mit: $H = h + \frac{h \cdot r}{R - r}$
Volumen	$V = \frac{\pi \cdot h}{3} \cdot (R^2 + R \cdot r + r^2)$

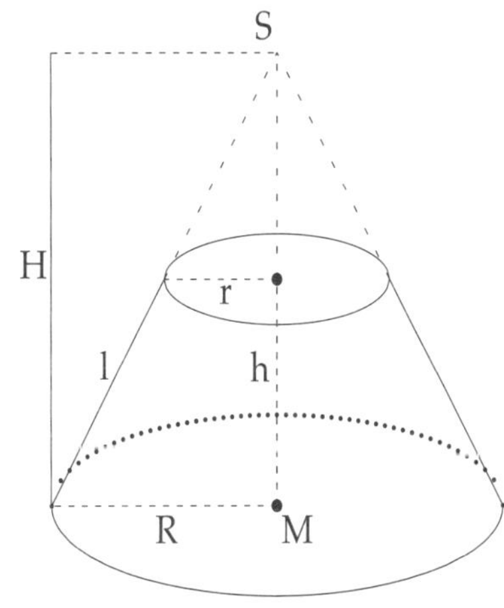

Kugel

Die *Kugel* wird durch eine einzige gekrümmte Fläche begrenzt.

Sie ist die vollkommenste Form unter den Körpern. Kein anderer Körper hat bei gleicher Oberfläche mehr Volumen, bei keinem anderen Körper wird Druck gleichmäßiger auf der Oberfläche verteilt.

Oberfläche und Volumen sind nur vom Radius abhängig. Zur Berechnung benötigt man die irrationale Kreiszahl π (*Pi*, Wert ca. 3,14, vgl. S. 113).

Bestimmungs-größen	Radius r
Oberfläche	$O = 4 \cdot \pi \cdot r^2$
Volumen	$V = \frac{4}{3} \cdot \pi \cdot r^3$

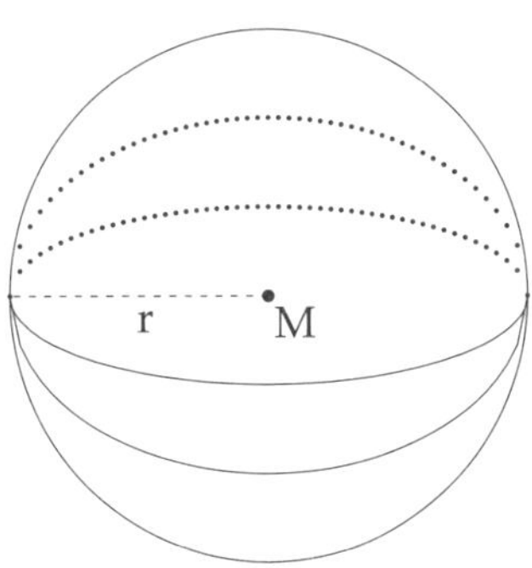

II. Geometrie

Aufgaben

1. Man berechne für das Prisma ABCEFG

   a) die Grundfläche G des rechtwinkligen Dreiecks ABC

   b) die Seitenflächen S1 und S2 der Rechtecke ABFE und BCGF

   c) die Länge der Kante AC

   d) die Seitenflächen S3 des Rechtecks ACGE

   e) die Oberfläche O

   f) das Volumen V

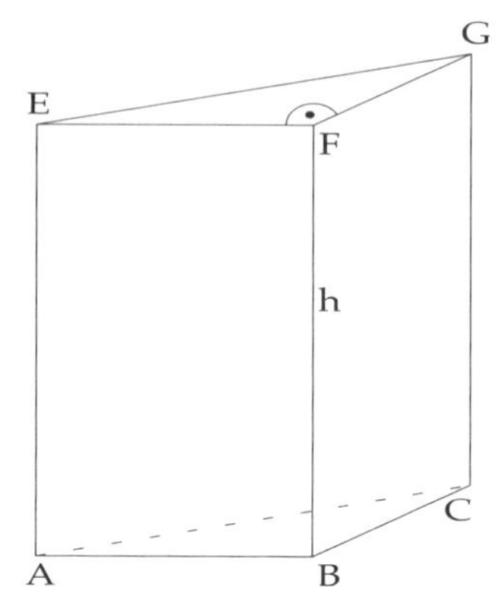

   Bekannt: [AB] = 2
   [BC] = 2
   ∢ ABC = 90°
   h = 4

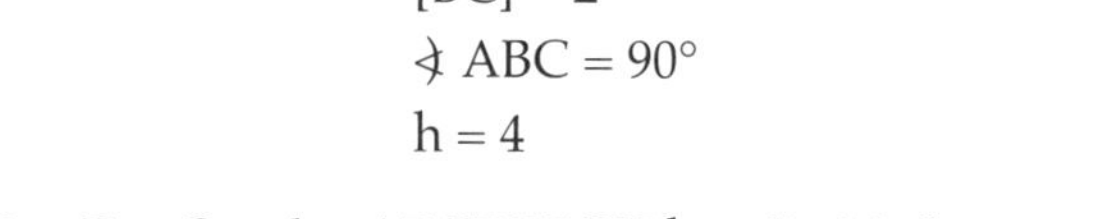

2. Der Quader ABCDEFGH hat die Maße eines Zimmers. Davon berechne man

   a) die Größe W1 und W2 der Wandflächen ABFE und BCGF

   b) die Größe G der Bodenfläche ABCD

   c) die gesamte Oberfläche O (Wände, Boden und Decke)

   d) den Rauminhalt (Volumen)

   Bekannt: Breite a = [AB] = 4 m
   Länge b = [BC] = 6 m
   Höhe c = [BF] = 2,5 m

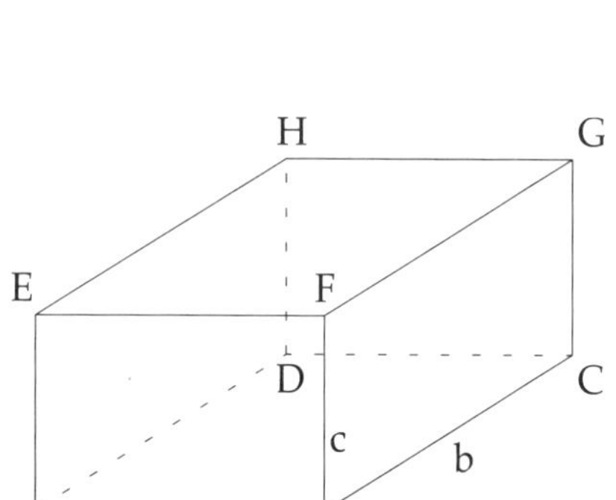

3. Man berechne die Länge aller Raumdiagonalen d

   a) des Würfels

   b) des Quaders

   Bekannt: Würfel:
   $a = 1$

   Quader:
   $a = 1{,}5$
   $b = 1$
   $c = 2$

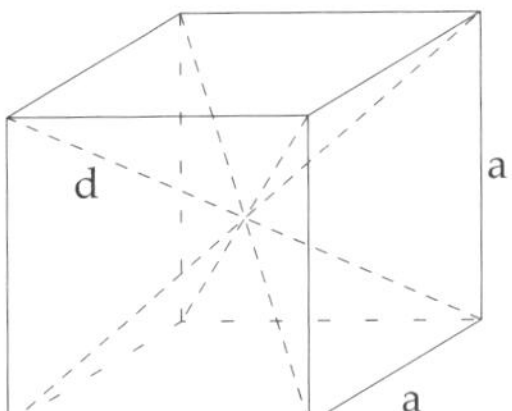

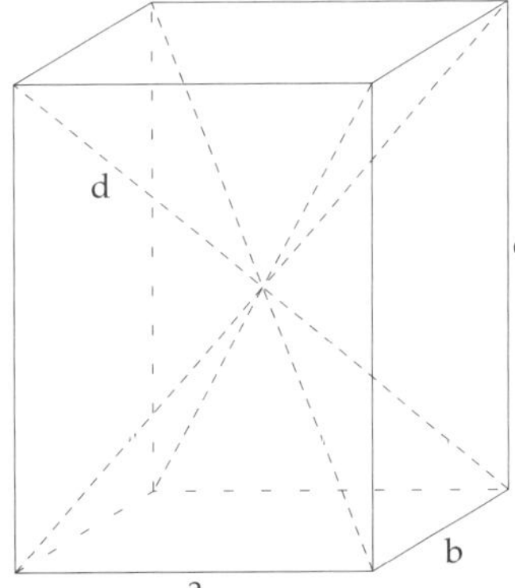

4. Eines der Weltwunder ist die Cheops-Pyramide in Ägypten in der Nähe von Kairo.

   a) Um welchen Dreiecktyp handelt es sich bei den Seitenflächen der Pyramide?

   Nun soll mit den angegebenen Werten berechnet werden:

   b) die quadratische Grundfläche G

   c) die Höhe [MS] der dreieckigen Seitenflächen

   d) die Größe S einer Seitenfläche

   e) die gesamte Oberfläche O der Pyramide

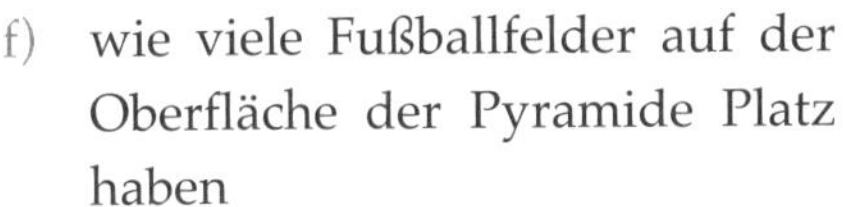

   f) wie viele Fußballfelder auf der Oberfläche der Pyramide Platz haben

   g) das Volumen V der Pyramide

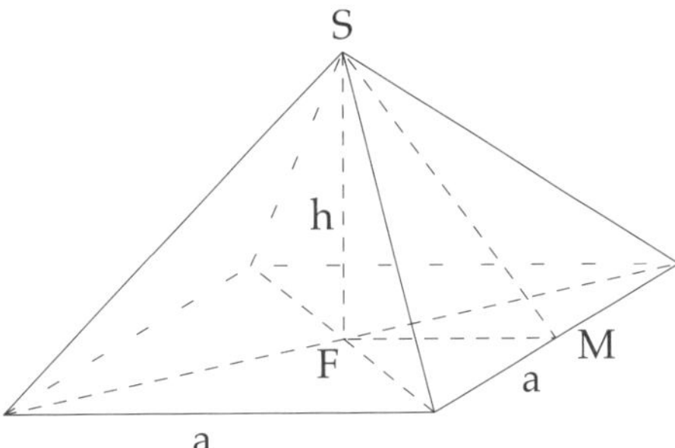

Bekannt: Grundfläche: quadratisch
$a = 227$ m $[FM] = 0{,}5 \cdot a$ $h = [FS] = 146$ m
Größe eines Fußballfeldes: $105 \text{ m} \cdot 70 \text{ m} = 7350 \text{ m}^2$

5. Die Cheops-Pyramide aus der vorangegangenen Aufgabe wird nun auf halber Höhe abgeschnitten. Der untere Teil ist ein Pyramidenstumpf.

   a) Welcher Figur entsprechen die Seitenflächen des Pyramidenstumpfes?

   Man berechne mit den angegebenen Werten

   b) die Höhe [MM'] der Seitenflächen (Tipp: vgl. zentrische Streckung. S. 386)

   c) die Seitenlänge s der Deckfläche

   d) die Größe A_s einer Seitenfläche

   e) die Größe D der Deckfläche des Pyramidenstumpfes

   f) die gesamte Oberfläche O des Pyramidenstumpfes

   g) das Volumen V des Pyramidenstumpfes

   Bekannt: quadratische Grundfläche

   $G = 51529 \text{ m}^2$
   $a = 227 \text{ m}$
   $[FM] = 0{,}5 \cdot a$
   $[FS] = 146 \text{ m}$
   $[MS] = 184{,}93 \text{ m}$
   $h = [FF'] = 0{,}5 \cdot 146 \text{ m} = 73 \text{ m}$

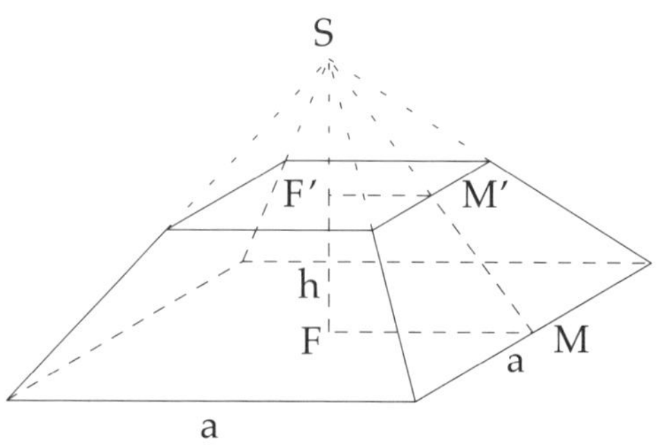

6. Die Säule eines Tempels aus der Antike hat die unten angegebenen Maße. Sie soll restauriert werden.
Man berechne

a) ihren Radius r
b) ihre Grundfläche G
c) ihre Mantelfläche M
d) ihre gesamte Oberfläche O
e) ihr Volumen V

Bekannt: h = 8 m
d = 2 m

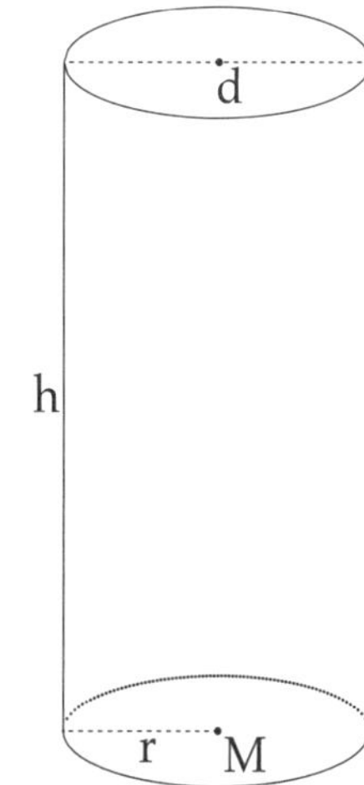

7. Eine Schokoladentorte soll mit einem geraden Kreiskegel aus Marzipan dekoriert werden.
Man berechne für die angegebenen Werte

a) die Grundfläche G
b) die benötigte Marzipanmenge in Liter (Volumen V)
c) die Länge l der Mantellinie
d) die Größe M der Mantelfläche (für zusätzliche Dekoration)
e) die gesamte Oberfläche O

Bekannt: h = 5 cm
r = 2 cm

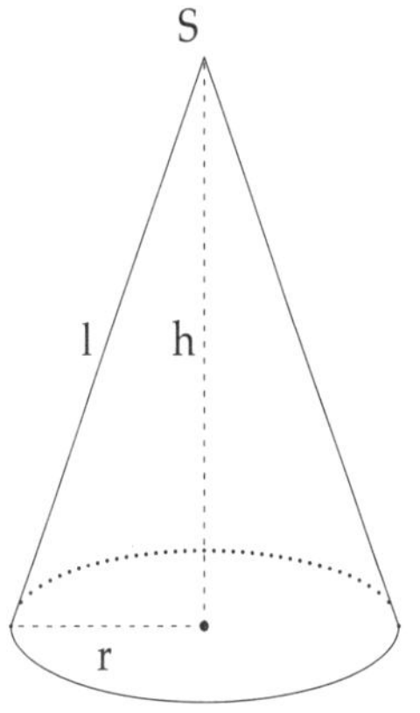

8. Die Höhe des Kreiskegels aus Aufgabe 7 wird halbiert.
Dazu soll berechnet werden:
   a) der Radius der Deckfläche D
   b) die Größe der Deckfläche D
   c) die Länge l = [FF'] der neuen Mantellinie
   d) die Größe M der neuen Mantelfläche
   e) die gesamte Oberfläche O
   f) das Volumen V des Kegelstumpfes

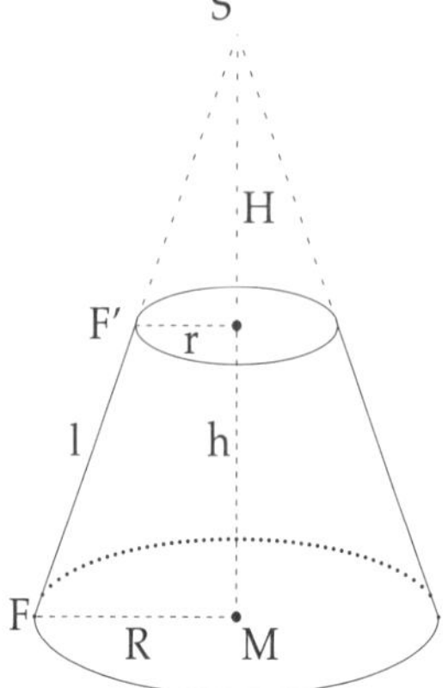

Bekannt: Grundfläche $G = 12{,}57\ \text{cm}^2$
$H = [MS] = 5\ \text{cm}$
$L = [FS] = 5{,}39\ \text{cm}$
$h = 0{,}5 \cdot H = 2{,}5\ \text{cm}$
$R = 2\ \text{cm}$

9. Diese Aufgabe wird zeigen, dass die Kugel bei gleichem Volumen im Vergleich zum Zylinder die kleinere Oberfläche hat.
Die Säule aus Aufgabe 6 hat ein Volumen von $25{,}12\ \text{m}^3$. Ihre Oberfläche ist $56{,}55\ \text{m}^2$.
Gesucht wird eine Kugel, deren Volumen genauso groß ist wie das der Säule aus Aufgabe 6. Man berechne dazu
   a) den Radius r der Kugel
   b) die Oberfläche O der Kugel
   c) Nun lassen sich die Oberfläche der Kugel mit der Oberfläche der Säule vergleichen.

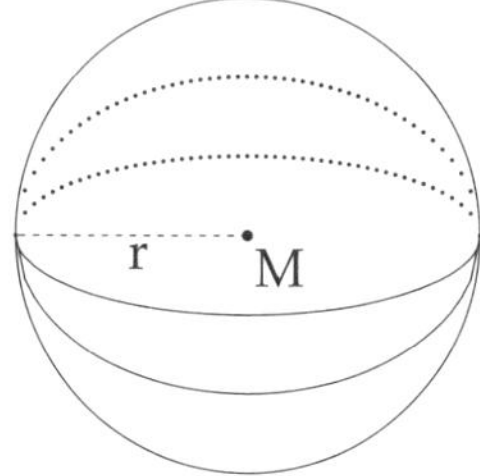

Diesmal wird eine Kugel gesucht, deren Oberfläche genauso groß ist wie die der Säule aus Aufgabe 6. Man berechne dafür
   d) den Radius r der Kugel
   e) das Volumen V der Kugel
   f) Dann vergleiche man das Volumen der Kugel mit dem Volumen der Säule.

Bekannt: Säule: $V = 25{,}12\ \text{m}^3$, $O = 56{,}55\ \text{m}^2$
$r = 2\text{cm}$

Lösungen

1. a) $G = \frac{1}{2} \cdot [AB] \cdot [BC] = \frac{1}{2} \cdot 2 \cdot 2 = 2$

   b) $S_1 = S_2 = [AB] \cdot h = 2 \cdot 4 = 8$

   c) $[AC] = \sqrt{[AB]^2 + [BC]^2}$ Satz des Pythagoras
   $= \sqrt{8} = 2\sqrt{2} = 2{,}83$

   d) $S3 = [AC] \cdot h = 8\sqrt{2} = 11{,}31$

   e) $O = 2 \cdot G + S_1 + S_2 + S_3 = 31{,}31$ Die Deckfläche EFG ist kongruent zur Grundfläche ABC und hat somit gleichen Flächeninhalt.

   f) $V = G \cdot h = 2 \cdot 4 = 8$

2. a) $W1 = a \cdot c = 10\ m^2$
   $W2 = b \cdot c = 15\ m^2$

   b) $G = a \cdot b = 24\ m^2$

   c) $O = 2 \cdot W1 + 2 \cdot W2 + 2 \cdot G = 98\ m^2$

   d) $V = G \cdot c = 24\ m^2 \cdot 2{,}5\ m = 60\ m^3$

3. a) $d = a\sqrt{3} = 1{,}73$ Alle Diagonalen sind gleich lang.

   b) $d = \sqrt{a^2 + b^2 + c^2}$ Alle Diagonalen sind gleich lang.
   $= \sqrt{1,5^2 + 1^2 + 2^2} = 2{,}69$

4. a) Da die Pyramidenspitze über dem Diagonalenschnittpunkt der Grundfläche liegt, handelt es sich um vier gleichschenklige kongruente Dreiecke.

   b) $G = a \cdot a = 51529\ m^2$

c) $[MS]^2 = h^2 + \left(\frac{a}{2}\right)^2$ Satz des Pythagoras (vgl. S. 393) im

$\Rightarrow [MS] = \sqrt{21316 + 12882,25}$ rechtwinkligen Dreieck SFM

$= 184,93$ m

d) $AS = \frac{1}{2} \cdot a \cdot [MS] = 20989,56 \text{ m}^2$

e) $O = 4 \cdot AS + G = 135487,24 \text{ m}^2$

f) Oberfläche der Pyramide geteilt durch Fläche eines Fußballfeldes:

$\frac{135487,24 \text{ m}^2}{7350 \text{ m}^2} = 18,43$ Es hätten also etwas mehr als 18 Fußballfelder Platz.

g) $V = \frac{1}{3} \cdot G \cdot h = 2507744,67 \text{ m}^3$

5. a) Nach den Gesetzen der zentrischen Streckung handelt es sich bei allen vier Seitenflächen um gleichschenklige Trapeze (vgl. S. 383, 386).

b) $[MM'] = 0,5 \cdot [MS] = 92,47$ m zentrische Streckung

c) $s = 0,5 \cdot a = 113,5$ m zentrische Streckung

d) $AS = 0,5 \cdot (a + s) \cdot [MM'] = 15743,02 \text{ m}^2$ Flächenberechnung Trapez

e) $D = s \cdot s = 12882,25 \text{ m}^2$ Die Deckfläche ist quadratisch, zentrische Streckung

f) $O = G + D + 4 \cdot AS = 51529 \text{ m}^2 + 12882,25 \text{ m}^2 + 62972,08 \text{ m}^2 = 127383,33 \text{ m}^2$

g) $V = \frac{h}{3} \cdot (G + D + \sqrt{G \cdot D}) = \frac{73 \text{ m}}{3} \cdot (51529 \text{ m}^2 + 12882,25 \text{ m}^2$

$+ \sqrt{51529 \text{ m}^2 \cdot 12882,25 \text{ m}^2}) = \frac{73 \text{ m}}{3} \cdot 90175,75 = 2194276,58 \text{ m}^3$

6. a) $r = 0{,}5 \cdot d = 1\ m$

   b) $G = \pi \cdot r^2 = 3{,}14\ m^2$

   c) $M = 2 \cdot \pi \cdot r \cdot h = 50{,}27\ m^2$

   d) $O = M + 2 \cdot G = 56{,}55\ m^2$

   e) $V = G \cdot h = 25{,}12\ m^3$

7. a) $G = \pi \cdot r^2 = 12{,}57\ cm^2$

   b) $V = \frac{1}{3} \cdot G \cdot h = 20{,}95\ cm^3 = 0{,}02$ Liter (gerundet)

   c) $l = \sqrt{r^2 + h^2} = 5{,}39\ cm$

   d) $M = \pi \cdot r \cdot l = 33{,}87\ cm^2$

   e) $O = M + G = 46{,}44\ cm^2$

8. a) $r = 0{,}5 \cdot R = 1\ cm$ — zentrische Streckung (vgl. S. 386)

   b) $D = \pi \cdot r^2 = 3{,}14\ cm^2$

   c) Möglichkeit 1: — zentrische Streckung (vgl. S. 386)
   $l = 0{,}5 \cdot L = 2{,}695\ cm$

   Möglichkeit 2: — Satz des Pythagoras (vgl. S. 393)
   $l = \sqrt{h^2 + (R - r)^2} = 2{,}69\ cm$

   d) $M = \pi \cdot l \cdot (R + r) = 25{,}35\ cm^2$

   e) $O = G + D + M = 41{,}06\ cm^2$

   f) $V = \frac{\pi \cdot h}{3} (R^2 + R \cdot r + r^2) = 18{,}33\ cm^3$

9. a) $V = \frac{4}{3} \cdot \pi \cdot r^3$

$\Rightarrow r = \sqrt[3]{V \cdot \frac{3}{4\pi}} = \sqrt[3]{6} = 1{,}82\ \text{m}$

$\sqrt[3]{6}$ bedeutet: Man muss die dritte Wurzel aus 6 berechnen. Dazu gibt man 6 in den Taschenrechner (TR) ein und drückt anschließend die Taste mit der Aufschrift „$\sqrt[3]{\ }$“. Der dann angezeigte Wert ist das gesuchte Ergebnis. Falls der TR keine $\sqrt[3]{\ }$-Taste hat, drückt man die Taste mit der Aufschrift $x^{\frac{1}{y}}$ und gibt anschließend 3 (für dritte Wurzel) ein. Das gesuchte Ergebnis erscheint dann in der Anzeige.

b) $O = 4 \cdot \pi \cdot r^2 = 41{,}62\text{m}^2$

c) Vergleich:

Bei gleichem Volumen hat die Kugel eine deutlich kleinere Oberfläche ($41{,}62\ \text{m}^2$) als die Säule ($56{,}55\ \text{m}^2$).

Wenn die Säule (Zylinder) eine geringere Höhe, dafür aber einen größeren Radius hätte, wäre ihre Oberfläche auch kleiner als $56{,}55\ \text{m}^2$. Es ist aber unmöglich, die Oberfläche der Kugel zu unterbieten.

d) $O = 4 \cdot \pi \cdot r^2$

$\Rightarrow r = \sqrt{\frac{O}{4 \cdot \pi}} = \sqrt{\frac{56{,}55}{4 \cdot \pi}} = 2{,}12\ \text{m}$

e) $V = \frac{4}{3} \cdot \pi \cdot r^3 = \frac{4}{3} \cdot \pi \cdot (2{,}12\ \text{m})^3 = 39{,}91\ \text{m}^3$

f) Vergleich:

Bei gleicher Oberfläche hat die Kugel deutlich mehr Volumen ($39{,}91\ \text{m}^3$) als die Säule ($25{,}12\ \text{m}^3$).

1. Grundlagen der Analysis

In der *Analysis* beschäftigt man sich hauptsächlich mit dem Bestimmen von Grenzwerten. Wie ist das zu verstehen?

Zenon von Elea (495 – 435 v. Chr.) beschreibt in seinen „Paradoxien des Unendlichen“ ein fiktives Wettrennen zwischen *Achilles*, dem schnellsten Läufer der Antike und einer Schildkröte. Achilles sieht vor sich eine Schildkröte kriechen und versucht diese zu überholen. Jedoch immer wenn er an dem Punkt angekommen ist, wo die Schildkröte eben noch war, ist diese bereits ein Stück weiter gekrochen. Also muss Achilles noch ein Stück laufen um den neuen Standort der Schildkröte zu erreichen, aber dann ist die Schildkröte bereits wieder ein Stück nach vorne gekrochen. Achilles erreicht also die Schildkröte nie und kann sie deshalb auch nicht überholen.

Das ist natürlich Unsinn, jedoch erscheint die Begründung, warum Achilles die Schildkröte niemals überholen kann, in sich schlüssig. So etwas nennt man eine *Paradoxie*.

Grenzwert

Das Problem von Achilles, oder vielmehr das Problem von Zenon ist:
Er sieht zwar, dass die Zeitabstände t(i), die Achilles benötigt um die Schildkröte zu erreichen, immer kürzer werden, aber er hat nicht den Begiff des *Grenzwertes* und viel wichtiger, er hat keine Vorstellung von dem Wesen des Grenzwertes. Denn sonst könnte er sagen t(1) + t(2) + t(3) + t(4) + ... strebt (konvergiert) gegen einen Grenzwert von beispielsweise t Sekunden. Zu diesem Zeitpunkt t liegt Achilles mit der Schildkröte auf einer Höhe, um sie gleich darauf zu überholen.

Wir können heute ganz leicht mit Hilfe der *geometrischen Reihe* die Zeitspanne t berechnen, die Achilles benötigt, um die Schildkröte zu überholen. Angenommen Achilles läuft tausendmal schneller als die Schildkröte und benötigt eine Sekunde, um den ersten Standort der Schildkröte zu erreichen. In dieser einen Sekunde ist die Schildkröte natürlich weiter gekrochen, aber Achilles, der ja tausendmal schneller als die Schildkröte läuft, benötigt jetzt nur noch eine tausendstel Sekunde um den neuen Standort der Schildkröte zu erreichen und so geht es immer weiter. Es gilt folglich:

$$t = 1 + \frac{1}{1000} + \frac{1}{1000} \cdot \frac{1}{1000} + \frac{1}{1000} \cdot \frac{1}{1000} \cdot \frac{1}{1000} + \dots$$

III. Analysis

Ableitung einer Funktion

Grenzwerte treten in der Analysis auch als Steigungen von Kurven auf. Die *Steigung* einer Kurve in einem Punkt A ist durch die Steigung der *Tangente* t(A) in diesem Punkt gegeben.

Nun ist es aber in der Regel sehr schwer, die Tangente t(A) zu konstruieren, deshalb geht man wie folgt vor:

B Man sucht sich einen Punkt B der Kurve, welcher dicht bei A liegt und verbindet diese beiden Punkte durch eine Gerade AB. Man spricht hierbei von der *Sekante* AB. Die Steigung der Sekante gibt die ungefähre Steigung der Kurve im Punkt A an.

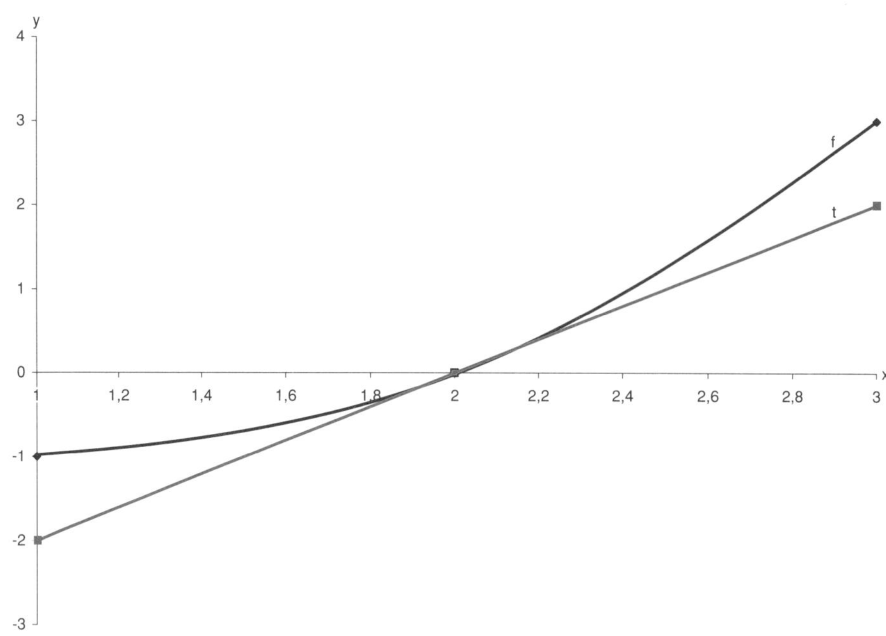

Man kann jetzt ganz langsam den Punkt B immer dichter an den Punkt A heranschieben, sodass die Sekante AB immer mehr mit der Tangente t(A) übereinstimmt. Der Grenzwert dieses Prozesses ist die Tangente t(A). Die Steigung von t(A) ist gerade die *Ableitung* der Funktion f in a, wobei die Kurve durch f, genauer durch den Graph von f, beschrieben wird und A = (a, f(a)) ist.

Integralrechnung

Neben dem Ableiten, auch *Differenzieren* genannt, bildet das *Integrieren* einen Schwerpunkt in der Analysis. Mit Hilfe der Integralrechnung berechnet man Flächen unter Kurven von Funktionen.

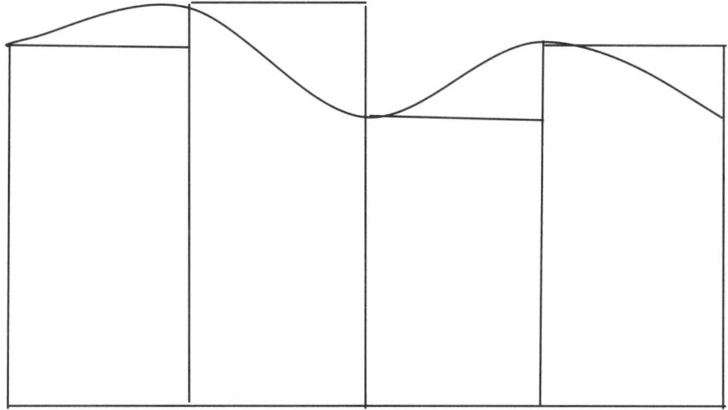

Schon *Archimedes* (287 – 212 v. Chr.) löste dieses Problem, indem er die Fläche in schmale, gleich breite Streifen schnitt. Diese Streifen behandelte er wie Rechtecke, von denen er bereits wusste, wie der Flächeninhalt zu berechnen ist. Summierte er dann die Rechtecksflächen auf, so erhielt er nahezu die Fläche unter der Kurve. Natürlich wird das Ergebnis umso genauer, je feiner die Streifen sind. Wie man sieht, hat man es auch hier mit einem Grenzwertprozess zu tun. So konnte Archimedes zeigen, dass die

Kreiszahl $\pi = 3{,}1415926 \ldots$ zwischen $3 + \frac{1}{7}$ und $3 + \frac{10}{71}$ liegt. Der absolute Fehler seiner Abschätzung, das ist die Differenz zwischen seinen beiden Grenzen, ist mit $\frac{1}{497}$, das entspricht ungefähr 0,002, beeindruckend klein. Wirklich berechnen konnte Archimedes solche Flächen, also die Integrale von Funktionen nicht. Auch die Ableitungen von Funktionen konnte er nicht berechnen.

Erst 2000 Jahre später wurde die Differential- und Integralrechnung von Isaak *Newton* (1643 – 1727) und Gottfried Wilhelm *Leibniz* (1646 – 1716) eingeführt. Beide machten ihre Entdeckung unabhängig voneinander und stritten heftig, wer denn der eigentliche Schöpfer der Differential- und Integralrechnung sei.

2. Funktionen

Unter einer *Funktion* oder *Abbildung* $f : A \to B$ von der Menge A in die Menge B verstehen wir eine Vorschrift, welche jedem Element aus A genau ein Element aus B zuordnet.

Der Ausdruck Funktion stammt von Leibniz.

B

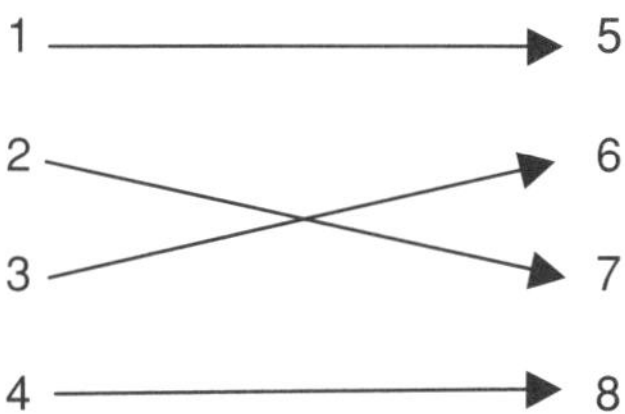

Diese Zuordnung ist eine Funktion $f : \{1,2,3,4\} \to \{5,6,7,8\}$, da jedem Element der Menge $\{1,2,3,4\}$ genau ein Element aus der Menge $\{5,6,7,8\}$ zugeordnet wird.

B

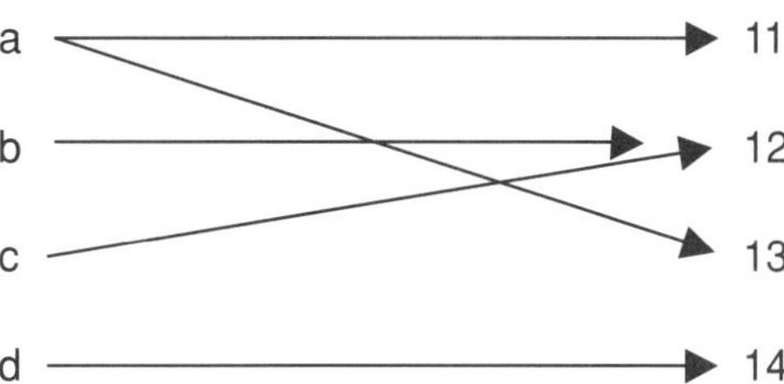

Diese Zuordnung ist keine Funktion, da dem Element a sowohl 11 als auch 13 zugeordnet wird.

B $c : \mathbb{N} \to \mathbb{R},\ n \to c\,(n) = \frac{1}{n}$

Diese Zuordnung ist eine Funktion, da jeder natürlichen Zahl n genau eine Zahl aus $\mathbb{R}$ zugeordnet wird.

$d : \mathbb{R} \to \mathbb{R}, x \to d(x) = \frac{1}{x}$

Diese Zuordnung ist keine Funktion, da für das Element 0 von $\mathbb{R}$ kein d(0) existiert. $\frac{1}{0}$ ist nicht definiert in $\mathbb{R}$.

$e : \mathbb{R} \to \mathbb{R}, x \to x + x + 1$
ist natürlich auch eine Funktion.

Definitions- und Wertebereich einer Funktion

Es sei $f : A \to B, a \to f(a)$ eine Funktion. Dann heißt f(a) das *Bild* von a und a ist das *Urbild* von f(a). Die Menge A heißt *Definitionsbereich* oder in Zeichen D(f) = A. Die Menge $f(A) = \{f(a) : a \in A\}$ ist das Bild, der *Bildbereich* oder der *Wertebereich* von f und wird mit im(f) = f(A) abgekürzt.

im(f) steht für image of f (engl. für Bild von f).

$a \to f(a)$ heißt *Abbildungsvorschrift* von f.

Manchmal kann man f(a) durch eine Gleichung angeben, etwa $f(a) = 7{,}5 \cdot a + 11$, dann nennt man diese die *Funktionalgleichung* von f.

B

$f : \mathbb{R} \to \mathbb{R}, x \to f(x) = 3 - x$ ist eine Funktion.

Wird jedem Element x aus $\mathbb{R}$ wirklich genau ein Bild f(x) zugeordnet?

Es gilt:

Das Bild von f ist $\mathbb{R}$, denn jedes y aus $\mathbb{R}$ hat ein Urbild, nämlich $x = 3 - y$. Dies ist leicht für $x = -3, 0, 3$ zu prüfen. Also ist $D(f) = \mathbb{R}$. Der Definitionsbereich von f ist auch $\mathbb{R}$, oder kurz $im(f) = \mathbb{R}$.

$x \to f(x) = 3 - x$ ist die Abbildungsvorschrift und $f(x) = 3 - x$ die Funktionalgleichung von f.

B

$f: \mathbb{R} \to \mathbb{R}, x \to x \cdot x$ ist offenbar auch eine Funktion von $\mathbb{R}$ nach $\mathbb{R}$.
Es ist:
$D(g) = \mathbb{R}$,

$im(g) = \mathbb{R}_0^+ = \{x \in R : x \geq 0\}$ und

$g(x) = x^2$ ist die Funktionalgleichung von g.

Injektive, surjektive und bijektive Funktionen

Es gibt vier große Klassen von Funktionen $f: A \to B$:

1. Für zwei verschiedene Urbilder $a_1, a_2 \in A$ seien auch stets deren Bilder $f(a_1)$ und $f(a_2)$ verschieden, dann heißt f *injektiv.*
2. Für jedes $b \in B$ existiert ein (oder auch mehrere) $a \in A$ mit $f(a) = b$, oder kurz $im(f) = B$, dann heißt f *surjektiv.*
3. Ist f injektiv und surjektiv, dann heißt f *bijektiv* oder eindeutig.
4. Ist f weder injektiv noch surjektiv, dann geben wir f keinen besonderen Namen.

B

$f: \mathbb{R} \to \mathbb{R}, x \to f(x) = x^2$ Diese Funktion ist nicht injektiv, denn die Urbilder – 1 und 1 haben dasselbe Bild: $f(-1) = (-1) \cdot (-1) = 1 \cdot 1 = f(1)$. Diese Funktion ist aber auch nicht surjektiv, denn – 1 hat wie alle anderen negativen rellen Zahlen kein Urbild, oder anders ausgedrückt: $im(f) \neq \mathbb{R}$.

B

$g: \mathbb{R} \to \mathbb{R}, x \to g(x) = 2 \cdot x + 1$ Diese Funktion ist surjektiv, denn für y aus $\mathbb{R}$ ist $\frac{y-1}{2}$ das zugehörige Urbild.

Wie findet man eigentlich zu einem beliebigen y das Urbild? Ganz einfach: g(x) wird in der Funktionalgleichung ersetzt durch y und nach x aufgelöst.

$$
\begin{aligned}
& y = 2 \cdot x + 1 && | -1 \\
\Leftrightarrow\quad & y - 1 = 2 \cdot x && | \cdot \frac{1}{2} \\
\Leftrightarrow\quad & \frac{y-1}{2} = x
\end{aligned}
$$

g ist aber auch injektiv, da jedes Bild von g genau ein Urbild hat, welches gerade berechnet wurde. Es gilt folglich, dass für zwei verschiedene Urbilder auch deren Bilder verschieden sind. Eine andere Möglichkeit die Injektivität einer Funktion nachzuweisen ist die folgende. Man nimmt zwei beliebige Urbilder, beispielsweise x_1 und x_2, und setzt ihre Bilder $g(x_1)$ und $g(x_2)$ gleich. Folgt aus dieser Gleichung, dass auch x_1 und x_2 zwingend gleich sind, so ist g injektiv.

$$
\begin{aligned}
& 2 \cdot x_1 + 1 = 2 \cdot x_2 + 1 && | -1 \\
\Leftrightarrow\quad & 2 \cdot x_1 = 2 \cdot x_2 && | \cdot \frac{1}{2} \\
\Leftrightarrow\quad & x_1 = x_2
\end{aligned}
$$

Da g sowohl injektiv als auch surjektiv ist, ist g bijektiv.

B $h : \mathbb{N} \rightarrow \mathbb{R},\ n \rightarrow h(n) = \frac{1}{n}$ ist injektiv, aber nicht surjektiv. Offenbar gilt: $\mathrm{im}(h) \neq \mathbb{R}$, somit ist h nicht surjektiv. Für zwei natürliche Zahlen n_1, n_2 gilt:

$$
\begin{aligned}
& \frac{1}{n_1} = \frac{1}{n_2} && | \cdot n_1 \\
\Leftrightarrow\quad & 1 = \frac{n_1}{n_2} && | \cdot n_2 \\
\Leftrightarrow\quad & n_2 = n_1.
\end{aligned}
$$

Folglich ist h injektiv.

Hintereinanderausführen von Funktionen

Sind $f : A \rightarrow B,\ a \rightarrow f(a)$, $g : B \rightarrow C,\ b \rightarrow g(b)$ zwei Funktionen, dann ist auch $(g \circ f) : A \rightarrow B,\ a \rightarrow (g \circ f)(a) = g(f(a))$ eine Funktion. $(g \circ f)$ heißt die *Hintereinanderausführung* oder *Komposition* von g und f.

Ist $h : C \rightarrow D,\ c \rightarrow h(c)$ eine weitere Funktion, so gilt:

$(h \circ (g \circ f)) : A \rightarrow D,\ a \rightarrow (h \circ (g \circ f))(a) = h((g \circ f)(a)) = h(g(f(a)))$ ist dieselbe Funktion wie $((h \circ g) \circ f) : A \rightarrow D,\ a \rightarrow ((h \circ g) \circ f)(a) = (h \circ g)(f(a)) = h(g(f(a)))$.

Mit anderen Worten, die Hintereinanderausführung von Funktionen ist assoziativ (vgl. S. 54).

B

$f : \mathbb{R} \rightarrow \mathbb{R},\ x \rightarrow f(x) = 1 - x$ und
$g : \mathbb{R} \rightarrow \mathbb{R},\ x \rightarrow (x-1) \cdot (x+2)$, dann ist
$(g \circ f) : \mathbb{R} \rightarrow \mathbb{R},\ x \rightarrow (g \circ f)(x)$
$= ((1-x)-1) \cdot ((1-x)+2)$
$= (-x) \cdot (3-x)$
$= x^2 - 3x$.

Jede Funktion $f : A \rightarrow B,\ a \rightarrow f(a)$ lässt sich als Hintereinanderausführung einer injektiven und einer surjektiven Funktion schreiben.

B

Mit $f_s : A \rightarrow \text{im}(f),\ a \rightarrow f_s(a) = f(a)$
und $f_i : \text{im}(f) \rightarrow B,\ b \rightarrow f_i(b) = b$ gilt:
$(f_i \circ f_s) : A \rightarrow B,\ a \rightarrow (f_i \circ f_s)(a) = f_i(f(a)) = f(a)$ ist dieselbe Funktion wie
$f : A \rightarrow B,\ a \rightarrow f(a)$.

Die Funktion f_i ist injektiv und die Funktion f_s ist surjektiv.

Der Graph einer Funktion und ihre Umkehrfuntion

Von vielen Funktionen kann man den Graphen zeichnen und erhält so auf einen Blick wichtige Informationen über die Funktion (vgl. S. 442).

Ist $f : A \rightarrow B,\ a \rightarrow f(a)$ eine Funktion, dann heißt $\{(a, f(a)) : a \text{ aus } A\}$ der *Graph* der Funktion f, in Zeichen G(f).

Seien A, B Teilmengen von $\mathbb{R}$ und sei die Funktion f : A → B, x → f(x) zeichnerisch darzustellen. Um den Graphen zu zeichnen, benötigt man zunächst ein Koordinatenkreuz, bestehend aus einer waagerechten x-Achse für die Urbilder und der senkrechten y-Achse für die f(x)-Werte, also die Bilder. Auf der x- und y-Achse wird eine Skalierung, wie in der Zeichnung eingetragen. Jetzt kann man für ein $x \in A$ mit Bild f(x) aus B den Punkt (x,f(x)) eintragen usw. (vgl. lineare Funktionen, S. 205).

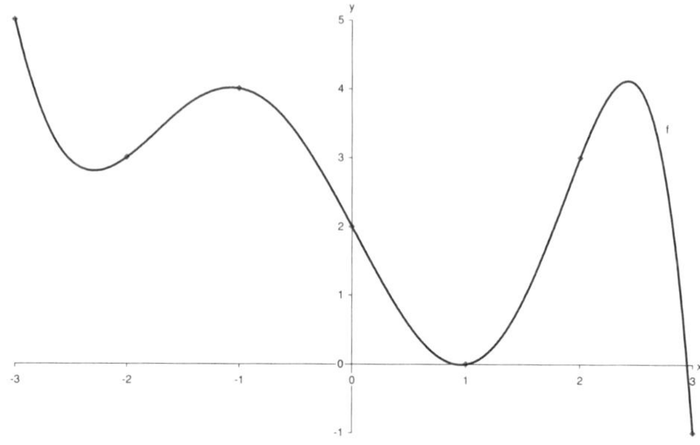

B

Die Funktion id : $\mathbb{R} \to \mathbb{R}$, $x \to id(x) = x$ hat als Graph die erste Diagonale des Koordinatenkreuzes.

Die Funktion f : $\mathbb{R} \to \mathbb{R}$, $x \to f(x)$ mit $f(x) = 1$ für x rational, also als Bruch darstellbar und $f(x) = 0$ sonst, also x irrational, kann man nicht zeichnen.

Die Funktion g : $\mathbb{R} \to \mathbb{R}$, $x \to (x - 1) \cdot (x + 1)$ wiederum kann man zeichnen.

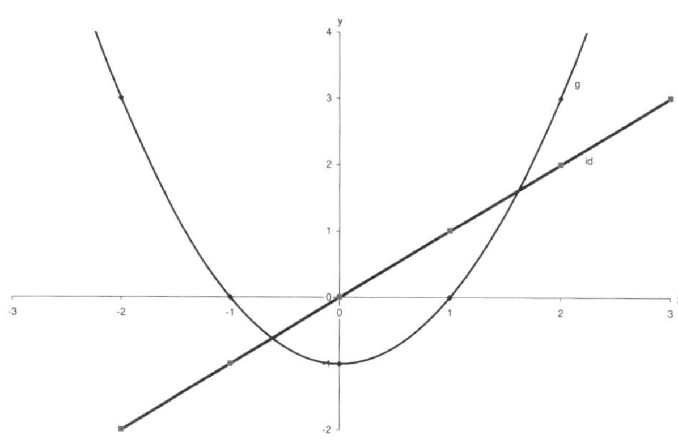

Durch den Graphen der Funktion g kann eine Sekante gelegt werden, etwa durch die Punkte (– 1, g(– 1) = 0) und (1, g(1)), welche parallel zur x-Achse verläuft. Dies bedeutet, g ist nicht injektiv, da – 1 und 1 dasselbe Bild g(– 1) = g(1) = 1 haben. Auch ist leicht zu sehen, dass g nicht surjektiv ist, da alle Bilder von f ≥ – 1 sind.

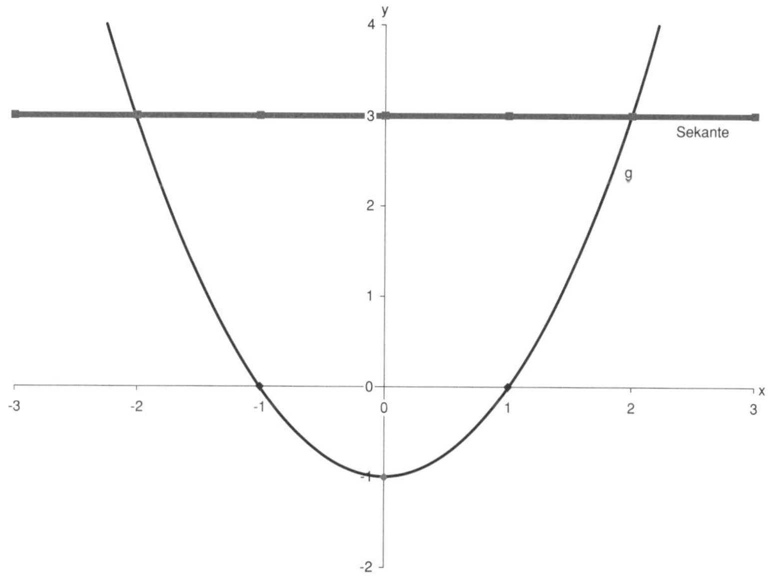

Es sei $f : A \to B,\ x \to f(x)$ eine Funktion und A, B Teilmengen von $\mathbb{R}$. Existiert eine Gerade g, welche parallel zur x-Achse ist und welche den Graphen G(f) in mindestens zwei Punkten schneidet, dann ist f nicht injektiv und insbesondere nicht bijektiv.

Beweis: Angenommen, es existiert eine derartige Gerade g, welche G(f) in zwei verschiedenen Punkten, etwa $(x_1, f(x_1))$ und $(x_2, f(x_2))$ schneidet. Da g parallel zur x-Achse ist, gilt $f(x_1) = f(x_2)$, somit ist f nicht injektiv und damit auch nicht bijektiv.

Man kann sogar ganz leicht den Graphen der Umkehrfunktion einer beliebigen bijektiven Funktion konstruieren. Dies geschieht wie folgt:

Ist $f : A \to B,\ a \to f(a)$ eine bijektive Funktion, dann existiert eine Funktion $f^{-1} : B \to A$, $b \to f^{-1}(b)$, sodass gilt:

> 1. $(f \circ f^{-1}) : B \to \text{im}(f),\ b \to (f \circ f^{-1})(b) = b,$
> 2. $(f^{-1} \circ f) : A \to A,\ a \to (f^{-1} \circ f)(a) = a.$

f^{-1} ist die *Umkehrfunktion* von f. Das bedeutet anschaulich, f^{-1} macht alles wieder rückgängig, was f verändert hat.

> Kann man die bijektive Funktion $f : A \to B,\ a \to f(a)$ zeichnen, dann erhält man den Graphen der Umkehrfunktion mittels Spiegelung an der ersten Diagonalen.

B $f : \mathbb{R} \to \mathbb{R},\ x \to 2 \cdot x + 1$ und $f^{-1} : \mathbb{R} \to \mathbb{R},\ y \to \frac{1}{2} \cdot y - \frac{1}{2}$

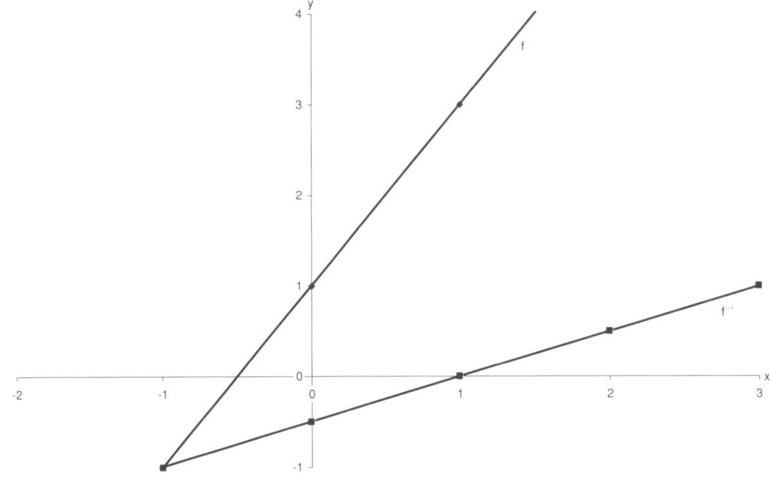

$g : \mathbb{R}^+ \to \mathbb{R}^+,\ x \to \frac{1}{x}$ und $g^{-1} : \mathbb{R}^+ \to \mathbb{R}^+,\ y \to y,$

$h : \mathbb{R} \to \mathbb{R},\ x \to (x + 1) \cdot (x + 2).$

Diese Funktion ist nicht bijektiv, also hat sie auch keine Umkehrfunktion. Wie erkennt man diesen Sachverhalt? Offenbar gilt $h(-1) = h(-2) = 0$, also ist h nicht injektiv. Eine andere Möglichkeit ist die folgende. Spiegelt man G(h) an der ersten Diagonalen, so erhält man eine Kurve, welche kein Graph einer Funktion sein kann. Es gibt keine Funktion, welche 0 auf -1 und -2 abbildet.

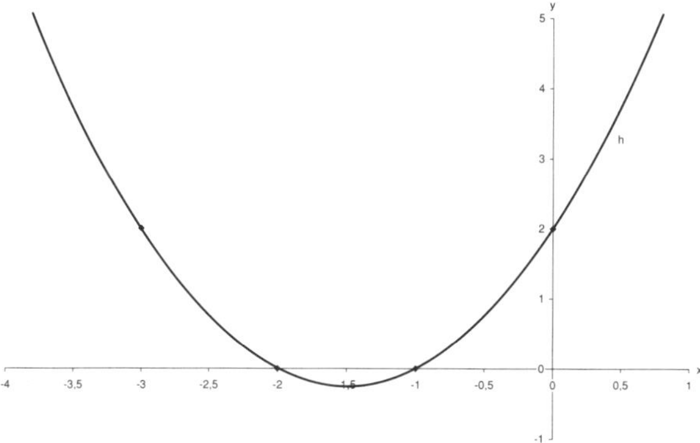

Es ist also sehr einfach mit Hilfe des Graphen einer Funktion f ihre Umkehrfunktion f^{-1} zu bestimmen. Auch sieht man sofort, wo die Funktion am größten oder kleinsten ist. Das Problem ist nur: Man hat in der Regel nicht den Graphen einer Funktion, sondern nur einige wenige Funktionswerte $f(x_1)$, $f(x_2)$, $f(x_3)$ ... $f(x_n)$ errechnet und muss dann schätzen, wie der Graph G(f) zwischen den Punkten $(x_1, f(x_1))$, $(x_2, f(x_2))$, $(x_3, f(x_3))$ ... $(x_n, f(x_n))$ aussieht. Die wichtigste Frage ist zunächst: darf man überhaupt die Punkte durch eine geschlossene Kurve verbinden, oder macht die Funktion vielleicht einen „Sprung". Um diese Frage zu beantworten, muss man wissen, was Stetigkeit ist. Dazu wiederum muss man wissen, was Folgen sind und wann sie konvergieren. Davon im Weiteren mehr.

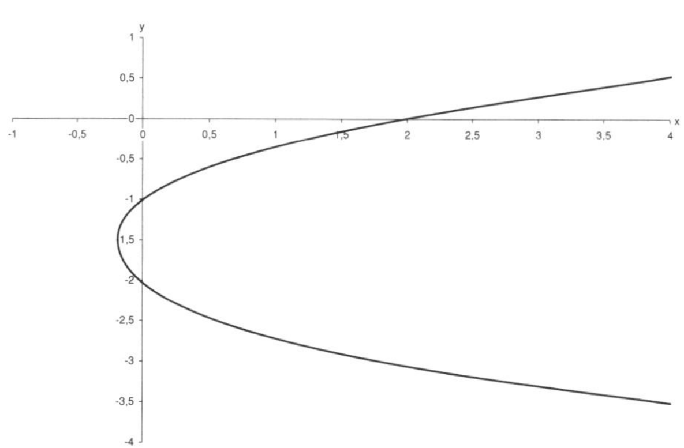

Aufgaben

1. Wie viele verschiedene Funktionen $f : \{1, 2, 3, 4\} \to \{1, 2, 3, 4\}, x \to f(x)$ gibt es?

2. Wie lautet der Definitionsbereich, der Bildbereich und die Funktionalgleichung der folgenden Funktion?

1	→	1
2	→	4
3	→	9
4	→	16
5	→	25
6	→	36
7	→	49
...	→	...

3. a) Ist die folgende Funktion injektiv oder surjektiv?
   $f : \mathbb{N} \to \mathbb{N}, n \to f(n) = n^2$

   b) Kann man zu der Funktionalgleichung $f(n) = n^2$ eine bijektive Funktion angeben?

4. Die folgende Funktion ist als Hintereinanderausführung einer surjektiven Funktion f_s und einer injektiven Funktion f_i darzustellen:
   $f : \mathbb{R} \to \mathbb{R}, x \to f(x) = x^2$.

5. Man zeichne einen Graphen der folgenden Funktion:
   $f : \mathbb{R} \to \mathbb{R}, x \to f(x) = x^2 - 1$.

Lösungen

1. Die 1 kann auf 4 verschiedene mögliche Bilder abgebildet werden. Dassselbe gilt jeweils für die 2, 3 und 4. Es gibt also insgesamt $4^4 = 256$ verschiedene Funktionen $f : \{1, 2, 3, 4\} \to \{1, 2, 3, 4\}, x \to f(x)$.

2. Der Definitionsbereich ist die Menge $\mathbb{N}$ der natürlichen Zahlen und der Bildbereich ist die Menge der Quadrate aller natürlichen Zahlen. Die Funktionalgleichung lautet: $f(n) = n^2$.

3. a) Die Abbildung f ist injektiv, folgt doch aus $n^2 = m^2$ entweder $n = m$ oder $n = -m$. Da wir nur positive Zahlen betrachten, gilt also $n = m$. f ist nicht surjektiv, da zum Beispiel 2 eine natürliche Zahl ist, aber trotzdem nicht als Bild vorkommt.

   b) Natürlich kann man zu der Funktionalgleichung die folgende bijektive Funktion angeben:

   $$g : \mathbb{N} \to \mathbb{N}^{(2)} = \{n^2 : n \text{ aus } \mathbb{N}\}, n \to g(n) = f(n) = n^2.$$

4. $f_s : \mathbb{R} \to \mathbb{R}(\geq 0) = \{x \text{ aus } \mathbb{R} : x \geq 0\}, x \to f_s(x) = f(x) = x^2$ ist offenbar surjektiv.

   $fi : \mathbb{R}(\geq 0) \to \mathbb{R}, x \to fi(x) = x$ ist injektiv.

   Und für $(f_i \circ f_s) : \mathbb{R} \to \mathbb{R}, x \to (f_i \circ f_s)(x)$

   gilt: $$(f_i \circ f_s)(x) = f_i(f_s(x)) = f_i(x^2) = x^2 = f(x).$$

III. Analysis

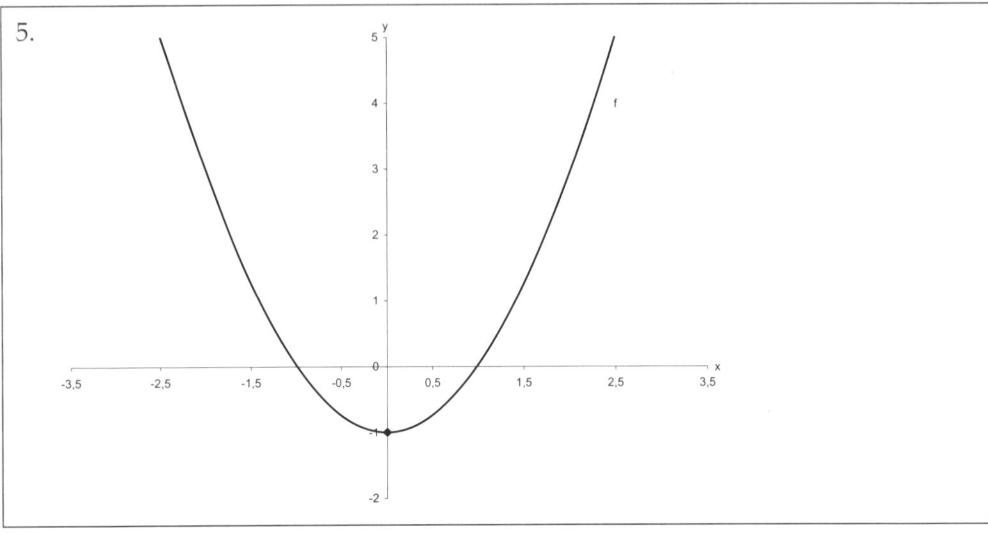
5.
y
5
4
3
2
1
0
-1
-2
x
-3,5
-2,5
-1,5
-0,5
0,5
1,5
2,5
3,5
f

3. Folgen

Wie schon erwähnt, betrachtet man in der Analysis Grenzwerte, genauer gesagt Grenzwerte von Folgen und um solche soll es in diesem Abschnitt gehen.

Eine Funktion $a : \mathbb{N} \rightarrow A,\ n \rightarrow a_n$ heißt *Folge*. Meist begnügt man sich mit der abkürzenden Schreibweise $(a_n)_{n \in \mathbb{N}}$. $(a_n)_{n \in \mathbb{N}}$ heißt *reelle Folge*, falls die einzelnen *Folgenglieder* n_n reell sind.

Der Einfachheit wegen bezeichnet man auch eine Funktion von der Menge der natürlichen Zahlen mit Null, beziehungsweise von der Menge der ganzen Zahlen größer als eine vorgegebene Zahl, in eine andere Menge als Folge.

B

$(a_n)_{n \in \mathbb{N}} = (1, 2, 3, 1, 2, 3, 1, 2, 3 \ldots)$

$(b_n)_{n \in \mathbb{N}_0}$ ist durch $b_0 = 0$ und $b_1 = 1$ sowie $b_{n+1} = b_n + b_{n-1}$ eindeutig festgelegt.

$(c_n)_{n \in \mathbb{N}}$ mit $c_n = \frac{1}{n}$

Alle drei Folgen sind reelle Folgen. Was auffällt: Alle drei sind auf unterschiedliche Weise dargestellt.

Es gibt im Wesentlichen drei verschiedene Arten, eine Folge zu definieren. Man kann natürlich die einzelnen Folgenglieder so lange aufzählen, bis hoffentlich jeder weiß, wie die weiteren Folgenglieder aussehen, so geschehen bei der Folge (a_n). Der Nachteil bei dieser Methode ist offensichtlich. Komplizierte Folgen sind so nicht darstellbar. Die zweite Methode ist die *rekursive Definition* einer Folge. Das heißt, man definiert einige Anfangswerte, hier $b_0 = 0$, $b_1 = 1$ und gewinnt mit Hilfe der *Rekursionsformel*, hier $b_{n+1} = b_n + b_{n-1}$, die weiteren Folgenglieder. In diesem Beispiel sind das:

$$b_2 = b_1 + b_0 = 1 + 0 = 1$$
$$b_3 = b_2 + b_1 = 1 + 1 = 2$$
$$b_4 = b_3 + b_2 = 1 + 2 = 3$$
$$b_5 = b_4 + b_3 = 3 + 2 = 5$$
$$b_6 = b_5 + b_4 = 5 + 3 = 8$$
$$b_7 = b_6 + b_5 = 8 + 5 = 13$$

...

Diese Folge heißt *Fibonacci-Folge* und ihre einzelnen Folgenglieder heißen *Fibonacci-Zahlen*. *Fibonacci* (Leonardo von Pisa 1180 – 1250) hatte Kaninchen gehalten und diese in festen Abständen gezählt, um zu sehen, wie stark sie sich vermehren. Dabei machte er folgende Entdeckung: Bei jeder neuen Zählung waren es genauso viele Kaninchen, wie bei der letzten und vorletzten Zählung zusammen. Dies ist aber gerade unsere Rekursionsformel. Startet man mit 0 und 1 als Anfangswerte (dies sollte natürlich niemand machen, der sich ernsthaft mit der Vermehrung von Kaninchen beschäftigt), so erhält man gerade die Fibonacci-Zahlen.

Die dritte Möglichkeit ist, die Folge *explizit* über ihre Funktionalgleichung zu *definieren*, hier $c_n = \frac{1}{n}$.

Es gibt keine feste Regel, ob man eine Folge rekursiv oder explizit definieren sollte. Dies sollte man von Fall zu Fall nach Bedarf sowie persönlichem Geschmack entscheiden. Man kann zum Beispiel die Folge $(c_n)_{n \in \mathbb{N}}$ auch rekursiv mittels $c_1 = 1$ und $c_{n+1} = \frac{1}{\frac{1}{c_n} + 1}$ definieren.

B Beispielhaft wird dies hier für die ersten Folgenglieder von (c_n) geprüft. Später folgt dann ein richtiger Beweis.

$$c_1 = 1$$

$$c_2 = \frac{1}{\frac{1}{1} + 1} = \frac{1}{2}$$

$$c_3 = \frac{1}{\frac{1}{\frac{1}{2}} +} = \frac{1}{2 + 1} = \frac{1}{3}$$

$$c_4 = \frac{1}{\frac{1}{\frac{1}{3}} +} = \frac{1}{3 + 1} = \frac{1}{4}$$

Arithmetische Folgen

Eine reelle Folge $(a_n)_{n \in \mathbb{N}}$ heißt *arithmetische Folge,* wenn die Differenz von je zwei aufeinander folgenden Folgengliedern stets dieselbe ist.

B $(a_n)_{n \in \mathbb{N}} = (-1, 1, 3, 5, 7, 9, 11, 13, 15, 17, \ldots)$
$(b_n)_{n \in \mathbb{N}_0} = (4, 3, 2, 1, 0, -1, -2, -3, -4, -5, \ldots)$

B Die Folge der Fibonacci-Zahlen ist keine arithmetische Folge, denn für das erste Folgenglied minus dem nullten erhalten wir $1 - 0 = 1$ als Differenz. Dagegen erhalten wir als Differenz des zweiten und ersten Folgengliedes $1 - 1 = 0$.

Ist $(a_n)_{n \in \mathbb{N}}$ eine arithmetische Folge mit $d = a_2 - a_1$, dann gilt für das N – te Folgenglied $a_n = a_1 + (n - 1) \cdot d$.

Ist $n = 1$, dann gilt:

$$a_1 = a_1 + (1 - 1) \cdot d.$$

Für $n = 1$ ist die Aussage offenbar richtig. Wir zeigen jetzt: Wenn die Aussage für n richtig ist, dann ist sie auch für $n + 1$ richtig. Es gilt:

$$a_{n+1} = a_n + d, \text{ wegen } a_{n+1} - a_n = d.$$

Es wurde angenommen, dass gilt: $a_n = a_1 + (n - 1) \cdot d$.
Durch Einsetzen in die obere Gleichung erhält man die folgende Gleichungskette:

$$a_{n+1} = a_n + d = (a_1 + (n - 1) \cdot d) + d = a_1 + (n - 1) \cdot d + d = a_1 + ((n + 1) - 1) \cdot d.$$

Es hat sich also gezeigt: Wenn die Aussage $a_n = a_1 + (n - 1) \cdot d$ für ein n richtig ist, dann ist die Aussage auch für $n + 1$ richtig. Wir wissen ja bereits, dass die Aussage für $n = 1$ richtig ist und somit ist sie auch für $1 + 1 = 2$ richtig und für $2 + 1 = 3$, für $3 + 1 = 4$ und so weiter.

Die zu beweisende Aussage gilt also in der Tat für alle natürlichen Zahlen. Diese Art etwas zu beweisen nennt man Beweis über vollständige Induktion nach n oder kurz *Induktionsbeweis*.

Möchte man eine *Aussage* A(n) (vgl. Aussage, S. 51) für alle natürlichen Zahlen n beweisen, so kann man dies wie folgt machen.

1. *Induktionsanfang* $n = 1$: Man beweist zunächst, dass die Aussage für $n = 1$, also A(1) richtig ist.
2. *Induktionsannahme*: Man nimmt an, die Aussage gilt für n, also A(n) ist richtig.
3. *Induktionsschritt* $n \to n + 1$: Man zeigt, wenn die Aussage für n gilt, also A(n) richtig ist, dann ist auch A(n + 1) richtig.
4. *Induktionsschluss*: Die Aussage A(n) ist für alle natürlichen Zahlen n richtig.

Eine Aussage kann man als etwas definieren, das entweder wahr oder falsch ist.

Den Induktionsanfang kann man natürlich auch auf eine andere ganze Zahl, etwa 0 oder – 7 setzen. Der Induktionsschluss lautet dann: die Aussage A(n) ist für alle ganzen Zahlen n größer oder gleich 0 beziehungsweise – 7 richtig.

Bei einem Beweis über vollständige Induktion nach n ist es wichtig, dass man sich an den etwas formalen, aber sehr übersichtlichen Aufbau Induktionsanfang, Induktionsannahme, Induktionsschritt, Induktionsschluss hält. Bei dem Beweis über das n-te Folgenglied einer arithmetischen Reihe wurde dies noch versäumt.

B Wir wenden uns noch einmal dem dritten Beispiel vom Anfang des Kapitels (vgl. S. 448) zu. Zu zeigen ist nun: Für die rekursiv definierte Folge

$(c_n)_{n \in \mathbb{N}}$, mit $c_1 = 1$ und $c_{n+1} = \dfrac{1}{\dfrac{1}{c_n} + 1}$ gilt:

$c_m = \dfrac{1}{m}$, für alle natürlichen Zahlen.

Wir werden den Beweis über vollständige Induktion nach m führen.

Induktionsanfang m = 1: Wegen $c_1 = 1 = \frac{1}{1}$ ist die Aussage richtig.

Induktionsannahme: Für m sei die Aussage $c_m = \frac{1}{m}$ richtig.

Induktionsschritt $m \to m + 1$: Es gilt $c_{m+1} = \dfrac{1}{\frac{1}{c_m} + 1}$.

Setzen wir jetzt die Induktionsannahme $c_m = \frac{1}{m}$ in die Gleichung, so erhalten wir die folgende Gleichungskette:

$$c_{m+1} = \frac{1}{\frac{1}{c_m} + 1} = \frac{1}{\frac{1}{\frac{1}{m}} + 1} = \frac{1}{m + 1}.$$

Induktionsschluss: Somit gilt für alle natürlichen Zahlen m: $c_m = \frac{1}{m}$.

Die Schwierigkeit liegt bei einem Induktionsbeweis in dem Induktionsschritt. Den Induktionsanfang bekommt man meist geschenkt, da oftmals, wie auch in diesem Beispiel, nichts zu zeigen ist. Hat man Probleme, den Induktionsschritt auszuführen, so sollte man prüfen, ob man auch die Induktionsannahme verwendet hat.

Geometrische Folgen

Eine reelle Folge $(a_n)_{n \in \mathbb{N}}$ heißt *geometrische Folge*, falls der Quotient q von zwei aufeinander folgenden Folgengliedern immer derselbe ist, also $\frac{a_{n+1}}{a_n} = q$ für alle natürlichen Zahlen n.

Bei einer geometrischen Folge sind notwendigerweise sämtliche Folgenglieder ungleich Null. Sonst kann man ja nicht den Quotienten q bilden.

B $(a_n)_{n \in \mathbb{N}}$ mit $a_n = \left(\frac{1}{2}\right)^n$ oder anders ausgedrückt

$(1, \frac{1}{2}, \frac{1}{4}, \frac{1}{8}, \frac{1}{16}, \frac{1}{32}, \frac{1}{64}, ...)$, oder rekursiv

$a_0 = 1$ und $a_{n+1} = \frac{1}{2} \cdot a_n$.

Eine Anwendung: Angenommen, jemand hat bei der Stadtsparkasse Schilda ein Guthaben von $b_0 = 1000$ Euro. Das Guthaben bei der Sparkasse wird mit einem für alle Zeiten festen Zinssatz von 5 Prozent verzinst. Das mag merkwürdig erscheinen, aber so ist das nun mal in Schilda. Nach einem Jahr beträgt das Guthaben $b_1 = 1{,}05 \cdot b_0 = 1{,}05 \cdot 1000$ Euro $= 1050$ Euro, nach zwei Jahren $1{,}05 \cdot 1050$ Euro $= 1102{,}50$ Euro und so weiter. Das Guthaben bei der Stadtsparkasse Schilda wird also durch eine geometrische Folge beschrieben.

Für eine geometrische Folge $(a_n)_{n \in \mathbb{N}}$ mit $\frac{a_{n+1}}{a_n} = q$, ist das m-te Folgenglied gerade durch $a_m = q^m \cdot a_0$ gegeben.

Beweis (durch vollständige Induktion nach m):

Induktionsanfang m = 1: $a_0 = q^0 \cdot a_0 = 1 \cdot a_0 = a_0$

Induktionsannahme: Für m gelte $a_m = q^m \cdot a_0$.

Induktionsschritt $m \to m + 1$: $a_{m+1} = q \cdot a_m$, wegen $\frac{a_{m+1}}{a_m} = q$.

Durch Einsetzen der Induktionsannahme $a_m = q^m \cdot a_0$ in die obere Gleichung erhält man die Gleichungskette:

$a_{m+1} = q \cdot a_m = q \cdot q^m \cdot a_0 = q^{m+1} \cdot a_0$.

Induktionsschluss: Somit gilt für alle natürlichen Zahlen inklusive der Null $a_m = q^m \cdot a_0$.

Was bedeutet dies konkret? Nun, in n Jahren wird das Guthaben bei der Stadtsparkasse Schilda eine Höhe von $1{,}05^n \cdot 1000$ Euro haben.

Grenzwerte von Folgen

Nun soll es um *Grenzwerte* von Folgen, genauer reellen Folgen gehen. Der Grenzwert a einer reellen Folge $(a_n)_{n \in \mathbb{N}}$ ist anschaulich gerade die Zahl, in deren Nähe fast alle Folgenglieder liegen. Oder anders ausgedrückt, die fortlaufenden Folgenglieder liegen immer dichter am Grenzwert a, oder sind vielleicht sogar gleich a. Diesen Sachverhalt wollen wir jetzt etwas präziser fassen.

Sind c, d zwei reelle Zahlen mit $c < d$, dann heißt $]c, d[= \{x \in \mathbb{R} : c < x < d\}$ das *offene Intervall* zwischen c und d, oder kurz das *offene Intervall cd*.

$]0,1[$ ist das offene Intervall 0 1 und enthält alle reellen Zahlen zwischen 0 und 1, aber, ganz wichtig, eben nicht 0 und 1.

Eine reelle Folge $(a_n)_{n \in \mathbb{N}}$ *konvergiert* genau dann gegen den *Grenzwert* a, man sagt auch *Limes* a, in Zeichen $\lim\limits_{n \to \infty} a_n = a$, falls gilt: In jedem offenen Intervall $]c, d[$, welches a enthält, liegen *fast alle* Folgenglieder a_n.

Unter „fast alle" Folgenglieder versteht man in der Mathematik immer alle, bis auf endlich viele.

Eine Folge, welche nicht konvergiert, heißt *divergent*.

Diese Definition vom Grenzwert einer Folge ist etwas abstrakt. So ist zunächst nicht erkennbar, warum sich die Folgenglieder a_n der obigen Folge dem Grenwert a immer dichter annähern.

Offenbar konvergiert die Folge $(1, \frac{1}{2}, \frac{1}{3}, \frac{1}{4}, \frac{1}{5}, ...) = \frac{1}{n}\,_{n \in \mathbb{N}}$ gegen den Grenzwert 0.

Solche Folgen nennt man auch *Nullfolgen*. Betrachtet man jetzt ein beliebiges offenes Intervall $]c, d[$ in dem 0 nicht liegt gilt für c und d: Beide sind negativ oder positiv.

1. Fall:

Sind c und d negativ, dann liegt in dem offenen Intervall]c, d[kein Folgenglied, da $\frac{1}{2} > 0$ ist und das sind deutlich weniger als fast alle. Somit kann keine negative Zahl Grenzwert dieser Folge sein.

2. Fall:

Sind c und d positiv, dann existiert eine natürliche Zahl n, sodass $\frac{1}{n} \leq c$ ist. Natürlich sind dann auch $\frac{1}{n+1}$, $\frac{1}{n+2}$, $\frac{1}{n+3}$, ... kleiner als c und liegen damit nicht in dem offenen Intervall]c, d[. Folglich liegen maximal die ersten n – 1 Folgenglieder in dem offenen Intervall und das sind auf keinen Fall fast alle.

Wir wissen jetzt, nur 0 kann nach unserer Definition Grenzwert von der Folge sein, aber dass dies wirklich so ist, müssen wir erst noch nachprüfen.

3. Fall:

Sei also]c, d[ein offenes Intervall in dem die Null enthalten ist. Damit ist $c < 0$ und $d > 0$. Da immer $\frac{1}{n} > 0$ ist, liegen in dem offenen Intervall]0, d[genauso viele Folgenglieder wie im offenen Intervall]c, d[. Ist m die kleinste natürliche Zahl, für die gilt: $\frac{1}{m} < d$, so liegen die Folgenglieder 1, $\frac{1}{2}$, $\frac{1}{3}$, ..., $\frac{1}{m-1}$ nicht in dem offenen Intervall $]0, \frac{1}{m}[$, was ja eine Teilmenge vom offenen Intervall]c, d[ist, dafür aber alle folgenden $\frac{1}{m}$, $\frac{1}{m+1}$, $\frac{1}{m+2}$, ... und das sind fast alle. Es ist damit gezeigt, dass 0 wirklich der Grenzwert der Folge $\left(\frac{1}{n}\right)_{n \in \mathbb{N}}$ ist.

Bemerkenswert ist, dass zwar fast alle Folgenglieder in dem offenen Intervall]0, d[, beziehungsweise alle Folgenglieder in dem offenen Intervall]0, 2[liegen, aber der Grenzwert dieser Folge nicht in diesem Intervall liegt. Wir werden später noch einmal darauf zurückkommen.

Eine andere gleichwertige Definition des Grenzwertes einer Folge wird jetzt vorgestellt.

> Eine reelle Folge $(a_n)_{n \in \mathbb{N}}$ konvergiert genau dann gegen den Grenzwert a, wenn gilt:
>
> Für alle $\varepsilon > 0$, also auch besonders für kleine ε, existiert eine natürliche Zahl m, sodass für alle n größer m gilt: $|a_n - a| < \varepsilon$. „$|a_n - a|$" steht für den *Betrag von $a_n - a$*, also für $a_n - a$, falls a_n größer als a, beziehungsweise für $a - a_n$, falls a_n kleiner als a ist.

B Eine andere bekannte konvergente Folge ist die *konstante Folge* $(a_n)_{n \in \mathbb{N}}$ mit $a_n = a_{n+1}$ für alle n. Ist $a = a_n$, so gilt offenbar fur alle ε größer $0: |a - a_n| < \varepsilon$. Statt $(a_n)_{n \in \mathbb{N}}$ schreibt man auch $(a)_{n \in \mathbb{N}}$.

Für das Rechnen mit Grenzwerten von Folgen gelten die unten aufgeführten Regeln.

Sind $(a_n)_{n \in \mathbb{N}}$, $(b_n)_{n \in \mathbb{N}}$ zwei konvergente Folgen mit $\lim a_n = a$ und $\lim b_n = b$, und ist weiter c eine reelle Zahl, dann gilt:

1. $\lim\limits_{n \to \infty} (a_n + b_n) = \lim\limits_{n \to \infty} a_n + \lim\limits_{n \to \infty} b_n = a + b.$
2. $\lim\limits_{n \to \infty} (a_n - b_n) = \lim\limits_{n \to \infty} a_n - \lim\limits_{n \to \infty} b_n = a - b.$
3. $\lim\limits_{n \to \infty} (a_n \cdot b_n) = \lim\limits_{n \to \infty} a_n \cdot \lim\limits_{n \to \infty} b_n = a \cdot b.$
4. $\lim\limits_{n \to \infty} \frac{a_n}{b_n} = \frac{\lim\limits_{n \to \infty} a_n}{\lim\limits_{n \to \infty} b_n} = \frac{a}{b}$, falls gilt $b \neq 0 \neq b_n$. Später werden wir diese Voraussetzungen (mit der Regel von de l` Hospital) noch abschwächen.
5. $\lim\limits_{n \to \infty} (c \cdot a_n) = c \cdot \lim\limits_{n \to \infty} a_n = c \cdot a.$

Zu zeigen ist, dass die Folge $(a_n)_{n \in \mathbb{N}}$ mit $a_n = \frac{n^3 + 2n^2 + 3n + 4}{n^3}$ konvergiert. Dazu benutzt man die obigen *Grenzwerteigenschaften* und das Wissen über die Konvergenz der Nullfolge $\left(\frac{1}{n}\right)_{n \in \mathbb{N}}$ und der konstanten Folge $(1)_{n \in \mathbb{N}}$.

III. Analysis

B

$$\lim_{n \to \infty} \frac{n^3 + 2 \cdot n^2 + 3 \cdot n + 4}{n^3}$$

$$= \lim_{n \to \infty} \left(1 + \frac{2}{n} + \frac{3}{n^2} + \frac{4}{n^3}\right)$$

$$= \lim_{n \to \infty} 1 + \lim_{n \to \infty} \frac{2}{n} + \lim_{n \to \infty} \frac{3}{n^2} + \lim_{n \to \infty} \frac{4}{n^3}$$

$$= 1 + 2 \cdot \lim_{n \to \infty} \frac{1}{n} + 3 \cdot \lim_{n \to \infty} \frac{1}{n^2} + 4 \cdot \lim_{n \to \infty} \frac{1}{n^3}$$

$$= 1 + 2 \cdot 0 + 3 \cdot \lim_{n \to \infty} \frac{1}{n} \cdot \lim_{n \to \infty} \frac{1}{n} + 4 \cdot \lim_{n \to \infty} \frac{1}{n} \cdot \lim_{n \to \infty} \frac{1}{n} \cdot \lim_{n \to \infty} \frac{1}{n}$$

$$= 1 + 2 \cdot 0 + 3 \cdot 0 \cdot 0 + 4 \cdot 0 \cdot 0 \cdot 0$$

$$= 1$$

Mit Hilfe der Rechenregeln können auch für scheinbar ganz komplizierte reelle Folgen $(a_n)_{n \in \mathbb{N}}$ die Grenzwerte berechnt werden, indem die Folge in einfachere bekannte Folgen zerlegt wird. Manchmal sind die Folgen aber so kompliziert, dass man schon froh ist, wenn man überhaupt weiß, ob die betreffende Folge konvergiert.

Konvergenzkriterien und der Satz von Bolzano-Weierstraß

Eine Zahl heißt *Häufungspunkt* der Folge $(a_n)_{n \in \mathbb{N}}$, falls in jedem offenen Intervall, welches a enthält, unendlich viele Folgenglieder a_n liegen.

B Die Folge $(a_n)_{n \in \mathbb{N}}$ mit $a_n = (-1)^n + \frac{1}{n}$ hat zwei Häufungspunkte. Zum Beweis zerlegen wir die Folge in zwei konvergente *Teilfolgen*, nämlich $(a_{2n+1})_{n \in \mathbb{N}}$ mit Grenzwert

$$\lim_{n \to \infty} a_{2n+1} = \lim_{n \to \infty} (-1)^{2n+1} + \lim_{n \to \infty} \frac{1}{2n+1} = -1 + 0 = -1$$

III. Analysis

und $(a_{2n})_{n \in \mathbb{N}}$ mit Grenzwert

$$\lim a_{2n} = \lim_{n \to \infty} (-1)^{2n} + \lim_{n \to \infty} \frac{1}{2n} = 1 + 0 = 1$$

Die Folge $(a_n)_{n \in \mathbb{N}}$ hat somit die zwei Häufungspunkte – 1 und 1.

B

Die Folge $(b_n)_{n \in \mathbb{N}}$ mit $b_{2n+1} = \frac{7}{n}$ und $b_{2n} = n$ hat genau einen Häufungspunkt. Zum Beweis zerlegt man die Folge wieder in zwei Teilfolgen. Zunächst betrachtet man $(b_{2n+1})_{n \in \mathbb{N}}$ mit Grenzwert

$$\lim_{n \to \infty} b_{2n+1} = \lim_{n \to \infty} \frac{7}{2n+1} = 7 \cdot \lim_{n \to \infty} \frac{7}{2n+1} = 7 \cdot 0 = 0$$ und dann

$(b_{2n})_{n \in \mathbb{N}} = (2, 4, 6, 8, 10, 12, ...)$.

Die zweite Teilfolge divergiert offensichtlich, somit hat die Folge nur den Häufungspunkt 0.

B

Angenommen, man würfelt mit einem Würfel und schreibt das Ergebnis jedesmal auf. Wenn man dies ohne Unterlass tut, erhält man eine Folge, etwa (1, 4, 2, 6, 1, 5, 2, 4, 3, ...). Diese Folge hat 6 Häufungspunkte, nämlich 1, 2, 3, 4, 5 und 6.

Eine reelle Folge $(a_n)_{n \in \mathbb{N}}$, für die eine *obere Schranke* b, bzw. eine *untere Schranke* c existiert mit $a_n \leq b$ bzw. $a_n \geq c$ heißt *nach oben*, beziehungsweise *nach unten beschränkt*. Ist $(a_n)_{n \in \mathbb{N}}$ nach oben und unten *beschränkt*, so heißt $(a_n)_{n \in \mathbb{N}}$ *beschränkt*.

Satz von Bolzano – Weierstraß:

Jede beschränkte Folge besitzt mindestens einen Häufungspunkt.

Dieser Satz erscheint offensichtlich, sein Beweis ist aber alles andere als trivial. Der Satz von Bolzano (Bernhard, 1781 – 1884) – Weierstraß (Karl, 1815 – 1897) gehört zu den wichtigsten Sätzen in der Analysis.

3. Folgen

Es sei x irgendeine reelle Zahl und X die zu x nächstkleinere ganze Zahl, dann definieren wir $[x] = x - X$.

B Für die Kreiszahl $\pi = 3{,}14 \ldots$ ist $[\pi] = 3{,}14 \ldots - 3 = 0{,}14 \ldots$.
Die Folge $([n \cdot x])_{n \,\varepsilon\, \mathbb{N}}$ ist für jede reelle Zahl x durch 0 und 1 beschränkt.

Für $x = \frac{1}{2}$ erhält man die Folge

$$([1 \cdot \tfrac{1}{2}], [2 \cdot \tfrac{1}{2}], [3 \cdot \tfrac{1}{2}], [4 \cdot \tfrac{1}{2}], \ldots)$$
$$= ([\tfrac{1}{2}], [1], [\tfrac{3}{2}], [2], \ldots)$$
$$= (\tfrac{1}{2}, 1 - 1, \tfrac{3}{2} - 1, 2 - 2, \ldots)$$
$$= (\tfrac{1}{2}, 0, \tfrac{1}{2}, 0, \ldots)$$

In diesem Fall hat die Folge genau zwei Häufungspunkte.

Allgemein gilt: Ist x rational, so hat die Folge $([n \cdot x])_{n \,\varepsilon\, \mathbb{N}}$ endlich viele Häufungspunkte.

Eine Folge $(a_n)_{n \,\varepsilon\, \mathbb{N}}$ heißt *monoton fallend*, bzw. *streng monoton fallend*, falls gilt: $a_{n+1} \leq a_n$, bzw. $a_{n+1} < a_n$. Entsprechend heißt eine Folge *monoton steigend*, bzw. *streng monoton steigend*, falls gilt: $a_{n+1} \geq a_n$, bzw. $a_{n+1} > a_n$.

Die konstanten Folgen sind die einzigen Folgen, welche sowohl monoton fallend, als auch monoton steigend sind.

Jede monoton fallende, beziehungsweise monoton steigende Folge, welche beschränkt ist, konvergiert.

B Seien a, b reelle Zahlen und $(a_n)_{n \in \mathbb{N}}$ rekursiv definiert $a_0 = b$ und

$$a_{n+1} = \frac{a_n + a}{2}.$$

Dann können zwei Fälle unterschieden werden.

1. Fall: $a = b$, dann gilt: $a_1 = \frac{a+a}{2} = a$ und $a_2 = \frac{a+a}{2} = a$ usw. In diesem Fall ist $(a_n)_{n \in \mathbb{N}}$ die konstante Folge mit Grenzwert a.

2. Fall: $a < b$, dann gilt $a_{n+1} < a_n$, aber $a_{n+1} > a$. Ein Beweis über vollständige Induktion nach n ist möglich.

Induktionsanfang $n = 0$:

Da $a < b$ ist, existiert eine positive reelle Zahl c mit $a = b - c$. Somit ist einerseits

$a_1 = \frac{a_0 + a}{2} = \frac{b + (b - c)}{2} < \frac{b + b}{2} = b = a_0$ und andererseits

$a_1 = \frac{a_0 + a}{2} = \frac{b + a}{2} > \frac{a + a}{2} = a.$

Induktionsannahme: Für n gelte $a < a_{n+1} < a_n$.

Induktionsschritt $n \rightarrow n + 1$:

$a_{n+2} = \frac{a_{n+1} + a}{2} > \frac{a + a}{2} = a$ wegen $a_{n+1} > a$

$a_{n+2} = \frac{a_{n+1} + a}{2} < \frac{a_{n+1} + a_{n+1}}{2} = a_{n+1}$ wegen $a_{n+1} > a$

Induktionsschluss: Für alle $n \in \mathbb{N}$ gilt $a < a_{n+1} < a_n$.

Die Folge $(a_n)_{n \in \mathbb{N}}$ ist also streng monoton fallend, sowie durch a_0 nach oben, bzw. durch a nach unten beschränkt und besitzt mit obigem Satz einen Grenzwert. Der Nachteil des Satzes ist allerdings, dass er zwar die Existenz des Grenzwertes liefert, aber nicht den Grenzwert als solches.

Es ist nicht offensichtlich, dass der Grenzwert gerade a ist. Eine Möglichkeit eine Vermutung zu beweisen, ist einfach das Gegenteil anzunehmen und dies zum Widerspruch zu führen. Solche Beweise nennt man indirekt.

Angenommen es gilt $\lim\limits_{n \to \infty} a_n = A \neq a$. Da alle a_n größer als a sind, muss auch A größer als a sein. Somit existiert ein δ größer Null, mit $a + \delta = A$. In dem offenen Intervall $]A - \frac{\delta}{2}, A + \frac{\delta}{2}[$ liegen fast alle Folgenglieder a_n.

Warum ist das so? Die Antwort auf diese Frage findet man, wenn man sich noch einmal die Definition für Konvergenz bei Folgen ansieht.

B Da die Folge streng monoton fallend ist, gilt $a_n > A$, somit liegen sogar fast alle a_n in dem offenen Intervall $]A, A + \frac{\delta}{2}[$. Sei also a_m so ein Folgenglied, dann gilt:

$$\begin{aligned} a_{m+1} &= \frac{a_m + a}{2} \\ &< \frac{A + \frac{\delta}{2} + a}{2} \\ &= \frac{A + \frac{\delta}{2} + A - d}{2} \\ &= A - \frac{\delta}{4} < A. \end{aligned}$$

Somit ist nicht nur a_{m+1} kleiner als A, sondern auch alle weiteren Folgenglieder. Es liegen also keineswegs fast alle Folgenglieder im offenen Intervall $]A, A + \frac{\delta}{2}[$. Damit ist die Annahme, A sei der Grenzwert der Folge $(a_n)_{n \in \mathbb{N}}$, falsch. Da ein Grenzwert existiert, kann dieser nur a sein.

3. Fall: Angenommen $b < a$. Dann gilt für die Folge $(-a_n)_{n \in \mathbb{N}}$, $-a_0 = -b$ und

$$-a_{n+1} = \frac{-a_n + (-a)}{2}.$$

Da $-b < -a$, sind die Voraussetzungen vom 2ten Fall erfüllt. Folglich ist $(-a_n)_{n \in \mathbb{N}}$ eine monoton fallende Folge mit Grenzwert $-a$. Dies bedeutet $(a_n)_{n \in \mathbb{N}}$ ist eine monoton steigende Folge mit Grenzwert a. Welcher Satz wurde für diesen Beweis benutzt? Man beachte $(-a_n)_{n \in \mathbb{N}} = -1 \cdot (a_n)_{n \in \mathbb{N}}$

Wenn man a gleich Null und b gleich 1 setzt, erhält man übrigens die geometrische Folge $(1, \frac{1}{2}, \frac{1}{4}, \frac{1}{8}, \frac{1}{16}, ...)$.

Eine andere bekannte streng monoton fallende Folge ist die Nullfolge $(1, \frac{1}{2}, \frac{1}{3}, \frac{1}{4}, \frac{1}{5}, ...)$.

B Die geometrische Folge $(1, q, q^2, q^3, ...)$, mit $0 < q < 1$, ist eine Nullfolge.

Beweis: Da, wegen $0 < q < 1$, $0 < q^{n+1} < q^n$ ist, hat man es mit einer streng monoton fallenden und beschränkten Folge zu tun. Folglich konvergiert die Folge gegen einen Grenzwert, etwa $x \geq 0$.

Es gilt:
$$\begin{aligned} q^n - q^{n+1} &= q^n \cdot (1-q) \\ &> x \cdot (1-q). \end{aligned}$$

Da sich der Abstand der aufeinander folgenden Glieder immer stärker verringern muss, kann x nur gleich Null sein.

Das *Sandwichtheorem:*

> Konvergieren die Folgen $(b_n)_{n \in \mathbb{N}}$ und $(c_n)_{n \in \mathbb{N}}$ gegen den Grenzwert a und gilt außerdem für die Folge $(a_n)_{n \in \mathbb{N}}$:
> $$b_n \leq a_n \leq c_n \text{ für alle n,}$$
> so konvergiert $(a_n)_{n \in \mathbb{N}}$ ebenfalls gegen den Grenzwert a.

B Wir wollen wissen, ob und wogegen die Folge $(a_n)_{n \in \mathbb{N}}$ mit $a_n = \frac{n}{(n^2-1)}$ konvergiert. Dazu betrachten wir die Folge $(b_n)_{n \in \mathbb{N}}$ mit $b_n = \frac{1}{n+1}$.

Es ist: $\lim_{n \to \infty} b_n = \lim_{n \to \infty} \frac{1}{n+1} = \lim_{n \to \infty} \frac{1}{n} = 0$.

Weiter gilt für alle n:
$$\begin{aligned} b_n &= \frac{1}{n+1} \\ &= \frac{1}{n+1} \cdot \frac{n-1}{n-1} \\ &= \frac{n-1}{n^2-1} \\ &< \frac{n}{n^2-1} \\ &= a_n. \end{aligned}$$

III. Analysis

Jetzt kommt mit der Folge $(c_n)_{n \in \mathbb{N}}$, $c_n = \frac{1}{n-1}$ die obere Scheibe des Sandwich.

Es ist offenbar $\lim\limits_{n \to \infty} c_n = 0$. Weiter gilt für alle n:

$$\begin{aligned} c_n &= \frac{1}{n-1} \\ &= \frac{1}{n-1} \cdot \frac{n+1}{n+1} \\ &= \frac{n+1}{n^2-1} \\ &> \frac{n}{n^2-1} \\ &= a_n. \end{aligned}$$

Somit gilt mit dem Sandwichtheorem: $\lim\limits_{n \to \infty} a_n = 0$.

Das Berechnen von Wurzeln mit Hilfe von Folgen

Es sollen jetzt Wurzeln von reellen Zahlen mit Hilfe einer Folge berechnet werden und zwar mit der Folge, welche auch Taschenrechner und Computer zum Wurzelziehen benutzen.

Angenommen wir wollen die positive Wurzel der Zahl a berechnen. Als Startwert a_1 nehmen wir irgendeinen Wert größer Null, zum Beispiel $a_1 = a$. Die Rekursionsformel lautet dann:

$$a_{n+1} = \frac{1}{2} \cdot \left(a_n + \frac{a}{a_n}\right).$$

Behauptung: $\lim\limits_{n \to \infty} a_n = a^{\frac{1}{2}} = \sqrt{a}$

Beweisansatz: Der strenge Beweis der Aussage ist etwas schwer und soll deshalb hier nicht wiedergegeben werden. Aber wir können uns die Konvergenz der Folge plausibel machen.

Angenommen es gilt: $a_n = a^{\frac{1}{2}} + t$, mit positiven t. Dann gilt weiter:

$$a_{n+1} = \frac{1}{2}\left(a_n + \frac{a}{a_n}\right)$$

$$= \frac{1}{2}\left(\frac{a_n^{\ 2} + a}{a_n}\right)$$

$$= \frac{1}{2}\left(\frac{(\sqrt{a} + t)^2 + a}{\sqrt{a} + t}\right) \qquad (a_n = \sqrt{a} + t \text{ einsetzen})$$

$$= \frac{1}{2}\left(\frac{a + 2\sqrt{a}t + t^2 + a}{\sqrt{a} + t}\right)$$

$$< \frac{1}{2}\left(\frac{2a + 4\sqrt{a}t + 2t^2}{\sqrt{a} + t}\right)$$

$$= \frac{a + 2\sqrt{a}t + t^2}{\sqrt{a} + t}$$

$$= \sqrt{a} + t$$

$$= a_n \text{, d.h. } a_{n+1} < a_n$$

Also ist a_{n+1} echt kleiner als a_n.

Weiter gilt $a_{n+1} \geq \sqrt{a}$. Wir versuchen dies indirekt zu beweisen.

Angenommen es gilt:

$$\sqrt{a} > a_{n+1}$$

$$= \frac{1}{2}\left(a_n + \frac{a}{a_n}\right) \qquad \text{Rekusionsformel von } a_{n+1}$$

$$= \frac{1}{2}\left(\sqrt{a} + t + \frac{a}{\sqrt{a} + t}\right).$$

Durch Multiplikation des ersten und letzten Terms der Ungleichung mit $\sqrt{a} + t$ erhalten wir:

$$(\sqrt{a}+t)\cdot\sqrt{a} > (\sqrt{a}+t)\cdot\frac{1}{2}\left(\sqrt{a}+t+\frac{a}{\sqrt{a}+t}\right)$$

$$a+t\sqrt{a} > \frac{1}{2}(a+2t\sqrt{a}+t^2+a)$$

$$a+t\sqrt{a} > \frac{1}{2}(2a+2t\sqrt{a}+t^2)$$

$$a+t\sqrt{a} > a+t\sqrt{a}+\frac{1}{2}t^2 \qquad |-(a+t\sqrt{a})$$

$$0 > \frac{1}{2}t^2.$$

Dies ist ein Widerspruch, da das Quadrat und auch die Hälfte des Quadrates immer größer gleich Null sind. Somit gilt also:

$$a_n > a_{n+1} > \sqrt{a}.$$

Damit ist $(a_n)_{n \in \mathbb{N}}$ eine streng monoton fallende Folge, welche durch a_0 nach oben und $\sqrt{a}$ nach unten beschränkt ist. Folglich ist die Folge konvergent und für sehr große n liegt a_n beliebig dicht bei dem noch unbekannten Grenzwert. Dasselbe gilt natürlich auch für a_{n+1}, weshalb die beiden Folgenglieder ungefähr gleich sind.

Wegen $a_n \approx a_{n+1} = \frac{1}{2}\cdot\left(a_n+\frac{a}{a_n}\right)$ erhalten wir:

$$a_n \approx a_{n+1} = \frac{1}{2}\cdot\left(a_n+\frac{a}{a_n}\right) \qquad |\cdot 2$$

$$2\cdot a_n \approx a_n+\frac{a}{a_n} \qquad |-a_n$$

$$a_n \approx \frac{a}{a_n} \qquad |\cdot a_n$$

$$a_n^2 \approx a \qquad |-\sqrt{}$$

$$a_n \approx \sqrt{a}.$$

Wir haben also gezeigt, der Grenzwert der Folge im Fall $a_0 > \sqrt{a}$ ist gerade $\sqrt{a}$. Im Fall $a_0 < \sqrt{a}$ kommt man auf ähnliche Weise zu demselben Ergebnis.

Aber jetzt wollen wir die Folge anwenden, um zu sehen, wie gut sie funktioniert.

B Zu berechnen ist $\sqrt{3}$, also setzt man a = 3 und der Einfachheit wegen auch $a_0 = 3$.

$$a_1 = \frac{1}{2} \cdot \left(3 + \frac{3}{3}\right) = \frac{1}{2} \cdot (3 + 1) = \frac{1}{2} \cdot 4$$
$$= 2$$

$$a_2 = \frac{1}{2} \cdot \left(2 + \frac{3}{2}\right) = \frac{1}{2}\left(\frac{4}{2} + \frac{3}{2}\right) = \frac{1}{2} \cdot \frac{7}{2} = \frac{7}{4}$$
$$= 1{,}75$$

$$a_3 = \frac{1}{2} \cdot \left(\frac{7}{4} + \frac{3}{\frac{7}{4}}\right) = \frac{1}{2} \cdot \left(\frac{49}{28} + \frac{48}{28}\right) = \frac{97}{56}$$
$$= 1{,}732142857$$

Wegen $\sqrt{3} \approx 1{,}732050807569$ ist bereits das dritte Folgenglied auf 3 Nachkommastellen, also auf ein Tausendstel, genau.

B Berechnen von $\sqrt{4}$, also a = 4 und $a_0 = 4$

$$a_1 = \frac{1}{2} \cdot \left(4 + \frac{4}{4}\right) = \frac{1}{2} \cdot 5 = \frac{5}{2}$$
$$= 2{,}5$$

$$a_2 = \frac{1}{2} \cdot \left(\frac{5}{2} + \frac{4}{\frac{5}{2}}\right) = \frac{1}{2} \cdot \left(\frac{25}{10} + \frac{16}{10}\right) = \frac{41}{20}$$
$$= 2{,}05$$

$$a_3 = \frac{1}{2} \cdot \left(\frac{41}{20} + \frac{4}{\frac{41}{20}}\right) = \frac{1}{2} \cdot \frac{3281}{820}$$
$$= 2{,}00060975$$

Auch in diesem Fall ist das dritte Folgenglied bereits auf drei Nachkommastellen genau. Auf diese Weise lassen sich also Wurzeln sehr effektiv berechnen.

Reihen, oder wieso Achilles die Schildkröte überholt hat

Ist $(a_n)_{n \in \mathbb{N}}$ eine reelle Folge, dann heißt

$$\sum_{i=0}^{n} a_i = a_0 + a_1 + a_2 + \ldots + a_n$$

Partialsumme und die Folge der Partialsummen $\left(\sum_{i=0}^{n} a_i\right)$ heißt *Reihe*, in Zeichen

$$\sum_{i=0}^{\infty} a_i = a_0 + a_1 + a_2 + a_3 + a_4 + \ldots .$$

Eine Reihe ist nur eine spezielle Folge. Deshalb können wir auch alle Grenzwert – und Konvergenzsätze von Folgen übernehmen. Im Unterschied zu einer gewöhnlichen Folge $(a_n)_{n \in \mathbb{N}}$ mit Grenzwert $\lim_{n \to \infty} a_n$, bezeichnet man bei einer Reihe $\sum_{i=0}^{\infty} a_i$ ihren Grenzwert auch mit $\sum_{i=0}^{\infty} a_i$. Natürlich muss eine Reihe nicht bei Null beginnen. Auch dies ist eine Reihe: $\sum_{m=3}^{\infty} a_m = a_3 + a_4 + a_5 + a_6 + \ldots$

B Die Reihe $\sum_{n=1}^{\infty} \frac{1}{n} = 1 + \frac{1}{2} + \frac{1}{3} + \frac{1}{4} + \frac{1}{5} + \frac{1}{6} + \frac{1}{7} + \frac{1}{8} + \frac{1}{9} + \ldots$ heißt *harmonische Reihe,* sie konvergiert nicht, denn es gilt:

$\frac{1}{2} < \underline{1}$,

$\frac{1}{2} \leq \underline{\frac{1}{2}}$,

$\frac{1}{2} = \frac{1}{4} + \frac{1}{4} < \underline{\frac{1}{3} + \frac{1}{4}}$,

$\frac{1}{2} = \frac{1}{8} + \frac{1}{8} + \frac{1}{8} + \frac{1}{8} < \underline{\frac{1}{5} + \frac{1}{6} + \frac{1}{7} + \frac{1}{8}}$,

$$\frac{1}{2} = \frac{1}{16} + \frac{1}{16} + \frac{1}{16} + \frac{1}{16} + \frac{1}{16} + \frac{1}{16} + \frac{1}{16} + \frac{1}{16}$$

$$< \underline{\frac{1}{9} + \frac{1}{10} + \frac{1}{11} + \frac{1}{12} + \frac{1}{13} + \frac{1}{14} + \frac{1}{15} + \frac{1}{16}},$$

...

Wenn man die unterstrichenen Summen hintereinander aufschreibt und addiert, erhält man gerade die harmonische Reihe. Wir können also zeigen, dass die Partialsummen der harmonischen Reihe größer gleich $\frac{1}{2} + \frac{1}{2} + \frac{1}{2} + \frac{1}{2} + \ldots$ sind, also gegen „unendlich" streben. Dies ist zunächst kaum zu glauben, da doch $\left(\frac{1}{n}\right)_{n \in \mathbb{N}}$ eine Nullfolge ist. In der Tat strebt die harmonische Reihe auch extrem langsam gegen unendlich.

B Die *geometrische Reihe* $\sum_{n=0}^{\infty} q^n = 1 + q + q^2 + q^3 + \ldots$ konvergiert gegen $\frac{1}{1-q}$, für $0 < q < 1$.

Beweis: Man berechnet zunächst den Grenzwert der Reihe $(1 - q) \cdot \sum_{n=0}^{\infty} q^n$.

Teilt man diesen danach durch $1 - q$, so erhält man den gesuchten Grenzwert.

$$\begin{aligned}
(1-q) \cdot \sum_{n=0}^{\infty} q^n &= (1-q) \cdot \lim_{n \to \infty} \sum_{n=0}^{n} q^n \\
&= (1-q) \cdot \lim_{n \to \infty} (1 + q + \ldots + q^n) \\
&= \lim_{n \to \infty} (1 + q + \ldots \ldots + q^n \\
&\qquad - q - q^2 - \ldots - q^n - q^{n+1}) \\
&= \lim_{n \to \infty} (1 - q^{n+1}) \\
&= 1 - \lim_{n \to \infty} q^{n+1} \\
&= 1 - 0 \\
&= 1
\end{aligned}$$

III. Analysis

Somit ist der gesuchte Grenzwert gerade $\frac{1}{1-q}$.

Für das zu Beginn des Analysis-Teils geschilderte Wettrennen zwischen Achilles und der Schildkröte bedeutet dies, Achilles überholt die Schildkröte nach $\frac{1}{1-\frac{1}{1000}} = 1{,}\overline{001}$ Sekunden.

Zum Abschluss sei noch erwähnt, dass sich jede reelle Folge $(a_n)_{n \in \mathbb{N}}$ auch als Reihe darstellen lässt. Wir setzen $b_0 = a_0$ und $b_{n+1} = a_{n+1} - a_n$, dann gilt:

$a_n = b_0 + b_1 + b_2 + \ldots + b_n$, also

$$(a_n)_{n \in \mathbb{N}} = \sum_{n=0}^{\infty} b_n .$$

Beweis über vollständige Induktion nach n:

Induktionsanfang $n = 0$:

$a_0 = b_0$ ist gerade so definiert.

Induktionsannahme:

Es gelte $a_n = b_0 + b_1 + b_2 + \ldots + b_n$.

Induktionsschritt $n \to n + 1$:

$$\begin{aligned} {}_{n+1} &= a_n + a_{n+1} - a_n \\ &= a_n + b_{n+1} \\ &= (b_0 + b_1 + b_2 + \ldots + b_n) + b_{n+1} \\ &= b_0 + b_1 + b_2 + \ldots b_{n+1} \end{aligned}$$

Induktionsschluss:

Somit gilt $(a_n)_{n \in \mathbb{N}}$ gleich $\sum_{n=0}^{\infty} b_n$.

Aufgaben

1. Nachstehende Folge kann auch auf eine andere Weise dargestellt werden: (1, 3, 5, 7, 9, ...)
2. Handelt es sich bei der Folge (a_n) mit $a_n = 3 - 2 \cdot n$ für alle $n \in \mathbb{N}$ um eine arithmetische Folge?
3. Gibt es eine geometrische Folge, die auch eine arithmetische Folge ist?
4. Die Folge $(a_n)_{n \in \mathbb{N}}$ mit $a_n = \frac{n}{n+1}$ konvergiert gegen 1.
   Ist diese Aussage wahr?
5. Man konstruiere eine unbeschränkte Folge, welche mindestens einen Häufungspunkt hat.
6. Die Wurzel von 6 ist näherungsweise zu berechnen!
7. Wenn die Reihe $\sum_{n=0}^{\infty} a_n$ gegen unendlich strebt, wohin strebt dann die Reihe $\sum_{n=0}^{\infty} \frac{1}{a_n}$?

Lösungen

1. (a_n) mit $a_n = 2 \cdot n - 1$
2. Ja, denn der Abstand von zwei beliebigen Folgengliedern ist immer gleich – 2.
   Beweis: $a_{n+1} - a_n = 3 - 2 \cdot (n + 1) - 3 + 2 \cdot n$
   $= -2$
3. Jede konstante Folge, deren Glieder ungleich Null sind, ist sowohl eine arithmetische als auch eine geometrische Folge, zum Beispiel (1, 1, 1, 1, . . .).

4. In dem offenen Intervall $]1 - \frac{1}{n}, 1 + \frac{1}{n}[$ liegen alle Folgenglieder bis auf die ersten $n - 1$. Deshalb konvergiert die Folge gegen 1.

5. Ein Beispiel ist diese Folge:
$(1, 2, 1, -3, 1, 4, 1, -5, 1, 6, 1, -7, 1, 8, 1, -9, \ldots)$.

6. $a_0 = 6$

$$a_1 = \frac{1}{2} \cdot (a_0 + \frac{a}{a_0})$$
$$= \frac{1}{2} \cdot (6 + \frac{6}{6})$$
$$= \frac{1}{2} \cdot 7$$
$$= 3{,}5$$

$$a_2 = \frac{1}{2} \cdot (a_1 + \frac{a}{a_1})$$
$$= \frac{1}{2} \cdot (3{,}5 + \frac{6}{3{,}5})$$
$$= 2{,}60714\ldots$$

$$a_3 = \frac{1}{2} \cdot (a_2 + \frac{a}{a_2})$$
$$= \frac{1}{2} \cdot (2{,}60714\ldots + \frac{6}{2{,}60714\ldots})$$
$$= 2{,}45426\ldots$$

Das richtige Ergebnis wäre gewesen: $6^{\frac{1}{2}} = 2{,}44948\ldots$

7. Sowohl die Reihe $1 + \frac{1}{2} + \frac{1}{3} + \frac{1}{2} + \ldots$ als auch die Reihe $1 + 2 + 3 + 4 + \ldots$ streben gegen unendlich. Auch die Reihe $1 + 2 + 4 + 8 + \ldots$ strebt gegen unendlich, aber die Reihe $1 + \frac{1}{2} + \frac{1}{4} + \frac{1}{8} + \frac{1}{16} + \ldots$ konvergiert gegen 2. Solche Folgerungen, wie sie in der Aufgabenstellung suggeriert werden, sind also nicht möglich.

4. Stetigkeit und Grenzwerte

Von vielen wichtigen Funktionen $f : \mathbb{R} \to \mathbb{R},\ x \to f(x)$ kann man den Graph G(f) zeichnen, ohne den Stift abzusetzen. Funktionen, deren Graph man so zeichnen kann, nennt man *stetig*.

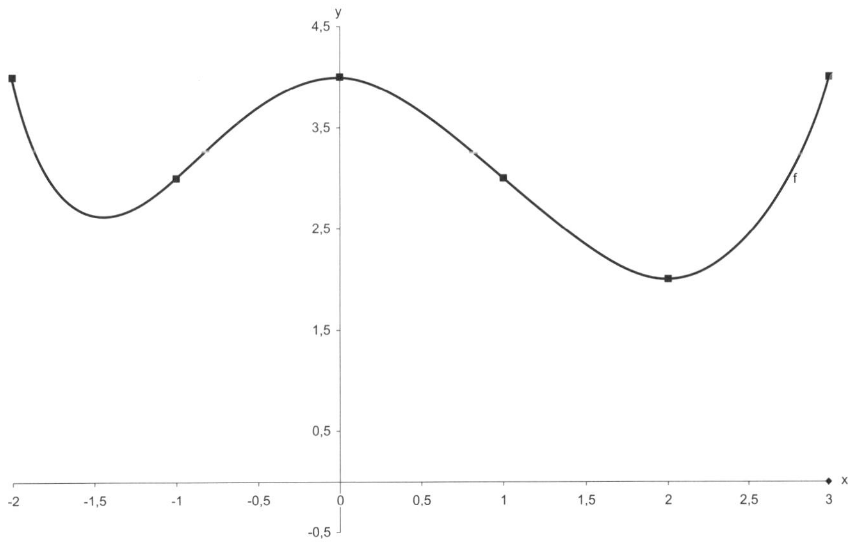

Natürlich ist dies eine anschauliche Darstellung des Begriffs der Stetigkeit und keine exakte mathematische Definition. In der Mathematik existieren Funktionen, welche stetig sind, ohne dass man ihren Graph zeichnen könnte. Glücklicherweise muss man sich schon sehr bemühen, um an eine derartige Funktion zu geraten.

Zunächst ist für den Mathematiker eine Funktion in einem bestimmten Punkt stetig, oder eben auch nicht. Wie ist das zu verstehen?

Bislang haben wir Grenzwerte von Folgen betrachtet, nun wollen wir zusätzlich noch Funktionen betrachten, welche die Folgenglieder „irgendwie" abbilden.

B Wir betrachten die Nullfolge $\left(\frac{1}{n}\right)$ und die Funktion $f : \mathbb{R} \to \mathbb{R},\ x \to 1$ für $x > 0$ und $x \to 0$ sonst.

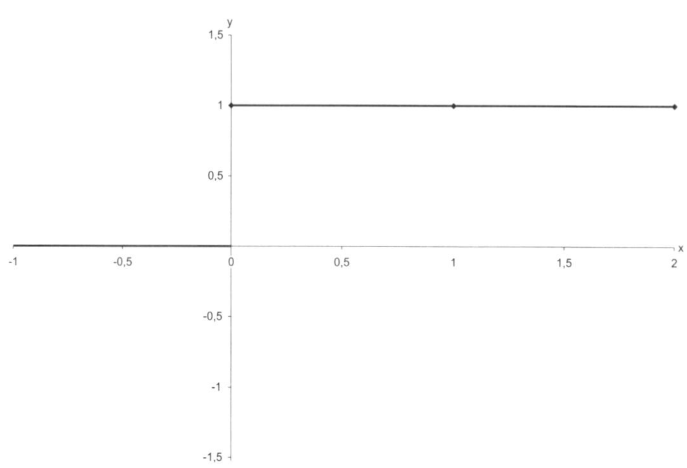

Wir wissen, dass gilt:

$$\lim_{n \to \infty} \frac{1}{n} = 0.$$

Aber gilt auch:

$$\lim_{n \to \infty} f\left(\frac{1}{n}\right) = f\left(\lim_{n \to \infty} \frac{1}{n}\right) = f(0) = 0\ ?$$

Nein, das gilt nicht, denn

$$\frac{1}{n} > 0 \Rightarrow f\left(\frac{1}{n}\right) = 1.$$

Somit ist $\lim\limits_{n \to \infty} f\left(\frac{1}{n}\right) = 1 \neq 0 = f\left(\lim\limits_{n \to \infty} \frac{1}{n}\right)$.

B Wir betrachten wieder die Nullfolge $\left(\frac{1}{n}\right)$ und die Funktion g:

$\mathbb{R} \to \mathbb{R},\ x \to g(x) = (x - 1) \cdot (x + 1).$

In diesem Fall gilt:

$$\lim_{n \to \infty} g\left(\frac{1}{n}\right) = \lim_{n \to \infty} \left(\frac{1}{n} - 1\right) \cdot \left(\frac{1}{n} + 1\right).$$

Mit den Grenzwertsätzen erhalten wir

$$= \left(\lim_{n \to \infty} \left(\frac{1}{n} - 1\right)\right) \cdot \left(\lim_{n \to \infty} \left(\frac{1}{n} + 1\right)\right) = -1 \cdot 1 = -1$$

$$= g\left(\lim_{n \to \infty} \frac{1}{n}\right)$$

$$= g(0).$$

Zusammenfassend gilt: $\lim\limits_{n \to \infty} g\left(\frac{1}{n}\right) = g\left(\lim\limits_{n \to \infty} \frac{1}{n}\right)$.

In diesem Fall durften wir den Limes in die Klammer hineinziehen.

B Wir betrachten die beiden Nullfolgen $\left(\frac{1}{n}\right)$ und $\left(\frac{\pi}{n}\right)$, sowie die Funktion h : $\mathbb{R} \to \mathbb{R}$, $x \to 0$, falls x rational und $x \to 1$ sonst. Nun gilt:

$$\lim_{n \to \infty} h\left(\frac{1}{n}\right) = 0, \qquad \text{da } \left(h\left(\frac{1}{n}\right)\right)_{n \in \mathbb{N}} = (0, 0, 0, \ldots) \text{ ist}$$

$$= h(0)$$

$$= h\left(\lim_{n \to \infty} \frac{1}{n}\right).$$

Aber

$$\lim_{n \to \infty} h\left(\frac{\pi}{n}\right) = 1, \qquad \text{da } \left(h\left(\frac{\pi}{n}\right)\right)_{n \in \mathbb{N}} = (1, 1, 1, \ldots).$$

$$\neq 0$$

$$= h(0)$$

$$= h\left(\lim_{n \to \infty} \frac{\pi}{n}\right)$$

Wie die Bespiele gezeigt haben, ist es bei manchen Funktionen unerheblich, ob der Grenzwert einer Folge bereits im Definitionsbereich oder im Bildbereich berechnet wird. Es wird sich herausstellen, dass dies für stetige Funktionen der Fall ist.

Zwei Definitionen für Stetigkeit

Sind A, B Teilmengen von $\mathbb{R}$, dann heißt eine Funktion $f: A \to B$, $x \to f(x)$ *stetig* im Punkt a aus A, falls gilt:

Für jede Folge $(a_n)_{n \in \mathbb{N}}$ aus A mit $\lim\limits_{n \to \infty} a_n = a$ ist auch $\lim\limits_{n \to \infty} f(a_n)_{n \in \mathbb{N}} = f(a)$. f heißt stetig, falls f in jedem Punkt von A stetig ist.

Die identische Funktion $id: \mathbb{R} \to \mathbb{R}$, $x \to id(x) = x$ ist überall stetig. Gilt doch für jede reelle konvergente Folge $(a_n)_{n \in \mathbb{N}}$ mit $\lim\limits_{N \to \infty} a_n = a$:

$$\lim_{N \to \infty} id(a_n)_{n \in \mathbb{N}} = \lim_{N \to \infty} a_n = a = id(a).$$

Die konstante Funktion $f: \mathbb{R} \to \mathbb{R}$, $x \to f(x) = 1$ ist überall stetig. Gilt doch für jede reelle konvergente Folge $(a_n)_{n \in \mathbb{N}}$ mit $\lim\limits_{n \to \infty} a_n = a$:

$$\begin{aligned}\lim_{n \to \infty} f(a_n)_{n \in \mathbb{N}} &= \lim_{n \to \infty} 1 \\ &= 1 \\ &= f(a) \\ &= f(\lim_{n \to \infty} a_n).\end{aligned}$$

Natürlich ist auch jede andere konstante Funktion von $\mathbb{R}$ nach $\mathbb{R}$ stetig.

B Gegeben sei die Funktion $g: \mathbb{R} \to \mathbb{R}$, $x \to g(x) = x$, falls x rational ist und $x \to g(x) = 0$, falls x irrational ist. Diese Funktion ist nur im Punkt 0 stetig und überall sonst unstetig.

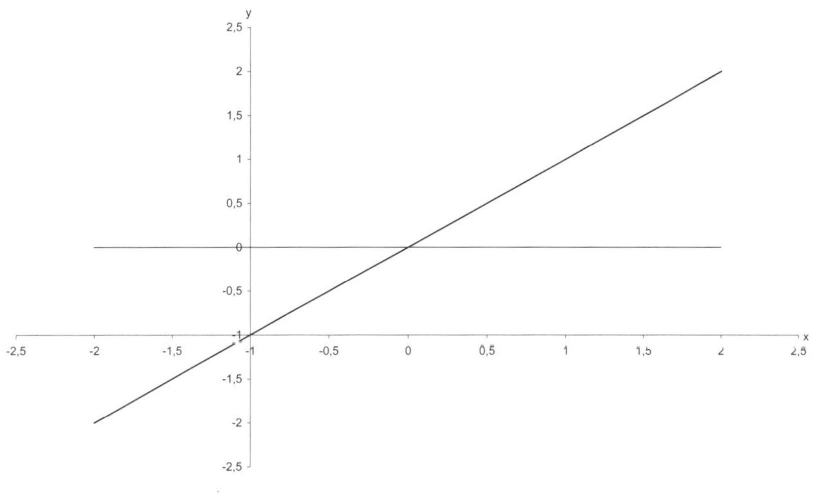

Erster Fall: a ist eine irrationale Zahl, also g(a) = 0.
Man setzt a_n gerade gleich a, bis einschließlich der n-ten Nachkommastelle. Alle weiteren Nachkommastellen von a_n seien gleich Null.

Wäre a = π = 3,14159265 ..., dann wäre a_2 = 3,14. So ist sicherlich $\lim\limits_{n \to \infty} a_n = a$, aber da a_n rational ist, somit $g(a_n)_{n \in \mathbb{N}} = a_n$, gilt:

$$\begin{aligned} \lim_{n \to \infty} g(a_n)_{n \in \mathbb{N}} &= \lim_{n \to \infty} a_n \\ &= a \\ &\neq 0 \\ &= g(a) \\ &= g(\lim_{n \to \infty} a_n). \end{aligned}$$

Folglich ist g in a nicht stetig.

Zweiter Fall: a ist rational, aber ungleich 0.
Man setzt $a_n = a + \frac{\pi}{n}$. Somit ist jedes a_n irrational, also $g(a_n)_{n \in \mathbb{N}} = 0$, und es gilt $\lim\limits_{n \to \infty} a_n = a$. Man erhält:

$$\begin{aligned}\lim_{n \to \infty} g(a_n)_{n \,\varepsilon\, \mathbb{N}} &= \lim_{n \to \infty} 0 \\ &= 0 \\ &\neq a \\ &= g(a) \\ &= g(\lim_{n \to \infty} a_n)\end{aligned}$$

Folglich ist g in a nicht stetig.

Dritter Fall: a = 0

Wir wenden jetzt das Sandwichtheorem an. Es sei $(a_n)_{n \text{ aus } \mathbb{N}}$ eine beliebige Nullfolge, etwa $(1, -\frac{1}{2}^{\frac{1}{2}}, \frac{1}{2}, \left(-\frac{1}{2}^{\frac{1}{2}}\right)^3, \ldots)$, also in diesem speziellen Fall $a_n = \left(-\frac{1}{2}^{\frac{1}{2}}\right)^n$.

Dann wollen wir zeigen, dass gilt:

$$\lim_{n \to \infty} g(a_n)_{n \in \mathbb{N}} = g(\lim_{n \to \infty} a_n) = g(0) = 0.$$

Dies würde für das Beispiel bedeuten:

$$\lim_{n \to \infty} \left(-\frac{1}{2}^{\frac{1}{2}}\right)^n = g\left(\lim_{n \to \infty} \left(-\frac{1}{2}^{\frac{1}{2}}\right)^n\right) = g(0) = 0.$$

Dazu betrachtet man die Folge $(b_n)_{n \in \mathbb{N}}$ mit

$b_n = a_n$, falls $a_n < 0$
und $b_n = -a_n$ sonst.

Dies würde für die spezielle Folge bedeuten:

$$b_n = -\left(\frac{1}{2}^{\frac{1}{2}}\right)^n = -\left(-\frac{1}{2}^{\frac{n}{2}}\right).$$

Wegen $b_n \leq 0$ und $b_n \leq a_n$ gilt:

$b_n \leq g(a_n)_{n \in \mathbb{N}}$,

$\lim\limits_{N \to \infty} b_n = 0$ ist sowieso klar.

Für unsere spezielle Folge erhält man, dass:

wegen $-\frac{1}{2}^{\frac{n}{2}} \leq 0$ und $-\frac{1}{2}^{\frac{n}{2}} \leq a_n$ gilt: $-\frac{1}{2}^{\frac{n}{2}} \leq g(a_n)_{n \,\varepsilon\, \mathbb{N}}$. Weiter ist $\lim\limits_{n \to \infty} \frac{1}{2}^{\frac{n}{2}} = 0$.

Nun betrachten wir die Folge (c_n) mit

$c_n = a_n$, falls $a_n > 0$
und $c_n = -a_n$ sonst.

Dies bedeutet für das Beispiel:

$$c_n = \left(\frac{1}{2}^{\frac{1}{2}}\right)^n = \frac{1}{2}^{\frac{n}{2}}.$$

Wegen $c_n \geq 0$ und $c_n \geq a_n$ gilt:

$c_n \geq g(a_n)_{n \in \mathbb{N}}$,

$\lim\limits_{n \to \infty} c_n = 0$ ist auch klar.

Für unser Beispiel wiederum bedeutet dies:

Wegen $\frac{1}{2}^{\frac{n}{2}} \geq 0$, $\frac{1}{2}^{\frac{n}{2}} \geq a_n$ gilt:

$\frac{1}{2}^{\frac{n}{2}} \geq g(a_n)_{n \in \mathbb{N}}$. Weiter ist $\lim\limits_{n \to \infty} \frac{1}{2}^{\frac{n}{2}} = 0$.

Die Folge $(g_n)_{n \in \mathbb{N}}$ wird also durch die Nullfolge $(b_n)_{n \in \mathbb{N}}$ nach unten und durch die Nullfolge $(c_n)_{n \in \mathbb{N}}$ nach oben begrenzt. Mit dem Sandwichtheorem gilt nun: $\lim\limits_{n \to \infty} g(a_n)_{n \in \mathbb{N}} = 0 = g(0)$, also ist g nur im Punkt 0 stetig.

Eine andere gleichwertige Definition für Stetigkeit ist die folgende.

Es seien A, B Teilmengen von $\mathbb{R}$ und $f : \mathbb{R} \to \mathbb{R},\ x \to f(x)$ eine Funktion. Dann heißt f im Punkt a aus A *stetig*, falls für jedes $\varepsilon > 0$ ein $\delta > 0$ existiert, sodass gilt:

Ist a′ aus dem offenen Intervall $]a - \delta,\ a + \delta[$, (man spricht hier auch von der δ – Umgebung von a), so liegt f(a′) in der ε – Umgebung von f(a) $]f(a) - \varepsilon,\ f(a) + \varepsilon[$.

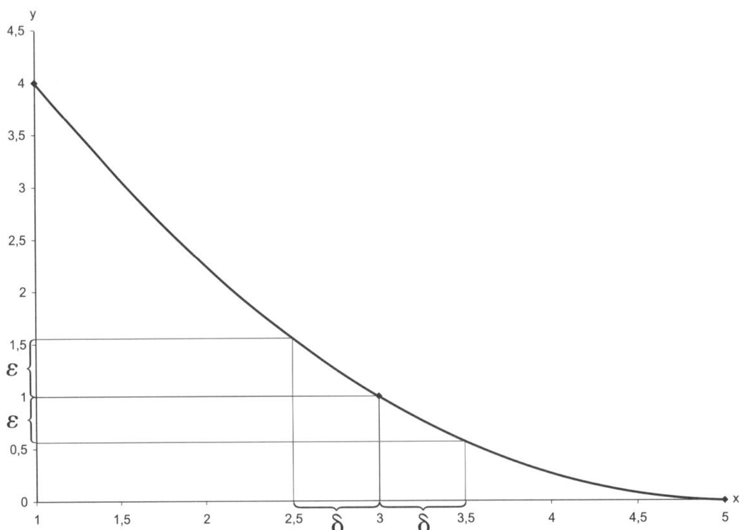

Die drei Eingangsbeispiele werden wieder betrachtet:

B Die identische Funktion $id : \mathbb{R} \to \mathbb{R},\ x \to id(x) = x$ ist in jedem Punkt a stetig. Man wähle für ein beliebiges ε gerade $\delta = \varepsilon$.

Dann gilt für alle x aus $]a - \delta,\ a + \delta[$,
$id(x) = x$ liegt im offenen Intervall $]id(a) - \varepsilon,\ id(a) + \varepsilon[\ =\ ]a - \delta,\ a + \delta[$.

Folglich ist id in jedem Punkt a, also überall stetig.

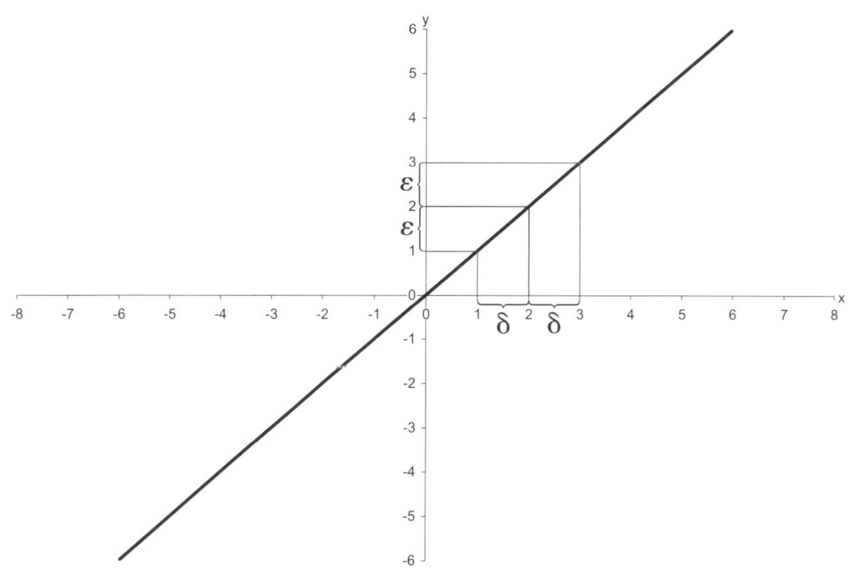

B Die konstante Funktion $f : \mathbb{R} \rightarrow \mathbb{R},\ x \rightarrow f(x) = 1$ ist überall stetig. Man wähle für eine beliebige reelle Zahl a, für irgend ein $\varepsilon > 0$, die Anzahl der Seiten dieses Buches als δ.
Dann gilt für alle x aus $]a - \delta, a + \delta[$,
$f(x) = 1$ liegt im offenen Intervall $]1 - \varepsilon, 1 + \varepsilon[$.
Folglich ist f überall stetig.

B Gegeben sei die Funktion $g : \mathbb{R} \rightarrow \mathbb{R},\ x \rightarrow g(x)$ mit $g(x) = x$, falls x rational ist und $g(x) = 0$, falls x irrational ist.

Erster Fall: $a \neq 0$

Angenommen der Abstand von a zu 0 ist größer als $2 \cdot \varepsilon$, mit geeignetem positiven ε. Egal, wie klein wir δ wählen, in dem offenen Intervall $[a - \delta, a + \delta]$ existiert eine rationale Zahl b und eine irrationale Zahl c, sodass gilt:
Der Abstand von $g(b) = b$ und $g(c) = 0$ ist größer als $2 \cdot \varepsilon$. Somit können nicht $g(b)$ und $g(c)$ in dem Intervall $]g(a) - \varepsilon, g(a) + \varepsilon[$ liegen. Folglich ist g in a unstetig.

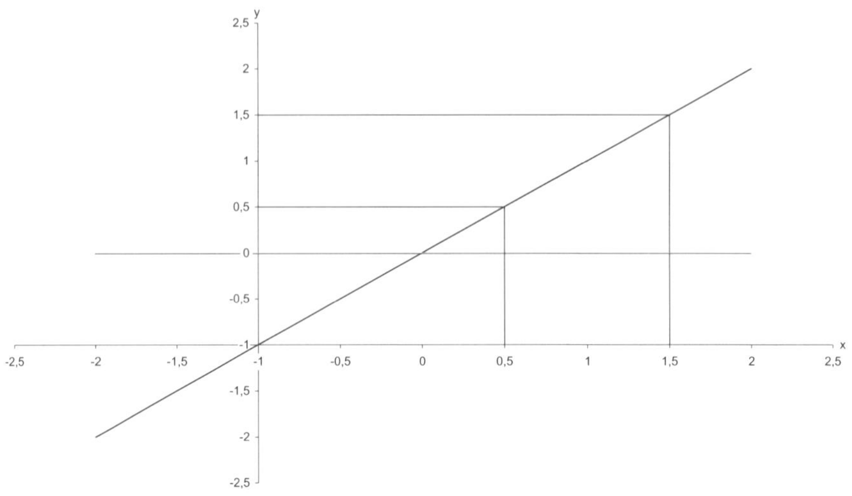

Zweiter Fall: $a = 0$

Wir wählen $\delta = \varepsilon$. Für alle x aus $]-\delta, \delta[=]-\varepsilon, \varepsilon[$ ist auch g(x) aus $]-\varepsilon, \varepsilon[$, wegen $g(x) = 0$, oder $g(x) = x$.

Also ist g in 0 stetig.

Wichtige Sätze über stetige Funktionen

Vielleicht der wichtigste, aber auch scheinbar banalste Satz über stetige Funktionen ist der *Zwischenwertsatz*.

> Es seien A, B Teilmengen von $\mathbb{R}$ und $f : A \to B, x \to f(x)$ überall stetig. Sind dann x_1, x_2 derart aus A gewählt, dass jede Zahl zwischen x_1 und x_2 auch in A liegt, so gilt folgendes:
>
> Für jede Zahl y zwischen $f(x_1)$ und $f(x_2)$ existiert ein x zwischen x_1 und x_2 mit $f(x) = y$.

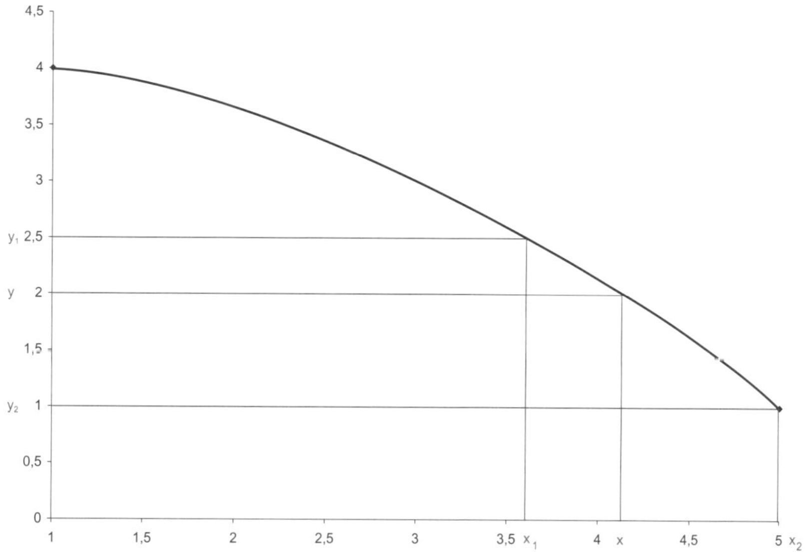

Der Beweis dieses anschaulich so klaren Satzes ist gar nicht so einfach, deshalb sei darauf verzichtet.

B Die Funktion $f : \mathbb{R} \rightarrow \mathbb{R}, x \rightarrow f(x)$ sei stetig. Ist $f(1) = 56{,}7$ und $f(2) = -0{,}000012$, dann existiert ein x_0 zwischen 1 und 2 mit $f(x_0) = 0$.

Den Zwischenwertsatz benutzt man, wenn man den Graph einer stetigen Funktion $f : \mathbb{R} \rightarrow \mathbb{R}$ zeichnen will. Zunächst erstellt man eine Wertetabelle von endlich vielen Urbildern x mit zugehörigen Bildern f(x). Die Punkte (x, f(x)) trägt man dann in ein Koordinatenkreuz ein und verbindet sie mehr oder weniger genau mit einer geschlossenen Linie. Dass diese Linie geschlossen sein muss und nicht etwa aus mehreren Teilen besteht, sagt gerade der Zwischenwertsatz.

Es seien $f, g : A \rightarrow B$ zwei im Punkt a aus A stetige Funktionen, mit A, B Teilmenge von $\mathbb{R}$. Dann sind auch die folgenden Funktionen in a stetig.

1. $(f + g) : A \rightarrow B, a \rightarrow (f + g)(a) = f(a) + g(a)$
2. $(f - g) : A \rightarrow B, a \rightarrow (f - g)(a) = f(a) - g(a)$
3. $(f \cdot g) : A \rightarrow B, a \rightarrow (f \cdot g)(a) = f(a) \cdot g(a)$
4. $(f : g) : A \rightarrow B, a \rightarrow (f : g)(a) = \frac{f(a)}{g(a)}$, falls $g(a) \neq 0$ ist.

Zum Beweis werden die Sätze von Seite 455 über das Rechnen mit Grenzwerten von Folgen benutzt:

Sei im Folgenden $(a_n)_{n \in \mathbb{N}}$ eine Folge mit Werten aus A und $\lim\limits_{n \to \infty} a_n = a$. Dann gilt wegen der Stetigkeit von f und g im Punkt a: $\lim\limits_{n \to \infty} f(a_n)_{n \in \mathbb{N}} = f(a)$ und $g(a_n)_{n \in \mathbb{N}} = g(a)$.

Mit Seite 455gilt dann auch $\lim\limits_{n \to \infty} (f + g)(a_n)_{n \in \mathbb{N}} = \lim\limits_{n \to \infty} (f(a_n)_{n \in \mathbb{N}} + g(a_n)_{n \in \mathbb{N}}) = f(a) + g(a) = (f + g)(a)$. Somit ist $(f + g)$ in a stetig.

Mit Seite 451 gilt dann auch $\lim\limits_{n \to \infty} (f - g)(a_n)_{n \in \mathbb{N}} = \lim\limits_{n \to \infty} (f(a_n)_{n \in \mathbb{N}} - g(a_n)_{n \in \mathbb{N}}) = f(a) - g(a) = (f - g)(a)$. Somit ist $(f - g)$ in a stetig.

$\lim\limits_{n \to \infty} (f \cdot g)(a_n)_{n \in \mathbb{N}} = \lim\limits_{n \to \infty} (f(a_n)_{n \in \mathbb{N}} \cdot g(a_n)_{n \in \mathbb{N}}) = f(a) \cdot g(a) = (f \cdot g)(a)$. Das bedeutet $(f \cdot g)$ (a) ist stetig in a.

$\lim\limits_{n \to \infty} (f : g)(a_n)_{n \in \mathbb{N}} = \lim\limits_{n \to \infty} \left(\frac{f(a_n)_{n \in \mathbb{N}}}{g(a_n)_{n \in \mathbb{N}}} \right) = \frac{f(a)}{g(a)} = (f : g)(a)$. Also ist auch $(f : g)$ (a) im Punkt a stetig.

Damit ist der Beweis beendet.

Dieser Beweis benutzt die Definition der Stetigkeit mit Hilfe von Folgen. Natürlich kann man aber auch die $\varepsilon\ \delta$ – Definition der Stetigkeit verwenden. Beispielhaft sei dies für die Summe von f und g gezeigt.

B Da f und g in a stetig sind, existiert zu jedem $\frac{\varepsilon}{2} > 0$, ein $\delta_1 > 0$ und ein $\delta_2 > 0$, sodass gilt:

Für alle a_1 aus $]a - \delta_1, a + \delta_1[$ liegt $f(a_1)$ in $]f(a) - \frac{\varepsilon}{2}, f(a) + \frac{\varepsilon}{2}[$.

Für alle a_2 aus $]a - \delta_2, a + \delta_2[$ liegt $g(a_2)$ in $]g(a) - \frac{\varepsilon}{2}, g(a) + \frac{\varepsilon}{2}[$.

Ohne Einschränkung der Allgemeinheit sei $\delta_2 \leq \delta_1$, dann gilt insbesondere:

Für alle a_1 aus $]a - \delta_1, a + \delta_1[$ liegt $g(a_1)$ in $]g(a) - \frac{\varepsilon}{2}, g(a) + \frac{\varepsilon}{2}[$.

Es gilt also, dass $f(a_1) > f(a) - \frac{\varepsilon}{2}$ und $g(a_1) > g(a) - \frac{\varepsilon}{2}$. Addiert man die Ungleichungen, so erhält man

$f(a_1) + g(a_1) = (f + g)(a_1) > f(a) - \frac{\varepsilon}{2} + g(a) - \frac{\varepsilon}{2} = f(a) + g(a) - \varepsilon = (f + g)(a) - \varepsilon.$

Weiter gilt: $f(a_1) < f(a) + \frac{\varepsilon}{2}$ und $g(a_1) < g(a) + \frac{\varepsilon}{2}$. Addiert man die Ungleichungen, so erhält man

$f(a_1) + g(a_1) = (f + g)(a_1) < f(a) + \frac{\varepsilon}{2} + g(a) + \frac{\varepsilon}{2} = f(a) + g(a) + \varepsilon = (f + g)(a) + \varepsilon.$

Insgesamt gilt also für alle a_1 aus $]a - \delta_1, a + \delta_1[$:

$(f + g)(a_1)$ liegt in $](f + g)(a) - \varepsilon, (f + g)(a) + \varepsilon[$.

Das war zu zeigen.

Ein weiterer wichtiger Punkt ist die Hintereinanderausführung von stetigen Funktionen.

Es seien A,B,C Teilmengen von $\mathbb{R}$. Weiter seien die Funktionen

$$f : A \to B, a \to f(a) \text{ und } g : B \to C, b \to g(b) \text{ gegeben.}$$

Ist f in x stetig und g in f(x) stetig, dann ist $g \circ f : A \to C, a \to (g \circ f)(a)$ in x stetig.

Beweis: Ist $(x_n)_{n \in \mathbb{N}}$ eine Folge mit Werten aus A und $\lim\limits_{n \to \infty} x_n = x$, dann ist $(f(x_n)_{n \in \mathbb{N}})$ eine Folge mit Werten aus B und $\lim\limits_{n \to \infty} f(x_n) = f(x)$, da f in x stetig ist.

Folglich ist $(g(f(x_n))_{n \in \mathbb{N}}$ eine Folge mit Werten aus C und $\lim\limits_{n \to \infty} g(f(x_n)) = g(f(x))$, da g in f(x) stetig ist.

Wir haben also gezeigt, ist $(x_n)_{n \in \mathbb{N}}$ eine beliebige Folge aus A mit $\lim\limits_{n \to \infty} x_n = x$, dann gilt:

$\lim\limits_{n \to \infty} (g \circ f)(x_n)_{n \in \mathbb{N}} = \lim\limits_{n \to \infty} g(f(x_n)_{n \in \mathbb{N}}) = g(f(x)) = (g \circ f)(x).$

Das war zu zeigen.

B

Das *Monom* $n : \mathbb{R} \to \mathbb{R}, x \to n(x) = x^n$ ist für alle natürlichen Zahlen n überall stetig.

Beweis über vollständige Induktion nach n:
Induktionsanfang $n = 1$: Wir haben bereits gezeigt, dass die identische Funktion $id : \mathbb{R} \to \mathbb{R}, x \to id(x) = x$ überall stetig ist.

Induktionsannahme: Die Funktion $n : \mathbb{R} \to \mathbb{R}, x \to n(x) = x^n$ ist überall stetig.

Induktionsschritt $n \to n + 1$: Da sowohl $id : \mathbb{R} \to \mathbb{R}, x \to id(x) = x$ überall stetig ist als auch $n : \mathbb{R} \to \mathbb{R}, x \to n(x) = x^n$ nach Induktionsannahme überall stetig ist, gilt:
$(n + 1) : \mathbb{R} \to \mathbb{R}, x \to (n + 1)(x) = x^{n+1} = x^n \cdot x = n(x) \cdot id(x)$ ist auch überall stetig.

Induktionsschluss: Für alle natürlichen Zahlen ist die Funktion
$n : \mathbb{R} \to \mathbb{R}, x \to x^n$ überall stetig.

B

Jedes (reelle) *Polynom*

$p : \mathbb{R} :\to \mathbb{R}, x \to p(x) = a_n \cdot x^n + a_{n-1} \cdot x^{n-1} + ... + a_1 \cdot x + a_0$ mit $a_n, ..., a_0 \in \mathbb{R}$ ist (überall) stetig. n ist der *Grad* von p, in Zeichen: $grad(p) = n$.

Beweis über vollständige Induktion nach n:

Induktionsanfang $n = 0$: Jede konstante Funktion $p : \mathbb{R} \to \mathbb{R}, x \to p(x) = a_0$ ist, wie bereits bekannt, stetig.

Induktionsannahme: Das Polynom
$p : \mathbb{R} \to \mathbb{R}, x \to p(x) = a_n \cdot x^n + ... + a_1 \cdot x + a_0$ ist stetig.

Induktionsschluss $n \to n + 1$:

Sowohl die konstante Funktion $a_{n+1} : \mathbb{R} \to \mathbb{R}, x \to a_{n+1}(x) = a_{n+1}$ ist stetig als auch das Monom $(n + 1) : \mathbb{R} : \mathbb{R}, x \to (n + 1)(x) = x^{n+1}$. Aus der Induktionsannahme wissen wir, dass das Polynom
$p' : \mathbb{R} \to \mathbb{R}, x \to p'(x) = a_n \cdot x^n + ... + a_1 \cdot x + a_0$ stetig ist.

Folglich ist auch

$p : \mathbb{R} \rightarrow \mathbb{R}, x \rightarrow p(x) = a_{n+1}x^{n+1} + a_n \cdot x^n + \dots a_1 \cdot x + a_0$
$= a_{n+1}(x) \cdot (n+1)(x) + p`(x)$ stetig.

Induktionsschluss: Das Polynom p mit grad(p) = n ist für alle n stetig, oder kurz:

Jedes reelle Polynom p ist stetig.

B Seien p, q zwei reelle Polynome und sei A eine Teilmenge von $\mathbb{R}$ derart, dass für alle a aus A gilt. $q(a) \neq 0$. Dann nennt man $r : A \rightarrow \mathbb{R}, x \rightarrow r(x) = \frac{p(x)}{q(x)}$ eine *rationale Funktion*. Jede rationale Funktion ist stetig.

Beweis: Die Polynome p bzw. $q : \mathbb{R} \rightarrow \mathbb{R}, x \rightarrow p(x)$ bzw. $q(x)$ sind stetig, also insbesondere auch die Polynome p bzw. $q : A \rightarrow \mathbb{R}, x \rightarrow p(x)$ bzw. $q(x)$.

Somit ist auch $r : A \rightarrow \mathbb{R}, x \rightarrow r(x) = \frac{p(x)}{q(x)}$ stetig.

Ein großes Problem bei rationalen Funktionen ist das Bestimmen des Definitionsbereichs, da der Nenner, also q(x) nicht Null werden darf. Manchmal können diese Lücken im Definitionsbereich so geschickt ergänzt werden, dass die Funktion dann stetig ist. Man nennt dies auch eine stetige Ergänzung. Diese soll an späterer Stelle genauer untersucht werden. Zunächst zwei Zeichnungen zum besseren Verständnis.

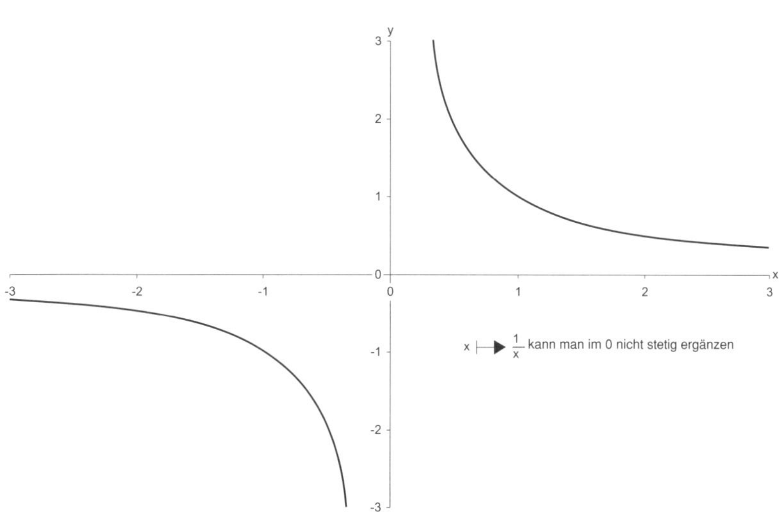

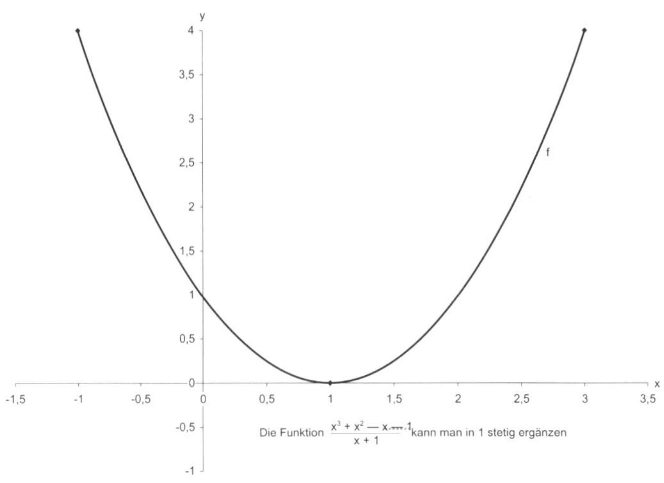

Die Bedeutung von Stetigkeit ist nun bekannt. Jetzt soll es um das Zeichnen eines Graphen einer Funktion gehen, etwa

$p : \mathbb{R} \to \mathbb{R}, x \to p(x) = x^5 - 5 \cdot x^3 + 4 \cdot x + 1.$

Zur Erinnerung: Wenn man die Funktion, also ihren Graphen zeichnen kann, weiß man sofort, ob p an bestimmten Stellen besonders groß oder klein ist. Angenommen p beschreibt den Schadstoffausstoß eines Automotors in Abhängigkeit einer Größe x, welche die Ingenieure ein wenig verändern können. Jetzt kommen die Ingenieure zu uns, und wollen den Graphen von p sehen, wobei x zwischen – 2 und 2 liegen soll.

Wie geht man ans Werk? Zunächst erstellt man eine Wertetabelle für zum Beispiel $x = -2, -1, 0, 1, 2$. Bekanntermaßen ist p überall stetig, sodass man die Punkte $(-2, p(-2))$, $(-1, p(-1))$, $(0, p(0))$, $(1, p(1))$ und $(2, p(2))$ durch gerade Linien verbinden kann. Das ist zwar nicht ganz genau, aber ganz genau kann man sowieso nicht zeichnen.

Wertetabelle

x	p(x)	(x, p(x))
-2	$p(-2) = (-2)^5 - 5 \cdot (-2)^3 + 4 \cdot (-2) + 1 = 1$	$(-2, 1)$
-1	$p(-1) = (-1)^5 - 5 \cdot (-1)^3 + 4 \cdot (-1) + 1 = 1$	$(-1, 1)$
0	$p(0) = 0^5 - 5 \cdot 0^3 + 4 \cdot 0 + 1 = 1$	$(0, 1)$
1	$p(1) = 1^5 - 5 \cdot 1^3 + 4 \cdot 1 + 1 = 1$	$(1, 1)$
2	$p(2) = 2^5 - 5 \cdot 2^3 + 4 \cdot 2 + 1 = 1$	$(2, 1)$

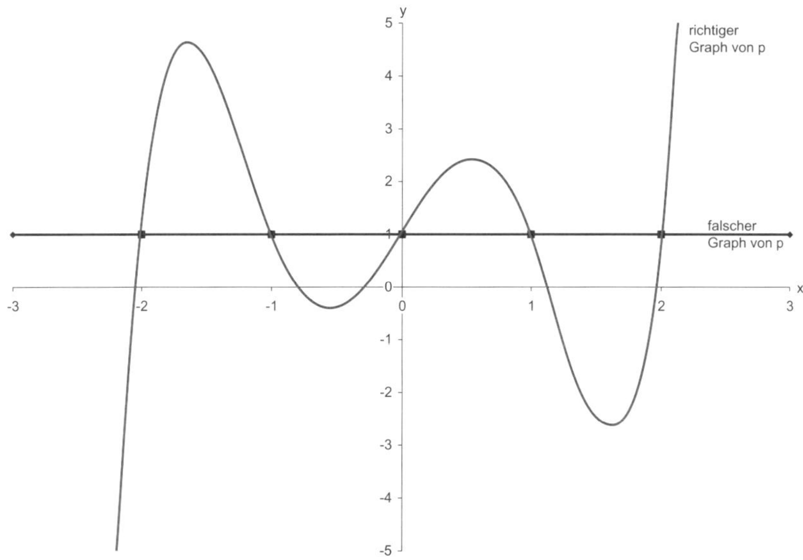

Die Zeichnung der Graphen sieht falsch aus. Man könnte glauben, dass das Polynom p identisch mit der konstanten Funktion $1 : \mathbb{R} \rightarrow \mathbb{R}$, $x \rightarrow 1(x) = 1$ ist. Das Einfachste wäre, weitere Werte von p zu berechnen um das bisherige Ergebnis zu überprüfen. Aber woher weiß man, wann man genug Werte von p berechnet hat, um behaupten zu können, dass der Graph ein korrektes Bild vom Verlauf der Funktion widergibt.

Im nächsten Abschnitt werden wir lernen, Graphen von Funktionen geschickter zu zeichnen.

Aufgaben

1. Folgende Funktionen sind zu zeichnen:
   a) eine überall stetige Funktion
   b) eine nur an einer Stelle unstetige Funktion
2. Ist die Funktion $f : \mathbb{R} \rightarrow \mathbb{R}$, $x \rightarrow f(x)$, mit $f(x) = x$ für x rational und $f(x) = \frac{1}{x}$ für x irrational, irgendwo stetig?
3. Warum hat jedes reele Polynom p vom Grad 3, also $p(x) = a \cdot x^3 + b \cdot x^2 + c \cdot x + d$, mindestens eine Nullstelle?

Lösungen

1. a)

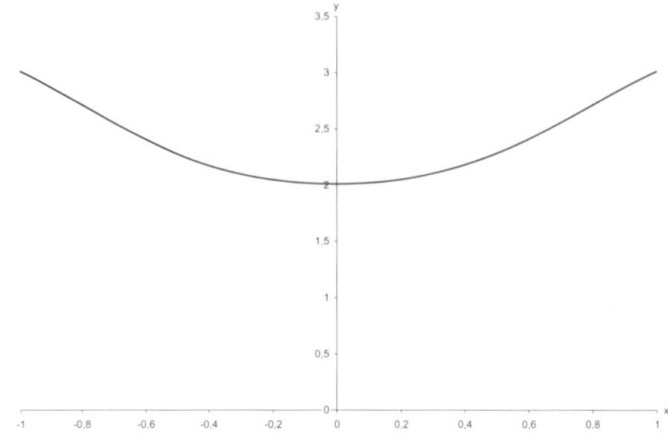

b)

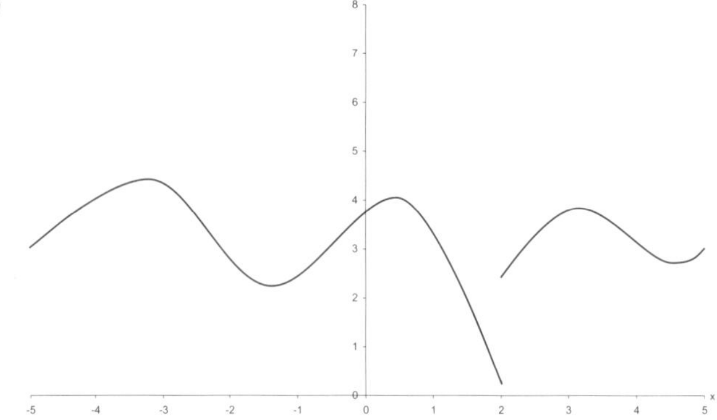

2. Die Funktion ist in genau zwei Punkten, nämlich –1 und 1, stetig. Der Beweis geht genauso wie in dem Beispiel auf Seite 479.

3. Angenommen der Koeffizient a ist größer als Null, dann wird für sehr große x, egal wie b, c und d gewählt sind, $p(x) > 0$ sein. Anders herum wird für sehr kleine x immer $p(x) < 0$ sein. Folglich existiert mit dem Zwischenwertsatz eine Nullstelle von p.

5. Ableiten oder Differenzieren von Funktionen

Der Differentialquotient

Wenn man eine (affin) *lineare Funktion* $f: \mathbb{R} \to \mathbb{R}, x \to 2 \cdot x - 1$ betrachtet, dann gibt der Faktor vor der Variablen, also hier 2, gerade die *Steigung* der Funktion an (vgl. Steigung, S. 210.

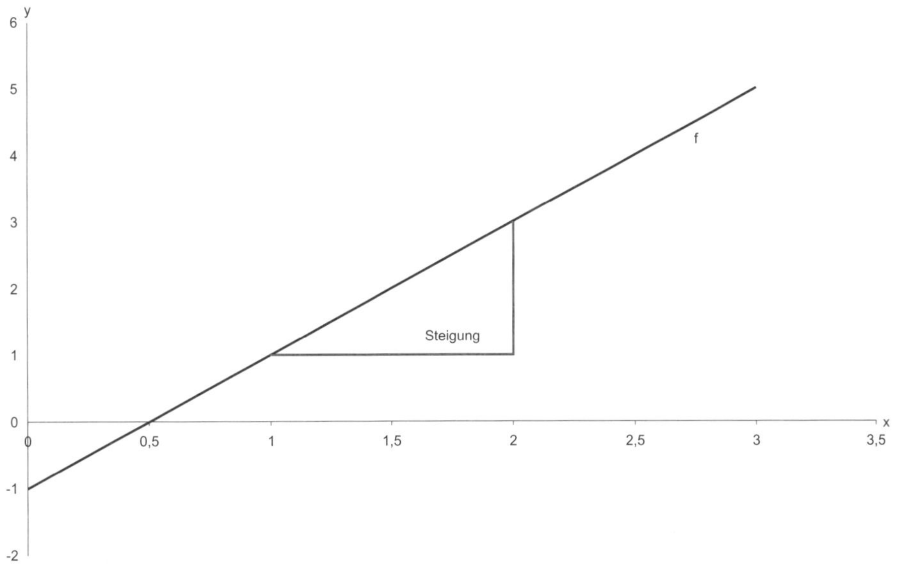

Die Steigung von f sagt aus: Wenn man von dem Punkt (x, f(x)) ausgeht und den x-Wert um 1 erhöht, dann muss man den f(x)-Wert um $2 \cdot 1$ erhöhen. Es gilt also:

$$f(x+1) = 2 \cdot 1 + f(x),$$
$$f(x+2) = 2 \cdot 2 + f(x),$$
$$f(x+a) = 2 \cdot a + f(x).$$

Natürlich ist es komplizierter, die Steigung einer nicht linearen Funktion zu bestimmen, denn hier ist die Steigung nicht in jedem Punkt gleich. Um die Steigung einer beliebigen Funktion $f: \mathbb{R} \to \mathbb{R}, x \to f(x)$ in einem Punkt a zu bestimmen, versucht man Folgendes:

III. Analysis

Man bestimmt eine Gerade g, welche durch den Punkt (a, f(a)) verläuft und zusätzlich in der unmittelbaren Umgebung von (a, f(a)) mit dem Graphen von f scheinbar übereinstimmt.

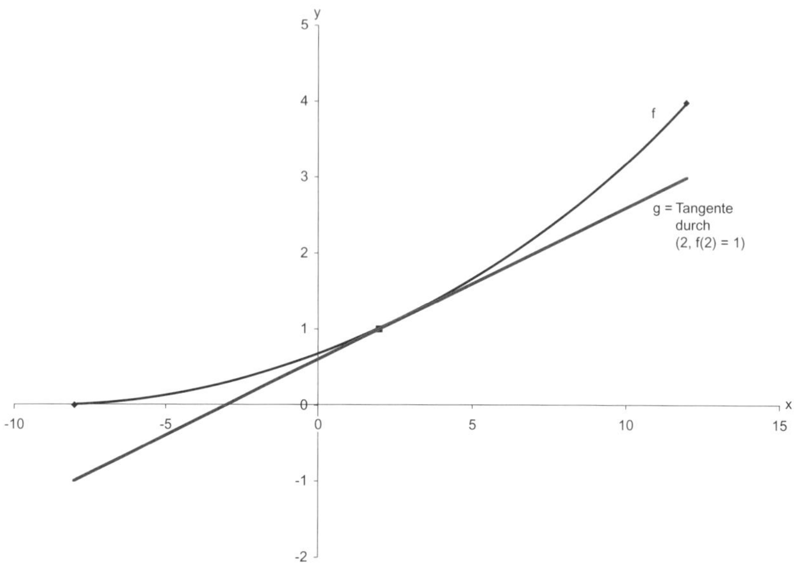

Die Steigung von g definieren wir dann als Steigung von f in a. Diese Steigung ist gerade die *Ableitung* von f in a. Wie findet man nun g konkret?

Man wählt eine Folge $(a_n)_{n \in \mathbb{N}}$ mit $\lim\limits_{n \to \infty} a_n = a$ und zeichnet dann die Gerade g_N, welche durch die Punkte (a, f(a)) und $(a_n, f(a_n))$ verläuft. Die Steigung von g_n ist gerade durch den *Differentialquotienten* $\frac{f(a_n) - f(a)}{a_n - a}$ gegeben. Es gilt:

Der Limes der „Geradenfolge" ist die gesuchte Gerade g.

Die Steigung von g ist gleich dem Limes des Differentialquotienten.

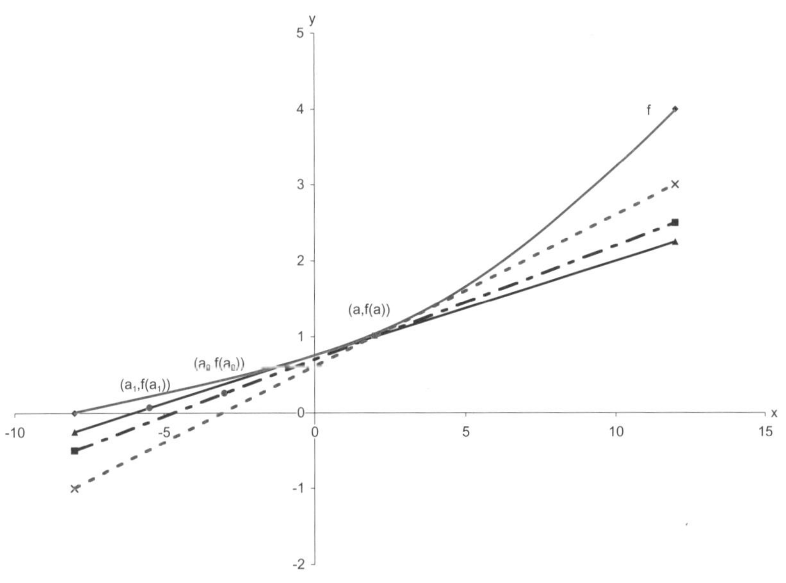

Definition der Ableitung

Nun soll der ganze Sachverhalt mathematisch formuliert werden.

Sei A eine Teilmenge von $\mathbb{R}$. Eine Funktion $f : A \to B, x \to f(x)$ heißt *differenzierbar* im Punkt a, wenn gilt:

1. Für jede Folge $(a_n)_{n \in \mathbb{N}}$ mit Werten aus A und $\lim\limits_{n \to \infty} a_n = a$, sowie $a_n \neq a$, existiert auch $\lim\limits_{n \to \infty} \frac{f(a_n) - f(a)}{a_n - a}$.
2. Es gibt ein offenes Intervall]c, d[, welches a enthält und selbst in A enthalten ist.

Der Limes des Differentialquotienten heißt *Ableitung* von f in a, in Zeichen:

$$\lim_{n \to \infty} \frac{f(a_n) - f(a)}{a_n - a} = f'(a).$$

Ist f in jedem Punkt differenzierbar, so heißt f kurz *differenzierbar*.

Die Funktion $f': A \to \mathbb{R}, x \to f'(x)$ heißt dann die Ableitung von f.

B $f: \mathbb{R} \to \mathbb{R}, x \to f(x) = 7$ ist differenzierbar.

Beweis: Ist a beliebig aus $\mathbb{R}$ und ist $(a_n)_{n \in \mathbb{N}}$ eine reelle beliebige Folge mit $\lim\limits_{n \to \infty} a_n = a$, sowie $a_n \neq a$. Dann gilt:

$$\lim_{n \to \infty} \frac{f(a_n) - f(a)}{a_n - a} = \lim_{n \to \infty} \frac{7-7}{a_n - a}$$

$$= \lim_{n \to \infty} \frac{0}{a_n - a}$$

$$= \lim_{n \to \infty} 0$$

$$= 0.$$

Es gilt also $f': \mathbb{R} \to \mathbb{R}, x \to f'(x) = 0$. Es ist offensichtlich, dass die Ableitung jeder konstanten Funktion 0 ist, denn für konstante Funktionen gilt immer $f(a_n) - f(a) = 0$.

B $id: \mathbb{R} \to \mathbb{R}, x \to id(x) = x$ ist differenzierbar, und für die Ableitung von f gilt: $id': \mathbb{R} \to \mathbb{R}, x \to id'(x) = 1$.

Beweis: Ist a beliebig aus $\mathbb{R}$ und ist $(a_n)_{n \in \mathbb{N}}$ eine reelle beliebige Folge mit $\lim\limits_{n \to \infty} a_n = a$, sowie $a_n \neq a$. Dann gilt:

$$\lim_{n \to \infty} \frac{id(a_n) - id(a)}{a_n - a} = \lim_{n \to \infty} \frac{a_n - a}{a_n - a}$$

$$= \lim_{n \to \infty} 1$$

$$= 1.$$

Es gilt also $id': \mathbb{R} \to \mathbb{R}, x \to id'(x) = 1$.

Ist A eine Teilmenge von $\mathbb{R}$ und ist weiter $f: A \to \mathbb{R}, x \to f(x)$ überall differenzierbar, dann gilt:

1. f ist stetig.
2. A ist gleich $\mathbb{R}$, oder A ist die Vereinigung von offenen Intervallen.

Und es gilt darüber hinaus mit den nachstehenden Bedingungen:

Es sei A eine Teilmenge von $\mathbb{R}$, a und l aus A und weiterhin seien $f: A \to \mathbb{R}, x \to f(x)$ sowie $g: A \to \mathbb{R}, x \to g(x)$ in a differenzierbare Funktionen. Dann gilt:

1. $f + g$ ist in a differenzierbar, wobei $(f+g)'(a) = f'(a) + g'(a)$ ist.
2. $f - g$ ist in a differenzierbar, wobei $(f-g)'(a) = f'(a) - g'(a)$ ist.
3. $l \cdot f$ ist in a differenzierbar, wobei $(l \cdot g)'(a) = l \cdot g'(a)$ ist.

Man sagt auch, dass das Ableiten von Funktionen ein *lineares Funktional* ist. Damit ist gemeint, dass eben die drei obigen Aussagen gelten.
Beweis des obigen Satzes: Ist $(a_n)_{n \in \mathbb{N}}$ eine Folge mit Werten aus A, $a_n \neq a$ und $\lim\limits_{n \to \infty} a_n = a$, dann gilt:

$$
\begin{aligned}
f'(a) + g'(a) &= \lim_{n \to \infty} \frac{f(a_n) - f(a)}{a_n - a} + \lim_{n \to \infty} \frac{g(a_n) - g(a)}{a_n - a} \\
&= \lim_{n \to \infty} \frac{f(a_n) + g(a_n) - f(a) - g(a)}{a_n - a} \\
&= (f+g)'(a).
\end{aligned}
$$

$f'(a) - g'(a) = (f-g)'(a)$ beweist man genauso.

$$
\begin{aligned}
l \cdot f'(a) &= l \cdot \lim_{n \to \infty} \frac{f(a_n) - f(a)}{a_n - a} \\
&= \lim_{n \to \infty} l \cdot \frac{f(a_n) - f(a)}{a_n - a} = \lim_{n \to \infty} \frac{l \cdot f(a_n) - l \cdot f(a)}{a_n - a} \\
&= (l \cdot f)'(a)
\end{aligned}
$$

Dies war ein erster Satz über das Differenzieren. Aber ein Polynom kann man damit noch nicht ableiten. Dazu benötigt man einen weiteren Satz.

Die Produktregel

Sei A eine Teilmenge von $\mathbb{R}$, a aus A und $f : A \to \mathbb{R}, x \to f(x)$ sowie $g : A \to \mathbb{R}, x \to g(x)$ zwei in a differenzierbare Funktionen. Dann ist auch $f \cdot g : A \to \mathbb{R}, x \to f(x) \cdot g(x)$ in a differenzierbar.

Weiter gilt:

$$(f \cdot g)'(a) = f'(a) \cdot g(a) + f(a) \cdot g'(a).$$

Insbesondere gilt:

$$(f \cdot f)'(a) = 2 \cdot f'(a) \cdot f(a).$$

Beweis: Sei $(a_n)_{n \in \mathbb{N}}$ eine beliebige Folge mit Werten aus A, $a_n \neq a$ und $\lim\limits_{n \to \infty} a_n = a$.

Dann gilt:

$$\begin{aligned}
(f \cdot g)'(a) &= \lim_{n \to \infty} \frac{f(a_n) \cdot g(a_n) + -f(a) \cdot g(a)}{a_n - a} \\
&= \lim_{n \to \infty} \frac{f(a_n) \cdot g(a_n) - f(a) \cdot g(a_n) + f(a) \cdot g(a_n) - f(a) \cdot g(a)}{a_n - a} \\
&= \lim_{n \to \infty} \frac{f(a_n) \cdot g(a_n) - f(a) \cdot g(a_n)}{a_n - a} + \lim_{n \to \infty} \frac{f(a) \cdot g(a_n) - f(a) \cdot g(a)}{a_n - a} \\
&= \lim_{n \to \infty} \frac{f(a_n) - f(a)}{a_n - a} \cdot \lim_{n \to \infty} g(a_n) + f(a) \cdot \lim_{n \to \infty} \frac{g(a_n) - g(a)}{a_n - a} \\
&= f'(a) \cdot g(a) + f(a) \cdot g'(a).
\end{aligned}$$

Insbesondere gilt:

$(f \cdot f)'(a) = f'(a) \cdot f(a) + f(a) \cdot f'(a) = 2 \cdot f'(a) \cdot f(a).$

Das war zu zeigen.

B

Die Funktion $f : \mathbb{R} - \mathbb{R},\ x \rightarrow f(x) = x^2$ ist differenzierbar und ihre Ableitung ist $f': \mathbb{R} \rightarrow \mathbb{R},\ x \rightarrow f'(x) = 2 \cdot x$.

Beweis: Man kann f als Produkt der identischen Funktion $id : \mathbb{R} \rightarrow \mathbb{R}$, $x \rightarrow id(x) = x$ mit sich selbst darstellen. Mit dem obigen Satz erhält man:

$$\begin{aligned} f'(x) = (id \cdot id)'(x) &= id'(x) \cdot id(x) + id(x) \cdot id'(x) \\ &= 1 \cdot x + x \cdot 1 \\ &= 2 \cdot x \end{aligned}$$

Mit Hilfe der Ableitung von f, kann man jetzt schon viel besser den Graphen von f zeichnen. Angenommen man will den Graphen von f zwischen –2 und 2 zeichnen. Dann erstellt man zunächst eine Wertetabelle für die f- und f´-Werte.

x	f(x)	f'(x)
-2	$(-2)^2 = 4$	$2 \cdot (-2) = -4$
-1	$(-1)^2 = 1$	$2 \cdot (-1) = -2$
0	$0^2 = 0$	$2 \cdot 0 = 0$
1	$1^2 = 1$	$2 \cdot 1 = 2$
2	$2^2 = 4$	$2 \cdot 2 = 4$

Jetzt kann man die Punkte (– 2, f(– 2)), ..., (2, f(2)) in die Koordinatenebene eintragen. Weiter kann man durch die einzelnen Punkte die entsprechenden Tangenten von f zeichnen. Die Steigung der Tangenten ist ja gerade die Ableitung von f in diesem Punkt.

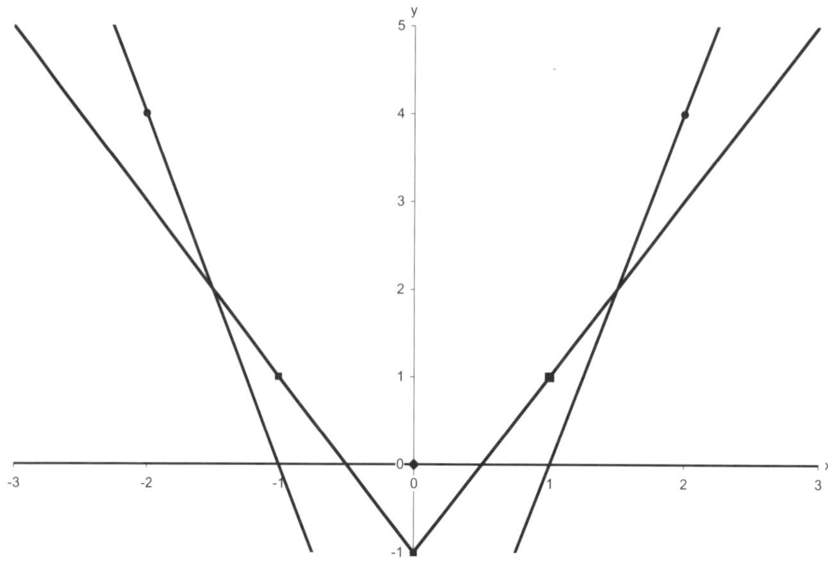

Durch das Anschmiegen des Graphen an die Tangenten lässt sich ein relativ genaues Bild vom Graphen erstellen.

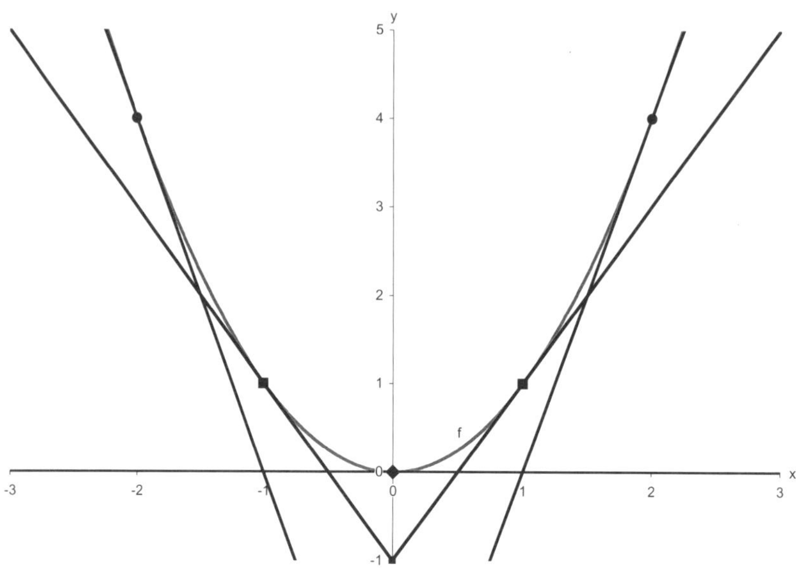

B Das Monom $n : \mathbb{R} \rightarrow \mathbb{R},\ x \rightarrow n(x) = x^n$ ist differenzierbar und es gilt:

$$n'(x) = n \cdot (n-1)(x) = n \cdot x^{n\ 1}$$

Beweis über vollständige Induktion nach n:

Induktionsanfang n = 0, 1 oder 2:

Bereits bekannt.

Induktionsannahme:

Es gelte $n'(x) = n \cdot (n-1)(x) = n \cdot x^{n-1}$

Induktionsschritt $n \rightarrow n+1$:

$$\begin{aligned}(n+1)'(x) &= (n \cdot id)'(x)\\ &= n'(x) \cdot id(x) + n(x) \cdot id'(x)\\ &= n \cdot x^{n-1} \cdot x + x^n \cdot 1\\ &= n \cdot x^n + x^n\\ &= (n+1) \cdot x^n.\end{aligned}$$

Induktionsschluss: Für alle natürlichen Zahlen inklusive Null gilt:

$(x^n)' = n \cdot x^{n-1}$.

B Das Polynom $p_n : \mathbb{R} \rightarrow \mathbb{R},\ x \rightarrow p_n(x) = a_n \cdot x^n + ... + a_1 \cdot x + a_0$ ist differenzierbar und es gilt:

$$p_n'(x) = n \cdot a_n \cdot x^{n-1} + ... + 2 \cdot a_2 \cdot x + a_1.$$

Beweis über vollständige Induktion nach n:

Induktionsanfang n = 1:

Es genügt bei n = 1 zu beginnen , denn wir haben bereits gesehen, dass die Ableitung der konstanten Funktion p_0 Null ist (vgl. S. 492)

$p'_1(x) = 1 \cdot a_1 \cdot x^{1-1} = a_1x^0 = a_1$. Das ist richtig.

Induktionsannahme:

$p_n'(x) = n \cdot a_n \cdot x^{n-1} + ... + 2 \cdot a_2 \cdot x + a_1$ ist richtig für

$p_n(x) = a_n \cdot x^n + ... + a_2 \cdot x^2 + a_1 \cdot x + a_0$

Induktionsschritt $n \rightarrow n+1$:

Mit $(n+1)(x) = x^{n+1}$ gilt:

$$\begin{aligned} p_{n+1}'(x) &= (a_{n+1} \cdot (n+1) + p_n)'(x) \\ &= a_{n+1} \cdot (n+1)'(x) + p_n'(x) \\ &= (n+1) \cdot a_{n+1}x^n + n \cdot a_n \cdot x^n + \ldots \cdot 2 \cdot a_2 \cdot x + a_1. \end{aligned}$$

Induktionsschluss: Somit gilt für alle natürlichen Zahlen n inklusive der Null:

$$p_n'(x) = n \cdot a_n \cdot x^{n-1} + \ldots + 2 \cdot a_2 \cdot x + a_1.$$

Die Quotientenregel

Es sei A eine Teilmenge von $\mathbb{R}$ und die Funktionen $f : A \to \mathbb{R}, x \to f(x)$, $g : A \to \mathbb{R}$, $x \to \mathbb{R}$ seien in a aus A differenzierbar. Gilt weiter $g(x) \neq 0$ für alle x aus A, dann ist auch $\frac{f}{g} : A \to \mathbb{R}, x \to \frac{f(x)}{g(x)}$ in a differenzierbar.

Es gilt:

$$\left(\frac{f}{g}\right)'(a) = \frac{f'(a) \cdot g(a) - f(a) \cdot g'(a)}{g(a)^2}.$$

Zunächst wird die Funktion $\frac{1}{g}$ abgeleitet. Also sei $(a_n)_{n \in \mathbb{N}}$ eine Folge mit folgenden Eigenschaften:

$a_n \in A$, $a_n \neq a$ und $\lim\limits_{n \to \infty} a_n = a$.

$$\lim_{n \to \infty} \frac{\frac{1}{g(a_n)} - \frac{1}{g(a)}}{a_n - a} \qquad : \frac{1}{g(a_n)}, \frac{1}{g(a)} \text{ auf einen Nenner bringen}$$

$$= \lim_{n \to \infty} \frac{\frac{g(a) - g(a_n)}{g(a) \cdot g(a_n)}}{a_n - a}$$

$$= \lim_{n\to\infty} \frac{1}{g(a)\cdot g(a_n)} \cdot \lim_{n\to\infty} \frac{g(a)-g(a_n)}{a_n - a}$$

$$= \frac{1}{g(a)^2} \cdot \left(-\lim_{n\to\infty} \frac{g(a_n)-g(a)}{a_n - a}\right)$$

$$= \frac{1}{g(a)^2} \cdot (-g'(a))$$

$$= \frac{-g'(a)}{g(a)^2}$$

Jetzt kann man mit Hilfe der Produktregel $\frac{f}{g}$ differenzieren:

$$\left(\frac{f}{g}\right)'(a) = \left(f \cdot \frac{1}{g}\right)'(a)$$

$$= f'(a) \cdot \frac{1}{g(a)} + f(a) \cdot \left(\frac{1}{g(a)}\right)'$$

$$= \frac{f'(a)\cdot g(a)}{g(a)^2} - \frac{f(a)\cdot g'(a)}{g(a)^2}$$

$$= \frac{f'(a)\cdot g(a) - f(a)\cdot g'(a)}{g(a)^2}.$$

Das war zu zeigen.

Die Funktion $-n : \mathbb{R}\setminus\{0\} \to \mathbb{R},\ x \to -n(x) = x^{-n}$ ist überall differenzierbar und es gilt:

$$-n'(x) = (-n) \cdot x^{-n-1}.$$

B Beweis über vollständige Induktion nach n:
Induktionsanfang $n = 0$:

Die konstante Funktion $-0 : \mathbb{R} \setminus \{0\} \to \mathbb{R}, x \to -0(x) = x^{-0} = 1$ ist überall differenzierbar und es gilt: $-0'(x) = 0 = (-0) \cdot x^{-(0+1)}$.

Induktionsannahme:

Die Funktion -n ist überall differenzierbar und für die Ableitung gilt:
$-n'(x) = (-n) \cdot x^{-(n+1)}$.

Induktionsschritt $n \to n + 1$:

Die Funktion – (n+1) kann als Quotient der Funktion -n, deren Ableitung aus der Induktionsannahme bekannt ist, und der identischen Funktion id, deren Ableitung gerade identisch Eins ist, dargestellt werden. Folglich gilt:

$$\begin{aligned}
-(n+1)'(x) &= \left(\frac{-n}{id(x)}\right)'(x) \\
&= \frac{-n'(x) \cdot id(x) - (-n(x) \cdot id'(x))}{id(x)^2} \\
&= \frac{(-n) \cdot x^{-n-1} \cdot x - x^{-n} \cdot 1}{x^2} \\
&= ((-n) \cdot x^{-n} - x^{-n}) \cdot x^{-2} \\
&= -(n+1) \cdot x^{-n} \cdot x^{-2} \\
&= -(n+1) \cdot x^{-(n+2)}
\end{aligned}$$

Induktionsschluss:

Somit gilt für alle natürlichen Zahlen n inklusive Null:
Die Funktion-n ist differenzierbar und ihre Ableitung ist $-n'(x) = -n \cdot x^{-(n+1)}$.

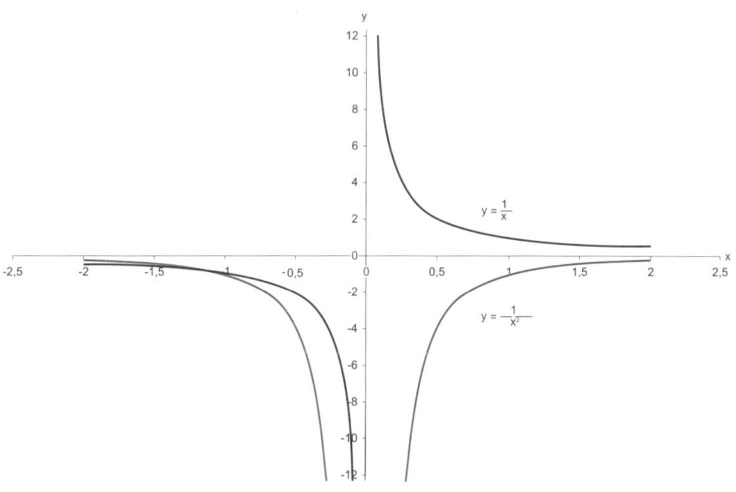

B Die rationale Funktion $r : \mathbb{R} \setminus \{-1, 1\} \to \mathbb{R},\ x \to \frac{x}{x^2-1}$ ist *wohldefiniert* und überall differenzierbar. Unter „wohldefiniert" versteht man hier, dass die Funktion wirklich eindeutig durch die Funktionalgleichung beschrieben wird. Nicht wohldefiniert wäre die Funktion, falls man 1, oder – 1 als Urbild zuließe. Denn

$$r(-1) = \frac{-1}{(-1)^2-1} = -\frac{1}{0} \text{ und } r(1) = \frac{-1}{1^2-1} = \frac{1}{0}$$

sind nicht definiert in $\mathbb{R}$. Da – 1 und 1 die einzigen „Urbilder" sind, bei denen das Nennerpolynom den Wert 0 annimmt, ist r wohldefiniert.

Setzt man $= \frac{f}{g}$ mit $f(x) = x$, also $f'(x) = 1$ und $g(x) = x^2 - 1$, also $g'(x) = 2 \cdot x$, dann gilt mit der Quotientenregel:

$$\begin{aligned} r'(x) &= \left(\frac{f}{g}\right)'(x) \\ &= \frac{f'(x) \cdot g(x) - f(x)g'(x)}{g(x)^2} \\ &= \frac{1 \cdot (x^2-1) - x \cdot 2x}{(x^2-1)^2} \\ &= \frac{-x^2-1}{x^4-2x^2+1}. \end{aligned}$$

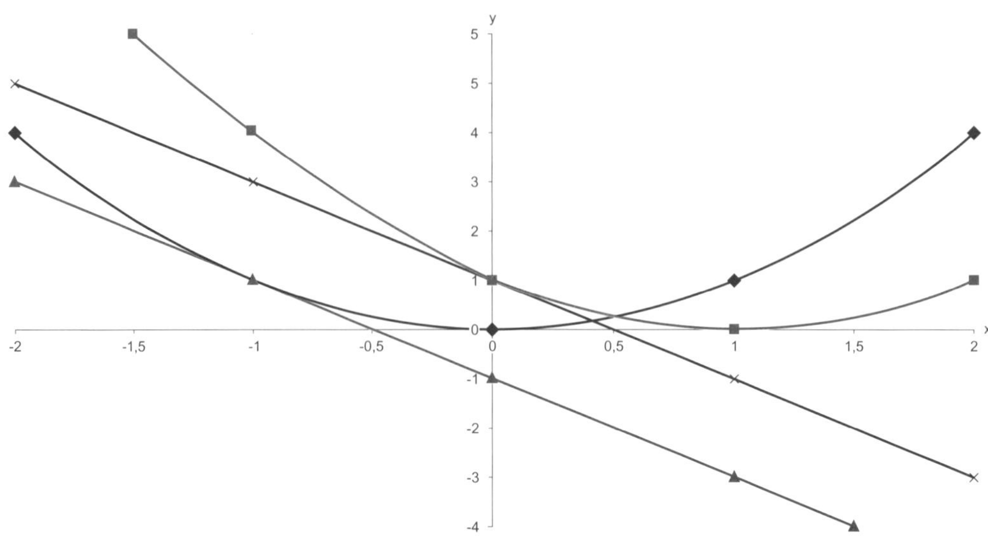

Die Kettenregel

Sind f : A → B, x → f(a) und g : B → C, x → g(x) zwei Funktionen mit:

A, B und C sind Teilmengen von $\mathbb{R}$,
f ist in a aus A differenzierbar,
g ist in b = f(a) differenzierbar,

dann ist g∘f: A → C, x → (g∘f)(x) = g(f(x)) in a differenzierbar und es gilt:

$$(g \circ f)'(a) = g'(f(x)) \cdot f'(x).$$

Der Beweis der Kettenregel ist etwas schwierig, wird aber einfacher, wenn man f als injektiv voraussetzt. Wann heißt f injektiv?

f ist genau dann injektiv, wenn je zwei verschiedene Urbilder x_1, x_2 von f auch zwei verschiedene Bilder $f(x_1)$, $f(x_2)$ haben.

Deshalb beweisen wir die Kettenregel nur für diesen Fall.

Beweis (f ist injektiv): Sei $(a_n)_{n \in \mathbb{N}}$ eine Folge mit Werten a_n aus A, $a_n \neq a$ und $\lim\limits_{n \to \infty} a_n = a$.

Da f injektiv ist, gilt: $f(a_n) \neq f(a)$. Aus der Stetigkeit von f in a folgt $\lim\limits_{n \to \infty} f(a_n) = f(a)$.

$$
\begin{aligned}
&\lim_{n \to \infty} \frac{g(f(a_n)) - g(f(a))}{a_n - a} \\
&= \lim_{n \to \infty} \left(\frac{g(f(a_n)) - g(f(a))}{1} \cdot \frac{1}{a_n - a} \right) \\
&= \lim_{n \to \infty} \left(\frac{g(f(a_n)) - g(f(a))}{f(a_n) - f(a)} \cdot \frac{f(a_n) - f(a)}{a_n - a} \right) \\
&= \lim_{n \to \infty} \frac{g(f(a_n)) - g(f(a))}{f(a_n) - f(a)} \cdot \lim_{n \to \infty} \frac{f(a_n) - f(a)}{a_n - a} \\
&= g'(f(a)) \cdot f'(a)
\end{aligned}
$$

Wäre f nicht injektiv, könnte es passieren, dass für ein oder sogar für alle n $f(a_n) = f(a)$ gilt. Da man durch $f(a_n) - f(a)$ teilt, aber natürlich nicht durch Null teilen darf, gäbe es ein Problem.

B Die Ableitung des Polynoms $p : \mathbb{R} \to \mathbb{R}, x \to p(x) = (x + 1)^2$ ist $p'(x) = 2 \cdot (x + 1) \cdot 1 = 2 \cdot x + 2$.

Wir fassen p als $g \circ f$ auf mit $g : \mathbb{R} \to \mathbb{R}, x \to g(x) = x^2$ mit $g'(x) = 2 \cdot x$, sowie $f : \mathbb{R} \to \mathbb{R}, x \to f(x) = x + 1$ mit $f'(x) = 1$.

Zeichnet man den Graphen einer differenzierbaren Funktion $g : \mathbb{R} \to \mathbb{R}, x \to g(x)$ und legt in einem beliebigen Punkt (a, g(a)) eine Tangente t(a) an, dann ist die Steigung von t(a) gerade g´(a). Verschiebt man nun den Graphen um 1 auf der x-Achse – das heißt der Punkt (a, g(a)) geht über in den Punkt (a + 1, g(a)) – dann gilt Folgendes:

Die Steigung der Tangente durch den neuen Punkt (a + 1, g(a)) bleibt natürlich dieselbe wie bei der alten Tangente t(a). Dies wurde gerade für die Funktion $x \to x^2$ im obigen Beispiel bewiesen, aber es gilt natürlich auch für alle anderen differenzierbaren Funktionen g. Unsere neue Funktion ist durch die Abbildungsvorschrift $x + 1 \to g(x)$, also $x \to g(x - 1)$ gegeben.

Somit ist $(g(x - 1))' = g(x - 1)' \cdot (x - 1)' = g'(x - 1) \cdot 1 = g'(x - 1)$.

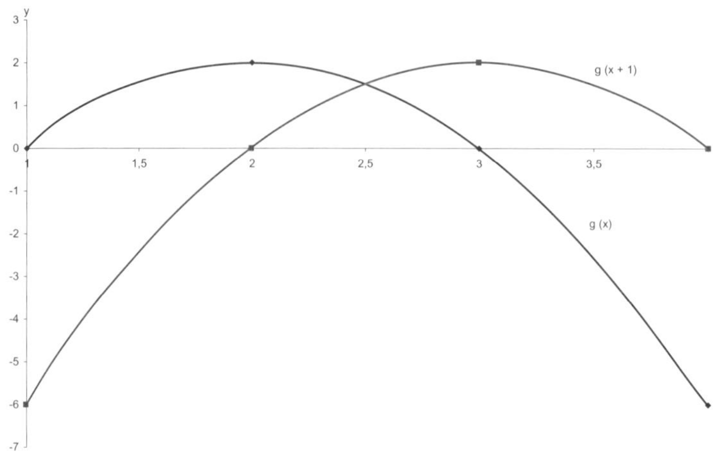

Der Mittelwertsatz

> Ist I ein offenes Intervall und $f: I \to \mathbb{R},\ x \to f(x)$ differenzierbar, dann existiert für a, b aus I ein c mit $a < c < b$, sodass gilt: $f'(c) = \dfrac{f(b) - f(a)}{b - a}$.

Das bedeutet:

Die Steigung der Sekante durch die beiden Punkte (a, f(a)) und (b, f(b)) ist gleich der Steigung der Tangente durch den Punkt (c, f(c)).

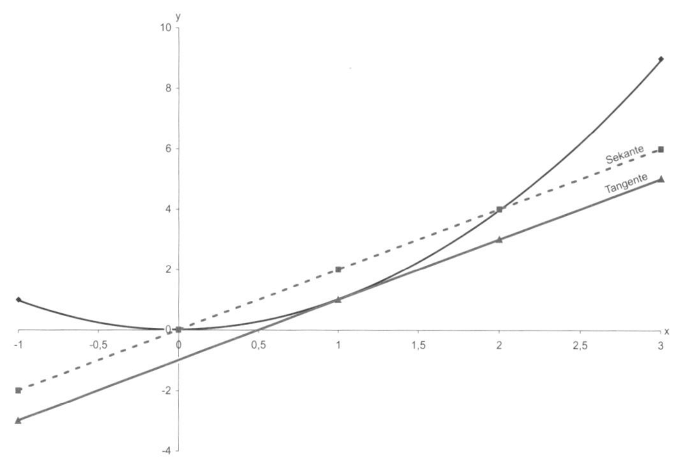

Die eigentliche Aussage des Mittelwertsatzes ist, dass überhaupt ein derartiges c zwischen a und b existiert. Der Mittelwertsatz ist anschaulich genauso klar wie der Zwischenwertsatz und sei auch wie dieser hier nicht bewiesen.

B Das Polynom $p : \mathbb{R} \to \mathbb{R}, x \to p(x) = (x-1) \cdot (x+1)$ hat in -1 und 1 zwei Nullstellen. Die Sekante durch $(-1, 0)$ und $(1, 0)$ hat die Steigung 0. Folglich hat die Ableitung p' von p eine Nullstelle zwischen -1 und 1.

Wegen $p'(x) = 1 \cdot (x+1) + (x-1) \cdot 1 = 2 \cdot x$ ist dies gerade 0.

Jetzt, nach den Regeln für die Ableitung, ist zu überlegen, welche Aussagen die Ableitung einer Funktion liefert.

Globale Extrema

In der Praxis möchte man oft die maximalen Werte bzw. die minimalen Werte bestimmen, welche eine Funktion annehmen kann. Beispiele wären die Minimierung des Schadstoffausstoßes eines Autos oder die Maximierung des Gewinns eines Unternehmens. Zur Lösung solcher Probleme kann man die erste und zweite Ableitung der zu optimierenden Funktion heranziehen. Dazu mehr in den kommenden drei Abschnitten.

Es sei $f : A \to \mathbb{R}, x \to f(x)$ eine Funktion, sodass ein s aus $\mathbb{R}$ existiert mit $s \leq f(x)$, bzw $s \geq f(x)$ für alle $x \in A$. Dann heißt s *untere Schranke* von f, bzw. *obere Schranke* von f. Existiert ein a aus A, sodass f(a) untere Schranke, bzw. obere Schranke von f ist, dann heißt a *globales Minimum* von f, bzw. *globales Maximum* von f. Globale Minima und Maxima heißen auch *globale Extrema*.

B Die Funktion $f : \mathbb{R} \to \mathbb{R}, x \to x^2$ hat keine obere Schranke. Man sagt, f ist nach oben *unbeschränkt*. (Analog definiert man nach unten unbeschränkt.) Folglich besitzt f auch kein globales Maximum.

Aber jede Zahl kleiner gleich Null ist eine untere Schranke von f. Die größte untere Schranke ist offenbar Null. Wegen $f(0) = 0$ ist 0 ein globales Minimum von f.

B Die Funktion id :]0, 1[$\rightarrow \mathbb{R}$, x $\rightarrow$ id(x) = x hat 0 als größte untere Schranke und 1 als kleinste obere Schranke. Man sagt id ist auf dem offenen Intervall von 0 bis 1 beschränkt. Das Merkwürdige ist aber, dass die Funktion id auf dem offenen Intervall]0, 1[keine globalen Extrema besitzt.

Denn id(0) = 0 und id(1) = 1 sind ja keine Bilder aus]0, 1[.

Lokale Extrema einer Funktion

Sei I ein offenes Intervall aus $\mathbb{R}$. Weiter sei die Funktion f : I $\rightarrow \mathbb{R}$, x $\rightarrow$ f(x) differenzierbar. Was bedeutet es dann für ein a aus I, wenn $f'(a) > 0$ ist?

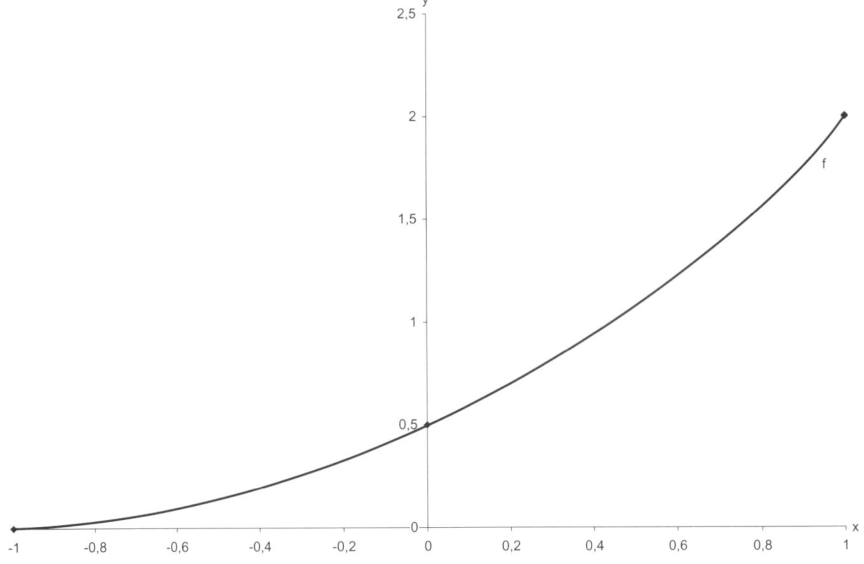

Wenn man ein wenig erhöht, etwa in der Weise $a + \frac{1}{n}$ mit großem n, bzw. a ein wenig vermindert, dann ist $f(a - \frac{1}{n}) < f(a) < f(a + \frac{1}{n})$.

Für große n gilt:

$$\frac{f\left(a+\frac{1}{n}\right)-f(a)}{a+\frac{1}{n}-a}$$

$$=\frac{f\left(a+\frac{1}{n}\right)-f(a)}{\frac{1}{n}}$$

$$=\left(f\left(a+\frac{1}{n}\right)-f(a)\right)\cdot n$$

$$\approx f'(a)>0$$

Zusammenfassend kann man sagen: Ist $f'(a) > 0$, dann findet man „rechts" von a Urbilder, deren Bilder größer als f(a) sind. Analog gilt, „links" von a findet man Urbilder, deren Bilder kleiner als f(a) sind.

Ist umgekehrt $f'(a) < 0$, dann findet man „rechts" von a Urbilder, deren Bilder kleiner als f(a) sind und „links" findet man Bilder, welche größer als f(a) sind.

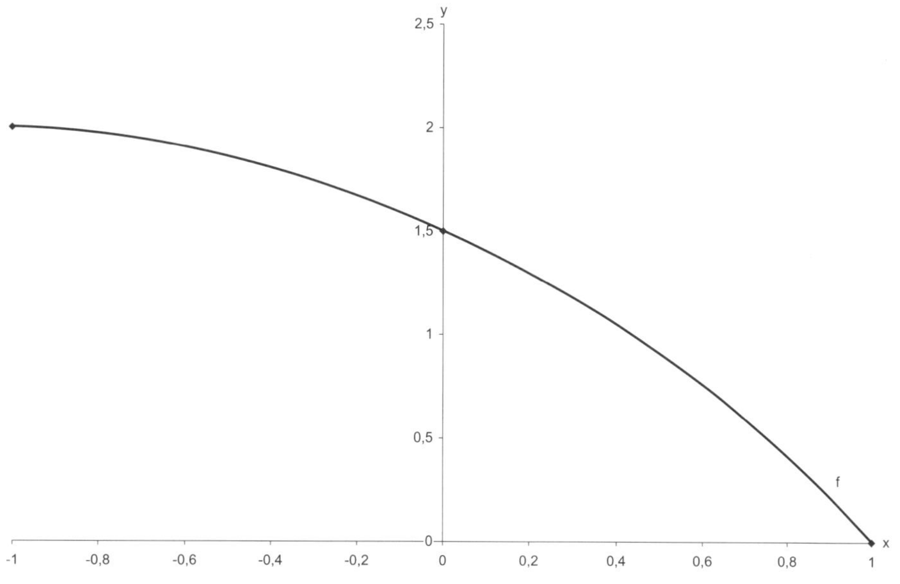

5. Ableiten oder Differenzieren von Funktionen

Sei A eine Teilmenge von $\mathbb{R}$ und $f: A \rightarrow \mathbb{R}, x \rightarrow f(x)$. Es existiere ein a aus A, sodass für alle x aus A, welche besonders dicht bei a liegen gilt: $f(a) \leq f(x)$, bzw. $f(a) \geq f(x)$.

Dann heißt a *lokales Minimum* von f, bzw. *lokales Maximum* von f. Die lokalen Minima und Maxima von f heißen *lokale Extrema* von f.

Wie wir gesehen haben, ist a kein *lokales Extremum* von f, wenn f in a differenzierbar ist und $f'(a) \neq 0$ ist.

Notwendige Bedingung erster Ordnung für lokale Extrema:

Sei I ein offenes Intervall aus $\mathbb{R}$, oder gleich $\mathbb{R}$, und $f: I \rightarrow \mathbb{R}, x \rightarrow f(x)$ eine differenzierbare Funktion. Ist außerdem a aus I ein lokales Extremum, dann ist notwendig $f'(a) = 0$.

B Wie man gesehen hat, hat die Funktion $f: \mathbb{R} :\rightarrow \mathbb{R}, x \rightarrow x^2$ in 0 ein globales und damit auch lokales Minimum. Es gilt $f'(0) = 0$.

B Die Ableitung der Funktion $g: \mathbb{R} \rightarrow \mathbb{R}, x \rightarrow x^3$, also $g'(x) = 3 \cdot x^2$ hat genau eine Nullstelle, nämlich 0. 0 ist aber kein lokales Extremum, da für alle $x < 0$, bzw. $x > 0$ gilt: $g(x) < 0$ bzw. $g(x) > 0$. Es genügt folglich nicht, die Nullstellen der Ableitung einer Funktion zu berechnen, um ihre lokalen Extrema zu finden.

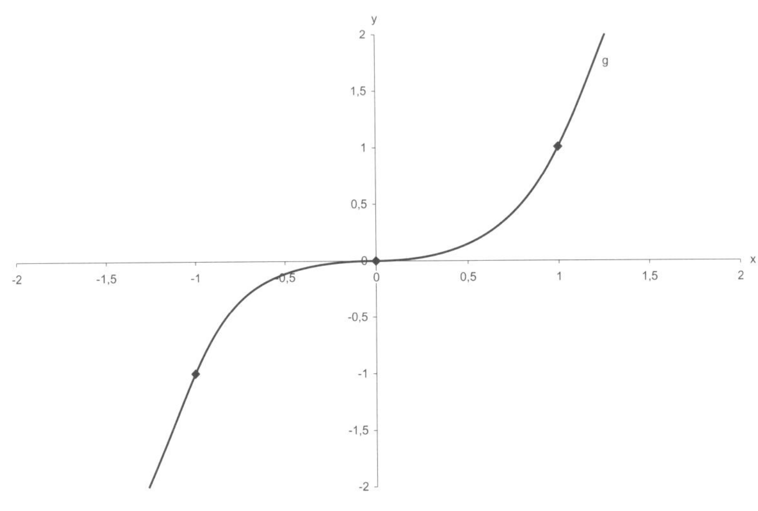

Unterscheidung von lokalen Minima und Maxima

Es sei A Teilmenge von $\mathbb{R}$ und $f: A \to \mathbb{R}$, $x \to f(x)$ differenzierbar. Ist nun $f': A \to \mathbb{R}$, $x \to f'(x)$ in a aus A differenzierbar, dann heißt $(f')'(a) = f^{(2)}(a)$ die zweite Ableitung von f in a. Ist f′ überall differenzierbar, so heißt $f^{(2)}$ kurz die zweite Ableitung von f.

Entsprechend kann man natürlich auch die dritte, vierte und *n-te Ableitung* einer Funktion definieren. Viele Funktionen sind sogar unendlich oft differenzierbar.

B Für ein quadratisches Polynom $q: \mathbb{R} \to \mathbb{R}$, $x \to q(x) = a_2 \cdot x^2 + a_1 \cdot x + a_0$ ist die zweite Ableitung eine konstante Funktion.

Beweis:

$$q'(x) = 2 \cdot a_2 \cdot x + a_1$$
$$q^{(2)}(x) = 2 \cdot a_2$$

B Jedes Polynom ist unendlich oft differenzierbar, wie bereits am vorherigen Beispiel deutlich wurde. $q^{(3)}(x) = 0$, da $q^{(2)}$ eine konstante Funktion ist. Die Ableitung der Nullfunktion ergibt wieder die Nullfunktion. Folglich ist auch $q^{(4)}$, oder allgemein $q^{(n)}$ mit $n > 2$ die Nullfunktion. Somit ist q unendlich oft differenzierbar. Allgemein gilt:

Die n-te Ableitung eines *Polynoms* vom Grad n ist eine konstante Funktion und die (n + 1)-te Ableitung dieses Polynoms ist die Nullfunktion.

Ziel dieses Abschnittes ist die Unterscheidung von lokalen Minima und Maxima. Also sei $f: \mathbb{R} \to \mathbb{R}$, $x \to f(x)$ eine zweimal differenzierbare Funktion mit $f'(x_0) = 0$. x_0 heißt dann *kritischer Punkt*. Somit erfüllt x_0 die erste notwendige Bedingung für lokale Extrema.

Angenommen es gilt $f^{(2)}(x_0) > 0$.

Dann gilt für solche x, die besonders dicht bei x_0 liegen:

$$0 < f^{(2)}(x) \approx \frac{f'(x) - f'(x_0)}{x - x_0}.$$

Ist also $x > x_0$, dann muss auch $f'(x) > f'(x_0) = 0$ sein. Andererseits ist $x < x_0$, dann muss auch $f'(x) < f'(x_0)$ sein. Zur Verdeutlichung des Sachverhaltes dient auch die Zeichnung.

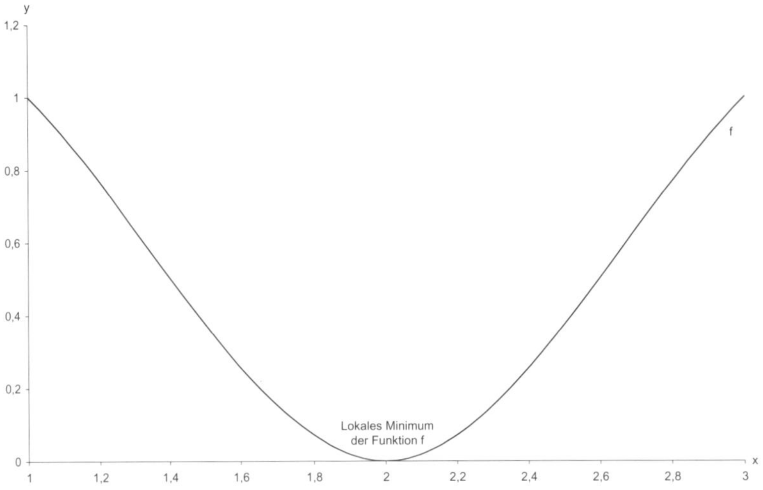

Mit anderen Worten:

> Die Steigung der Tangenten an den Punkten (x, f(x)), welche links von $(x_0, f(x_0))$ liegen ist kleiner Null, das heißt die Funktion fällt in diesem Bereich.
>
> Die Steigung der Tangenten an den Punkten (x, f(x)), welche rechts von $(x_0, f(x_0))$ liegen ist positiv, das heißt die Funktion steigt in diesem Bereich.

Zusammenfassend kann man sagen, solange sich x von links x_0 nähert, verkleinert sich f(x). Entfernt sich x nach rechts von x_0, dann vergrößert sich f(x) wieder.

Folglich muss x_0 ein lokales Minimum sein. Wäre im umgekehrten Falle $f^{(2)}(x_0) < 0$, dann müsste x_0 ein lokales Maximum sein.

> Hinreichende Bedingung zweiter Ordnung:
>
> Es sei I ein offenes Intervall bzw. gleich $\mathbb{R}$, $f : I \to \mathbb{R}$, $x \to f(x)$ zweimal differenzierbar und für ein x_0 aus I gelte entweder:
>
> 1. $f'(x_0) = 0$ sowie $f^{(2)}(x_0) > 0$, dann ist x_0 ein lokales Minimum von f, oder
> 2. $f'(x_0) = 0$ sowie $f^{(2)}(x_0) < 0$, dann ist x_0 ein lokales Maximum.

B Das Polynom $p : \mathbb{R} : \to \mathbb{R}, x \to p(x) = \frac{1}{3} \cdot x^3 - x$ hat die Ableitung

$p'(x) = x^2 - 1 = (x + 1) \cdot (x - 1)$. Die Ableitung p' hat genau zwei Nullstellen, nämlich – 1 und 1. Somit kommen für p nur – 1 und 1 als lokale Extrema in Frage.

Aus $p^{(2)}(x) = 2 \cdot x$ folgt sofort, dass wegen $p^{(2)}(-1) = -2 < 0$

– 1 lokales Maximum von p ist

und dass wegen $p^{(2)}(1) - 2 > 0$

1 lokales Minimum von p ist.

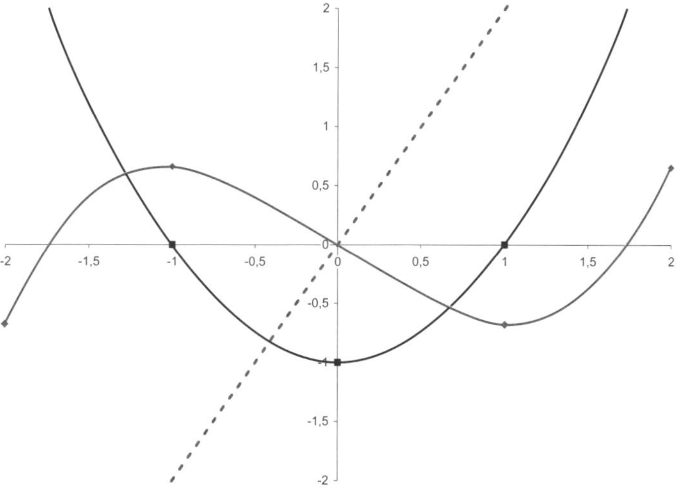

Leider ist die Bedingung zweiter Ordnung für lokale Extrema nicht notwendig, denn was ist zu tun, wenn auch die zweite Ableitung Null ist? Zum Beispiel hat die Funktion $x \to x^2$ in 0 ein lokales Minimum, obwohl die zweite Ableitung an dieser Stelle nicht größer als Null, sondern gleich Null ist.

Andererseits hat die Funktion $x \to x^3$ an der Stelle 0 einen kritischen Punkt, da die erste Ableitung an dieser Stelle gleich Null ist. Da auch die zweite Ableitung an dieser Stelle gleich Null ist, kann man mit Hilfe des obigen Satzes nicht sagen, ob 0 ein lokales Extremum ist. In der Tat ist an der Stelle $x = 0$ kein lokales Extremum.

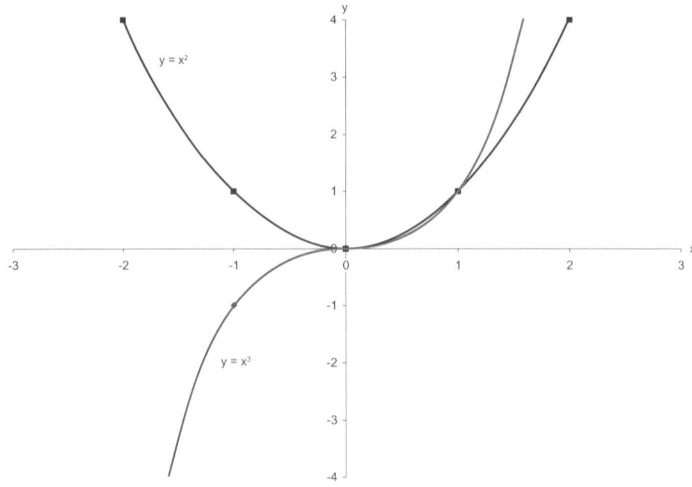

Mit Hilfe der zweiten Ableitung kann man auch zeigen, ob der Graph einer Funktion f nach „unten durchhängt", der Mathematiker sagt, f ist *konvex*, oder ob er sich nach „oben bläht", dann nennt man f *konkav*.

Konvexe und konkave Funktionen

Es sei I ein offenes Intervall oder $\mathbb{R}$ und $f: I \to \mathbb{R}$, $x \to f(x)$ von der Form, dass gilt: Für x_1, x_2 aus I mit $x_1 < x_2$ und s aus [0, 1] ist stets

$$f(s \cdot x_1 + (1-s) \cdot x_2) \geq s \cdot f(x_1) + (1-s) \cdot f(x_2),$$

dann heißt f *konvex* auf I. Gilt sogar stets:

$$f(s \cdot x_1 + (1-s) \cdot x_2) > s \cdot f(x_1) + (1-s) \cdot f(x_2),$$

dann heißt f *streng konvex* auf I.
Ist dagegen $-f: I \to \mathbb{R}$, $x \to -f(x) = (-1) \cdot f(x)$ konvex bzw. streng konvex, dann heißt f *konkav* auf I bzw. *streng konkav* auf I.

Wie ist die Definition zu verstehen? Die Sekante, welche durch die beiden Punkte $(x_1, f(x_1))$ und $(x_2, f(x_2))$ verläuft, enthält gerade alle Punkte der Form

$(s \cdot x_1 + (1-s) \cdot x_2,\ s \cdot f(x_1) + (1-s) \cdot f(x_2))$ mit $s \in \mathbb{R}$.

Liegt nun s zwischen 0 und 1, so erhält man das Sekantenstück, welches zwischen den Punkten $(x_1, f(x_1))$ und $(x_2, f(x_2))$ liegt.

Mit anderen Worten, dieses Sekantenstück soll oberhalb oder auf dem Graphen von f liegen.

Wir können also sagen, f ist genau dann konvex auf I, wenn für jede Sekante von f das mittlere Sekantenstück in keinem Punkt unterhalb des Graphen von f liegt.

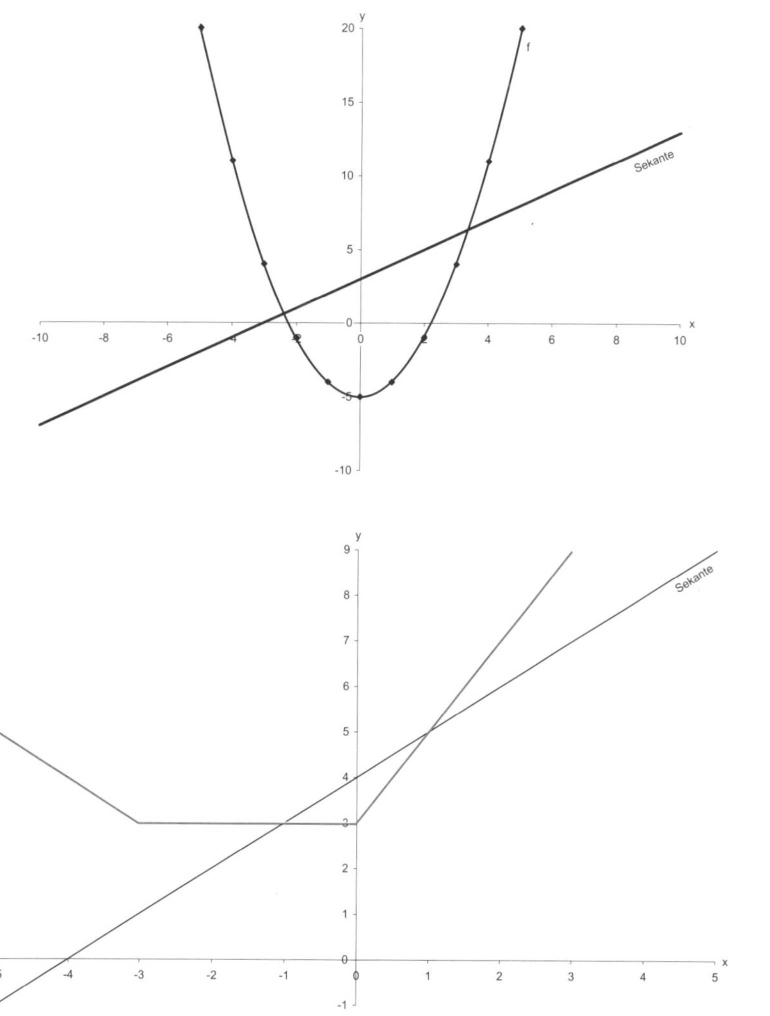

> Wenn f konkav ist, dann muss für jede Sekante von f das mittlere Sekantenstück stets unterhalb oder auf dem Graphen von f liegen.

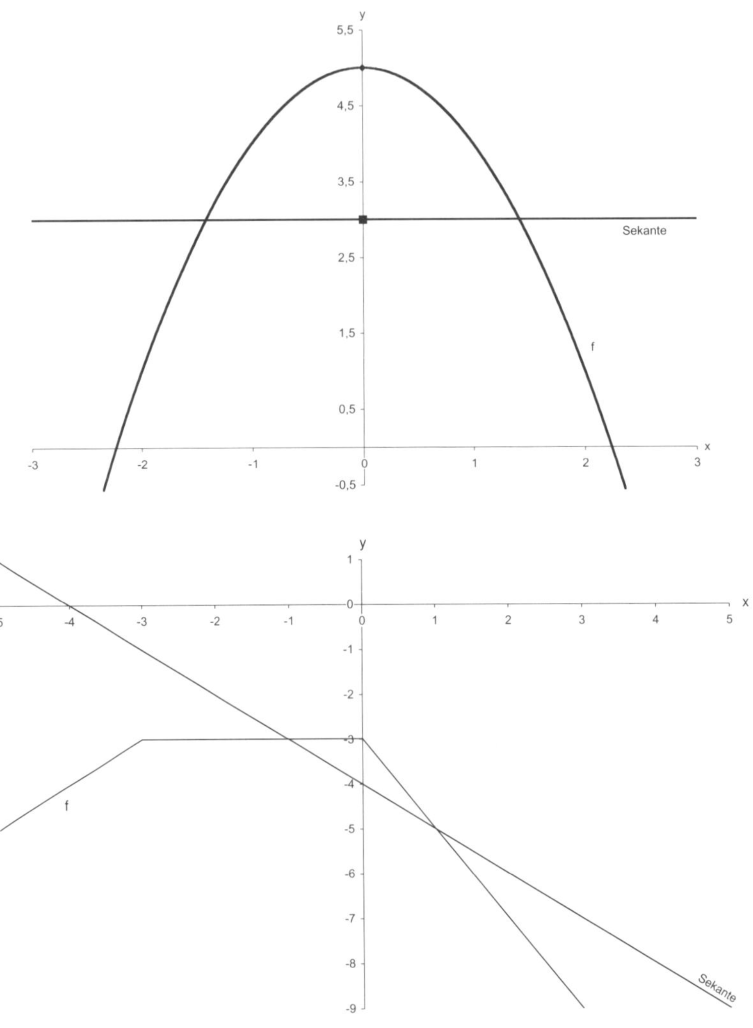

Wenn f nur konkav, aber nicht streng konkav ist, kann es vorkommen, dass einige so genannte Sekanten den Graphen von f in mehr als zwei Punkten schneiden. Der Einfachheit wegen wurde dies übergangen. Für den konvexen, aber nicht streng konvexen Fall gilt gleiches.

B Die Funktion $p : \mathbb{R} \to \mathbb{R}, x \to p(x) = x^3$ ist im Bereich der negativen Zahlen konkav und im Bereich der positiven Zahlen konvex. Wenn man die zweite Ableitung $p^{(2)}(x) = 6 \cdot x$ von p betrachtet, fällt Folgendes auf:

Im Bereich der negativen Zahlen, in p konkav ist, ist die zweite Ableitung von p negativ. Dagegen ist im Bereich der positiven Zahlen, in p konvex ist, $p^{(2)}$ positiv. Ist das ein Zufall, oder muss das so sein?

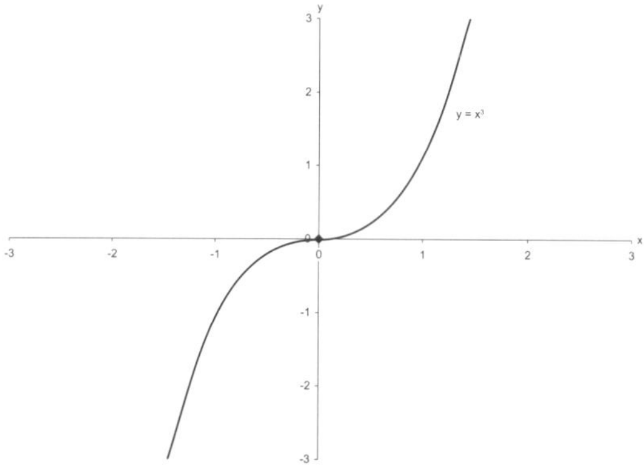

Ist I ein offenes Intervall oder $\mathbb{R}$, $f : I \to \mathbb{R}, x \to f(x)$ zweimal differenzierbar, sodass gilt $f^{(2)}(x) > 0$ bzw. $f^{(2)}(x) < 0$, dann ist f streng konvex bzw. f ist streng konkav.

Natürlich genügt es den Satz für den konvexen Fall zu beweisen. Für den Beweis benötigt man mehrfach den Mittelwertsatz.

Angenommen die Aussage des Satzes ist falsch. Dann gibt es ein Gegenbeispiel, für das der Satz falsch ist, etwa die Funktion $f : I \to \mathbb{R}, x \to f(x)$ mit $f^{(2)}(x) > 0$ und f ist nicht konvex (nicht konvex zu sein bedeutet natürlich noch nicht konkav zu sein). Es soll gezeigt werden, dass so ein f nicht existiert.

Es gibt also x_1 und x_2 aus I, $x_1 < x_2$, und s aus [0, 1], sodass gilt:

$$f(s \cdot x_1 + (1-s) \cdot x_2) \geq s \cdot f(x_1) + (1-s) \cdot f(x_2),$$

bzw. wenn wir $x_3 = s \cdot x_1 + (1-s) \cdot x_2$ setzen, gilt:

$$f(x_3) \geq s \cdot f(x_1) + (1-s) \cdot f(x_2).$$

Der Mittelwertsatz sagt, es gibt ein x_4 zwischen x_1 und x_2 mit $f'(x_4) = \frac{f(x_3) - f(x_1)}{x_3 - x_1}$.

Natürlich existiert auch ein x_5 zwischen x_3 und x_2, sodass $f'(x_5) = \frac{f(x_3) - f(x_2)}{x_3 - x_2}$ ist.

Die Zeichnung verdeutlicht, warum $f'(x_4)$ größer als $f'(x_5)$ ist.

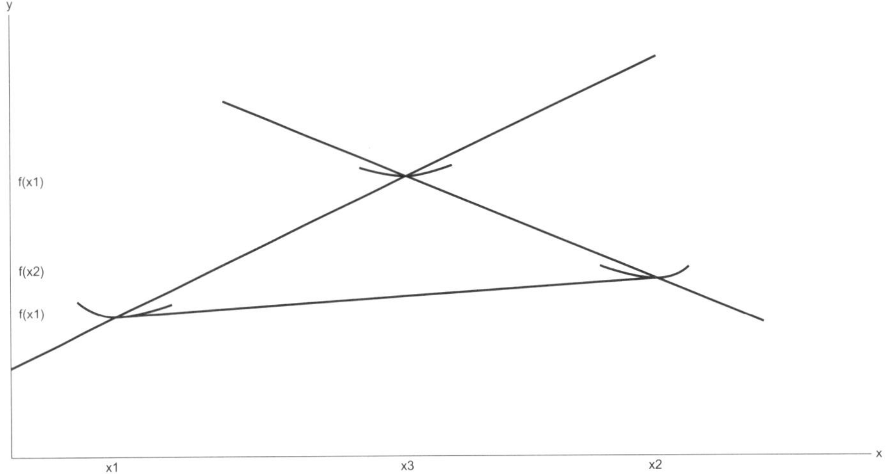

Das Folgende sollte in der Vorstellung durchgeführt werden und ist nicht wörtlich zu verstehen.

Man stelle sich vor, wie man die Sekante durch die Punkte $(x_1, f(x_1))$ und $(x_2, f(x_2))$ auf der Höhe von x_3 durchschneidet. Dann hebe man das linke Sekantenstück rechts etwas hoch, sodass es durch die Punkte $(x_1, f(x_1))$ und $(x_3, f(x_3))$ läuft. Dadurch erhöht sich die Steigung der linken „Teilsekante". Danach hebe man das rechte Sekantenstück links etwas an, sodass es durch die Punkte $(x_3, f(x_3))$ und $(x_2, f(x_2))$ verläuft. Dadurch verringert sich die Steigung der rechten „Teilsekante".

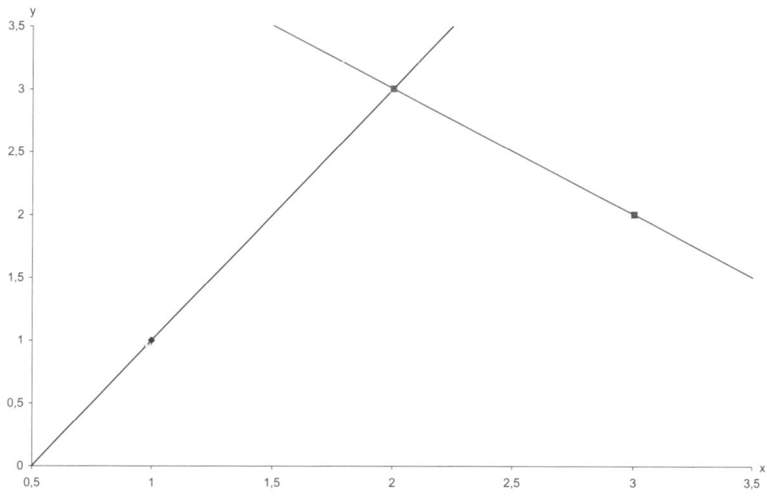

Der Mittelwertsatz liefert uns jetzt die Existenz eines x_6 zwischen x_4 und x_5, also liegt x_6 erst recht zwischen x_1 und x_2, sodass gilt:

$$f^{(2)}(x_6) = \frac{f'(x_5) - f'(x_4)}{x_5 - x_4}.$$

Da nun $f'(x_5)$ kleiner als $f'(x_4)$ ist, aber x_5 größer als x_4 ist, gilt $f^{(2)}(x_6)$ ist kleiner als Null.

Dies ist aber ein Widerspruch zu unserer Annahme, dass die zweite Ableitung von f immer größer Null ist. Somit existiert kein Gegenbeispiel zum Satz. Das war zu zeigen.

Die Nullstellen der zweiten Ableitung von f heißen *Wendepunkte*, falls $f^{(2)}$ die x-Achse wirklich schneidet und nicht nur berührt. Dies bedeutet, der Verlauf von f wechselt von konkav bzw. konvex auf konvex bzw. konkav.

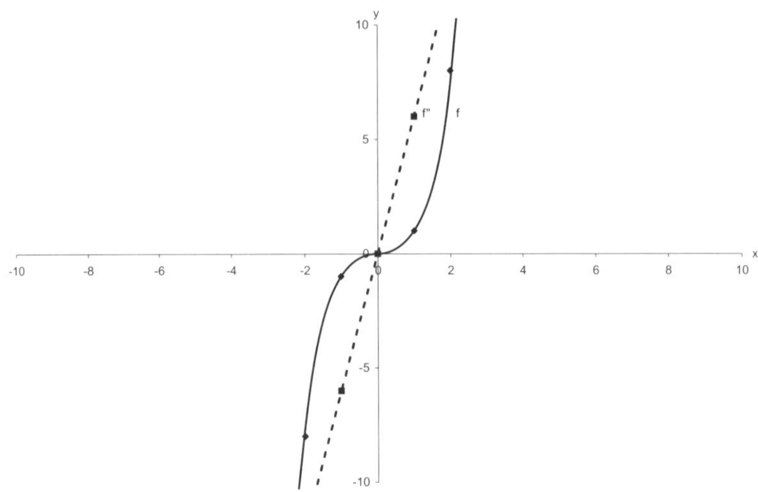

Mit dem bisher gesammelten Wissen ist es möglich, die wichtigsten Eigenschaften einer Funktion zu bestimmen. Im nächsten Kapitel soll die so genannte Kurvendiskussion, bei der man das Gelernte anwenden kann, durchgeführt werden.

Aufgaben

1. Zu zeichnen ist eine Funktion, an der man nicht überall eine Tangente anlegen kann.
2. Wenn $f : \mathbb{R} \to \mathbb{R}, x \to f(x)$ im Punkt x_0 differenzierbar ist mit $f'(x_0) > 0$, was gilt dann für alle x, die nur ein wenig größer als x_0 sind?
3. Folgende Funktionen sind abzuleiten bzw. zu differenzieren.

   a) $(x^3 - 2) \cdot (x^4 + 1)$

   b) $\dfrac{(x^3 + 1)}{x^2}$

   c) $(x + 1)^2$
4. Zu zeichnen ist eine Funktion, die überall außer in einem Punkt differenzierbar ist, sodass der Mittelwertsatz nicht gilt.
5. Eine beschränkte und eine unbeschränkte Funktion sind zu zeichnen.
6. Zu zeichnen ist eine Funktion, die genau zwei lokale Minima hat.
7. Eine Funktion, die überall konvex und konkav ist, soll gezeichnet werden.

Lösungen

1. Diese Funktion (Betragsfunktion) ist in 0 nicht differenzierbar.

2. Natürlich sind alle diese Funktionswerte etwas größer als $f(x_0)$.

3. a) $((x^3 - 1) \cdot (x^4 + 1))' = 3 \cdot x^2 \cdot (x^4 + 1) + (x^3 - 1) \cdot 4 \cdot x^3 = 7 \cdot x^6 - 4 \cdot x^3 + 3 \cdot x^3$

   b) $\left(\frac{x^3 + 1}{x^2}\right)' = \frac{x^4 - 2 \cdot x}{x^4} = \frac{x^3 - 2}{x^3} = \frac{x^3 - 2}{x^3}$

   c) $((x + 1)^2)' = 2 \cdot (x + 1)$

4.

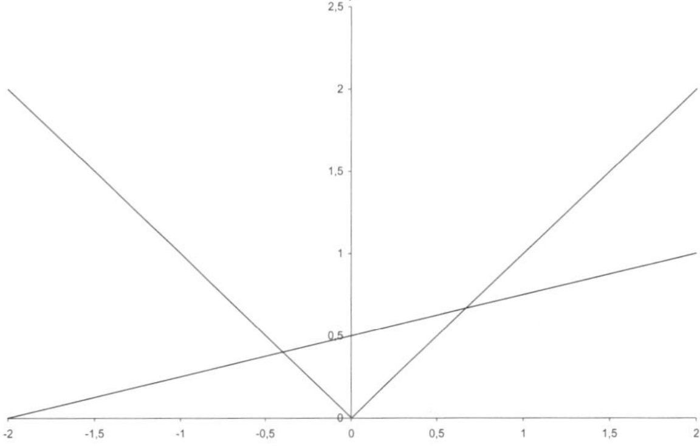

5.

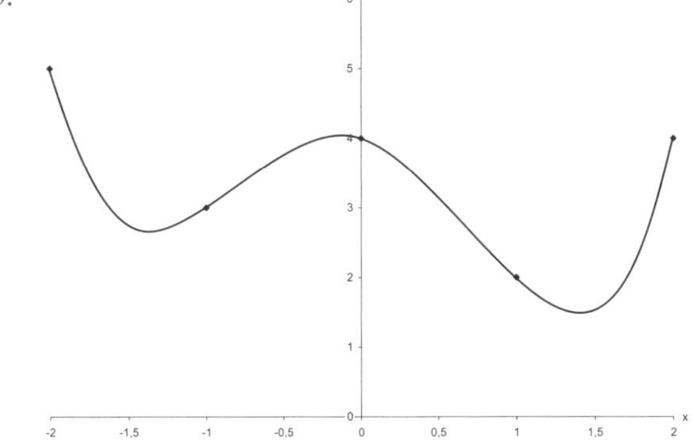

III. Analysis

6.

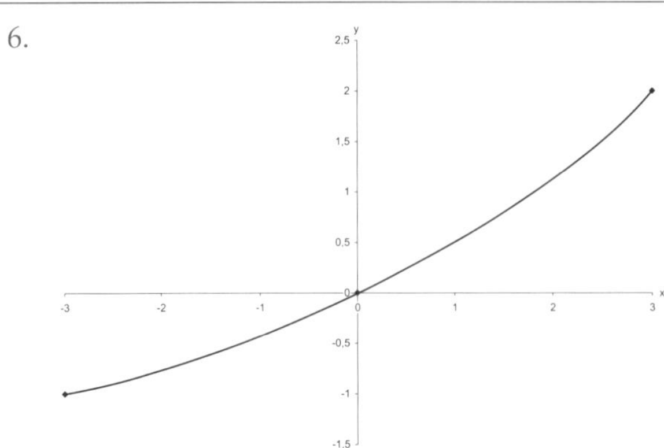

7. Nur ein Polynom vom Grad 1 bzw. eine konstante Funktion ist sowohl konvex als auch konkav.

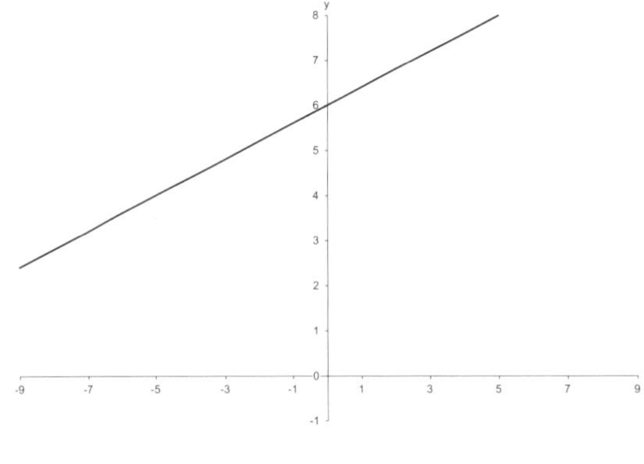

6. Kurvendiskussion

In den nächsten vier Abschnitten werden folgende Typen von Funktionen besprochen: Zunächst werden die Polynome untersucht. Etwas schwieriger sind dann schon die rationalen Funktionen, bei denen Definitionslücken auftauchen können. Danach kommt die Exponentialfunktion und zum Schluss werden die trigonometrischen Funktionen, also Sinus und Cosinus etc. besprochen.

Bei der Kurvendiskussion wird wie folgt vorgegangen:

1. Ausgehend von der Funktionalgleichung f(x) = ..., wird der maximale Definitionsbereich D(f) und der Bildbereich im (f) bestimmt.
2. Ist f injektiv, surjektiv, oder sogar bijektiv?
3. Hat f irgendwelche Symmetrien?
4. Ist f stetig?
5. Wächst oder fällt f monoton, existiereren Nullstellen?
6. Wie oft ist f differenzierbar.
7. Hat f kritische Punkte, lokale oder globale Extrema?
8. Ist f in bestimmten Bereichen konvex oder konkav?
9. Schließlich wird eine Wertetabelle erstellt, um den Graph von f zeichnen.

Polynomfunktionen

$p(x) = a_n \cdot x^n + ... + a_1 \cdot x + a_0$ ist die Funktionalgleichung eines *Polynoms* vom Grad n, wobei n eine natürliche Zahl sei und die Koeffizienten a_i, i = 0,1, ..., n reell sind. Als Definitionsbereich D(f) kann man immer ganz $\mathbb{R}$ wählen, da p(x) für jede reelle Zahl x wohldefiniert ist. Die Bilder p(x) von x sind auch wieder reelle Zahlen, also kann man immer von

$$p : \mathbb{R} \to \mathbb{R}, x \to p(x) = a_n \cdot x^n + ... + a_1 x + a_0$$

ausgehen. Polynome sind stetig und unendlich oft differenzierbar. Um jetzt eine Kurvendiskussion durchführen zu können, wird ein konkretes Polynom vorgegeben.

B

Wir betrachten $p : \mathbb{R} \to \mathbb{R}, x \to p(x) = x^2 + 4 \cdot x + 3$.

Dass der Definitionsbereich D(p) von p gleich $\mathbb{R}$ ist, ist klar. Den Bildbereich von p müssen wir später bestimmen. Die Nullstellen von p kann man leicht mit Hilfe der p – q Formel bestimmen:

$x^2 + 4 \cdot x + 3 = 0$
$\to x_1 = -3$ und $x_2 = -1$.

Da p zwei Nullstellen hat, kann p nicht injektiv sein, aber p ist stetig und unendlich oft differenzierbar.

$p'(x) = 2 \cdot x + 4$

$p^{(2)}(x) = 2$

$p^{(n)}(x) = 0$ für $n > 2$

Da der Wert der zweiten Ableitung von p überall gleich zwei ist, muss p konvex sein. Für $p'(x)$ gilt:

$p'(x) < 0$, für $x < -2$, also ist p in diesem Bereich streng monoton fallend.

$p'(x) = 0$, für $x = -2$; weil p konvex ist, ist -2 mit $p(-2) = -1$ das globale Minimum von p. Andere Extrema existieren nicht.

$p'(x) > 0$, für $x > -2$, also ist p in diesem Bereich streng monoton steigend.

Wir vermuten, da das Minimum von p, also -2, genau in der Mitte von den beiden Nullstellen -3 und -1 liegt, dass der Graph von p symmetrisch zur Geraden

$$\{(-2, y) : y \in \mathbb{R}\}$$

liegt, oder anders ausgedrückt, es gilt:

$$p(-2 + x) = p(-2 - x)$$

Beweis:
$$\begin{aligned} p(-2 + x) &= (-2 + x)^2 + 4 \cdot (-2 + x) + 3 \\ &= 4 - 4 \cdot x + x^2 - 8 + 4 \cdot x + 3 \\ &= 4 + 4 \cdot x + x^2 - 8 - 4 \cdot x + 3 \\ &= (-2 - x)^2 + 4 \cdot (-2 - x) + 3 = p(-2 - x) \end{aligned}$$

Für große Zahlen x gilt:

$$p(x) = x^2 + 4 \cdot x + 3 > x \text{ und } p(-x) = (-x)^2 + 4 \cdot (-x) + 3 > x$$

Somit sind sowohl die Bilder der negativen als auch der positiven Urbilder nicht nach oben beschränkt. Der Bildbereich von p besteht somit aus allen reellen Zahlen, welche größer gleich – 1 sind.

Jetzt sind alle wesentlichen Daten der Funktion bekannt und können in eine Wertetabelle eingetragen werden. Zunächst sollte man sich überlegen, welcher Bereich von p gezeichnet werden soll. Natürlich sollten alle markanten Stellen der Funktion berücksichtigt werden. Das heißt, die Nullstellen und insbesondere die Extrema sollten auf der Zeichnung zu sehen sein.

Wertetabelle von p, p´und $p^{(2)}$ zwischen – 6 und 3 bei Schrittweite 1			
x	p(x)	p´(x)	$p^{(2)}(x)$
– 6	$(-6)^2 + 4 \cdot (-6) + 3 = 15$	$2 \cdot (-6) + 4 = -8$	2
– 5	$(-5)^2 + 4 \cdot (-5) + 3 = 8$	$2 \cdot (-5) + 4 = -6$	2
– 4	$(-4)^2 + 4 \cdot (-4) + 3 = 3$	$2 \cdot (-4) + 4 = -4$	2
– 3	$(-3)^2 + 4 \cdot (-3) + 3 = 0$	$2 \cdot (-3) + 4 = -2$	2
– 2	$(-2)^2 + 4 \cdot (-2) + 3 = -1$	$2 \cdot (-2) + 4 = -0$	2
– 1	$(-1)^2 + 4 \cdot (-1) + 3 = 0$	$2 \cdot (-1) + 4 = 2$	2
0	$0^2 + 4 \cdot 0 + 3 = 3$	$2 \cdot 0 + 4 = 4$	2
1	$1^2 + 4 \cdot 1 + 3 = 8$	$2 \cdot 1 + 4 = 6$	2
2	$2^2 + 4 \cdot 2 + 3 = 15$	$2 \cdot 2 + 4 = 8$	2
3	$3^2 + 4 \cdot 3 + 3 = 24$	$2 \cdot 3 + 4 = 10$	2

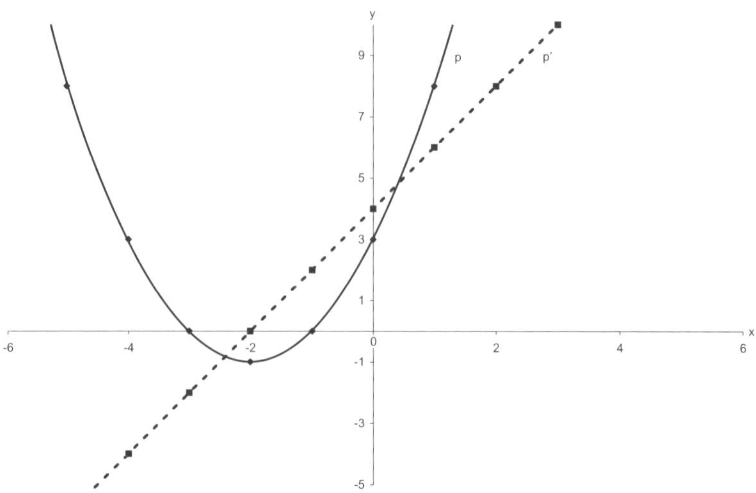

Jedes Polynom p vom Grad 2 hat genau ein Extremum x_0. Ist der Koeffizient a_2 vor x^2 positiv, so ist p konvex und x_0 ist das globale Minimum von p. Ist a_2 negativ, so ist p konkav und x_0 ist das globale Maximum von p.

In beiden Fällen ist p symmetrisch zur Achse $\{(x_0, y) : y \text{ aus } \mathbb{R}\}$, oder anders ausgedrückt:

$$p(x_0 - x) = p(x_0 + x).$$

B Nun soll das Polynom $f : \mathbb{R} \to \mathbb{R}, x \to f(x) = x^3 + x^2 - x - 1$ betrachtet werden. Natürlich ist f stetig und unendlich oft differenzierbar. Es gilt:

$f'(x) = 3 \cdot x^2 + 2 \cdot x - 1$

$f^{(2)}(x) = 6 \cdot x + 2$

$f^{(3)}(x) = 6$

$f^{(n)}(x) = 0$ für $n > 3$.

Da für sehr große x f(x) unbegrenzt wächst und f(– x) unbegrenzt fällt, ist nach dem Zwischenwertsatz ganz $\mathbb{R}$ der Bildbereich von f. Insbesondere existiert mindestens eine Nullstelle von f. Nach kurzem Raten erkennt man in – 1 und 1 zwei Nullstellen.

$$\begin{aligned} f(-1) &= (-1)^3 + (-1)^2 - (-1) - 1 \\ &= -1 + 1 + 1 - 1 \\ &= 0 \end{aligned}$$

$$\begin{aligned} f(1) &= 1^3 + 1^2 - 1 - 1 \\ &= 1 + 1 - 1 - 1 \\ &= 0 \end{aligned}$$

Die Nullstellen der Ableitung von f kann man leicht mit Hilfe der *p–q Formel* oder auch allgemeine Lösungsformel für quadratische Gleichungen genannt (vgl. S. 155) bestimmen.

$$3 \cdot x^2 + 2 \cdot x - 1 = 0$$

$$\Rightarrow x_1 = -1 \text{ und } x_2 = \frac{1}{3}$$

Für die zweite Ableitung von f gilt:

$6 \cdot x + 2 < 0$ für $x < -\frac{1}{3}$, also ist f in diesem Bereich streng konkav,

$6 \cdot x + 2 = 0$ für $x = -\frac{1}{3}$

$6 \cdot x + 2 > 0$ für $x > -\frac{1}{3}$, also ist f hier streng konvex.

Betrachtet man den Graphen G(f) von links nach rechts, so kommt f aus dem negativ Unendlichen und steigt konkav an. Bei – 1 erreicht f die x-Achse, hat also eine Nullstelle. – 1 ist sogar eine doppelte Nullstelle, da – 1 auch die erste kritische Stelle von f ist. Da f in diesem Bereich konkav ist, ist – 1 ein lokales Maximum. Danach fällt f wieder konkav bis zum Wendepunkt $-\frac{2}{3}$. Ab jetzt ist f konvex und fällt immer langsamer bis zum nächsten kritischen Punkt $\frac{1}{3}$. Hier hat f ein lokales Minimum und steigt danach wieder an, durchbricht bei 1 die x-Achse, um dann immer steiler gegen plus unendlich zu streben. Somit hat f also nur zwei Nullstellen.

Wertetabelle von f, f´und $f^{(2)}$ zwischen – 2 und 2 mit Schrittweite $\frac{1}{3}$			
x	f(x)	f´(x)	$f^{(2)}(x)$
-2	-3	7	-10
$-\frac{5}{3}$	$-\frac{32}{27}$	4	-8
$-\frac{4}{3}$	$-\frac{7}{27}$	$\frac{5}{3}$	-6
-1	0	0	-4
$-\frac{2}{3}$	$-\frac{5}{27}$	-1	-2
$-\frac{1}{3}$	$-\frac{16}{27}$	$-\frac{4}{3}$	0
0	-1	-1	2
$\frac{1}{3}$	$-\frac{32}{27}$	0	4
$\frac{2}{3}$	$-\frac{25}{27}$	$\frac{5}{3}$	6
1	0	4	8
$\frac{4}{3}$	$\frac{41}{27}$	7	10
$\frac{5}{3}$	$\frac{128}{27}$	$\frac{96}{9}$	12
2	9	15	14

III. Analysis

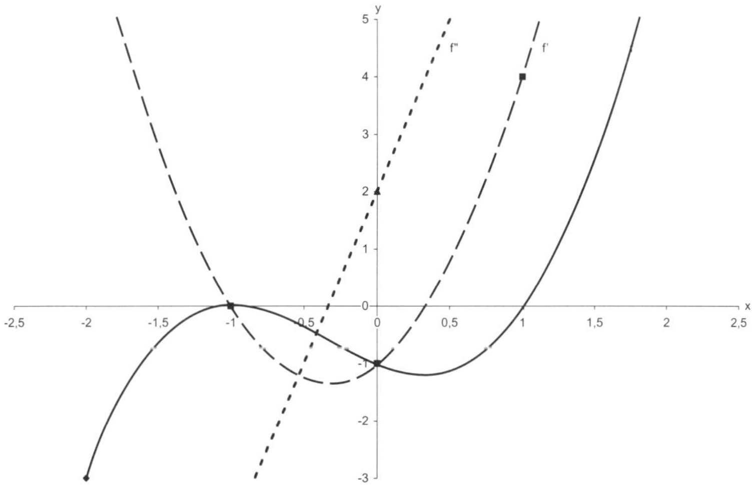

Rationale Funktionen

Angenommen, es ist die Funktionalgleichung einer *rationalen Funktion* r(x):

$$r(x) = \frac{a(x)}{b(x)} = \frac{a_n \cdot x^n + \ldots + a_1 \cdot x + a_0}{b_m \cdot x^m + \ldots + b_1 \cdot x + b_0}$$

gegeben. Natürlich ist r überall stetig und beliebig oft differenzierbar, sofern r auch an der betreffenden Stelle definiert ist. Dies ist das erste Problem: Für ein x_0 ist das Nennerpolynom $b(x_0)$ gleich 0.

Ist gleichzeitig auch das Zählerpolynom a an dieser Stelle gleich Null, so kann man dieses Problem eventuell lösen. Denn es gilt für alle x mit $a(x) \neq 0$:

$$\begin{aligned} r(x) &= \frac{a(x)}{b(x)} \\ &= \frac{a(x) - 0}{b(x) - 0} \\ &= \frac{a(x) - a(x_0)}{b(x) - b(x_0)} \\ &= \frac{a(x) - a(x_0)}{x - x_0} \cdot \frac{x - x_0}{b(x) - b(x_0)}. \end{aligned}$$

Lässt man x_n gegen x_0 konvergieren, erhält man:

$$\lim_{n \to \infty} r(x) = \frac{a'(x_0)}{b'(x_0)} = r(x_0).$$

Voraussetzung ist natürlich, dass $b'(x_0) \neq 0$ ist. Diese Vorgehensweise ist unter dem Namen *Regel von de l`Hospital* bekannt. Guillaume Francois Antoine Marquis de l`Hospital (1661 – 1704) war der Verfasser des ersten Lehrbuches der Differentialrechnung: Analyse des infiniment petits (1696).

Regel von de l`Hospital:

Die Funktionen f und g seien auf dem offenen Intervall]a, b[differenzierbar, wobei die Intervallgrenzen plus oder minus unendlich seien können. Gilt weiter eine der folgenden Annahmen:

$\lim_{x \to a} f(x) = \lim_{x \to a} g(x) = 0$,

$\lim_{x \to a} f(x)$, $\lim_{x \to a} g(x)$ sind plus oder minus unendlich,

dann ist $\lim \frac{f(x)}{g(x)} = \lim \frac{f'(x)}{g'(x)}$, falls der rechts stehende Limes überhaupt existiert.

Betrachtet wird exemplarisch die Funktionalgleichung

$$r(x) = \frac{a(x)}{b(x)} = \frac{x-1}{x+1}.$$

Das Nennerpolynom ist offenbar nur 0 für $x = -1$. Deshalb ist r(x) für alle reellen Zahlen definiert mit Ausnahme von – 1. Also ist

$$r : \mathbb{R} \setminus \{-1\} \to \mathbb{R},\ x \to p(x)$$

wohldefiniert. Die Definitionslücke von r kann nicht mit Hilfe der Regel von de l`Hospital geschlossen werden, da zwar $b(-1) = 0$, aber $a(-1) = -2$ ist. Man kann aber untersuchen, wohin r für x gegen plus oder minus unendlich strebt.

$$\lim_{x \to \pm\infty} r(x) = \lim_{x \to \pm\infty} \frac{(x-1)'}{(x+1)'}$$

$$= \lim \frac{1}{1}$$

$$= 1$$

Dies bedeutet: Für sehr große oder sehr kleine x-Werte schmiegt sich der Graph von r immer dichter an die Gerade

$g_1 = \{(x, 1) \cdot x \in \mathbb{R}\}$

an. So eine Gerade nennt man *Asymptote* von r. r hat aber noch eine weitere Asymptote, je näher man sich auf der x-Achse der Definitionslücke – 1 nähert, umso dichter liegt a(x) bei – 2 und b(x) bei 0. Das heißt, r(x) strebt für $b(x) > 0$ gegen minus unendlich und für $b(x) < 0$ gegen plus unendlich. Oder anders ausgedrückt, die beiden Äste von r schmiegen sich an die Asymptote

$g_2 = \{(-1, y) : y \in \mathbb{R}\}$.

Man nennt deshalb – 1 auch eine *Polstelle* mit Vorzeichenwechsel im Gegensatz zu einer Polstelle ohne Vorzeichenwechsel.

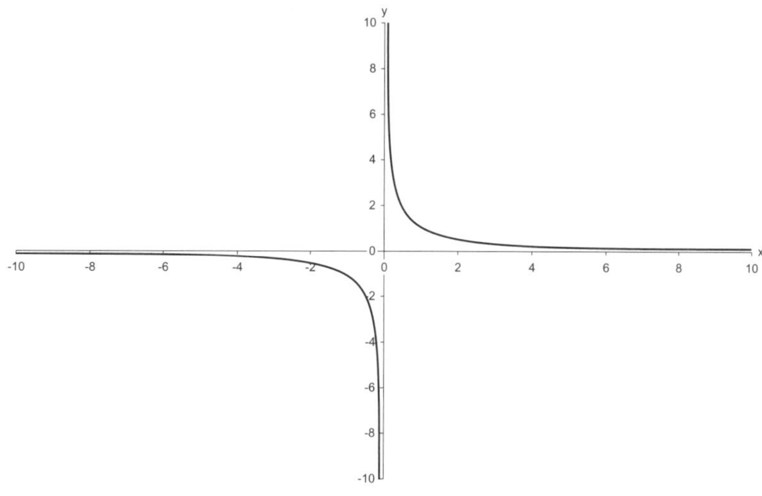

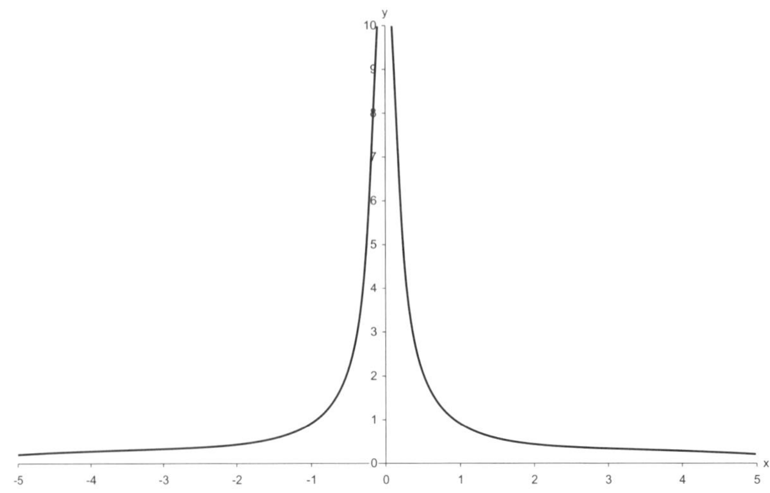

Zur weiteren Kurvendiskussion verfahre man wie gehabt. Der Definitionsbereich D(r) ist also $\mathbb{R} \setminus \{-1\}$. Weiter ist r injektiv, folgt doch aus $r(x_1) = r(x_2)$ sofort:

$$
\begin{aligned}
\frac{x_1 - 1}{x_1 + 1} &= \frac{x_2 - 1}{x_2 + 1} && | \cdot (x_1 + 1) \cdot (x_2 + 1) \\
(x_1 - 1) \cdot (x_2 + 1) &= (x_2 - 1) \cdot (x_1 + 1) && \\
x_1 \cdot x_2 + x_1 - x_2 &= x_1 \cdot x_2 + x_2 - x_1 && | - x_1 \cdot x_2 + x_1 + x_2 \\
x_1 + x_1 &= x_2 + x_2 && | \cdot \frac{1}{2} \\
x_1 &= x_2 &&
\end{aligned}
$$

Die Ableitungen von r ergeben sich mit der Quotientenregel:

$$
\begin{aligned}
r'(x) &= \frac{1 \cdot (x+1) - (x-1) \cdot 1}{(x+1)^2} = \frac{2}{(x+1)^2} \\
r^{(2)}(x) &= \frac{(x+1)^2 \cdot 2' - (x+1)^{2'} \cdot 2}{(x+1)^4} = \frac{0 - 4(x+1)}{(x+1)^4} = \frac{-4}{(x+1)^3}
\end{aligned}
$$

Die erste Ableitung ist immer größer 0, das heißt r ist streng monoton steigend. Die zweite Ableitung ist für alle $x < -1$ positiv, also ist r in diesem Bereich konvex und für $x > -1$ negativ, also in diesem Bereich konkav. Insbesondere bedeutet dies, dass r keine lokalen oder globalen Extrema besitzt.

Wertetabelle für r von x von – 6 bis 4 mit Schrittweite 1			
x	r(x)	r´(x)	$r^{(2)}(x)$
– 6	$\frac{7}{5}$	$\frac{2}{25}$	$-\frac{4}{125}$
– 5	$\frac{3}{2}$	$\frac{1}{8}$	$-\frac{1}{16}$
– 4	$\frac{5}{3}$	$\frac{2}{9}$	$-\frac{4}{27}$
– 3	2	$\frac{1}{2}$	$-\frac{1}{2}$
– 2	3	2	– 4
– 1	nicht definiert		
0	– 1	2	– 4
1	0	$\frac{1}{2}$	$-\frac{1}{2}$
2	$\frac{1}{3}$	$\frac{2}{9}$	$-\frac{4}{27}$
3	$\frac{1}{2}$	$\frac{1}{8}$	$-\frac{1}{16}$
4	$\frac{3}{5}$	$\frac{2}{25}$	$-\frac{4}{125}$

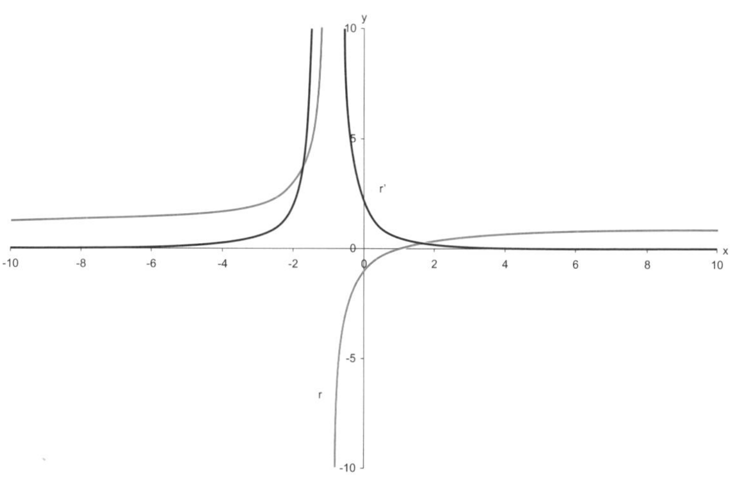

Wenn man sich den Graphen von r anschaut, erkennt man eine Ähnlichkeit mit dem Graphen der Hyperbel $x \to \frac{1}{x}$. In der Tat können wir die Funktionalgleichung ein wenig umformen und erhalten dann:

$$\begin{aligned} r(x) &= \frac{(x+1)}{(x-1)} \\ &= \frac{x+1-2}{x+1} \\ &= \frac{x+1}{x+1} - \frac{2}{x+1} \\ &= 1 - \frac{2}{x+1}. \end{aligned}$$

Das heißt, r ist die Standardhyperbel um 1 auf der x-Achse verschoben, mit – 2 multipliziert und um 1 auf der y-Achse verschoben. Spiegelt man den Graphen

$$\{(x, \frac{1}{x}) : x \in \mathbb{R} \setminus \{0\}\}$$

an dem Punkt (0, 0) oder an der Geraden $\{(x, x) : x \in \mathbb{R}\}$ oder an der Geraden $\{(x, -x) : x \in \mathbb{R}\}$, so verändert sich der Graph der Standardhyperbel nicht. Für r lauten die entsprechenden Symmetrien wie folgt.

Spiegelt man den Graphen

$$G(r) = \{(x, \frac{x-1}{x+1}) : x \in \mathbb{R} \setminus \{-1\}$$

an dem Punkt (– 1, 1), oder an der Geraden $\{(x-1, x+1) : x \in \mathbb{R}\}$ oder an der Geraden $\{(x-1, -x+1) : x \in \mathbb{R}\}$, so verändert sich G(r) nicht.

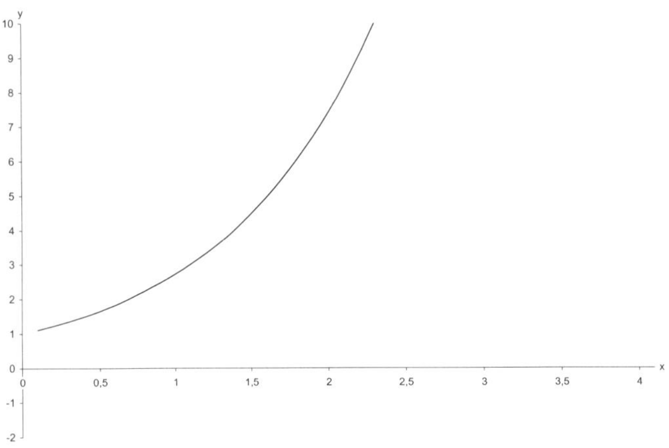

Jetzt soll eine sehr wichtige Funktion beschrieben werden, welche oftmals Wachstumsprozesse in der Natur beschreibt: die Euler'sche e-Funktion.

Die Euler'sche e-Funktion

Die *e-Funktion* trägt den Zusatz *Euler'sche e-Funktion* nicht, weil sie von Leonhard Euler (1707 – 1783), dem vielleicht produktivsten Mathematiker aller Zeiten entdeckt wurde, sondern weil Euler einen ganz wichtigen Zusammenhang zwischen den trigonometrischen Funktionen und der (komplexen) e-Funktion entdeckte.

Die e-Funktion wird als Reihe konstruiert:

$$e(x) = e^x = 1 + x + \frac{x^2}{2} + \frac{x^3}{6} + \ldots + \frac{x^n}{n!} + \ldots, \quad n! = 1 \cdot 2 \cdot 3 \cdot \ldots \cdot n$$

Man kann zeigen, dass diese Reihe für alle x-Werte konvergiert und überall stetig ist. Die *Euler'sche Zahl*

$$e = e^1 = e(1) = 2{,}7182818\ldots$$

ist eine irrationale Zahl. Wie kommt man darauf, eine Funktion so zu definieren. Ganz einfach, wie beim Ableiten der Funktion deutlich wird.

$$\begin{aligned} e'(x) &= \left(1 + x + \frac{x^2}{2} + \frac{x^3}{6} + \ldots + \frac{x^n}{n}! + \ldots\right)' \\ &= 0 + 1 + x + \frac{x^2}{2} + \ldots + \frac{x^{n-1}}{(n-1)}! + \ldots \\ &= e(x) \end{aligned}$$

Die e-Funktion wurde also gerade so konstruiert, dass sie identisch mit ihrer Ableitung ist.

Die e-Funktion hat die folgenden Eigenschaften:

1. Die e-Funktion ist die einzige Funktion, mit Ausnahme von skalaren Vielfachen von e (etwa $(e \cdot e^x)'$, für die gilt: $e = e'$. Folglich ist e unendlich oft differenzierbar.
2. $e^x > 0$ für alle $x \in \mathbb{R}$. Genauer gilt: $\text{im}(e) = \mathbb{R}^+ = \{x \in \mathbb{R} \text{ mit } x > 0\}$.
3. e ist unbeschränkt streng monoton steigend, also insbesondere injektiv.
4. e besitzt eine Umkehrfunktion $\ln : \mathbb{R}^+ \to \mathbb{R}$, $x \to \ln(x)$, ln(x) heißt *natürlicher Logarithmus* oder *Logarithmus naturalis* von x.
5. e ist streng konvex und ln ist streng konkav steigend.

Exemplarisch sei im Folgenden gezeigt, dass aus 2. folgt 3. sowie 5. und 4. folgt.

Wegen $e' = e$ ist e' und $e^{(2)}$ größer 0, also ist e sowohl streng monoton wachsend als auch streng konvex. Mit e ist auch e' streng monoton wachsend, das heißt, die Steigung von e nimmt immer mehr zu, also muss die e-Funktion über alle Grenzen wachsen. Somit ist $e : \mathbb{R} \to \mathbb{R}^+$, $x \to e^x$ eine bijektive Funktion und es gibt auch eine Umkehrfunktion $\ln : \mathbb{R} \to \mathbb{R}^+$, $x \to \ln(x)$. Den Graphen G(ln) kann man wir durch Spiegeln von G(e) an der ersten Hauptdiagonalen $\{(x, -x) : x \in \mathbb{R}\}$ erhalten.

Wertetabelle der e-Funktion			
x	e^x	$e'(x)$	$e^{(2)}(x)$

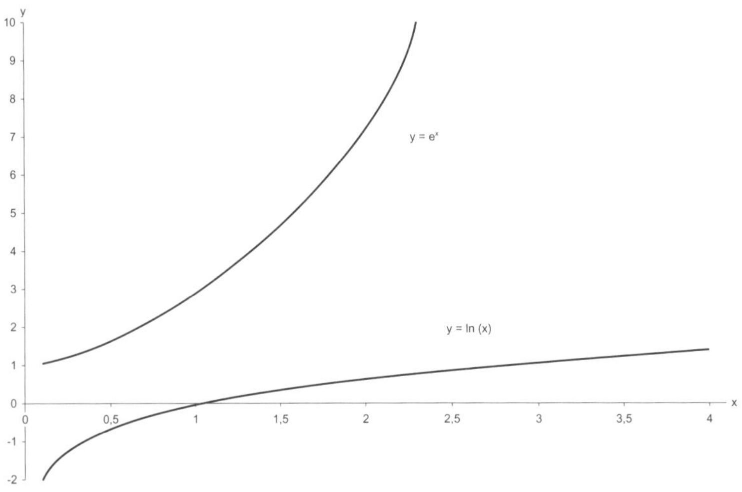

Auf der Zeichnung erkennt man sehr schön, dass aus der x-Achse als Asymptote der e-Funktion durch Spiegeln an der ersten Hauptdiagonalen die y-Achse und damit die Asymptote der ln-Funktion wird.

Bei der Definition der e-Funktion wird nicht sofort deutlich, dass diese ebenso wie $f: \mathbb{R} \to \mathbb{R},\ x \to 2^x$ eine Exponentialfunktion ist. Folgende Rechenregeln gelten für Exponentialfunktionen und ihre Umkehrfunktionen (vgl. S. 115, 181):

$$e^{x_1 + x_2} = e^{x_1} \cdot e^{x_2} \text{ und } (e^{x_1})^{x_2} = e^{x_1 \cdot x_2}$$

$$\ln(x_1 \cdot x_2) = \ln(x_1) + \ln(x_2) \text{ und } \ln(x_1^{x_2}) = \ln(x_1) \cdot x_2.$$

Gleiches gilt für jede andere Exponentialfunktion und ihren Logarithmus. Nimmt man zum Beispiel die Exponentialfunktion mit zugehörigen Logarithmus zur Basis 10 statt zur Basis e, dann gilt auch:

$$10^{x_1 + x_2} = 10^{x_1} \cdot 10^{x_2} \text{ und } (10^{x_1})^{x_2} = 10^{x_1 \cdot x_2}$$

$$\log(x_1 \cdot x_2) = \log(x_1) + \log(x_2) \text{ und } \log(x_1^{x_2}) = \log(x_1) \cdot x_2.$$

Interessanter sind aber die folgenden beiden Gleichungen:

$$10^x = e^{\ln(10) \cdot x} \text{ und } e^x = 10^{\log(e) \cdot x}“.$$

Die wichtige Aussage dieser Gleichungen ist: Je zwei Exponentialfunktionen haben bis auf eine Stauchung oder Streckung der x-Achse denselben Graphen, also auch dieselben Eigenschaften, wie streng monotones Wachstum und Konvexität sowie Stetigkeit und unendlich häufige Differenzierbarkeit, als auch die x-Achse als Asymptote für kleine, d.h. negative Werte von x. Die Ableitung einer beliebigen Exponentialfunktion kann man ganz leicht mit der e-Funktion und der Kettenregel bestimmen.

$$(10^x)' = (e^{\ln(10) \cdot x})' \qquad | \, x \to \ln(10) \cdot x \text{ ist die innere Funktion.}$$

$$= e^{\ln(10) \cdot x} \cdot \ln(10)$$

$$= \ln(10) \cdot e^{\ln(10) \cdot x}$$

$$= \ln(10) \cdot 10^x$$

III. Analysis

Für die zweite Ableitung gilt:

$$\begin{aligned}(10^x)^{(2)} &= (\ln(10) \cdot 10^x)' \\ &= \ln(10) \cdot (10^x)' \\ &= \ln(10) \cdot \ln(10) \cdot 10^x \\ &= \ln(10)^2 \cdot 10^x\end{aligned}$$

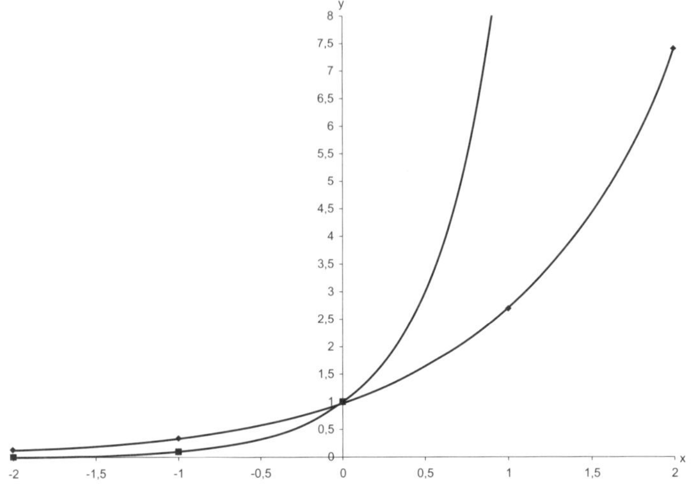

Einige klassische Anwendungen der Exponentialfunktion sind die folgenden Beispiele.

B Es soll wieder die Stadtsparkasse in Schilda betrachtet werden. Dort liegt ein Guthaben von 1000 Euro, das mit einem festen jährlichen Zinssatz von 5% verzinst wird. Würde man das Guthaben bereits nach drei Monaten abheben, so hätte man einen nur geringfügig gestiegenen Betrag von

$1000 \cdot (1,05)^{\frac{1}{4}} = 1012$ Euro (gerundet).

Angenommen, jemand will sich in Erwartung einer großen Erbschaft einen Motorroller kaufen. Da die Erbtante noch wohlauf ist, muss die Person einen Kredit über 2000 Euro bei der Stadtsparkasse Schilda aufnehmen. Sie vereinbart mit der Stadtsparkasse, den Kredit erst dann zurückzuzahlen, wenn die Erbschaft eintritt. Angenommen, die erwartete Höhe der Erbschaft beträgt 4000 Euro. Wie lange kann die Person bei einem Zinssatz von 10% auf die Erbschaft warten ohne sich zu überschulden?

Mit Hilfe des Logarithmus zur Basis 1,1 (als Basis wählt man immer 1 + Zinssatz, also hier 1 + 0,10 = 1,1) kann man das ganz leicht ausrechnen.

$\log_{1,1}(4000) = x$

$x = 8{,}7$ (gerundet)

Wenn also die Erbschaft erst in 8,7 Jahren ansteht, muss diese komplett an die Sparkasse überwiesen werden.

In einem Labor wird mit Bakterien (E. Coli) experimentiert, deren Anzahl sich jede Stunde verdoppelt. Der Versuch startet mit einer Nährlösung mit ungefähr 1000 Coli-Bakterien. Nach wie vielen Tagen existieren eine Millionen Bakterien?

Wertetabelle	
Stunden	E. Coli
0	$1000 = 1000 \cdot 2^0$
1	$2000 = 1000 \cdot 2$
2	$4000 = 1000 \cdot 2^2$
3	$8000 = 1000 \cdot 2^3$

Die Frage ist also: wann gilt $1000 \cdot 2^x = 1.000.000$, oder gleichwertig: wann gilt $2^x = 1000$?

Antwort: Nach $\log_2(1000) = 10$ Stunden (gerundet) gibt es ungefähr 1.000.000 Coli-Bakterien in der Nährlösung.

Trigonometrische Funktionen

Trigonometrische Funktionen sind die *Winkelfunktionen*, wie *Sinus*, *Cosinus*, *Tangens* usw. In der höheren Mathematik misst man die Winkel nicht mehr in Grad, sondern in Bogenlängen. Die Ursache hierfür ist die schon erwähnte Entdeckung von Euler über den Zusammenhang zwischen der komplexen e-Funktion und der Sinus- und Cosinusfunktion.

Dem Winkel 360° entspricht der *Bogen* $2 \cdot \pi$, also genau die Strecke, die man zurücklegt, wenn man einen Kreis vom Radius 1 einmal umrundet. Allgemein gilt:

Der Winkel x° entspricht dem Bogen $x \cdot 2 \cdot \frac{\pi}{360°}$.

B Der Winkel 90° entspricht dem Bogen $\frac{\pi}{2}$ und der Winkel 180° entspricht dem Bogen π.

Zeichnet man einen Kreis mit Radius 1 um den Nullpunkt, dann sind Sinus und Cosinus der *Bogenlänge* x, in Zeichen

$$\sin : \mathbb{R} \to \mathbb{R}, x \to \sin(x),$$
$$\cos : \mathbb{R} \to \mathbb{R}, x \to \cos(x),$$

wie in der Zeichnung dargestellt definiert:

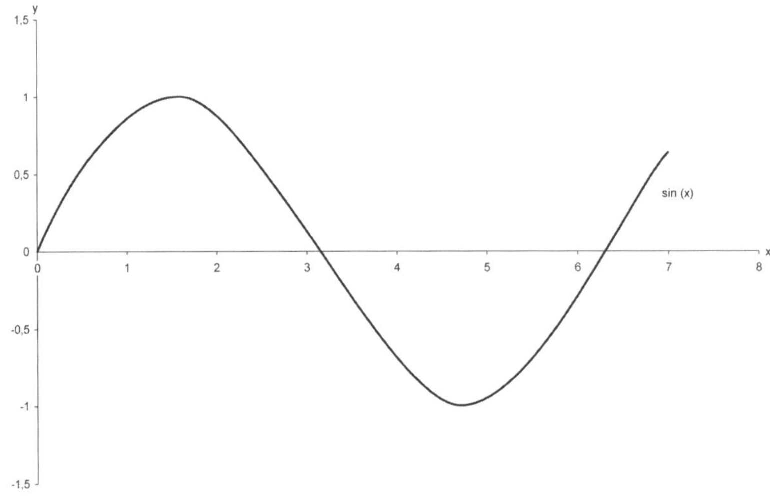

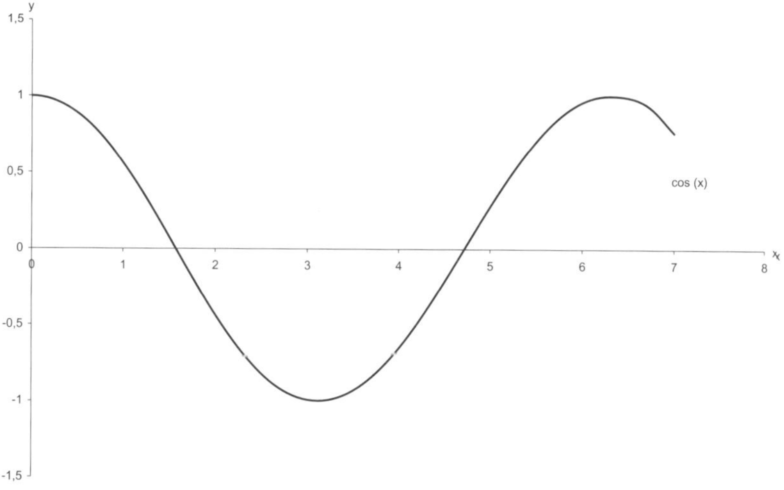

Die folgenden wichtigen Eigenschaften der *Sinus-* und *Cosinusfunktion* folgen direkt aus der Definition der Funktionen:

1. Sinus und Cosinus sind durch die globalen Extrema – 1 und 1 beschränkt.

2. $\sin(x + \frac{\pi}{2}) = \cos(x)$, $\sin(x + \pi) = -\sin(x)$, $\sin(x + 2 \cdot \pi) = \sin(x)$

   $\cos(x + \frac{\pi}{2}) = -\sin(x)$, $\cos(x + \pi) = -\cos(x)$, $\cos(x + 2 \cdot \pi) = \cos(x)$.

Zum Beweis kann man sich einfach die oben stehende Zeichnung ansehen und den Punkt $(\cos(x), \sin(x))$ um 90°, 180° oder 360°, bzw. $\frac{\pi}{2}$, π oder $2 \cdot \pi$ verschieben.

Sin und cos nennt man wegen $\sin(x) = \sin(x + 2 \cdot \pi)$, bzw. $\cos(x) = \cos(x + 2 \cdot \pi)$ periodisch, wobei $2 \cdot \pi$ gerade die *Periode* ist.

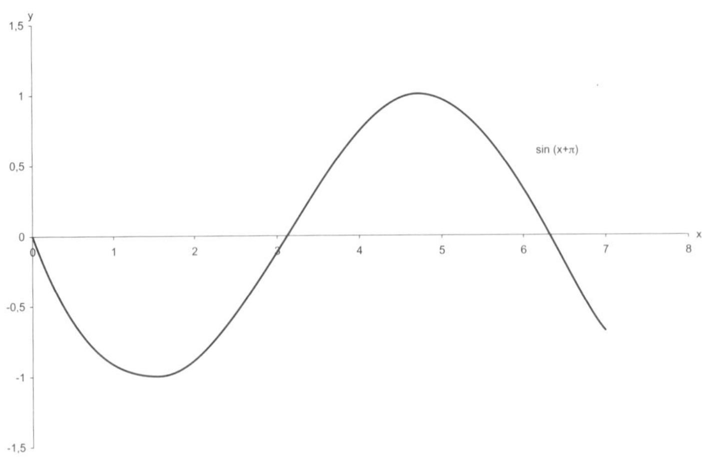

3. Die Sinus-Funktion ist symmetrisch zum Nullpunkt, gilt doch (siehe die Zeichnung):

$$\sin(-x) = -\sin(x) \qquad | +\sin(x)$$

$$\sin(x) + \sin(-x) = 0 \qquad | \cdot \frac{1}{2}$$

$$\frac{\sin(x) + \sin(-x)}{2} = 0.$$

Mit anderen Worten: (0, 0) liegt in der Mitte der Punkte (– x, sin(– x)) und (x, sin(x)).

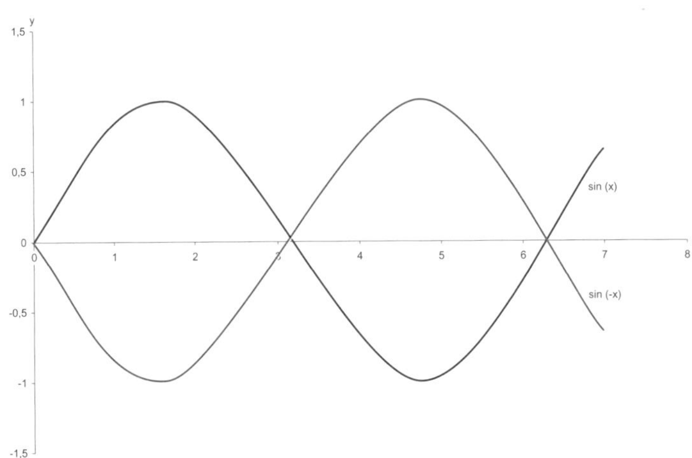

4. Die Cosinus-Funktion ist symmetrisch zur y-Achse, gilt doch: $\cos(-x) = \cos(x)$

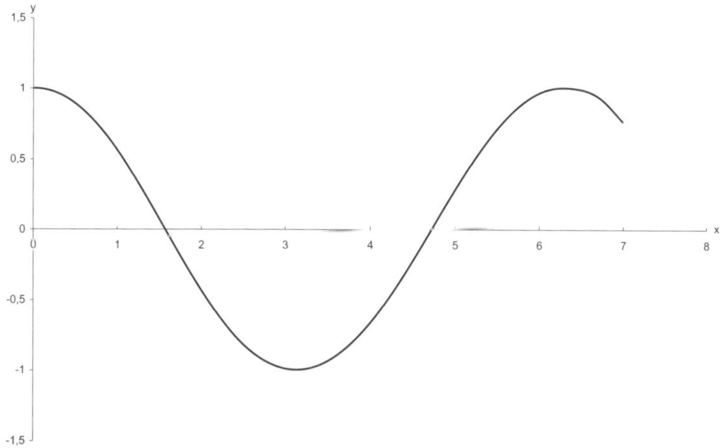

5. Da das Dreieck $\{(0, 0), (1, 0), (\cos(x), \sin(x))\}$ rechtwinklig ist, gilt mit dem Satz von Pythagoras:

$$\cos^2(x) + \sin^2(x) = 1.$$

Die folgenden Eigenschaften der Sinus- und Cosinus-Funktion kann man nur schwer beweisen, sie seien deshalb nur erwähnt.

Es gelten die *Additionstheoreme*:

$$\sin(x + y) = \sin(x) \cdot \cos(y) + \cos(x) \cdot \sin(y),$$
$$\cos(x + y) = \cos(x)\cos(y) - \sin(x) \cdot \sin(y).$$

Es gelten die *Produktformeln*:

$$\sin(x) \cdot \sin(y) = \frac{\cos(x - y) - \cos(x + y)}{2},$$
$$\cos(x) \cdot \cos(y) = \frac{\cos(x - y) + \cos(x + y)}{2},$$
$$\sin(x) \cdot \cos(y) = \frac{\sin(x - y) + \sin(x + y)}{2}.$$

Sinus und Cosinus sind stetig und unendlich oft differenzierbar, es gilt:

$$\sin'(x) = \cos(x),$$
$$\cos'(x) = -\sin(x).$$

Die andere wichtige trigonometrische Funktion ist der *Tangens*.

Die Funktion $\tan :]-\frac{\pi}{2}, \frac{\pi}{2}[\to \mathbb{R},\ x \to \tan(x) = \frac{\sin(x)}{\cos(x)}$ heißt Tangens. Die *Tangensfunktion* ist eine streng monoton wachsende, stetige, unendlich oft differenzierbare und bijektive Funktion mit

$$\tan'(x) = \frac{1}{\cos^2(x)}.$$

Weiter ist der Tangens symmetrisch zum Nullpunkt, es gilt also $\tan(-x) = -\tan(x)$. Die Geraden $a^- = \{(-\frac{\pi}{2}, y) : y \text{ aus } \mathbb{R}\}$, $a^+ = \{(\frac{\pi}{2}, y) : y \text{ aus } \mathbb{R}\}$ bilden die Asymptoten des Tangens.

Beweis: Da der Cosinus in dem offenen Intervall $]-\frac{\pi}{2}, \frac{\pi}{2}[$ keine Nullstelle hat, ist die Tangens-Funktion wohldefiniert. Da sowohl Sinus als auch Cosinus stetig und unendlich oft differenzierbar sind, ist es auch der Tangens. Die erste Ableitung des Tangens kann man mit Hilfe der Quotientenregel bestimmen:

$$\begin{aligned}
\tan'(x) &= \frac{\sin(x)}{\cos(x)}' \\
&= \frac{\sin'(x) \cdot \cos(x) - \sin(x) \cdot \cos'(x)}{\cos^2(x)} \\
&= \frac{\cos^2(x) + \sin^2(x)}{\cos^2(x)} \\
&= \frac{1}{\cos^2(x)}.
\end{aligned}$$

Wegen $\cos(0) = 1$ hat der Tangens in 0 die Steigung 1. Lässt man dagegen x gegen $\frac{\pi}{2}$ laufen, so geht $\sin(x)$ gegen 1 und $\cos(x)$ gegen 0. Dies bedeutet, der Tangens wächst gegen plus unendlich und nähert sich seiner Asymptoten a^+ an. Wegen der noch zu beweisenden Symmetrie zum Nullpunkt gilt Entsprechendes für a^-.

Die Symmetrie des Tangens zum Nullpunkt erhält man durch direktes Einsetzen, wenn man die Symmetrien von Sinus ($\sin(-x) = -\sin(x)$) und Cosinus ($\cos(-x) = \cos(x)$) ausnutzt.

$$\begin{aligned}\tan(-x) &= \frac{\sin(-x)}{\cos(-x)}\\ &= \frac{-\sin(x)}{\cos(x)}\\ &= -\tan(x)\end{aligned}$$

Da der Tangens symmetrisch zum Nullpunkt ist, ist nur noch zu zeigen, dass der Tangens in dem Bereich der Zahlen, die größer oder gleich Null sind, streng monoton wachsend ist. Da die Sinus-Funktion, also der Zähler von $\frac{\sin(x)}{\cos(x)}$, von 0 bis $\frac{\pi}{2}$ streng monoton wächst und die Cosinus-Funktion, also der Nenner von $\frac{\sin(x)}{\cos(x)}$, von 0 bis $\frac{\pi}{2}$ streng monoton fällt, ist die Aussage klar.

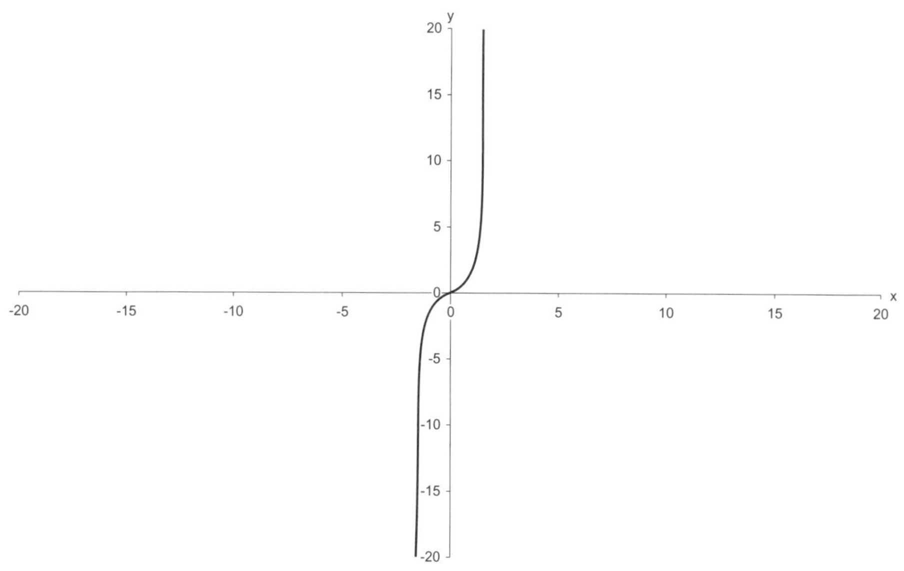

Aufgaben

1. Warum sollte man für den Begriff „Kurvendiskussion“ besser den Begriff „Kurvenuntersuchung“ benutzen?
2. Warum hat ein Polynom vom Grad n maximal n – 1 lokale Extrema?
3. Welcher wichtige Unterschied besteht zwischen Polynomen und rationalen Funktionen?
4. Welche Prozesse lassen sich besonders gut mit Hilfe von Exponentialfunktionen beschreiben?

Lösungen

1. Man sollte nicht mit einer Kurve diskutieren, zumindest in der Öffentlichkeit sollte man keine Selbstgespräche führen!
2. Die Ableitung eines Polynoms p vom Grad n ist ein Polynom p´ vom Grad n – 1. Ein Polynom vom Grad n – 1 hat maximal n – 1 Nullstellen, somit maximal n – 1 kritische Punkte und folglich maximal n – 1 lokale Extrema.
3. Rationale Funktionen können Definitionslücken haben. Diese treten genau dann auf, wenn das Nennerpolynom gleich Null ist. Manchmal kann man diese Lücken durch stetiges Ergänzen schließen, manchmal aber auch nicht. Solche Probleme gibt es mit Polynomen nicht.
4. Sämtliche Arten von Wachstumsprozessen lassen sich besonders gut mit Hilfe von Exponentialfunktionen beschreiben.

7. Integralrechnung

Die Integralrechnung beschäftigt sich mit dem Berechnen von Flächen unter Funktionen, genauer gesagt gilt: Das *Integral* einer Funktion ist die Fläche zwischen der Funktion und der x-Achse. Die Fläche eines Rechtecks ist gerade das Produkt der Längen seiner Seiten. Aber wie soll man die Fläche unter einer krummlinigen Funktion messen. Hierzu verwendet man die zu Beginn des Analysis-Teils erwähnte Idee von Archimedes und schneidet die Fläche unter der Funktion in gleich breite Streifen. Dies soll für die Funktion $f : \mathbb{R} \to \mathbb{R}, x \to x^2$ durchgeführt werden.
Zunächst zeichnet man den Graphen von f. Angenommen, es soll gerade die Fläche bestimmt werden, welche zwischen $x = 0$ und $x = 3$ liegt.

Nun soll f durch die folgende *Treppenfunktion* ersetzt werden:

B

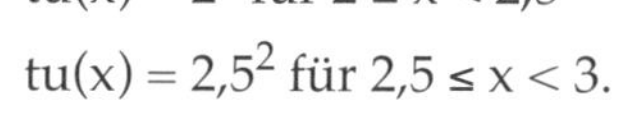

$$tu : [\,0, 3\,] \to \mathbb{R}, x \to tu(x) \text{ mit } tu(x) = 0^2 \text{ für } 0 \le x < 0{,}5$$
$$tu(x) = 0{,}5^2 \text{ für } 0{,}5 \le x < 1$$
$$tu(x) = 1^2 \text{ für } 1 \le x < 1{,}5$$
$$tu(x) = 1{,}5^2 \text{ für } 1{,}5 \le x < 2$$
$$tu(x) = 2^2 \text{ für } 2 \le x < 2{,}5$$
$$tu(x) = 2{,}5^2 \text{ für } 2{,}5 \le x < 3.$$

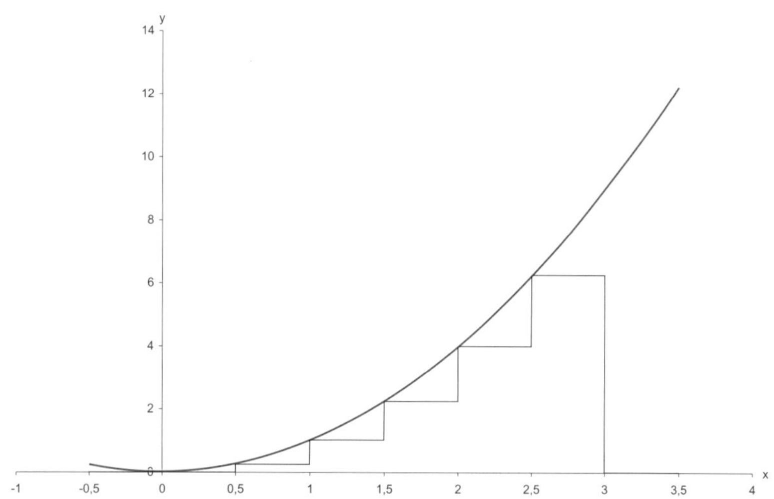

III. Analysis

Wie man sieht, ist die Treppenfunktion immer kleiner oder gleich f. Jetzt kann man die Flächen der einzelnen Rechtecke leicht aufaddieren und erhält den Ausdruck:

$$0 \cdot 0{,}5 + 0{,}5^2 \cdot 0{,}5 + 1^2 \cdot 0{,}5 + \ldots + 2{,}5^2 \cdot 0{,}5.$$

Man nennt dies auch eine *Untersumme* von f. Hätte man die Treppenfunktion so gewählt, dass diese immer größer oder gleich f ist, hätten wir eine *Obersumme* von f erhalten. Natürlich kann man das Intervall [0, 3] viel feiner aufteilen, sodass sich Obersumme und Untersumme immer stärker annähern. Der Grenzwert dieses Prozesses ist gerade unser Integral über f in den Grenzen von 1 bis 3. Sind bei einem Integral die Grenzen, hier 1 und 3, angegeben, so ist es ein *bestimmtes Integral*. Im anderen Fall heißt das *Integral unbestimmt*.

Man kann also das Integral einer Funktion als beliebig lange Summe von beliebig schmalen Rechtecken auffassen.

In unserem Beispiel hatten die Rechtecke eine Breite von h = 0,5. Für eine beliebige Funktion $f : \mathbb{R} \to \mathbb{R}, x \to f(x)$ können wir das zugehörige bestimmte Integral in den Grenzen von x_0 bis x_1 durch die folgende Summe darstellen:

$$\sum_{i=0}^{n-1} (f(x_0 + i \cdot h) \cdot h)$$

$$= f(x_0) \cdot h + f(x_0 + h) \cdot h + \ldots + f(x_0 + i \cdot h) \cdot h + \ldots + f(x_0 + (n-1) \cdot h) \cdot h,$$

wobei natürlich gelten soll: $x_1 = x_0 + n \cdot h$. Deshalb wird das Integral von f auch wie folgt aufgeschrieben:

bestimmtes Integral: $\int_{x_0}^{x_1} f(x)dx$

Das Integralzeichen ist ein großes Sigma und steht für Summe – und zwar wird eine Summe über alle unendlich schmalen Rechtecke mit Höhe f(x) und Breite dx gebildet, wobei x von x_0 bis x_1 läuft. Bei unbestimmten Integralen lässt man einfach die Integrationsgrenzen weg:

unbestimmtes Integral: $\int f(x)dx$.

Natürlich muss man sich noch überlegen, ob auch zu jeder Funktion ein Integral existiert, oder anders ausgedrückt: Ist jede Funktion integrierbar?

Dies ist leider nicht der Fall, genauso wie nicht jede Funktion eine Ableitung hat.

Damit man aber eine nicht integrierbare Funktion findet, muss man sich eine Menge einfallen lassen.

Der Hauptsatz der Differential- und Integralrechnung

Natürlich ist es recht mühsam, ein Integral, so wie Archimedes, als Summe von lauter dünnen Rechtecken zu berechnen. Insbesondere wenn man den exakten Wert des Integrals haben möchte und zusätzlich noch den Grenzwert dieses Prozesses berechnen muss. Darum war es eine Sensation, als Newton und Leibniz zeigen konnten, wie Differential- und Integralrechnung zusammenhängen.

Hauptsatz der Differential- und Integralrechnung:

Ist $f : \mathbb{R} \to \mathbb{R}, x \to f(x)$ die Ableitung von $F : \mathbb{R} \to \mathbb{R}, x \to F(x)$, so heißt F Stammfunktion von f und es gilt:

$$\int_{x_0}^{x_1} f(x)dx = F(x_1) - F(x_0).$$

Jetzt kann man Integrale berechnen. Dafür muss man zunächst die *Stammfunktion* einer Funktion bestimmen. Leider hat eine Funktion nie nur eine, sondern wenn dann immer unendlich viele Stammfunktionen, denn ist F Stammfunktion von f, dann ist auch F plus einer Konstanten Stammfunktion von f.

„Die“ Stammfunktion von $x \to f(x) = x^2$ ist $x \to F(x) = \frac{1}{3} \cdot x^3 + c$. Das c ist eine Konstante.

Beim Ableiten bzw. beim Subtrahieren der Stammfunktionen fällt sie weg.

Folglich ist $\int_0^3 x^2 dx = \left[\frac{1}{3}x^3 + c\right]_0^3 = \frac{1}{3} \cdot 3^3 + c - \frac{1}{3} \cdot 0^3 - c = g.$

Statt $F(x_1) - F(x_0)$ kann man auch $[F(x)]_{x_0}^{x_1}$ schreiben.

III. Analysis

Beweisskizze des Hauptsatzes: Angenommen, man geht wie oben vor und versucht das Integral $\int_{x_0}^{x_1} f(x)dx$ durch eine Summe von Rechtecken zu *approximieren* (anzunähern).

Also gelte $h = \frac{x_1 - x_0}{n}$ mit sehr großen $n \in \mathbb{N}$. Dann gilt:

$$\int_{x_0}^{x_1} f(x)dx \approx f(x_0) \cdot h + f(x_0 + h) \cdot h + \ldots + f(x_0 + i \cdot h) \cdot h + \ldots + f(x_0 + (n-1) \cdot h) \cdot h.$$

Da n sehr groß und damit h sehr klein ist, gilt für die Stammfunktion von f:

$$f(x_0 + i \cdot h) \approx \frac{F(x_0 + (i+1) \cdot h) - F(x_0 + i \cdot h)}{h}.$$

Durch Einsetzen in die oben aufgeführte Gleichung erhält man:

$$\int_{x_0}^{x_1} f(x)dx$$

$$\approx F(x_0 + h) - F(x_0) + F(x_0 + 2 \cdot h) - F(x_0 + h) + \ldots + F(x_0 + (i+1) \cdot h) - F(x_0 + i \cdot h) + \ldots$$
$$+ F(x_0 + n \cdot h) - F(x_0 + (n-1) \cdot h)$$

$$\approx -F(x_0) + F(x_0 + n \cdot h)$$

$$\approx F(x_1) - F(x_0).$$

Wir wollen jetzt einige einfache Integrale berechnen.

B

$$\int_{-10}^{0} 3 \cdot x^2 + 1\, dx = [\, x^3 + x + c\,]_{-10}^{0}$$
$$= 0 - 0 - c - 1000 - 10 + c$$
$$= 1010$$

$$\int_{-\pi}^{\pi} \sin(x)dx = [-\cos(x) + c]_{-\pi}^{\pi}$$

$$= -\cos(\pi) + \cos(-\pi)$$

$$= -(-1) + (-1)$$

$$= 0$$

$$\int_{0}^{3} e^{x}dx = [ex + c]_{0}^{3}$$

$$= c^{3} \quad c^{0}$$

$$= e^{3} - 1$$

Wichtige Eigenschaften des Integrals

Das Integrieren ist genauso wie das Ableiten ein lineares Funktional, das heißt es gilt das Folgende.

Sind $f : [a, b] \rightarrow \mathbb{R}, x \rightarrow f(x)$ und $g : [a, b] \rightarrow \mathbb{R}, x \rightarrow g(x)$ integrierbar und ist $l \in \mathbb{R}$, dann gilt:

$$\int_{a}^{b}(f(x) + g(x))dx = \int_{a}^{b}f(x)dx + \int_{a}^{b}g(x)dx,$$

$$\int_{a}^{b} l \cdot f(x)dx = l \cdot \int_{a}^{b} f(x)dx,$$

$$\int_{a}^{b} f(x)dx = -\int_{b}^{a} f(x)dx.$$

Natürlich gelten die entsprechenden Aussagen auch für unbestimmte Integrale.

B

$$\int_1^2 \frac{(x^2 + 2 \cdot x - 1)}{x} dx$$

$$= \int_1^2 \left(x + 2 - \frac{1}{x}\right) dx$$

$$= \int_1^2 x dx + \int_1^2 2 dx + \int_1^2 -\frac{1}{x} dx$$

$$= \left[\frac{1}{2} \cdot x^2 + c_1\right]_1^2 + [2 \cdot x + c_2]_1^2 + [-\ln(x) + c_3]_1^2$$

$$= \left(2 - \frac{1}{2}\right) + (4 - 2) + (-\ln(2) + \ln(1))$$

$$= \frac{7}{2} - \ln(2)$$

Eine andere wichtige Aussage ist die Additivität des Integrals:

Ist $f : \mathbb{R} \to \mathbb{R}, x \to f(x)$ integrierbar, dann gilt für $a, b, c \in \mathbb{R}$:

$$\int_a^c f(x) dx = \int_a^b f(x) dx + \int_b^c f(x) dx.$$

Die Aussage ist für $a < b < c$ sofort klar und durch die Zeichnung treffend dargestellt.

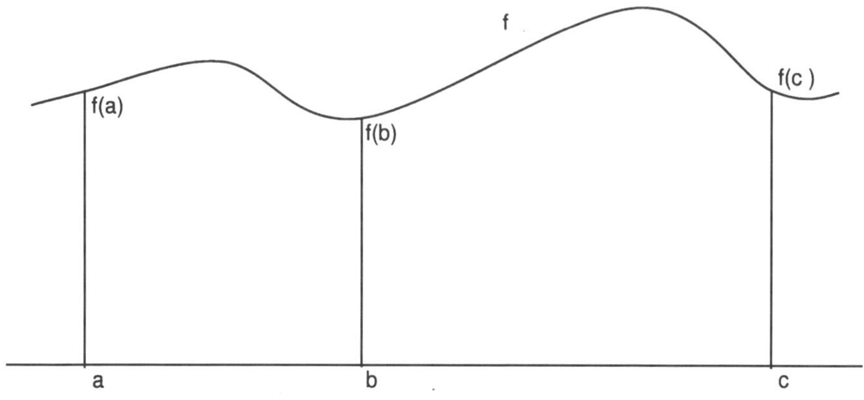

Einfache verkettete Funktionen

Gemeint sind solche verketteten Funktionen, für die die Ableitung der inneren Funktion gerade eine konstante Funktion ist. Die folgenden Beispiele sollen auf die Substitutionsregel im folgenden Abschnitt vorbereiten. Deshalb könnte man auch bei den nun folgenden Beispielen die Substitutionsregel verwenden.

Die Lösung eines unbestimmten Integrals ist immer die Stammfunktion, man sollte nicht die Integrationskonstante vergessen.

B

$$\int e^{2\cdot x}\,dx = \frac{1}{2}\cdot e^{2\cdot x} + c$$

$$\int_0^4 (x-2)^2 dx = \left[\frac{1}{3}\cdot(x-2)^3 + c\right]_0^4$$

$$= \frac{1}{3}\cdot 8 - \frac{1}{3}\cdot(-8)$$

$$= \frac{16}{3}$$

$$\int_0^{\pi} \cos(x+\pi)dx = [\sin((x+\pi)+c)]_0^{\pi}$$

$$= \sin(\pi+\pi) - \sin(0+\pi)$$

$$= 0 - 0$$

$$= 0$$

$$\int_0^{10} 10^x dx = \int_0^{10} e^{\ln(10)\cdot x}dx$$

$$= \left[\frac{1}{\ln(10)}\cdot e^{\ln(10)\cdot x} + c\right]_0^{10}$$

$$= \frac{1}{\ln(10)}\cdot 10^{10} - \frac{1}{\ln(10)}\cdot 1$$

$$= \frac{1}{\ln(10)}\cdot(10^{10}-1)$$

Die Substitutionsregel

Mit Hilfe der Substitutionsregel kann man komplizierte Integrale manchmal ganz einfach ausrechnen. Wichtig ist aber, dass man sich ganz genau an die Regel hält und keinen Fehler macht.

Substitutionsregel:

Es sei I ein offenes Intervall und $f: I \to \mathbb{R}, x \to f(x)$ eine stetige Funktion und $g: [a, b] \to \mathbb{R}, x \to g(x)$ eine stetig differenzierbare Funktion, wobei $im(g) = g([a, b,])$ eine Teilmenge von I sei, dann gilt:

$$\int_a^b f(g(t))g'(t)dt = \int_{g(a)}^{g(b)} f(x)dx.$$

Die Substitutionsregel entspricht der Kettenregel beim Ableiten (vgl. S. 502), man kann sie sogar damit herleiten. Dies ist aber sehr schwierig und soll hier nicht geschehen. Darum jetzt lieber einige Beispiele.

B

$$\int_0^{\sqrt{\pi}} 2 \cdot x \cos(x^2)dx$$

Man kann jetzt x^2 durch y ersetzen. Weiter gilt:

$$y'(x) = \frac{dy}{dx} = 2 \cdot x$$

$$dy = 2 \cdot x \cdot dx.$$

Somit erhält man:

$$\int_0^{\sqrt{\pi}} 2 \cdot x \cdot \cos(x^2)dx$$

$$= \int_0^{\sqrt{\pi}} \cos(x^2) \cdot 2 \cdot xdx$$

$$= \int_{y(0)}^{y(\sqrt{\pi})} \cos(y)dy$$

$$= \int_0^{\pi} \cos(y)dy$$

$$= [\sin(y) + c]_0^{\pi}$$

$$= \sin(\pi) - \sin(0)$$

$$= 0 - 0$$

$$= 0.$$

B

$$\int_0^1 3 \cdot e^{3 \cdot x} dx$$

Man ersetzt $3 \cdot x$ durch y und wegen $y' = \frac{dy}{dx} = 3$, also $dy = 3 \cdot dx$ erhält man:

$$\int_0^1 3 \cdot e^{3 \cdot x} dx$$

$$= \int_0^1 e^{3 \cdot x} 3 \cdot dx$$

$$= \int_{y(0)}^{y(1)} e^y dy$$

$$= \int_0^3 e^y dy$$

$$= [e^y + c]_0^3$$

$$= e^3 - e^0$$

$$= e^3 - 1.$$

B

$$\int_0^{2 \cdot \pi} e^{\sin(x)} \cdot \cos(x) dx$$

Man ersetzt sin(x) durch y, dann gilt $y'(x) = \frac{dy}{dx} = \cos(x)$, also erhält man

$dy = \cos(x) \cdot dx$. Folglich ist:

$$
\begin{aligned}
&\int_{0}^{2\cdot\pi} e^{\sin(x)} \cdot \cos(x)dx \\
&= \int_{\sin(0)}^{\sin(2\cdot\pi)} e^{y}dy \\
&= \int_{0}^{0} e^{y}dy \\
&= [e^{y} + c]_{0}^{0} \\
&= e^{0} - e^{0} \\
&= 1 - 1 \\
&= 0.
\end{aligned}
$$

Partielle Integration

Eine andere Möglichkeit komplizierte Integrale zu lösen bietet die *partielle Integration,* welche auch *Produktintegration* genannt wird.

Es gilt die folgende Gleichung:

$$[f(x) \cdot g(x)]_{x_0}^{x_1} = \int_{x_0}^{x_1} f'(x) \cdot g(x)dx + \int_{x_0}^{x_1} f(x) \cdot g'(x)dx.$$

Für unbestimmte Integrale gilt:

$$f(x) \cdot g(x) = \int f'(x) \cdot g(x)dx + \int f(x) \cdot g'(x)dx.$$

Bei der Gleichung für die unbestimmten Integrale bietet es sich an, die Gleichung abzuleiten. Dann erhält man gerade die Produktregel der Differentialrechnung:

$$\left(\int f`(x) \cdot g(x)dx + \int f(x) \cdot g'(x)dx\right)' = (f(x) \cdot g(x))' = f'(x) \cdot g(x) + f(x) \cdot g'(x).$$

Normalerweise wendet man die Gleichung der partiellen Integration in der Form an:

$$\int_{x_0}^{x_1} f(x) \cdot g'(x)dx = [f(x) \cdot g(x)]_{x_0}^{x_1} - \int_{x_0}^{x_1} f'(x) \cdot g(x)dx$$

oder

$$\int_{x_0}^{x_1} f'(x) \cdot g(x)dx = [f(x) \cdot g(x)]_{x_0}^{x_1} - \int_{x_0}^{x_1} f(x)g'(x)dx.$$

B

$$\int_0^4 x \cdot e^x dx$$

Wie erkennt man nun, dass man dieses Integral durch partielle Integration lösen sollte? Da dieses Integral nicht direkt zu lösen ist, muss man sich einen Ausweg überlegen. Dabei fällt auf, dass die Ableitung von x besonders einfach, nämlich gerade 1 ist. Die Ableitung von e^x ist e^x, also gilt:

$$\int_0^4 x \cdot e^x dx = [x \cdot e^x]_0^4 - \int_0^4 1 \cdot e^x dx$$

$$= 4 \cdot e^4 - 0 \cdot e^0 - [e^x + c]_0^4$$

$$= 4 \cdot e^4 - (e^4 - e^0)$$

$$= 4 \cdot e^4 - e^4 + 1$$

$$= 3 \cdot e^4 + 1.$$

Im nächsten Beispiel wird die partielle Integration zweimal ausgeführt:

$$\int_0^{\pi} x^2 \cdot \cos(x)dx$$

$$= [x^2 \cdot \sin(x) + c]_0^{\pi} - \int_0^{\pi} 2 \cdot x \cdot \sin(x)dx$$

$$= \pi^2 \cdot \sin(\pi) - 0^2 \cdot \sin(0) - \int_0^{\pi} 2 \cdot x \cdot \sin(x)dx$$

$$= 0 - 0 - \int_0^{\pi} 2 \cdot x \cdot \sin(x)dx$$

$$= -[2 \cdot x \cdot (-\cos(x)) + c]_0^{\pi} + \int_0^{\pi} 2 \cdot (-\cos(x))dx$$

$$= -(2 \cdot \pi \cdot (-\cos(\pi)) - 2 \cdot 0 \cdot (-\cos(0)) + [-2 \cdot \sin(x) + c]_0^{\pi}$$
$$= -(2 \cdot \pi \cdot 1 - 0) + (-2 \cdot \sin(\pi)) + 2 \cdot \sin(0)$$
$$= -2 \cdot \pi + 0 + 0$$
$$= -2 \cdot \pi.$$

Uneigentliche Integrale

Bisher wurden nur solche Integrale betrachtet, deren Integrationsbereich, beschränkt ist. Das heißt, die Integrationsgrenzen waren immer ungleich plus-, minus-unendlich. Auch die Funktionen, welche integriert wurden, waren immer beschränkt. Oftmals kann man aber auch Funktionen integrieren, die im Integrationsbereich nicht beschränkte sind. Man spricht dann von *uneigentlichen Integralen*.

Uneigentliche Integrale kann man als Grenzwerte von gewöhnlichen Integralen auffassen. Existiert so ein Grenzwert, so ist er die Lösung des uneigentlichen Integrals.

B Man möchte das Integral $\int_0^1 \frac{1}{x^3}dx$ lösen. Zunächst bemerkt man, dass für x = 0 der Term $\frac{1}{x^3}$ nicht definiert ist. Das ist aber nicht wichtig, man kann für x = 0 einen beliebigen Funktionswert bestimmen, es wird keinerlei Einfluss auf das Integral haben. Als Nächstes sucht man eine streng monoton fallende Folge mit Grenzwert 0, etwa $(1, \frac{1}{2}, \frac{1}{3}, \frac{1}{4}, ...)$. Dann versucht man das folgende bestimmte Integral zu lösen.

$$\int_{\frac{1}{n}}^{1} \frac{1}{x^3}dx$$

$$= \int_{\frac{1}{n}}^{1} \frac{1}{x^{-3}}dx$$

$$= \left[-\left(\frac{1}{2} \cdot x^{-2}\right) + c\right]_{\frac{1}{n}}^{1}$$

$$= -\frac{1}{2} \cdot 1 + \frac{1}{2} \cdot \left(\frac{1}{n}\right)^{-2}$$

$$= -\frac{1}{2} + \frac{n^2}{2}$$

Betrachtet man nun den Grenzwert dieses Integrals für n gegen unendlich,

$$\lim_{n \to \infty} \cdot \left(-\frac{1}{2} + \frac{n^2}{2}\right) = -\frac{1}{2} + \lim_{n \to \infty} \frac{n^2}{2} = -\frac{1}{2} + \infty = \infty,$$

so muss man feststellen, dass dieser Grenzwert nicht existiert und deshalb das Integral auch nicht berechnet werden kann.

B Es soll versucht werden, das uneigentliche Integral $\int_0^1 \frac{1}{\sqrt{x}}dx$ zu bestimmen. Auch hier ist für $x = 0$ kein Funktionswert definiert, aber das ist ja nicht wichtig. Die Stammfunktion von $\frac{1}{\sqrt{x}} = x^{-\frac{1}{2}}$ ist $2 \cdot x^{\frac{1}{2}} + c$. Somit gilt:

$$\int_0^1 \frac{1}{\sqrt{x}}dx$$

$$= \lim_{n \to \infty} \int_{\frac{1}{n}}^{1} \frac{1}{\sqrt{x}}dx$$

$$= \lim_{n \to \infty} \left[2 \cdot x^{\frac{1}{2}} + c \right]_{\frac{1}{n}}^{1}$$

$$= \lim_{n \to \infty} \left(2 \cdot 1^{\frac{1}{2}} - 2 \cdot \left(\frac{1}{n}\right)^{\frac{1}{2}} \right)$$

$$= 2 - 2 \cdot \lim_{n \to \infty} \left(\frac{1}{n}\right)^{\frac{1}{2}}$$

$$= 2 - 2 \cdot 0$$

$$= 2$$

Dieses uneigentliche Integral existiert also.

B

$$\int_0^{\infty} \ln\left(\frac{1}{2}\right) \frac{1}{2^x} dx$$

$$= \int_0^{\infty} \ln\left(\frac{1}{2}\right) \cdot \left(\frac{1}{2}\right)^x dx$$

$$= \int_0^{\infty} \ln\left(\frac{1}{2}\right) \cdot e^{\ln\left(\frac{1}{2}\right) \cdot x} dx$$

$$= \lim_{n \to \infty} \int_0^{\infty} \ln\left(\frac{1}{2}\right) e^{\ln\left(\frac{1}{2}\right) \cdot x} dx$$

Man substituiert jetzt $\ln\left(\frac{1}{2}\right) \cdot x$ durch y. Wegen $\frac{dy}{dx} = \ln\frac{1}{2}$ gilt:

$$dx = \frac{1}{\ln\left(\frac{1}{2}\right)} \cdot dy \,.$$

Folglich gilt:

$$\lim_{n \to \infty} \int_0^n \ln\left(\frac{1}{2}\right) e^{\ln\left(\frac{1}{2}\right) \cdot x} dx$$

$$= \lim_{n \to \infty} \int_{y(0)}^{y(n)} \left(\ln\left(\frac{1}{2}\right) e^y \cdot \frac{1}{\ln\left(\frac{1}{2}\right)} dy \right)$$

$$= \lim_{n \to \infty} \int_0^{\ln\left(\frac{1}{2}\right) \cdot n} e^y \cdot dy$$

$$= \lim_{n \to \infty} \int_0^{\ln\left(\frac{1}{2}\right) \cdot n} e^y dy$$

$$= \lim_{n \to \infty} [e^y + c]_0^{\ln\left(\frac{1}{2}\right) \cdot n}$$

$$= \lim_{n \to \infty} e^{\ln\left(\frac{1}{2}\right) \cdot n} - 1 \qquad | \text{ Beachte } \ln\left(\frac{1}{2}\right) < 0$$

$$= 0 - 1$$

$$= -1.$$

Trotz der Substitutionsregel und der partiellen Integration können viele Integrale nicht auf dem Papier gelöst werden. Hier hilft uns heute der Computer, welcher Integrale einfach nach der Methode von Archimedes löst. Für den Computer ist es kein Problem den Flächeninhalt von einigen hundert schmalen Flächenstücken zu berechen und diese zu addieren.

Rotationskörper

Bislang wurden die Integrale immer mit Flächen unter Funktionen identifiziert. Es gibt aber auch Integrale, welche Volumina darstellen. Wenn man eine Funktion f um die x – Achse rotieren lässt, so ergibt sich ein *Rotationskörper* im $\mathbb{R}^3$. Der Radius r des

Rotationskörpers an der Stelle x ist gerade f(x). Die Kreisscheibe durch x hat dann die Fläche $\pi \cdot r^2 = \pi \cdot f(x)^2$. Für das Volumen V des Rotationskörpers zwischen x_0 und x_i gilt dann:

$$V = \int_{x_0}^{x_1} \pi \cdot f(x)^2 \, dx.$$

B Man lässt die Funktion $id : \mathbb{R} \to \mathbb{R}, x \to id(x) = x$ um die x-Achse rotieren. Es soll das Volumen des durch die Rotation enstehenden Kegels zwischen 0 und 3 berechnet werden:

$$\int_0^3 \pi \cdot x^2 \, dx$$

$$= \int_0^3 \pi \cdot x^2 \, dx$$

$$= \pi \cdot \int_0^3 x^2 \, dx$$

$$= \pi \cdot \left[\frac{1}{3}x^3 + c\right]_0^3$$

$$= \pi \cdot \left(\frac{1}{3} \cdot 3^3 - \frac{1}{3}0^3\right)$$

$$= 9 \cdot \pi.$$

Eine andere Möglichkeit Volumina zu berechnen, sind die so genannten Mehrfach-Integrale, doch diese seien hier nicht mehr ausgeführt.

Aufgaben

1. Wieso kann man ein Integral als eine unendliche Summe auffassen?
2. Welche beiden Eigenschaften haben die Operationen Integrieren und Differenzieren gemeinsam?
3. Mit Hilfe welcher Regel kann man den Satz über partielle Integration herleiten?
4. Wenn p ein Polynom $\neq 0$ ist, warum existiert dann das uneigentliche Integral $\int_0^\infty p(x)dx$ nicht?

Lösungen

1. Wenn man die Fläche unter einer Kurve mit Hilfe von schmalen Rechteckstreifen approximiert, dann stellt die Fläche eines solchen Rechtecks ein Glied einer Partialsumme dar. Da die Streifen sehr dünn sind, hat die Partialsumme sehr viele Glieder, ist also praktisch eine Reihe.

2. Sowohl das Integrieren als auch das Differenzieren sind lineare Funktionale, dass heißt es gilt:

   $\int \lambda \cdot f(x)dx = \lambda \cdot \int f(x)dx$

   bzw. $(\lambda \cdot f)'(x) = \lambda \cdot f'(x)$,

   $\int f(x) + g(x)\, dx = \int f(x)\, dx + \int g(x)\, dx$

   bzw. $(f + g)'(x) = f'(x) + g'(x)$.

3. Mit Hilfe der Produktregel kann man den Satz über die partielle Integration herleiten.

4. Da die Stammfunktion für sehr große und kleine Werte gegen plus oder minus unendlich strebt, kann man den Hauptsatz der Differential- und Integralrechnung nicht anwenden.

1. Vektoren

Die *lineare Algebra* wurde im 19. Jahrhundert entwickelt. Hierbei sind insbesondere die beiden Bücher „Der baryzentrische Kalkül“ von August Ferdinand Möbius (1790 – 1868) aus dem Jahre 1827 und „Die lineare Ausdehnungslehre“ von Hermann *Graßmann* (1809 – 1877) aus dem Jahre 1844 zu nennen. Im Wesentlichen handelt die lineare Algebra von linearen Gleichungen und ihren Lösungsmengen.

B Wie sieht die Lösungsmenge der folgenden Gleichung aus?

$$3 \cdot x_1 + 2 \cdot x_2 + x_3 = 0$$

Sind die folgenden Gleichungen lösbar?

$$\begin{aligned} 2 \cdot x_1 + 4 \cdot x_2 - 2 \cdot x_3 &= 0 \\ -x_1 + 2 \cdot x_2 \qquad &= 1 \\ -x_2 + 3 \cdot x_3 &= 0 \end{aligned}$$

Die *analytische Geometrie* wurde von *Descartes* (1601 – 1650) durch die Einführung von kartesischen Koordinaten entwickelt. Der Name „Analytische Geometrie“ entstand jedoch erst am Ende des 18. Jahrhunderts. In der analytischen Geometrie werden Geraden- und Ebenengleichungen untersucht. Zudem interessiert man sich für Kegelschnitte.

B Die Gleichung

$$2 \cdot x + 3 \cdot y = 4$$

beschreibt eine Gerade im $\mathbb{R}^2$

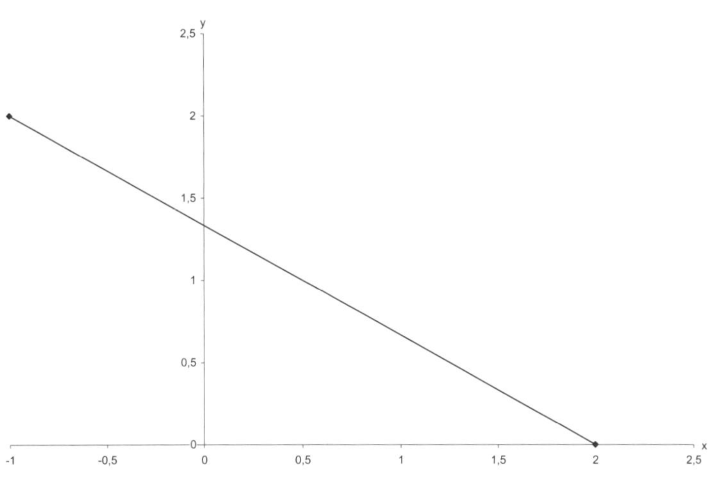

1. Vektoren

B Die Gleichung

$x^2 + y^2 - z^2 = 1$

beschreibt einen Kegelschnitt, der wie ein Kühlturm aussieht.

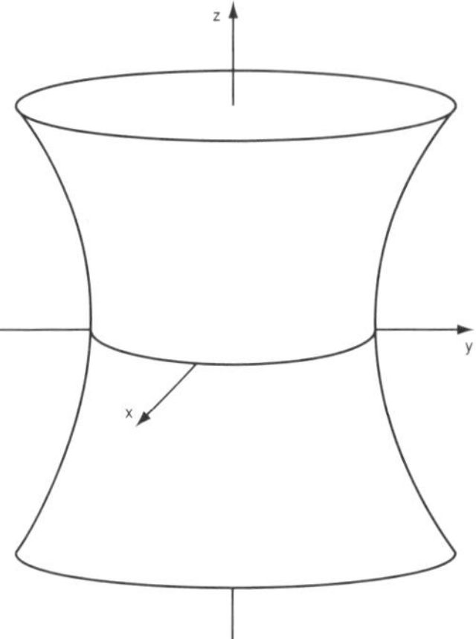

Reelle Vektorräume

Ein Beispiel für einen reellen Vektorraum ist der $\mathbb{R}^3$. Der $\mathbb{R}^3$ besteht aus den 3-Tupeln $x = (x_1, x_2, x_3)^t$ mit reellen Einträgen x_1, x_2, x_3. Diese 3-Tupel (vgl. S. 229) heißen *Vektoren*. Das hochgestellte t soll bedeuten, dass der Vektor als *Spaltenvektor* geschrieben ist und nicht als *Zeilenvektor*.

$$(x_1, x_2, x_3)^t = \begin{pmatrix} x_1 \\ x_2 \\ x_3 \end{pmatrix}$$

Zeilenvektor Spaltenvektor

Natürlich ist ein Zeilenvektor viel einfacher in den geschriebenen Text zu integrieren, deshalb *transponiert* man Spaltenvektoren zu Zeilenvektoren.

Oftmals zeichnet man in der Schule über den Vektor x einen Pfeil l : $\vec{x}$.

Aber was ist nun ein *reeller Vektorraum*? Eine Menge alleine ist noch kein reeller Vektorraum. Zu einem reellen Vektorraum gehört auch die Addition von Vektoren und die Multiplikation eines *reellen Skalars*, also einer reellen Zahl mit einem Vektor. Diese beiden *Verknüpfungen* müssen zusätzlich einige Eigenschaften (Axiome) erfüllen, die im Folgenden aufgeführt sind.

Zwei Vektoren $(x_1, x_2, x_3)^t$ und $(y_1, y_2, y_3)^t$ kann man komponentenweise addieren.

$$\begin{pmatrix} x_1 \\ x_2 \\ x_3 \end{pmatrix} + \begin{pmatrix} y_1 \\ y_2 \\ y_3 \end{pmatrix} = \begin{pmatrix} x_1 + y_1 \\ x_2 + y_2 \\ x_3 + y_3 \end{pmatrix}$$

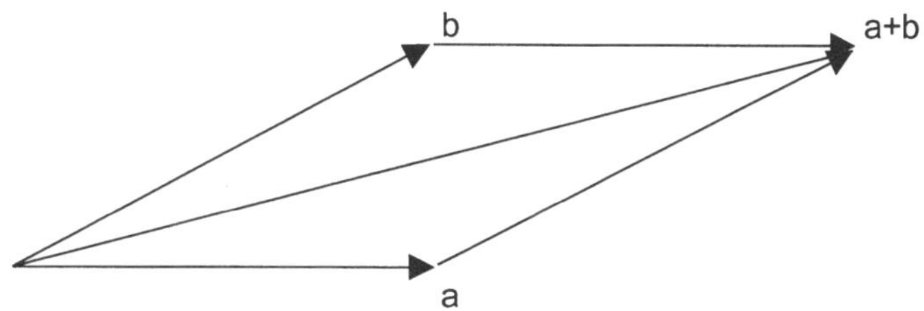

Die Addition von Vektoren ist kommutativ (vgl. S. 54), es gilt also:

$$\begin{pmatrix} x_1 \\ x_2 \\ x_3 \end{pmatrix} + \begin{pmatrix} y_1 \\ y_2 \\ y_3 \end{pmatrix} = \begin{pmatrix} y_1 \\ y_2 \\ y_3 \end{pmatrix} + \begin{pmatrix} x_1 \\ x_2 \\ x_3 \end{pmatrix}$$

Auch ist die Addition assoziativ (vgl. S. 54).

$$\begin{pmatrix} x_1 \\ x_2 \\ x_3 \end{pmatrix} + \left(\begin{pmatrix} y_1 \\ y_2 \\ y_3 \end{pmatrix} + \begin{pmatrix} z_1 \\ z_2 \\ z_3 \end{pmatrix}\right) = \left(\begin{pmatrix} x_1 \\ x_2 \\ x_3 \end{pmatrix} + \begin{pmatrix} y_1 \\ y_2 \\ y_3 \end{pmatrix}\right) + \begin{pmatrix} z_1 \\ z_2 \\ z_3 \end{pmatrix}$$

1. Vektoren

$(0, 0, 0)^t$ ist das *neutrale Element* der Addition. Das heißt, es gilt:

$$\begin{pmatrix} 0 \\ 0 \\ 0 \end{pmatrix} + \begin{pmatrix} x_1 \\ x_2 \\ x_3 \end{pmatrix} = \begin{pmatrix} x_1 \\ x_2 \\ x_3 \end{pmatrix}$$

Das *inverse Element* zu $(x_1, x_2, x_3)^t$ ist $(-x_1, -x_2, -x_3)^t$, gilt doch:

$$\begin{pmatrix} x_1 \\ x_2 \\ x_3 \end{pmatrix} + \begin{pmatrix} -x_1 \\ -x_2 \\ -x_3 \end{pmatrix} = \begin{pmatrix} 0 \\ 0 \\ 0 \end{pmatrix}$$

Man nennt eine Menge, hier der $\mathbb{R}^3$, mit einer Verknüpfung, hier die Addition (+) mit den oben genannten Eigenschaften, eine *kommutative Gruppe*. Man schreibt dann auch $(\mathbb{R}^3, +)$. Statt kommutativer Gruppe verwendet man auch den Begriff der *abelschen Gruppe*, nach Niels Henrik *Abel* (1802 – 1829).

Die Multiplikation eines Skalars mit einem Vektor ist wie folgt definiert:

$$s \cdot \begin{pmatrix} x_1 \\ x_2 \\ x_3 \end{pmatrix} = \begin{pmatrix} s \cdot x_1 \\ s \cdot x_2 \\ s \cdot x_3 \end{pmatrix}$$

Für diese Multiplikation gilt auch das Assoziativgesetz:

$$s \cdot \left(t \cdot \begin{pmatrix} x_1 \\ x_2 \\ x_3 \end{pmatrix} \right) = (s \cdot t) \cdot \begin{pmatrix} x_1 \\ x_2 \\ x_3 \end{pmatrix}$$

Außerdem gelten die Distributivgesetze (vgl. S. 54):

$$s \cdot \left(\begin{pmatrix} x_1 \\ x_2 \\ x_3 \end{pmatrix} + \begin{pmatrix} y_1 \\ y_2 \\ y_3 \end{pmatrix} \right) = s \cdot \begin{pmatrix} x_1 \\ x_2 \\ x_3 \end{pmatrix} + s \cdot \begin{pmatrix} y_1 \\ y_2 \\ y_3 \end{pmatrix}$$

$$(s + t) \cdot \begin{pmatrix} x_1 \\ x_2 \\ x_3 \end{pmatrix} = s \cdot \begin{pmatrix} x_1 \\ x_2 \\ x_3 \end{pmatrix} + t \cdot \begin{pmatrix} x_1 \\ x_2 \\ x_3 \end{pmatrix}$$

Ein reeller Vektorraum ist also eine abelsche Gruppe, für die eine Multiplikation mit reellen Skalaren definiert ist, sodass das Assoziativ- und die Distributivgesetze gelten.

Natürlich ist auch der $\mathbb{R}^n$ ($n \in \mathbb{N}$) ein reeler Vektorraum. Es gibt aber auch ganz andere reelle Vektorräume. Manche sind so merkwürdig, dass man niemals auf die Idee kommen würde, Pfeile über die Vektoren zu zeichnen. So ein Beispiel ist der $C_1(\mathbb{R})$. Der $C_1(\mathbb{R})$ besteht aus allen Funktionen $f: \mathbb{R} \to \mathbb{R}$, $x \to f(x)$, welche einmal differenzierbar sind. Das heißt, die Funktionen sind jetzt unsere Vektoren. Zwei Funktionen werden wie folgt addiert:

$$(f + g)(x) = f(x) + g(x)$$

Man kann leicht prüfen, dass $C_1(\mathbb{R})$ zusammen mit der Addition eine abelsche Gruppe bildet. Die Multiplikation mit reellen Skalaren ist wie folgt definiert:

$$(s \cdot f)(x) = s \cdot f(x)$$

Nun kann man ganz leicht zeigen, dass $C_1(\mathbb{R})$ ein reeller Vektorraum ist. Der Einfachheit wegen werden wir ab jetzt nur noch von Vektorräumen reden, wobei stets reelle Vektorräume gemeint sind.

Es gibt nicht nur reelle Vektorräume. Es gibt z. B. auch rationale Vektorräume oder sogar Vektorräume mit nur endlich vielen Vektoren.

1. Vektoren

Unterräume

Eine Teilmenge U eines Vektorraumes V heißt *Unterraum*, wenn sie bezüglich der Addition und der skalaren Multiplikation *abgeschlossen* ist.

Das bedeutet:

$u_1 + u_2$ ist Element von U, falls u_1 und u_2 aus U sind.
$s \cdot u$ ist Element von U, falls $u \in U$ und $s \in \mathbb{R}$ ist.

B Die Menge $U = \{(x_1, x_2, 0)^t : x_1, x_2 \in \mathbb{R}\}$ ist ein Unterraum von $\mathbb{R}^3$. Gilt doch für $x_1, x_2, y_1, y_2, s \in \mathbb{R}$:

$(x_1, x_2, 0)^t + (y_1, y_2, 0)^t = (x_1 + y_1, x_2 + y_2, 0)^t \in U,$
$s \cdot (x_1, x_2, 0)^t = (s \cdot x_1, s \cdot x_2, 0)^t \in U.$

Ist V ein Vektorraum, dann ist V auch ein Unterraum von V. Ist 0 das neutrale Element der Addition in V, also der Nullvektor, dann ist auch {0} ein Unterraum von V.

Ist $C_1(\mathbb{R})$ der Vektorraum der einmal differenzierbaren Funktionen von $\mathbb{R}$ nach $\mathbb{R}$, dann ist $C_\infty(\mathbb{R})$ der Vektorraum der unendlich oft differenzierbaren Funktionen von $\mathbb{R}$ nach $\mathbb{R}$ ein Unterraum von $C_1(\mathbb{R})$.

Denn wenn f und g unendlich oft differenzierbar sind, dann ist es auch f + g. Natürlich ist mit f auch $s \cdot f$, $s \in \mathbb{R}$, unendlich oft differenzierbar.

Manchmal möchte man wissen, wie der kleinste Unterraum aussieht, welcher eine bestimmte Teilmenge des Vektorraumes enthält. Wie sieht zum Beispiel der kleinste Unterraum des $\mathbb{R}^3$ aus, welcher den Vektor (1, 0, 0) enthält. Der gesuchte Unterraum ist offenbar $\{(x, 0, 0) : x \in \mathbb{R}\}$, also die x-Achse im $\mathbb{R}^3$.

Man sagt auch, der Vektor spannt den Unterraum $\{(x, 0, 0)^t : x \in \mathbb{R}\}$ auf, in Zeichen:

$$span\{(1, 0, 0)^t\} = \{(x, 0, 0)^t : x \in \mathbb{R}\}.$$

Alternativ kann man auch sagen, der Vektor $(1, 0, 0)^t$ ist ein *Erzeugendensystem* von $\{(x, 0, 0)^t : x \in \mathbb{R}\}$.

Lineare Abhängigkeit von Vektoren

Es gibt im $\mathbb{R}^3$ Vektoren mit denen man auf *nicht-triviale* Weise den Nullvektor darstellen kann. Was ist damit gemeint? Zum Beispiel gilt:

$$2 \cdot \begin{pmatrix} -1 \\ 1 \\ 0 \end{pmatrix} + 1 \cdot \begin{pmatrix} 2 \\ 0 \\ 2 \end{pmatrix} + 2 \cdot \begin{pmatrix} 0 \\ -1 \\ -1 \end{pmatrix} = \begin{pmatrix} 0 \\ 0 \\ 0 \end{pmatrix}$$

Das ist eine nicht-triviale Darstellung des *Nullvektors*, denn die Skalare, hier 2, 1 und 2, mit denen die Vektoren multipliziert werden, sind nicht alle gleich $(0, 0, 0)^t$. Man sagt in diesem Fall, die Vektoren $(-1, 1, 0)^t$, $(2, 0, 2)^t$ und $(0, -1, -1)^t$ sind *linear abhängig*. Dagegen sind die zwei Vektoren $(1, 0, 0)^t$ und $(0, 1, 0)^t$ *linear unabhängig*. Mit ihnen kann man nur auf triviale Weise, nämlich

$$0 \cdot \begin{pmatrix} 1 \\ 0 \\ 0 \end{pmatrix} + 0 \cdot \begin{pmatrix} 0 \\ 1 \\ 0 \end{pmatrix} = \begin{pmatrix} 0 \\ 0 \\ 0 \end{pmatrix}$$

den Nullvektor darstellen.

B Im $\mathbb{R}^3$ kann man sogar drei linear unabhängige Vektoren finden. Zum Beispiel sind

$$\begin{pmatrix} 1 \\ 0 \\ 0 \end{pmatrix}, \begin{pmatrix} 0 \\ 1 \\ 0 \end{pmatrix}, \begin{pmatrix} 0 \\ 0 \\ 1 \end{pmatrix} \quad \text{oder} \quad \begin{pmatrix} 1 \\ 2 \\ 3 \end{pmatrix}, \begin{pmatrix} 0 \\ 1 \\ 2 \end{pmatrix}, \begin{pmatrix} 0 \\ 0 \\ 1 \end{pmatrix} \text{ linear unabhängig.}$$

Schwierig wird es erst, wenn man vier linear unabhängige Vektoren im $\mathbb{R}^3$ sucht. Egal wie lange man sucht, man wird keine vier linear unabhängigen Vektoren im $\mathbb{R}^3$ finden.

Für jeden Vektorraum gibt es eine maximale Anzahl von linear unabhängigen Vektoren. Diese Anzahl nennt man die *Dimension des Vektorraumes*.

B Die Dimension des $\mathbb{R}^3$ ist eben 3, in Zeichen: $\dim(\mathbb{R}^3) = 3$

1. Vektoren

Drei linear unabhängige Vektoren des $\mathbb{R}^3$ nennt man eine *Basis* des $\mathbb{R}^3$. Ein n-dimensionaler Vektorraum hat eine Basis aus n Vektoren. Mit Hilfe der Basis kann man jeden anderen Vektor des Vektorraumes auf genau eine Weise als *Linearkombination* der *Basisvektoren* darstellen. Eine Basis eines Vektorraumes ist also ein *minimales Erzeugendensystem* des Vektorraumes. Denn würde man einen Basisvektor v entfernen und könnte ihn immer noch als Linearkombination der übrigen Basisvektoren darstellen, so hätte man vorher keine eindeutige Basisdarstellung von v gehabt, wegen der anderen Linearkombination $v = 1 \cdot v$.

Die Eindeutigkeit der Basisdarstellung erkennt man bei der *kanonischen Einheitsbasis* $(1, 0, 0)^t$, $(0, 1, 0)^t$, $(0, 0, 1)^t$ sofort. So gilt zum Beispiel:

B

$$\begin{pmatrix} 1 \\ 2 \\ 3 \end{pmatrix} = 1 \cdot \begin{pmatrix} 1 \\ 0 \\ 0 \end{pmatrix} + 2 \cdot \begin{pmatrix} 0 \\ 1 \\ 0 \end{pmatrix} + 3 \cdot \begin{pmatrix} 0 \\ 0 \\ 1 \end{pmatrix}$$

Eine andere Möglichkeit, den Vektor $(1, 2, 3)^t$ als Linearkombination der Basis $(1, 0, 0)^t$, $(0, 1, 0)^t$, $(0, 0, 1)^t$ darzustellen, gibt es nicht. Wie wir gesehen haben, hat ein Vektorraum mehr als eine Basis. Es gibt zwei ganz wichtige Sätze über die Basen eines Vektorraumes: den Basisergänzungssatz und den Austauschsatz von Steinitz.

Basisergänzungssatz

Sind $x_1, x_2, \dots, x_n$ linear unabhängige Vektoren eines Vektorraumes V, dann existiert eine Basis von V, welche diese Vektoren enthält.

B Die beiden Vektoren $(1, 0, 1)^t$ und $(-1, 0, 1)^t$ aus dem $\mathbb{R}^3$ sind linear unabhängig und können mit $(0, 1, 0)^t$ zu einer Basis ergänzt werden.

Wie stellt man fest, ob drei Vektoren des $\mathbb{R}^3$ wirklich eine Basis des $\mathbb{R}^3$ bilden? Eine Möglichkeit ist, herauszufinden ob man den Nullvektor wirklich nur auf triviale Weise darstellen kann. Später werden wir sehen, wie das ganz einfach geht, aber jetzt haben wir diese Möglichkeit noch nicht. Eine andere Möglichkeit ist, die *kanonische Einheitsbasis* $e_1 = (1, 0, 0)^t$, $e_2 = (0, 1, 0)^t$, $e_3 = (0, 0, 1)^t$ als Linearkombination der Basis darzustellen.

B

Angenommen wir wollen wissen ob $b_1 = (1, 2, 3)^t$, $b_2 = (0, 1, 2)^t$, $b_3 = (0, 0, 1)^t$ wirklich eine Basis des $\mathbb{R}^3$ ist.
Wegen

$$e_1 = \begin{pmatrix} 1 \\ 0 \\ 0 \end{pmatrix} = \begin{pmatrix} 1 \\ 2 \\ 3 \end{pmatrix} - 2 \cdot \begin{pmatrix} 0 \\ 1 \\ 2 \end{pmatrix} + \begin{pmatrix} 0 \\ 0 \\ 1 \end{pmatrix}$$

$$= b_1 - 2 \cdot b_2 + b_3$$

$$e_2 = \begin{pmatrix} 0 \\ 1 \\ 0 \end{pmatrix} = \begin{pmatrix} 0 \\ 1 \\ 2 \end{pmatrix} - 2 \cdot \begin{pmatrix} 0 \\ 0 \\ 1 \end{pmatrix}$$

$$= b_2 - 2 \cdot b_3$$

$$e_3 = \begin{pmatrix} 0 \\ 0 \\ 1 \end{pmatrix} = b_3$$

ist ein beliebiger Vektor $(x, y, z)^t$ des $\mathbb{R}^3$ wie folgt durch die Basis darstellbar:

$$\begin{pmatrix} x \\ y \\ z \end{pmatrix} = x \cdot \begin{pmatrix} 1 \\ 0 \\ 0 \end{pmatrix} + y \cdot \begin{pmatrix} 0 \\ 1 \\ 0 \end{pmatrix} + z \cdot \begin{pmatrix} 0 \\ 0 \\ 0 \end{pmatrix}$$

$$\begin{aligned}
&= x \cdot e_1 + y \cdot e_2 + z \cdot e_3 \\
&= x \cdot (b_1 - 2 \cdot b_2 + b_3) \\
&\quad + y \cdot (b_2 - 2 \cdot b_3) \\
&\quad\quad + z \cdot b_3 \\
&= x \cdot b_1 + (y - 2 \cdot x) \cdot b_2 + (x - 2 \cdot y + z) \cdot b_3
\end{aligned}$$

$$= x \cdot \begin{pmatrix} 1 \\ 2 \\ 3 \end{pmatrix} + (y - 2 \cdot x) \cdot \begin{pmatrix} 0 \\ 1 \\ 2 \end{pmatrix} + (x - 2 \cdot y + z) \cdot \begin{pmatrix} 0 \\ 0 \\ 1 \end{pmatrix}$$

1. Vektoren

Austauschsatz von Steinitz

Seien die Vektoren $v_1, v_2, ..., v_n$ eine Basis des Vektorraumes V und seien $w_1, w_2, ..., w_m$ linear unabhängige Vektoren aus V. Dann gilt $n \geq m$ und nach einer geeigneten Umnummerierung der $v_1, v_2, ..., v_n$ in $v_{1'}, v_{2'}, ..., v_{n'}$ ist auch $w_1, w_2, ..., w_m, v_{(m+1)'}, ..., v_{n'}$ eine Basis von V.

Es ist etwas schwer zu sehen, was der Austauschsatz überhaupt aussagt, darum zunächst ein Beispiel.

B Wir betrachten wieder den $\mathbb{R}^3$ mit der Basis

$$v_1 = \begin{pmatrix} 1 \\ 2 \\ 3 \end{pmatrix}, v_2 = \begin{pmatrix} 0 \\ 1 \\ 2 \end{pmatrix}, v_3 = \begin{pmatrix} 0 \\ 0 \\ 2 \end{pmatrix}.$$

Die beiden Vektoren

$$w_1 = \begin{pmatrix} -1 \\ 0 \\ 1 \end{pmatrix}, w_2 = \begin{pmatrix} 1 \\ 0 \\ 1 \end{pmatrix}$$

sind linear unabhängig. Es gilt also $n = 3$ und $m = 2$. Offenbar ist $3 \geq 2$

Wir haben jetzt zunächst drei Möglichkeiten, w_1 und w_2 zu einer Basis des $\mathbb{R}^3$ zu ergänzen. Die dritte Möglichkeit liefert nicht das gewünschte Ergebnis, sodass eigentlich nur zwei Möglichkeiten vorhanden sind.

1. Fall: $w_1, w_2, v_{3'} = v_1$ ist eine Basis des $\mathbb{R}^3$, wegen:

$$\begin{pmatrix} 1 \\ 0 \\ 0 \end{pmatrix} = -\frac{1}{2} \cdot \begin{pmatrix} -1 \\ 0 \\ 1 \end{pmatrix} + \frac{1}{2} \cdot \begin{pmatrix} 1 \\ 0 \\ 1 \end{pmatrix}$$

$$= -\frac{1}{2} \cdot w_1 + \frac{1}{2} \cdot w_2$$

$$\begin{pmatrix} 0 \\ 1 \\ 0 \end{pmatrix} = -\frac{1}{2} \cdot \begin{pmatrix} -1 \\ 0 \\ 1 \end{pmatrix} - \begin{pmatrix} 1 \\ 0 \\ 1 \end{pmatrix} + \frac{1}{2} \cdot \begin{pmatrix} 1 \\ 2 \\ 3 \end{pmatrix}$$

$$= -\frac{1}{2} \cdot w_1 - w_2 + \frac{1}{2} \cdot v_{3'}$$

$$\begin{pmatrix} 0 \\ 0 \\ 1 \end{pmatrix} = \frac{1}{2} \cdot \begin{pmatrix} -1 \\ 0 \\ 1 \end{pmatrix} + \frac{1}{2} \cdot \begin{pmatrix} 1 \\ 0 \\ 1 \end{pmatrix}$$

$$= \frac{1}{2} \cdot w_1 + \frac{1}{2} \cdot w_2$$

2. Fall: w_1, w_2, $v_{3'} = v_2$ ist eine Basis des $\mathbb{R}^3$, wegen:

$$\begin{pmatrix} 1 \\ 0 \\ 0 \end{pmatrix} = -\frac{1}{2} \cdot \begin{pmatrix} -1 \\ 0 \\ 1 \end{pmatrix} + \frac{1}{2} \cdot \begin{pmatrix} 1 \\ 0 \\ 1 \end{pmatrix}$$

$$= -\frac{1}{2} \cdot w_1 + \frac{1}{2} \cdot w_2$$

$$1 = -\begin{pmatrix} -1 \\ 0 \\ 1 \end{pmatrix} - \begin{pmatrix} 1 \\ 0 \\ 1 \end{pmatrix} + \begin{pmatrix} 0 \\ 1 \\ 2 \end{pmatrix}$$

$$= -w_1 - w_2 + v_{3'}$$

3. Fall: w_1, w_2, $v_{3'} = v_3$ ist keine Basis des $\mathbb{R}^3$. Da die drei Vektoren linear abhängig sind, gilt:

$$\begin{pmatrix} 0 \\ 0 \\ 0 \end{pmatrix} = \begin{pmatrix} -1 \\ 0 \\ 1 \end{pmatrix} + \begin{pmatrix} 1 \\ 0 \\ 1 \end{pmatrix} - \begin{pmatrix} 0 \\ 0 \\ 2 \end{pmatrix}$$

$$= w_1 + w_2 - v_3{}'$$

Eine andere mögliche Begründung ist die folgende. Die drei Vektoren w_1, w_2, $v_{3'}$ sind kein Erzeugendensystem des $\mathbb{R}^3$, denn für alle x, y, z $\in \mathbb{R}$ gilt:

$$\begin{pmatrix} 0 \\ 0 \\ 0 \end{pmatrix} \neq \begin{pmatrix} -1 \\ 0 \\ 1 \end{pmatrix} + \begin{pmatrix} 1 \\ 0 \\ 1 \end{pmatrix} - \begin{pmatrix} 0 \\ 0 \\ 1 \end{pmatrix}$$

$$= \begin{pmatrix} y - x \\ 0 \\ x + y + z \end{pmatrix}$$

$$= w_1 + w_2 - v_3{}'$$

1. Vektoren

Dies bedeutet, der Vektor $(0, 1, 0)^t$ ist nicht als Linearkombination der anderen drei Vektoren darstellbar.

Der Unterschied zwischen dem Basisergänzungssatz und dem Austauschsatz besteht also darin, dass der erste überhaupt die Existenz einer Basis sichert und der zweite etwas über die Möglichkeit eines Basiswechsels aussagt. Insbesondere kann man mit Hilfe des Austauschsatzes zeigen, dass je zwei Basen eines Vektorraumes gleich viele Elemente haben.

B Angenommen B_1 und B_2 sind zwei Basen eines Vektorraumes, wobei B_1 n Elemente und B_2 m Elemente enthalten soll. Dann sind die Elemente von B_2 linear unabhängig, und es gilt mit dem Austauschsatz $m \leq n$. Genauso zeigt man, dass $n \leq m$ gilt, also ist $n = m$.

Aufgaben

1. Wie sieht das neutrale Element von $(C_1(\mathbb{R}), +)$ aus?
2. Ist die Menge $C_2(\mathbb{R})$ der zweimal differenzierbaren Funktionen $f: \mathbb{R} \to \mathbb{R}, x \to f(x)$ ein Unterraum des $C_1(\mathbb{R})$?
3. Jeder Vektorraum hat höchstens endlich viele verschiedene Basen. Ist diese Aussage wahr?

Lösungen

1. Die Nullfunktion $0: \mathbb{R} \to \mathbb{R}, x \to 0(x) = 0$ ist das neutrale Element der abel'schen Gruppe $(C_1(\mathbb{R}), +)$, gilt doch für alle f aus $C_1(\mathbb{R})$:
$(f + 0)(x) = f(x) + 0(x) = f(x) + 0 = f(x)$.
2. Sind f, g aus $C_2(\mathbb{R})$, dann ist auch $(f + g)$ zweimal differenzierbar, es ist
$(f + g)^{(2)}(x) = f^{(2)}(x) + g^{(2)}(x)$. Ist λ eine beliebige reelle Zahl, dann ist
$(\lambda \cdot f)^{(2)}(x) = \lambda \cdot f^{(2)}(x)$.
3. Nein, diese Aussage ist falsch. Als Basis des $\mathbb{R}^2$ kann man zum Beispiel die Vektoren $(1, 0)^t$ und $(x, 1)^t$ wählen, wobei x eine beliebige reelle Zahl ist. Es gibt für diesen Vektorraum also unendlich viele verschiedene Basen.

2. Lineare Abbildungen

Wir wissen jetzt, was ein Vektorraum ist. Aber Vektorräume sind nicht das eigentlich Wichtige in der linearen Algebra. Das Wichtige sind die linearen Abbildungen zwischen den Vektorräumen. Was ist eine lineare Abbildung?

Es seien V, W Vektorräume und $f: V \rightarrow W$, $v \rightarrow f(v)$ eine Abbildung. f heißt eine *lineare Abbildung* oder ein *Homomorphismus*, wenn sie die beiden *Homomorphiebedingungen* erfüllt.

(H1) $f(v_1 + v_2) = f(v_1) + f(v_2)$ für $v_1, v_2 \in V$,

(H2) $s \cdot f(v) = f(s \cdot v)$ für $s \in \mathbb{R}$ und $v \in V$.

Die Menge aller linearen Abbildungen bzw. Homomorphismen von V nach W, wird mit Hom(V,W) abgekürzt.

B $f: \mathbb{R}^3 \rightarrow \mathbb{R}^3$, $x \rightarrow f(x)$ mit $f(1, 0, 0)^t = (1, 0, 0)^t$, $f(0, 1, 0)^t = (2, 1, 0)^t$ und $f(0, 0, 1)^t = (0, 2, 1)^t$. Dadurch, dass die Bilder einer Basis des $\mathbb{R}^3$ angegeben sind, ist die Abbildung eindeutig definiert. Für einen beliebigen Vektor $(x_1, x_2, x_3)^t$ gilt dann:

$$f\begin{pmatrix} x_1 \\ x_2 \\ x_3 \end{pmatrix} = x_1 \cdot f\begin{pmatrix} 1 \\ 0 \\ 0 \end{pmatrix} + x_2 \cdot f\begin{pmatrix} 0 \\ 1 \\ 0 \end{pmatrix} + x_3 \cdot f\begin{pmatrix} 0 \\ 0 \\ 1 \end{pmatrix}$$

$$= x_1 \cdot \begin{pmatrix} 1 \\ 0 \\ 0 \end{pmatrix} + x_2 \cdot \begin{pmatrix} 2 \\ 1 \\ 0 \end{pmatrix} + x_3 \cdot \begin{pmatrix} 0 \\ 2 \\ 1 \end{pmatrix}$$

$$= \begin{pmatrix} x_1 + 2 \cdot x_2 \\ x_2 + 2 \cdot x_3 \\ x_3 \end{pmatrix}$$

Bei dem ersten Gleichheitszeichen wurde die Linearität von f ausgenutzt.

Eine andere Möglichkeit, eine lineare Abbildung darzustellen bietet ihre *Matrix*.

B Hier wird die Matrix A genannt. $f(x) = A \cdot x$ bedeutet dann, der Vektor x wird von rechts mit der Matrix A multipliziert.

2. Lineare Abbildungen

$$A \cdot x = \begin{pmatrix} 1 & 2 & 0 \\ 0 & 1 & 2 \\ 0 & 0 & 1 \end{pmatrix} \cdot \begin{pmatrix} x_1 \\ x_2 \\ x_3 \end{pmatrix} = \begin{pmatrix} 1 \cdot x_1 + 2 \cdot x_2 + 0 \cdot x_3 \\ 0 \cdot x_1 + 1 \cdot x_2 + 2 \cdot x_3 \\ 0 \cdot x_1 + 0 \cdot x_2 + 1 \cdot x_3 \end{pmatrix}$$

Die Matrix A hat drei *Zeilen* (1, 2, 0), (0,1,2), (0, 0, 1) und drei *Spalten*.

Auffällig ist, dass die Spalten der Matrix, also $(1, 0, 0)^t$, $(2, 1, 0)^t$ und $(0, 2, 1)^t$, gerade aus den Bildern der kanonischen Einheitsmatrix bestehen.

$$A \cdot e_1 = \begin{pmatrix} 1 \\ 0 \\ 0 \end{pmatrix}, A \cdot e_2 = \begin{pmatrix} 2 \\ 1 \\ 0 \end{pmatrix}, A \cdot e_3 = \begin{pmatrix} 0 \\ 2 \\ 1 \end{pmatrix}$$

Meistens werden lineare Abbildungen mit ihren Matrizen identifiziert. Dies ist mathematisch nicht ganz korrekt, soll uns aber nicht weiter stören.

B $f: \mathbb{R}^3 \to \mathbb{R}^2, x \to f(x) = A \cdot x$ mit:

$$\begin{pmatrix} 1 & 0 & 1 \\ 0 & 1 & 3 \end{pmatrix} \cdot \begin{pmatrix} x_1 \\ x_2 \\ x_3 \end{pmatrix} = \begin{pmatrix} 1 \cdot x_1 + 0 \cdot x_2 + 1 \cdot x_3 \\ 0 \cdot x_1 + 1 \cdot x_2 + 3 \cdot x_3 \end{pmatrix}$$

Sei $C_1(\mathbb{R})$ der Vektorraum der einmal differenzierbaren Funktionen, dann ist die Abbildung $d: C_1(\mathbb{R}) \to C_1(\mathbb{R}), f \to d(f) = f'$ linear.

Beweis:
Wie wir im Kapitel über Analysis gesehen haben (vgl. Ableiten oder Differenzieren von Funktionen, S. 493), gilt für zwei differenzierbare Funktionen f und g:

$$\begin{aligned} d(f + g) &= (f + g)' \\ &= f' + g' \\ &= d(f) + d(g) \end{aligned}$$

Weiter gilt für jede reelle Zahl:

$$\begin{aligned} d(s \cdot f) &= (s \cdot f)' \\ &= s \cdot f' \\ &= s \cdot d(f) \end{aligned}$$

Somit erfüllt das Differenzieren die beiden Homomorphiebedingungen. Dies ist übrigens eine lineare Abbildung, welche sich nicht in Matrixschreibweise darstellen lässt.

Nach dem folgenden Schema können die verschiedenen linearen Abbildungen von einem Vektorraum V in einen Vektorraum W unterteilt werden.

1. f aus Hom(V,W) mit f injektiv heißt *Monomorphismus*. Injektiv bedeutet, dass die verschiedenen Urbilder verschiedene Bilder haben. Also: aus $f(v_1) = f(v_2)$ folgt $v_1 = v_2$.
2. f aus Hom(V,W) mit f surjektiv heißt *Epimorphismus*. Surjektiv bedeutet, dass für alle w aus W mindestens ein v aus V existiert mit f(v) = w.
3. f aus Hom(V,W) mit f bijektiv heißt *Isomorphismus*. Bijektiv bedeutet, dass f sowohl injektiv als auch bijektiv ist. Die Vektorräume V, W heißen in diesem Fall *isomorph*.
4. f aus Hom(V,V) heißt *Endomorphismus*. Statt Hom(V,V) schreibt man auch *End(V)*.
5. f aus End(V) heißt *Automorphismus*, falls f bijektiv ist. Die Menge aller Automorphismen aus End(V) wird mit *Aut(V)* abgekürzt.

Die folgenden Beispiele sollen die Fälle 1 bis 5 verdeutlichen.

B $f : \mathbb{R}^2 \to \mathbb{R}^3$, $(x_1, x_2)^t \to f(x_1, x_2)^t = (x_1, x_2, 0)^t$, oder in Matrixschreibweise:

$$f\begin{pmatrix} x_1 \\ x_2 \end{pmatrix} = \begin{pmatrix} 1 & 0 \\ 0 & 1 \\ 0 & 0 \end{pmatrix} \cdot \begin{pmatrix} x_1 \\ x_2 \end{pmatrix}$$

f ist injektiv und folglich ein Monomorphismus.
Der Homomorphismus $g : \mathbb{R}^2 \to \{0\}$, $(x_1, x_2)^t \to 0$ ist ein Epimorphismus.

Sei V gleich dem Vektorraum $\{(x_1,x_2)^t : x_1, x_2 \text{ aus } \mathbb{R}\}$, dann ist $h : V \to \mathbb{R}^2$, $(x_1, x_2, 0)^t \to (x_1, 2 \cdot x_2)^t$ ein Isomorphismus.

Das Differenzieren ist ein Endomorphismus des $C_\infty(\mathbb{R})$, da die Ableitung einer unendlich oft differenzierbaren Funktion immer noch unendlich oft differenzierbar ist. Das Differenzieren ist kein Monomorphismus, da alle konstanten Funktionen, wie $x \to 0$ und $x \to 1$, dieselbe Ableitung, nämlich $x \to 0$ haben.

Die identische Abbildung $id : \mathbb{R}^2 \to \mathbb{R}^2$, $(x_1, x_2)^t \to id(x_1, x_2)^t = (x_1, x_2)^t$ ist ein Automorphismus.

Bild und Kern einer linearen Abbildung

Zwei ganz wichtige Begriffe aus der linearen Algebra sind die des Bildes und des Kerns einer linearen Abbildung. Sei f eine lineare Abbildung von dem Vektorraum V in den Vektorraum W, also f aus Hom(V,W), dann ist das *Bild von f, im (f)*, wie aus der Analysis bekannt definiert, (vgl. S. 436).

$$\mathrm{im}(f) = \{f(v) : v \in V\}$$

Für zwei Bilder $f(v_1)$ und $f(v_2)$ ist auch $f(v_1) + f(v_2) = f(v_1 + v_2)$ aus dem Bild von f. Ist s eine beliebige reelle Zahl, dann ist mit f(v) auch $s \cdot f(v) = f(s \cdot v)$ aus dem Bild von f. Somit ist das Bild von V ein Unterraum von W.

Unter dem *Kern von f* versteht man die Menge aller Vektoren aus V, welche auf den Nullvektor 0 von W abbgebildet werden.

$$\ker(f) = \{v \in V : f(v) = 0\}$$

Für je zwei Vektoren $v_1, v_2 \in \ker(f)$ gilt:

$$0 = 0 + 0 = f(v_1) + f(v_2) = f(v_1 + v_2)$$

Folglich ist auch $v_1 + v_2 \in \ker(f)$. Ist nun s eine reelle Zahl und $v \in \ker(f)$, dann gilt:

$0 = s \cdot 0 = s \cdot f(v) = f(s \cdot v)$

Also ist auch $s \cdot v \in \ker(f)$. Somit ist der Kern einer linearen Abbildung immer ein Unterraum von V, dem *Urbildraum*.

B Wir betrachten die lineare Abbildung $f : \mathbb{R}^3 \to \mathbb{R}^3$, $x \to f(x) = A \cdot x$, welche durch die Matrix A beschrieben wird.

$$A = \begin{pmatrix} 1 & 1 & 1 \\ 0 & 1 & 0 \\ 1 & 0 & 1 \end{pmatrix}$$

Im ersten Schritt wird die Dimension des Bildes von f bestimmt. Im zweiten Schritt wird der Kern von f bestimmt.

1. Schritt:

Das Bild von f wird durch die Bilder jeder Basis von $\mathbb{R}^3$ erzeugt. Wir nehmen natürlich die kanonische Einheitsbasis e_1, e_2, e_3. Also ist

$$A \cdot e_1 = \begin{pmatrix} 1 \\ 0 \\ 1 \end{pmatrix}, A \cdot e_2 = \begin{pmatrix} 1 \\ 1 \\ 0 \end{pmatrix}, A \cdot e_3 = \begin{pmatrix} 1 \\ 0 \\ 1 \end{pmatrix}$$

ein Erzeugendensystem des Bildes von f. Offenbar besteht dieses Erzeugendensystem nicht aus linear unabhängigen Vektoren, da $A \cdot e_1 = A \cdot e_3$ ist. Es gilt also:

$$\text{span}\{A \cdot e_1, A \cdot e_2, A \cdot e_3\} = \text{span}\{A \cdot e_1, A \cdot e_2\}$$

Die beiden Vektoren $A \cdot e_1$, $A \cdot e_2$ sind aber offensichtlich linear unabhängig, folgt doch aus

$$\begin{aligned}(0, 0, 0)^t &= s \cdot A \cdot e_1 + t \cdot A \cdot e_2 \\ &= s \cdot \begin{pmatrix} 1 \\ 0 \\ 1 \end{pmatrix} + t \cdot \begin{pmatrix} 1 \\ 1 \\ 0 \end{pmatrix} \\ &= \begin{pmatrix} s + t \\ t \\ s \end{pmatrix}\end{aligned}$$

dass sowohl s als auch t gleich 0 sein müssen, damit die Gleichung erfüllt ist. Es gibt also keine nicht triviale Darstellung des Nullvektors. $A \cdot e_1$, $A \cdot e_2$ sind somit eine Basis des Bildes von f und deshalb ist die Dimension des Bildes $\dim \text{im}(f) = 2$.

Ein beliebiger Vektor aus dem Bild von f hat die Form:

$$s \cdot A \cdot e_1 + t \cdot A \cdot e_2 = \begin{pmatrix} s+t \\ t \\ s \end{pmatrix}$$

2. Schritt:

Als Nächstes überlegt man sich, wie der Kern dieser Abbildung aussieht. Natürlich gehört der Nullvektor $(0, 0, 0)^t$ zum Kern von f. Interessanter sind aber die Vektoren ungleich dem Nullvektor, falls solche überhaupt im Kern von f liegen.

Wir wissen, dass das Bild von e_1 und das Bild von e_3 gleich sind. Folglich gilt:

$$\begin{pmatrix} 0 \\ 0 \\ 0 \end{pmatrix} = A \cdot e_1 - A \cdot e_3 = A \cdot (e_1 - e_3)$$

Somit liegt $e_1 - e_3 = (1, 0, -1)^t$ und alle Vielfachen $(x, 0, -x)^t$ mit $x \in \mathbb{R}$ im Kern von f. Jetzt müssen wir uns überlegen, ob nicht noch andere Vektoren, etwa $(x, y, z)^t$ im Kern von f liegen:

$$\begin{pmatrix} 0 \\ 0 \\ 0 \end{pmatrix} = A \cdot \begin{pmatrix} x \\ y \\ z \end{pmatrix}$$

$$= \begin{pmatrix} 1 & 1 & 1 \\ 0 & 1 & 0 \\ 1 & 0 & 1 \end{pmatrix} \cdot \begin{pmatrix} x \\ y \\ z \end{pmatrix}$$

$$= \begin{pmatrix} x+y+z \\ y \\ x+z \end{pmatrix}$$

Vergleichen wir den ersten mit dem letzten Vektor aus der Gleichungskette, dann müssen drei Gleichungen gelten:

1. $0 = x + y + z$
2. $0 = y$
3. $0 = x + z$

Wegen 2. ist $y = 0$ und wegen 3. ist $z = -x$. Folglich haben alle Vektoren aus dem Kern von f die Form $(x, y = 0, z = -x)^t$. Der Kern von f wird also von $(1, 0, -1)^t$ aufgespannt und ist damit eindimensional.

Was fällt auf bei dem obigen Beispiel? Es gilt:

$$\begin{aligned} & \dim \operatorname{im}(f) + \dim \ker(f) \\ = & \ 2 + 1 \\ = & \ 3 \\ = & \dim \mathbb{R}^3 \end{aligned}$$

Ist das ein Zufall, oder steckt ein mathematisches Gesetz dahinter?

Dimensionsformel

Sind V und W endlich-dimensionale Vektorräume und ist $f : V \to W, v \to f(v)$ eine lineare Abbildung, dann gilt:

$$\dim V = \dim \operatorname{im}(f) + \dim \ker(f).$$

B Wir betrachten die lineare Abbildung $f : \mathbb{R}^4 \to \mathbb{R}^3, x \to f(x) = A \cdot x$ mit

$$A = \begin{pmatrix} 0 & 1 & 0 & 1 \\ 1 & 0 & 1 & 2 \\ 1 & 2 & 1 & 3 \end{pmatrix}$$

Zunächst fällt auf, dass die Bilder von e_1 und e_3 gleich sind.

$$A \cdot e_1 = \begin{pmatrix} 0 \\ 1 \\ 1 \end{pmatrix} = A \cdot e_3$$

Somit liegt $e_1 - e_3 = (1, 0, -1, 0)^t$ im Kern von f.

Mit ein wenig Probieren erkennt man, dass die zweite Spalte plus der dritten Spalte gerade die vierte Spalte der Matrix A ergibt. Es gilt also:
$A \cdot e_2 + A \cdot e_3 = A \cdot e_4$, oder anders ausgedrückt:

$$A(e_2 + e_3 - e_4) = \begin{pmatrix} 0 \\ 0 \\ 0 \end{pmatrix}$$

Somit liegt auch $e_2 + e_3 - e_4 = (0, 1, 1, -1)^t$ im Kern von f. Die beiden Vektoren $(1, 0, -1, 0)^t$ und $(0, 1, 1, -1)^t$ sind linear unabhängig und somit ist die Dimension von ker(f) größer oder gleich 2.

Die Bilder von e_1, also $A \cdot e_1 = (0, 1, 1)^t$ und e_2, also $A \cdot e_2 = (1, 0, 2)^t$, sind linear unabhängig und deshalb ist die Dimension vom Bild von f größer oder gleich 2.

Mit der Dimensionsformel gilt nun:
$4 = \dim \mathbb{R}^4 = \dim \operatorname{im}(f) + \dim \ker(f)$.

Folglich ist die Dimension von Bild und Kern von f nicht größer, sondern gleich 2. Somit ist
$\operatorname{span}\{(0, 1, 1)^t, (1, 0, 2)^t\} = \operatorname{im}(f)$ und $\operatorname{span}\{(0, 1, 1, -1)^t, (1, 0, -1, 0)^t\} = \ker(f)$.

Ist f ein Mono-, Iso- oder Automorphismus, dann besteht der Kern von f gerade aus dem Nullvektor. Dies bedeutet, dass $\dim \ker(f) = 0$.

Das Gauß'sche Eliminationsverfahren

Wir können inzwischen einen Vektor von rechts mit einer Matrix A multiplizieren, das heißt, wir können das Bild eines Vektors unter einer linearen Abbildung bestimmen, wenn wir die zugehörige Matrix oder die Bilder einer Basis des Urbildraumes kennen. In der Praxis taucht aber oft der umgekehrte Fall auf. Wir haben eine Matrix A und einen Zielvektor b vorgegeben und wollen wissen, ob die Gleichung $A \cdot x = b$ lösbar ist. Dies ist in der Regel keine einfache Aufgabe.

B Ist die folgende homogene Gleichung (Zielvektor b ist der Nullvektor) lösbar?

$$\begin{pmatrix} 1 & 0 & 1 \\ 0 & 2 & 2 \\ 0 & 0 & 1 \end{pmatrix} \cdot \begin{pmatrix} x_1 \\ x_2 \\ x_3 \end{pmatrix} = \begin{pmatrix} 0 \\ 0 \\ 0 \end{pmatrix}$$

Natürlich ist dieses *homogene* lineare *Gleichungssystem* lösbar. Denn der Nullvektor wird durch eine lineare Abbildung immer auf einen Nullvektor abgebildet. Interessanter ist die folgende Frage:

Ist das folgende *inhomogene Gleichungssystem* lösbar?

$$\begin{pmatrix} 1 & 0 & 1 \\ 0 & 2 & 2 \\ 0 & 0 & 1 \end{pmatrix} \cdot \begin{pmatrix} x_1 \\ x_2 \\ x_3 \end{pmatrix} = \begin{pmatrix} 1 \\ 2 \\ -1 \end{pmatrix}$$

Betrachten wir zunächst die dritte Zeile. Es soll also gelten:
$0 \cdot x_1 + 0 \cdot x_2 + 1 \cdot x_3 = -1$

Somit ist
$x_3 = -1.$

Betrachten wir die zweite Zeile:
$0 \cdot x_1 + 2 \cdot x_2 + 2 \cdot x_3 = 2.$
Mit $x_3 = -1$
erhalten wir $2 \cdot x_2 + 2 \cdot (-1) = 2,$
Addition von 2 ergibt $2 \cdot x_2 = 4,$
Teilen durch 2 liefert $x_2 = 2.$

Betrachten wir jetzt die erste Zeile:
$1 \cdot x_1 + 0 \cdot x_2 + 1 \cdot x_3 = 1.$
Wegen $x_3 = -1$ gilt
$x_1 - 1 = 1,$
Addition mit 1 liefert
$x_1 = 2.$

2. Lineare Abbildungen

Der gesuchte *Lösungsvektor* ist also $(2, 2, -1)^t$.

Wir machen jetzt die Probe durch Einsetzen der Ergebnisse in die Matix:

$$\begin{pmatrix} 1 & 0 & 1 \\ 0 & 2 & 2 \\ 0 & 0 & 1 \end{pmatrix} \cdot \begin{pmatrix} 2 \\ 2 \\ -1 \end{pmatrix} = \begin{pmatrix} 1 \cdot 2 + 0 \cdot 2 + 1 \cdot (-1) \\ 0 \cdot 2 + 2 \cdot 2 + 2 \cdot (-1) \\ 0 \cdot 2 + 0 \cdot 2 + 1 \cdot (-1) \end{pmatrix} = \begin{pmatrix} 1 \\ 2 \\ -1 \end{pmatrix}$$

Warum konnten wir das zuletzt gelöste inhomogene Gleichungssystem so einfach lösen? Das liegt an der speziellen Form der Matrix.

Die Matrix war eine *obere Dreiecksmatrix*, das heißt die Einträge der Matrix unter ihrer Diagonalen waren alle gleich Null. In der Regel haben aber Matrizen nicht diese Gestalt. Mit Hilfe des *Gauß'schen Eliminationsverfahren* kann man aber alle *quadratischen Matrizen* (quadratisch bedeutet, dass die Matrix genau so viele Spalten wie Zeilen hat) auf diese Gestalt bringen.

Eine schöne, angeblich wahre Legende über den kleinen *Gauß* ist die folgende. Sein Vater, Gerhard Gauß, machte samstags immer die Lohnabrechnung für die ihm unterstellten Arbeiter, als er von seinem noch nicht einmal dreijährigen Sohn auf einen Fehler in seinen Berechnungen aufmerksam gemacht wurde. Bei der Überprüfung der Rechnung stellte sich heraus, dass der Knirps recht hatte. Später leistete Gauß in der Mathematik Unglaubliches. Er wurde und wird als größter Mathematiker seiner Zeit angesehen. Sein Eliminationsverfahren soll nun an zwei Beispielen erklärt werden.

B Wir wollen das folgende inhomogene Gleichungssystem lösen:

$$\begin{pmatrix} 1 & 2 & 3 \\ 2 & 0 & 1 \\ 1 & 2 & 1 \end{pmatrix} \cdot \begin{pmatrix} x_1 \\ x_2 \\ x_3 \end{pmatrix} = \begin{pmatrix} 1 \\ 0 \\ 1 \end{pmatrix}$$

1. Schritt:

Ziel ist es, die Matrix auf obere Dreiecksgestalt zu bringen, um das Gleichungssystem leicht lösen zu können.

Zunächst tauschen wir die zweite mit der ersten Spalte der Matrix. Damit wir die Lösung des Gleichungssystems nicht verändern, müssen wir auch x_1 und x_2 vertauschen.

$$\begin{pmatrix} 2 & 1 & 3 \\ 0 & 2 & 1 \\ 2 & 1 & 1 \end{pmatrix} \cdot \begin{pmatrix} x_2 \\ x_1 \\ x_3 \end{pmatrix} = \begin{pmatrix} 1 \\ 0 \\ 1 \end{pmatrix}$$

Wir können jetzt von der dritten Zeile die erste subtrahieren und erhalten:

$$\begin{pmatrix} 2 & 1 & 3 \\ 0 & 2 & 1 \\ 2-2 & 1-1 & 1-3 \end{pmatrix} \cdot \begin{pmatrix} x_2 \\ x_1 \\ x_3 \end{pmatrix} = \begin{pmatrix} 1 \\ 0 \\ 1-1 \end{pmatrix}$$

Somit ist:

$$\begin{pmatrix} 2 & 1 & 3 \\ 0 & 2 & 1 \\ 0 & 0 & -2 \end{pmatrix} \cdot \begin{pmatrix} x_2 \\ x_1 \\ x_3 \end{pmatrix} = \begin{pmatrix} 1 \\ 0 \\ 0 \end{pmatrix}$$

2. Schritt:

Dieses Gleichungssystem, eine obere Dreiecksmatrix, können wir wieder leicht lösen.

$$-2 \cdot x_3 = 0$$

ergibt $x_3 = 0.$

Wegen $0 = 2 \cdot x_1 + 1 \cdot x_3$

ist $x_1 = 0.$

Deshalb folgt aus $1 = 2 \cdot x_2$

sofort $x_2 = \frac{1}{2}$

Und jetzt die Probe:

$$\begin{pmatrix} 1 & 2 & 3 \\ 2 & 0 & 1 \\ 1 & 2 & 1 \end{pmatrix} \cdot \begin{pmatrix} 0 \\ \frac{1}{2} \\ 0 \end{pmatrix} = \begin{pmatrix} 1 \cdot 0 + 2 \cdot \frac{1}{2} + 3 \cdot 0 \\ 2 \cdot 0 + 0 \cdot \frac{1}{2} + 1 \cdot 0 \\ 1 \cdot 0 + 2 \cdot \frac{1}{2} + 1 \cdot 0 \end{pmatrix} = \begin{pmatrix} 1 \\ 0 \\ 0 \end{pmatrix}$$

2. Lineare Abbildungen

Das nächste Problem ist schon etwas anspruchsvoller. Wiederum soll das inhomogene Gleichungssystem in 2 Schritten gelöst werden. Wieder wird zunächst eine obere Dreicksform der Matrix bestimmt, die dann das Lösen des Gleichungssystems erleichtert.

B

$$\begin{pmatrix} 2 & 2 & 3 \\ 1 & 3 & 4 \\ 1 & 4 & 4 \end{pmatrix} \cdot \begin{pmatrix} x_1 \\ x_2 \\ x_3 \end{pmatrix} = \begin{pmatrix} 1 \\ 2 \\ 3 \end{pmatrix}$$

1. Schritt:

Zunächst subtrahiert man die dritte Gleichung von der zweiten.

$$\begin{pmatrix} 2 & 2 & 3 \\ 1-1 & 3-4 & 4-4 \\ 1 & 4 & 4 \end{pmatrix} \cdot \begin{pmatrix} x_1 \\ x_2 \\ x_3 \end{pmatrix} = \begin{pmatrix} 1 \\ 2-3 \\ 3 \end{pmatrix}$$

Jetzt multipliziert man die dritte Gleichung mit 2.

$$\begin{pmatrix} 2 & 2 & 3 \\ 0 & -1 & 0 \\ 2 & 8 & 8 \end{pmatrix} \cdot \begin{pmatrix} x_1 \\ x_2 \\ x_3 \end{pmatrix} = \begin{pmatrix} 1 \\ -1 \\ 6 \end{pmatrix}$$

Man subtrahiert nun von der dritten die erste Zeile.

$$\begin{pmatrix} 2 & 2 & 3 \\ 0 & -1 & 0 \\ 2-2 & 8-2 & 8-3 \end{pmatrix} \cdot \begin{pmatrix} x_1 \\ x_2 \\ x_3 \end{pmatrix} = \begin{pmatrix} 1 \\ -1 \\ 6-1 \end{pmatrix}$$

Durch Vertauschen der zweiten mit der dritten Zeile erhält man:

$$\begin{pmatrix} 2 & 2 & 3 \\ 0 & 6 & 5 \\ 0 & -1 & 0 \end{pmatrix} \cdot \begin{pmatrix} x_1 \\ x_3 \\ x_2 \end{pmatrix} = \begin{pmatrix} 1 \\ 5 \\ -1 \end{pmatrix}$$

Jetzt muss nur noch die zweite mit der dritten Spalte vertauscht werden.

$$\begin{pmatrix} 2 & 3 & 2 \\ 0 & 5 & 6 \\ 0 & 0 & -1 \end{pmatrix} \cdot \begin{pmatrix} x_1 \\ x_3 \\ x_2 \end{pmatrix} = \begin{pmatrix} 1 \\ 5 \\ -1 \end{pmatrix}$$

2. Schritt:

Man sieht an der oberen Dreiecksform der Matrix:

Wegen der dritten Zeile ist $x_2 = 1$.
Aus der zweiten Zeile folgt $5 \cdot x_3 + 6 \cdot 1 = 5$ also $5 \cdot x_3 = -1$ bzw. $x_3 = -\frac{1}{5}$.
Durch Einsetzen in die erste Zeile ergibt sich $2 \cdot x_1 - 3 \cdot \frac{1}{5} + 2 \cdot 1 = 1$ und somit $2 \cdot x_1 = -\frac{2}{5}$ bzw. $x_1 = -\frac{1}{5}$.
Die Probe ergibt:

$$\begin{pmatrix} 2 & 2 & 3 \\ 1 & 3 & 4 \\ 1 & 4 & 4 \end{pmatrix} \cdot \begin{pmatrix} -\frac{1}{5} \\ 1 \\ -\frac{1}{5} \end{pmatrix} = \begin{pmatrix} 2 \cdot \left(-\frac{1}{5}\right) + 2 \cdot 1 + 3 \cdot \left(-\frac{1}{5}\right) \\ 1 \cdot \left(-\frac{1}{5}\right) + 3 \cdot 1 + 4 \cdot \left(-\frac{1}{5}\right) \\ 1 \cdot \left(-\frac{1}{5}\right) + 4 \cdot 1 + 4 \cdot \left(-\frac{1}{5}\right) \end{pmatrix} = \begin{pmatrix} 1 \\ 2 \\ 3 \end{pmatrix}$$

Somit ist klar geworden, wie man eine quadratische Matrix auf obere Dreiecksform bringen kann. Hier noch einmal die wichtigsten Regeln zusammengefasst:

1. Wenn man die n-te Zeile mit einer Zahl, zum Beispiel 2, multipliziert, dann muss man auch den n-ten Eintrag des *Zielvektoren*, also b_n, mit 2 multiplizieren.
2. Wenn man von der n-ten Zeile die m-te Zeile subtrahiert, dann muss man dies auch beim Zielvektor tun. Also: $b_{n,\,neu} = b_{n,\,alt} - b_m$.
3. Wenn man die n-te mit der m-ten Spalte vertauscht, dann muss man auch x_n mit x_m vertauschen.
4. Wenn man die n-te mit der m-ten Zeile vertauscht, dann muss man auch b_n und b_m vertauschen.

Man kann sich etwas Arbeit sparen, wenn man den Lösungsvektor nicht mit aufschreibt, da dieser auch nicht verändert wird.

$$\begin{pmatrix} a & b & c \\ d & e & f \\ g & h & i \end{pmatrix} \cdot \begin{pmatrix} b_1 \\ b_2 \\ b_3 \end{pmatrix} \quad \text{statt} \quad \begin{pmatrix} a & b & c \\ d & e & f \\ g & h & i \end{pmatrix} \cdot \begin{pmatrix} x_1 \\ x_2 \\ x_3 \end{pmatrix} = \begin{pmatrix} b_1 \\ b_2 \\ b_3 \end{pmatrix}$$

Achtung: Bei dieser kürzeren Schreibweise darf man keine Spalten der Matrix vertauschen, da dies durch eine Vertauschung der x_I berücksichtigt werden müsste.

$$\begin{pmatrix} a & b & c \\ d & e & f \\ g & h & i \end{pmatrix} \cdot \begin{pmatrix} x_1 \\ x_2 \\ x_3 \end{pmatrix} = \begin{pmatrix} b_1 \\ b_2 \\ b_3 \end{pmatrix} \Leftrightarrow \begin{pmatrix} b & a & c \\ e & d & f \\ h & g & i \end{pmatrix} \cdot \begin{pmatrix} x_2 \\ x_1 \\ x_3 \end{pmatrix} = \begin{pmatrix} b_1 \\ b_2 \\ b_3 \end{pmatrix}$$

Jetzt können wir jede quadratische Matrix auf obere Dreiecksform bringen. Kann man damit auch jedes lineare Gleichungssystem lösen?

Probleme beim Lösen von linearen Gleichungssystemen

Bislang haben wir solche quadratischen linearen Gleichungssysteme $A \cdot x = b$ gelöst, welche genau eine Lösung hatten. Woran lag das? Die lineare Abbildung f, die zu unserer Matrix A gehörte, war stets ein Automorphismus des $\mathbb{R}^3$. Dies bedeutet, dass es wegen der Surjektivität von f zu jedem *Zielvektor* b einen Lösungsvektor x mit $A \cdot x = b$ gab. Da f auch injektiv war, war die Lösung auch eindeutig. Im Allgemeinen ist f aber nicht bijektiv, und dann kann es Probleme geben.

Ein lineares Gleichungssystem $A \cdot x = b$ ist genau dann lösbar, wenn b im Bild von A liegt. Ist x eine derartige Lösung und liegt y im Kern von A, so ist auch $x + y$ eine Lösung. Denn es gilt: $A \cdot (x + y) = A \cdot x + A \cdot y = b + 0 = b$.

B

$$\begin{pmatrix} 0 & 1 & 2 \\ 0 & 0 & 3 \\ 0 & 0 & 0 \end{pmatrix} \cdot \begin{pmatrix} x_1 \\ x_2 \\ x_3 \end{pmatrix} = \begin{pmatrix} 1 \\ 1 \\ 1 \end{pmatrix}$$

Dieses Gleichungssystem ist nicht lösbar.

Damit dieses Gleichungssystem erfüllt ist, muss $x_3 = \frac{1}{3}$ sein (siehe zweite Zeile). Wegen $x_2 + 2 \cdot x_3 = x_2 + \frac{2}{3} = 1$ muss gelten: $x_2 = \frac{1}{3}$.

Nun ist aber

$$\begin{pmatrix} 0 & 1 & 2 \\ 0 & 0 & 3 \\ 0 & 0 & 0 \end{pmatrix} \cdot \begin{pmatrix} x_1 \\ \frac{1}{3} \\ \frac{1}{3} \end{pmatrix} = \begin{pmatrix} 1 \\ 1 \\ 0 \end{pmatrix} \neq \begin{pmatrix} 1 \\ 1 \\ 1 \end{pmatrix}$$

Im nächsten Beispiel stellt sich wiederum die Frage: Ist dieses Gleichungssystem lösbar?

B

$$\begin{pmatrix} 1 & 2 & 3 \\ 2 & 3 & 4 \\ 3 & 4 & 5 \end{pmatrix} \cdot \begin{pmatrix} x_1 \\ x_2 \\ x_3 \end{pmatrix} = \begin{pmatrix} 1 \\ 2 \\ 3 \end{pmatrix}$$

$$\begin{pmatrix} 1 & 2 & 3 \\ 2 & 3 & 4 \\ 1 & 1 & 1 \end{pmatrix} \cdot \begin{pmatrix} x_1 \\ x_2 \\ x_3 \end{pmatrix} = \begin{pmatrix} 1 \\ 2 \\ 1 \end{pmatrix} \qquad \text{3. Zeile minus 2. Zeile}$$

$$\begin{pmatrix} 1 & 2 & 3 \\ 1 & 1 & 1 \\ 1 & 1 & 1 \end{pmatrix} \cdot \begin{pmatrix} x_1 \\ x_2 \\ x_3 \end{pmatrix} = \begin{pmatrix} 1 \\ 1 \\ 1 \end{pmatrix} \qquad \text{2. Zeile minus 1. Zeile}$$

$$\begin{pmatrix} 1 & 2 & 3 \\ 1 & 1 & 1 \\ 0 & 0 & 0 \end{pmatrix} \cdot \begin{pmatrix} x_1 \\ x_2 \\ x_3 \end{pmatrix} = \begin{pmatrix} 1 \\ 1 \\ 0 \end{pmatrix} \qquad \text{3. Zeile minus 2. Zeile}$$

$$\begin{pmatrix} 1 & 2 & 3 \\ 0 & -1 & -2 \\ 0 & 0 & 0 \end{pmatrix} \cdot \begin{pmatrix} x_1 \\ x_2 \\ x_3 \end{pmatrix} = \begin{pmatrix} 1 \\ 0 \\ 0 \end{pmatrix} \qquad \text{2. Zeile minus 1. Zeile}$$

Aus der dritten Zeile des Gleichungssystems lässt sich nichts folgern. Aus der zweiten Zeile folgt $x_2 = -2 \cdot x_3$. Mit der dritten Zeile erhalten wir:

$$\begin{aligned} 1 &= x_1 + 2 \cdot x_2 + 3 \cdot x_3 \\ &= x_1 + 2 \cdot (-2 \cdot x_3) + 3 \cdot x_3 && x_2 = -2 \cdot x_3 \text{ einsetzen} \\ &= x_1 - 4 \cdot x_3 + 3 \cdot x_3 \\ &= x_1 - x_3 \end{aligned}$$

Somit ist $x_1 = 1 + x_3$. Was bedeutet dies für den *Lösungsraum* L, die Menge aller Lösungen des Gleichungssystems?

$$\begin{aligned} L &= \{(x_1, x_2, x_3)^t \in \mathbb{R}^3 : x_1 = 1 + x_3, x_2 = -2 \cdot x_3, x_3\} \\ &= \{(1 + x_3, -2 \cdot x_3, x_3)^t : x_3 \in \mathbb{R}\} \\ &= \{(1 + x, -2 \cdot x, x)^t : x \in \mathbb{R}\} \end{aligned}$$

Wir machen jetzt die Probe, ob die Vektoren des Lösungsraums wirklich Lösungen des linearen Gleichungssytems sind.

$$\begin{aligned} \begin{pmatrix} 1 \\ 2 \\ 3 \end{pmatrix} &= \begin{pmatrix} 1 & 2 & 3 \\ 2 & 3 & 4 \\ 3 & 4 & 5 \end{pmatrix} \cdot \begin{pmatrix} 1 + x \\ -2 \cdot x \\ x \end{pmatrix} \\ &= \begin{pmatrix} 1 + x - 4 \cdot x + 3 \cdot x \\ 2 + 2 \cdot x - 6 \cdot x + 4 \cdot x \\ 3 + 3 \cdot x - 8 \cdot x + 5 \cdot x \end{pmatrix} \\ &= \begin{pmatrix} 1 \\ 2 \\ 3 \end{pmatrix}. \quad \text{Das war das gewünschte Ergebnis.} \end{aligned}$$

Wenn man den Lösungsraum L genauer betrachtet, fällt auf:

$$\begin{aligned} L &= \{(1 + x, -2 \cdot x, x)^t : x \in \mathbb{R}\} \\ &= \{(1, 0, 0)^t + (x, -2 \cdot x, x)^t : x \in \mathbb{R}\} \\ &= (1, 0, 0)^t + \{(x, -2 \cdot x, x)^t : x \in \mathbb{R}\} \\ &= (1, 0, 0)^t + \operatorname{span}\{(1, -2, 1)^t\} \end{aligned}$$

Der Lösungsraum ist also ein eindimensionaler Untervektorraum, welcher um den Vektor $(1, 0, 0)^t$ aus dem Nullpunkt verschoben wurde. Man spricht hierbei von einem *affinen Vektorraum* oder einer *linearen Mannigfaltigkeit*. Der Vektorraum, welcher aus dem Nullpunkt verschoben wurde, also hier span $\{(1, -2, 1)^t\}$, ist gerade der Kern der linearen Abbildung.

Die Schreibweise, welche für den Lösungsraum L verwendet wurde, ist eigentlich falsch, da man nicht einfach einen Vektor mit einer Menge addieren darf. Da aber klar ist, was gemeint ist, ist sie in dieser Form üblich.

Kann man eigentlich das Gauß'sche Eliminationsverfahren auch auf nicht quadratische Matrizen anwenden?

In der Tat kann man das, jedoch sind dann die Gleichungssysteme nicht notwendig lösbar. Man erhält dann Matrizen, wie in den folgenden Beispielen.

B

$$\begin{pmatrix} 4 & 2 \\ 0 & 1 \\ 0 & 0 \end{pmatrix} \cdot \begin{pmatrix} x_1 \\ x_2 \end{pmatrix} = \begin{pmatrix} -2 \\ 1 \\ 0 \end{pmatrix}$$

Wegen $x_2 = 1 \cdot x_2 = 1$ und $4 \cdot x_1 + 2 \cdot x_2 = 4 \cdot x_1 + 2 = -2$ hat dieses Gleichungssystem die eindeutige Lösung $(-1, 1)$.

$$\begin{pmatrix} 1 & 2 & 3 & 4 \\ 0 & 1 & 2 & 3 \end{pmatrix} \cdot \begin{pmatrix} x_1 \\ x_2 \\ x_3 \\ x_4 \end{pmatrix} = \begin{pmatrix} 3 \\ 1 \end{pmatrix}$$

Dieses Gleichungssystem hat viele Lösungen.

Zunächst nehmen wir an, es gelte: $x_3 = x_4 = 0$. Dann muss wegen $0 \cdot x_1 + 1 \cdot x_2 + 2 \cdot 0 + 3 \cdot 0 = 1$ notwendigerweise $x_2 = 1$ sein. Weiter gilt dann $1 \cdot x_1 + 2 \cdot 1 + 3 \cdot 0 + 4 \cdot 0 = 3$, also ist $x_1 = 1$. Wir haben jetzt eine *spezielle Lösung*, nämlich $(1, 1, 0, 0)^t$, dieses Gleichungssystems. Die gesamte Lösungsmenge erhalten wir, wenn wir den Kern der Abbildung f, welche zu diesem Gleichungssystem gehört, zu der speziellen Lösung addieren. Das Bild von f ist der $\mathbb{R}^2$, da $f(1, 0, 0, 0)^t = (1,0)^t$ und $f(0, 1, 0, 0)^t = (3, 1)^t$ linear unabhängig sind. Somit ist wegen der Dimensionsformel die Dimension des Kernes von f gerade 2.

Angenommen $(x_1, x_2, x_3, 0)^t$ liegt im Kern von f, dann gilt:

$$\begin{pmatrix} 1 & 2 & 3 & 4 \\ 0 & 1 & 2 & 3 \end{pmatrix} \cdot \begin{pmatrix} x_1 \\ x_2 \\ x_3 \\ 0 \end{pmatrix} = \begin{pmatrix} 0 \\ 0 \end{pmatrix}$$

Somit muss gelten: $0 \cdot x_1 + 1 \cdot x_2 + 2 \cdot x_3 + 3 \cdot 0 = 0$. Also ist $x_2 = -2 \cdot x_3$. Weiter gilt dann: $0 = 1 \cdot x_1 + 2 \cdot (-2 \cdot x_3) + 3 \cdot x_3 + 4 \cdot 0 = x_1 - x_3$. Somit ist $x_1 = x_3$. Da x_3 beliebig ist, setzen wir $x_3 = 1$ und erhalten mit $(1, -2, 1, 0)^t$ einen Vektor aus ker(f).

Angenommen $(x_1, x_2, 0, x_4)^t$ ist aus ker(f), dann gilt:

$$\begin{pmatrix} 1 & 2 & 3 & 4 \\ 0 & 1 & 2 & 3 \end{pmatrix} \cdot \begin{pmatrix} x_1 \\ x_2 \\ 0 \\ x_4 \end{pmatrix} = \begin{pmatrix} 0 \\ 0 \end{pmatrix}$$

Mit denselben Überlegungen wie oben, kann man zeigen, dass $(2, -3, 0, 1)^t$ im Kern von f liegt. Unsere beiden Lösungen des homogenen Gleichungssystems sind linear unabhängig und somit gilt: $\ker(f) = \text{span}\{(1, -2, 1, 0)^t, (2, -3, 0, 1)^t\}$

$$\begin{aligned} L &= (1, 1, 0, 0)^t + \text{span}\{(1, -2, 1, 0)^t, (2, -3, 0, 1)^t\} \\ &= \begin{pmatrix} 1 \\ 1 \\ 0 \\ 0 \end{pmatrix} + \mathbb{R} \cdot \begin{pmatrix} 1 \\ -2 \\ 1 \\ 0 \end{pmatrix} + \mathbb{R} \cdot \begin{pmatrix} 2 \\ -3 \\ 0 \\ 1 \end{pmatrix} \\ &= \{(1 + x + 2 \cdot y, 1 - 2 \cdot x - 3 \cdot y, x, y)^t : x, y \in \mathbb{R}\} \end{aligned}$$

Matrizenmultiplikation

Matrizen werden nach der Anzahl ihrer Zeilen und Spalten klassifiziert. M(i,j) ist die Menge aller Matrizen mit i Zeilen und j Spalten.

In gewisser Weise kann man auch Vektoren mit n Einträgen als Matrizen mit n Zeilen und einer Spalte auffassen. Es gilt also $\mathbb{R}^3 = M(3,1)$. Wir wollen uns jetzt ansehen, wie man auf sinnvolle Weise das Produkt zweier Matrizen erklärt.

B

$$A \cdot B = \begin{pmatrix} a & b & c \\ d & e & f \\ g & h & i \\ j & k & l \end{pmatrix} \cdot \begin{pmatrix} m & n \\ o & p \\ q & r \end{pmatrix}$$

$$= \begin{pmatrix} a \cdot m + b \cdot o + c \cdot q & a \cdot n + b \cdot p + c \cdot r \\ d \cdot m + e \cdot o + f \cdot q & d \cdot n + e \cdot p + f \cdot r \\ g \cdot m + h \cdot o + i \cdot q & g \cdot n + h \cdot p + i \cdot r \\ j \cdot m + k \cdot o + l \cdot q & j \cdot n + k \cdot p + l \cdot r \end{pmatrix} = C$$

1. Die Anzahl der Spalten von A muss gleich der Anzahl der Zeilen von B sein.
2. Die Anzahl der Zeilen von A ist gleich der Anzahl der Zeilen von C.
3. Die Anzahl der Spalten von B ist gleich der Anzahl der Spalten von C.

Sind A, B, C Matrizen mit $A \cdot B = C$ und besteht die Matrix B aus den Spalten b_1, b_2, ..., b_n sowie die Matrix C aus den Spalten c_1, c_2, ..., c_n, dann gilt:

$$\begin{aligned} A \cdot B &= A \cdot (b_1, b_2, ..., b_n) \\ &= (A \cdot b_1, A \cdot b_2, ..., A \cdot b_n) \\ &= (c_1, c_2, ..., c_n) \\ &= C \end{aligned}$$

B

$$\begin{pmatrix} 1 & 2 \\ 3 & 4 \end{pmatrix} \cdot \begin{pmatrix} 1 & 0 \\ 0 & 1 \end{pmatrix} = \begin{pmatrix} 1 & 2 \\ 3 & 4 \end{pmatrix}$$

$$\begin{pmatrix} 1 & 0 \\ 0 & 1 \end{pmatrix} \cdot \begin{pmatrix} 1 & 2 \\ 3 & 4 \end{pmatrix} = \begin{pmatrix} 1 & 2 \\ 3 & 4 \end{pmatrix}$$

Die *Einheitsmatrix* E_2 verhält sich neutral bezüglich der Multiplikation. Dies bedeutet, dass die Multiplikation mit der Einheitsmatrix keine Veränderung bewirkt.

2. Lineare Abbildungen

B

$$\begin{pmatrix} 1 & 2 & 3 \\ 4 & 5 & 6 \\ 7 & 8 & 9 \end{pmatrix} \cdot \begin{pmatrix} 0 & 0 & 1 \\ 1 & 0 & 0 \\ 0 & 1 & 0 \end{pmatrix} = \begin{pmatrix} 2 & 3 & 1 \\ 5 & 6 & 4 \\ 8 & 9 & 7 \end{pmatrix}$$

Durch die Multiplikation mit der zweiten Matrix werden die Spalten der ersten Matrix vertauscht. Man nennt solche Matrizen deshalb *Permutationsmatrizen*.

B

Für $A = \begin{pmatrix} 3 & 4 \\ -4 & 3 \end{pmatrix}$ ist $A^{-1} = \begin{pmatrix} \frac{3}{25} & -\frac{4}{25} \\ \frac{4}{25} & \frac{3}{25} \end{pmatrix}$ die *inverse Matrix* oder *Umkehrmatrix*,

da gilt:

$$A \cdot A^{-1} = \begin{pmatrix} 3 & 4 \\ -4 & 3 \end{pmatrix} \cdot \begin{pmatrix} \frac{3}{25} & -\frac{4}{25} \\ \frac{4}{25} & \frac{3}{25} \end{pmatrix}$$

$$= \begin{pmatrix} \frac{9}{25} + \frac{16}{25} & -\frac{12}{25} + \frac{12}{25} \\ -\frac{12}{25} + \frac{12}{25} & + \frac{16}{25} + \frac{9}{25} \end{pmatrix}$$

$$= \begin{pmatrix} 1 & 0 \\ 0 & 1 \end{pmatrix}$$

$= E_2$, sowie $A^{-1} \cdot A = E_2$.

Für das Rechnen mit inversen Matrizen gilt: $(A \cdot B)^{-1} = B^{-1} \cdot A^{-1}$.

Beweis: $(A \cdot B)^{-1} = B^{-1} \cdot A^{-1}$ $\quad | \cdot (A \cdot B)$
$\Leftrightarrow (A \cdot B)^{-1} \cdot (A \cdot B) = B^{-1} \cdot A^{-1} \cdot (A \cdot B)$
$\Leftrightarrow E_n = B^{-1} \cdot E_n \cdot B$
$\Leftrightarrow E_n = B^{-1} \cdot B$
$\Leftrightarrow E_n = E_n$

Man kann auch Vektoren miteinander multiplizieren, da diese ja auch Matrizen sind.

B Das *euklidische Skalarprodukt* (Euklid von Alexandria, 365 – 300 v. Chr.):

$$(1, 2, -1) \cdot \begin{pmatrix} 1 \\ 1 \\ 3 \end{pmatrix} = 1 \cdot 1 + 2 \cdot 1 - 1 \cdot 3 = 0$$

Ist das Skalarprodukt gleich 0, so stehen die Vektoren im euklidschen Sinn senkrecht aufeinander. Das bedeutet, wenn man mit einem Geodreieck den Winkel zwischen den Vektoren bestimmt, so wird man 90° messen (vgl. S. 271; S. 624).

B

$$\begin{pmatrix} 1 \\ 2 \\ -1 \end{pmatrix} \cdot (1, 1, 3) = \begin{pmatrix} 1 & 1 & 3 \\ 2 & 2 & 6 \\ -1 & -1 & -3 \end{pmatrix}$$

Die Matrizenmultiplikation ist im Allgemeinen nicht kommutativ.

B

$$\begin{pmatrix} 0 & 0 & 1 \\ 1 & 0 & 0 \\ 0 & 1 & 0 \end{pmatrix} \cdot \begin{pmatrix} 1 & 2 & 3 \\ 4 & 5 & 6 \\ 7 & 8 & 9 \end{pmatrix} = \begin{pmatrix} 7 & 8 & 9 \\ 1 & 2 & 3 \\ 4 & 5 & 6 \end{pmatrix}$$

Wenn man dieses Ergebnis mit dem Beispiel auf Seite 594 vergleicht, stellt man fest, dass die Ergebnisse unterschiedlich sind. Multiplikation von links mit einer Permutationsmatrix bedeutet, die Zeilen der anderen Matrix werden vertauscht, Multiplikation von rechts mit der Permutationsmatrix bedeutet, die Spalten der anderen Matrix werden vertauscht.

Multipliziert man mehrere Matrizen miteinander, so ist es egal, wie man das Produkt klammert. Die Matrizenmultiplikation ist assoziativ.

$$A \cdot (B \cdot C) = (A \cdot B) \cdot C$$

2. Lineare Abbildungen

Die Gruppe der invertierbaren Matrizen

Aus der Menge der quadratischen Matrizen mit n Zeilen und n Spalten betrachten wir jetzt diejenigen, welche invertierbar sind. Die Menge dieser Matrizen wird als

$$Gl(n) = \{A \in M(n,n) : \text{zu } A \text{ existiert eine inverse Matrix } A^{-1}\}$$

bezeichnet. Man kann zeigen, dass diese Menge zusammen mit der Matrizenmultiplikation eine nicht kommutative Gruppe bildet. Eine Gruppe ist eine Menge mit einer Verknüpfung, hier die Matrizenmultiplikation, welche assoziativ ist und ein neutrales Element hat, hier die n-te Einheitsmatrix E_n.

Weiter muss jedes Element A der Gruppe ein inverses Element A^{-1} haben. A^{-1} existiert, da die Gl(n) gerade so definiert ist.

Eine quadratische Matrix ist genau dann *invertierbar*, wenn ihre Spalten linear unabhängig sind.

Aufgaben

1. Existieren die folgenden linearen Abbildungen?

   a) $f : \mathbb{R}^2 \to \mathbb{R}^2$, mit $f(1, 0)^t = (0, 1)^t$ und $f(0, 1)^t = (1, 0)^t$

   b) $g : \mathbb{R}^2 \to \mathbb{R}^t$ mit $g(1, 0)^t = (0, 1)^t$ und $g(0, 0)^t = (1, 0)^t$

2. Wie sieht der Kern der folgenden Abbildung aus?

   $d : C_\infty(\mathbb{R}) \to C_\infty(\mathbb{R}), f \to d(f) = f'$,
   d ordnet also jeder Funktion f ihre Ableitung f′ zu.

3. Kann man mit dem Gauß'schen Eliminationsverfahren jedes quadratische lineare Gleichungssystem lösen?

4. Warum ist jedes homogene lineare Gleichungssystem lösbar?

5. Kann man zwei beliebige Matrizen miteinander multiplizieren?

6. Warum sind die Matrizen aus M(2, 3) nicht invertierbar?

Lösungen

1. a) Ja, so eine lineare Abbildung existiert. Sie wird durch die folgende Matrix A beschrieben.

   $$A = \begin{pmatrix} 0 & 1 \\ 1 & 0 \end{pmatrix}$$

   b) Nein, so eine lineare Abbildung kann nicht existieren, da der Nullvektor nicht auf den Nullvektor abgebildet wird. Für eine lineare Abbildung g müsste gelten:

   $$\begin{aligned}(2, 0)^t &= 2 \cdot (1, 0)^t \\ &= 2 \cdot g(0, 0)^t \\ &= g(2 \cdot (0, 0)^t) \qquad \text{| hier wurde H2, S. 575 benutzt} \\ &= g(0, 0)^t \\ &= (1, 0)^t\end{aligned}$$

   Dies ist aber nicht möglich.

2. Die Ableitung einer Funktion f ist genau dann die Nullfunktion, wenn f eine konstante Funktion ist. Der Kern von d ist also die Menge aller konstanten Funktionen f von $\mathbb{R}$ nach $\mathbb{R}$.

3. Damit man ein lineares Gleichungssystem $A \cdot x = b$ lösen kann, muss b im Bild von A liegen. Das folgende lineare Gleichungssystem ist nicht lösbar:

   $$\begin{pmatrix} 0 & 0 \\ 0 & 0 \end{pmatrix} \cdot \begin{pmatrix} x_1 \\ x_2 \end{pmatrix} = \begin{pmatrix} 1 \\ 1 \end{pmatrix}$$

   Die richtige Antwort lautet also nein.

4. Durch eine lineare Abbildung wird der Nullvektor immer auf den Nullvektor abgebildet, deshalb ist der Nullvektor des Definitionsbereichs immer eine, wenn auch triviale, Lösung eines homogenen linearen Gleichungssystems.

5. Für die Multiplikation zweier Matrizen, etwa A · B, muss gelten: A hat genauso viele Spalten, wie B Zeilen hat.

   Die folgende Multiplikation ist also nicht möglich.

   $$\begin{pmatrix} 1 & 2 & 3 \\ 4 & 5 & 6 \end{pmatrix} \cdot \begin{pmatrix} 7 & 8 \\ 9 & 0 \end{pmatrix}$$

6. Eine Matrix mit zwei Zeilen und drei Spalten beschreibt eine lineare Abbildung f von dem $\mathbb{R}^3$ in den $\mathbb{R}^2$, die Dimension des Bildes von f ist also kleiner oder gleich zwei. Da die Dimension des Definitionsbereiches gleich drei ist, muss die Dimension des Kernes von f größer oder gleich eins sein. Dies bedeutet, es wird nicht nur der Nullvektor des $\mathbb{R}^3$ auf den Nullvektor des $\mathbb{R}^2$ abgebildet, somit ist f nicht injektiv, also auch nicht invertierbar.

3. Determinanten

Determinanten von Matrizen

Quadratische Matrizen haben eine *Determinante*. Zuerst eingeführt wurden sie von Leibniz. Wenn man eine quadratische Matrix A mit 3 Spalten a_1, a_2, a_3 hat, dann gibt die Determinante von A, in Zeichen det(A), gerade das Volumen des Polyeders mit den Ecken 0, a_1, a_2, a_3, $a_1 + a_2$, $a_1 + a_3$, $a_2 + a_3$, $a_1 + a_2 + a_3$ an, wobei jedoch das Vorzeichen auch negativ sein kann. Die Determinante der dritten Einheitsmatrix zum Beispiel ist 1.

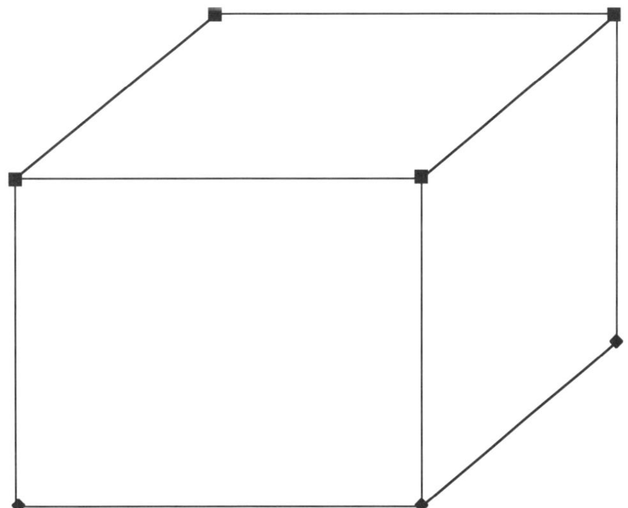

Wie sind Determinanten definiert?

Die Determinante ist eine Abbildung, eine so genannte alternierende Multilinearform, von der Menge der quadratischen Matrizen in die Menge der reellen Zahlen, sodass die folgenden Axiome gelten.

3. Determinanten

Normierung (D1): Die Determinante der Einheitsmatrix ist gleich 1.

Alternierend (D2): Hat die quadratische Matrix A zwei gleiche Zeilen, so gilt $\det(A) = 0$.

Linearität (D3): Die Determinante ist linear in jeder Zeile. Das heißt, ist A eine quadratische Matrix mit den Zeilen $a_1, a_2, \ldots, a_n$, dann gilt:

1. Aus $a_I = b_I + c_I$ folgt: $\det\begin{pmatrix} a_1 \\ \cdot \\ \cdot \\ \cdot \\ a_I \\ \cdot \\ \cdot \\ \cdot \\ a_n \end{pmatrix} = \det\begin{pmatrix} a_1 \\ \cdot \\ \cdot \\ \cdot \\ b_I \\ \cdot \\ \cdot \\ \cdot \\ a_n \end{pmatrix} + \det\begin{pmatrix} a_1 \\ \cdot \\ \cdot \\ \cdot \\ c_I \\ \cdot \\ \cdot \\ \cdot \\ a_n \end{pmatrix}$

Wobei a_I irgend eine Zeile zwischen a_1 und a_n ist.

2. Ist s eine reelle Zahl so folgt:

$$\det\begin{pmatrix} a_1 \\ \cdot \\ \cdot \\ \cdot \\ s \cdot a_I \\ \cdot \\ \cdot \\ \cdot \\ a_n \end{pmatrix} = s \cdot \det\begin{pmatrix} a_1 \\ \cdot \\ \cdot \\ \cdot \\ a_I \\ \cdot \\ \cdot \\ \cdot \\ a_n \end{pmatrix}$$

Diese Definition der Determinante ist zunächst sehr unbefriedigend, da wir scheinbar immer noch nicht die Determinante einer Matrix berechnen können. Doch das täuscht.

Wir betrachten zunächst die Matrizen mit einer Zeile und einer Spalte, also schlicht eine reelle Zahl x.

B Die Einheitsmatrix $E_1 = (1)$ hat wegen der Normierung den Wert 1, also $\det(1) = 1$. Für eine beliebige Matrix (x) gilt nun $\det(x) = x \cdot \det(1) = x$.

Wir betrachten jetzt die quadratischen Matrizen mit zwei Zeilen. Für ein beliebiges $x \in \mathbb{R}$ erhalten wir mit D_2 und D_3:

B

$$\det\begin{pmatrix} x \cdot a & x \cdot b \\ a & b \end{pmatrix} = x \cdot \det\begin{pmatrix} a & b \\ a & b \end{pmatrix} = x \cdot 0 = 0.$$

Damit gilt für eine obere Dreiecksmatrix mit D_1, D_2 und D_3:

$$\begin{aligned}
\det\begin{pmatrix} a & b \\ 0 & c \end{pmatrix} &= \det\begin{pmatrix} a & 0 \\ 0 & c \end{pmatrix} + \det\begin{pmatrix} 0 & b \\ 0 & 0 \end{pmatrix} \\
&= a \cdot \det\begin{pmatrix} 1 & 0 \\ 0 & c \end{pmatrix} + 0 \\
&= a \cdot c \cdot \det\begin{pmatrix} 1 & 0 \\ 0 & 1 \end{pmatrix} \\
&= a \cdot c
\end{aligned}$$

Für eine beliebige Matrix erhalten wir dann mit den obigen Ergebnissen:

1. $a \neq 0$

$$\begin{aligned}
\det\begin{pmatrix} a & b \\ c & d \end{pmatrix} &= \det\begin{pmatrix} a & b \\ c - c & d - b \cdot \frac{c}{a} \end{pmatrix} + \det\begin{pmatrix} a & b \\ c & b \cdot \frac{c}{a} \end{pmatrix} \\
&= \det\begin{pmatrix} a & b \\ 0 & d - b \cdot \frac{c}{a} \end{pmatrix} + \frac{c}{a} \cdot \det\begin{pmatrix} a & b \\ a & b \end{pmatrix} \\
&= a \cdot \left(d - b \cdot \frac{c}{a}\right) + 0 \\
&= a \cdot d - b \cdot c
\end{aligned}$$

2. $a = 0$ und $c \neq 0$, da sonst die eine Zeile ein skalares Vielfaches der anderen ist.

$$\begin{aligned}
\det\begin{pmatrix} 0 & b \\ c & d \end{pmatrix} &= \det\begin{pmatrix} c & b + d \\ c & d \end{pmatrix} + \det\begin{pmatrix} -c & -d \\ c & d \end{pmatrix} \\
&= c \cdot d - (b + d) \cdot c + 0 \\
&= -b \cdot c \\
&= 0 \cdot d - b \cdot c
\end{aligned}$$

3. Determinanten

Es gilt: $\det\begin{pmatrix} a & b \\ c & d \end{pmatrix} = a \cdot d - b \cdot c.$

Ähnlich lässt sich auch die folgende Regel beweisen.

Regel von *Sarrus*

$$\det\begin{pmatrix} a_{11} & a_{12} & a_{13} \\ a_{21} & a_{22} & a_{23} \\ a_{31} & a_{32} & a_{33} \end{pmatrix} = \begin{matrix} a_{11} \cdot a_{22} \cdot a_{33} + a_{12} \cdot a_{23} \cdot a_{31} + a_{13} \cdot a_{21} \cdot a_{32} \\ - a_{13} \cdot a_{22} \cdot a_{31} - a_{11} \cdot a_{23} \cdot a_{32} - a_{12} \cdot a_{21} \cdot a_{33} \end{matrix}$$

Der Entwicklungssatz von Laplace

Die Determinanten von größeren Matrizen A lassen sich durch Entwicklung nach der ersten Zeile (man kann auch nach einer anderen Zeile oder Spalte entwickeln) lösen. Dieses Verfahren wurde von Laplace entdeckt.

Marquis Pierre-Simon *Laplace* (1749 – 1827) wurde als Newton Frankreichs verehrt und gefürchtet. Er gilt als Begründer der modernen Wahrscheinlichkeitstheorie.

Um die Determinante einer großen Matrix A mit Einträgen a_{ij} zu berechnen, geht man wie folgt vor. Zunächst berechnet man das Produkt aus a_{11} und der Determinante von A ohne die erste Zeile und ohne die erste Spalte. Davon subtrahiert man das Produkt aus a_{12} und der Determinante von A ohne die erste Zeile und ohne die zweite Spalte. Dieses führt man fort, immer abwechselnd addierend (+) und subtrahierend (–), bis man das Produkt aus a_{1n} und der Determinante von A ohne die erste Zeile und ohne die letzte Spalte dazu addiert oder subtrahiert hat.

Alternativ kann man auch nach jeder anderen Zeile oder Spalte die Determinante entwickeln, man muss nur ein wenig auf die Vorzeichen vor den Determinanten der kleineren Matrizen achten. Die Vorzeichen sind wie folgt verteilt:

$$\begin{pmatrix} + & - & + & - & + & - & \dots \\ - & + & - & + & - & + & \dots \\ + & - & + & - & + & - & \dots \\ - & + & - & + & - & + & \dots \\ \cdot & \cdot & \cdot & \cdot & \cdot & \cdot & \dots \\ \cdot & \cdot & \cdot & \cdot & \cdot & \cdot & \dots \\ \cdot & \cdot & \cdot & \cdot & \cdot & \cdot & \dots \end{pmatrix}$$

Zum besseren Verständnis jetzt zwei Beispiele.

B Entwickelt nach der ersten Zeile und danach die Regel von Sarrus angewandt, ergibt:

$$\det\begin{pmatrix} 2 & 0 & 3 & 1 \\ 1 & 2 & 3 & 4 \\ 0 & 1 & 0 & 5 \\ 1 & 2 & 3 & 0 \end{pmatrix} = 2\cdot\det\begin{pmatrix} 2 & 3 & 4 \\ 1 & 0 & 5 \\ 2 & 3 & 0 \end{pmatrix} - 0\cdot\det\begin{pmatrix} 1 & 3 & 4 \\ 0 & 0 & 5 \\ 1 & 3 & 0 \end{pmatrix}$$

$$+ 3\cdot\det\begin{pmatrix} 1 & 2 & 4 \\ 0 & 1 & 5 \\ 1 & 2 & 0 \end{pmatrix} - \det\begin{pmatrix} 1 & 2 & 3 \\ 0 & 1 & 0 \\ 1 & 2 & 3 \end{pmatrix}$$

$$= 2\cdot(0 + 3\cdot 5\cdot 2 + 4\cdot 1\cdot 3 - 0 - 3\cdot 5\cdot 2 - 4\cdot 1\cdot 3) - 0$$
$$+ 3\cdot(0 + 2\cdot 5\cdot 1 + 0 - 1\cdot 4 - 2\cdot 5\cdot 1 - 0) - 0$$
$$= 2\cdot 0 + 3\cdot(-4)$$
$$= -12$$

Wie man sieht, kann auch eine Matrix ohne negative Einträge eine negative Determinante haben.

Diesmal wird nach der zweiten Spalte entwickelt und danach die Regel von Sarrus angewandt, denn in keiner anderen Spalte oder Zeile stehen mehr Nullen.

$$\det\begin{pmatrix} 1 & 1 & 1 & 0 \\ 2 & 1 & 0 & 1 \\ 2 & 0 & 1 & 1 \\ 1 & 0 & 1 & 1 \end{pmatrix} = -\det\begin{pmatrix} 2 & 0 & 1 \\ 2 & 1 & 1 \\ 1 & 1 & 1 \end{pmatrix} + \det\begin{pmatrix} 1 & 1 & 0 \\ 2 & 1 & 1 \\ 1 & 1 & 1 \end{pmatrix}$$

$$= -(2 + 0 + 2 - 1 - 2 - 0) + (1 + 1 + 0 - 0 - 1 - 2)$$

$$= -2$$

Wichtige Eigenschaften der Determinanten

Spiegelt man die Einträge a_{ij} einer Matrix A an ihrer Diagonalen, so erhält man die *transponierte Matrix* A^t mit Einträgen a_{ij}. Es gilt $\det(A) = \det(A^t)$.

B

$$\det\begin{pmatrix} a & b \\ c & d \end{pmatrix} = a \cdot d - b \cdot c = \det\begin{pmatrix} a & c \\ b & d \end{pmatrix}$$

$\det(A) = 0 \Leftrightarrow$ Die Zeilen von A sind linear abhängig.

$\Leftrightarrow$ Die Spalten von A sind linear abhängig.

Mit anderen Worten, der Kern der linearen Abbildung f, welche durch die quadratische Matrix A beschrieben wird, enthält genau dann nur den Nullvektor, wenn $\det(A) \neq 0$ ist. Oder anders ausgedrückt, f ist genau dann bijektiv, wenn $\det(A) \neq 0$ ist.

Ist die Determinante der Matrix $A \neq 0$, dann heißt der Matrix *regulär*. Ist die Determinante der Matrix $A = 0$, dann heißt die Matrix *singulär*.

B $\det\begin{pmatrix} 1 & 0 & 1 \\ 1 & 2 & 3 \\ 0 & 2 & 2 \end{pmatrix} = 4 + 0 + 2 - 0 - 6 - 0 = 0$

Die Zeilen sind linear abhängig wegen:

$(1, 0, 1) - (1, 2, 3) + (0, 2, 2) = (0, 0, 0)$.

Die Spalten sind linear abhängig wegen:

$$\begin{pmatrix} 1 \\ 1 \\ 0 \end{pmatrix} + \begin{pmatrix} 0 \\ 2 \\ 2 \end{pmatrix} - \begin{pmatrix} 1 \\ 3 \\ 2 \end{pmatrix} = \begin{pmatrix} 0 \\ 0 \\ 0 \end{pmatrix}$$

Ist A eine rechte obere Dreiecksmatrix mit Einträgen a_{ij}, dann ist det(A) gerade das Produkt der Diagonalelemente, also $\det(A) = a_{11} \cdot a_{22} \cdot a_{33} \cdot \ldots$.

B $\det\begin{pmatrix} a & b & c \\ 0 & d & e \\ 0 & 0 & f \end{pmatrix} = a \cdot d \cdot f + 0 + 0 - 0 - 0 - 0 = a \cdot d \cdot f$

Determinantenmultiplikationssatz $\det(A \cdot B) = \det(A) \cdot \det(B)$.

Insbesondere gilt:

$$\det(A^{-1}) = \frac{1}{\det(A)}$$

B

$$\begin{aligned} -6 &= 0+0+0-0-0-6 \\ &= \det\begin{pmatrix} 1 & 1 & 1 \\ 0 & 2 & 1 \\ 0 & 0 & 3 \end{pmatrix} \\ &= \det\left[\begin{pmatrix} 1 & 1 & 1 \\ 0 & 2 & 1 \\ 0 & 0 & 3 \end{pmatrix} \cdot \begin{pmatrix} 0 & 1 & 0 \\ 1 & 0 & 0 \\ 0 & 0 & 1 \end{pmatrix}\right] \\ &= \det\begin{pmatrix} 1 & 1 & 1 \\ 0 & 2 & 1 \\ 0 & 0 & 3 \end{pmatrix} \cdot \det\begin{pmatrix} 0 & 1 & 0 \\ 1 & 0 & 0 \\ 0 & 0 & 1 \end{pmatrix} \\ &= (1 \cdot 2 \cdot 3) \cdot (0+0+0-0-0-1) \\ &= -6. \end{aligned}$$

Die Permutationsmatrix, welche durch Vertauschen der ersten mit der zweiten Zeile der Einheitsmatrix E_3 entstanden ist, hat bis auf das veränderte Vorzeichen dieselbe Determinante wie E_3. Das ist kein Zufall!

> Durch das Vertauschen zweier Zeilen oder zweier Spalten einer quadratischen Matrix A, verändert sich das Vorzeichen der Determinante.

Die Cramer'sche Regel

Ein quadratisches lineares Gleichungssystem $A \cdot x = b$ kann man auch mit Hilfe der Determinante von A lösen, sofern $\det(A) \neq 0$ ist. Diese Methode ist jedoch sehr umständlich im Vergleich zum Gauß'schen Eliminationsverfahren und soll deshalb nur kurz vorgestellt werden.

> Sind $a_1, a_2, \ldots, a_n$ die Spalten der regulären quadratischen Matrix A, dann gelten für den Lösungsvektor $x = (x_1, x_2, \ldots, x_n)$ der Gleichung $A \cdot x = b$ folgende Gleichungen.

$$x_1 = \frac{\det(b, a_2, a_3, \ldots, a_n)}{\det(A)}$$

$$x_2 = \frac{\det(a_1, b, a_3, \ldots, a_n)}{\det(A)}$$

$$x_3 = \frac{\det(a_1, a_2, b, \ldots, a_n)}{\det(A)}$$

$$\vdots$$

$$x_n = \frac{\det(a_1, a_2, a_3, \ldots, b)}{\det(A)}$$

Offensichtlich ist dieses Verfahren sehr mühselig, denn um ein einfaches Gleichungssystem der Form $A \cdot x = b$ zu lösen, müssen zur Matrix A mit n Zeilen und Spalten, n+ 1 Determinanten berechnet werden.

Eigenwerte und das charakteristische Polynom

Manchmal ergibt das Produkt einer quadratischen Matrix A mit einem Vektor x (ungleich dem Nullvektor) gerade ein Vielfaches des Vektoren, zum Beispiel $2 \cdot x$. Man nennt dann x einen *Eigenvektor* zum *Eigenwert* 2. Nicht jede Matrix hat Eigenwerte, aber manche eben doch. Liegt zum Beispiel x im Kern von A, also $A \cdot x = 0 \cdot x = 0$, dann ist x ein Eigenvektor zum Eigenwert 0.

Sind x, y Eigenvektoren zum Eigenwert s von A, dann gilt: die Eigenvektoren zum Eigenwert s bilden einen Unterraum, den so genannten *Eigenraum* zum Eigenwert s.

Beweis:

1. $A \cdot (t \cdot x) = t \cdot A \cdot x = t \cdot (s \cdot x) = s \cdot (t \cdot x)$

2. $A \cdot (x + y) = A \cdot x + A \cdot y = s \cdot x + a \cdot y = s \cdot (x + y)$

Somit sind mit x und y auch $t \cdot x$ und $x + y$ Eigenvektoren zum Eigenwert s.

Ein Spezialfall dieses Satzes wurde bereits bewiesen, als gezeigt wurde, dass der Kern einer linearen Abbildung f ein Unterraum des Definitionsbereichs D(f) ist (vgl. S. 578).

3. Determinanten

Wie bestimmt man nun die Eigenwerte einer Matrix? Angenommen es gilt:

$$A \cdot x = \lambda \cdot x \qquad \text{mit } \lambda \in \mathbb{R}$$
$$\Leftrightarrow \quad A \cdot x - \lambda \cdot x = 0$$
$$\Leftrightarrow \quad A \cdot x - \lambda \cdot E \cdot x = 0 \qquad \text{mit E ist die Einheitsmatrix}$$
$$\Leftrightarrow \quad (A - \lambda \cdot E) \cdot x = 0$$

Die Matrix $(A - \lambda \cdot E)$ hat also mit x einen Eigenvektor zum Eigenwert 0. Somit ist diese Matrix aber nicht regulär, das heißt ihre Determinante muss gleich 0 sein. Dies kann man jetzt ausnutzen, um für eine beliebige quadratische Matrix A die Eigenwerte und Eigenräume zu berechnen. Dazu berechnet man einfach die Nullstellen des *charakteristischen Polynoms* von A mit der Unbestimmten λ, welches gerade als $\det(A - \lambda \cdot E)$ definiert ist.

B Es sollen von der folgenden Matrix A die Eigenwerte und Eigenräume bestimmt werden, falls diese existieren.

$$A = \begin{pmatrix} -2 & 0 & 1 \\ -1 & 0 & 1 \\ 1 & 1 & 0 \end{pmatrix}$$

$$\det(A - \lambda \cdot E) = \det \begin{pmatrix} -2-\lambda & 0 & 1 \\ -1 & -\lambda & 1 \\ 1 & 1 & -\lambda \end{pmatrix}$$
$$= (-2 \cdot \lambda^2 - \lambda^3) + 0 - 1 + \lambda + (2 + \lambda) + 0$$
$$= -\lambda^3 - 2 \cdot \lambda^2 + 2 \cdot \lambda + 1$$

Von diesem Polynom müssen jetzt die Nullstellen bestimmt werden. Das Bestimmen der Nullstellen eines Polynoms kann sehr schwierig sein. Bei Polynomen vom Grad 2 geht dies noch sehr einfach mit der p-q-Formel (vgl. S. 155), für Polynome höheren Grades ist es oftmals am besten, die Nullstellen zu raten. Der norwegische Mathematiker Abel konnte sogar zeigen, dass es für Polynome vom Grad größer als 4 kein Verfahren gibt wie die p-q-Formel beim Grad 2, um solche Nullstellen zu berechnen. Aber nun zurück zum Beispiel.

Offenbar ist 0 keine Nullstelle von $p^A(\lambda) = \det(A - \lambda \cdot E)$, gilt doch:

$$p^A(0) = \det(A - 0 \cdot E) = \det A = -0^3 - 2 \cdot 0^2 + 2 \cdot 0 + 1 = 1$$

Immerhin weiß man jetzt, dass A regulär, d.h. invertierbar ist. Als Nächstes probiert man $\lambda = 1$ aus.

$$p^A(1) = -1^3 - 2 \cdot 1^2 + 2 \cdot 1 + 1 = -1 - 2 + 2 + 1 = 0$$

Somit ist 1 ein Eigenwert von A. Deshalb ist $\lambda - 1$ ein Teiler von $p^A(\lambda)$. Nun ist die *Polynomdivision* (vgl. S. 171) durchzuführen.

$$\begin{array}{l} -\lambda^3 - 2 \cdot \lambda^2 + 2 \cdot \lambda + 1 : (\lambda - 1) = -\lambda^2 - 3 \cdot \lambda - 1 \\ \underline{-\lambda^3 + \lambda^2} \\ \quad -3 \cdot \lambda^2 + 2 \cdot \lambda \\ \quad \underline{-3 \cdot \lambda^2 + 3 \cdot \lambda} \\ \qquad\qquad -\lambda + 1 \\ \qquad\qquad \underline{-\lambda + 1} \\ \qquad\qquad\quad 0 \end{array}$$

Mit Hilfe der p-q-Formel kann man zeigen, dass das Polynom $-\lambda^2 - 3 \cdot \lambda - 1$ keine Nullstellen hat. Somit hat das charakteristische Polynom von A

$$p^A(\lambda) = -\lambda^3 - 2 \cdot \lambda^2 + 2 \cdot \lambda + 1 = (\lambda - 1) \cdot (-\lambda^2 - 3 \cdot \lambda - 1)$$

genau eine Nullstelle, nämlich 1. Da $(\lambda - 1)$ nur einmal als Faktor in dem Polynom $p^A(\lambda)$ vorkommt, sagt man der Eigenwert 1 von A hat die *algebraische Vielfachheit* 1. Um jetzt den Eigenraum des Eigenwertes 1 zu bestimmen, muss man den Kern von $(A - 1 \cdot E)$ bestimmen.

$$\begin{pmatrix} -2-1 & 0 & 1 \\ -1 & 0-1 & 1 \\ 1 & 1 & 0-1 \end{pmatrix} \cdot \begin{pmatrix} x_1 \\ x_2 \\ x_3 \end{pmatrix} = \begin{pmatrix} 0 \\ 0 \\ 0 \end{pmatrix}$$

$$\Leftrightarrow \begin{pmatrix} -3 & 0 & 1 \\ -1 & -1 & 1 \\ 1 & 1 & -1 \end{pmatrix} \cdot \begin{pmatrix} x_1 \\ x_2 \\ x_3 \end{pmatrix} = \begin{pmatrix} 0 \\ 0 \\ 0 \end{pmatrix}$$

die zweite Zeile zu der dritten addiert

$$\Leftrightarrow \begin{pmatrix} -3 & 0 & 1 \\ -1 & (-1) & 1 \\ 0 & 0 & 0 \end{pmatrix} \cdot \begin{pmatrix} x_1 \\ x_2 \\ x_3 \end{pmatrix} = \begin{pmatrix} 0 \\ 0 \\ 0 \end{pmatrix}$$

Wegen der ersten Zeile gilt also $-3 \cdot x_1 + x_3 = 0 \Leftrightarrow x_3 = 3 \cdot x_1$. Mit der zweiten Zeile erhält man $-x_1 - x_2 + 3 \cdot x_1 = 0 \Leftrightarrow x_2 = 2 \cdot x_1$. Der Eigenraum zum Eigenwert 1 besteht folglich aus allen Vektoren der Form $(x_1, 2 \cdot x_1, 3 \cdot x_1)^t$ bzw. $\text{span}\{(1, 2, 3)^t\}$.

Die Dimension des Eigenraumes zum Eigenwert 1 wird als *geometrische Vielfachheit* des Eigenwertes 1 bezeichnet. In diesem Fall ist die geometrische Vielfachheit gerade 1. Die geometrische Vielfachheit eines Eigenwertes ist immer kleiner oder gleich seiner algebraischen Vielfachheit.

B

$$A = \begin{pmatrix} 1 & 0 & 0 \\ 0 & 2 & 1 \\ 0 & 0 & 2 \end{pmatrix}$$

Die obige Matrix hat die Eigenwerte 1 und 2, wobei beide Eigenwerte die geometrische Vielfachheit 1 haben. Die algebraische Vielfachheit vom Eigenwert 1 ist ebenfalls 1, jedoch hat der Eigenwert 2 die algebraische Vielfachheit 2:

$$\det(A - L \cdot E) = \begin{pmatrix} 1-\lambda & 0 & 0 \\ 0 & 2-\lambda & 1 \\ 0 & 0 & 2-\lambda \end{pmatrix}$$
$$= (1-\lambda) \cdot (2-\lambda)^2$$

Die Existenz der Eigenwerte 1 und 2 sowie ihre algebraischen Vielfachheiten haben wir damit nachgewiesen.

Jetzt berechnen wir die geometrische Vielfachheit vom Eigenwert 1.

$$\begin{pmatrix} 1-1 & 0 & 0 \\ 0 & 2-1 & 1 \\ 0 & 0 & 2-1 \end{pmatrix} \cdot \begin{pmatrix} x_1 \\ x_2 \\ x_3 \end{pmatrix} = \begin{pmatrix} 0 \\ 0 \\ 0 \end{pmatrix}$$

$$\Leftrightarrow \begin{pmatrix} 0 & 0 & 0 \\ 0 & 1 & 1 \\ 0 & 0 & 1 \end{pmatrix} \cdot \begin{pmatrix} x_1 \\ x_2 \\ x_3 \end{pmatrix} = \begin{pmatrix} 0 \\ 0 \\ 0 \end{pmatrix}$$

Somit muss $x_3 = 0$ sein, dies impliziert $x_2 = 0$. x_1 kann beliebig gewählt werden, deshalb hat ein beliebiger Vektor aus dem Eigenraum zum Eigenwert 1 die Form $(x_1, 0, 0)^t$ oder anders ausgedrückt, der Eigenraum ist gerade gleich $\text{span}\{(1, 0, 0)^t\}$. Die geometrische Vielfacheit vom Eigenwert 1 ist also 1. Wenn die algebraische Vielfachheit 1 ist, dann ist auch die geometrische Vielfachheit immer 1.

Nun berechnen wir noch die geometrische Vielfachheit vom Eigenwert 2.

$$\begin{pmatrix} 1-2 & 0 & 0 \\ 0 & 2-2 & 1 \\ 0 & 0 & 2-2 \end{pmatrix} \cdot \begin{pmatrix} x_1 \\ x_2 \\ x_3 \end{pmatrix} = \begin{pmatrix} 0 \\ 0 \\ 0 \end{pmatrix}$$

$$\Leftrightarrow \begin{pmatrix} -1 & 0 & 0 \\ 0 & 0 & 1 \\ 0 & 0 & 0 \end{pmatrix} \cdot \begin{pmatrix} x_1 \\ x_2 \\ x_3 \end{pmatrix} = \begin{pmatrix} 0 \\ 0 \\ 0 \end{pmatrix}$$

Offenbar ist der gesuchte Eigenraum zum Eigenwert 2 gleich $\text{span}\{(0, 1, 0)^t\}$ und die gesuchte geometrische Vielfachheit 1.

Aufgaben

1. Wie groß ist die Determinante von

$$\begin{pmatrix} a & b & c \\ 0 & d & e \\ 0 & 0 & f \end{pmatrix}?$$

2. Wie groß ist die Determinante von

$$\begin{pmatrix} 1 & 2 & 3 & 4 \\ 5 & 6 & 7 & 8 \\ 0 & 1 & 0 & 1 \\ 1 & 0 & 1 & 0 \end{pmatrix}?$$

3. Sei A eine reguläre Matrix mit $\det(A) = a$. Wie lauten die Determinanten der Matrizen A^{-1}, $A \cdot A$, $A \cdot A^t$ und $A^{-1} \cdot A^t$?

4. Welchen großen Nachteil, neben dem größeren Rechenaufwand, hat die Cramer'sche Regel im Vergleich zum Gauß'schen Eliminationsverfahren?

5. Warum hat jede Matrix aus M(3, 3) einen Eigenwert?

Lösungen

1. $\begin{pmatrix} a & b & c \\ 0 & d & e \\ 0 & 0 & f \end{pmatrix} = a \cdot d \cdot f$

2. $\begin{pmatrix} 1 & 2 & 3 & 4 \\ 5 & 6 & 7 & 8 \\ 0 & 1 & 0 & 1 \\ 1 & 0 & 1 & 0 \end{pmatrix} = 0$

3. $\det(A^{-1}) = \frac{1}{a}$

$\det(A \cdot A) = \det(A) \cdot \det(A) = a^2$

$\det(A \cdot A^t) = \det(A) \cdot \det(A^t) = \det(A) \cdot \det(A) = a^2$

$\det(A^{-1} \cdot A^t) = \det(A^{-1}) \cdot \det(A^t) = \frac{1}{a} \cdot a = 1$

4. Die Cramer'sche Regel kann man nur für reguläre quadratische Matrizen verwenden. Diese Einschränkung hat das Gauß'sche Eliminationsverfahren nicht.

5. Das charakteristische Polynom $p^A(\lambda) = \det(A - \lambda \cdot E)$ ist ein Polynom vom Grad drei. Nun hat aber jedes Polynom vom Grad drei eine Nullstelle und diese Nullstelle ist der gesuchte Eigenwert von A.

4. Analytische Geometrie im $\mathbb{R}^3$

Geradengleichungen

In der Geometrie betrachtet man den $\mathbb{R}^3$ nicht mehr als Vektorraum, sondern als Punktmenge P. Vorher war der *Ursprung*, also der Nullpunkt, ein ganz besonderer Vektor. Jetzt kann man sich einen beliebigen Punkt als Ursprung denken, da alle Punkte gleichberechtigt sind. Zu einer Geometrie gehört natürlich noch eine Geradenmenge G.

Ist A eine Matrix bestehend aus zwei Zeilen und drei Spalten, sodass gilt:
dim ker(A) = 1, das heißt die beiden Zeilen von A sind linear unabhängig,
dann beschreibt die Lösungsmenge $\{(x, y, z) : A \cdot (x, y, z)^t = (b_1, b_2)^t\}$ eine Gerade. Dies nennt man eine *parameterfreie Darstellung* einer Garden.

B Das homogene Gleichungssystem

$$\begin{pmatrix} 1 & 2 & 3 \\ 4 & 5 & 6 \end{pmatrix} \cdot \begin{pmatrix} x_1 \\ x_2 \\ x_3 \end{pmatrix} = \begin{pmatrix} 0 \\ 0 \end{pmatrix}$$

hat als Lösungsmenge g einen eindimensionalen Kern, hier $\text{span}\{(1, -2, 1)^t\}$ oder in einer anderen Schreibweise:

$$g = \mathbb{R} \cdot \begin{pmatrix} 1 \\ -2 \\ 1 \end{pmatrix}$$

Wie sieht nun die Lösung h des folgenden inhomogenen Gleichungssystems aus?

$$\begin{pmatrix} 1 & 2 & 3 \\ 4 & 5 & 6 \end{pmatrix} \cdot \begin{pmatrix} x_1 \\ x_2 \\ x_3 \end{pmatrix} = \begin{pmatrix} 1 \\ 1 \end{pmatrix}$$

Eine spezielle Lösung des inhomogenen Gleichungssystems ist $(-1, 1, 0)^t$, doch die *gesamte Lösungsmenge* ist durch

1. die *spezielle Lösung* des inhomogenen Gleichungssystems plus
2. die *allgemeine Lösung* des homogenenlinearen Gleichungssystems, also ker(A),

gegeben.

Die Lösung ist also

$$h = \begin{pmatrix} -1 \\ 1 \\ 0 \end{pmatrix} + \mathbb{R} \cdot \begin{pmatrix} 1 \\ -2 \\ 1 \end{pmatrix}$$

Ein beliebiger Punkt der Geraden h hat also die Form

$\begin{pmatrix} -1 \\ 1 \\ 0 \end{pmatrix} + \lambda \cdot \begin{pmatrix} 1 \\ -2 \\ 1 \end{pmatrix}$ mit λ aus $\mathbb{R}$, wobei man hier von der *Parameterdarstellung* von h spricht. Die andere Darstellung der Geraden heißt *parameterfreie Darstellung* von h.

Jede Gerade hat verschiedene Parameterdarstellungen:

B Unterschiedliche Parameter sind:

$$\begin{pmatrix} -1 \\ 1 \\ 0 \end{pmatrix} + \mathbb{R} \cdot \begin{pmatrix} 1 \\ -2 \\ 1 \end{pmatrix} = \begin{pmatrix} -1+1 \\ 1-2 \\ 0-1 \end{pmatrix} + \mathbb{R} \cdot \begin{pmatrix} -2 \\ 4 \\ -2 \end{pmatrix} = \begin{pmatrix} 0 \\ -1 \\ -2 \end{pmatrix} + \mathbb{R} \cdot \begin{pmatrix} -2 \\ 4 \\ -2 \end{pmatrix}$$

Die parameterfreie Darstellung kann man ebenfalls leicht verändern:

$$\begin{pmatrix} 1 & 2 & 3 \\ 4 & 5 & 6 \end{pmatrix} \cdot \begin{pmatrix} x_1 \\ x_2 \\ x_3 \end{pmatrix} = \begin{pmatrix} 1 \\ 1 \end{pmatrix} \Leftrightarrow \begin{pmatrix} 1 & 0 & -1 \\ 0 & 1 & 2 \end{pmatrix} \cdot \begin{pmatrix} x_1 \\ x_2 \\ x_3 \end{pmatrix} = \begin{pmatrix} -1 \\ 1 \end{pmatrix}$$

Um die Gleichwertigkeit zweier parameterfreier Darstellungen einer Geraden nachzuweisen, kann man einfach zwei Lösungen der ersten Darstellung in die zweite einsetzen. Da durch zwei Punkte eine Gerade festgelegt ist, genügt dies.

B

Wie findet man nun zu zwei Punkten, etwa $(1, 2, 3)^t$, $(4, 5, 6)^t$, die Verbindungsgerade g?

Die Verbindungsgerade, oder besser eine Parameterdarstellung der Geraden ist sofort klar:

$$g = \begin{pmatrix} 1 \\ 2 \\ 3 \end{pmatrix} + \mathbb{R} \begin{pmatrix} 4-1 \\ 5-2 \\ 6-3 \end{pmatrix} = \begin{pmatrix} 1 \\ 2 \\ 3 \end{pmatrix} + \mathbb{R} \cdot \begin{pmatrix} 3 \\ 3 \\ 3 \end{pmatrix}$$

Eine parameterfreie Darstellung findet man etwas schwieriger. Damit es nicht zu schwierig wird, legt man einfach einige Einträge der Matrix A fest und gelangt durch geschickte Folgerungen ans Ziel .

B

Es soll versucht werden, ob a_1, a_2, b_1 und b_2 aus $\mathbb{R}$ so zu bestimmen, dass die folgende Darstellung die gesuchte ist.

$$\begin{pmatrix} 1 & 0 & a_1 \\ 0 & 1 & a_2 \end{pmatrix} \cdot \begin{pmatrix} x_1 \\ x_2 \\ x_3 \end{pmatrix} = \begin{pmatrix} b_1 \\ b_2 \end{pmatrix}$$

Da die Differenz $(3, 3, 3)^t$ der Punkte $(1, 2, 3)^t$ und $(4, 5, 6)^t$ im Kern von A liegt, gilt:

$$\begin{pmatrix} 1 & 0 & a_1 \\ 0 & 1 & a_2 \end{pmatrix} \cdot \begin{pmatrix} 3 \\ 3 \\ 3 \end{pmatrix} = \begin{pmatrix} 1 & 0 & a_1 \\ 0 & 1 & a_2 \end{pmatrix} \cdot \begin{pmatrix} 4 \\ 5 \\ 6 \end{pmatrix} - \begin{pmatrix} 1 & 0 & a_1 \\ 0 & 1 & a_2 \end{pmatrix} \cdot \begin{pmatrix} 1 \\ 2 \\ 3 \end{pmatrix}$$

$$= \begin{pmatrix} b_1 \\ b_2 \end{pmatrix} - \begin{pmatrix} b_1 \\ b_2 \end{pmatrix} = \begin{pmatrix} 0 \\ 0 \end{pmatrix}$$

Folglich ist a_1 gleich -1 und $a_2 = -1$. Wegen

$$\begin{pmatrix} 1 & 0 & -1 \\ 0 & 1 & -1 \end{pmatrix} \cdot \begin{pmatrix} 1 \\ 2 \\ 3 \end{pmatrix} = \begin{pmatrix} b_1 \\ b_2 \end{pmatrix}$$

ist $b_1 = -2$ und $b_2 = -1$. Zur Probe wird überprüft, ob der zweite Punkt dieses Gleichungssystem erfüllt:

$$\begin{pmatrix} 1 & 0 & -1 \\ 0 & 1 & -1 \end{pmatrix} \cdot \begin{pmatrix} 4 \\ 5 \\ 6 \end{pmatrix} = \begin{pmatrix} -2 \\ -1 \end{pmatrix}$$

Schnittpunkte von Geraden

Wann schneiden sich eigentlich zwei Geraden? Diese Frage wird nun anhand eines ausführlichen Beispiels erläutert.

B Angenommen, wir haben zwei Geraden g, h, gegeben durch die Parameterdarstellungen:

$$g = \begin{pmatrix} 1 \\ 2 \\ 3 \end{pmatrix} + \mathbb{R} \cdot \begin{pmatrix} 3 \\ 3 \\ 3 \end{pmatrix} \quad \text{und} \quad h = \begin{pmatrix} -2 \\ 2 \\ 6 \end{pmatrix} + \mathbb{R} \cdot \begin{pmatrix} 3 \\ 2 \\ 1 \end{pmatrix}$$

Die beiden Geraden haben genau dann einen Schnittpunkt, wenn es ein λ und ein μ aus $\mathbb{R}$ gibt mit:

$$\begin{pmatrix} 1 \\ 2 \\ 3 \end{pmatrix} + \lambda \cdot \begin{pmatrix} 3 \\ 3 \\ 3 \end{pmatrix} = \begin{pmatrix} -2 \\ 2 \\ 6 \end{pmatrix} + \mu \cdot \begin{pmatrix} 3 \\ 2 \\ 1 \end{pmatrix} - \begin{pmatrix} 1 \\ 2 \\ 3 \end{pmatrix}$$

$$\Leftrightarrow \lambda \cdot \begin{pmatrix} 3 \\ 3 \\ 3 \end{pmatrix} = \mu \cdot \begin{pmatrix} 3 \\ 2 \\ 1 \end{pmatrix} + \begin{pmatrix} -3 \\ 0 \\ 3 \end{pmatrix}$$

$$\Leftrightarrow \lambda \cdot \begin{pmatrix} 1 \\ 1 \\ 1 \end{pmatrix} = \mu \cdot \begin{pmatrix} 1 \\ \frac{2}{3} \\ \frac{1}{3} \end{pmatrix} + \begin{pmatrix} -1 \\ 0 \\ 1 \end{pmatrix}$$

Wir haben somit drei Gleichungen mit nur zwei Unbekannten.

n :

$x = \mu - 1$

$x = \frac{2}{3}\mu$

$x = \frac{1}{3}\mu + 1$

Es ist klar, dass man ein derartiges Gleichungssystem nicht immer lösen kann. Ist so ein Gleichungssystem nicht lösbar, dann liegen die Geraden entweder in einer Ebene und sind *parallel* zueinander, oder aber sie liegen in keiner gemeinsamen Ebene und sind *windschief*. Die erste Gleichung liefert uns:
$\lambda = \mu - 1$.
Eingesetzt in die zweite Gleichung ergibt das:

$$\mu - 1 = \frac{2}{3} \cdot \mu \Leftrightarrow \frac{1}{3} \cdot \mu - 1 = 0 \Leftrightarrow \mu = 3$$

Wegen der zweiten Gleichung muss dann $\lambda = 3 - 1 = 2$ sein. Jetzt die Probe, ob auch die dritte Gleichung erfüllt ist:

$$2 \cdot 1 = 3 \cdot \frac{1}{3} + 1 \Leftrightarrow 2 = 2$$

Somit ist

$$\begin{pmatrix} 1 \\ 2 \\ 3 \end{pmatrix} + 2 \cdot \begin{pmatrix} 3 \\ 3 \\ 3 \end{pmatrix} = \begin{pmatrix} -2 \\ 2 \\ 6 \end{pmatrix} + 3 \cdot \begin{pmatrix} 3 \\ 2 \\ 1 \end{pmatrix} = \begin{pmatrix} 7 \\ 8 \\ 9 \end{pmatrix}$$

der Schnittpunkt der beiden Geraden g und h.

Angenommen, wir haben jetzt zwei Geraden g und h in einer parameterfreien Darstellung gegeben:

$$g = \left\{ (x, y, z)^t : \begin{pmatrix} 1 & 0 & 1 \\ 0 & 1 & 1 \end{pmatrix} \cdot \begin{pmatrix} x \\ y \\ z \end{pmatrix} = \begin{pmatrix} 1 \\ 1 \end{pmatrix} \right\}$$

$$h = \left\{ (x, y, z)^t : \begin{pmatrix} 1 & 0 & 1 \\ 1 & 1 & 0 \end{pmatrix} \cdot \begin{pmatrix} x \\ y \\ z \end{pmatrix} = \begin{pmatrix} 1 \\ 1 \end{pmatrix} \right\}$$

Somit muss für einen Schnittpunkt $(x_0, y_0, z_0)^t$ der Geraden gelten:

$$\begin{pmatrix} 1 & 0 & 1 \\ 0 & 1 & 1 \\ 1 & 0 & 1 \\ 1 & 1 & 0 \end{pmatrix} \cdot \begin{pmatrix} x_0 \\ y_0 \\ z_0 \end{pmatrix} = \begin{pmatrix} 1 \\ 1 \\ 1 \\ 1 \end{pmatrix}$$

Da die erste und dritte Zeile identisch sind, können wir einfach die dritte streichen und erhalten:

$$\begin{pmatrix} 1 & 0 & 1 \\ 0 & 1 & 1 \\ 1 & 1 & 0 \end{pmatrix} \cdot \begin{pmatrix} x_0 \\ y_0 \\ z_0 \end{pmatrix} = \begin{pmatrix} 1 \\ 1 \\ 1 \end{pmatrix}$$

Mit Hilfe des Gauß'schen Eliminationsverfahrens (vgl. 582) errechnen wir die Lösung

$x_0 = y_0 = z_0 = \frac{1}{2}$. Unser gesuchter Schnittpunkt ist also $\left(\frac{1}{2}, \frac{1}{2}, \frac{1}{2}\right)^t$.

Affine Räume

Den $\mathbb{R}^3$ als *Punktmenge* mit seiner *Geradenmenge* und seiner *Inzidenzrelation* (Punkt liegt auf einer Geraden) sowie der *Parallelitätsrelation* (zwei Geraden heißen parallel, wenn sie in einer Ebene liegen und entweder identisch sind oder keinen gemeinsamen Punkt haben) nennt man einen *affinen Raum*. Natürlich gibt es noch weitere affine Räume, die ganz anders aussehen.

Eine Punktmenge P zusammen mit einer Geradenmenge G, einer Inzidenzrelation I und einer Parallelitätsrelation // heißt ein affiner Raum, wenn die folgenden Axiome erfüllt sind.

Verbindungsaxiom: Durch zwei verschiedene Punkte A, B verläuft genau eine Gerade g = AB, in Zeichen A I g und B I g.

Lineares Reichhaltigkeitsaxiom: Jede Gerade enthält oder, anders ausgedrückt, inzidiert mit mindestens zwei Punkten.

Parallelenaxiom: Zu jeder Geraden g und jedem Punkt A existiert eine zu g parallele Gerade h, in Zeichen g // h, sodass der Punkt A auf der Geraden h liegt, in Zeichen A I h. Die Parallelitätsrelation ist eine *Äquivalenzrelation*, das heißt es gilt:
Reflexivität: Jede Gerade ist zu sich selbst parallel: g // g.
Symmetrie: Ist eine Gerade parallel zu einer anderen, so ist diese auch parallel zu der ersten: Aus g // h folgt h // g.
Transitivität: Sind g_1, g_2, g_3 drei Geraden mit g_1 // g_2 und g_2 // g3, dann ist auch g_1 // g_3.

Affines Veblen-Young-Axiom: Sind A, B, C, D vier verschiedene Punkt e, von denen nicht drei auf einer gemeinsamen Geraden liegen, und gilt für die Verbindungsgeraden $g_1 = AB$ und $g_2 = CD$ die Geraden g_1 und g_2 sind parallel oder haben einen gemeinsamen Schnittpunkt, dann haben auch die Verbindungsgeraden $g_3 = AC$ und $g_4 = BD$ einen gemeinsamen Schnittpunkt oder sind parallel.

Man sieht leicht, dass der $\mathbb{R}^3$ mit seiner Geradenmenge, seiner Inzidenzrelation und Parallelitätsrelation ein affiner Raum ist. Das Verbindungsaxiom, das Reichhaltigkeitsaxiom und das Parallelitätsaxiom sind klar. Nur das Axiom von Veblen und Young ist nicht sofort klar. Als Veblen und Young 1910 ihr Axiom formulierten, wollten sie den Begriff der Ebene nicht verwenden. Eigentlich sagt das Axiom nur aus, dass zwei verschiedene Geraden in einer Ebene sich schneiden oder parallel sind. Dies ist auch im $\mathbb{R}^3$ erfüllt.

Teilverhältnisse und Kollineationen

Liegen mehrere Punkte A, B, C, ... auf einer gemeinsamen Geraden, so heißen sie *kollinear*. Sind $A = (a_1, a_2, a_3)^t$, $B = (b_1, b_2, b_3)^t$, $C = (c_1, c_2, c_3)^t$ drei kollineare Punkte mit A ungleich B, so heißt $t([AB], C) = \lambda$, mit $(c_1 - a_1, c_2 - a_2, c_3 - a_3)^t = \lambda \cdot (b_1 - c_1, b_2 - c_2, b_3 - c_3)^t$, das *Teilverhältnis* von C bzgl. [AB]. Man sagt auch, der Punkt C teilt die Strecke C im Verhältnis λ.

B Der Punkt $\frac{(A+B)}{2}$ teilt die Strecke [AB] im Verhältnis $\frac{1}{2}$.

4. Analytische Geometrie im IR3

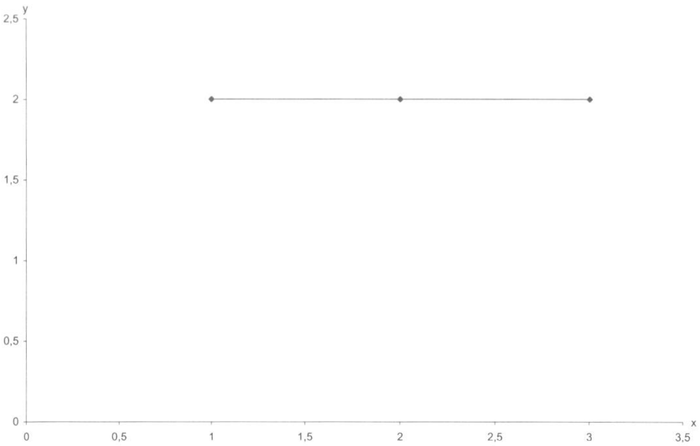

Der Punkt $(1, 0, 0)^t$ teilt die Strecke $[(0, 0, 0)^t(\lambda, 0, 0)^t]$ im Verhältnis $\frac{1}{\lambda}$.

Eine bijektive Abbildung des $\mathbb{R}^3$ in sich, welche kollineare Punkte auf kollineare Punkte und nicht kollineare Punkte auf nicht kollineare Punkte abbildet, heißt *Kollineation*.

Diese Definition kann man auf jede bijektive Abbildung eines affinen Raumes in sich oder in einen anderen affinen Raum verallgemeinern.

Man kann zeigen, dass alle Kollineationen f des $\mathbb{R}^3$, in diesem Fall spricht man auch von *Affinitäten*, die Form

$$f\begin{pmatrix} x_1 \\ x_2 \\ x_3 \end{pmatrix} = \begin{pmatrix} a_{11} & a_{12} & a_{13} \\ a_{21} & a_{22} & a_{23} \\ a_{31} & a_{32} & a_{33} \end{pmatrix} \cdot \begin{pmatrix} x_1 \\ x_2 \\ x_3 \end{pmatrix} + \begin{pmatrix} t_1 \\ t_2 \\ t_3 \end{pmatrix} = \begin{pmatrix} x_1 \\ x_2 \\ x_3 \end{pmatrix} + \begin{pmatrix} t_1 \\ t_2 \\ t_3 \end{pmatrix}$$

haben, wobei $A = (a_{ij})$ mit i, j = 1, 2, 3, eine reguläre Matrix ist. $T = (t_1, t_2, t_3)^t$ heißt *Translationsvektor*. Mit anderen Worten, eine Affinität des $\mathbb{R}^3$ ist die Hintereinanderausführung eines Vektorraum-Automorphismus

$$\begin{pmatrix} x_1 \\ x_2 \\ x_3 \end{pmatrix} \rightarrow \begin{pmatrix} a_{11} & a_{12} & a_{13} \\ a_{21} & a_{22} & a_{23} \\ a_{31} & a_{32} & a_{33} \end{pmatrix} \cdot \begin{pmatrix} x_1 \\ x_2 \\ x_3 \end{pmatrix}$$

und einer Translation

$$\begin{pmatrix} x_1 \\ x_2 \\ x_3 \end{pmatrix} \rightarrow \begin{pmatrix} x_1 \\ x_2 \\ x_3 \end{pmatrix} + \begin{pmatrix} t_1 \\ t_2 \\ t_3 \end{pmatrix}$$

Ist f eine Affinität des $\mathbb{R}^3$, dann gilt für drei kollineare Punkte X, Y, Z mit X ungleich Z: $t([XY], Z) = t([f(X)f(Y)], f(Z))$.

Mit anderen Worten, Teilverhältnisse bleiben *invariant* (unverändert) unter Affinitäten.
Beweis: Es gelte:

$$f\begin{pmatrix} v_1 \\ v_2 \\ v_3 \end{pmatrix} = \begin{pmatrix} a_{11} & a_{12} & a_{13} \\ a_{21} & a_{22} & a_{23} \\ a_{31} & a_{32} & a_{33} \end{pmatrix} \cdot \begin{pmatrix} v_1 \\ v_2 \\ v_3 \end{pmatrix} + \begin{pmatrix} t_1 \\ t_2 \\ t_3 \end{pmatrix} = A \cdot \begin{pmatrix} v_1 \\ v_2 \\ v_3 \end{pmatrix} + \begin{pmatrix} t_1 \\ t_2 \\ t_3 \end{pmatrix}$$

für alle $(v_1, v_2, v_3)^t$ aus $\mathbb{R}^3$.

Dann gilt für die drei Punkte $X = (x_1, x_2, x_3)^t$, $Y = (y_1, y_2, y_3)^t$, $Z = (z_1, z_2, z_3)^t$ Folgendes:
Sei $t([XY], Z) = \mu$, dann ist

$$\begin{pmatrix} z_1 - x_1 \\ z_2 - x_2 \\ z_3 - x_3 \end{pmatrix} - \mu \cdot \begin{pmatrix} y_1 - z_1 \\ y_2 - z_2 \\ y_3 - z_3 \end{pmatrix} = \begin{pmatrix} 0 \\ 0 \\ 0 \end{pmatrix} = A \cdot \begin{pmatrix} 0 \\ 0 \\ 0 \end{pmatrix}$$

$$= A \cdot \begin{pmatrix} z_1 - x_1 \\ z_2 - x_2 \\ z_3 - x_3 \end{pmatrix} - \mu \cdot \begin{pmatrix} y_1 - z_1 \\ y_2 - z_2 \\ y_3 - z_3 \end{pmatrix}$$

$$= A \cdot \begin{pmatrix} z_1 \\ z_2 \\ z_3 \end{pmatrix} - A \cdot \begin{pmatrix} x_1 \\ x_2 \\ x_3 \end{pmatrix} - \mu \cdot \left(A \cdot \begin{pmatrix} y_1 \\ y_2 \\ y_3 \end{pmatrix} - A \cdot \begin{pmatrix} z_1 \\ z_2 \\ z_3 \end{pmatrix} \right)$$

$$= A \cdot \begin{pmatrix} z_1 \\ z_2 \\ z_3 \end{pmatrix} - \begin{pmatrix} t_1 \\ t_2 \\ t_3 \end{pmatrix} - A \cdot \begin{pmatrix} x_1 \\ x_2 \\ x_3 \end{pmatrix} + \begin{pmatrix} t_1 \\ t_2 \\ t_3 \end{pmatrix} - \mu \cdot \left(A \cdot \begin{pmatrix} y_1 \\ y_2 \\ y_3 \end{pmatrix} - \begin{pmatrix} t_1 \\ t_2 \\ t_3 \end{pmatrix} - A \cdot \begin{pmatrix} z_1 \\ z_2 \\ z_3 \end{pmatrix} + \begin{pmatrix} t_1 \\ t_2 \\ t_3 \end{pmatrix} \right)$$

$$= f(Z) - f(X) - \mu \cdot (f(Y) - f(Z))$$

Somit ist $t([f(X)f(Y)], Z) = \mu$. Das war zu zeigen.

4. Analytische Geometrie im IR3

Der euklidische Abstand

Würde man den uns umgebenden Raum mit einem Koordinatensystem versehen und mit einem Zollstock den Abstand von zwei Punkten $A = (a_1, a_2, a_3)^t$ und $B = (b_1, b_2, b_3)^t$ ermitteln, so wäre das Ergebnis $d(AB) = ((b_1 - a_1)^2 + (b_2 - a_2)^2 + (a_1 + a_3)^2)^{\frac{1}{2}}$. Dieser Abstand d wird *euklidischer Abstand* genannt. Zum Beweis kann man zweimal den Satz des Pythagoras (vgl. S. 393) anwenden.

> Die folgenden Eigenschaften von d kann man leicht nachweisen.
> 1. Aus $d(A, B) = 0$ folgt $A = B$.
> 2. $d(A, B) = d(A - C, B - C)$, insbesondere gilt $d(A, B) = d(0, B - A)$
> 3. $d(0, \mu \cdot A) = \mu \cdot d(0, A)$, falls $\mu \geq 0$.
> 4. $d(A, B) \geq 0$.
> 5. $d(A, B) = d(B, A)$

B Berechnet man den Abstand von A zum Ursprung und quadriert das Ergebnis, so ist

$$d(0, A)^2 = a_{12} + a_{22} + a_{32} = (a_1, a_2, a_3) \cdot \begin{pmatrix} a_1 \\ a_2 \\ a_3 \end{pmatrix}$$

gerade das *Skalarprodukt* von $(a_1, a_2, a_3)^t$ mit sich selbst.

Neben dem euklidischen Abstand gibt es noch andere Abstandsbegriffe. In der Raum-Zeit-Welt der speziellen Einstein'schen Relativitätstheorie gibt es sogar verschiedene Punkte, welche den Abstand 0 haben. Wenn sich ein Photon mit Lichtgeschwindigkeit durch unser Koordinatensystem bewegt, dann bleibt für das Photon die Zeit stehen, es ist also an mehreren Stellen unseres Koordinatensystems gleichzeitig (aus seiner Sicht).

Das Abstandsquadrat eines Raumzeitpunktes $(x_1, x_2, x_3, x_4)^t$ zum Ursprung ist:

$$(x_1, x_2, x_3, x_4) \cdot \begin{pmatrix} 1 & 0 & 0 & 0 \\ 0 & 1 & 0 & 0 \\ 0 & 0 & 1 & 0 \\ 0 & 0 & 0 & -1 \end{pmatrix} \cdot \begin{pmatrix} x_1 \\ x_2 \\ x_3 \\ x_4 \end{pmatrix} = x_1^{\,2} + x_2^{\,2} + x_3^{\,2} - x_4^{\,2}$$

Auch dies ist ein Skalarprodukt, jedoch kein euklidisches sondern ein minkowskisches. Hermann *Minkowski* (1864 – 1909) lieferte wesentliche Beiträge zur Entwicklung der speziellen Relativitätstheorie.

Orthogonalität und Ebenen

Um das Abstandsquadrat eines Punktes $A = (a_1, a_2, a_3)^t$ zum Ursprung zu erhalten, errechnet man einfach das *Skalarprodukt:*

$$(a_1, a_2, a_3) \cdot \begin{pmatrix} a_1 \\ a_2 \\ a_3 \end{pmatrix}$$

Nun kann man aber auch das Skalarprodukt von verschiedenen Vektoren betrachten, etwa:

$$(\sin(\alpha), \cos(\alpha), 1) \cdot \begin{pmatrix} \sin(\alpha) \\ \cos(\alpha) \\ -1 \end{pmatrix} =$$

$\sin(\alpha)^2 + \cos(\alpha)^2 - 1 = 1 - 1 = 0$

oder

$$(1, 0, 0) \cdot \begin{pmatrix} 0 \\ x \\ y \end{pmatrix} = 1 \cdot 0 + 0 \cdot x + 0 \cdot y = 0$$

Die beiden Skalarprodukte sind deshalb gleich 0, weil die beteiligten Vektoren jeweils senkrecht aufeinander stehen.

4. Analytische Geometrie im IR3

Zwei Vektoren $(a_1, a_2, a_3)^t$, $(b_1, b_2, b_3)^t$ stehen genau dann *senkrecht aufeinander* bzw. heißen *orthogonal*, wenn ihr Skalarprodukt gleich 0 ist (vgl. S. 595).

B

Betrachtet man den Kern der Abbildung $f: \mathbb{R}^3 \to \mathbb{R}$,

$$\begin{pmatrix} x_1 \\ x_2 \\ x_3 \end{pmatrix} \to (a_1, a_2, a_3) \cdot \begin{pmatrix} x_1 \\ x_2 \\ x_3 \end{pmatrix}$$

und gilt nicht $a_1 = a_2 = a_3 = 0$,

so ist wegen $\dim(\mathbb{R}^3) = \dim(\text{im}(f)) + \dim(\ker(t)) = \dim(\mathbb{R}) + \dim(\ker(f))$ der Kern zweidimensional. Genauer gilt: ker(f) ist eine Ebene, auf der der Vektor $(a_1, a_2, a_3)^t$ senkrecht steht.

B

Wir haben eben die Gestalt der Menge $\{X : f(X) = 0\}$ untersucht, jetzt wollen wir wissen, wie die Menge $\{X : f(X) = \mu\}$ aussieht.

Zunächst suchen wir uns eine spezielle Lösung Xs der linearen inhomogenen Gleichung $f(X) = \mu$. Wir setzen einfach

$$Xs = \frac{\mu}{a_1^2 + a_2^2 + a_3^2} \cdot \begin{pmatrix} a_1 \\ a_2 \\ a_3 \end{pmatrix},$$

dann gilt $f(Xs) = \mu \cdot \dfrac{a_1^2 + a_2^2 + a_3^2}{a_1^2 + a_2^2 + a_3^2} = \mu.$

Es ist also auch $\{X : f(X) = \mu\} = Xs + \ker(f)$ eine Ebene.

Jede Ebene des $\mathbb{R}^3$ lässt sich als Lösungsmenge einer Gleichung der Form

$$(a_1, a_2, a_3) \cdot \begin{pmatrix} x_1 \\ x_2 \\ x_3 \end{pmatrix} = \mu \text{ darstellen.}$$

B

Im Folgenden wollen wir eine Gleichung dieser Form (Linearform) für die Ebene e durch die Punkte $(1, 0, 0)^t$, $(0, 1, 0)^t$, $(0, 0, 1)^t$ finden. Zunächst werden wir die Ebene e mit dem Vektor $(-1, 0, 0)^t$ in den Ursprung schieben und erhalten den zweidimensionalen Vektorraum
$e' = (-1, 0, 0)^t + e = \text{span}\{(-1, 1, 0)^t, (-1, 0, 1)^t\}$.

Jetzt versuchen wir einen Vektor $(a_1, a_2, a_3)^t$ zu finden, der senkrecht auf e´ steht. Dazu genügt es, dass $(a_1, a_2, a_3)^t$ senkrecht auf einem Erzeugendensystem von e´ steht. Es muss also gelten:

$$(-1, 1, 0) \cdot \begin{pmatrix} a_1 \\ a_2 \\ a_3 \end{pmatrix} = 0 \quad \text{und} \quad (-1, 0, 1) \cdot \begin{pmatrix} a_1 \\ a_2 \\ a_3 \end{pmatrix} = 0$$

oder kurz:

$$\begin{pmatrix} -1 & 1 & 0 \\ -1 & 0 & 1 \end{pmatrix} \cdot \begin{pmatrix} a_1 \\ a_2 \\ a_3 \end{pmatrix} = \begin{pmatrix} 0 \\ 0 \end{pmatrix}.$$

Bei näherer Betrachtung erkennt man in $(1, 1, 1)^t$ eine Lösung des homogenen Gleichungssystems. Wegen

$$(1, 1, 1) \cdot \begin{pmatrix} 1 \\ 0 \\ 0 \end{pmatrix} = (1, 1, 1) \cdot \begin{pmatrix} 0 \\ 1 \\ 0 \end{pmatrix} = (1, 1, 1) \cdot \begin{pmatrix} 0 \\ 0 \\ 1 \end{pmatrix} = 1$$

kann man die Ebene e als Menge aller Lösungen $(x, y, z)^t$ der Gleichung

$$(1, 1, 1) \cdot \begin{pmatrix} x \\ y \\ z \end{pmatrix} = 1$$

auffassen, wobei die Verbindungsgerade g der Punkte $(0, 0, 0)^t$ und $(1, 1, 1)^t$ die Ebene senkrecht schneidet. Der Vektor $(1, 1, 1)^t$ heißt *Normalenvektor* der Ebene e.

Eine andere Möglichkeit eine Ebene darzustellen ist die folgende *Parameterdarstellung*. Angenommen, die Ebene $e^{(2)}$ enthält die drei nicht kollinearen Punkte $A = (a_1, a_2, a_3)^t$, $B = (b_1, b_2, b_3)^t$, $C = (c_1, c_2, c_3)^t$. Der Punkt $X = (x_1, x_2, x_3)^t$ liegt genau dann auf der Ebene $e^{(2)}$, wenn es λ, μ in $\mathbb{R}$ gibt mit

$$\begin{pmatrix} x_1 \\ x_2 \\ x_3 \end{pmatrix} = \lambda \cdot \begin{pmatrix} a_1 \\ a_2 \\ a_3 \end{pmatrix} + \mu \cdot \begin{pmatrix} b_1 \\ b_2 \\ b_3 \end{pmatrix} + (1 - \lambda - \mu) \cdot \begin{pmatrix} c_1 \\ c_2 \\ c_3 \end{pmatrix}$$

$$= \lambda \cdot \begin{pmatrix} a_1 - c_1 \\ a_2 - c_2 \\ a_3 - c_3 \end{pmatrix} + \mu \cdot \begin{pmatrix} b_1 - c_1 \\ b_2 - c_2 \\ b_3 - c_3 \end{pmatrix} + \begin{pmatrix} c_1 \\ c_2 \\ c_3 \end{pmatrix}$$

Sind λ, μ und $(1 - \lambda - \mu)$ echt größer Null, so liegt X im Inneren des Dreiecks (ABC).

Man kann sich überlegen, wann X auf der Verbindungsgeraden g der beiden Punkte B und C liegt.

B

Für unser Eingangsbeispiel e erhält man dür dies Überlegung die folgende Aussage. Der Punkt $(x, y, z)^t$ ist genau dann Element der Ebene e, falls es $\lambda, \mu \in \mathbb{R}$ gibt mit:

$$\begin{pmatrix} x \\ y \\ z \end{pmatrix} = \lambda \cdot \begin{pmatrix} 1 \\ 0 \\ 0 \end{pmatrix} + \mu \cdot \begin{pmatrix} 0 \\ 1 \\ 0 \end{pmatrix} + (1 - \lambda - \mu) \cdot \begin{pmatrix} 0 \\ 0 \\ 1 \end{pmatrix}$$

In diesem Fall ist $x = \lambda$, $y = \mu$ und $z = (1 - \lambda - \mu) = (1 - x - y)$.

Deshalb ist $e = \{(x, y, 1 - x - y)^t : x, y \in \mathbb{R}\}$.

Winkel im $\mathbb{R}^3$

Oftmals möchte man nicht nur den Schnittpunkt zweier Geraden im $\mathbb{R}^3$ berechnen, sondern auch wissen, in welchem Winkel sich die beiden Geraden schneiden. Auch hier kann uns das Skalarprodukt weiterhelfen.

Das Skalarprodukt eines Vektoren $v = (v_1, v_2, v_3)^t$ mit sich selbst ergibt ja seine Länge zum Quadrat $l^2(v) = v_1^2 + v_2^2 + v_3^2$. Die Gerade $\mathbb{R} \cdot v$ schneidet sich selbst im Winkel $w(v, v) = 0$. Wegen $\cos(w(v, v)) = \cos(0) = 1$ gilt:

$$v^t \cdot v = l(v) \cdot l(v) \cdot \cos(w(v, v)) = l^2(v).$$

Eine besonders schöne Eigenschaft des Skalarproduktes ist, dass dies auch für zwei beliebige Vektoren gilt.

> Sind x, y zwei Vektoren des $\mathbb{R}^3$ (oder $\mathbb{R}^n$), dann gilt:
> $$x^t \cdot y = l(x) \cdot l(y) \cdot \cos(w(x, y))$$

B Die Geraden

$$g = \begin{pmatrix} 1 \\ 0 \\ 0 \end{pmatrix} + \mathbb{R} \cdot \begin{pmatrix} \frac{3}{5} \\ \frac{4}{5} \\ 0 \end{pmatrix}, \quad h = \begin{pmatrix} 1 \\ 0 \\ 0 \end{pmatrix} + \begin{pmatrix} 0 \\ \frac{4}{5} \\ \frac{3}{5} \end{pmatrix}$$

schneiden sich im Punkt $(1, 0, 0)^t$. Wenn man den Winkel zwischen den beiden Geraden messen möchte, hat man zwei Möglichkeiten. Zum einen kann man den spitzen, zum anderen den stumpfen Winkel messen. Im Folgenden werden beide Winkel berechnet. Zu Hilfe kommt dabei, dass die angegebenen Richtungsvektoren $x = \left(\frac{3}{5}, \frac{4}{5}, 0\right)^t$ und $y = \left(0, \frac{4}{5}, \frac{3}{5}\right)^t$ bereits die Länge 1 haben.

$$\left(\frac{3}{5}, \frac{4}{5}, 0\right) \cdot \begin{pmatrix} 0 \\ \frac{4}{5} \\ \frac{3}{5} \end{pmatrix} = \frac{16}{25} = 1 \cdot 1 \cdot \cos(w(x, y))$$

Somit ist $w(x, y) = \arccos\left(\frac{16}{25}\right)$

Den anderen Winkel erhält man, wenn man einen der Richtungsvektoren umdreht.

$$w(-x, y) = \arccos\left(-\frac{16}{25}\right) = \pi - \arccos\left(\frac{16}{25}\right)$$

4. Analytische Geometrie im IR3

Das Kreuzprodukt

Für zwei Vektoren $(a_1, a_2, a_3)^t$ und $(b_1, b_2, b_3)^t$ ist das *Kreuzprodukt* als $(a_1, a_2, a_3)^t \text{ X } (b_1, b_2, b_3)^t = (a_2 \cdot b_3 - a_3 \cdot b_2, - a_1 \cdot b_3 + a_3 \cdot b_1, a_1 \cdot b_2 - a_2 \cdot b_1)^t$ definiert.

Wichtige Anwendungen findet das Kreuzprodukt in der Physik, zum Beispiel, wenn man einen Leiter durch ein Magnetfeld bewegt.

Wichtige Eigenschaften des Kreuzprodukts:

1. Das Kreuzprodukt zweier Vektoren steht senkrecht auf diesen.
   $u \text{ X } v = w \Rightarrow u \cdot w = 0 = v \cdot w$
2. Das Produkt der Längen zweier Vektoren multipliziert mit dem Sinus des von den beiden Vektoren eingeschlossenen Winkels ergibt die Länge des Kreuzproduktes der beiden.
   $l(u \cdot v) = l(u) \cdot l(v) \cdot \sin (w(u, v))$

Aufgaben

1. Wie lautet die Geradengleichung der Geraden g durch die beiden Punkte (1, 0) und (0, 1)?
2. Die Gerade g ist durch die beiden Punkte (1, 0), (0, 1) und die Gerade h ist durch die beiden Punkte(6, 5), (7, 4) bestimmt. In welchem Punkt schneiden sich die beiden Geraden?
3. Wie kann man den $C_\infty(\mathbb{R})$ zu einem affinen Raum machen?
4. Wie ist die Affinität f des $\mathbb{R}^3$ definiert, welche (0, 0, 0) auf (0, 0, 2), (0, 0, 1) auf (0, 01), (0, 10) auf (1, 0, 2) und (1, 0, 0) auf (0, 1, 2) abbildet?
5. Wie groß ist der euklidische Abstand zwischen den Punkten (3, 4, 5) und (5, 2, 4)?
6. Es seien a, b, c drei reelle Zahlen ungleich Null. Wie könnten die Vektoren (d, e, f) und (g, h, i) aussehen, wenn sie nicht nur zueinander senkrecht stehen, sondern zusätzlich auch noch auf (a, b, c) senkrecht stehen?
7. Wie sieht das Kreuzprodunkt der beiden Vektoren (0, 1, 2) uns (3, 4, 5) aus?

Lösungen

1. $g = \begin{pmatrix} 1 \\ 0 \end{pmatrix} + \mathbb{R} \cdot \begin{pmatrix} -1 \\ 1 \end{pmatrix}$ oder

   $x_1 + x_2 = 1$

2. Die beiden Geraden verlaufen parallel, wegen
   $(1, 0)^t - (0, 1)^t = (1, -1)^t = (7, 4)^t - (6, 5)^t$.

   Somit sind die beiden Geraden identisch oder haben keinen gemeinsamen Schnittpunkt.

   Die erste Gerade trifft die y-Achse bei $(1, 0)^t$.

   Die zweite Gerade trifft die y-Achse bei $(7, 4)^t - 4 \cdot (1, -1)^t = (11, 0)^t$, somit sind die beiden Geraden verschieden, haben also keinen gemeinsamen Schnittpunkt.

3. Die Punkte sind die Funktionen aus $C_\infty(\mathbb{R})$ und die Geraden haben die Form $g = \{f_1 + \lambda \cdot f_2 : f_1, f_2 \in C_\infty(\mathbb{R})$ mit $f_1 \neq f_2$ und $\lambda \in \mathbb{R}\}$, wobei $(f_1 + \lambda \cdot f_2)(x) = f_1(x) + \lambda \cdot f_2(x)$ ist. Ein Punkt (Funktion) liegt genau dann auf einer Geraden, wenn er Element dieser Menge ist.

   Zwei Geraden g, h heißen parallel, wenn es für alle Punkte (Funktionen) f aus g eine Funktion k gibt mit (f + k) liegt in h.

   Beispiel: Die Geraden
   $g = \{\lambda \cdot f : f(x) = x^2 \text{ und } \lambda \in \mathbb{R}\}$
   $= \mathbb{R} \cdot x^2$
   und
   $h = \{k + \lambda \cdot f(x) : f(x) = x^2, k(x) = x \text{ und } \lambda \in \mathbb{R}\}$
   $= x + \mathbb{R} \cdot x^2$
   sind parallel.

4. Analytische Geometrie im IR3

4. f(x) kann geschrieben werden als $A \cdot x + t$. Der Translationsvektor t ist als Bild vom Nullvektor gegeben, also $t = (0, 0, 2)^t$. Nun soll gelten

   $A \cdot (1, 0, 0)^t = (0, 1, 2)^t - (0, 0, 2)^t = (0, 1, 0)^t,$
   $A \cdot (0, 1, 0)^t = (1, 0, 2)^t - (0, 0, 2)^t = (1, 0, 0)^t,$
   $A \cdot (0, 0, 1)^t = (0, 0, 1)^t - (0, 0, 2)^t = (0, 0, -1)^t.$

   Folglich ist A gleich:

   $$\begin{pmatrix} 0 & 1 & 0 \\ 1 & 0 & 0 \\ 0 & 0 & -1 \end{pmatrix}$$

5. Die Lösung ist 3.

6. Diese Aufgabe hat sehr viele verschiedene Lösungen, deshalb soll hier eine einfache vorgestellt werden.

   Gewählt ist $d = b$, $e = -a$ und $f = 0$,
   dann ist
   $(a, b, c) \cdot (b, -a, 0)^t = 0.$

   Wir ersetzen g durch a und h durch b, dann gilt:
   $(b, -a, 0) \cdot (a, b, i)^t = 0.$

   Jetzt muss nur noch gelten
   $(a, b, c) \cdot (a, b, i)^t = a^2 + b^2 + c \cdot i = 0$

   Also muss man i durch $\frac{(a^2 + b^2)}{-c}$ ersetzen. Die Lösung lautet folglich $(a, b, c)^t$, $(b, -a, 0)^t$ und $\left(a, b, \frac{(a^2 + b^2)}{-c}\right)$.

7. Die Lösung ist $(-3, 6, -3)^t$.

1. Beschreibende Statistik

In der Stochastik beschäftigt man sich mit den Gesetzmäßigkeiten von zufälligen Ereignissen. Die Stochastik spaltet sich in zwei große Teilbereiche, die Wahrscheinlichkeitstheorie, welche sich mit den theoretischen Grundlagen der Stochastik beschäftigt und die Statistik, welche mit Hilfe der Wahrscheinlichkeitstheorie und umfangreicher Messdaten versucht, Gesetzmäßigkeiten in dem untersuchten Bereich zu finden. Heute ist die Statistik ein weit verbreitetes Hilfsmittel in der Medizin, der Biologie, der Chemie, der Soziologie, der Psychologie und in den Wirtschaftswissenschaften. Meistens werden Statistiken von äußerst unangenehmen Dingen erstellt, z. B. von Warteschlangen, Überlebensraten von Tumorpatienten oder Unfällen.

Während der Renaissance begannen italienische Mathematiker, sich mit den mathematischen Grundlagen des Glücksspiels zu beschäftigen. So hieß auch 200 Jahre später das erste Buch über Wahrscheinlichkeitsrechnung „De Ratiociniis in Alea Ludo" (Über Berechnungen im Glücksspiel). Dieses Buch wurde 1654 von Christiaan *Huygens* veröffentlicht. Das klassische Standardwerk der Wahrscheinlichkeitsrechnung „Théorie analytique des probabilités" (Analytische Theorie der Wahrscheinlichkeit) von Pierre Simon Laplace erschien 1812. 1933 schuf Andrei Nikolajewitsch *Kolmogorow* in seinem Buch „Die Grundbegriffe der Wahrscheinlichkeitstheorie" die moderne axiomatische Wahrscheinlichkeitsrechnung.

Zufällige Ereignisse

Damit man Stochastik betreiben kann, benötigt man zunächst ein *Zufallsexperiment*. Zufallsexperimente sind Experimente, deren Ausgang nicht vorhersagbar ist. Wenn man „Mensch ärgere Dich nicht!" spielt, kann man zwar hoffen, eine 6 zu würfeln, aber man weiß nicht, ob dieses *Ereignis* auch wirklich eintreten wird. Ein anderes beliebtes Zufallsexperiment ist die Ziehung der Lottozahlen. Zusätzlich zu den so genannten *Elementarereignissen* – beim Würfeln die Mengen {1}, {2}, {3}, {4}, {5}, {6} – werden auch die Vereinigung, der Durchschnitt und das Komplement dieser Elementarmengen zugelassen.

Ein mögliches Ereignis ist {2, 4, 6}, das bedeutet, es wurde eine gerade Zahl gewürfelt. Das Komplement dieses Ereignisses, das *Komplementärereignis*, ist, dass eine ungerade Zahl gewürfelt wird, in Zeichen $\{2, 4, 6\}^c = \{1, 3, 5\}$. Das *sichere Ereignis*, auch *Stichprobenraum* genannt, ist {1, 2, 3, 4, 5, 6}. Der Stichprobenraum wird üblicherweise mit Ω abgekürzt. Das *unmögliche Ereignis* ist die leere Menge ∅.

Aus zwei Ereignissen A, B kann man durch die folgenden Vorschriften neue Ereignisse erzeugen.

1. Das Ereignis A ∩ B (sprich: A und B) tritt genau dann ein, wenn sowohl A als auch B eintreten. A ∪ B ist also die *Vereinigung* der beiden Mengen.
2. Das Ereignis A ∪ B (sprich: A oder B) tritt genau dann ein, wenn A oder B eintritt. A ∩ B ist also der *Durchschnitt* der beiden Mengen.
3. Das Komplementärereignis A^c (sprich: A nicht) zu A tritt ein, wenn A nicht eintritt.
4. Das Ereignis A \ B (sprich: A ohne B) tritt ein, wenn A aber nicht B eintritt. Es gilt also $A \setminus B = A \cap B^c$.

Weiter sind folgende Redewendungen üblich.

5. Das Ereignis A zieht das Ereignis B nach (in Zeichen A ⇒ B), wenn B eine Teilmenge von A ist.
6. Die Ereignisse A und B heißen unverträglich oder *disjunkt*, wenn ihr Durchschnitt leer ist, also AB = { }.

B

Angenommen, man will die letzte Ziffer der ISBN-Nummer dieses Buches vorhersagen. Der Stichprobenraum ist dann { 0, 1, 2, 3, 4, 5, 6, 7, 8, 9, X }, wobei X für 10 steht. Diese komische Ziffer X kommt daher, dass die letzte Ziffer des ISBN-Codes für einen Rest beim Dividieren durch 11 steht. Für A = {0, 1, 2, 3, 4, 5}und B = {0, 2, 4, 6, 8, X} sowie C = {5, 6, 7, 8, 9, X} gilt:

A ∩ B = {0, 2, 4},

A ∪ B = {0, 1, 2, 3, 4, 5, 6, 8, X},

A \ B = {1, 3, 5},

C^c = {0, 1, 2, 3, 4},

A \ B und B sind disjunkte Ereignisse, und A zieht A \ B nach.

Für die Verknüpfungen „und", „oder" und die Komplementbildung gelten die folgende Regeln.

De Morgan'sche Regeln:

Für zwei Mengen A, B von Ω gilt:

$$(AB)^c = A^c \cup B^c \text{ und}$$
$$(A \cup B)^c = A^cB^c$$

Die relative Häufigkeit eines Ereignisses

Natürlich begnügt sich die Stochastik nicht damit, den Ereignisraum eines Zufallexperimentes zu beschreiben. In der Regel möchte man wissen, mit welcher Wahrscheinlichkeit ein Ereignis eintritt.

B Angenommen, man würfelt mit zwei Würfeln und wettet, dass eine 8 geworfen wird, also 2 und 6, oder 3 und 5, oder zweimal 4. War dies klug, oder sollte man lieber auf 7 setzen, die vielleicht öfter als eine 8 gewürfelt wird?

Damit man beim Wetten oder Spielen die richtige Siegesstrategie entwickelt, muss man wissen, mit welcher Wahrscheinlichkeit ein Ereignis eintritt. Woher weiß man, mit welcher Wahrscheinlichkeit ein Ereignis eintritt? Ganz einfach, der erfahrene Spieler hat schon sehr oft das betreffende Zufallsexperiment durchgeführt, und weiß deshalb, welches Ereignis am wahrscheinlichsten ist. Hier wäre die 7 die bessere Wahl gewesen (vgl. Laplace-Experimente, S. 641).

B Ein anderes Beispiel. Man möchte wissen, ob mehr Mädchen als Jungen geboren werden. Dazu besorgt man sich die entsprechenden Daten vom Einwohnermeldeamt. Angenommen, im letzten Jahr wurden 66 Mädchen und 63 Jungen geboren. Unser Zufallsexperiment ist also die Geburt eines Kindes. Nachdem das Experiment 129 mal durchgeführt wurde, kann man sagen, mit der *relativen Häufigkeit* r(129, Mädchen) = Anzahl der Mädchen, dividiert durch die Anzahl der Geburten

$$= \frac{66}{129} = \frac{22}{43},$$

war das Neugeborene ein Mädchen.

Entsprechend, mit der relativen Häufigkeit

$$r(129, \text{Junge}) = \frac{63}{129} = \frac{21}{43},$$

war das Neugeborene ein Junge.

Man kann jetzt die Anzahl der Zufallsexperimente noch vergrößern, indem man alle Geburten des eigenen Bundeslandes oder ganz Deutschlands auswertet. Man betrachtet also den Limes, Grenzwert von r(n, Mädchen) bzw. r(n, Junge) für n, gleich Anzahl der Geburten, geht gegen unendlich. Dadurch hofft man, immer genauer vorhersagen zu können, wie groß der Anteil der Jungen und Mädchen bei den Neugeborenen ist.

Man definiert also die *Wahrscheinlichkeit,* dass ein Neugeborenes ein Mädchen ist, mit:

$$P(\text{Mädchen}) = \lim_{n \to \infty} r(n, \text{Mädchen}),$$

entsprechend

$$P(\text{Junge}) = \lim_{n \to \infty} r(n, \text{Junge}).$$

Für eine so definierte Wahrscheinlichkeit kann man leicht die folgenden drei Eigenschaften nachweisen.

1. Die Wahrscheinlichkeit eines beliebigen Ereignisses liegt zwischen 0 und 1.
2. Für das sichere Ereignis Ω (Das Neugeborene ist ein Mädchen oder ein Junge) ist $P(\Omega) = 1$.
3. Sind A und B zwei disjunkte Ereignisse, so ist $P(A \cup B) = P(A) + P(B)$.

Definition der Wahrscheinlichkeit nach Kolmogorow

So wie wir im vorherigen Abschnitt die Wahrscheinlichkeit eines Ereignisses eingeführt haben, wird das auch in der Realität gemacht. Angenommen, jemand möchte eine Risikolebensversicherung abschließen. Dann kann die Versicherung aufgrund des Alters und der Lebensweise (z. B. Nichtraucher - Raucher) die Wahrscheinlichkeit des Ablebens innerhalb des Versicherungszeitraumes berechnen und einen entsprechenden Tarif anbieten.

Was für Versicherungen gut ist, ist aber noch lange nicht für Mathematiker gut genug. Mathematiker möchten immer alles auf einige wenige Axiome zurückführen. Die Axiome der Wahrscheinlichkeitsrechnung wurden von Kolmogorow eingeführt und besagen nichts anderes als die 3 Eigenschaften der Wahrscheinlichkeit im vorherigen Abschnitt. Doch zunächst sei eine *Algebra über* Ω definiert.

Ist Ω eine Menge und ist A ein System von Teilmengen von Ω mit:

1. Ω liegt in A,
2. liegt A in A, so liegt auch $A^c = \Omega \setminus A$ in A,
3. mit A_1, A_2 liegt auch die Vereinigung $A_1 \cup A_2$ in A,

dann nennt man A eine Algebra über Ω.

Axiomatische Definition *der Wahrscheinlichkeit nach Kolmogorow*

Ist A eine Algebra über Ω und existiert eine Abbildung $P: A \to \mathbb{R}$, $A \to P(A)$ mit:

(K1) $0 \leq P(A) \leq 1$,

(K2) $P(\Omega) = 1$,

(K3) für zwei disjunkte Mengen (Ereignisse) A, B ist $P(A \cup B) = P(A) + P(B)$, dann nennt man P eine Wahrscheinlichkeit.

Aus den drei Axiomen kann man sofort einige wichtige Eigenschaften einer Wahrscheinlichkeit folgern:

1. Für das zu A komplementäre Ereignis A^c ist $P(A^c) = 1 - P(A)$, denn A, A^c sind zwei disjunkte Ereignisse und deshalb gilt mit (K2) und (K3):

   $1 = P(\Omega) = P(A \cup A^c) = P(A) + P(A^c)$

V. Stochastik

2. $P(\emptyset) = 1 - P(\emptyset^c) = 1 - P(\Omega) = 1 - 1 = 0$

3. Aus A Teilmenge B folgt $P(A) \leq P(B)$. Da A und $B \setminus A$ disjunkte Ereignisse sind, gilt mit (K1) und (K3):

   $P(A) \leq P(A) + P(B \setminus A) = P(B)$

4. Für zwei beliebige Ereignisse A, B ist $P(A \setminus B) = P(AB^c) = P(A) - P(A \cap B)$.

   Da $A \setminus B = \{x : x \text{ aus } A, x \text{ ist nicht aus } B\} = \{x : x \text{ ist aus } A \text{ und } B^c\} = A \cap B^c$ und $A \cap B = \{x : x \text{ aus } A \text{ und } B\}$ disjunkte Ereignisse sind, gilt:

   $P(A \setminus B) + P(A \cap B) = P(A \setminus B + A \cap B) = P(A)$. Dies ergibt sofort
   $P(A \setminus B) = P(A) - P(A \cap B)$.

5. Für paarweise disjunkte Ereignisse $A_1, A_2, A_3, \ldots, A_n$ gilt:

   $P(A_1 \cup A_2 \cup A_3 \cup \ldots \cup A_n) = P(A_1) + P(A_2) + P(A_3) + \ldots + P(A_n)$. Der Beweis ist klar. Er kann über vollständige Induktion nach n geführt werden. Allerdings liegt der Induktionsanfang bei $n = 2$.

6. Für zwei beliebige Ereignisse A und B ist $P(A \cup B) = P(A) + P(B) - P(A \cap B)$. Zum Beweis müssen wir zweimal 4. anwenden. Die Mengen $P(A \setminus B)$, $P(A \cap B)$ und $P(B \setminus A)$ sind paarweise disjunkt, deshalb gilt mit 5.:

   $P(A \cup B) = P(A \setminus B) + P(A \cap B) + P(B \setminus A) =$
   $P(A) - P(A \cap B) + P(A \cap B) + P(B) - P(A \cap B) =$
   $P(A) + P(B) - P(A \cap B)$.

Jetzt wollen wir zwei Beispiele für Wahrscheinlichkeiten betrachten.

B Wir stellen uns einen idealen Würfel vor, das heißt, beim Werfen des Würfels ist jede mögliche Augenzahl, also 1, 2, 3, 4, 5, und 6, als Ereignis (Elementarereignis) gleich wahrscheinlich. Unser Stichprobenraum Ω ist also $\{1, 2, 3, 4, 5, 6\}$.

Wegen

$$\begin{aligned} 1 &= P(\{1, 2, 3, 4, 5, 6\}) \\ &= P(\{1\}) + P(\{2\}) + P(\{3\}) + P(\{4\}) + P(\{5\}) + P(\{6\}) \\ &= 6 \cdot P(\{1\}), \end{aligned}$$

gilt $P(\{1\}) = \frac{1}{6}$.

Nun lassen wir einen punktförmigen Gegenstand P auf ein Quadrat Q der Seitenlänge 1 fallen. Ist T eine Teilmenge von Q, dann soll das Ereignis T genau dann eintreten, wenn P auf T fällt. Wir fordern, dass bei jedem dieser Zufallsexperimente P auf Q fällt. Somit ist Q das Ω mit P(Q) = 1. Weiter sollen Ereignisse (Teilmengen des Quadrates) mit gleichem Flächeninhalt auch die gleiche Wahrscheinlichkeit haben.

Nun kann man genauso wie im ersten Beispiel zeigen, dass eine Teilmenge T_1 von Q mit der Fläche $\frac{1}{n}$ gerade die Wahrscheinlichkeit $P(T_1) = \frac{1}{n}$ hat. Zum Beweis zerlegen wir einfach die Fläche $\frac{Q}{T_1}$ in n-1 gleich große, paarweise disjunkte, Flächen $T_2, T_3, \ldots T_n$. Nun gilt:

$$\begin{aligned} 1 &= P(Q) \\ &= P(T_1) + P(T_2) + P(T_3) + \ldots P(T_n) \\ &= n \cdot P(T_1). \end{aligned}$$

Eine Teilmenge T von Q mit der Fläche $\frac{m}{n}$ kann man in m paarweise disjunkte Mengen mit der Fläche $\frac{1}{n}$ zerlegen. Also gilt $P(T) = \frac{n}{m}$. Hat eine Teilmenge von Q einen irrationalen Flächeninhalt, etwa $\frac{1}{\pi}$, dann existieren für jedes n aus $\mathbb{N}$ zwei Teilmengen T_u, T_o von Q mit T_u ist Teilmenge von T, und T ist Teilmenge von T_o und es gilt zusätzlich für ein m aus $\mathbb{N}$:

$$\frac{m}{n} = P(T_u) \leq P(T_o) = \frac{m+1}{n}.$$

Da n beliebig groß gewählt werden kann, gilt:

$$\lim_{n \to \infty} P(T_u) = \lim_{n \to \infty} P(T_o) = P(T) = \frac{1}{\pi}.$$

Aufgaben

1. Beim Werfen einer Münze können die Elementarereignisse {Kopf} und {Zahl} eintreten. Wie sehen die anderen Ereignisse aus?
2. Ein Würfelexperiment wird 1000-mal durchgeführt. Es wird 150-mal eine 1, 176-mal eine 2, 184-mal eine 3, 151-mal eine 4, 174-mal eine 5 und 175-mal eine 6 gewürfelt. Wie groß sind die relativen Häufigkeiten der verschiedenen Elementarereignisse?
3. Wie groß ist die Wahrscheinlichkeit, dass der Sekundenzeiger einer stehen gebliebenen Uhr zwischen 3 und 4 steht? Vorausgesetzt sei, dass der Sekundenzeiger überall mit der gleichen Wahrscheinlichkeit stehen bleibt.

Lösungen

1. Die Lösung ist das unmögliche Ereignis $\emptyset$ und das sichere Ereignis {Kopf, Zahl}.
2. $r(1000, 1) = 0{,}15$,
   $r(1000, 2) = 0{,}176$,
   $r(1000, 3) = 0{,}184$,
   $r(1000, 4) = 0{,}151$,
   $r(1000, 5) = 0{,}174$,
   $r(1000, 6) = 0{,}175$.
3. Die Strecke, die der Sekundenzeiger zwischen 3 und 4 Uhr zurücklegt, ist genau $\frac{1}{12}$ der Strecke, die der Zeiger benötigt, um einmal um das Ziffernblatt zu laufen.

   Folglich müsste die gesuchte Wahrscheinlichkeit gerade $\frac{1}{12}$ sein. In Wirklichkeit bleibt der Sekundenzeiger aber meistens vor der 9 stehen, da er an dieser Stelle die größte Kraft aufbringen muss. Es wurde also richtig gerechnet, aber das Zufallsexperiment wurde falsch modelliert. So etwas kommt leider sehr häufig in der Praxis vor.

2. Wahrscheinlichkeitsrechnung

Laplace-Experimente

Wie schon in der Einleitung des vorangegangenen Kapitels angedeutet, gilt Pierre Simon Laplace als Schöpfer der klassischen Wahrscheinlichkeitstheorie. Zu Zeiten Laplaces (1749 – 1827) hat man viel in den französischen Salons, nicht zu verwechseln mit den amerikanischen Saloons, um Geld gewürfelt. Die zwei charakterisierenden Merkmale des Zufallsexperimentes Würfeln sind:

1. Es gibt nur endlich viele Elementarereignisse, nämlich $\{1\}, \{2\}, \{3\}, \{4\}, \{5\}, \{6\}$.

2. Alle Elementarereignisse haben dieselbe Wahrscheinlichkeit, nämlich $\frac{1}{6}$.

Ein *Zufallsexperiment* heißt *Laplace-Experiment,* falls es nur endlich viele Elementarereignisse gibt und diese jeweils dieselbe Wahrscheinlichkeit haben.

Das Schöne an einem Laplace-Experiment ist, dass man die Wahrscheinlichkeit eines Ereignisses E ganz einfach durch die Formel

$$P(E) = \frac{\text{Anzahl der für E günstigen Fälle}}{\text{Anzahl der möglichen Fälle}}$$

angeben kann.

B Die Wahrscheinlichkeit mit einem Würfel eine ungerade Zahl zu werfen ist $\frac{1}{2}$, denn es gibt 3 günstige Fälle, nämlich 1, 3, 5, und 6 mögliche Fälle 1, 2, 3, 4, 5, 6. Deshalb ist $P(\{1, 3, 5\}) = \frac{3}{6} = \frac{1}{2}$.

Die Wahrscheinlichkeit mehr als zwei Augen mit einem Würfel zu werfen ist $\frac{2}{3}$, denn die günstigen Fälle sind 3, 4, 5, 6, also ist $P(\{3, 4, 5, 6\}) = \frac{4}{6} = \frac{2}{3}$.

Modellierung des Zufallsexperimentes

Wir wollen jetzt zwei Würfel werfen und uns überlegen, wie groß die Wahrscheinlichkeit ist, dass die Summe der gewürfelten Augen gleich 2, 3, 4, ... 11, 12 ist.

Man muss sich zunächst überlegen, ob es sich hierbei um ein Laplace-Experiment handelt. Angenommen, man wählt als Stichprobenraum die gewürfelte Augenzahl, also $\Omega = \{2, 3, 4, \dots 11, 12\}$. Der Stichprobenraum ist endlich. Aber wer etwas Erfahrung im Würfeln hat, der weiß, dass es viel einfacher ist 7 Augen als 2 Augen, also einen 1er Pasch zu würfeln. Bei dieser Modellierung haben also die Elementarereignisse unterschiedliche Wahrscheinlichkeiten. Es handelt sich somit nicht um ein Laplace-Experiment.

Stellen wir uns die Frage, ob es wahrscheinlicher ist durch

a) gleichzeitiges Werfen zweier Würfel oder

b) durch zweimaliges Werfen desselben Würfels

eine bestimmte Augenzahl zu erreichen.

Natürlich sind die Wahrscheinlichkeiten gleich. Also können wir in unserem neuen Modell die Augenzahl des ersten und die Augenzahl des zweiten Wurfs als Elementarereignis wählen. Es sei also

$$\begin{aligned}\Omega = \{&(1,1), (1,2), (1,3), (1,4), (1,5), (1,6),\\ &(2,1), (2,2), (2,3), (2,4), (2,5), (2,6),\\ &(3,1), (3,2), (3,3), (3,4), (3,5), (3,6),\\ &(4,1), (4,2), (4,3), (4,4), (4,5), (4,6),\\ &(5,1), (5,2), (5,3), (5,4), (5,5), (5,6),\\ &(6,1), (6,2), (6,3), (6,4), (6,5), (6,6)\}.\end{aligned}$$

Dies ist ein Laplace-Experiment, denn es gibt nur endlich viele Elementarereignisse, nämlich genau 36, und diese haben auch alle dieselbe Wahrscheinlichkeit.

Bestimmen der günstigen Fälle:

Wir listen jetzt einfach für jedes Ereignis „Die Augenzahl n wurde gewürfelt" alle günstigen Fälle auf. Dann kann man leicht mit der Formel: Anzahl der günstigen Fälle geteilt durch Anzahl der möglichen Fälle, die gesuchten Wahrscheinlichkeiten bestimmen.

Augenzahl	günstige Fälle	Wahrscheinlichkeit
2	(1,1)	$\frac{1}{36}$
3	(1,2), (2,1)	$\frac{2}{36} = \frac{1}{18}$
4	(1,3), (2,2), (3,1)	$\frac{3}{36} = \frac{1}{12}$
5	(1,4), (2,3), (3,2), (4,1)	$\frac{4}{36} = \frac{1}{9}$
6	(1,5), (2,4), (3,3), (4,2), (5,1)	$\frac{5}{36}$
7	(1,6), (2,5), (3,4), (4,3), (5,2), (6,1)	$\frac{6}{36} = \frac{1}{6}$
8	(2,6), (3,5), (4,4), (5,3), (6,2)	$\frac{5}{36}$
9	(3,6), (4,5), (5,4), (6,3)	$\frac{4}{36} = \frac{1}{9}$
10	(4,6), (5,5), (6,4)	$\frac{3}{36} = \frac{1}{12}$
11	(5,6), (6,5)	$\frac{2}{36} = \frac{1}{18}$
12	(6,6)	$\frac{1}{36}$

Die größte Schwierigkeit bei diesem Zufallsexperiment bestand also nicht in der Berechnung verschiedenen Wahrscheinlichkeiten, sondern in der Modellierung. Dies ist eins der häufigsten Probleme in der Stochastik. Ein anderes Problem bei Laplace-Experimenten ist die Angabe der günstigen Fälle. Hierzu verwendet man Methoden aus der *Kombinatorik.*

Kombinatorik

Nun wollen wir uns überlegen, wie viele Möglichkeiten es gibt, ein Skatblatt zu mischen.

Man könnte sich natürlich ein Skatblatt (= 32 Spielkarten) nehmen und alle möglichen Anordnungen dieser Spielkarten ausprobieren. Davon ist allerdings abzuraten. Als oberste Karte unseres Kartenstapels können wir jede Karte nehmen. Wir haben also 32 verschiedene Möglichkeiten, dies zu tun. Für die zweite Karte haben wir jetzt nur noch 31 Karten zur Auswahl, da schon eine Karte zu oberst liegt. Für die dritte Karte haben wir nur noch 30 Karten zur Auswahl, und so werden es immer weniger Möglichkeiten, bis wir für den letzten Platz nur eine Karte übrig haben. Es gibt also $32 \cdot 31 \cdot 30 \cdot ... \cdot 3 \cdot 2 \cdot 1 = 32!$ verschiedene Möglichkeiten ein Skatblatt zu sortieren.

32! heißt 32-Fakultät und ist eine so große Zahl, dass selbst fleißige Skatspieler wahrscheinlich niemals erleben werden, dass die 32 Karten zweimal gleich verteilt sind (vgl. S. 130).

> Ist N eine Menge mit n Elementen, dann gibt es
> $$n! = n \cdot (n-1) \cdot (n-2) \cdot ... \cdot 3 \cdot 2 \cdot 1$$
> verschiedene Möglichkeiten diese Menge anzuordnen (zu permutieren).

Ist S(N) die Menge aller *Permutationen* (Anordnungen), also aller bijektiven Abbildungen von N nach N, dann hat S(N) genau n! Elemente.

B Angenommen, man hat 8 verschiedene Schulbücher und möchte diese Bücher in einer Reihe im Bücherregal aufstellen. Wie viele verschiedene Anordnungen gibt es, bei denen das Mathematikbuch ganz links steht, und wie groß ist die Wahrscheinlichkeit, dass man diese Anordnung auch zufällig bevorzugt?

Die 8 Schulbücher können auf 8! verschiedene Weisen angeordnet werden. Günstig sind aber nur die Fälle, in denen das Mathematikbuch ganz links steht. Wie dann die anderen 7 Bücher angeordnet sind, ist egal. Es gibt also $1 \cdot 7! = 7!$ günstige Fälle, also Anordnungen, bei denen das Matematikbuch ganz links steht. Die Wahrscheinlichkeit, dass so eine Anordnung zufällig bevorzugt wird, ist

$$\frac{7!}{8!} = 7 \cdot 6 \cdot 5 \cdot 4 \cdot 3 \cdot 2 \cdot \frac{1}{8 \cdot 7 \cdot 6 \cdot 5 \cdot 4 \cdot 3 \cdot 2 \cdot 1} = \frac{1}{8}.$$

Natürlich hätte man diese Aufgabe auch etwas einfacher lösen können. Es gibt 8 verschiedene Plätze, auf denen das Mathematikbuch stehen kann. Wenn alle diese Ereignisse gleich wahrscheinlich sind, wird man mit einer Wahrscheinlichkeit von $\frac{1}{8}$ das Mathematikbuch ganz links platzieren.

B Angenommen man besitzt 12 verschiedene CDs, welche völlig zufällig übereinander im CD-Ständer gestapelt sind. Wie groß ist die Wahrscheinlichkeit, dass neben der Marylyn Manson CD die von Jimmy Hendrix steht? Stillschweigend wurde natürlich vorausgesetzt, dass von jedem der beiden Künstler genau eine CD vorhanden ist.

Es gibt 12! verschiedene Möglichkeiten die CDs zu sortieren. Es gibt 11 verschiedene Möglichkeiten für die Paarung Manson-Hendrix, entweder nehmen sie die Plätze (1,2), oder (2,3), oder ..., oder (10,11), oder (11,12) ein. Wie die restlichen 10 CDs sortiert werden ist nicht wichtig, hierzu gibt es jeweils 10! Möglichkeiten. Was jetzt noch entschieden werden muss ist, ob Hendrix links von Manson liegt. Es gibt also 11 · 10! · 2 günstige Fälle, deshalb ist die Wahrscheinlichkeit, dass so ein Fall eintritt,

$$11 \cdot 10! \cdot \frac{2}{12}! = 2 \cdot \frac{11!}{12!} = \frac{2}{12} = \frac{1}{6}.$$

B Das Geburtstagsproblem: Angenommen in einer Klasse befinden sich 23 Schüler. Wie groß ist die Wahrscheinlichkeit, dass zwei Schüler am selben Tag Geburtstag haben? Achtung, Stochasten kennen keine Schaltjahre.

Als Elementarereignis betrachten wir die Auflistung der Geburtstage der Schüler. Für den ersten Schüler haben wir 365 Tage zur Auswahl, für den zweiten Schüler .... Es gibt also 365^{23} mögliche Fälle. Die günstigen Fälle sind aber nur sehr schwer zu zählen, wir helfen uns deshalb mit einem in der Stochastik üblichen Trick. Wir betrachten einfach das komplementäre Ereignis: alle Schüler haben an verschiedenen Tagen Geburtstag. Für den ersten Schüler stehen noch 365 Tage zur Auswahl, für den zweiten Schüler stehen nur noch 364 Tage zur Auswahl ... und für den letzten Schüler stehen nur noch 365 – 22 = 343 Tage zur Verfügung. Die Wahrscheinlichkeit, dass keine zwei Schüler am gleichen Tag Geburtstag haben ist also:

$$\frac{365 \cdot 364 \cdot 363 \cdot \ldots \cdot 344 \cdot 343}{365^{23}} = 0,49270277$$

Damit haben in der Klasse mit der Wahrscheinlichkeit von

$1 - 0{,}49270277 = 0{,}50729723 > 0{,}5$

zwei Schüler am gleichen Tag Geburtstag. Wäre die Klasse mit 40 Schülern hoffnungslos überfüllt, so hätten sogar mit einer Wahrscheinlichkeit von fast 0,9 zwei Schüler am gleichen Tag Geburtstag.

In einer Federtasche befinden sich 5 neue Bleistifte, wobei 3 die Härte HB und 2 die Härte B haben. Wie viele unterscheidbare Möglichkeiten gibt es, die 5 Stifte anzuordnen?

Insgesamt gibt es 5! verschiedene Möglichkeiten, die Stifte anzuordnen. Da man aber die drei Bleistifte mit Härte HB und die zwei Bleistifte mit Härte B nicht unterscheiden kann, muss man 5! noch durch die 3! verschiedenen Anordnungen der HB-Stifte und durch die 2! verschiedenen Anordnungen der B-Stifte teilen. Es gibt also

$$\frac{5!}{3! \cdot 2!} = \frac{5 \cdot 4 \cdot 3 \cdot 2 \cdot 1}{3 \cdot 2 \cdot 1 \cdot 2 \cdot 1} = 5 \cdot 2 = 10$$

unterscheidbare Möglichkeiten die Stifte anzuordnen.

Allgemein gilt der folgende Satz.

Sind n Dinge gegeben von denen $n_1, n_2, n_3, \ldots, n_R$ jeweils gleich sind, dann gibt es

genau $$\frac{n!}{n_1! \cdot n_2! \cdot n_3! \cdot \ldots \cdot n_R!}$$

unterscheidbare Möglichkeiten diese Dinge anzuordnen.

Der *Binomialkoeffizient* (n über k)

$$\binom{n}{k} = \frac{n \cdot (n-1) \cdot (n-2) \cdot \ldots \cdot (n-k+2) \cdot (n-k+1)}{k \cdot (k-1) \cdot (k-2) \cdot \ldots \cdot 2 \cdot 1}$$

ist die Anzahl der Möglichkeiten aus einer Menge, bestehend aus n verschiedenen Kugeln, k Kugeln zu ziehen (vgl. S. 130, 131).

Für die erste Kugel hat man n Möglichkeiten, für die zweite n – 1 Möglichkeiten usw. Es gibt also

$n \cdot (n-1) \cdot (n-2) \cdot \ldots \cdot (n-k+2) \cdot (n-k+1)$

verschiedene Möglichkeiten, hintereinander die k Kugeln zu ziehen. Da uns die Reihenfolge in der die Kugeln gezogen wurde, nicht interessiert, müssen wir dieses Ergebnis noch durch die Anzahl der Permutationen, also k!, dieser k Kugeln dividieren. Dies ergibt aber den Binomialkoeffizienten.

$$\binom{n}{k} = \binom{n}{k} \cdot \frac{(n-k)!}{(n-k)!} = \frac{n!}{k! \cdot (n-k)!}$$

Wie man sieht, liefert uns der Binomialkoeffizient auch die Anzahl der Möglichkeiten eine Menge von k blauen und n – k roten Kugeln anzuordnen.

Für Binomialkoeffizienten gilt die folgende wichtige Gleichung:

$$\binom{n}{k} = \binom{n-1}{k-1} + \binom{n-1}{k}$$

Mit ihrer Hilfe kann man das Pascal'sche Dreieck konstruieren: (vgl. Pascal'sches Dreieck, S. 127)

1

1 1

1 2 1

1 3 3 1

1 4 6 4 1

. . . .

In der n-ten Zeile des Pascal'schen Dreiecks stehen die Binomialkoeffizienten

$$\binom{n-1}{0} \quad \text{bis} \quad \binom{n-1}{n-1}$$

Eine andere wichtige Anwendung der Binomialkoeffizienten tritt beim Rechnen mit Polynomen auf (vgl. Polynome, S. 129).

$$(a+b)^n = \binom{n}{0} \cdot a^n + \binom{n}{1} a^{n-1} \cdot b + \ldots + \binom{n}{n} \cdot b^n$$

Zwei Urnenmodelle

Urnenmodell 1, ohne zurücklegen:

Eine Urne enthält N Kugeln, wobei M blau und die anderen N – M rot sind. Natürlich soll gelten $1 \leq M < N$. Nun werden zufällig n Kugeln, mit $n \leq N$, aus der Urne heraus genommen. Die Wahrscheinlichkeit, dass von diesen n Kugeln genau k (beachte $k \leq M$) blau sind, beträgt:

$$P(k) = \frac{\binom{M}{k} \cdot \binom{N-M}{n-k}}{\binom{N}{n}}$$

Stillschweigend vorausgesetzt wurde, dass es sich hierbei um ein Laplace-Experiment handelt. Ein Versuchsergebnis besteht aus einer Auswahl von n Kugeln aus einer Urne von N Kugeln. Der Binomialkoeffizient (N über n) gibt also die Anzahl der möglichen Fälle an. Die günstigen Fälle ergeben sich als Produkt der Anzahl der Möglichkeiten aus einer Menge aus M blauen Kugeln k blaue Kugeln zu ziehen, also (M über k), mit der Anzahl der Möglichkeiten aus einer Menge von N – M roten Kugeln n – k rote Kugeln, also (N – M über n – k), zu ziehen. Da die Wahrscheinlichkeit eines Laplace-Experimentes als Anzahl der günstigen Fälle dividiert durch die Anzahl der möglichen Fälle definiert ist, ist die anfängliche Voraussetzung erfüllt.

B In einem Glas mit 50 Kirschen befinden sich zwei Kirschen, welche versehentlich nicht entsteint wurden. Wie groß ist die Wahrscheinlichkeit, dass man auf genau eine Kirsche mit Kern beißt, wenn man 10 Kirschen isst?

Mit den Bezeichnungen in unserer Formel ist also $N = 50$, $M = 2 \Rightarrow N - M = 48$, $n = 10$ und $k = 1$.

$$P(1) = \frac{\binom{M}{k} \cdot \binom{N-M}{n-k}}{\binom{N}{n}}$$

$$= \frac{\binom{2}{1} \cdot \binom{48}{9}}{\binom{50}{10}}$$

$$= \frac{\frac{2}{1} \cdot \frac{48 \cdot 47 \cdot 46 \cdot 45 \cdot 44 \cdot 43 \cdot 42 \cdot 41 \cdot 40}{9 \cdot 8 \cdot 7 \cdot 6 \cdot 5 \cdot 4 \cdot 3 \cdot 2 \cdot 1}}{\frac{50 \cdot 49 \cdot 48 \cdot 47 \cdot 46 \cdot 45 \cdot 44 \cdot 43 \cdot 42 \cdot 41}{10 \cdot 9 \cdot 8 \cdot 7 \cdot 6 \cdot 5 \cdot 4 \cdot 3 \cdot 2 \cdot 1}}$$

$$= \frac{2 \cdot 40}{5 \cdot 49}$$

$$= \frac{16}{49}$$

$$= 0,3265306$$

Also, Vorsicht beim Kirschenessen!

B

Jeden, der öfters Lotto spielt, werden die folgenden Fragen, bzw. die zugehörigen Antworten, sehr interessieren. Beim Lotto muss man von 49 möglichen Zahlen 6 ankreuzen. Stimmen dann mindestens 3 der eigenen Zahlen mit den ausgespielten Zahlen überein, so hat man gewonnen.

1. Wie viele Möglichkeiten hat man 6 von 49 Zahlen anzukreuzen?
2. Wie groß ist die Wahrscheinlichkeit 6 richtige Zahlen zu haben?
3. Wie groß ist die Wahrscheinlichkeit 4 richtige Zahlen zu haben?
4. Wie groß ist die Wahrscheinlichkeit 3 richtige Zahlen zu haben?

zu 1.:

Es gibt genau (49 über 6) verschiedene Möglichkeiten 6 Zahlen von 49 auszuwählen.

$$\binom{49}{6} = \frac{49 \cdot 48 \cdot 47 \cdot 46 \cdot 45 \cdot 44}{6 \cdot 5 \cdot 4 \cdot 3 \cdot 2 \cdot 1}$$

$$= 13983816$$

zu 2.:

Es gibt nur eine Möglichkeit 6 richtige Zahlen zu haben, also ist

$$P(6) = \frac{1}{13983816}$$

zu 3.:

Von den möglichen 6 richtigen Zahlen wurden 4 gezogen. Von den 43 möglichen falschen Zahlen wurden 2 gezogen. Es gibt also (6 über 4) · (43 über 2) günstige Fälle zu 13983816 möglichen Fällen.

$$P(4) = \frac{\binom{6}{4} \cdot \binom{43}{2}}{13983816}$$

$$= \frac{\frac{6 \cdot 5 \cdot 4 \cdot 3}{4 \cdot 3 \cdot 2 \cdot 1} \cdot \frac{43 \cdot 42}{2 \cdot 1}}{13983816}$$

$$= \frac{13545}{13983816}$$

$$= 0,000969$$

zu 4.:

Von 6 möglichen richtigen Zahlen wurden 3 gezogen und von 43 möglichen falschen Zahlen wurden 3 gezogen. (6 über 3) · (43 über 3) ist also die Anzahl der günstigen Fälle.

$$\begin{aligned} P(3) &= \frac{\binom{6}{3} \cdot \binom{43}{3}}{13983816} \\ &= \frac{\frac{6 \cdot 5 \cdot 4}{3 \cdot 2 \cdot 1} \cdot \frac{43 \cdot 42 \cdot 41}{3 \cdot 2 \cdot 1}}{13983816} \\ &= \frac{246820}{13983816} \\ &= 0,01765 \end{aligned}$$

Jetzt wollen wir uns das andere Urnenmodell ansehen, welches von Roulette-Spielern bevorzugt wird.

Urnenmodell 2, mit zurücklegen:

Wir betrachten wieder unsere Urne mit N Kugeln, von denen M blau und N – M rot sind. Wir ziehen jetzt nacheinander n Kugeln, wobei wir nach jedem Zug die Kugel wieder zurücklegen. Die Wahrscheinlichkeit hierbei k blaue Kugeln zu ziehen beträgt

$$P(k) = \binom{n}{k} \cdot \left(\frac{M}{N}\right)^k \cdot \left(1 - \frac{M}{N}\right)^{n-k} \quad \text{für } k = 0, 1, 2, \ldots, n$$

Beweis: Zunächst berechnen wir die Wahrscheinlichkeit, dass die ersten k gezogenen Kugeln blau und die restlichen n – k Kugeln rot sind. Die Wahrscheinlichkeit, dass die erste Kugel blau ist, ist $\frac{M}{N}$. Die Wahrscheinlichkeit, dass die ersten zwei Kugeln blau sind, ist $\left(\frac{M}{N}\right)^2$ und die Wahrscheinlichkeit, dass die ersten k Kugeln blau sind, ist $\left(\frac{M}{N}\right)^k$. Die Wahrscheinlichkeit, dass die ersten k Kugeln blau und die n + 1te Kugel rot ist, ist $\left(\frac{M}{N}\right)^k \cdot \left(1 - \frac{M}{N}\right)$, da das Ereignis „die Kugel ist rot“ das Komplementärereignis zu „die Kugel ist blau“ ist. Somit beträgt die Wahrscheinlichkeit, dass die ersten n Kugeln blau und die nächsten n – k Kugeln rot sind $\left(\frac{M}{N}\right)^k \cdot \left(1 - \frac{M}{N}\right)^{n-k}$. Da es uns ja nicht auf die Reihenfolge in der die k blauen und n – k roten Kugeln gezogen wurden ankommt, und da es (n über k) unterscheidbare Möglichkeiten gibt, die Kugeln anzuordnen, beträgt die gesuchte Wahrscheinlichkeit P(k):

$$P(k) = \binom{n}{k} \cdot \left(\frac{M}{N}\right)^k \cdot \left(1 - \frac{M}{N}\right)^{n-k}$$

B

Nachdem festgestellt wurde, dass die Chancen beim Lotto reich zu werden verschwindend gering sind, wendet man sich dem Roulette zu. Für den Anfang setzt man viermal hintereinander je 10 Euro auf rot. Wie groß sind die Wahrscheinlichkeiten, dass man keinmal, einmal, zweimal, dreimal oder viermal gewinnt?

Da es mit der Null insgesamt 37 Zahlen beim Roulette gibt, von denen 18 rot sind, beträgt die Wahrscheinlichkeit beim Roulette mit rot

zu gewinnen $\frac{18}{37}$

zu verlieren $1 - \frac{18}{37} = \frac{19}{37}$.

Die Wahrscheinlichkeit viermal zu verlieren beträgt:

$$\binom{4}{0} \cdot \left(\frac{18}{37}\right)^0 \cdot \left(\frac{19}{37}\right)^4$$

$$= \left(\frac{19}{37}\right)^4$$

$$= \frac{130321}{1874161}$$
$$= 0{,}069535 \ldots.$$

Die Wahrscheinlichkeit genau dreimal zu verlieren beträgt:

$$\binom{4}{1} \cdot \frac{18}{37} \cdot \left(\frac{19}{37}\right)^3$$

$$= \frac{493848}{1874161}$$
$$= 0{,}2635035 \ldots$$

Die Wahrscheinlichkeit zweimal zu gewinnen beträgt:

$$\binom{4}{2} \cdot \left(\frac{18}{37}\right)^2 \cdot \left(\frac{19}{37}\right)^2$$

$$= \frac{701784}{1874161}$$

$$= 0{,}3744523 \ldots$$

Die Wahrscheinlichkeit dreimal zu gewinnen beträgt:

$$\binom{4}{3} \cdot \left(\frac{18}{37}\right)^3 \cdot \frac{19}{37}$$

$$= \frac{443232}{1874161}$$

$$= 0{,}2364962 \ldots$$

Die Wahrscheinlichkeit viermal zu gewinnen beträgt:

$$\binom{4}{0} \cdot \left(\frac{18}{37}\right)^4 \cdot \left(\frac{19}{37}\right)^0$$

$$= \frac{104976}{1874161}$$

$$= 0{,}0560122 \ldots.$$

Geometrische Wahrscheinlichkeiten

Bevor wir definieren, was eine geometrische Wahrscheinlichkeit ist, werden wir uns ein Beispiel ansehen.

B Angenommen, ein Stab der Länge 1 wird zufällig irgendwo zersägt. Der Einfachheit wegen identifizieren wir den Stab mit dem abgeschlossenen Intervall $[0, 1] = \{x \text{ aus } \mathbb{R} : 0 \leq x \leq 1\}$. Mit welcher Wahrscheinlichkeit wird der Stab in der Mitte, also bei $\frac{1}{2}$ zersägt?

Dies geschieht mit der Wahrscheinlichkeit 0, denn selbst wenn er sehr dicht bei $\frac{1}{2}$ zersägt wird, so ist es doch fast sicher, dass der Schnitt, vielleicht auch nur um den Wert 10^{-7}, die Mitte verfehlt. Welche Ereignisse soll man nun betrachten, und wie soll man nun sinnvoll eine Wahrscheinlichkeit für sie definieren?

Es ist sinnvoll anzunehmen, dass das Ereignis, der Stab wird an einer Stelle $x \leq \frac{1}{2}$ zersägt, genauso wahrscheinlich ist wie das Ereignis, der Stab wird an einer Stelle $x \geq \frac{1}{2}$ zersägt. Die beiden komplementären Ereignisse haben also dieselbe Wahrscheinlichkeit $\frac{1}{2}$.

Allgemein kann man sagen, der Stab [0, 1] wird mit der Wahrscheinlichkeit

$$P([a, b]) = \frac{b-a}{1-0}$$

in dem Intervall [a, b] zersägt, $0 \leq a \leq b \leq 1$. Also, wenn man zufällig einen Stab der Länge 1 Meter zersägt, dann wird dies mit einer Wahrscheinlichkeit von $\frac{1}{10}$ im Bereich 45 Zentimeter bis 55 Zentimeter geschehen.

Ist auf einem Intervall I, bzw. einem Rechteck R, oder einem Quader Q eine *geometrische Wahrscheinlichkeit* P definiert, dann gilt für ein Ereignis E Teilmenge von I, bzw. R, oder Q:

$$P(E) = \frac{l(E)}{l(I)}, \text{ bzw. } P(E) = \frac{f(E)}{f(R)}, \text{ oder } P(E) = \frac{v(E)}{v(Q)},$$

wobei l(E), l(I) die Längen von E und I sind, bzw. f(E), f(R) die Flächen von E und R sind, oder v(E), v(Q) die Volumina von E und Q sind.

B Ein punktförmiger Fisch, also ein Punktfisch, wird in ein 60-Liter-Aquarium gesetzt. In der Mitte des Aquariums denkt man sich einen Würfel von 1 Liter Inhalt. Mit der Wahrscheinlichkeit von 1 Liter geteilt durch 60 Liter, also mit der Wahrscheinlichkeit von $\frac{1}{60}$ befindet sich der Punktfisch in dem gedachten Würfel.

Ist das Ereignis E nicht zusammenhängend, etwa $E = \{x \text{ aus } \mathbb{R} : 0 \leq x \leq \frac{1}{4}$ oder $\frac{1}{2} \leq x \leq 1\}$ dann ist die Länge von E die Summe der Längen der Teilstücke von E, hier $\frac{1}{4} + \frac{1}{2} = \frac{3}{4}$. Für jedes in der Praxis denkbare Ereignis lässt sich so eine Länge, bzw. Fläche oder ein Volumen zuordnen.

Jedoch ist in der Mathematik nicht notwendig richtig, was in der Praxis richtig ist. Um aber eine so genannte nicht messbare Menge zu finden, muss man einige Semester Mathematik studieren, deshalb gehen wir darauf auch nicht weiter ein.

B

Angenommen, ein Schuhverkäufer wettet mit einer Kollegin, welche ungefähre Schuhgröße der nächste Kunde hat. Dann ist es sehr viel wahrscheinlicher, dass der nächste Kunde eine Schuhgröße zwischen 42 und 44 hat, als dass er eine Schuhgröße zwischen 44 und 46 hat. Woran liegt das?

Nun, die Schuhgrößen sind eben nicht gleich verteilt. Die meisten Menschen haben normal große Füße, sind normal groß, normal schwer, normal begabt und so weiter. Es gibt also sehr viele Zufallsexperimente, bei denen die Ereignisse nicht gleich verteilt sind.

Bedingte Wahrscheinlichkeiten und unabhängige Ereignisse

Wirft man einen Würfel, so ist das Ergebnis des zweiten Wurfes unabhängig von dem Ergebnis des ersten Wurfs. Wir sagen dann, die beiden Ereignisse sind stochastisch unabhängig. Die Wahrscheinlichkeit mit dem ersten Wurf eine gerade Zahl zu erreichen ist $\frac{1}{2}$, die Wahrscheinlichkeit mit dem zweiten Wurf eine 6 zu würfeln ist $\frac{1}{6}$.

Die Wahrscheinlichkeit im ersten Wurf eine gerade Zahl und im zweiten Wurf eine 6 zu würfeln ist $\frac{1}{2} \cdot \frac{1}{6} = \frac{1}{12}$. Die Wahrscheinlichkeit, dass die beiden unabhängigen Ereignisse gleichzeitig eintreten ist also gleich dem Produkt der Einzelwahrscheinlichkeiten.

2. Wahrscheinlichkeitsrechnung

Zwei Ereignisse A und B sind genau dann *stochastisch unabhängig*, wenn für das Ereignis A und B (= AB) gilt:

$$P(AB) = P(A) \cdot P(B).$$

Sind zwei Ereignisse A und B stochastisch unabhängig, dann sind auch die Ereignisse A und B^c stochastisch unabhängig.

Begründung: Wenn die Wahrscheinlichkeit des Ereignisses A nicht davon abhängt, ob das Ereignis B eintritt, dann hängt sie auch nicht davon ab, ob das Ereignis B nicht eintritt.

Beweis: Ohne Einschränkung der Allgemeinheit dürfen wir $P(A) \neq 0$ annehmen, da sonst nichts zu zeigen wäre. Die Mengen AB und Ab^c sind disjunkt, deshalb gilt:

$$\begin{aligned} P(A) &= P(A(B \cup B^c) \\ &= P(AB \cup AB^c) \\ &= P(AB) + P(AB^c) \\ &= P(A) \cdot P(B) + P(AB^c) \text{ wegen A, B stochastisch unabhängig} \end{aligned}$$

Dividiert man das erste und letzte Glied der Gleichungskette durch P(A), so erhält man:

$$\begin{aligned} & 1 = P(B) + \frac{P(AB^c)}{P(A)} \\ \Leftrightarrow\ & 1 - P(B) = \frac{P(AB^c)}{P(A)} \quad | -P(B) \\ \Leftrightarrow\ & P(A) \cdot P(B^c) = P(AB^c) \quad | \cdot P(A) \end{aligned}$$

V. Stochastik

B Bei vielen Sicherheitsfragen benutzt man mehrere unabhängige Sicherungssysteme. Angenommen, in einem Kontrollraum irgend eines großen Werkes sitzt ein Arbeiter und passt auf, dass keine Warnlampe aufleuchtet. Mit einer Wahrscheinlichkeit von $\frac{1}{100}$ übersieht er eine Warnlampe. Setzt man nun noch einen weiteren Arbeiter in den Kontrollraum, dann kann man Folgendes sagen. Wenn die beiden Arbeiter sich nicht beeinflussen, wird mit einer Wahrscheinlichkeit von $\frac{1}{10000}$ kein Aufleuchten einer Warnlampe übersehen. Man kann also mit relativ einfachen Mitteln für sehr große Sicherheit sorgen, wenigstens scheinbar, denn in Wirklichkeit werden die beiden Arbeiter nicht unabhängig agieren. Im schlimmsten Fall wird der eine den anderen davon überzeugen, dass die Lampe, welche da brennt, keine Warnlampe ist, sondern nur anzeigt, dass die Anlage im Betrieb ist. Die Ereignisse „Arbeiter 1 übersieht die Warnlampe" und „Arbeiter 2 übersieht die Warnlampe" sind also *stochastisch abhängig*.

Jetzt kommen wir zu dem Begriff der *bedingten Wahrscheinlichkeit*. Als einführendes Beispiel nehmen wir die Wahl des ersten Vorsitzenden des Kleingartenvereins Schilda-Süd.

B Zur Wahl gestellt haben sich zwei Autofahrerinnen, ein Autofahrer und zwei Mopedfahrer mit Anhänger. Man darf davon ausgehen, dass die Wahl zum Vereinsvorsitzenden ein Laplace-Experiment ist – schließlich befinden wir uns in Schilda-Süd. Es stellt sich heraus, dass ein Mann gewählt wurde. Mit welcher Wahrscheinlichkeit ist es der Autofahrer?

Wir betrachten die beiden Ereignisse:

A „die gewählte Person fährt ein Auto" und
B „die gewählte Person ist männlich".

Da es 5 Kandidaten gibt, darunter 3 Autofahrer, 3 Männer, gilt:

$P(A) = \frac{3}{5}$ und $P(B) = \frac{3}{5}$

Es sei am Rande bemerkt, dass die Ereignisse A und B stochastisch abhängig sind, da $P(AB) = \frac{1}{5} \neq \frac{9}{25} = \frac{3}{5} \cdot \frac{3}{5}$ ist.

Das Ereignis $\frac{A}{B}$, dass ein Autofahrer gewählt wird unter der Bedingung, dass ein Mann gewählt wird, nennen wir das bedingte Ereignis A unter B. Die Wahrscheinlichkeit $P\left(\frac{A}{B}\right)$ nennen wir die bedingte Wahrscheinlichkeit von A unter B.

Wenn man von vornherein weiss, dass ein Mann gewählt wird, dann gibt es 3 mögliche Fälle und einen günstigen Fall. Die gesuchte Wahrscheinlichkeit ist:

$$P\left(\frac{A}{B}\right) = \frac{1}{3} = \frac{\frac{1}{5}}{\frac{3}{5}} = \frac{P(AB)}{P(A)}$$

Dies gilt auch im allgemeinen Fall und deshalb wird die bedingte Wahrscheinlichkeit auch so definiert:

Sind A und B zwei beliebige Ereignisse, dann heißt

$$P\left(\frac{A}{B}\right) = \frac{P(AB)}{P(B)}$$

die *bedingte Wahrscheinlichkeit* von A unter B.

Aus dieser Definition folgt sofort für zwei beliebige Ereignisse A, B:

$$P(AB) = P\left(\frac{A}{B}\right) \cdot P(B)$$

Sind A und B stochastisch unabhängig, so gilt:

$$\begin{aligned} & P(A) \\ &= P(A) \cdot \frac{P(B)}{P(B)} \\ &= \frac{P(AB)}{P(B)} && \mid \text{A, B sind stochastisch unabhängig} \\ &= P\left(\frac{A}{B}\right) \end{aligned}$$

und

$$\begin{aligned} & P(A) \\ &= P(A) \cdot \frac{P(B^c)}{P(B^c)} \\ &= \frac{P(AB^c)}{P(B^c)} && \mid \text{A, } B^c \text{ sind stochastisch unabhängig} \\ &= P\left(\frac{A}{B^c}\right) \end{aligned}$$

Man kann dieses Ergebnis auch so formulieren: Sind zwei Ereignisse A und B stochastisch unabhängig, dann ist es für das Ereignis A ohne Belang, ob das Ereignis B eintritt.

Bernoulli-Experimente

Ein Zufallsexperiment, bei dem ein Ereignis A eintreten kann, wird n-mal wiederholt. Tritt A beim i-ten Versuch ein, so bezeichnen wir dieses Ereignis mit A_i^c im anderen Fall mit Ai, gilt nun:

1. $P(A_i) = p$ für alle i = 1, 2, 3, ... n,
2. Die Ereignisse $A_1, A_2, ..., A_n$ sind stochastisch unabhängig,

dann heißt die *Versuchsreihe* vom Umfang n ein *Bernoulli-Experiment.*

Wird ein Zufallsexperiment mit zwei möglichen Ergebnissen n-mal hintereinander ausgeführt, wobei die einzelnen Versuchsergebnisse sich nicht gegenseitig beeinflussen sollen, dann handelt es sich um ein Bernoulli-Experiment. Übrigens entstammt Jakob *Bernoulli* (1654 – 1705) einer Familie, welche eine Reihe von bedeutenden Mathematikern hervorgebracht hat.

B

Drei Blutproben werden einem virulogischen Test unterzogen. Das Ereignis, dass die i-te Blutprobe, i = 1, 2, 3, positiv ist sei B_i, und die zugehörige Wahrscheinlichkeit $P(B_i)$ sei p.

Es gibt nun 8 verschiedene mögliche Ergebnisse einer Versuchsreihe.

Alle Blutproben sind positiv: (B_1, B_2, B_3).

Zwei Blutproben sind positiv: (B_1, B_2, B_3^c), (B_1, B_2^c, B_3), (B_1^c, B_2, B_3).

Eine Blutprobe ist positiv: (B_1, B_2^c, B_3^c), (B_1^c, B_2, B_3^c), (B_1^c, B_2^c, B_3).

Keine Blutprobe ist positiv: (B_1^c, B_2^c, B_3^c).

Für den Stochastiker sind aber vor allem die folgenden Ereignisse interessant.

A_3 = alle Blutproben sind positiv

A_2 = zwei Blutproben sind positiv

A_1 = eine Blutprobe ist positiv

A_0 = keine Blutprobe ist positiv

Das Ereignis $A_3 = (B_1, B_2, B_3)$ hat die Wahrscheinlichkeit

$$P(A_3) = P(B_1) \cdot P(B_2) \cdot P(B_3) = p^3 = \binom{3}{3} \cdot p^3.$$

Das Ereignis A_2 lässt sich in drei gleich wahrscheinliche, disjunkte Ereignisse zerlegen, deshalb ist:

$$\begin{aligned} P(A_2) &= P(B_1, B_2, B_3{}^c) + P(B_1, B_2{}^c, B_3) + P(B_1{}^c, B_2, B_3) \\ &= 3 \cdot P(B_1, B_2, B_3{}^c) \\ &= \binom{3}{2} \cdot p^2 \cdot (1-p). \end{aligned}$$

Für A_1 gilt entsprechend:

$$\begin{aligned} P(A_1) &= 3 \cdot P(B_1, B_2{}^c, B_3{}^c) \\ &= 3 \cdot p \cdot (1-p)^2 \\ &= \binom{3}{1} \cdot p \cdot (1-p)^2 \end{aligned}$$

Für A_0 ist:

$$\begin{aligned} P(A_0) &= P(B_1{}^c, B_2{}^c, B_3{}^c) \\ &= (1-p)^3 \\ &= \binom{3}{0} \cdot (1-p)^3. \end{aligned}$$

Betrachtet man nun A_0, A_1, A_2, A_3 als Elementarereignisse dieses Zufallsexperiments, so sind die Wahrscheinlichkeiten nicht wie bei einem Laplace-Experiment gleich verteilt, sondern verschiedene Elementarereignisse können durchaus verschiedene Wahrscheinlichkeiten haben.

Das Ereignis A besitzt die Wahrscheinlichkeit p. Wird nun ein Bernoulli-Experiment vom Umfang n durchgeführt, so besitzt das Ereignis A_k, dass das Ereignis A gerade k-mal auftritt, die Wahrscheinlichkeit

$$P(A_k) = \binom{n}{k} \cdot p^k \cdot (1-p)^{n\ \ k}$$

Wir sagen, die *Ereignisse* A_i, i = 0, 1, 2, ..., n sind *binomial verteilt.*

Die Polynomialverteilung

Bei einem Bernoulli-Experiment vom Umfang n untersucht man, wie oft ein bestimmtes Ereignis A eintritt bzw. nicht eintritt. Manchmal möchte man aber wissen, wie oft mehrere paarweise disjunkte Ereignisse A_1, A_2, ..., A_d eintreten, wobei zusätzlich gelten soll

$$\Omega = A_1 \cup A_2 \cup \ldots \cup A_d$$

Führen wir jetzt ein Zufallsexperiment durch, muss genau ein A_i, i = 1, 2, ... d als Ereignis auftreten. Da die Ereignisse paarweise disjunkt sind, können nicht zwei Ereignisse gleichzeitig auftreten. Andererseits muss auch mindestens ein A_i als Ereignis auftreten, da die Vereinigung der A_i das sichere Ereignis Ω ergibt.

Die Ereignisse A_i haben die Wahrscheinlichkeiten $P(A_i) = p_i$, i = 1, 2, 3, ..., d. Für das Ereignis $(a_1, a_2, ..., a_d)$, gemeint ist das Ereignis A_1 tritt a_1- mal, das Ereignis A_2 tritt a_2-mal, ..., das Ereignis A_d tritt a_d-mal auf, gilt:

$$P((a_1, a_2, \ldots, a_d)) = \frac{n!}{a_1! \cdot a_2! \cdot \ldots \cdot a_d!} \cdot p_1^{a1} \cdot p_2^{a2} \cdot \ldots \cdot p_d^{ad}$$

Wir sagen, die Ereignisse $(a_1, a_2, ..., a_d)$ sind *polynomial verteilt.*

Beweis: Der Beweis geht ganz ähnlich wie das Beispiel zu den Wahrscheinlichkeiten der Binomialverteilung (vgl. S. 657). Wir führen unser Zufallsexperiment n-mal durch und wollen wissen, mit welcher Wahrscheinlichkeit wir das folgende Ergebnis erhalten:

$$C = (A_1, ..., A_1, A_2, ..., A_2, A_3 .... A_{d-1}, A_d, ..., A_d)$$

C ist also das Ereignis, dass zunächst a_1-mal das Ergebnis A_1, dann a_2-mal das Ergebnis A_2, dann ..., und schließlich a_d-mal das Ergebnis A_d auftritt. Somit ist $P(C) = p_1^{a1} \cdot p_2^{a2} \cdot ... p_d^{ad}$. Da es uns auf die Reihenfolge der Ergebnisse A_i nicht ankommt, gibt es $\frac{n!}{a_1 \cdot !a_2! \cdot ... \cdot a_d!}$ unterscheidbare Möglichkeiten, die Ergebnisse anzuordnen. Jede dieser Anordnungen ist ein Ereignis mit derselben Wahrscheinlichkeit wie C. Somit bekommen wir für das Ereignis $(a_1, a_2, a_3, ..., a_d)$ die gewünschte Wahrscheinlichkeit.

B Man wirft gleichzeitig 12 Würfel.

1. Wie groß ist die Wahrscheinlichkeit, dass jede Augenzahl von 1 bis 6 genau zweimal gewürfelt wurde?
2. Wie groß ist die Wahrscheinlichkeit, dass sechsmal die 1 und sechsmal die 6 gewürfelt wird?

zu 1. Die Ereignisse A_1, A_2, A_3, A_4, A_5 und A_6 stehen für die entsprechende gewürfelte Augenzahl. Jedes Ereignis A_i soll genau zweimal auftreten, also ist $a_i = 2$ für i = 1, 2, 3, 4, 5, 6. Mit obiger Formel beträgt die gesuchte Wahrscheinlichkeit:

$$P((2,2,2,2,2,2)) = \frac{12!}{(2!)^6} \cdot \left(\frac{1}{6^2}\right)^6 = \frac{12!}{2^6 \cdot 6^{12}} = 0,0034 ...$$

V. Stochastik

zu 2. $P((6,0,0,0,0,6) = \frac{12!}{6!6!} \cdot \left(\frac{1}{6^6}\right)^2$

$$= \frac{12 \cdot 11 \cdot 10 \cdot 9 \cdot 8 \cdot 7}{6 \cdot 5 \cdot 4 \cdot 3 \cdot 2 \cdot 1} \cdot \left(\frac{1}{6^6}\right)^2$$

$$= 0{,}0000004\ \ldots$$

Aufgaben

1. Wie groß ist die Wahrscheinlichkeit, eine gerade Zahl zu würfeln, die größer als 3 ist?
2. Wie viele Möglichkeiten gibt es, zwei Karten aus einem Spiel mit 32 Karten zu ziehen?
3. Wie groß ist die Wahrscheinlichkeit, aus einem Skatspiel drei rote Karten zu ziehen?
4. Angenommen in einem 60-Liter-Aquarium schwimmen zwei punktförmige Fische. Wie groß ist die Wahrscheinlichkeit, dass sich die beiden Fische an ein und derselben Stelle aufhalten (das heißt, einer hat den anderen gefressen)?
5. Welche verschiedenen Grade von stochastischer Abhängigkeit gibt es für zwei Ereignisse A und B?
6. Wann sind Binomial- und Polynomialverteilung dasselbe?

Lösungen

1. Die günstigen Fälle sind 4 und 6, die möglichen Fälle sind 1, 2, 3, 4, 5 und 6, folglich ist die gesuchte Wahrscheinlichkeit $\frac{2}{6} = \frac{1}{3} = 0,333\ldots.$

2. Es gibt $\binom{32}{2} = 32 \cdot \frac{31}{2} = \frac{992}{2} = 496$ Möglichkeiten 2 Karten aus 32 Karten zu ziehen.

3. Ein Skatblatt hat genau 16 rote Karten, die gesuchte Wahrscheinlichkeit beträgt also

$$\frac{\binom{16}{3} \cdot \binom{16}{0}}{\binom{32}{3}} = \frac{7}{62} = 0,11290\ldots$$

4. Unter der Voraussetzung, dass sich die beiden Punktfische ganz zufällig bewegen, also nicht bewusst aufeinander zu schwimmen, ist es fast sicher, dass sie sich nicht fressen. Man denke sich einen Würfel, aber diesmal einen besonders kleinen mit 1 ml Inhalt in dem betreffenden Aquarium. Wenn sich jetzt Punktfisch 1 in diesem Würfel aufhält, dann wird sich auch Punktfisch 2 mit der Wahrscheinlichkeit $\frac{0,001 \text{ Liter}}{60 \text{ Liter}} = 0,0000166666\ldots$ in diesem Würfel aufhalten. Es ist aber unwahrscheinlich, dass die beiden Punktfische sich am gleichen Punkt befinden, die gesuchte Wahrscheinlichkeit ist also $\frac{0 \text{ Liter}}{60 \text{Liter}} = 0.$

5. 1. Fall: A zieht B nach, also ist B eine Teilmenge von A.
   2. Fall: B zieht A nach, also ist A eine Teilmenge von B.
   3. Fall: A und B sind stochastisch abhängig, das heißt A und B haben einen nichtleeren Schnitt, dies schließt die beiden ersten Fälle mit ein.
   4. Fall: A und B sind stochastisch unabhängig, das heißt A und B haben einen leeren Schnitt.

6. Im Fall n = 2 sind Binomial- und Polynomialverteilung dasselbe, gilt doch:
   $\binom{n}{k} = \binom{n!}{k!} \cdot (n-k)!\,.$

3. Zufallsvariablen und Verteilungsfunktionen

Die Zufallsvariable

Im Abschnitt „Bernoulli-Experimente“ (vgl. S. 657) haben wir gesehen, dass es Zufallsexperimente gibt, bei denen die Elementarereignisse nicht gleich verteilt sind. Manchmal hängt es auch nur von der Betrachtungsweise bzw. Beobachtungstiefe des Zufallsexperimentes ab, ob es sich um ein gleich verteiltes Laplace-Experiment handelt oder nicht. Im vorherigen Beispiel wurden 12 Würfel gleichzeitig geworfen.

Sind die 12 Würfel unterscheidbar, etwa $W_1, W_2, ..., W_{12}$, so kann man jeden Wurf ($W_1, W_2, ..., W_{12}$) als Elementarereignis betrachten. Dies wäre ein Laplace-Experiment. Wir haben aber die „natürlichere“ Betrachtungsweise gewählt und nur gezählt, wie oft eine 1, 2, 3, 4, 5, 6 gewürfelt wurde. Wie gesehen, haben bei dieser Betrachtungsweise unterschiedliche Elementarereignisse ($P(2,2,2,2,2,2) \neq P(6,0,0,0,0,6)$) unterschiedliche Wahrscheinlichkeiten. Der Übergang der beiden Modellierungen geschieht mit Hilfe einer *Zufallsvariablen* X. In diesem Fall war das wie folgt.

Ω sei die Menge aller geordneten 12er Tupel $w = (W_1, W_2, ..., W_{12})$ aus $\mathbb{N}^{12}$ mit $0 < W_i < 7$, für alle $i = 1, 2, ..., 12$, und Ω' sei die Menge aller geordneten 6er Tupel $a = (a_1, a_2, ..., a_6)$ aus $\mathbb{N}^6$, sodass gilt:

$X : \Omega \rightarrow \Omega'\ X(w) \rightarrow a$, mit $a_1 + a_2 + ... + a_6 = 12$ (es wurde 12-mal gewürfelt), $0 < a_i < 7$ für alle $i = 0, 1, 2, ..., 12$ (jede Augenzahl kann von kein- bis 12-mal gewürfelt werden).

Somit ist X die Abbildung vom ersten Beobachtungsraum Ω in den zweiten Beobachtungsraum Ω'. Die Abbildungsvorschrift ist klar, zum Beispiel ist

$$X(1,6,1,6,1,6,1,6,1,6,1,6) = X(6,1,6,1,6,1,6,1,6,1,6,1) = (6,0,0,0,0,6).$$

Mit Hilfe einer Zufallsvariablen kann man also zwischen verschiedenen mathematischen Modellierungen eines Zufallsexperimentes hin und her springen.

3. Zufallsvariablen und Verteilungsfunktionen

Ist X eine surjektive Abbildung (vgl. S. 437) von Ω nach Ω', wobei Ω der Stichprobenraum eines Zufallsexperimentes mit einer Wahrscheinlichkeit P ist. Dann induziert X eine neue Wahrscheinlichkeit P^X durch $P^X(A) = P(X^{-1}(A))$, wobei $X^{-1}(A) = \{x \text{ aus } \Omega : X(x) \text{ aus } A\}$ ist. X wird dann *Zufallsvariable* genannt. Ist das Bild, die Wertemenge oder der Wertevorrat $X(\Omega) = \{X(x) : x \text{ aus } \Omega\}$ von X abzählbar, so heißt X *diskrete Zufallsvariable*.

Eine Menge A heißt *abzählbar*, wenn man die Elemente von A nacheinander aufzählen kann, ohne dass eins vergessen wird. Natürlich ist jede endliche Menge abzählbar, aber es gibt auch unendliche abzählbare Mengen. Zum Beispiel ist die Menge der natürlichen Zahlen abzählbar. Denn wenn man die Zahlen nacheinander aufzählt (1, 2, 3, 4, ...), kommt jede Zahl irgendwann dran. Auch die Menge der rationalen Zahlen ist abzählbar, nur muss man sich hier eine geschickte Form des Aufzählens ausdenken. Dagegen sind die reellen Zahlen des offenen Intervalls]0, 1[nicht abzählbar (vgl. reelle Zahlen, S. 113).

Zur weiteren Verdeutlichung sei jetzt ein besonders einfaches und bekanntes Beispiel aufgeführt.

B Das Werfen zweier Würfel kann man als Laplace-Experiment auffassen, vorausgesetzt, man kann die beiden Würfel unterscheiden. Ω ist also die Menge $\{(x,y) \text{ aus } \mathbb{N}^2 : 0 < (x, y) < 7\}$. Die Wahrscheinlichkeit eines Elementarereignisses ist $P(x,y) = \frac{1}{36}$. Nun soll aber nicht interessieren, was im Einzelnen geworfen wurde, sondern es interessiert nur die Summe der Augenzahlen der beiden Würfel. Der zweite Stichprobenraum ist also $\Omega' = \{2, 3, 4, \dots, 12\}$, und die Zufallsvariable ist

$$X : \Omega \rightarrow \Omega',\ (x,y) \rightarrow X(x,y) = x + y.$$

Die zu Ω' gehörige Wahrscheinlichkeitsfunktion nennt man P^X, um damit auszudrücken, dass sie von X induziert wurde. Mit X^{-1} bezeichnet man die Urbildabbildung von X. Für die Summe der Augenzahlen = 7 gilt beispielsweise

$$X^{-1}(7) = \{(1,6), (2,5), (3,4), (4,3), (5,2), (6,1)\}.$$

Die Wahrschienlichkeit mit 2 Würfeln die Augenzahl 7 zu werfen ist demnach

$$\begin{aligned} P^X(7) &= P(X^{-1}(7)) \\ &= P(\{(1,6), (2,5), (3,4), (4,3), (5,2), (6,1)\}) \\ &= P(1,6) + P(2,5) + P(3,4) + P(4,3) + P(5,2) + P(6,1) \\ &= \frac{1}{36} + \frac{1}{36} + \frac{1}{36} + \frac{1}{36} + \frac{1}{36} + \frac{1}{36} \\ &= \frac{1}{6}\ . \end{aligned}$$

Oftmals führt man auch eine zusätzliche Zufallsvariable ein, um ein Zufallsexperiment zu bewerten, wobei es sich oft um eine monetäre Bewertung handelt. So war das folgende Würfelspiel im Frankreich des 17. Jahrhunderts sehr beliebt.

B Der Spieler setzt eine feste Summe und wirft viermal einen Würfel. Würfelt er mindestens eine 6, so verliert er seinen Einsatz an die Bank, würfelt er keine 6, so gewinnt er das Doppelte seines Einsatzes. Zunächst fassen wir dieses Spiel als Laplace-Experiment auf, also

$\Omega = \{(a,b,c,d) \text{ aus } \mathbb{N}^4 : 0 < a, b, c, d < 7\}$.

Jedes Elementarereignis, etwa (6, 6, 6, 6), hat also die Wahrscheinlichkeit $P(a, b, c, d) = 6^{\frac{1}{4}}$. Auf einmal fällt uns ein, dass es sich hierbei ja auch um ein vierfaches Bernoulli-Experiment handelt. Das eigentlich für uns interessante Ereignis beim Werfen eines Würfels ist {6} bzw. {1, 2, 3, 4, 5}, es wird eine bzw. keine 6 geworfen. Als Ω' wählen wir {0, 1, 2, 3, 4}. 0 heißt, es wird keine 6 geworfen, 1 heißt, es wird eine 6 geworfen, 2 heißt, es werden zwei 6en geworfen, usw. Die Wahrscheinlichkeit, dass mit einem Würfel keine 6 geworfen wird, beträgt $p = \frac{5}{6}$. Somit ist die Wahrscheinlichkeit, dass mit 4 Würfeln keine 6 geworfen wird $P^X(0) = \left(\frac{5}{6}\right)^4 = 625 \cdot \left(\frac{1}{6}\right)^4$.

Weiter gilt:

$$P^X(1) = 4 \cdot \left(\frac{5}{6}\right)^3 \cdot \frac{1}{6} = 500 \cdot \left(\frac{1}{6}\right)^4,$$

V. Stochastik

$$P^X(2) = 6 \cdot \left(\frac{5}{6}\right)^2 \cdot \left(\frac{1}{6}\right)^2 = 150 \cdot \left(\frac{1}{6}\right)^4,$$

$$P^X(3) = 4 \cdot \frac{5}{6} \cdot \left(\frac{1}{6}\right)^3 = 20 \cdot \left(\frac{1}{6}\right)^4,$$

$$P^X(4) = \left(\frac{1}{6}\right)^4.$$

Wie sieht nun die Zufallsvariable X aus?

$X : \Omega \to \Omega'$, $(a, b, c, d) \to X(a, b, c, d) = i(a) + i(b) + i(c) + i(d)$ mit $i(6) = 1$ und $i(5) = i(4) = i(3) = i(2) = i(1)$.

Wegen $P^X(0) = 625 \cdot P(a,b,c,d)$ wissen wir, es gibt 625 verschiedene Möglichkeiten, mit 4 unterscheidbaren Würfeln keine 6 zu werfen. Oder anders ausgedrückt, das Urbild von 0 unter X besteht aus 625 verschiedenen Elementarereignissen, sprich die Menge

$$\begin{aligned} X^{-1}(0) = \{&(1, 1, 1, 1),\ (1, 1, 1, 2),\ (1, 1, 1, 3),\ (1, 1, 1, 4),\ (1, 1, 1, 5),\ \ldots \\ &\ldots,\ (1, 3, 5, 1),\ (1, 3, 5, 2),\ (1, 3, 5, 3),\ (1, 3, 5, 4),\ (1, 3, 5, 5) \\ &\ldots,\ (5, 5, 5, 1),\ (5, 5, 5, 2),\ (5, 5, 5, 3),\ (5, 5, 5, 4),\ (5, 5, 5, 5)\} \end{aligned}$$

enthält 625 verschiedene Elementarereignisse. Insgesamt enthält Ω

$$6^4 = 625 + 500 + 150 + 20 + 1 = 1296$$

verschiedene Elementarereignisse. Dies sind ziemlich viele, wenn man bedenkt, dass Ω' nur 5 Elementarereignisse enthält. Den Spieler interessiert natürlich nur, ob er gewinnt oder verliert. Wir betrachten nun die zusätzliche Zufallsvariable

$$Y : \Omega' \to \Omega'' = \{-1, 1\},\ y \to Y(y),$$

wobei $Y(0) = 1$ und sonst $Y(y) = -1$ ist. Der Spieler gewinnt also mit der Wahrscheinlichkeit

$$P^{Y \circ X}(1) = \frac{625}{1296}$$

und verliert mit der Wahrscheinlichkeit

$$P^{Y \circ X}(-1) = P^X(\{1, 2, 3, 4\})$$

V. Stochastik

$= P^X(1) + P^X(2) + P^X(3) + P^X(4)$

$= \frac{500}{1296} + \frac{150}{1296} + \frac{20}{1296} + \frac{1}{1296}$

$= \frac{671}{1296}.$

Für die Spielbank bedeutet dies, von 1296 Spielen gewinnt sie durchschnittlich 671 Spiele.

Die Verteilungsfunktion einer Zufallsvariablen

In den vorherigen Abschnitten wurde oft erwähnt, dass bestimmte Zufallsexperimente gleich verteilt sind. Dies soll jetzt etwas präziser gefasst werden.

Die *Verteilung einer diskreten Zufallsvariablen* X besteht aus allen Paaren von Elemementarereignissen aus $X(\Omega) = \Omega'$ und deren Wahrscheinlichkeiten, also

$$(X(x), P^X(X(x))).$$

Ist die Zufallsvariable reellwertig, also X(x) aus $\mathbb{R}$, dann können wir eine Funktion

$$F : \mathbb{R} \to \mathbb{R},\ r \to P(\{x \text{ aus } \Omega : X(x) \leq r\}) = P(X \leq r)$$

definieren. F heißt *Verteilungsfunktion* von X.

Statt $\{x \text{ aus } \Omega : X(x) \leq r\}$, bzw. $\{x \text{ aus } \Omega : X(x) = r\}$, bzw. $\{x \text{ aus } \Omega : r \leq X(x) \leq s\}$ schreibt man der Einfachheit wegen $(X \leq r)$, bzw. $(X = r)$, bzw. $(r \leq X \leq s)$.

Wir betrachten jetzt wieder das oben angeführte französische Würfelspiel.

B Die Verteilung der Zufallsvariablen X ist

$(0, P^X(0)) = (0, P(X^{-1}(0))) = (0, \frac{625}{1296}),$

$(1, P^X(1)) = (1, P(X^{-1}(1))) = (1, \frac{500}{1296}),$

$(2, P^X(2)) = (2, P(X^{-1}(2))) = (2, \frac{150}{1296}),$

$(3, P^X(3)) = (3, P(X^{-1}(3))) = (3, \frac{20}{1296})$,

$(4, P^X(4)) = (4, P(X^{-1}(4))) = (4, \frac{1}{1296})$.

Die Bilder der Verteilungsfunktion F dieser Zufallsvariablen X sind

$P(X \leq 0) = \frac{625}{1296}$,

$P(X \leq 1) = \frac{1125}{1296}$,

$P(X \leq 2) = \frac{1275}{1296}$,

$P(X \leq 3) = \frac{1295}{1296}$,

$P(X \leq 4) = 1$.

Man kann F auch durch die folgende Zeichnung darstellen.

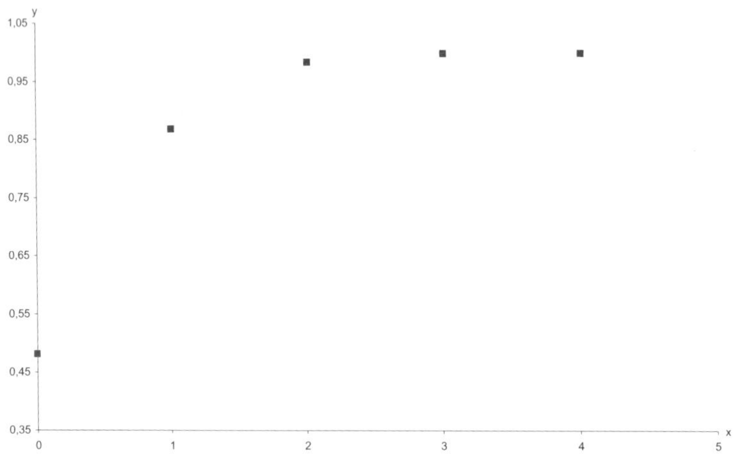

Offenbar gilt für eine beliebige Verteilungsfunktion F einer Zufallsvariablen X Folgendes:

$$P(a < X \leq b) = F(b) - F(a)$$
$$P(a < X) = 1 - F(a)$$

Beweis: Die Ereignisse $P(a < X \leq b)$ und $P(X \leq a)$ sind disjunkt, deshalb ist

$$\begin{aligned} F(b) &= P(X \leq b) \\ &= P(a < X \leq b) + P(a \leq X) \\ &= P(a < X \leq b) + F(a) \end{aligned}$$

Subtrahiert man von der Gleichungskette F(a), so erhält man das gewünschte Ergebnis. Die andere Aussage erhält man ähnlich. Die Mengen $(a < X)$ und $(X \leq a)$ sind disjunkt, deshalb gilt:

$$\begin{aligned} 1 &= P(\Omega) \\ &= P(a < X) + P(X \leq a) \\ &= P(a < X) + F(a) \end{aligned}$$

Subtrahiert man nun von der Gleichungskette F(a), so ist man fertig.

Erwartungswert einer Zufallsvariablen

Der *Erwartungswert einer Zufallsvariablen* ist eine der wichtigsten Größen in der Stochastik. Bislang haben wir nur die Wahrscheinlichkeit eines Ereignisses berechnet, aber das allein ist gar nicht so interessant.

B Angenommen, man möchte sein Fahrrad im Wert von 500 Euro für ein Jahr gegen Diebstahl versichern. Die Versicherung weiß, dass ungefähr jedes 40. Fahrrad innerhalb dieses Zeitrahmens als gestohlen gemeldet wird. Die Versicherung hat mit 40 Fahrradfahrern, welche ein Fahrrad im Wert von 500 Euro besitzen, einen Vertrag über ein Jahr abgeschlossen, wobei jeder Versicherungsnehmer 25 Euro Versicherungsprämie bezahlen muss. Wird genau eines dieser Fahrräder als gestohlen gemeldet, macht die Versicherung einen Brutto-Gewinn G von 500 Euro.

Es gilt doch

$$\begin{aligned} G &= 39 \cdot 25 \text{ Euro} - 1 \cdot 475 \text{ Euro} \\ &= 500 \text{ Euro} \end{aligned}$$

Wenn wir dies als Zufallsexperiment betrachten, dann gibt es zwei Ereignisse, A = „das Fahrrad wird nicht als gestohlen gemeldet“ und

A^c = „das Fahrrad wird als gestohlen gemeldet“. Nun kann man den erwarteten durchschnittlichen Gewinn E(X) der Versicherung bei Vertragsabschluss mit nur einem Fahrradfahrer berechnen.

$$\begin{aligned} E(X) &= 25 \text{ Euro} \cdot P(A) + (-475 \text{ Euro}) \cdot P(A^c) \\ &= 25 \cdot \text{Euro} \cdot \frac{39}{40} - 475 \text{ Euro} \cdot \frac{1}{40} \\ &= \frac{500}{40} \cdot \text{Euro} \\ &= 12 \text{ Euro und } 50 \text{ Cent.} \end{aligned}$$

Natürlich macht die Versicherung diesen Gewinn nicht tatsächlich, denn niemandem wird $\frac{1}{40}$ Fahrrad gestohlen, aber im Durchschnitt kann die Versicherung diesen Gewinn erwarten.

Deshalb nennt man E(X) auch den Erwartungswert der Zufallsvariablen X.

Ist X eine diskrete Zufallsvariable mit dem Wertebereich $\{x_1, x_2, x_3, \ldots, x_n\}$, dann heißt
$E(X) = x_1 \cdot P(X = x_1) + x_2 \cdot P(X = x_2) + \ldots + x_n \cdot P(X = x_n)$
der Erwartungswert der Zufallsvariablen X.

B Beim Werfen eines Würfels hat man einen Erwartungswert von 3,5.

Beweis:

$$\begin{aligned} E(X) &= 1 \cdot P(1) + 2 \cdot P(2) + 3 \cdot P(3) + 4 \cdot P(4) + 5 \cdot P(5) + 6 \cdot P(6) \\ &= \frac{1}{6} + \frac{2}{6} + \frac{3}{6} + \frac{4}{6} + \frac{5}{6} + \frac{6}{6} \\ &= \frac{21}{6} \\ &= 3{,}5 \end{aligned}$$

Das Zufallsexperiment mit zwei Würfeln, bei dem immer die Summe der beiden Augenzahlen gebildet wurde, hatte die im Diagramm vorgestellte Verteilung (vgl. S. 641).

Würfelt man mit zwei Würfeln, so ist mit $\frac{1}{6}$ das „wahrscheinlichste“ aller Elementarereignisse eine 7 (vgl. S. 641). Nun soll gezeigt werden, dass eine „7 zu werfen“ auch der Erwartungswert diese Zufallexperimentes ist.

$$
\begin{aligned}
E(X) &= 2 \cdot P(X{=}2) + 3 \cdot P(X{=}3) + \ldots + 11 \cdot P(X{=}11) + 12 \cdot P(X{=}12) \\
&= 2 \cdot \frac{1}{36} + 3 \cdot \frac{1}{18} + 4 \cdot \frac{1}{12} + 5 \cdot \frac{1}{9} + 6 \cdot \frac{5}{36} \\
&\quad + 7 \cdot \frac{1}{6} \\
&\quad + 12 \cdot \frac{1}{36} + 11 \cdot \frac{1}{18} + 10 \cdot \frac{1}{12} + 9 \cdot \frac{1}{9} + 8 \cdot \frac{5}{36} \\
&= 14 \cdot \left(\frac{1}{18} + \frac{1}{12} + \frac{1}{9} + \frac{1}{6}\right) + \frac{7}{6} \\
&= \frac{35}{6} + \frac{7}{6} \\
&= \frac{42}{6} \\
&= 7
\end{aligned}
$$

Der Erwartungswert einer Zufallsvariablen zeigt uns, mit welchem Ereignis wir durchschnittlich zu rechnen haben. Er besagt aber nicht, mit welcher Wahrscheinlichkeit dieses Ergeignis eintritt.

Angenommen, man entfernt die Augen eines Würfels und schreibt auf jede Seite 3,5. Dann hat dieser neue Würfel den Erwartungswert 3,5 – wie ein gewöhlicher Würfel auch. Jedoch wissen wir, dass man mit einem gewöhnlichen Würfel niemals eine 3,5 werfen wird. Dagegen wird man mit dem neuen Würfel ständig eine 3,5 werfen. Solche Unterschiede bei Zufallsvariablen lassen sich mit Hilfe der Varianz einer Zufallsvariablen ausdrücken.

Varianz einer Zufallsvariablen

Der Begriff der *Varianz* σ^2 einer Zufallsvariablen X soll ein Maß dafür sein, wie stark die verschiedenen möglichen Ereignisse vom Erwartungswert E(X) abweichen. Nun kann man natürlich den Erwartungswert der Abweichung vom Erwartungswert, also E(X – E(X)) bilden. Ist X die Augenzahl eines Würfels, dann würde die neue Zufallsvariable X – E(X) den Wertebereich {– 2,5; – 1,5; – 0,5; 0,5; 1,5; 2,5} haben.

$E(X - E(X))$

$= -2{,}5 \cdot \frac{1}{6} - 1{,}5 \cdot \frac{1}{6} - 0{,}5 \cdot \frac{1}{6} + 0{,}5 \cdot \frac{1}{6} + 1{,}5 \cdot \frac{1}{6} + 2{,}5 \cdot \frac{1}{6}$

$= 0 \cdot \frac{1}{6}$

$= 0$

So geht es also nicht. Die verschiedenen Abweichungen vom Erwartungswert heben sich bei dieser Betrachtung wieder auf. Aus diesem Grunde quadriert man auch die Abweichungen vom Erwartungswert, wodurch alle quadrierten Abweichungen positiv werden und sich nicht mehr aufheben können.

Ist X eine diskrete Zufallsvariable mit Wertebereich $\{x_1, x_2, x_3, ..., x_n\}$ und Erwartungs-wert E(X), dann heißt

$\sigma^2 = (x_1 - E(X))^2 \cdot P(X=x_1) + (x_2 - E(X))^2 \cdot P(X=x_2) + ... + (x_n - E(X))^2 \cdot P(X=x_n)$

die Varianz von X und $\sigma = (\sigma^2)^{\frac{1}{2}}$ die *Streuung* von X.

B

Ist X die Augenzahl eines Würfels, dann hat diese Zufallsvariable den Erwartungswert 3,5 und die Varianz

σ^2

$= (-2{,}5)^2 \cdot \frac{1}{6} + (-1{,}5)^2 \cdot \frac{1}{6} + (-0{,}5)^2 \cdot \frac{1}{6} + 0{,}52 \cdot \frac{1}{6} + 1.52 \cdot \frac{1}{6} + 1{,}52 \cdot \frac{1}{6} + 2{,}52 \cdot \frac{1}{6}$

$= \frac{35}{12}$

und die Streuung $\sigma = \left(\frac{35}{12}\right)^{\frac{1}{2}} = 1{,}7078$ ....

Beim Werfen einer Münze sind die Ereignisse Kopf oder Zahl möglich. Wir bilden die Zufallsvariable

$X : \{\text{Kopf}, \text{Zahl}\} \rightarrow \{-1, 1\}$, $X(\text{Kopf}) = -1$ und $X(\text{Zahl}) = 1$.

X hat den Erwartungswert
$E(X) = -1 \cdot P(X=-1) + 1 \cdot P(X=1) = -\frac{1}{2} + \frac{1}{2} = 0$
und die Varianz
$\sigma^2 = (-1)^2 \cdot P(X=-1) + 1^2 \cdot P(X=1) = 1$
und die Streuung $\sigma = 1$ (dies ist genau die halbe Differenz von 1 und – 1).

Wir haben uns bislang nur mit diskreten Zufallsvariablen beschäftigt, dies muss aber in der Praxis nicht immer sinnvoll sein. Angenommen, wir haben eine stetige Funktion $f: \mathbb{R} \to \mathbb{R}, x \to f(x)$, sodass das Integral über f in den Grenzen von $-\infty$ bis $+\infty$ definiert und gleich 1 ist. Ein bekanntes Beispiel hierfür ist die Gauß´sche Glockenkurve $\left(x \to \frac{1}{(2 \cdot \pi)^2} \cdot e^{-x \cdot \frac{x}{2}}\right)$, welche auf jedem 10 Markschein zufinden ist.

Jetzt kann man die Stammfunktion F von f bilden und zwar die, (eine Stammfunktion ist immer nur bis auf eine Konstante eindeutig) für die das Integral über f in den Grenzen von $-\infty$ bis $+\infty$ gerade F(x) ist. In Zeichen:

$$F(x) = \int_{-\infty}^{+\infty} f(x)dx$$

Wir nennen jetzt einfach X eine Zufallsvariable mit Wertebereich $\mathbb{R}$ und Verteilungsfunktion F. Ein Ereignis mit $(a \le X \le b)$ hat damit die Wahrscheinlichkeit $P(a \le X \le b) = F(b) - F(a)$. Wir haben uns also ein Zufallsexperiment aus nichts außer Mathematik geschaffen. Ein Anwendungsbeispiel für ein derartiges Zufallsexperiment wäre die Größe eines Menschen, die Lebensdauer einer Glühbirne, die wechselnde Geschwindigkeit eines Autos im Straßenverkehr usw.

Der Erwartungswert und die Varianz eines solchen Zufallsexperimentes sind analog zum diskreten Fall definiert.

$$E(x) = \int_{-\infty}^{+\infty} x \cdot f(x)dx$$

$$\sigma^2(x) = \int_{-\infty}^{+\infty} (x - E(X))^2 f(x)dx$$

Nicht erwähnt wurden die verschiedenen Gesetze „der großen Zahlen". Diese Gesetze sagen aus, was stillschweigend immer vorausgesetzt wurde. Zum Beispiel besagt das Bernoulli'sche Gesetz der großen Zahlen: Wird ein Bernoulli-Experiment sehr häufig wiederholt, so fällt die relative Häufigkeit eines Ereignisses A mit der Wahrscheinlichkeit dieses Ereignises zusammen. Angenommmen man wirft 1000-mal eine Münze, wobei 497 mal das Ergebnis Zahl erscheint, dann liegt die relative Häufigkeit dieses Ereignises, also $\frac{497}{1000}$, wahrscheinlich relativ nahe bei der Wahrscheinlichkeit des Ereignisses, also $\frac{1}{2}$. Wenn dies nicht so wäre, bräuchte man auch keine großen Datenmengen zu sammeln, da eine statistische Auswertung, um eine Wahrscheinlichkeit für bestimmte Ereignisse zu bekommen, sinnlos wäre. Diese Sätze sind also sehr wichtig für den, der Wahrscheinlichkeitsrechnung betreibt, aber er wird sie nie explizit anwenden und deshalb sei darauf auch nicht weiter eingegangen.

Aufgaben

1. Wie sieht die Zufallsvariable eines gewöhnlichen Würfelexperimentes aus?
2. Mit welcher Wahrscheinlichkeit tritt der Erwarungswert eines Zufallsexperimentes ein?
3. Ist ein Zufallsexperiment durch seinen Erwartungswert und seine Streuung eindeutig beschrieben?

Lösungen

1. $X:\{\text{es wurde eine n gewürfelt: } n = 1, 2, 3, 4, 5, 6\} \to \{1, 2, 3, 4, 5, 6\}$, es wurde eine n gewürfelt $\to$ X (es wurde eine n gewürfelt) = n.
2. Mit welcher Wahrscheinlichkeit der Erwartungswert einer Zufallsvariablen eintritt, hängt vom Zufallsexperiment ab. Beim Würfeln tritt der Erwartungswert 3,5 nie auf.
3. Nein, aber der Erwartungswert und seine Streuung beschreiben ein Zufallsexperiment schon sehr gut.

Formelsammlung

Größen und Maße

Besonders wichtig sind die folgenden in der Tabelle aufgelisteten Zusammenhänge:

Abkürzung	Vorsilbe	Vorsilbe deutsch	Zehnerzahl	Dezimalbruch	Zehnerpotenz
m	Milli	Tausendstel	$\frac{1}{1000}$	0,001	10^{-3}
c	Zenti	Hundertstel	$\frac{1}{100}$	0,01	10^{-2}
d	Dezi	Zehntel	$\frac{1}{10}$	0,1	10^{-1}
Grundgröße z. B. Meter, Gramm, Liter		Einer	1	1	10^{0}
k	Kilo	Tausender	1000	1000	10^{3}

Längenmaße

1 km = 1000 m oder 1 m = 0,001 km

1 m

1 dm = 0,1 m oder 1m = 10 dm

1 cm = 0,01 m oder 1m = 100 cm

1 mm = 0,001 m oder 1m = 1000 mm

Flächenmaße

1 km^2 = 1.000.000 m^2 oder 1 m^2 = 0,000001 km^2

1 ha = 10.000 m^2 oder 1 m^2 = 0,0001 ha

1 a = 100 m^2 oder 1 m^2 = 0,01 a

1 m^2

1 dm^2 = 0,01 m^2 oder 1 m^2 = 100 dm^2

1 cm^2 = 0,0001 m^2 oder 1 m^2 = 10.000 cm^2

1 mm^2 = 0,000001 m^2 oder 1 m^2 = 1.000.000 mm^2

Raummaße

1 km^3 = 1.000.000.000 m^3	oder	1 m^3 = 0,000000001 km^3
1 m^3		
1 dm^3 = 0,001 m^3	oder	1 m^3 = 1000 dm^3
1 cm^3 = 0,000001 m^3	oder	1 m^3 = 1.000.000 cm^3
1 mm^3 = 0,000000001 m^3	oder	1 m^3 = 1.000.000.000 mm^3

Hohlmaße

1 hl = 100 l	oder	1 l = 0,01 hl
1 dal = 10 l	oder	1 l = 0,1 dal
1 l		
1 dl = 0,1 l	oder	1l = 10 dl
1 cl = 0,01 l	oder	1l = 100 cl
1 ml = 0,001 l	oder	1l =1000 ml

Gewichtsmaße

1 t = 1.000.000 g	oder	0,000001 t = 1 g
1kg = 1000 g	oder	0,001 kg = 1 g
1 g		
1mg = 0,001 g	oder	1000 mg = 1g

Prozentrechnung

Bei der Prozentrechnungen werden folgende Abkürzungen verwendet:

für den Grundwert G, für den Prozentwert W und für den Prozentsatz p.

Die Formel zur Berechnung des Grundwertes ist: $G = \frac{W \cdot 100}{p}$

Die Formel zur Berechnung des Prozentsatzes ist: $p = \frac{W \cdot 100}{G}$

Die Formel zur Berechnung des Prozentwertes ist: $W = \frac{G \cdot p}{100}$

Zinsrechnung

Bezeichnungen bei der Zinsrechnung sind Kapital: K, Zinsen: Z, Zinssatz: p, Zeit = Tage: t.

Berechnet man die Zinsen für 1 Jahr, so ist:

$$K = \frac{Z \cdot 100}{p}$$

$$Z = \frac{K \cdot p}{100}$$

$$p = \frac{Z \cdot 100}{K}$$

Berechnung der Tages- und Monatszinsen Z (t), des Kapitals bei Tages- und Monatszinsen sowie des jährlichen Zinssatzes:

$$Z(t) = \frac{K \cdot p \cdot t}{100 \cdot 360}$$

$$K = \frac{Z(t) \cdot 100 \cdot 360}{p \cdot t}$$

$$p = \frac{Z(t) \cdot 100 \cdot 360}{K \cdot t}$$

Soll die Verzinsung eines Kapitals über n Jahre berechnet werden (Zinseszins), so ist:

$K_n = K \cdot q^n$

mit $1 + \frac{p}{100} = q$ (Zinsfaktor).

Binomische Formeln

1. Binomische Formel: $(a + b)^2 = a^2 + 2ab + b^2$

2. Binomische Formel: $(a - b)^2 = a^2 - 2ab + b^2$

3. Binomische Formel: $(a + b) \cdot (a - b) = a^2 - b^2$

Pascal'sches Dreieck

Pascal-Dreieck	Binom	Binomische Formeln
1	$(a \pm b)^0 =$	1
1 1	$(a \pm b)^1 =$	$1a \pm 1b$
1 2 1	$(a \pm b)^2 =$	$1a^2 \pm 2ab + 1b^2$
1 3 3 1	$(a \pm b)^3 =$	$1a^3 \pm 3a^2b + 3ab^2 \pm 1a^3$
1 4 6 4 1	$(a \pm b)^4 =$	$1a^4 \pm 4a^3b + 6a^2b^2 \pm 4ab^3 + 1b^4$
1 5 10 10 5 1	$(a \pm b)^5 =$	$1a^5 \pm 5a^4b + 10a^3b^2 \pm 10a^2b^3 + 5ab^4 \pm 1b^5$

Binom vom Grade n

$$(a+b)^n = \sum_{k=0}^{n} \binom{n}{k} a^{n-k} b^k$$

Binomialkoeffizient

$$\binom{n}{k} = \frac{n \cdot (n-1) \cdot (n-2) \cdot \ldots \cdot (n-k+1)}{1 \cdot 2 \cdot 3 \cdot \ldots \cdot k} = \frac{n!}{k! \cdot (n-k)!} \quad \text{für} \quad n > k > 0$$

Fakultät

$$n! = n \cdot (n-1) \cdot (n-2) \cdot \ldots \cdot 2 \cdot 1$$

Regeln für das Rechnen mit Logarithmen

$\ln(a^b) = b \cdot \ln(a)$

$\ln\left(a^{\frac{n}{m}}\right) = \frac{n}{m} \cdot \ln(a)$

$\ln(a \cdot b) = \ln(a) + \ln(b)$

$\ln\left(\frac{a}{b}\right) = \ln(a) - \ln(b)$

$\log_b(a) = \frac{\log_c(a)}{\log_c(b)}$

Regeln für das Rechnen mit Exponenten

$a^0 = 1$ für $a \neq 0$

$0^n = 0$ für $n \in \mathbb{N}$

$(a \cdot b)^n = a^n \cdot b^n$

$(a : b)^n = a^n : b^n$

$a^m \cdot a^n = a^{m+n}$

$a^m : a^n = a^{m-n}$

$a^{-n} = \frac{1}{a^n}$ für $a \neq 0$

$(a^m)^n = a^{m \cdot n}$

Regeln für das Rechnen mit Sinus und Cosinus

$\cos^2(x) + \sin^2(x) = 1$

Additionstheoreme

$\sin(x + y) = \sin(x) \cdot \cos(y) + \cos(x) \cdot \sin(y)$
$\cos(x + y) = \cos(x) \cdot \cos(y) - \sin(x) \cdot \sin(y)$

Produktformeln

$$\sin(x) \cdot \sin(y) = \frac{\cos(x-y) - \cos(x+y)}{2}$$

$$\cos(x) \cdot \cos(y) = \frac{\cos(x-y) + \cos(x+y)}{2}$$

$$\sin(x) \cdot \cos(y) = \frac{\sin(x-y) + \sin(x+y)}{2}$$

Wichtige Funktionen

Im Folgenden sind die Funktionsvorschriften ohne Definitions- und Wertebereich angegeben

Lineare Funktion

$f(x) = mx + t$

Quadratische Funktion

$f(x) = x^2$

Polynom

$f(x) = a_n x^n + a_{n-1} \cdot x^{n-1} + \ldots + a_1 x^1 + a_0$, mit $(a_n \ldots, a_0 \in \mathbb{R}, n \in \mathbb{N})$

Wurzelfunktion

$f(x) = \sqrt{x}$

Betragsfunktion

$f(x) = |x|$

Logarihmusfunktion (hier: Logarithmus zur Basis 10)

$f(x) = \log_{10} x$

Logarithmus Naturalis (Spezialfall: Logarithmusfunktion zur Basis e)

$f(x) = \log_e x = \ln x$

Exponentialfunktion

$f(x) = y^x$, mit y fest

Euler'sche Funktion (Spezialfall der Exponentialfunktion)

$f(x) = e^x$

Sinusfunktion

$f(x) = \sin(x)$

Cosinusfunktion

$f(x) = \cos(x)$

Tangensfunktion

$$f(x) = \tan(x) = \frac{\sin(x)}{\cos(x)}$$

Ableitungsregeln

Der Limes des Differentialquotienten heißt Ableitung von f in a, in Zeichen

$$\lim_{n \to \infty} \frac{f(a_n) - f(a)}{a_n - a} = f'(a)$$

Es seien f und g in a differenzierbar. Dann gilt:

1. $(f + g)'(a) = f'(a) + g'(a)$
2. $(f - g)'(a) = f'(a) - g'(a)$
3. $(l \cdot g)'(a) = l \cdot g`(a)$

Produktregel

$(f \cdot g)'(a) = f'(a) \cdot g(a) + f(a) \cdot g'(a)$

Quotientenregel

$$\left(\frac{f}{g}\right)'(a) = \frac{f'(a) \cdot g(a) - f(a) \cdot g'(a)}{g(a)^2}$$

Kettenregel

f ist in a differenzierbar, g ist in b = f (a) differenzierbar.
Dann ist (g∘f) (a) = g (f (a)) in a differenzierbar und es gilt
$(g \circ f)'(a) = g'(f(a)) \cdot f'(a)$

Ableitungen einiger wichtiger Funktionen

$(x)' = 1$

$\left(\frac{1}{x}\right)' = \frac{1}{x^2}$

$(\sqrt{x})' = -\frac{1}{2\sqrt{x}}$

$(x^n)' = n \cdot x^{n-1}$ mit $n \in \mathbb{N}$

$(e^x)' = e^x$ für alle x

$(\ln x)' = \frac{1}{x}$ für $x > 0$

$(\sin x)' = \cos x$

$(\cos x)' = -\sin x$

Integralrechnung

Unbestimmtes Integral

$\int f(x)dx$

Bestimmtes Integral

$\int_{x_0}^{x_1} f(x)dx$

Formelsammlung

Eigenschaften des Integrals

Sind f und g integrierbar und ist $l \in \mathbb{R}$, dann gilt:

1. $\int_a^b (f(x) + g(x))dx = \int_a^b f(x)dx + \int_a^b g(x)dx$

2. $\int_a^b l \cdot f(x)dx = l \cdot \int_a^b f(x)dx$

3. $\int_a^b f(x)dx = l - \int_b^a f(x)dx$

Additivität

$$\int_a^c f(x)dx = \int_a^b f(x)dx + \int_b^c f(x)dx$$

Partielle Integration (bzw. Produktintegration)

$$[f(x) \cdot g(x)]_{x_0}^{x_1} = \int_{x_0}^{x_1} f'(x) \cdot g(x)dx + \int_{x_0}^{x_1} f(x) \cdot g'(x)dx$$

Substitutionsregel

$$\int_a^b f(g(t))g'(t)dt = \int_{g(a)}^{g(b)} f(x)dx$$

Integrale einiger wichtiger Funktionen

$$\int x dx = \frac{1}{2}x^2$$

$$\int c dx = cx$$

$\int \frac{1}{x} dx = \ln|x|$ auf $(-\infty, 0)$ und $(0, \infty)$

$\int \sqrt{x}\, dx = \frac{2}{3}\sqrt{x^3}$

$\int x^n\, dx = \frac{x^{n+1}}{n+1}$, wobei $n \neq -1$

$\int e^x\, dx = e^x$, für alle x

$\int \sin x\, dx = -\cos x$, auf $\mathbb{R}$

$\int \cos x\, dx = \sin x$, auf $\mathbb{R}$

Umfang und Flächeninhalt von Vielecken in der Ebene

Dreieck

Umfang $U = a + b + c$

Fläche $A = \frac{1}{2} \cdot a \cdot ha$

Rechteck

Die jeweils gegenüberliegenden Seiten eines Rechtecks haben die gleiche Länge. Alle Seiten stehen in einem rechten Winkel (90°) aufeinander.

Umfang $U = 2a + 2b = 2c + 2d$

Fläche $A = a \cdot b = b \cdot c = c \cdot d = d \cdot a$

Quadrat

Das Quadrat ist ein spezielles Rechteck, bei dem alle vier Seiten gleich lang sind. Alle Seiten stehen im rechten Winkel aufeinander.

Umfang $U = a + b + c + d = 4a$

Fläche $A = a \cdot a = a^2$

Parallelogramm

Umfang $U = 2a + 2b$

Höhe $ha = b \cdot \sin(\alpha)$

Fläche $A = a \cdot b \sin(\alpha)$

Raute

Umfang $U = 4a$

Fläche $A = a^2 \cdot \sin(\alpha)$

Trapez

Umfang $U = a + b + c + d$

Fläche $A = \frac{1}{2}(a + c) \cdot b \cdot \sin(\beta)$

Drachenviereck

Umfang $U = 2a + 2b$

Fläche $A = \frac{1}{2} \cdot e \cdot f$

Kreis

Umfang $U = 2 \cdot \pi \cdot r$

Fläche $A = \pi \cdot r^2$

Dreidimensionale Körper im Raum

Würfel

Bestimmungsgrößen	Kantenlänge a
Grundfläche	$G = a \cdot a = a^2$
Deckfläche	$D = G = a \cdot a = a^2$
Oberfläche	Sechs kongruente Flächen $a \cdot a = a^2$ $O = 2 \cdot a \cdot a + 2 \cdot a \cdot a + 2 \cdot a \cdot a$ $= 6a^2$
Flächenschnittwinkel	Alle Flächen schneiden sich im rechten Winkel (90°)
Raumdiagonalen	Alle Raumdiagonalen sind gleich lang: $d = \sqrt{a^2 + b^2 + c^2} = a\sqrt{3}$
Volumen	Grundfläche mal Höhe: $V = a \cdot a \cdot a = a^3$

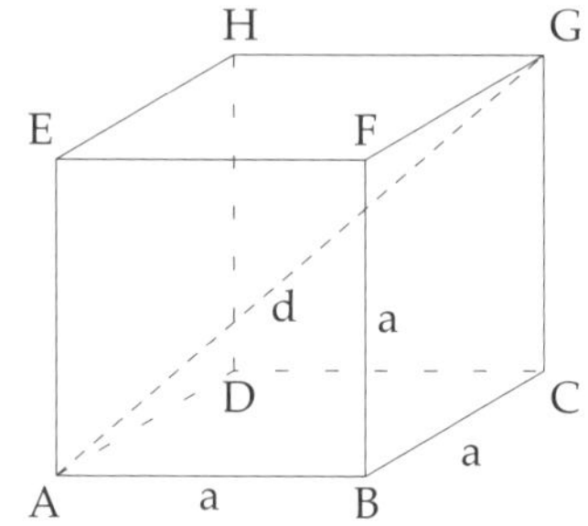

Pyramide

Bestimmungsgrößen	Grundfläche G, Höhe h, Deckfläche D, relative Lage der Deckfläche bezüglich der Grundfläche
Grundfläche	Die Grundfläche (hier Rechteck ABCD) ist einn-Eck.
Seitenflächen	Regulärer Pyramidenstumpf: n gleichschenklige Trapeze Sonst: Allgemeine Trapeze
Deckfläche	Die Deckfläche (hier Rechteck EFGH) ist ein n-Eck, das zur Grundfläche ähnlich ist. Eine allgemeine Berechnungsformel kann nicht angegeben werden.
Oberfläche	Summe aller Trapezflächen (Seitenflächen) plus Grundfläche plus Deckfläche
Volumen	Möglichkeit 1: Volumen der gesamten Pyramide minus Volumen der Pyramidenspitze Möglichkeit 2 (Formel): $V = \frac{h}{3} \cdot (G + D + \sqrt{G \cdot H})$

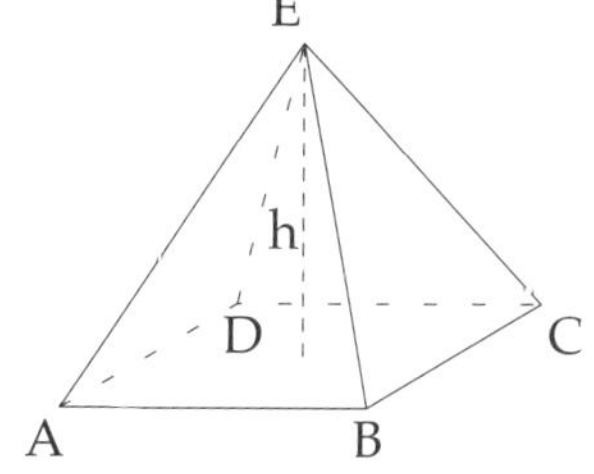

Zylinder

Bestimmungsgrößen	Radius r der Grund- und der Deckfläche Höhe h
Grundfläche	$G = \pi \cdot r^2$
Deckfläche	$D = G = \pi \cdot r^2$
Mantelfläche	$M = 2 \cdot \pi \cdot r \cdot h$
Oberfläche	Zwei mal Grund- (Kreis-) Fläche plus Mantel: $O = 2 \cdot \pi \cdot r^2 + 2 \cdot \pi \cdot r \cdot h$ $= 2 \cdot \pi \cdot r \cdot (r + h)$
Flächenschnittwinkel	Der Winkel zwischen Mantelfläche und Grundfläche sowie Mantelfläche und Deckfläche beträgt 90°
Volumen	Grundfläche mal Höhe: $V = \pi \cdot r^2 \cdot h$

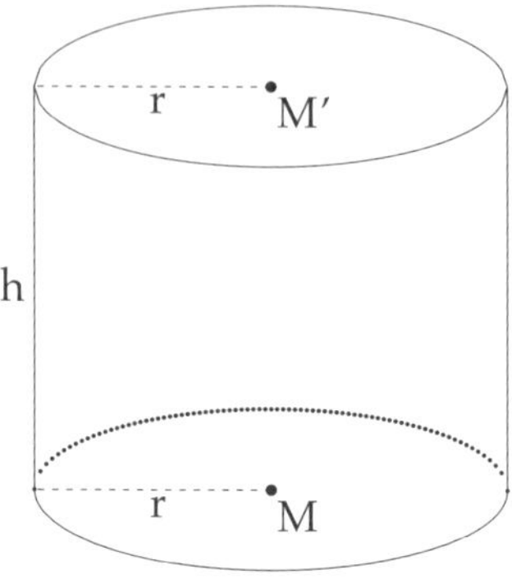

Gerader Kreiskegel

Bestimmungsgrößen	Radius r der Grundfläche Höhe h
Mantellinie	$l = \sqrt{h^2 + r^2}$
Grundfläche	$AG = \pi \cdot r^2$
Mantelfläche	$A_M = \pi r \cdot l = \pi \cdot r \cdot \sqrt{h^2 + r^2}$
Oberfläche	Die Oberfläche setzt sich aus der Grund- und der Mantelfläche zusammen. $O = \pi \cdot r \cdot (r + l)$
Flächenschnittwinkel	$\tan(\alpha) = \frac{h}{r} \Rightarrow \alpha = \arctan\left(\frac{h}{r}\right)$
Volumen	Ein Drittel mal Grundfläche mal Höhe: $V = \frac{1}{3}\pi \cdot r^2 \cdot h$

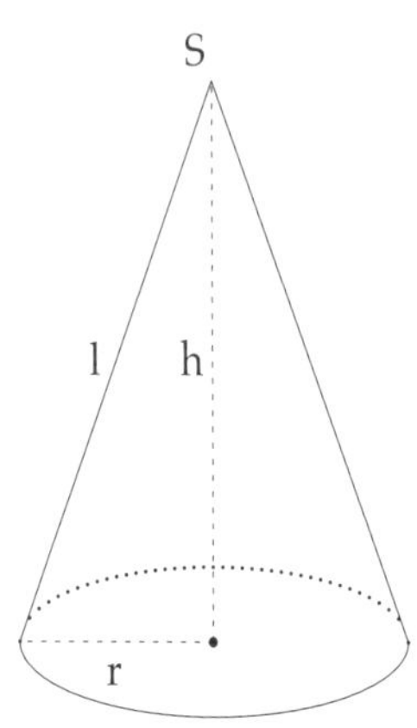

Gerader Kreiskegelstumpf

Bestimmungsgrößen	Radius R der Grundfläche, Radius r der Deckfläche, Höhe h
Mantellinie	$l = \sqrt{h^2 + (R - r)^2}$ (Satz des Pythagoras)
Höhe des Originalkegels	$H = [MS] = h + \frac{h \cdot r}{R - r}$
Grundfläche	$G = \pi \cdot R^2$
Mantelfläche	$M = \pi \cdot l \cdot (R + r)$
Deckfläche	$D = \pi \cdot r^2$ (obere Kreisfläche)
Oberfläche	Die Oberfläche setzt sich aus den beiden Kreisen und der Mantelfläche zusammen. $O = \pi \cdot r^2 + \pi \cdot R^2 + \pi \cdot (R + r) \cdot l$ $= \pi \cdot r \cdot (r + l) + \pi \cdot R \cdot (R + l)$
Flächenschnittwinkel	$\tan(a) = \frac{H}{R} \rightarrow a = \arctan\left(\frac{H}{R}\right)$ mit: $H = h + \frac{h \cdot r}{R - r}$
Volumen	$V = \frac{\pi \cdot h}{3} \cdot (R^2 + R \cdot r + r^2)$

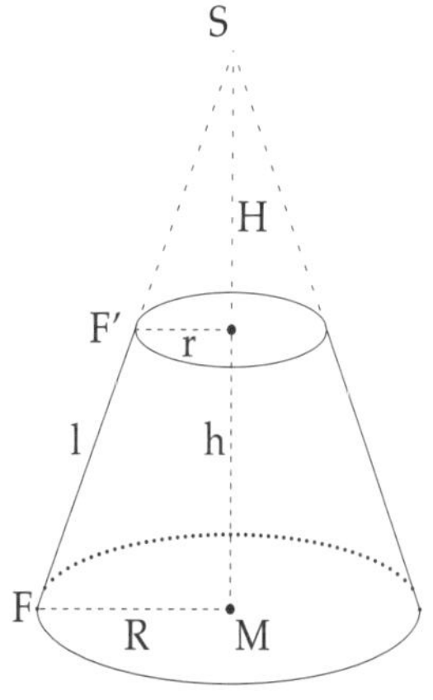

Kugel

Bestimmungsgrößen	Radius r
Oberfläche	$O = 4 \cdot \pi \cdot r^2$
Volumen	$V = \pi r^3$

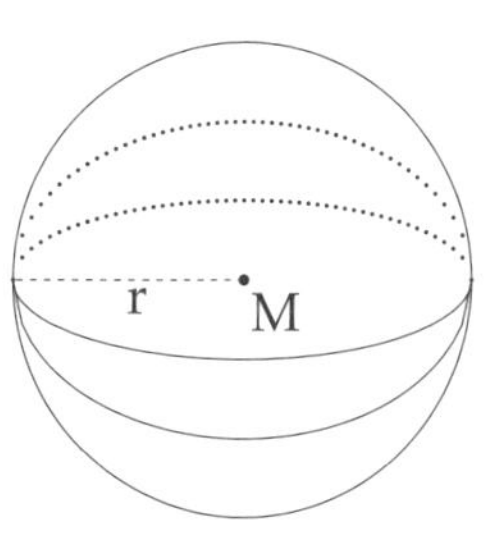

Formelsammlung

Strahlensätze

Für zwei ähnliche Figuren gilt: Die Verhältnisse einander entsprechender Seiten sind überall konstant. Es gilt:

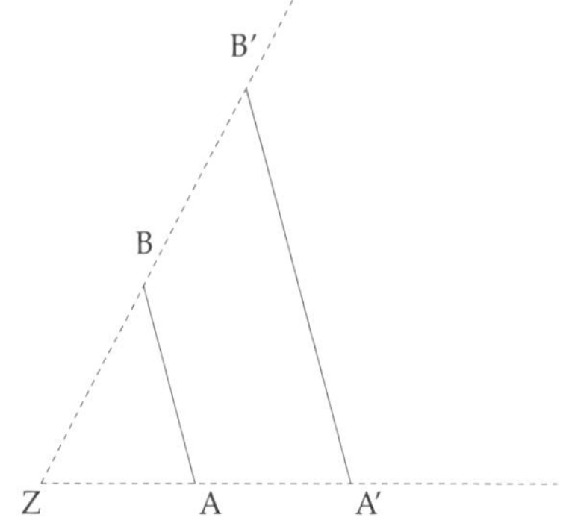

1. Strahlensatz:

$$\frac{\overline{ZA}}{\overline{AA'}} = \frac{\overline{ZB}}{\overline{BB'}}$$

und weiterhin:

2. Strahlensatz:

$$\frac{\overline{ZA}}{\overline{ZA'}} = \frac{\overline{ZB}}{\overline{ZB'}} = \frac{\overline{AB}}{\overline{A'B'}}$$

Umrechnung Radiant / (Winkel-) Grad:

Die Bogenlänge eines Vollkreises *(360°)* entspricht seinem Umfang: $U = 2 \cdot \pi \cdot r$. Für $r = 1$ (Einheitskreis) kann damit die Beziehung zwischen einem Winkel α in Grad ($\alpha[°]$) und dem entsprechenden Winkel α in rad ($\alpha[rad]$) angegeben werden:

$$\frac{\alpha[°]}{360°} = \frac{\alpha[rad]}{2\pi}$$

Für die Umrechnung von rad in Grad ergibt sich so die hilfreiche Formel:

$$\alpha[rad] = \frac{\pi}{180°}\alpha[°]$$

Umgekehrt gilt für die Umrechnung von Grad in rad die Formel:

$$\alpha[°] = \frac{180°}{\pi}\alpha[rad]$$

Punktspiegelung

Der Spiegel einer Punktspiegelung ist ein einziger Punkt. Dieser Punkt ist das Spiegelzentrum (Z).

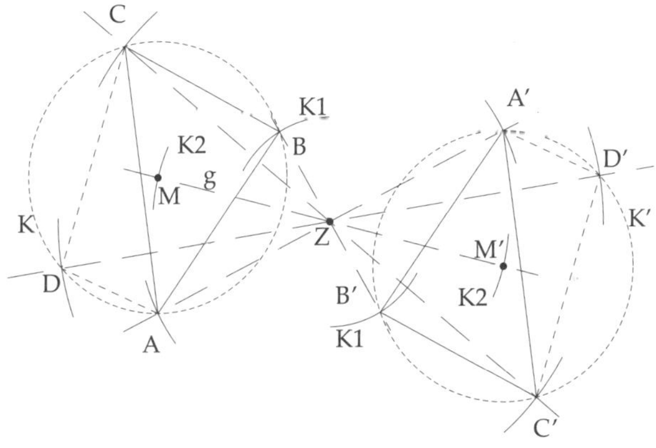

Parallelverschiebung

Eine Figur kann verschoben werden, ohne dass sich dadurch die Richtung ihrer einzelnen Seiten ändert. Die einzelnen Seiten der neuen Figur bleiben parallel zu den jeweiligen Seiten im Original.

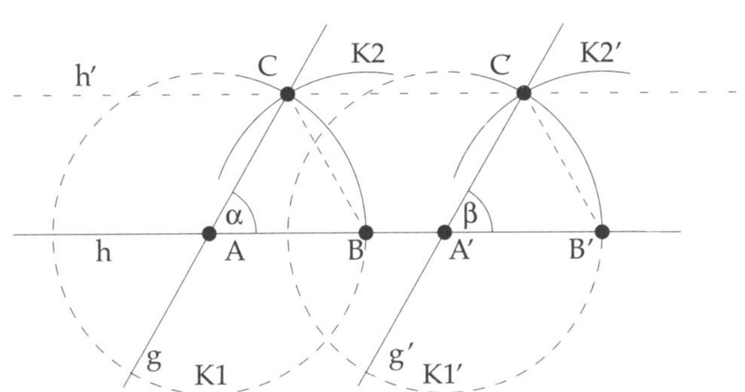

Achsenspiegelung

Bei einer Achsenspiegelung wird eine Figur entlang einer Achse – der Spiegelachse – gespiegelt.

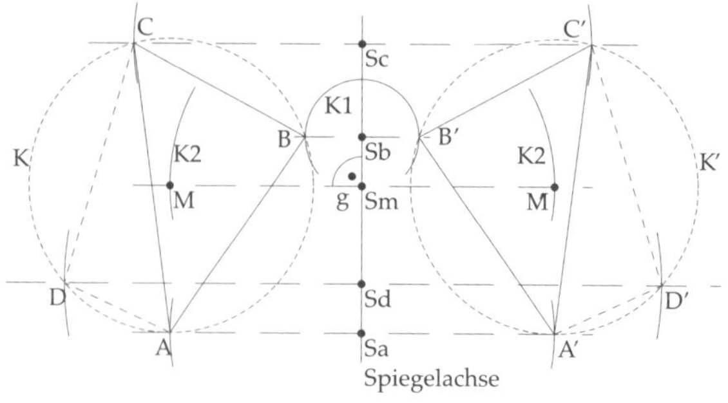

Drehung

Die *Drehung* ist eine Kongruenzabbildung, bei der die Originalfigur um einen *Drehpunkt* in das Duplikat hineingedreht wird. In der Zeichnung ist der Punkt A der Drehpunkt.

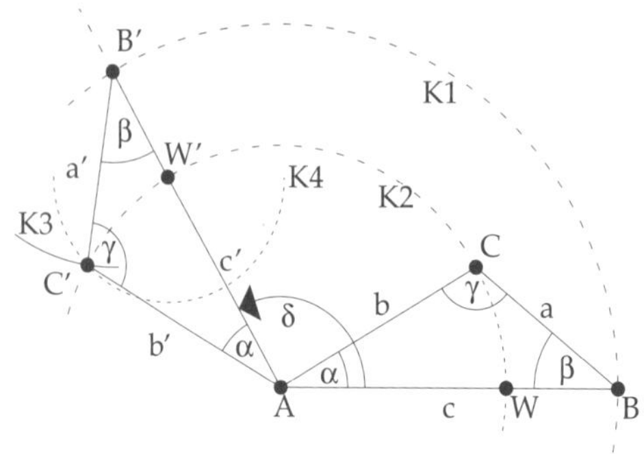

Satz des Pythagoras

$a^2 + b^2 = c^2$

Höhensatz des Euklid

$$h^2 = p \cdot q$$

Kathetensätze des Euklid

$$b^2 = c \cdot p$$

$$a^2 - c \cdot q$$

Winkelbeziehungen

$$\sin(\alpha) = \frac{\text{Gegenkathete}}{\text{Hypothenuse}} = \frac{a}{c}$$

$$\cos(\alpha) = \frac{\text{Ankathete}}{\text{Hypothenuse}} = \frac{b}{c}$$

$$\tan(\alpha) = \frac{\text{Gegenkathete}}{\text{Ankathete}} = \frac{a}{b}$$

Sinussatz

$$\frac{a}{\sin(\alpha)} = \frac{b}{\sin(\beta)}$$

$$\frac{b}{\sin(\beta)} = \frac{c}{\sin(\gamma)}$$

$$\frac{a}{\sin(\alpha)} = \frac{c}{\sin(\gamma)}$$

Cosinussatz

$$c^2 = a^2 + b^2 - 2ab\cos(\gamma)$$

$$b^2 = c^2 + a^2 - 2ca\cos(\beta)$$

$$a^2 = b^2 + c^2 - 2bc\cos(\alpha)$$

Dimensionsformel

dim V = dim im (f) + dim ker (f)

Berechnung von Determinanten

$$\det\begin{pmatrix} a & b \\ c & d \end{pmatrix} = a \cdot d - b \cdot c$$

Regel von Sarrus

$$\det\begin{pmatrix} a_{11} & a_{12} & a_{13} \\ a_{21} & a_{22} & a_{23} \\ a_{31} & a_{32} & a_{33} \end{pmatrix} = \begin{matrix} a_{11} \cdot a_{22} \cdot a_{33} + a_{12} \cdot a_{23} \cdot a_{31} + a_{13} \cdot a_{21} \cdot a_{32} \\ - a_{13} \cdot a_{22} \cdot a_{31} - a_{11} \cdot a_{23} \cdot a_{32} - a_{12} \cdot a_{21} \cdot a_{33} \end{matrix}$$

Determinanten-Multiplikationssatz

Es ist $\det(A \cdot B) = \det(A) \cdot \det(B)$,

insbesondere ist $\det(A^{-1}) = \frac{1}{\det(A)}$

Euklidischer Abstand

Der euklidische Abstand d für zwei Punkte $A = (a_1, a_2, a_3)^t$ und $B = (b_1, b_2, b_3)^t$ ist

$$d(AB) = ((b_1 - a_1)^2 + (b_2 - a_2)^2 + (b_3 - a_3)^2)^{\frac{1}{2}}$$

Der euklidische Abstand eines Punktes $A = (a_1, a_2, a_3)^t$ zum Ursprung wird durch das Skalarprodukt errechnet

$$(a_1, a_2, a_3) \cdot \begin{pmatrix} a_1 \\ a_2 \\ a_3 \end{pmatrix} = (a_1)^2 + (a_2)^2 + (a_3)^2$$

Kreuzprodukt

Für zwei Vektoren $(a_1, a_2, a_3)^t$ und $(b_1, b_2, b_3)^t$ ist das Kreuzprodukt wie folgt definiert:

$$(a_1, a_2, a_3)^t \times (b_1, b_2, b_3)^t = (a_2 \cdot b_3 - a_3 \cdot b_2, -a_1 \cdot b_3 + a_3 \cdot b_1, a_1 \cdot b_2 - a_2 \cdot b_1)^t$$

De Morgan'sche Regel

Für zwei Mengen A, B von Ω gilt:

$$(A \cap B)^c = A^c \cup B^c$$

$$(A \cup B)^c = A^c \cap B^c$$

Urnenmodell ohne Zurücklegen

Eine Urne enthält N Kugeln, wobei M blau und die anderen N – M rot sind. Natürlich soll gelten $1 \le M < N$. Nun werden zufällig n Kugeln, mit $n \le N$, aus der Urne heraus genommen. Die Wahrscheinlichkeit, dass von diesen n Kugeln genau k (beachte $k \le M$) blau sind, beträgt:

$$P(k) = \frac{\binom{M}{k} \cdot \binom{N-M}{n-k}}{\binom{N}{n}}$$

Urnenmodell mit Zurücklegen

Wir betrachten wieder unsere Urne mit N Kugeln, von denen M blau und N – M rot sind. Wir ziehen jetzt nacheinander n Kugeln, wobei wir nach jedem Zug die Kugel wieder zurücklegen. Die Wahrscheinlichkeit hierbei k blaue Kugeln zu ziehen beträgt:

$$P(k) = \binom{n}{k} \cdot \left(\frac{M}{N}\right)^k \cdot \left(1 - \frac{M}{N}\right)^{n-k} \text{ für } k = 0, 1, 2, \ldots, n$$

Stochastisch unabhängig

Zwei Ereignisse A und B sind genau dann stochastisch unabhängig, wenn für das Ereignis A und B (= AB) gilt:

$P(AB) = P(A) \cdot P(B)$.

Bedingte Wahrscheinlichkeit

Sind A und B zwei beliebige Ereignisse, dann heißt

$$P\left(\frac{A}{B}\right) = \frac{P(AB)}{P(B)}$$

die bedingte Wahrscheinlichkeit von A unter B.

Binomialverteilung von Ergebnissen

Wird nun ein Bernoulli-Experiment vom Umfang n durchgeführt, so besitzt das Ereignis A_k, dass das Ereignis A gerade k-mal auftritt, die Wahrscheinlichkeit

$$P(A_k) = \binom{n}{k} \cdot p^k \cdot (1-p)^{n-k}$$

Polynomialverteilung von Ereignissen

Die Ereignisse A_i haben die Wahrscheinlichkeiten $P(A_i) = p_i$, i = 1, 2, 3, ..., d. Für das Ereignis $(a_1, a_2, ..., a_d)$, gemeint ist das Ereignis A_1 tritt a_1- mal, das Ereignis A_2 tritt a_2-mal, ..., das Ereignis A_d tritt a_d-mal auf, gilt:

$$P((a_1, a_2, \ldots, a_d)) = \frac{n!}{a_1! \cdot a_2! \cdot \ldots \cdot a_d!} \cdot p_1^{a1} \cdot p_2^{a2} \cdot \ldots \cdot p_d^{ad}$$

Varianz und Steuerung

Ist X eine diskrete Zufallsvariable mit Wertebereich $\{x_1, x_2, x_3, ..., x_n\}$ und Erwartungswert E(X), dann heißt

$$\sigma^2 = (x_1 - E(X))^2 \cdot P(X=x_1) + (x_2 - E(X))^2 \cdot P(X=x_2) + \ldots + (x_n - E(X))^2 \cdot P(X=x_n)$$

die Varianz von X und $\sigma = \langle\sigma^2\rangle^{\bar{2}}$ die Streuung von X.

Register

A

B

C

D

E

F

G

H

I

J

K

L

M

N

O

P

Q

R

S

T

U

V

W

X

Y

Z